中国室内环境与健康研究进展报告

2018—2019

RESEARCH ADVANCE REPORT OF
INDOOR ENVIRONMENT AND HEALTH IN CHINA

中国环境科学学会室内环境与健康分会　组织编写

钱　华　主　编

刘志坚　叶　蔚　郑晓红　副主编

U0302393

中国建筑工业出版社

图书在版编目（CIP）数据

中国室内环境与健康研究进展报告 .2018 — 2019/钱
华主编 .—北京：中国建筑工业出版社，2019.12
ISBN 978-7-112-24645-8

Ⅰ.①中… Ⅱ.①钱… Ⅲ.①室内环境-关系-健康-研
究报告-中国 Ⅳ.①X503.1

中国版本图书馆 CIP 数据核字（2020）第 013271 号

本研究进展报告充分发挥中国环境科学学会室内环境与健康分会多学科交叉
的优势，通过分会的 15 个学组进行组稿，对室内环境与健康问题进行了深入探
讨。本书的作者为室内环境与健康研究相关专业如暖通空调、环境化学生物安全、
建筑学、规划管理、基础医学、公共卫生、环境毒理学等一线活跃的学者。本次
研究进展报告共分为 14 章，从污染物特性、源头产生机理、如何监测、健康影
响、治理手段以及如何实现健康舒适环境进行了较为全面的阐述。

责任编辑：齐庆梅
责任校对：焦　乐

中国室内环境与健康研究进展报告
2018 — 2019
中国环境科学学会室内环境与健康分会　组织编写
钱　华　主　编
刘志坚　叶　蔚　郑晓红　副主编
*
中国建筑工业出版社出版、发行（北京海淀三里河路 9 号）
各地新华书店、建筑书店经销
北京红光制版公司制版
北京圣夫亚美印刷有限公司印刷
*
开本：787×1092 毫米　1/16　印张：32½　字数：671 千字
2020 年 4 月第一版　2020 年 4 月第一次印刷
定价：**99.00** 元
ISBN 978-7-112-24645-8
（35003）

顾问委员会

（按拼音排序）

陈光杰　陈其针　陈清焰　陈　胜　陈　新　范维澄　宫　鹏

郝吉明　何雅玲　贺克斌　侯立安　季　飞　纪　军　江　亿

蒋　荃　康飞宇　李大鹏　刘加平　刘俊跃　刘　羽　刘志全

马德军　陶　澍　陶文铨　田　明　田德祥　王建国　王　浚

吴德绳　吴硕贤　谢远健　邢永杰　徐　伟　许增德　叶　青

叶耀先　张建民　张巧显　张雪舟　张远航　赵进才　赵荣义

郑　俊　朱昌寿　朱　雷　朱　彤

编 写 委 员 会

主　任：杨　旭

副主任：张寅平　李玉国　要茂盛

委　员（按拼音排序）：

白志鹏	曹　彬	曹国庆	陈栋梁	陈冠益
陈冠英	陈振乾	邓芙蓉	邓启红	段小丽
高　军	高乃平	宫继成	郭新彪	韩继红
侯雪松	冀志江	阚海东	李　军	李安桂
李百战	李劲松	李景广	李　睿	李湉湉
李先庭	李　雪	兰　丽	连之伟	林波荣
刘　聪	刘　荔	刘　猛	刘艳峰	刘兆荣
龙正伟	孟　冲	莫金汉	钱　华	申芳霞
沈国锋	宋瑞金	孙宗科	王清勤	王新轲
王　怡	魏健健	袭著革	熊建银	徐东群
许　瑛	杨　斌	杨子峰	余　涛	张金良
张彭义	张腾飞	张　昕	张宇峰	赵卓慧
周　翔	周泽义	朱天乐	朱颖心	

作者介绍与编写分工

第1章 绪论

钱　华（博士、教授）东南大学（qianh@seu. edu. cn）

第2章 室内典型化学污染与控制

熊建银（博士、研究员）北京理工大学（xiongjy@bit. edu. cn）

周晓骏（博士、讲师）西安交通大学（zhouxiaojun@xjtu. edu. cn）

朱天乐（博士、教授）北京航空航天大学（zhutl@buaa. edu. cn）

第3章 室内颗粒物污染

阚海东（博士、教授）复旦大学（kanh@fudan. edu. cn）

刘　荔（博士、副教授）清华大学（liuli _ archi@tsinghua. edu. cn）

李国柱（博士、副研究员）中国建筑科学研究院有限公司

　　　（liguozhu50@163.com）

王新轲（博士、教授）西安交通大学（wangxinke@mail. xjtu. edu. cn）

王军亮（博士、工程师）中国建筑科学研究院有限公司（wjljh06313@163.com）

第4章 室内微生物

申芳霞（博士、副教授）北京航空航天大学（fxshen@buaa. edu. cn）

武　艳（博士、副研究员）山东大学（wuyan@sdu. edu. cn）

要茂盛（博士、教授）北京大学（yao@pku. edu. cn）

钱　华（博士、教授）东南大学（qianh@seu. edu. cn）

第5章 室内环境污染与健康

杨　旭（博士、教授）华中师范大学（yangxu@mail. ccnu. edu. cn）

马　萍（硕士、教授）湖北科技学院（mping68@126.com）

武　阳（博士、副教授）湖北科技学院（wysj2007@126.com）

李　康（博士、助理研究员）军事医学研究院环境医学与作业医学研究所

　　　（tjlikang@126.com）

曹　毅（博士、讲师）湘潭大学（caoyi39@xtu. edu. cn）

李　睿（博士、教授）华中师范大学（ruili@mail. ccnu. edu. cn）

黄佳伟（硕士研究生）华中师范大学（hjwxingyun@foxmail.com）

第6章 室内空气净化

裴晶晶（博士、副教授）天津大学（jpei@tju. edu. cn）

吕　阳（博士、副教授）大连理工大学（lvyang@dlut. edu. cn）

周　沛（博士、讲师）合肥工业大学（peizhou@hfut. edu. cn）

第7章　室内环境检测监测进展

李劲松（博士、研究员）军事科学院军事医学研究院（lij-s@163. com）

李　娜（博士、副研究员）军事科学院军事医学研究院
　　　（friendleena@sina. com）

周　振（博士、研究员）暨南大学（zhouzhen@gig. ac. cn）

高　伟（博士、副研究员）暨南大学（w. gao@hxmass. com）

陈龙飞（博士、副教授）北京航空航天大学（chenlongfei@buaa. edu. cn）

李　雪（博士、研究员）暨南大学（tamylee@jnu. edu. cn）

余竹君（博士、博士后）暨南大学（ed213@sina. com）

曾嘉发（硕士研究生）暨南大学（zengfone@163. com）

王明惠（学士）VITROCELL Systems GmbH（p. wong@vitrocell. com）

第8章　住宅环境与健康

孙婵娟（博士、副教授）上海理工大学（sunchanjuan@usst. edu. cn）

黄　晨（博士、教授）上海理工大学（hcyhyywj@163. com）

第9章　住宅建筑通风

Jan Sundell （医学博士、教授）天津大学

孙越霞（博士、副教授）天津大学（yuexiasun@tju. edu. cn）

侯　静（博士研究生）天津大学（jing _ houj@163. com）

第10章　睡眠热环境

连之伟（博士、教授）上海交通大学（zwlian@sjtu. edu. cn）

兰　丽（博士、研究员）上海交通大学（lanli2006@sjtu. edu. cn）

刘艳峰（博士、教授）西安建筑科技大学（liuyanfeng@xauat. edu. cn ）

宋　聪（博士、讲师）西安建筑科技大学（songcong@xauat. edu. cn）

第11章　住宅厨房油烟污染与通风控制

高　军（博士、教授）同济大学（gaojun-hvac@tongji. edu. cn）

李安桂（博士、教授）西安建筑科技大学（liag@xaut. edu. cn）

冯国会（博士、教授、副校长）沈阳建筑大学（hj _ fgh@sjzu. edu. cn）

刘俊杰（博士、教授）天津大学（jjliu@tju. edu. cn）

叶　蔚（博士、助理教授）同济大学（weiye@tongji. edu. cn）

曹昌盛（博士研究生、工程师）同济大学（cao _ changsheng@163. com）

贺廉洁（硕士、科研助理）同济大学（helianjie _ 2014@tongji. edu. cn）

第12章　医院内呼吸道传染病的传播与防控

魏健健（博士、讲师）浙江大学（weijzju@zju. edu. cn）

袁　兵（博士、副主任医师）云南省第一人民医院（506638016@qq.com）

雷　浩（博士、讲师）浙江大学（leolei@zju.edu.cn）

刘志坚（博士、副教授）华北电力大学（zhijianliu@ncepu.edu.cn）

郑晓红（博士、副教授）东南大学（xhzheng@seu.edu.cn）

曹国庆（博士、研究员）中国建筑科学研究院有限公司（cgq2000@126.com）

汤灵玲（博士、主任医师）浙江大学附属第一医院（1196040@zju.edu.cn）

杨子峰（博士、副教授）广州医科大学附属第一医院（jeffyah@163.com）

李玉国（博士、教授）香港大学（liyg@hku.hk）

第 13 章　热舒适

朱颖心（博士、教授）清华大学（zhuyx@tsinghua.edu.cn）

曹　彬（博士、副教授）清华大学（caobin@tsinghua.edu.cn）

连之伟（博士、教授）上海交通大学（zwlian@sjtu.edu.cn）

朱　能（博士、教授）天津大学（nzhu@tju.edu.cn）

杨　柳（博士、教授）西安建筑科技大学（yangliu@xauat.edu.cn）

胡松涛（博士、教授）青岛理工大学（h-lab@163.com）

于　航（博士、教授）同济大学（yuhang@tongji.edu.cn）

王昭俊（博士、教授）哈尔滨工业大学（wangzhaojun@hit.edu.cn）

刘　红（博士、教授）重庆大学（liuhong1865@163.com）

张宇峰（博士、教授）华南理工大学（zhangyuf@scut.edu.cn）

翟永超（博士、副教授）西安建筑科技大学（53288686@qq.com）

周　翔（博士、副教授）同济大学（zhouxiang@tongji.edu.cn）

第 14 章　健康建筑的发展、标准及评价

孟　冲（硕士、高工）中国城市科学研究会，中国建筑科学研究院有限公司
　　　　（13699221250@163.com）

盖轶静（硕士、实习研究员）中国城市科学研究会（geyijing@csus-gbrc.org）

韩沐辰（硕士、助理研究员）中国城市科学研究会（hanmuchen@csus-gbrc.org）

序

我们祖先把弥漫在地球表面、无处不在且无色无味的气态物质称做"空气"，一旦混入了其他成分，便可能出现"雾气、臭气、恶气、霉气"等现象。现代科技告诉我们，空气并不是"空"的。纯净的空气组分是人类每时每刻的必需品和生命健康的保障，有害气体或微小颗粒物进入空气之中，通常称为"空气污染"，会对人体产生不良反应。空气污染被认为是工业革命的衍生品。

建筑物将人的活动空间分成了室外和室内两个组成部分，进而就有了室外环境和室内环境之分。室外环境，按空间尺度的分级，又有全球（Global）环境、区域（Regional）环境和本地（Local）环境（如城市环境）之别。中国经济快速发展进程中，许多高能耗、高污染物排放的工厂由发达国家转移到国内，造成了我国很多地区和城市在过去数十年间空气污染严重，"雾霾"甚至成为网红词汇。经过近些年的全面治理，室外空气质量已大幅度改善。

人在建筑室内度过的时间远长于在室外，室内装修、家具和空调系统等原因引起的室内空气污染就成了人体健康的最大威胁。但是，人类认识室内空气品质的过程则十分艰难。20 世纪 80 年代，有研究人员开始用主观感受来评价室内空气的品质。丹麦学者 P. O. FANGER 教授提出：品质反映了满足人们要求的程度，如果人们对空气满意就是高品质，反之就是低品质。随着经济发展、生活水平提高，老百姓对健康、舒适的关注度也日益增强，很多室内污染对健康影响的事件也成为社会的热点问题。室内空气污染对健康的影响究竟有多大？其致病机理是什么，剂量是多少？如何处理室内空气品质提升和建筑节能要求的平衡？这些都是大家关心的重要问题，室内环境成为健康建筑的重要的评价指标。

研究室内环境对人健康的影响，涉及多个学科。包括建筑学科对建筑空间的设计，环境化学等学科对室内污染材料的分析和源头控制，材料和工程等学科对室内空气污染物浓度的预测和控制，公共卫生等学科对暴露剂量的研究，毒理等学科对剂量毒性的研究，医学学科的健康效应等。因此理清室内环境与健康的关系，需要多个学科非常紧密的合作才能达成，但这些学科的学科基础与研究工具迥异，给多学科交叉研究提出了不小的挑战。

中国环境学会室内环境与健康分会着力于组建不同学科的交叉平台，致力于研究室内环境与健康的关系。从 2012 年开始，分会组织室内环境与健康方向不同学科的研究人员撰写各自学术领域的动态，已经连续出了三本研究进展报告。每期的主题都不相同，反映了室内环境与健康各个领域的最新进展。《中国室内环境与健康研究进展报告 2018—2019》是该系列丛书的第四本。此次进展报告的主题涵盖了目标污染物研究、监测控制手段、热舒适、健康效应以及目标环境。该书在保证科学性的前提下，力争做到科普性。目标对象除了专业读者外，也包括一般读者。因此，这本书更有助于从事室内环境与健康的科研工作者在深入理解本学科的基础上，去了解其他学科的工作语言和研究的最新进展，促进解决室内环境健康问题以及多学科的交叉研究。对关心室内环境与健康的普通读者也具有重要的学习和参考价值。

应中国环境学会室内环境与健康分会主任、清华大学张寅平教授和东南大学钱华教授之邀，欣然为本书出版作序。衷心希望该书能够持续不断地出版下去，成为室内环境与健康分会的一个品牌，也期盼中国室内环境研究工作能够持之以恒，为中国老百姓健康作出更大的贡献。

值《中国室内环境与健康研究进展报告》系列丛书出版之际，谨表祝贺，以为序。

2019 年初冬于古城西安

前　言

《中国室内环境与健康研究进展报告 2018—2019》是中国环境科学学会室内环境与健康分会首次依托学组，以我国室内空气质量与健康的研究进展为主题，针对群众关心的化学、微生物、颗粒物污染与控制，室内环境、住宅环境、厨房环境、睡眠环境的污染与健康，检测监测技术的进展，通风、净化控制方法，热舒适以及健康建筑等热点问题进行了编写。本书较为全面地总结了我国上述领域的研究现状、研究进展与存在的问题，以期为我国室内环境与健康领域的发展提供必要的信息，为室内环境的科研工作者、政策制定者和关心室内环境的读者提供重要的、科学的依据与技术支撑。

本研究进展报告充分发挥中国环境科学学会室内环境与健康分会多学科交叉的优势，通过分会的 15 个学组进行组稿，对室内环境与健康问题进行了深入探讨。本书的作者为室内环境与健康研究相关专业如暖通空调、环境化学生物安全、建筑学、规划管理、基础医学、公共卫生、环境毒理学等一线活跃的学者。本次研究进展报告一共分了 14 章，从污染物特性，源头产生机理，如何监测，健康影响，治理手段，以及如何实现健康舒适环境进行了较为全面的阐述。

特别感谢刘加平院士百忙之中为本书作序。感谢国家重点研发计划（2017YFC0702800）、自然科学基金（NSFC 51778128）、中国环境科学学会室内环境与健康分会、东南大学的中央基础科研业务费（2242019K41024）提供的资金支持，一并感谢东南大学麻建超同学、刘帆同学、郭康旗同学、诸葛阳同学、梅思莹同学、程晓雪同学、周梓奎同学，同济大学赵文萱同学、薛宇同学、职承强同学、黄奕翔同学和华北电力大学马圣原同学在本书编辑过程中的辛勤工作。

由于编者水平有限，书中难免存在问题与不足，希望读者多提宝贵意见。

目　　录

扫码可看书中部分彩图。

第1章 绪 论

1.1 室内空气环境的重要性及研究特点

随着经济发展和生活水平的提高，人们对健康越来越重视。党和国家把全民健康作为全面小康的重要基础，强调把人民健康放在优先发展的战略位置。党的十八届五中全会作出"推进健康中国建设"的重大决策，开启了健康中国建设新征程，并印发了建设健康中国的行动纲领——《"健康中国2030"规划纲要》。其中提出2030年目标中包括："有利于健康的生产、生活环境基本形成"。穹顶之下的室外环境得到持续性的关注和投入，屋顶之下的室内空气环境虽然关注度高，但投入相对不足。人们绝大部分时间在室内度过，而室内空气污染不仅与室外空气质量相关，也与室内空气特有的污染源、生活方式、通风条件等相关。人们的生产和生活环境大多是在屋顶之下，因此营造优良的室内环境是实现有利于健康的生产、生活环境形成的重要途径。

2017年全球疾病负担研究报告显示，全球范围内疾病负担最重的因素中，烟草和空气污染分别排在第四位和第七位。在中国，上述两个因素分别排在第二位和第四位。且中国因烟草和空气污染造成的伤残调整寿命年（DALYs）高于全球平均值（如图1-1和图1-2所示）。要实现《"健康中国2030"规划纲要》提出的形成"有利于健康的生产、生活环境"这一目标还任重道远。

什么叫优良的室内空气环境？学术界基本形成以下共识：一方面是主观因素：要使得室内人员感到神清气爽、精力充沛、心情愉悦，工作效率高；另一方面是客观因素：污染物的浓度要低于一定阈值，从而避免造成人的健康损害。这样就形成了以下几点需要研究的问题：

（1）什么样的居住或工作环境会使人主观感受舒适，心情愉悦，工作效率高？舒适的室内环境与温度、湿度、污染物浓度、新风等存在什么样的关联？

（2）污染物该如何检测？检测和监测的精度和成本该如何平衡？

（3）不同的污染物浓度和健康存在什么样的关系？是否线性相关？对人健康的损害是否存在一定的阈值？会造成多大的损伤？不同污染物的浓度对健康的损害的

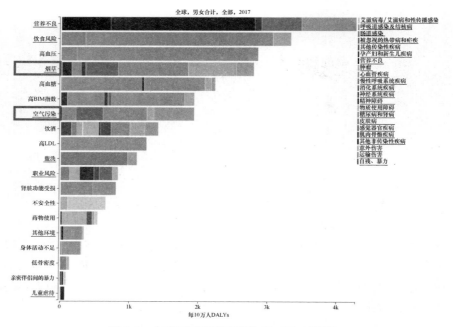

图 1-1 全球不同因素疾病负担（见二维码）

（来源于：https：//vizhub. healthdata. org/gbd-compare/）

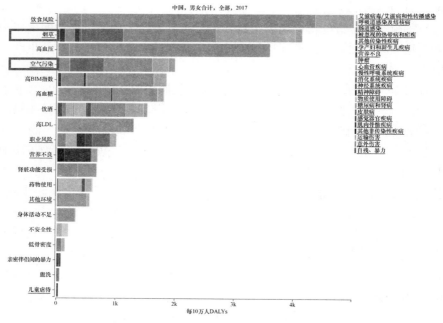

图 1-2 全球不同因素疾病负担（见二维码）

（来源于 https：//vizhub. healthdata. org/gbd-compare/）

权重是多少？

（4）针对不同的室外污染水平和气候特征，营造优良室内空气环境的技术手段该如何实现？需要付出的代价有多大？是否存在优化的方法从而使得营造优良室内空气环境的代价最低？

（5）相对于室外空气环境，室内空气环境对人是保护性因素还是致病性因素？

要回答这些问题，单一学科远远不够，需要多学科的交叉和融合，包括：暖通空调、环境化学、生物安全、建筑学、规划管理、环境材料、基础医学、公共卫生、环境毒理学、空气净化与室内环境治理等众多专业领域。在这样的前提要求下，多学科的交叉研究越来越多。无论是室内环境相关的国际、国内会议如 *Indoor Air*，*Healthy building*，中国室内环境与健康学术年会，还是室内环境相关的学术期刊如 *Indoor Air*，*Building and Environment*，亦是室内环境相关的自然科学基金、国家重点研发计划，多学科交叉研究的趋势越来越明显。

1.2 近十年室内环境质量与健康研究历程回顾

《室内空气质量与健康的研究进展报告 2012》第一章回顾了室内空气环境研究到 2010 年的研究进展情况。室内环境与健康的研究自 2010 年后，又出现了一系列新的特点。

（1）中国的研究越来越活跃

目前国际室内品质学院（ISIAS）125 名活跃的会员中有 18 名华人，其中更有 7 名来自中国大陆，3 名来自中国台湾，3 名来自中国香港。而退休的 17 名会员中，仅有 1 名华人。华人学者尤其是青年学者在国际室内空气品质学会的影响也日益扩大，其中清华大学莫金汉获得了 2016 年 Yaglou 青年科学家奖，这也是来自中国大陆学者首次斩获该大奖。图 1-3 显示了在 *Web of Science* 用"Indoor Air"作为主题检索词，截至 2019 年 4 月，全球发表论文的总数和其中作者来自中国的总数，图 1-4 显示了中国发表论文的比例。截至 2019 年 4 月发表的室内空气相关的 SCI 论文总数，来自中国的论文已经取代美国位列全球第一❶。而在 2000 年前中国仅仅排到了全球第十二位，当时排名前四的均为欧洲国家[1]。2000～2010 年美国增长最快，由第七升至第一[1]。中国发表室内空气相关 SCI 论文数在全球论文数的占比自 2016 年起显著提高，2016 年也是国家"十三五"重点研发计划陆续设立的室内空气相关项目的起始年。中国的科研在紧随国际科研前沿的同时，也为解决我国特有的问题展开了研究。2019 年中国环境科学学会室内环境与健康分会年会的投稿论文中，公共卫生与毒理、工业环境、化学污染等主题的比例显著高于在美国

---

❶ 同时中国发表论文的比例逐年扩大。

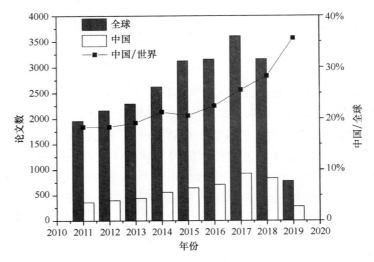

图 1-3 全球与我国室内空气相关的 SCI 论文总数

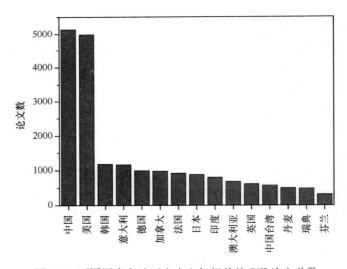

图 1-4 不同国家和地区室内空气相关的 SCI 论文总数

费城举行的 Indoor Air 2018 中相关主题的论文比例（见图 1-5）。

（2）室内空气研究影响逐渐扩大

图 1-6 显示了在 *Web of Science* 用"Indoor Air"作为主题检索词检索截至 2011 年 10 月 4 日和 2019 年 4 月 13 日不同国际期刊发表的论文数。相对于 2011 年的结果，发现论文发表总数急剧增长。其中 Building and Environment 从第二升至第一，Energy and Building 从第五升至第二，Atmospheric Environment 从第一降至第四。Building and Environment 和 Energy and Building 在这些期刊中的影响因

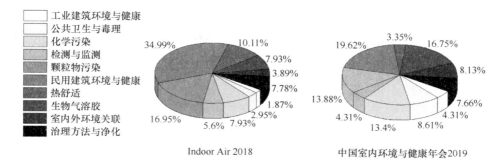

图 1-5　Indoor Air 2018 和中国室内环境与
健康学术年会 2019 主题对比

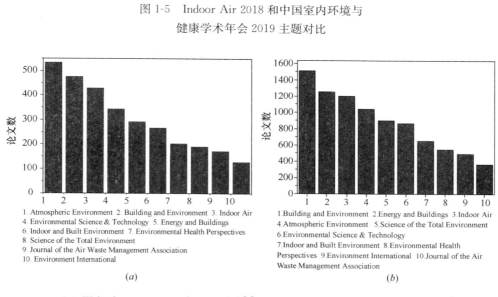

（a）Web of Science，2011 年 10 月检索[1]；（b）Web of Science，2019 年 4 月检索
图 1-6　不同的国际期刊发表的"Indoor Air"论文数

子成长性也是最好的（见图 1-7）。

（3）学科交叉性越来越强

1）从最近几年发表的期刊论文，合作项目，Indoor Air 会议以及中国室内环境与健康年会的参会者来看，学科的交叉性越来越强。从以前以公共卫生和暖通为主，其他学科有人参与，逐步发展到各个学科都积极参与。2019 年，国际室内空气质量学会（ISIAQ）也首次和国际暴露科学学会（ISES），一起合办 ISES-ISIAQ 国际会议。而中国室内环境与健康年会也首次和生物气溶胶研讨会一起联合办会。

2）从以前开会交流想法和成果，到实质性的交流合作，共同承担科研项目和发表科研论文，研究的交叉性，广度和深度都在显著增强。一系列的科研项目，如

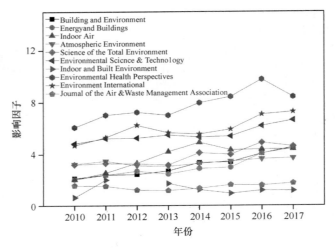

图 1-7　与室内空气相关的不同的 SCI 期刊
2010～2017 年间的影响因子变化

中瑞自然科学基金合作项目：室外大气污染与室内环境因素对儿童"哮喘-鼻炎-湿疹"等相关疾病健康效应的多城市研究。国家重点研发计划：建筑室内空气质量控制基础理论和关键技术，室内微生物污染源头识别监测和综合控制技术等都是典型的多学科背景科研人员一起参加的项目，并有相当数量的合作论文发表。

3）学组交流活动越来越多。国际室内空气品质学会（ISIAQ）2010 年成立了专委会（Scientific and Technical Committees），并设立了：化学污染物、气溶胶、室内微生物、通风、净化、健康效应与流行病学、环境/气候影响、热舒适八个专委会。中国环境与科学学会室内环境与健康分会也于 2018 年设置学组，一共设立了化学污染物、颗粒物、微生物污染、检测与监测、公共卫生与毒理、热舒适、治理方法与净化、大数据处理方法、室内环境标准、民用建筑环境与健康、工业建筑环境与健康、医院环境与健康、交通及特殊环境与健康、睡眠环境与健康、农村室内环境与健康 15 个学组。依托学组，不同专业背景的分会成员展开了各种富有成效的交流活动。本书主要依托学组完成征稿。

1.3　目前我国室内空气环境和健康值得关注的问题

中国环境科学学会室内环境与健康分会邀请了国内外专家开展了多次交流讨论，开展了大量文献和现状调研。基于前期工作基础，积极组织和参加国家重点研发计划和自然科学基金。有些问题是室内环境研究的前沿问题，有些是中国国情特有的实际问题。以下问题值得关注：

（1）室内空气污染物的疾病负担。通过理清不同污染物包括 VOC，SVOC，颗粒物，微生物等的疾病负担，可以针对性找到室内空气污染的目标污染物，更有针对性地进行控制，并能进行成本核算。

（2）传染病的传播机理和防控方法。近年来新发及突发传染病在国际上频频出现，前期的工作已大致理清了空气与飞沫传播的传播机理，并给出了一些工程控制方法。但这样研究进展还需要大量工作才能进入工程实践。另外，接触传播的传播机理还未能彻底理清，还需要进一步深入研究探讨。

（3）高污染工作环境的职业暴露和污染控制。民用建筑的室内环境与健康得到了充分的重视，但有些高污染环境如高污染散发类厂房、舰艇等特殊的工作环境的职业暴露还比较高。西方国家通过产业转移，将一些工业转移到发展中国家。但我国作为一个全球工业门类最齐全的国家，有些问题不能回避，需要发展适合我国国情的高污染环境的控制技术。

（4）新型化学污染、健康危害及控制。甲醛、VOC/SVOC 的研究得到了持续的研究和关注，取得了大量的研究成果，其危害已经深入人心。但由于在室内污染源复杂，这些污染难以完全消除。尤其是 SVOCs，由于饱和蒸气压低，很容易被吸附或吸收，从而与颗粒物结合，造成室内颗粒物污染的毒副作用不同于室外颗粒物。因此需要开展相应研究，尤其需要源头控制开发低散发低含量类建材和常用消费品等。

（5）颗粒物污染的健康效应及控制。颗粒物污染依然是中国首要的污染物，室外颗粒物是室内颗粒物污染的主要来源。在室外污染严重时，室内颗粒物的控制往往通过新风机或者净化器进行控制，其可维护性、节能性和经济性还需要进一步发展。颗粒物的健康效应除了跟室内颗粒物浓度、粒径相关外，还跟颗粒物成分相关。北京大学要茂盛团队通过收集国际上各个城市颗粒物并将其注射给白鼠，发现不同城市由于颗粒物成分不同，毒副作用明显不同[2]。

（6）健康效应的新方法及应用。相对于急性中毒，室内空气污染为低浓度污染长期暴露，其健康效应不是那么直接，需要非常长的时间才能显示其健康效应，而当显现健康效应时，往往混杂了其他暴露因素。传统上，一般通过横断面大规模调研，或者长期跟踪，或者动物实验高剂量进行健康效应研究。但由于健康效应并不直接，因此需要发展一些新的评价手段，如生物标志物（biomarker），利用细胞实验来进行暴露染毒研究等，可以更加快速和直接的得出污染物的健康效应。

（7）经济适宜的居住建筑室内质量营造与监控技术。我国幅员辽阔，气候特征和室外污染不同，如何依据各地特点提出经济适宜的室内质量营造方法，有助于提升广大住户的室内空气质量。且随着大数据，AI 技术的发展，大量满足精度要求的低成本室内空气质量传感器和探测技术的出现，基于传感器获得的大数据和 AI 技术来优化营造优良的室内空气环境成为可能。

（8）室内微生物群落特征及健康效应。对于室内微生物的认识呈现了否定之否定的螺旋式提高过程。室内微生物一开始被认为是污染物而进行消杀。但研究也发现室内微生物的物种丰度是保护性因素，会显著降低儿童过敏性疾病的发病率。随着分子生物学技术和下一代基因组测序技术的发展和成本的降低，研究室内微生物群落特征成为可能。

"十三五"期间，国家重点研发计划也设定了相关项目，对这些问题展开了富有成效地研究。如"室内公共场所污染快速检测、形成机制和干预技术"、"室内公共场所空气污染控制关键技术与装备"、"居住建筑室内通风策略与室内空气质量营造"、"建筑室内材料和物品 VOC/SVOC 污染源控制技术"、"功能型装饰装修材料的关键技术研究与应用"、"室内微生物污染源头识别监测和综合控制技术"、"建筑室内空气质量控制基础理论和关键技术"、"高污染工业建筑环境保障与节能关键技术研究"、"医院超净空间空气环境保障关键技术"等。

香港大学李玉国教授在接过 *Indoor Air* 主编工作发表的"接过火炬"的社论里也提到[3]：*Indoor air* 期刊还要持续关注有关健康影响研究的论文，这些研究不仅关注流行病学，还关注室内环境中机制和过程的基础科学。如呼吸道感染如何在室内空气中发生？室内环境质量以何种方式影响哮喘？当人们在室内时，免疫反应与过敏和感染有什么关系？新的遗传分析工具可以教给我们什么？室内空气以外的室内环境有关问题，例如照明，声学，社会和心理问题等。同时更鼓励有关最新技术的提交，例如下一代基因组测序，可穿戴和智能传感器以及人工智能，探索新的室内空气科学，以及使用新的健康技术，如肺部芯片探讨室内空气对人类健康和身心的积极和消极影响。这些研究可能得到社会科学新发展的支持，例如人类行为研究领域的新进展，人类感知和人类互动（社会心理学）。这些新型的研究将大大拓展人类对室内空气品质的认识。

1.4　本　书　特　点

良好的室内空气质量是亿万人健康的重要保障，也是实现健康中国战略的关键一环。人民群众关注度高。但与室外大气环境、建筑节能相比，尚未得到足够重视。此外，部分企业出于商业宣传目的，夸大了室内空气环境的危害和部分产品的作用，造成了一些负面影响。中国环境科学学会室内环境与健康分会，组织了分会的专家编写了《中国室内环境与健康研究进展报告》系列丛书，从 2012 年起已经出版了三本，该系列结合了科研性和科普性。该系列报告已经在室内环境科研工作者中产生了很大的影响。本书为该进展报告的第四本，不是简单的在前期的工作基础上增加最新进展，而是区别于前三本的主题，本书的主题包括不同的污染物种类和现状（颗粒物、气态化学污染物、微生物），室内污染物对健康影响，净化技术，监测技术，住宅通风，住宅建筑环境，睡眠环境与健康，住宅的油烟控制，医院环境下的呼吸道传染病的传播与防控，热舒适，建筑的发展，标准与评价等都是目前研究的重点和热点。由于这些问题不是哪个单独学科能够回答的，本书的作者也涵盖了不同专业科研人员，就上述几个问题在不同背景的最新研究进展进行了综述和回顾。在坚持科学性的同时，也兼顾了趣味性，以期为对室内空气环境感兴趣的读者提供参考。

参 考 文 献

[1] 张寅平，邓启红，钱华，等. 中国室内环境与健康研究进展报 2012[M]. 北京：中国建筑工业出版社，2012.

[2] Yue Y，Chen H，Setyan A，*et al*. Size-Resolved Endotoxin and Oxidative Potential of Ambient Particles in Beijing and Zürich [J]. Environmental Science and Technology，2018，52 (12)：6816-6824.

[3] Li Y. Taking up the torch[J]. Indoor Air，2018，28(5)：653-654.

第 2 章　室内典型化学污染与控制

　　建筑室内环境中存在多种散发源，除了建材和家具外，人体自身散发的污染物亦对室内空气质量产生影响。本章首先介绍了人体尤其是使用护肤品后的污染物散发特性，建立了人体皮肤油脂中护肤品的散发模型并在人员密集的教室中进行了实地测试研究。然后，针对建材中 VOCs 的散发情形，介绍了建材散发特性参数的理论预测模型，以及实验测定方法等方面的最新研究进展。最后，综述了室内空气污染的典型净化方法，包括吸附法、催化法、低温等离子体协同催化等。本章内容可为读者对室内空气污染的源头散发特性和净化控制提供全景化的认识和了解。

2.1　人体散发污染及表征

2.1.1　人体护肤品散发模型

人的存在及人类活动对室内空气质量的影响是目前室内环境领域的一个研究盲区。导致这种现状的主要原因在于：为了保证研究环境可控且不受人及其活动的干扰，目前对室内化学污染的大多数研究都是在环境舱或者无人的室内环境中进行的。国际室内环境领域的研究先驱、美国 Weschler 教授 2016 年撰文指出[1]：人会通过一些行为方式（如使用护肤品等）影响室内空气质量，并呼吁针对人对室内空气质量的影响展开研究，以提高民众对自身行为影响室内环境的重视程度。

人体皮肤在使用护肤品后会散发大量挥发性有机物（VOCs），其中主要是环甲基硅氧烷（cVMS）[2]。cVMS 是一种由不同数量的"Si-O"键组成的长链化合物，具有低表面张力、高热稳定性和平滑的特性，广泛用于止汗剂、防晒霜和化妆品等个人护理产品中[3-5]。八甲基环四硅氧烷（D4）、十甲基环戊二硅氧烷（D5）和十二甲基环己基硅氧烷（D6）是三种广泛使用的 cVMS[2]。这三种物质不仅有潜在的持久性、生物累积性和毒性危害，同时会造成结缔组织疾病、不良免疫反应和肝肺损伤[6-8]。cVMS 在室内环境中无处不在，它们从污染源散发后，由于其挥发性会逐渐扩散到空气中，部分会进入灰尘和水体。因此，可以通过对 cVMS 在室内传输规律的表征，来理解人在室内环境中频繁涂抹个人护肤品可能对室内环境造成的影响。对 cVMS 的传统研究往往侧重于调查常用个人护肤品/室内环境中 cVMS 的浓度或含量水平。由于不同国家、不同的个体使用的护理产品的种类和化合物均可能不同，cVMS 的浓度或含量也会不同。已有的大多数实验研究表明，D5 是个人护肤品和室内空气中主要的 cVMS，部分情况下 D5 的含量可占 cVMS 总量的 90％以上[2]。因此，需重点研究 D5 的散发特性。目前，在室外大气中表征 D5 浓度的传输模型比较成熟，并且模型预测和实验之间有很好的一致性[9]。相比而言，室内环境中 D5 的散发特性研究还很少，特别是针对个人使用护肤品后由皮肤表面散发出来的 D5。真皮吸收实验研究表明人体涂抹的 D5 只有不到 0.2％被皮肤吸收[5,10]，说明绝大部分 D5 从皮肤表面散发出去，亦说明人体对 D5 的主要暴露是通过呼吸摄入。因此，很有必要开展人体皮肤表面 D5 散发特性的模型研究，以深化我们对室内环境中 D5 污染水平和暴露风险的理解。

为了对人体使用护肤品后皮肤中 D5 的散发过程进行建模分析，引入下列假设：①D5 仅存在于皮肤的表层油脂层中；②由于油脂层很薄，D5 在其中的扩散为一维扩散；③D5 不通过油脂层渗透进皮肤内部，该假设与前述皮肤真皮吸收实验相一致[5,10]；④忽略 D5 在室内表面地吸附；⑤D5 在室内空气中均匀混合。

基于上述假设，人体皮肤油脂层中 D5 的散发过程示意图如图 2-1 所示。

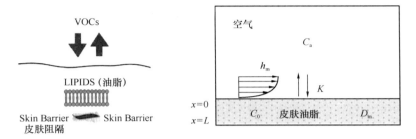

图 2-1　人体皮肤油脂中 D5 的散发示意图

描述人体皮肤油脂中 D5 传质过程的控制方程、边界条件及初始条件由式（2-1）～式（2-4）描述：

$$\frac{\partial C_{\mathrm{m}}}{\partial t} = D_{\mathrm{m}}\frac{\partial^2 C_{\mathrm{m}}}{\partial x^2} \tag{2-1}$$

$$\frac{\partial C_{\mathrm{m}}}{\partial x} = 0, x = 0 \tag{2-2}$$

$$-D_{\mathrm{m}}\frac{\partial C_{\mathrm{m}}}{\partial x} = h_{\mathrm{m}}(\frac{C_{\mathrm{m}}}{K} - C_{\mathrm{a}}), x = L \tag{2-3}$$

$$C_{\mathrm{m}}(x,t) = C_0, t = 0, 0 \leqslant x \leqslant L \tag{2-4}$$

式中，C_{m} 是皮肤油脂层中 D5 的浓度，$\mu\mathrm{g/m^3}$；C_{a} 是室内空气中 D5 的浓度，$\mu\mathrm{g/m^3}$；D_{m} 是皮肤油脂层中 D5 的扩散系数，$\mathrm{m^2/s}$；L 是皮肤油脂层的厚度，m；K 是皮肤/空气分配系数；C_0 是皮肤油脂层中 D5 的初始浓度或含量，$\mu\mathrm{g/m^3}$。

D5 在室内空气中的质量守恒方程可由式（2-5）描述：

$$V\frac{dC_{\mathrm{a}}}{dt} = QC_{\mathrm{in}} - AD_{\mathrm{m}}\frac{\partial C_{\mathrm{m}}}{\partial x}\Big|_{x=L} - QC_{\mathrm{a}} \tag{2-5}$$

式中，V 是室内空间的体积，$\mathrm{m^3}$；A 是皮肤油脂层中 D5 的散发总面积，$\mathrm{m^2}$；C_{in} 是通过通风系统进入室内的 D5 浓度（室外 D5 浓度），$\mu/\mathrm{m^3}$；Q 是通风量，$\mathrm{m^3/s}$。

需要指出的是，式（2-1）～式（2-5）广泛用于建材的散发特性研究，此处我们将其用于描述皮肤油脂层中 D5 的散发特性。

假设初始时刻室内空气中 D5 浓度为零，即初始条件为：

$$C_{\mathrm{a}}(t) = 0, t = 0 \tag{2-6}$$

由拉普拉斯变换，可推导出室内 D5 浓度的如下解析解[11]：

$$C_{\mathrm{a}}(t) = A_1 + 2A_2 \cdot \sum_{n=1}^{\infty} \frac{A_3 \cdot q_n \sin q_n - A_4 \cdot \cos q_n}{G_n} e^{-D_{\mathrm{m}}L^{-2}q_n^2 t} \tag{2-7}$$

式中，$G_n = [K\beta + (\alpha - q_n^2)KBi_{\mathrm{m}}^{-1} + 2]q_n^2\cos q_n + [K\beta + (\alpha - 3q_n^2)KBi_{\mathrm{m}}^{-1} + \alpha - q_n^2]q_n\sin q_n$；

$A_1 = C_{in}$；$A_2 = C_0$；$A_3 = \beta$；$A_4 = 0$；$\alpha = QL^2/D_m V$；$\beta = AL/V$；$Bi_m = h_m L/D_m$；q_n是式（2-8）的正根：

$$q_n \tan q_n = \frac{\alpha - q_n^2}{K\beta + (\alpha - q_n^2)KBi_m^{-1}} \quad (n = 1, 2, \cdots\cdots) \tag{2-8}$$

对于有试验者的真实散发实验，环境舱或房间体积通常比较大，且对流传质系数较小，此时式（2-8）中的 $K\beta$ 项将比 $\alpha K/Bi_m$ 小得多（一般小 2～4 个数量级），因此可以忽略 $K\beta$ 项。式（2-8）可以简化为：

$$q_n \tan q_n = \frac{Bi_m}{K} (n = 1, 2, \cdots\cdots) \tag{2-9}$$

相比式（2-8），式（2-9）显著降低了计算复杂度，同时提高了求根精度。利用式（2-9）和 $K\beta \ll \alpha K/Bi_m$ 的条件，解析解（2-7）可进一步简化为：

$$C_a(t) = C_{in} + \sum_{n=1}^{\infty} \frac{2\beta C_0}{(\alpha - q_n^2)(1 + K/Bi_m + q_n^2 K^2/Bi_m^2)} e^{-D_m L^{-2} q_n^2 t} \tag{2-10}$$

需要指出的是，模型中假定所有散发源具有相同的 D5 初始浓度 C_0。在一些特殊情况下，如果不同的散发源 C_0 存在比较大的差异，式（2-5）需修改为：

$$V\frac{dC_a}{dt} = QC_{in} - A\sum_i E_i - QC_a \tag{2-11}$$

式中，E_i 代表散发源 i 的散发速率，$\mu g/(m^2 \cdot s)$。

在此条件下，式（2-11）可通过分离变量法求解[12]，其中散发源 i 的散发速率可表示为（试验者到达之前的室内 D5 浓度为零）：

$$E_i(t) = D_m \sum_{n=1}^{\infty} \frac{2(q_n^2 + Bi_m^2/K^2)}{L(q_n^2 + Bi_m^2/K^2 + Bi_m/K)} \left[C_0 e^{-D_m L^{-2} q_n^2 t} + \int_0^t e^{-D_m L^{-2} q_n^2 (t-\tau)} K dC_a(\tau) \right] \tag{2-12}$$

联立式（2-11）和式（2-12），也可获得室内 D5 浓度，其称为半解析解。

解析解（2-10）建立了室内 D5 浓度和散发时间之间的显式关系。这种显式关系是快速准确地确定模型中散发关键参数的基础和前提，也是解析解的主要优点之一。此处采用如下思路进行分析：①利用解析解确定散发关键参数；②将关键参数代入半解析解，来预测 D5 的浓度等散发特性并和实验测试结果对比。

2.1.2　人体散发测试及模型验证

2.1.2.1　大学教室中人体散发实验

通常有两种实验方法来研究人体皮肤油脂层中 D5 的散发特性。一种是在环境舱中进行测试，另一种是在实际环境中进行现场实验。以下介绍实际环境中的现场实验及主要结果。

实验地点选择美国加利福尼亚州的一间大学教室。教室的体积约为 670m³，其在 8：00～20：45 间的换气次数为 5±0.5h⁻¹。教室内试验者（学生）人数由专人实时记录。实验采用质子传递反应-飞行时间-质谱仪（PTR-TOF-MS）实时监测教室中的 D5 浓度。PTR-TOF-MS 能够实现快速响应时间测量（以 s 或 min 为单位的全质谱），具有高灵敏度（ppt 级）和高质量分辨率。由于室外空气中含有一定量的 D5，因此每 5 min 由三通阀来切换 PTR-TOF-MS 交替测量入口和教室空气中的 D5 浓度。现场实验测试时间为 2014 年 11 月 6 日和 11 月 13 日。

2.1.2.2 散发关键参数测定

为了计算室内环境中 D5 的浓度，首先需要确定模型的三个关键参数（初始浓度 C_0、扩散系数 D_m 和分配系数 K）。关键参数 C_0 和 D_m 可利用直流舱 C-history 法来测定[13]。此处简要介绍其测量原理。通过分析 cVMS 的散发过程可知，当传质傅里叶数 F_{om}（$=D_m t/L^2$）大于 0.125 时，可基于式（2-7）导出：

$$\ln[C_a(t) - C_{in}] = SL \cdot t + INT \tag{2-13}$$

$$SL = -D_m L^{-2} q_1^2 \tag{2-14}$$

$$INT = \frac{2\beta C_0}{(\alpha - q_1^2)(1 + K/Bi_m + q_1^2 K^2/Bi_m^2)} \tag{2-15}$$

式中，q_1 是式（2-9）的第一个正根，其范围为 0～π/2。

式（2-13）～式（2-15）表明 $C_a(t) - C_{in}$ 的对数与散发时间 t 呈线性关系，斜率（SL）和截距（INT）是两个关键参数 C_0 和 D_m 的函数。因此，如果用 $C_a(t) - C_{in}$ 对 t 的实验数据进行线性拟合，可得到 SL 和 INT，再求解式（2-14）和式（2-15）即可得到 C_0 和 D_m。

当应用 C-history 法获得两个关键参数时，K 值需预先给定。对于人体皮肤油脂层中 D5 的散发，K 可由下式近似预测[14]：

$$\log K = \log K_{ow} + \log(HRT) \tag{2-16}$$

式中，K_{ow} 是辛醇-水分配系数，无量纲；H 是亨利常数，m/atm；R 是气体常数，atm/(m·K)；T 是温度，K。

根据美国环保署（EPA）的软件"EPI Suite"提供的物性数据，计算出 32℃下 D5 的 K 值为 3.27×10^4。环境条件、教室和皮肤油脂参数数据列于表 2-1 中。

环境条件、教室和皮肤油脂参数   表 **2-1**

参数	11 月 6 日	11 月 13 日
温度（08：10～11：50 期间，℃）	23.3 ± 0.6	22.8 ± 0.2
相对湿度（08：10～11：50 期间）	(46.2 ± 1.8)%	(62.6 ± 3.5)%
V (m³)	670	
N (1/h)	5 ± 0.5	
Q (m³/h)	3350 ± 335	
L (μm)	1	
A_p (m²)	0.095	
h_m (m/s)	9×10^{-4}	

为了验证模型结果的合理性，此处利用 11 月 6 日和 11 月 13 日第 1 节课的浓度数据来获取关键参数，而后用其他时段上课的浓度数据进行验证。图 2-2 给出了使用式（2-13）的线性拟合结果。根据 SL 和 INT，11 月 6 日第 1 节课（学生人数：24）的 C_0 和 D_m 分别为：$(8.80 \pm 0.62) \times 10^{10}$ μ/m^3 和 $(1.46 \pm 0.08) \times 10^{-16}$ m^2/s，而 11 月 13 日第 1 节课（学生人数：26）的 C_0 和 D_m 分别为 $(1.93 \pm 0.16) \times 10^{11}$ μ/m^3 和 $(1.35 \pm 0.07) \times 10^{-16}$ m^2/s。通过比较 11 月 6 日和 11 月 13 日所测定的关键参数可以发现，D_m 非常接近，而 C_0 相差大约 1 倍。表 2-1 中的环境条件表明，11 月 6 日和 11 月 13 日的温度几乎相同，而相对湿度变化很大（11 月 13 日是雨天）。以上结果表明，相对湿度对 C_0 有显著影响，而对 D_m 影响不大。这一结论与此前研究中其他 VOCs 的散发规律相一致[15,16]。

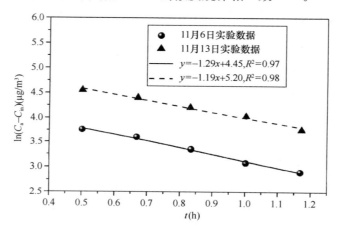

图 2-2   11 月 6 日和 13 日第 1 节课 D5 浓度的线性拟合结果

2.1.2.3   散发模型验证

获得散发关键参数后，利用半解析解可预测其他时间段教室内的 D5 浓度变化趋势。图 2-3（a）给出了 11 月 6 日第 1 节课和第 2 节课的模型预测值和实验数据的比较，而图 2-3（b）给出了 11 月 13 日第 1 节课和第 2 节课的比较。在计算中，对于不同测试天，使用上面测定的不同天的 C_0 和相近的 D_m。总体来说，图 2-3 中关于中期和长期散发的预测值与实测值符合较好，从而验证了散发模型及参数测定方法的正确性。导致散发初期的预测值和实测值浓度偏差的可能原因主要有：①式（2-16）的分配系数估算有一定误差，导致初期气相浓度的预测存在偏差（K 影响初期散发特性）；②教室内空气混合不均匀，尤其是学生进入教室上课的初始不稳定期。在现场实验中，第 1 节课和第 2 节课具有不同的学生人数（11 月 6 日与 11 月 13 日均如此），因此可视为独立的实验。模型预测值与第 2 节课实测值的一致性可以作为有效的独立实验验证。

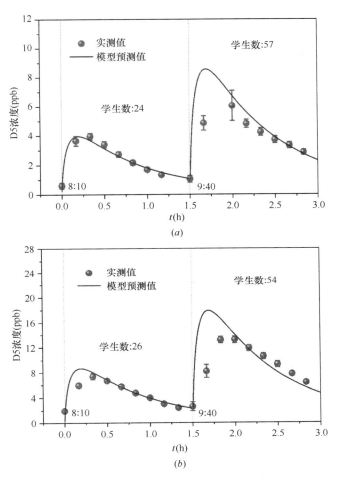

图 2-3　不同时间段 D5 浓度的模型预测值和实测值的比较

(*a*) 11 月 6 日；(*b*) 11 月 13 日

2.1.2.4　与其他模型对比

本节将所建立的散发模型与其他两种模型（即多途径暴露模型[17]和吸附/脱附模型[18]）进行对比。多途径暴露模型[17]用于预测个人护肤品的多途径散发，其同时考虑了皮肤油脂中的 VOCs 到空气和角质层的质量传递；吸附/解吸模型[18]用于预测室内材料和物品的 VOCs 散发，其忽略了内部扩散传质过程（假设 VOCs 总是均匀地分布在皮肤脂质中）[19]。

图 2-4 显示了基于不同模型计算得出的 11 月 6 日第 1 节课的空气中 D5 浓度。图 2-4 表明所建立的多途径暴露模型与吸附/脱附模型相比预测结果更为准确。当应用吸附/脱附模型计算 D5 浓度时，如果分配系数 K_e（$=K \times L$）不是从 D5 的

物性数据获得，而是通过实验数据回归，则预测结果可以得到改进。然而，非线性回归可能导致 K_e 的多解，且拟合的 K_e 不能通过独立实验获得，因此不能推广到其他环境条件。与吸附/解吸模型相比，散发模型中的参数具有明确的物理意义，且可以通过独立实验测定。此外，模型测定的关键参数为皮肤油脂层的物理参数，其反映了 D5 传质过程的实质，因此可以推广应用到其他室内环境（不同的房间体积、换气次数等）中。

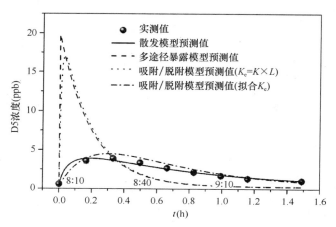

图 2-4　不同模型对 11 月 6 日
第 1 节课教室内 D5 浓度预测结果的比较

2.1.2.5　预测散发速率及相关因素分析

人体使用护肤品后 D5 的散发速率可由式（2-12）计算。结果表明，D5 的散发速率随时间而降低（短期内急剧下降，中期和长期逐渐降低）。基于所获得的逐时散发速率，可以得到每节课的人体 D5 平均散发速率。由于新进入教室的学生的活动可能导致每堂课的前 3 min 散发过程不稳定，因此数据处理时去除了前 3 min 的数据。表 2-2 列出了计算得到的 11 月 6 日和 11 月 13 日前两节课的平均散发速率，并将其与文献[2]中基于质量平衡估算的结果进行比较。两者的最大偏差小于 10%，进一步验证了模型的正确性。

11 月 6 日和 13 日前两节课计算得到的 D5 平均散发速率与
之前的研究结果对比　　　　　　　　　　　　　　　表 2-2

日期	课程	D5 散发速率（μg/（person·h））		
		本模型	文献数据[2]	相对偏差
11 月 6 日	第 1 节课（8:10—9:10）	4998	4640	7.7%
	第 2 节课（9:40—11:10）	3869	3680	5.1%
11 月 13 日	第 1 节课（8:10—9:10）	10698	9800	9.2%
	第 2 节课（9:40—11:10）	9136	8890	2.8%

　　据报道，典型消费者个人护肤品的使用频率是平均每天 1.1～1.4 次[5,20]。此处亦对该因素影响 D5 的散发特性进行了分析，结果如图 2-5 所示。图 2-5 显示，重复使用个人护肤品对 D5 散发过程有重要影响。一旦学生重复使用护肤品，教室内的 D5 浓度将急剧上升至峰值，然后逐渐下降，其比未重复使用护肤品的 D5 浓度高得多。如果 11 月 6 日第三节课有 21 名学生（学生总数：58）重复使用护肤品（相当于每天使用 1.36 次），则计算的 D5 浓度与实验数据相符。这可视为个人护肤品重复使用的有效验证。

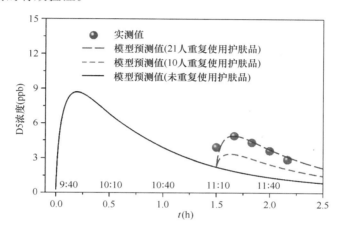

图 2-5　重复使用个人护肤品对 D5 散发特性的影响

2.2　建材散发污染及测定

　　挥发性有机化合物（VOC）作为室内空气污染的主要来源，广泛存在于室内装饰、装修建材内部。近年来建筑节能目标的快速推进使得建筑物的气密性得到了提高，促使 VOC 在室内空气中积聚，对室内人群的身体健康及工作效率产生了极大的影响。建材 VOC 传质特性参数的理论预测模型及实验测定方法是确定建材 VOC 散发特性的基础，也是指导 VOC 控制策略的前提。鉴于此，本节对建材孔隙结构建模、多尺度传质机理分析及环境舱建材 VOC 散发实验等建材散发污染研究的新进展进行介绍。

2.2.1　建材 VOC 散发特性参数理论预测模型

2.2.1.1　扩散系数分形毛细管束模型

　　扩散系数表征 VOC 分子在建材内部由于浓度梯度的作用扩散至建材表面的传质过程。如何科学地确定扩散系数是预测 VOC 散发特性的关键，合理地评价建材结构对气体扩散的影响是准确求解扩散系数的根本。传统实验研究方法得到的扩散系数仅适用于实验工况，难以从中剖析出建材结构参数等主控因素对扩散系数的作用机理。鲜有的扩散系数理论分析模型对建材结构的表征采用了大量的简化处理，以理想化的单一结构模型来代替多孔建材孔隙结构，与实际复杂多变的多孔介质形态存在较大的差异。

多孔建材具有复杂的结构特征，其内部孔径范围横跨多个数量级，孔隙尺度不同所引起的气体扩散规律亦有所差异。根据努森数 K_n（分子平均自由程与孔径的比值）可将多孔介质内的孔隙分为三类：宏观孔、介观孔、微观孔，其对应的气体扩散类型分别为分子扩散、过渡扩散、努森扩散。为准确描述多孔建材内的孔隙分布规律，对市面上室内装修常用的密度板及刨花板进行扫描电子显微镜（SEM）观测，如图 2-6 所示，可归纳得到以下结构特征：宏观孔相互连通构成建材内部主要的孔隙网络，这些孔隙网络即为气体扩散的主传质路径，各传质路径在传输方向上迂回前进，其孔径也是不断变化的；而介观孔则主要存在于各主传质路径之间，将宏观孔组成的传质路径相互连接，最后形成一套完整的由宏观孔承担主要传质通量，介观孔为辅的传质网络[21]。

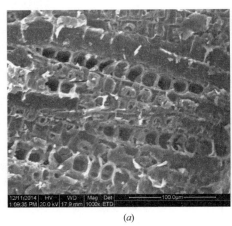

(a)   (b)

图 2-6   建材 SEM 图像
(a) 横截面；(b) 纵切面

基于上述分析，可将多孔建材内的传质通道等效为一束并联的毛细管。对于其中的单根毛细管来说，其轴向是由不同孔径的宏观孔串联组成。但每根毛细管轴向的宏观孔串联顺序是无序的，因此并联毛细管束在同一横截面上的孔径分布具有随机性。在这无序和随机的现象背后，存在着某种特定的规律性，这种规律性可用分形理论予以表述，即宏观毛细管束在同一截面上的孔径分布服从分形幂规律。对于介观孔，其与宏观孔的连接方式可分为两类，一类存在于相邻毛细管束之间，使原本彼此孤立的毛细管相互连接；另一类则存在于同一毛细管的不同轴向管段之间，使宏观孔管段间形成介观孔的并联旁路。介观孔之间的相互连接无法形成一个直接穿透建材的传质路径，其必须通过宏观孔才能到达建材表面。此模型即为多级串联宏观分形毛细管束（Multistage Series-connection Fractal Capillary-bundle，MSFC）模型[22]。

在主传质路径上，宏观毛细管束的扩散方向是确定的，即由高浓度区域向低浓度区域扩散。对于双面散发的建材，宏观毛细管束内的气体由建材厚度中部的高浓度区域向两侧表面的低浓度区域扩散；而介观孔内的扩散传质方向则比宏观孔复杂得多，由于介观孔两端的浓度差难以判定，介观孔内的传质方向存在瞬时变化的特性。通过压汞实验发现，介观孔体积占总孔体积的比例甚小，其平均传质阻力却比宏观孔大多个数量级，且介观孔不处在主要的传质路径上，为简化计算忽略介观孔传质通量的影响，只对宏观毛细管束计算其扩散系数，其简化物理模型如图 2-7 所示。

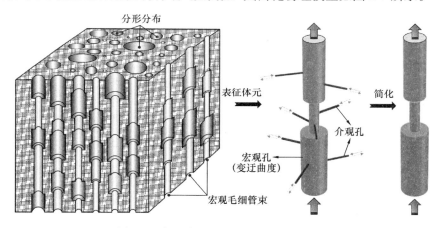

图 2-7　多级串联宏观分形毛细管束模型

基于上述物理模型，对孔径分布、孔隙率及迁曲度等关键参数进行分形分析，可得到有效扩散系数 D_e 的表达式为[22]：

$$D_e = \frac{\pi D_r d_p \lambda_{\max}^{d_p} (\lambda_{\max}^{3d_t - d_p - 1} - \lambda_{\min}^{3d_t - d_p - 1})}{4 A_t L_0^{3d_t - 3} (3d_t - d_p - 1)} \tag{2-17}$$

式中，D_r 为串联毛细管的平均扩散系数，m^2/s；d_p 为分形毛细管束的孔面积分形维数；d_t 为迁曲度分形维数；$\lambda_{\min}$ 为宏观孔范围内的最小直径，m；$\lambda_{\max}$ 为宏观孔范围内的最大直径，m；L_0 为沿着流动方向毛细管道的特征长度：$L_0 = \left[\frac{1 - \phi_v}{\phi_v} \frac{\pi d_p \lambda_{\max}^2}{4(2 - d_p)} \right]^{1/2}$ [23]，其中 ϕ_v 为体孔隙率，无量纲；A_t 为多孔介质的总截面积，$A_t = \frac{\pi d_p \lambda_{\max}^2}{4 \phi_s (2 - d_p)} \left[1 - \left(\frac{\lambda_{\min}}{\lambda_{\max}} \right)^{2 - d_p} \right]$ [23]，m^2；ϕ_s 为面孔隙率，其与体孔隙率的转换关系为：$\phi_s = \bar{\tau} \phi_v$ [24]；$\bar{\tau}$ 为分形毛细管束的平均迁曲度，$\bar{\tau} = 1 - 0.63 \ln \phi_v$ [25]。

式（2-17）即为基于宏观分形毛细管束模型得到的多孔建材有效扩散系数解析

式，其建立了有效扩散系数与建材结构间的关系，式中各参数均有明确物理意义，以实验手段对建材结构进行表征即可对其扩散系数进行理论预测。

选择常用的密度板及刨花板作为研究对象，通过压汞实验获得其孔径分布数据，在此基础上，对各孔径对应的圆柱形毛细管段长度及单位长度的扩散阻力进行计算，其结果如图 2-8 所示。当孔径进入到介观范围内孔体积均呈明显的下降趋势，在 $0.01\mu m$ 处孔体积基本接近 0。从累计孔体积分布线可发现同样的规律，宏观孔区域内累计孔体积呈明显的上升趋势，进入介观孔范围后上升趋势明显平缓。因此，宏观

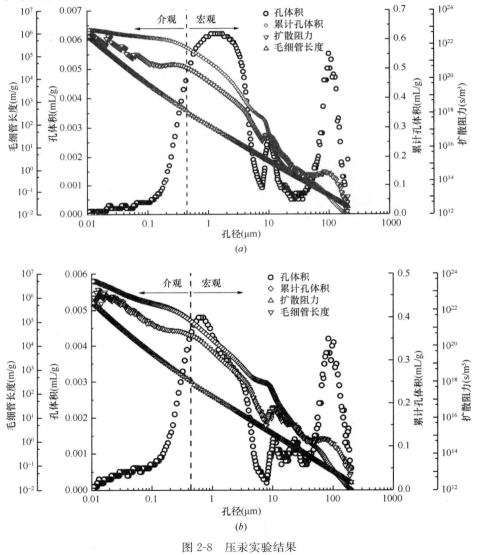

图 2-8　压汞实验结果

（a）密度板；（b）刨花板

孔体积占总孔体积的绝大部分，介观孔部分所占体积相比宏观孔甚小。但是，随着孔径减小单位传质阻力不断递升，介观孔的单位长度平均传质阻力为宏观孔平均传质阻力的 10^4 倍以上。此外，介观孔长度远大于宏观孔长度。综合上述两项因素，介观孔与宏观孔的总传质阻力之间的差距更为明显，因此传质通量间也会存在巨大差距，即介观孔传质通量远小于宏观孔。故 MSFC 的数学模型中对代表体元进行简化，忽略介观孔的传质作用，仅计算宏观串联毛细管束的传质通量的假设是合理的。

将 MSFC 模型计算得到的有效扩散系数代入多孔介质 VOC 传质模型[26]中，计算密度板在密闭环境下的甲醛散发情况，其与实验值的对比如图 2-9 所示。此外经典的双尺度模型[27]及 Blondeau 模型[28]的计算值也在此一并对比。由图 2-9 可直

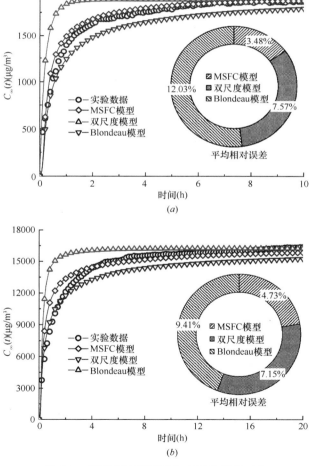

图 2-9　模型理论预测值与实验数据的对比

(a) 密度板；(b) 刨花板

观地看出各模型理论计算值与实验值的对比情况，Blondeau 模型在散发初期对浓度的预测值过高，这主要是由于模型设定时将宏介观孔相互并联，忽略了传质路径上的孔径变化，大孔径孔道传质阻力远小于小孔径孔道，因此大孔径孔道传质通量占主导，从而引起扩散速率及初期散发浓度值比实际状况偏大，其到达平衡浓度的时间相比实验状态亦提前很多。相反的，双尺度模型则对浓度的预测值过低，这归因于其模型中假设宏、介观孔间隔串联，而宏、介观孔的孔径跨度极大，此连接方式带来的问题是介观孔传质阻力远大于宏观孔，导致宏-介观串联模型的总体传质通量受制于介观孔变得很小，从而引起扩散速率的降低及前期浓度值预测值的偏小，其达平衡浓度的时间相比实验状态有所延迟。MSFC 模型对密度板 VOC 散发浓度的预测精度与实验数据吻合度较高，能对密闭环境下的建材 VOC 散发做出更为准确的预测。

2.2.1.2 分配系数双尺度预测模型

分配系数描述了建材和气相接触界面在平衡状态时，界面处吸附质固相浓度与气相浓度之比。现有关于分配系数的研究多从实验角度出发，但关于温度、VOC 属性及建材参数等主控因素对分配系数的作用机理研究仍鲜有文献报道。基于 Langmuir 单分子层吸附理论可对分配系数进行理论推导，得到分配系数与温度的函数关系式[29]。但由于建材内孔径尺度的差异使得气体分子在不同孔径尺度内的吸附机理存在本质的不同，直接影响了分配系数的取值计算，因此分配系数在多尺度孔隙结构下的作用机理仍需进一步探索和研究。

建材作为多孔介质，其表面能量具有非均匀分布特性，且和大部分多孔介质一样其表面形态具有分形特征。当气体分子在建材界面发生吸附时，气体分子与建材界面之间的结合能不仅与两者间的垂直距离有关，气体分子所处的水平位置亦会产生影响。吸附势理论的观点认为固体界面存在吸附势能场，气体分子进入此势能场的控制范围即被吸附。吸附势能起作用的空间被称作吸附空间，在该空间范围内，吸附质气体与吸附剂表面的距离越大，气体密度越低，因此在吸附空间的最外缘，吸附质气体的浓度和气相空间中自由气体的浓度已基本一致，吸附力场的最大作用范围即为极限吸附空间[30]。

微孔的孔径范围与分子尺度相当，孔壁表面的势能场由于距离较近发生了相互叠加，使得微孔内部的势能分布与均匀平面完全不同，造成其吸附机理存在本质的差异[31]。处于微孔中的吸附质分子受到四周孔壁相互叠加的 Van der Waals 色散力作用，微孔内的气体吸附行为是孔填充，而非单分子层吸附理论所假设的表面覆盖形式（如图 2-10 所示）[32]。因而，在微孔中的吸附势能较平面上大得多，微孔中的吸附容量受孔体积控制。若已知材料中微观孔的孔隙率 ϕ_1，则微孔分配系数可表示成[33]：

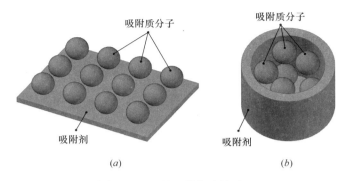

图 2-10 两种吸附方式的对比

(*a*) 单分子层吸附；(*b*) 孔填充吸附

$$K_1 = \exp\left[-\frac{1}{k^{0.5}RT}\ln^{0.5}\left(\frac{\overline{V}p_0}{\phi_1 RT}\right)\right] \tag{2-18}$$

式中，V 为液态吸附质的摩尔体积，m^3/mol；p_0 为饱和蒸汽压，Pa；k 是由建材-VOC 工质对性质所决定的常数；R 为通用气体常数，8.314 J/(mol·K)；T 为热力学温度，K。

对于介观孔和宏观孔，其孔壁间的距离大于微孔，吸附势能场的叠加效应并没有微孔明显，或由于孔径较大势能场未发生叠加，因此其孔内的平均吸附势能小于微孔，但是宏、介观孔内吸附过程仍可认为是以孔填充的形式发生，其吸附行为介于单分子层吸附与微孔吸附之间，在孔隙表面发生多分子层吸附。若已知材料的宏-介观孔的孔隙率 ϕ_2，则宏-介观孔分配系数可表示成[33]：

$$K_2 = \left(\frac{\phi_2 RT}{\overline{V}p_0}\right)^{\frac{1}{mRT}} \tag{2-19}$$

式中，m 是由建材-VOC 工质对性质所决定的常数。

利用多气固比法[34]对密度板及刨花板在 18℃、23℃、28℃、33℃ 下的甲醛分配系数进行了测定，实验结果与宏-介观孔分配系数理论预测模型的拟合结果如图 2-11 所示。

为进一步验证理论模型的准确性，利用同系物化学性质相似的特点对醛类同系物的分配系数进行理论推导，得到另外四种醛类 VOC（乙醛、丙醛、戊醛、庚醛）的分配系数解析式，其拟合结果如图 2-12 所示。对各醛类化合物的分配系数进行分析可以发现，液相摩尔体积越大则其分配系数越大。各醛类化合物的分配系数均随着温度的升高而减小，且化合物的液相摩尔体积越大，其分配系数对温度的变化越为敏感。

2.2.1.3 初始可散发浓度差异化分布预测模型

初始可散发浓度 C_0 是对建材散发最为敏感的一个重要参数。现有对初始可散

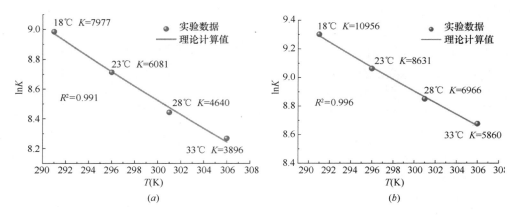

图 2-11　甲醛分配系数与温度的线性拟合

(*a*) 密度板；(*b*) 刨花板

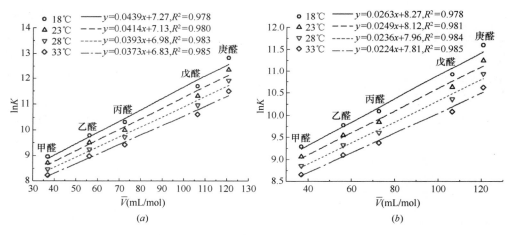

图 2-12　醛类同系物分配系数线性拟合验证

(*a*) 密度板；(*b*) 刨花板

发浓度的研究多集中在设计快捷可靠的实验方案进行测定，但对其成形过程仍缺乏机理性的认识。有相关研究提出初始可散发浓度与总浓度之间的比例差异，建立了初始可散发浓度与温度的函数关系[35]。但其假设吸附势能均一，忽略了差异化多孔结构下势能的非均匀分布特征。因此，如何在掌握建材结构参数的前提下，进一步剖析 VOC 分子多尺度脱附机制，实现初始可散发浓度的准确预测，是目前亟须解决的问题。

　　研究建材内的初始可散发浓度，首先需对 VOC 分子在建材孔隙结构下的吸附、脱附过程进行全面的剖析。VOC 分子与建材固相颗粒表面间的作用力主要由物理力所控制，即分子间作用力，又称范德华力（Van der Waals force），它包括色散力、静电力和诱导力，这种作用力无方向性和饱和性。VOC 分子在建材颗粒表面发生物理吸附时，由于分子间作用力较弱，吸附热较小，在温度较低时吸附过程较快，且该过程可逆，吸附质分子易解吸再次逃逸至空气中。吸附质分子发生解吸的条件为，气体分子的动能大于其与建材间的物理结合能[35]，该物理结合能即为建材表面对 VOC 分子的吸附势能。多孔建材表面形态不统一，其表面能量的不均匀性使得不同吸附位上气体脱附所需的能量并不相同。与此同时，气体分子热运动速率各异，因此各气体分子动能亦不相同，且在随时间不断改变。对单个气体分子做逐一分析显然不实际，因此需在复杂的热力学现象背后，由大量气体分子整体表现出来的热学性质中得到气体分子动能分布的规律。

如图 2-13 所示，建材内各孔径下的吸附势能场可吸附的气体分子量存在差异，将不同孔径的吸附量叠加即为建材内吸附质分子的总含量。但是该部分吸附质分子并非都可散发，在常温下建材内 VOC 分子的可散发量仅占其总含量的一小部分。建材内不同孔径尺度的吸附力场不同，微观孔吸附势能大于宏、介观孔尺度下的吸附势能，因此需对不同孔径下的势能场依次分析，得到建材内的吸附势能概率分布，再由气体脱附判据来分析 VOC 分子的可散发比例。如图 2-13（c）所示，实线为分子动能概率密度分布，虚线为吸附势能的概率分布，对气体分子动能大于吸附势能的部分进行积分即可得到可散发比例。

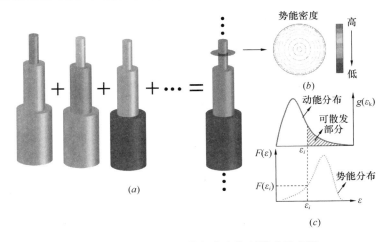

图 2-13　多级初始可散发浓度物理模型示意图
（a）各孔径吸附势能场叠加过程；（b）单个孔隙截面势能场分布
（c）吸附势能及分子动能的分布及其与可散发比例之间的关系

由于建材内孔径分布为离散分布，其吸附势能的分布律也呈离散分布。建材内吸附质分子脱附的条件为，气体分子动能大于等于吸附势能，可散发部分由图 2-13（c）定性给出。可散发部分比例 η 即为初始可散发浓度 C_0 与总浓度 $C_{0,\text{total}}$ 之间的比值，其关系可由式（2-20）表述[36]：

$$\eta = \frac{C_0}{C_{0,\text{total}}} = \Sigma \int_{\varepsilon_i}^{\infty} F(\varepsilon_i) g(\varepsilon_k) d\varepsilon_k \tag{2-20}$$

式中，$F(\varepsilon_i)$ 为吸附势能为 ε_i 时的概率；$g(\varepsilon_k)$ 为理想气体分子动能分布的概率密度。

对式（2-20）进行化简，得到初始可散发浓度 C_0 的表达式为[36]：

$$C_0 = \psi \Sigma F(\varepsilon_i) \sqrt{\frac{\varepsilon_i}{kT}} e^{-\frac{\varepsilon_i}{kT}} \tag{2-21}$$

式中，ψ 为与温度不相关的常数，仅与建材-VOC工质对的物理性质相关。严格来说，$\psi = 2C_{0,\text{total}} / \sqrt{\pi}$，将其简化为常数的目的是考虑到气体分子被限制于材料表面时，气体动能可能会偏离原有的理想气体动能分布，故将 ψ 设为常数以减小由此产生的误差。

利用压汞实验得到的孔径分布数据计算其对应的吸附势能分布规律，如图2-14所示，建材内吸附势能均存在着明显的差异，其最大值与最小值之间存在着两倍以上的差距，因此以吸附势能均值替代其波动特性是难以准确获得可散发部分比例的。

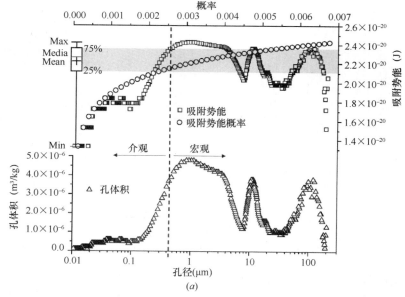

图 2-14 建材内吸附势能分布（一）

（a）密度板

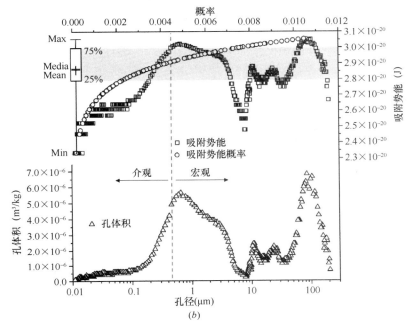

图 2-14 建材内吸附势能分布（二）

（b）刨花板

如图 2-15 所示，由初始可散发浓度的实验数据与理论计算值的拟合结果可见，可决系数（R^2）高于 0.97，理论模型的预测准确性可被接受。根据初始可散发浓度随温度变化的关系式，可对建材在其他温度下的初始可散发浓度进行预测。

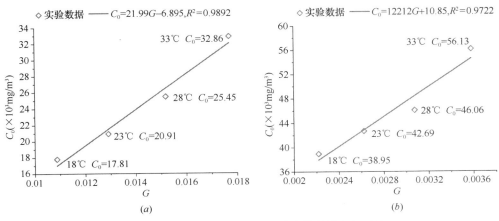

图 2-15 C_0 的实验数据与理论计算值的拟合与对比

（a）密度板；（b）刨花板

2.2.2   建材 VOC 散发特性参数实验测定方法

2.2.2.1   密闭/通风间歇散发法

密闭/通风间歇散发法（Alternately Airtight/Ventilated Emission，AAVE)[37]
的测试原理为：将待测建材置于温湿度恒定的清洁环境舱内，首先使环境舱处于密
闭状态，经过一段时间的散发，环境舱内 VOC 浓度达到平衡状态，记录下该平衡
浓度的值；再以恒定的流量向环境舱内通入清洁空气，另一端则以相同速率排出环
境舱内的气体，此时环境舱内的建材处于一个通风散发状态，记录下环境舱内的浓
度逐时变化情况；经过一段时间后，停止通风换气，再次以密闭状态进行散发，则
环境舱内的 VOC 浓度将达到一个新的平衡浓度，记录下该平衡浓度值；继续通风
换气，进行通风状态下的建材 VOC 散发。依次切换密闭、通风状态，多次循环
后，得到多个密闭状态下的平衡浓度及通风换气时排出的 VOC 的质量。其原理图
如图 2-16 所示。

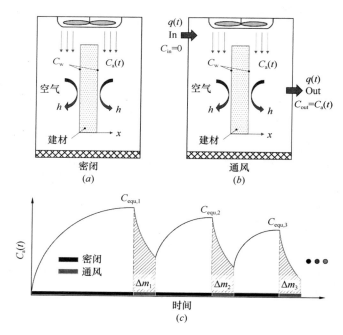

图 2-16   密闭/通风间歇散发法实验原理图
(*a*) 环境舱密闭散发；(*b*) 环境舱通风散发；(*c*) 舱内浓度变化

通过重复执行上述的操作，可得到多组密闭-通风间歇运行后的质量平衡方程，
其通用表达式为：

$$\sum_{j=1}^{i-1} \frac{\Delta m_j}{V_m} = -(K+\beta)C_{equ.i} + C_0 \tag{2-22}$$

式中，Δm_j 为通风换气时排出环境舱的 VOC 的质量，mg；V_m 为建材体积，m^3；β 为气固比值，定义为环境舱内空气与建材的体积比值；$C_{equ.i}$ 为密闭状态下环境舱内气相 VOC 的平衡浓度，mg/m^3。由上式所示，若测量不同密闭状态下的 VOC 平衡浓度 $C_{equ.i}$ 及不同通风状态下的 VOC 排出量 Δm_j，则可通过多组数据进行线性拟合，由方程的斜率及截距得到 K 及 C_0 的实验测量值。

密闭-通风间歇散发法在多次散发回归法[38]的基础上对通风状态下的 VOC 排出量有了更为精确地控制，可实现对平衡状态点之间的浓度间隔的主动调节；此外由于测试建材从实验开始后便始终置于环境舱内，不必频繁的取出，避免了由于外界环境因素对建材散发的干扰及环境舱内壁多次吸附带来的实验误差。

实验对象选用室内装修常见的密度板和刨花板。密度板与刨花板在生产的过程中需要使用大量的脲醛树脂及酚醛树脂以维持其结构及加工性能。甲醛作为脲醛树脂及酚醛树脂的主要原料，是室内空气污染的罪魁祸首，已被国际癌症研究署（IARC）确定为 I 类致癌物[39]。因此选择甲醛作为目标 VOC 进行实验测定。环境舱实验测试系统如图 2-17 所示。

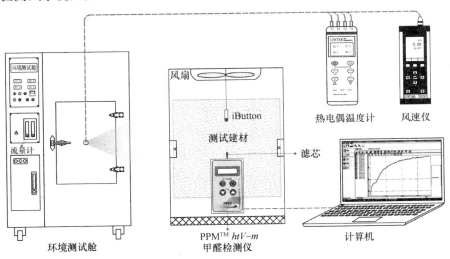

图 2-17　实验系统示意图

各建材都经历了 5 次密闭散发及 4 次直流通风，其对应的 $C_{equ.i}$ 及 Δm_j 已在图 2-18 中显示。根据实验得到的 $C_{equ.i}$ 及 Δm_j 的数值，代入式（2-22）中进行线性拟合，结果如图 2-19 所示，各建材线性回归得到的可决系数均在 0.95 以上，拟合度较高。根据置信区间与预测区间，可在建材体积及气固比确定的前提下，根据平衡浓度的设定要求来合理选择 Δm 的取值。根据拟合直线的斜率和截距计算获得的 K

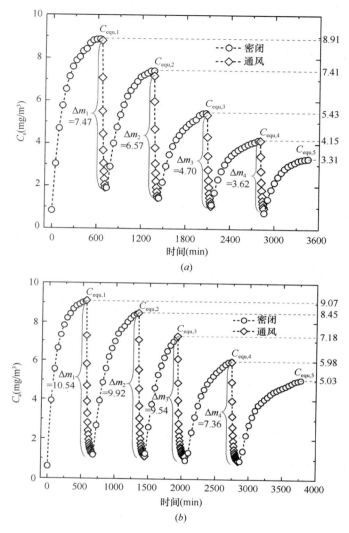

图 2-18   密闭通风间歇散发实验结果

（a）密度板；（b）刨花板

与 C_0 已在图 2-19 中显示。

如图 2-20 所示，通过计算归一化相对敏感系数 J_{Di}、J_{Ki} 与 J_{C0i} 来表征 VOC 浓度对散发特性参数变化的敏感度。对比 J_{Di}、J_{Ki} 与 J_{C0i} 随散发时间的变化趋势，得到如下的结论：J_{C0i} 的数值最大，因此 C_0 对散发的敏感程度最高，且其在不同时间下的数值始终维持在 1，可推断 C_{equ} 与 C_0 成正比关系；J_{Ki} 为负值，即 C_a（t）与 K 的变化呈相反趋势，J_{Ki} 的绝对值随时间推移逐渐增加，因此 K 对 C_{equ} 的影响较大；J_{Di} 的数值最小，D 对散发的敏感程度最低，当到达平衡状态后，D 的变化对 C_{equ}

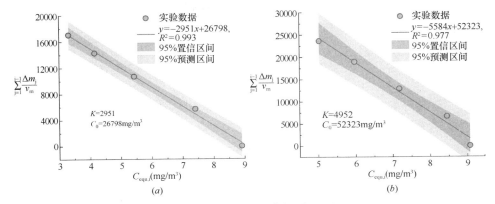

图 2-19 实验结果拟合得到 K，C_0

（a）密度板；（b）刨花板

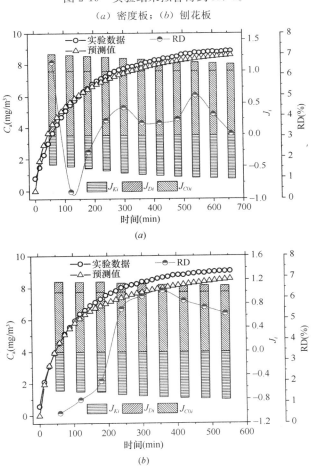

图 2-20 实验数据与预测值的对比与分析

（a）密度板；（b）刨花板

的影响极小。此外，实验测量值与理论预测值的 RD 均在 8% 以内。因此利用 AAVE 法得到建材三个关键散发参数的测量结果是可靠的。

由前述参数的敏感性分析可知，K 与 C_0 对散发的影响程度均较大。为保证实验数据拟合结果的准确性，不同平衡浓度之间的差值应在合理范围之内。AAVE 法通过针对不同建材-VOC 工质对的性质来调整通风量，实验过程中共切换 4 次直流通风，出现 5 个平衡浓度值，以前后两次的平衡浓度差值大于 $C_{\text{equ},1}$ 的 0.1 倍为安全阈值下限，为使最后一个平衡浓度 $C_{\text{equ},5}$ 的值不至于过低影响测量精度，以 C_0 的 0.25 倍为排出 VOC 量的安全阈值上限。因此，前后平衡浓度差值满足如下关系式

$$0.1C_{\text{equ},1}V\left(\frac{K}{\beta}+1\right) \leqslant \Delta m \leqslant 0.25C_{\text{equ},1}V\left(\frac{K}{\beta}+1\right) \tag{2-23}$$

上式对 Δm 的取值范围进行了规定，图 2-21 可直观地反映出 Δm 随着 $C_{\text{equ},1}$ 及 K/β 的变化规律，随着 $C_{\text{equ},1}$ 及 K/β 的增大，Δm 的值也不断增加，图中两曲面分别代表 Δm 取值的上下限。在确定了 $C_{\text{equ},1}$ 及 K/β 的数值后，Δm 的取值应当在上下曲面之间进行选择。

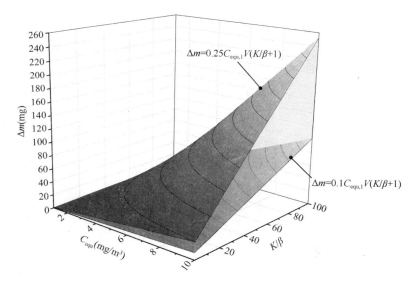

图 2-21 Δm 的取值与 $C_{\text{equ},1}$ 及 K/β 的关系

2.2.2.2 阶跃温升密闭散发法

随着季节的变化和对室内环境调控的差异，实际室内环境的温度变化范围较大，其对应的 VOC 散发特性也呈现短期日变化及长期季节性变化特征。因此，掌握常用室内温度范围下的建材 VOC 散发特性方可全面反映其对室内空气质量的影

响，但是已有实验方法每次只可对一种温度工况下的散发参数进行测定，无法一次完成对多个温度工况散发特性参数的同时测定。开发一种可同时测量多个环境温度下建材散发特性参数的实验方法，可大幅缩短实验时间，对于准确测定建材污染水平具有重要的实践意义。

众多学者的研究中发现，随着室内环境温度的升高，建材甲醛散发的 D 和 C_0 则随之递增，而 K 随之减小，三者共同作用使得甲醛散发速率增加，室内甲醛浓度升高。根据甲醛在不同环境温度下的散发特性，提出了一种阶跃温升密闭散发法（Step Temperature Rising Emission，STRE）[40]，通过吸附势理论推导 C_0 与 K 之间的解析关系式，利用单次实验即可同时测定建材在多个温度下的 K 与 C_0，极大地提高了散发特性参数的测量效率。

基于吸附势能理论、亨利定律及理想气体状态方程，推导得到 C_0 与 K 服从式（2-24）：

$$C_0 = \mu \frac{\sqrt{\ln K}}{K} \tag{2-24}$$

式中，μ 为常数，受温度及建材种类的双重影响。

对于密闭环境舱中建材在不同温度下的甲醛散发达到平衡状态时，利用式（2-24）可推导得到气相甲醛平衡浓度满足：

$$C_{equ,p} = \frac{\mu \sqrt{\ln K_p}}{K_p(K_p + \beta)}(p = 1, 2, 3 \cdots \cdots) \tag{2-25}$$

将不同温度下的 $C_{equ,p}$ 代入目标函数式（2-25）中，利用全局最优算法，求出 K_p 及 A 的值使式（2-26）的 ϕ 值最小。即可得到不同温度下的 K_p 的值，进而根据式（2-24）计算得到各温度对应的 C_0。综上，此方法被称为阶跃温升密闭散发法。

$$\phi = \sum_{p=1}^{4} \left[C_{equ,p} - \frac{\mu \sqrt{\ln K_p}}{K_p(K_p + \beta)} \right]^2 \tag{2-26}$$

文献[35,41,42]均对不同温度下的建材甲醛散发特性参数进行过报道，为验证式（2-24）的准确性，将上述文献中 C_0 及 K 的数据与式（2-24）进行线性拟合，其结果如图 2-22 所示。由文献数据的拟合结果可以发现，R^2 均大于 0.98，因此，式（2-24）能够准确地反映 C_0 及 K 之间的关系。

验证 C_0 与 K 的关系式后，即可根据阶跃温升密闭散发法对建材的散发特性参数进行测定，密度板及刨花板在 4 个不同温度下的测试结果如表 2-3 所示。

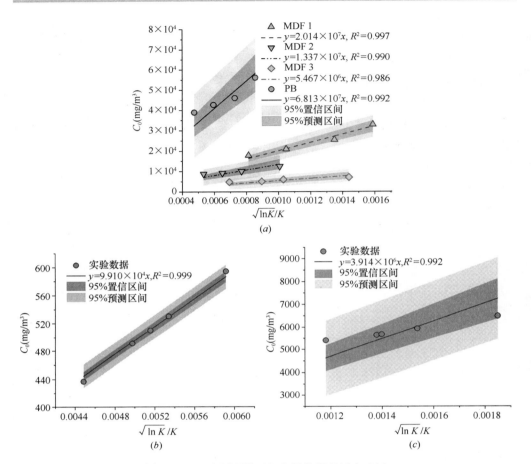

图 2-22 理论预测模型与文献数据的拟合验证

(a) 式（2-24）与文献[41]的数据拟合；(b) 式（2-24）与文献[42]的数据拟合；

(c) 式（2-24）与文献[35]的数据拟合

测试建材在不同温度下的散发特性参数　　　　　　　　　　　　　　　表 2-3

材料	参数	18℃	23℃	28℃	33℃	ϕ
密度板	C_{equ}（mg/m³）	4.84	7.46	11.27	17.02	3.489×10^{-20}
	K	1660	1311	1043	827	
	C_0（mg/m³）	8833	11011	13614	16884	
刨花板	C_{equ}（mg/m³）	6.13	8.53	11.25	16.37	1.191×10^{-22}
	K	890	740	633	510	
	C_0（mg/m³）	6216	7370	8516	10379	

根据上述非线性拟合的结果，得到密度板及刨花板 C_0 与 K 的关系式分别为 C_0

$= 5.387 \times 10^6 \dfrac{\sqrt{\ln K}}{K}$ 及 $C_0 = 2.121 \times 10^6 \dfrac{\sqrt{\ln K}}{K}$。当获得 K 或者 C_0 其中一个参数的数值后，可以通过上式计算得到另一个参数。上述关系式为 VOC 传质模型的求解及新实验方法的开发提供了更多的途径。

根据 STRE 法得到的各建材 C_{equ} 与 K 及 β 的关系可以发现 K 及 β 越小，C_{equ} 增大的幅度越大。由于 K 是建材-甲醛工质对的固有属性，因此使用阶跃温升密闭散发法测量建材的甲醛散发特性参数时，需要选择适宜的气固比值，使得不同温度下的平衡浓度存在一个合理的差距，以期提高拟合求解的精度。此处以不同温度下相邻平衡浓度相差 20% 以上认为是合理的，得到 C_{equ}、K、β 需满足下列不等式：

$$\beta \leqslant \frac{0.108K\sqrt{\ln K}}{1.08\sqrt{\ln K} - \sqrt{\ln(0.9K)}} - K \tag{2-27}$$

式（2-27）中 β 与 K 的关系如图 2-23 所示。β 与 K 的关系近似为线性关系，即 $\beta \leqslant 0.249K$（$R^2 = 0.999$），可通过该线性关系简化 β 的取值计算。选择合理的气固比值有助于提高实验的精度。

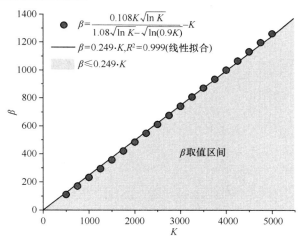

图 2-23　STRE 法中 β 的合理取值范围

2.3　室内化学污染控制

2.3.1　吸附法净化室内化学污染物

2.3.1.1　吸附法净化化学污染物技术基础

（1）吸附净化原理

气体吸附是用多孔固体吸附剂将气体混合物中一种或数种组分富集于固体表

面，从而与其他组分分离的过程。气体吸附得以实现的本质是固体表面上的分子力处于不平衡或不饱和状态（图 2-24）。消除残余力，实现平衡是一个自发过程，因而固体会与其接触的气体吸引到自己的表面上。必须指出的是，固体表面力的平衡过程瞬间发生，这意味着固体表面实际上始终处于力的平衡状态，即始终有气体分子吸附在固体表面（对于液固吸附过程，为液体分子吸附在固体表面）。因此，气体吸附净化中，气态污染物在固体表面吸附的实质是使原先吸附在固体表面的气体分子解离，新的气体分子吸附的再平衡过程（图 2-25）。

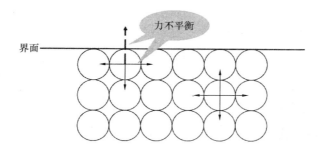

图 2-24　固体表面分子力不平衡状态示意图

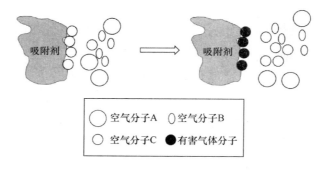

图 2-25　气态污染物在固体表面的吸附

　　根据固体吸附剂表面与被吸附物质之间作用力的不同，吸附可以分为物理吸附和化学吸附两种类型。

　　1）物理吸附

　　物理吸附由分子间引力（范德华力）引起，可以是单层吸附，也可以是多层吸附。不过，在室内空气净化中，因为气态污染物浓度很低，因此多层吸附的过程难以发生。物理吸附中的特征包括：①吸附质与吸附剂之间不发生化学反应；②吸附过程极快，参与吸附的各相间常常瞬间达到平衡；③吸附为放热反应；④吸附剂与吸附质之间的吸附力不强，当气体中吸附质分压降低或温度升高时，被吸附气体容易从固体表面逸出，而气体的性质不会发生改变。⑤对吸附的气体没有选择性，可以吸附一切气体，只是由于不同分子间的引力存在差异，因而同一吸附剂对不同气体组分的吸附能力不同。对于气体吸附净化而言，总是希望吸附剂吸附气态污染物的能力大于其他气体组分。

2）化学吸附

化学吸附由固体吸附剂表面与吸附气体分子之间的化学键力引起，是固体与吸附气体分子之间化学作用的结果，因此只能发生单层吸附。化学吸附的特征包括：①吸附需要一定的活化能；②吸附速率较慢。达到吸附平衡需要很长时间；③升高温度可以提高吸附速率；④吸附力较强，远大于物理吸附的范德华力；⑤吸附有很强的选择性，只在存在化学作用的气体分子与吸附剂之间发生。

值得指出的是，同一种物质可能在温度较低时发生物理吸附，而在温度较高时发生化学吸附，即化学吸附发生在物理吸附之后，当吸附剂逐渐具备足够的活化能后，化学吸附才能发生。另外，当吸附质与吸附剂长时间接触后，最终会达到吸附平衡。平衡吸附量是吸附剂对吸附质的极限吸附量，也称为静吸附量分数或静活性分数，它是吸附系统设计和运行的重要参数。

（2）常用吸附剂

对于吸附剂的一般要求包括：①具有巨大的比表面积和疏松的结构；②对不同气体的吸附作用存在差异；③具有足够的机械强度、化学与热稳定性；④吸附容量大；⑤来源广泛、造价低廉；⑥良好的再生性能。满足这些要求的吸附剂主要包括活性炭、硅胶、活性氧化铝和沸石分子筛，表 2-4 给出了这些吸附剂的主要物理性质。

常用吸附剂的主要物理性质　　　　　　　　　　表 2-4

吸附剂类型	活性炭	硅胶	活性氧化铝	沸石分子筛
堆积密度（kg/m³）	200～600	800	750～1000	800
空隙率	0.33～0.55	0.40～0.50	0.40～0.50	0.30～0.40
比表面积（m²/g）	600～1400	300～830	95～350	600～1000
微孔体积（cm³/g）	0.5～1.4	0.3～1.2	0.3～0.8	0.4～0.6
平均孔径 $\cdot 10^{10}$/m	20～50	10～140	40～120	—
比热容 [kJ/(kg·K)]	0.84～1.05	0.92	0.88～1.00	0.80
再生温度（K）	373～413	393～423	473～523	473～573
导热系数 [kJ/(m·h·K)]	0.50～0.71	0.50	0.50	0.18

1）活性炭

活性炭是许多具有吸附性能的碳基物质的总称，是一类应用最早、用途最为广泛的吸附剂，而且因其丰富的孔结构而具有良好的吸附性能。活性炭是由各种含碳物质如煤、木材、锯木、骨头、椰子壳、果壳和核桃壳等碳化，并经活化处理得到。碳化温度一般低于 873K，活化温度为 1123～1173K。其中最好的原料是椰子壳，其次是核桃壳或水果壳等。

活性炭的比表面积在 600～1400m²/g，孔径分布较宽，大部分为微孔（＜2nm），还有中孔（也称为介孔，2～50nm）和大孔（＞50nm）。微孔适合小分子的吸附，而中孔适合吸附色素分子之类的大分子。大孔和中孔是通向微孔的被吸附分子的扩散通道，支配着吸附分离过程中吸附速度这一重要因素。

根据用途不同，可将活性炭制备成颗粒状、蜂窝状和粉末，气体吸附多采用气阻小而且不易随气流运动的颗粒状和蜂窝状，水处理和液体脱色处理等领域多用粉状活性炭。

2）活性炭纤维

活性炭纤维（Activated Caron Fiber，ACF）是近年来出现的一种新型高性能吸附材料。它利用黏胶丝、酚醛纤维或腈纶纤维之类超细有机纤维等作为原料，先根据应用需要制成毡状、绳状或布状等，再经高温（1200K 以上）炭化，最后用水蒸气活化制成。活性炭纤维在表面形态和结构上与普通碳基活性炭有很大区别，活性炭纤维主要发育了大量的微孔，这些微孔分布狭窄且均匀，孔宽大多数分布在 0.5～1.5nm 之间，微孔体积占总孔体积的 90% 左右。因此，活性炭纤维具有很大的比表面积，多数为 800～1500m²/g，适当的活化条件可使比表面积达 3000m²/g。不过，活性炭纤维的价格通常比普通碳基活性炭高得多。

3）硅胶

用无机酸处理水玻璃（硅酸钠）溶液所得凝胶经老化、水洗去盐，再在 398～408 K 下干燥脱水，即得到坚硬多孔的固体颗粒——硅胶。硅胶是一种具有无定形链状和网状结构的硅酸聚合物，其分子式为 $SiO_2 \cdot nH_2O$。硅胶的孔径分布均匀，亲水性极强，吸附空气中的水分可达自身质量的 50%，同时放出大量热，使其容易破碎。硅胶主要用作吸湿剂（干燥剂），而且为了显示其吸湿程度，常在作为干燥剂的硅胶中加入氯化钴或溴化铜。在室内空气净化中，硅胶吸附可作为预处理手段去除空气中的水分，以确保对水敏感的吸附剂或催化剂的性能。

4）活性氧化铝

活性氧化铝是将含水氧化铝，在严格控制升温条件下，加热到 773K，使之脱水而制得的具有多孔、大比表面积结构的活性物质。根据晶格构造，氧化铝分为 α型和 γ型。具有吸附活性的主要是 γ型，尤其是含一定结晶水的 γ-氧化铝，吸附活性高。晶格类型的形成主要取决于焙烧温度，若三水铝石在 773～873K 温度下焙烧，所得的氧化铝即为含有结晶水的 γ型活性氧化铝；温度超过 1173K，开始变成 α型氧化铝，比表面积和吸附性能急剧下降。

5）沸石分子筛

沸石分子筛是一种人工合成的泡沸石，与天然泡沸石一样是水合铝硅酸盐晶体。分子筛具有多孔骨架结构，其分子式为 $Me_{x/n}[(Al_2O_3)_x(SiO_2)_y] \cdot mH_2O$。式中，$x/n$ 是价态数为 n 的金属阳离子 Me 的数目。分子筛在结构上有许多孔径均匀的孔道和与排列整齐的洞穴，这些洞穴由孔道连接。洞穴不但提供很大的比表面积，而且它只允许直径比其小的分子进入，从而对大小及形状不同的分子进行筛分。根据孔径大小和 SiO_2 与 Al_2O_3 的分子比不同，分子筛有不同的型号，如 3A（钾 A 型）、4A（钾 A 型）、5A（钾 A 型）、10X（钾 A 型）、Y（钾 A 型）、钠型丝沸光石等。

6）改性吸附剂

室内空气污染物具有浓度低、组分多等特点。为了提高吸附容量、吸附选择性、疏水性和吸附速率或者同步吸附脱除多种污染物，可对上述常用吸附剂或其他多孔材料（包括天然多孔材料）进行改性处理。吸附剂改性可立足于改变吸附剂原料配比或制备过程，也可借助改变成品吸附剂的表面物理化学性能实现。目前，应用较多的改性方法是：①表面氧化改性，目的是提高表面极性，从而改进对极性污染物的亲和力；②表面还原改性，目的是降低表面极性，从而改进对非极性污染物的吸附能力；③表面负载金属氧化物改性，目的是增强吸附与污染物的结合力；④表面负载可与污染物发生化学反应的组分，目的是改进化学吸附性能。除此之外，表面低温等离子体改性、微波改性和电化学改性等也是研究的热点。

（3）影响吸附的因素

吸附过程的影响因素主要包括以下几个方面：

1）吸附剂的物理化学性质

吸附剂物理化学性质包括比表面积、颗粒尺寸及其分布、孔隙构造及其分布、表面化学结构和电荷性质等，吸附剂种类和制备方法不同，得到的吸附剂物理化学性质也各不相同。这些差异不仅影响热力学意义的吸附效果（吸附量或吸附程度），也对动力学意义的吸附过程产生影响。比表面积通常被认为是与吸附量关系最密切的参数，从宏观上分析，一定条件下，吸附量的确随比表面积增大而增加。不过，并不是所有表面均具备吸附特定污染气体分子的能力，只有那些污染气体分子能进入的表面真正具有吸附能力，而这个有效吸附表面又与微孔尺寸有关，起吸附作用的主要是孔道尺寸与被吸附分子大小相当的孔道表面。换句话说，由于位阻效应，一个分子不易渗入比某一最小直径还要小的孔道，这个最小直径也称为临界直径，它与吸附质分子的动力学直径有关。

2）吸附质的物理化学性质

吸附质的性质和浓度也影响着吸附过程和吸附量，如吸附量与吸附质尺寸、分子量、沸点和饱和性密切相比。当用同一种活性炭作吸附剂时，对于结构类似的有机物，其分子量越大，沸点越高，则吸附量越大。对结构和分子量都相近的有机物，不饱和性越大，越容易被吸附。实际上，对于特定的吸附质，只有匹配相对应的吸附剂时，才能获得理想的吸附效果。比如，对于非极性大分子挥发性有机物，非极性活性炭属于理想的吸附剂；SO_2 和 NO 之类极性污染物，极性分子筛的吸附能力较强。为了改进非极性活性炭对极性分子（包括甲醛之类小分子有机物）的吸附能力，需要对其进行氧化、负载金属氧化物或其他化学组分的表面改性处理。

3）吸附操作条件

吸附是一种放热过程，因此降低吸附温度有利于提高吸附量。对于物理吸附，总是希望在低温下进行。不过，对于化学吸附，由于提高温度会加快化学反应进程，所以从提高吸附速率角度考虑，希望适当提高吸附温度。尽管高的操作压力有利于增大吸附速率和吸附量，但是增压会造成系统设备复杂和增大能耗。气体通过吸附床层的速度会影响传质过程，从而影响吸附速率。总而言之对于确定体积的吸附剂床层，增大气流速度（吸附床的断面减小、长度增大）有助于提高吸附速率，但气流通过吸附床层的压力损失增大，因此必须综合考虑。

4）其他因素

除了上述因素之外，吸附剂装填量、吸附床层结构及尺寸比、气流分布、共存气体组分、湿度等因素也会对吸附性能产生影响。

2.3.1.2　吸附在室内化学污染物净化中的应用

吸附净化具有对低浓度污染物净化效果好，可使污染物浓度降至很低程度，适应污染物范围广，部分吸附剂可同步消除多种污染物等优势，因而特别适用于室内空气污染物的净化。就吸附剂形态而言，与工业用途的吸附剂相同，目前应用于室内空气净化的吸附剂主要包括颗粒状和蜂窝状。蜂窝状吸附剂的净化效果、气流阻力和吸附剂寿命等性能显著优于颗粒状，不过，颗粒状吸附剂的价格比后者低。

（1）吸附法净化苯系物

苯系物和甲醛是室内存在的最主要化学污染物，吸附是净化低浓度苯系物的最有效方法。目前，利用活性炭吸附净化室内空气中苯系物之类分子量较大的挥发性有机物已经得到广泛应用。为了确保或改善活性炭的吸附性能，应用时应关注以下问题：

1）活性炭的预处理与改性

将活性炭原料制成商用室内空气净化产品，必须进行恰当的预处理，例如，对活性炭进行酸碱交替和清洗处理，去除活性炭中的酸碱可溶性物质，降低灰分等。酸碱处理不会破坏活性炭的结构，但可显著提高活性炭的比表面积，使内孔得到充分暴露，从而改善吸附性能。有研究表明，通过酸碱交替处理煤质活性炭可使比表面增大将近 1 倍，苯饱和吸附量提高 50％ 以上。由于活性炭吸附量与其表面含氧官能团量成反比，因此不宜采用氧化性酸进行预处理，通常采用盐酸水溶液。也有研究表明，负载过渡金属氧化物可改善其对于苯和甲苯的性能。不过，仅就苯系物之类分子量较大的挥发性有机物净化而言，这种改性处理并非必不可少。

2) 活性炭吸附不同气体组分的性能存在差异

室内空气污染组分多、浓度低，除非进行特殊改性处理，否则活性炭并不能吸附净化所有污染组分，比如，普通活性炭吸附低浓度甲醛能力远弱于吸附苯系物，不同苯系物组分在活性炭表面的吸附性能也存在显著差异。实际上，若苯和甲苯共存于空气之中，初期活性炭可同步吸附这两种污染物，后期吸附能力相对较强的甲苯可将吸附态苯组分置换出来。此外，一些共存于空气中的组分可能劣化活性炭的性能，比如，室内电器或空气净化器件产生的臭氧会氧化（烧蚀）活性炭，不仅耗损活性炭，而且改变活性炭的孔结构，从而降低活性炭的吸附性能。

3) 失效活性炭再生或处置

吸附是一个分离、富集污染物的过程，在这个过程中污染物并未转变为无害物，只是从气相转移到固相表面。受各种因素的影响和饱和吸附量的制约，活性炭吸附性能随使用时间延长而劣化，甚至完全丧失吸附能力。因此，必须适时对活性炭进行再生或处置。尽管再生是失效工业用途活性炭最常用的处理方式，但单个室内空气净化活性炭模块非常小，除非有专业化的服务机构，否则较难实施再生处理。因此焚烧失效活性炭在一定阶段，可能是实用可行的处置方式。另外，值得注意的是，由于活性炭具有多孔特性，而且室内气候温湿度条件温和，微生物可能在活性炭层滋生。

（2）吸附法净化甲醛

从气固吸附作用机制考虑，甲醛与苯系物的物理化学性质存在显著差异。如表2-5所示，甲醛的分子量、沸点和分子动力学直径明显小于苯系物，而极性、酸性和水溶性明显强化苯系物。正因为如此，普通活性炭并不能有效净化甲醛，需对活性炭进行改性处理或采用其他吸附剂。目前，实际常用甲醛吸附剂主要包括改性活性炭、活性氧化铝和沸石分子筛等。近年来，人们也在研究石墨烯之类新材料在甲醛净化中的应用。

甲醛与苯系物的物理化学性能　表 2-5

	甲醛	苯	甲苯	对二甲苯
分子式	CH_2O	C_6H_6	$C_6H_5CH_3$	$C_6H_5(CH_3)_2$
分子量	30.03	78.11	92.14	106.17
沸点（℃）	−19.5	80	111	138.3
熔点（℃）	−92	5.5	−95	13.2
密度（g/mL）	1.09	0.874	0.866	0.861
颜色	无色	无色或浅黄色	无色透明	无色透明
气味	有强烈刺激性	强烈芳香性气味	苯的芳香性味	芳香烃的特殊气味
蒸气压（mmHg）	52	166	22	8.84

	甲醛	苯	甲苯	对二甲苯
水溶解性	易溶于水	难溶于水	难溶于水	不溶于水
含碳量	0.4	0.923	0.912	0.905
分子动力学直径（nm）	0.45	0.58	0.6	0.62
相对极性		0.111	0.099	0.074
极性（偶极矩）	$7.56 \times 10^{-30} C \cdot m$	0	0.4024D	0
酸度系数（25℃）	13.27	43	40	

1）改性活性炭吸附净化甲醛

对活性炭进行改性处理，使其对甲醛的吸附作用由单一的物理吸附转为物理—化学联合吸附，可显著提高其吸附甲醛性能，已被证明行之有效的改性方法至少包括表面氧化、负载金属氧化物和负载胺类化合物 3 种。

① 表面氧化

表面氧化改性是指用氧化性酸和过氧化氢氧化处理活性炭。研究表明，采用硫酸、硝酸或过氧化氢处理活性炭，会导致活性炭平均孔径增大，表面酸性含氧官能团含量明显提高，从而改进对甲醛的吸附能力。脱附峰面积和峰高均有很大程度提高。

② 负载金属氧化物改性

负载金属氧化物改性是将活性炭浸渍于金属盐溶液中，再经干燥和焙烧处理，改变活性炭表面化学性能。氧化锰被认为是最有效的金属氧化物，负载其他过渡金属氧化物也能显著提高活性炭吸附甲醛性能。有研究表明，浸渍碳酸钠或亚硫酸钠溶液，也能提高活性炭吸附甲醛容量、延长吸附作用时间。一般认为，负载金属氧化物提高活性炭吸附甲醛性能是由于协同利用了活性炭的比表面积大和多孔的优势与金属氧化物的催化氧化作用。

③ 负载非挥发性有机胺

负载非挥发性有机胺是指借助加热使有机胺气化，继而渗透进入活性炭孔道并附着在活性炭表面。为了防止胺类化合物在应用过程中自然挥发，引起二次污染，必须采用非挥发性有机胺。研究表明，利用六亚甲基二胺（HMDA）改性活性炭可以使吸附穿透时间提高 20 倍以上。由于有机胺与甲醛的反应作用能力强，所以有机胺改性实质是使吸附过程由物理吸附转变为化学吸附。

2）其他材料吸附净化甲醛

① 分子筛

与活性炭相比，分子筛由于其微孔结构更多，因而吸附甲醛等小分子有机物的能力更强。另外，甲醛等醛类有机物含有羰基极性基团，分子筛作为极性吸附剂对甲醛的吸附性能优于活性炭。阳离子和骨架结构对分子筛吸附甲醛分子的效果吸附有很大影响，例如，用 Co^{2+} 改性 13X 分子筛可使其吸附甲醛性能显著改善。

② 石墨烯

有研究表明，同质量的石墨烯对甲醛的吸附量是普通活性炭的 116 倍，且石墨烯吸附甲醛的速率比传统吸附材料高得多。尽管由于石墨烯材料价格昂贵，还不具推广应用价值。但是，可以预测，伴随石墨烯材料大规模、廉价生产的实现，它必将成为一种新型、高效吸附净化材料。

（3）吸附法净化其他污染物

除了苯系物和甲醛之外，室内空气还存在诸多其他污染物。目前，通常是借助活性炭的广谱吸附进行净化处理。例如，氡作为一种无色无味的放射性惰性气体，广泛存在于放射性水平较高地区的室内环境，通常可借助活性炭进行净化。活性炭对氡的吸附同时存在吸附和解吸两个可逆过程，当环境温度升高时，解吸现象加剧。另外，高湿度环境会导致活性炭吸附氡的能力降低，烘干的活性炭对氡的吸附能力也强于未烘干的活性炭。此外，室内空气存在的含氟气体、烟味、人体和仪器排放的多种异味，也可用基于活性炭或活性炭纤维制成空气净化器进行净化。

2.3.2　催化法净化室内化学污染物

2.3.2.1　催化法净化室内化学污染物技术基础

（1）催化净化原理

催化是借助催化剂加快某些化学反应速率的现象。理论上，反应前后催化剂的质和量并不发生改变。在催化反应过程中，至少有一种反应物分子与催化剂发生了某种形式的化学作用，进而改变化学反应的途径，降低反应活化能，如图 2-26 所示。

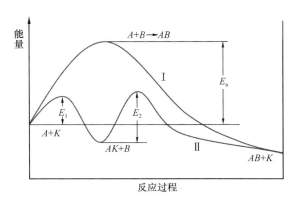

图 2-26　催化示意图

从图 2-26 可以看出，化学反应 A＋B→AB，所需活化能为 E_a，在催化剂 K 参与下，反应按以下两步进行：①A＋C→AC，所需活化能为 E_1；②AC＋B→AB＋C，所需活化能为 E_2，E_1、E_2 都小于 E_a。催化剂 K 只是暂时介入了化学反应，反应结束后，催化剂 K 即行再生。

根据反应物与催化剂的相态，通常将化学催化分为均相催化和异相（多相）催化两种类型。均相催化是指催化剂与反应物处于相同相态发生的催化反应，包括液相和气相均相催化。均相催化剂的活性中心比较均一，选择性较高，副反应较少，易于用光谱、波谱、同位素示踪等方法来研究催化剂的作用，反应动力学一般不复杂。但均相催化剂有难以分离、回收和再生的缺点。多相催化发生在两相的界面上，通常催化剂为多孔固体，反应物为液体或气体。气态污染物净化通常为气固相催化反应，即借助固体催化剂的作用，使气态污染物在相对温和的条件下，快速转化为无害物或低害物。

（2）催化剂和催化反应过程

1）催化剂

气固相催化反应所用固体催化剂一般由载体、活性组分和助催化剂三部分组成。载体起承载活性组分的作用，使催化剂具有合适的形状与粒度，从而增加表面积、增大催化活性、节约活性组分用量，并有传热、稀释和增强机械强度的作用。活性组分是催化剂的主体，能单独对化学反应起催化作用，可作为催化剂单独使用。助催化剂本身无活性，但是能提高活性组分的活性，增强催化剂的催化效果，并不是所有催化剂都含助催化剂。为了满足降低阻力、均布气流和防止磨损等多样化的应用需求，商用催化剂会呈现出颗粒状、蜂窝状和波纹形等多种形态。部分催化剂还需要附载在惰性多孔载体材料的表面，以适应特定的应用环境，如汽车尾气净化催化剂就是附载的多孔蜂窝状堇青石或金属载体表面。

2）多相催化反应过程

多相催化反应通常按如下七步进行：①反应物的外扩散——反应物向催化剂外表面扩散；②反应物的内扩散——在催化剂外表面的反应物向催化剂孔内扩散；③反应物的化学吸附；④表面化学反应；⑤产物脱附；⑥产物内扩散；⑦产物外扩散。这一系列步骤中反应最慢的一步称为速率控制步骤。化学吸附是最重要的步骤，化学吸附使反应物分子得到活化，降低了化学反应的活化能。因此，若要催化反应进行，必须至少有一种反应物分子在催化剂表面上发生化学吸附。固体催化剂表面是不均匀的，表面上只有一部分点对反应物分子起活化作用，这些点被称为活性中心。

（3）影响催化反应过程的因素

1）催化剂物理化学性能

就气固催化反应而言，影响催化反应过程的催化剂物理化学性能主要包括催化剂比表面积、孔径分布和孔体积，活性组分分散度、电子结构和电性，催化剂表面酸碱性和表面官能力，催化剂对反应分子的吸附性能、晶格缺陷和暴露晶面等。催化剂的构成和制备方法又均会影响催化剂的物理化学性能。

2）催化反应温度

反应温度对催化剂的活性影响很大，绝大多数催化剂都有其活性温度范围。温度太低时，催化剂的活性很小，反应速度很慢，随着温度升高，反应速度逐渐增大，但达到最大速度后，又开始降低。温度过高还容易使催化剂烧结而破坏其活性，最适宜的温度要通过实验来确定。

3）催化反应气氛

尽管从理论上说，催化反应前后催化剂并不发生改变。但是，实际的催化反应由于反应条件多变和反应气氛复杂等因素，会导致催化剂性能出现下降现象，包括老化和中毒两种类型。老化是指催化剂在正常工作条件下逐渐失去活性的过程。这种失活是由低熔点活性组分的流失、表面低温烧结、内部杂质向表面的迁移和冷、热应力交替作用造成的机械性粉碎等因素引起的。工作温度越高，老化速度越快。中毒是指反应气氛的某些组分使催化剂的活性快速降低或完全丧失，并难以恢复到原有活性的现象。催化剂的使用期限叫做催化剂的寿命，它决定于化学反应的类型和操作条件，有的仅几小时，有的长达数年。

除以上因素之外，催化反应床的设计、气流组织、反应压力、反应时间等也是催化反应过程的影响因素。

2.3.2.2 催化在室内化学污染物净化中的应用

催化法已广泛应用于工业大气污染物的净化处理，通常需要将待处理气体加热到一定温度，以实现高效、快速净化的目的。与工业应用不同，室内空气净化必须在室温下进行，以满足舒适和安全等特定要求，这给催化净化带来新的挑战。就室内空气净化而言，催化主要应用于甲醛和苯系物等挥发性有机物的处理。迄今为止，甲醛室温催化净化已取得重大突破并且得到应用，其他有机物的催化净化处理尚处于研究之中。

（1）催化法净化甲醛

贺泓团队围绕甲醛室温催化净化已进行系统的研究工作[43-45]。结果表明，在 TiO_2 表面负载约 1wt.％的贵金属，可实现 100ppm 甲醛的室温催化氧化。不同活性组分催化剂的催化活性顺序为 Pt/TiO_2＞Rh/TiO_2＞Pd/TiO_2＞Au/TiO_2＞TiO_2，如图 2-27 所示。空速为 50000/h 的条件下，Pt/TiO_2 几乎可实现 100％的甲醛转化率，而且除 CO_2 和 H_2O 之外，不产生其他不完全氧化产物。

为了降低催化剂成本，该课题组还围绕掺杂碱金属和新的催化剂体系开展了研究。结果表明，尽管空速和甲醛浓度分别增大到 120000/h 和 600 ppm 后，Pt/TiO_2 室温催化甲醛的转化率仅为 20％，但掺杂适量 Na 离子的 $Pt-Na/TiO_2$ 催化剂

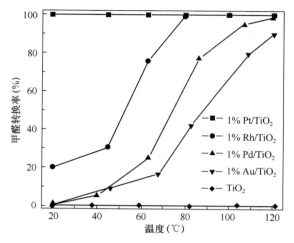

图 2-27 反应温度对甲醛催化氧化的影响
（反应条件：HCHO 122.82mg/m³，空速：50000/h）

可使转化率提高到100％。在同等甲醛净化效率的情况下，碱金属 Na 的引入显著降低了催化剂成本。其他研究也注意到，其他载体和贵金属催化剂净化甲醛效率远低于 Pt/TiO₂。比如，当采用 SBA-15 为模板合成的介孔 Co_3O_4、Co_3O_4-CeO_2、Au/Co_3O_4 和 Au/Co_3O_4-CeO_2 系列催化剂[46]室温催化净化甲醛时，甲醛转化率均低于50％。总的来说，迄今研究的甲醛室温催化剂体系中，非贵金属净化甲醛的效率很低；贵金属 Au、Pt、Pd、Ag 催化剂中 Pt 的性能最优。不过，Pt 的价格昂贵，部分或全部替代 Pt，以降低催化剂成本，是室内空气甲醛净化催化剂研发的发展方向。

（2）催化法净化其他污染物

热催化氧化净化苯系物已广泛应用于工业部门，但室内空气净化原则上不允许加热。正因为如此，室内催化净化室内空气苯系物尚未见实际应用。不过，相关研究已进行数十年，如朱天乐课题组的研究表明[47]，室温条件下在 MnO_x/Al_2O_3 催化剂表面 O_3 可氧化苯系物为 CO_2 和 H_2O（图 2-28），但要求的 O_3 浓度较高，且随着反应时间延长，催化剂会失活。

最近，贺泓团队利用电催化氧化技术[48]，在室温条件下实现了苯系物的氧化。其原理是阳极氧化水分产生

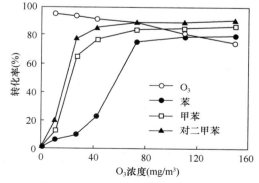

图 2-28 室温条件下在 MnO_x/Al_2O_3
催化剂表面 O_3 氧化苯系物

的羟基自由基、过氧化氢等高活性氧物种，可用来氧化苯系物。

2.3.3 低温等离子体协同催化净化室内空气化学污染物

2.3.3.1 低温等离子体协同催化净化室内化学污染物的技术基础

（1）低温等离子体及其产生

低温等离子体是指环境中的各类离子和电子等带电体总体保持准电中性。同时，低温等离子体产生过程也不至于造成环境温度显著升高，整体系统维持低温状态。低温等离子体可采用辐射、电磁场激发、高温加热和高压放电等多种方法产生，但室内空气净化多采用高压电晕放电或介质阻挡放电的方式产生低温等离子体。

（2）低温等离子体协同催化净化化学污染物的原理

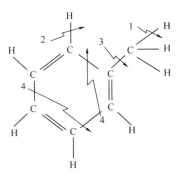

图 2-29 低温等离子体降解甲苯原理图

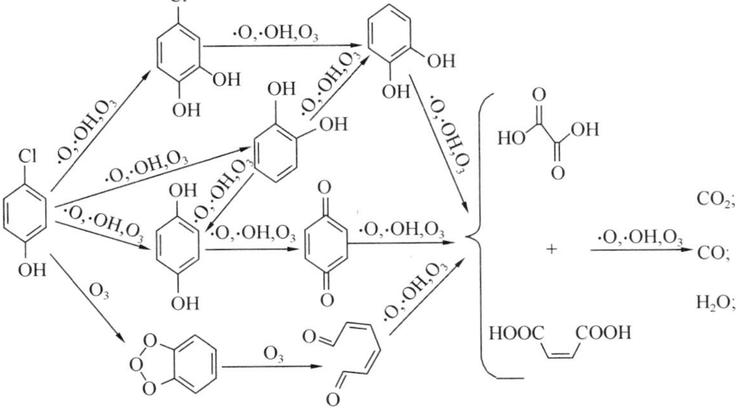

当电极间加上电压时，电极空间里的电子从电场中获得能量开始加速运动。电子在运动过程中和气体分子发生碰撞，使气体分子电离、激发或吸附电子成负离子。电子在碰撞过程中形成了具有高活性的粒子，这些活性粒子对有害气体分子进行氧化、降解，从而最终将污染物转化为无害物。等离子体放电产生的等离子体和紫外辐射也具有灭菌消毒和分解有机物的能力。其中，等离子体中电离产生的高能电子可以直接作用于污染物化学键，当电子能量大于化合物键能时，高能电子对污染物结构产生破坏（图 2-29）。活性基团包括臭氧大多都具有强氧化性，可通过氧化性来直接氧化降解污染物（图 2-30）。

图 2-30 低温等离子体降解氯酚原理图

等离子体中包含离子、高能电子、激发态原子、分子及自由基都是高活性物质，其发生及其作用有机物涉及的相关过程如下：

$$O_2 + e^- \longrightarrow O_2^-$$

$$2O_2^- \cdot + 2H^+ \longrightarrow H_2O_2 + O_2$$

$$O_2^- \cdot + H_2O_2 \longrightarrow O_2 + HO \cdot + HO^-$$

$$2O_2^- \cdot + 2H_2O \longrightarrow O_2 + HO_2^- \cdot + HO \cdot$$

$$2O_2^- \cdot + O_3 + H_2O \longrightarrow 2O_2 + HO^- + HO \cdot$$

$$C_xH_y + \left(x + \frac{y}{4}\right)O_2 \longrightarrow xCO_2 + \frac{y}{2}H_2O$$

$$VOCs + PM_x + ROS \longrightarrow CO_2 + H_2 + PM_y$$

式中，PM_x 为微小粒子，C_xH_y 为碳氢化合物，ROS 为活性氧类。

尽管低温等离子体具有氧化甲醛和苯系物等室内空气常见有机物的作用，但是氧化效率具有不确定性，对应不同有机物的转化率存在显著差异，而且还会形成不完全氧化产物，单一的低温等离子体作用能耗也非常高。另一方面，尽管室温催化可有效净化低浓度甲醛，但对其他污染物尚不能通过催化的途径解决。另外，室温催化净化甲醛催化剂需采用贵金属 Pt 作为活性组分，成本高昂。

低温等离子体协同催化净化污染物是指协同利用低温等离子体对污染物的预处理作用以及低温等离子体在室温条件下对污染物的强化催化氧化作用，在利用低温等离子体和催化各自优势的同时，克服各自的不足，该技术被认为是处理低浓度、大流量有毒有害气体的有效方法之一。根据放电方式的不同，可将低温等离子体协同催化技术分为连续式放电和间歇式放电两种。

2.3.3.2 低温等离子体协同催化在室内化学污染物净化的应用

（1）连续式低温等离子体协同催化净化室内空气有机物

朱天乐课题组就低温等离子协同催化对苯系物、甲醛等的净化进行了研究[49-51]。该课题组采用串齿线-筒状等离子体反应器和 MnO_x/Al_2O_3 催化剂，对单一低温等离子体技术（NTP）和低温等离子体协同催化技术（CPC）净化低浓度苯系物的性能进行了比较[49-51]。结果表明，后者的苯系物转化率和能量效率皆有显著改善。如图 2-31 所示，采用单一低温等离子体技术，当放电能量密度为 100J/L 时，尽管对二甲苯转化率接近 100%，但甲苯和苯的转化率分别仅为 70% 和 25% 左右。协同利用 MnO_x/Al_2O_3 催化剂的催化作用可在放电能量密度低至 10J/L 的情况下，使苯、甲苯和对二甲苯的转化率皆接近 100%。显然，低温等离子体协同催化有望解决转化率低和能耗高的问题。

与此同时，研究也注意到：与单一低温等离子体作用相比，协同催化作用还可显著提高 CO_2 生成产率，减少了 O_3 和 NO_2 的排放（图 2-32、图 2-33），防止二次污染物生成。

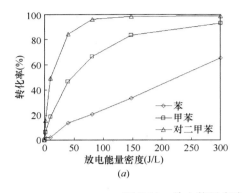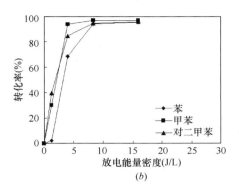

图 2-31　放电能量密度对苯系物转化率的影响

（*a*）单一低温等离子体作用；（*b*）低温等离子体协同催化作用

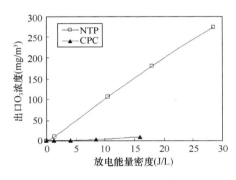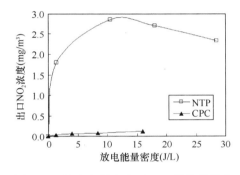

图 2-32　放电能量密度对 O_3 排放的影响　　图 2-33　放电能量密度对 NO_2 排放的影响

　　如图 2-32 所示，当对应 10 J/L 的放电能量密度，单一低温等离子体和低温等离子体协同催化反应器出口的 O_3 浓度分别为 $100mg/m^3$ 和 $4mg/m^3$，显然，放电形成的绝大部分 O_3 在 MnO_x/Al_2O_3 表面发生了催化分解。如图 2-33 所示，等离子体与 MnO_x/Al_2O_3 催化剂相结合显著降低了 NO_2 的排放浓度。对应 10 J/L 的放电能量密度，NTP 和 CPC 反应器出口 NO_2 浓度分别为 $2.81mg/m^3$ 和 $0.09mg/m^3$，推测放电形成的 NO_2 吸附在催化剂表面并转化为 NO_3^-。

　　如图 2-34 所示，单一低温等离子体作用时，对应 300 J/L 的 CO 和 CO_2 产率分别约为 35% 和 45%，CO_x 总产率不到 80%；协同利用催化作用后，对应 16J/L 的 CO_2 产率接近 100%。

　　如图 2-35 所示，单一低温等离子体作用时，反应器出口气体中除未降解的苯和甲苯峰之外，还有其他峰出现，显然是生成有机中间产物所致。红外分析表明，这些中间产物包括甲酸、苯甲醛、苯甲醇、硝基酚和呋喃等。另一方面，协同利用 MnO_x/Al_2O_3 催化剂的催化作用后，不仅几乎检测不到苯和甲苯峰，而且其他峰也

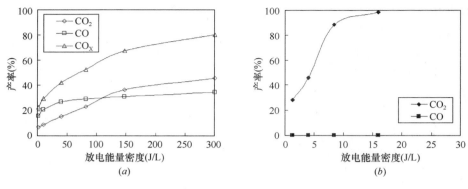

图 2-34   放电能量密度对 CO_x 产率的影响

（a）单一低温等离子体作用；（b）低温等离子体协同催化作用

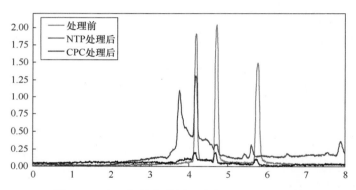

图 2-35   出口气体色谱图（对应 NTP 和 CPC 的

放电能量密度分别为 300J/L 和 16J/L）（彩图见二维码）

几乎完全消失，这表明苯系物基本实现完全矿化。

除了苯系物之外，也研究了 MnO_x/Al_2O_3 为催化剂时，也比较了单一低温等离子体和低温等离子体协同催化处理甲醛[50] 的效果。结果表明，注入能量密度为 20J/L 时，单一低温等离子体处理甲醛的转化率为 36%，协同催化使转化率提高到 87%。同样地，也提高了能量效率和甲醛矿化率，减少了 O_3 和 NO_2 排放。

（2）间歇式吸附-低温等离子体强化催化净化室内空气有机物

尽管与单一低温等离子体作用相比，低温等离子体协同催化能带来降低能耗，提高有机物转化率和矿化率，以及防止 O_3 和 NO_2 排放等一系列有益效应。但是，低温等离子体连续发生的能耗仍然不容小觑。另外，还存在催化剂失活问题。正因为如此，近年来间歇式（或交替式）吸附-低温等离子体强化催化净化室内空气有机物广受关注。如图 2-36 所示，间歇式吸附-低温等离子体强化催化是指吸附和低温等子体强化催化交替进行，也即吸附时并不发生低温等离子体，只是利用具有吸附和催化功能的多孔材料吸附储存气相低浓度有机物。吸附达到一定程度后，再借助高压放电产生低温等离子体的强化催化作用，催化氧化吸附态有机物，并使吸附/催化材料得到再生。

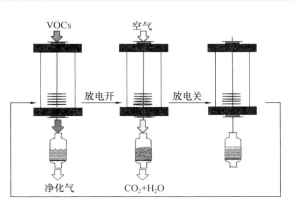

从理论上分析，当有机物浓度较低时，吸附保护作用时间长。另一方面，高压放电间歇发生且放电时间短，因此，能量消耗量也可显著降低。对于间歇式吸附-低温等离子体强化催化技术，催

图 2-36　间歇吸附-低温等离子体强化催化净化空气中低浓度有机物示意图

化剂既要具备吸附室内低浓度有机物的能力，还要具备在低温等离子体协同作用下催化氧化有机物并分解 O_3 等放电副产物的作用，以及较强的耐氧化能力。因此，研发兼具吸附和催化功能的多孔材料是该技术面临的挑战之一。另一方面，优化高压放电条件，实现防止二次污染，缩短再生周期的目标，也是需要突破的技术问题。

采用在疏水型 ZSM-5 上负载 Mn、Ce 和 Ag 等金属氧化物的研究[51]表明，Ag/HZSM-5 和 Ag-Mn/HZSM-5 吸附甲苯的能力优于 Mn/HZSM-5、Ce/HZSM-5 和 Ce-Mn/HZSM-5（图 2-37）。在此基础上，进一步考察了低温等离子体原位再生催化剂的性能，结果表明，Ag-Mn/HZSM-5 显示出最佳的催化氧化甲

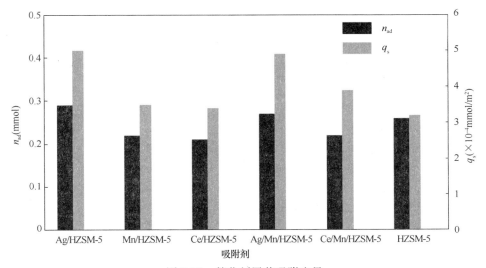

图 2-37　催化剂甲苯吸附容量

苯能力（图 2-38）。

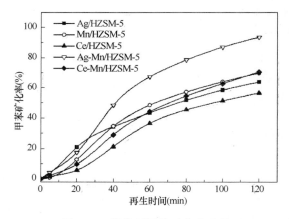

图 2-38   催化剂甲苯矿化率比较

低温等离子体强化催化氧化吸附态有机物，再生吸附/催化材料时，CO_x 生成率先增大再降低（图 2-39）。显然，再生开始时 CO_x 生成率增大是由于吸附态有机物多，随着再生的进行，吸附态有机物不断减少，因而反应速率也随之降低。从图 2-39 也可看出，Ag-Mn/HZSM-5 催化剂生成的 CO_2 量最大。另一方面，CO 的出口浓度非常低，CO_2 生成选择性均高于 99%。

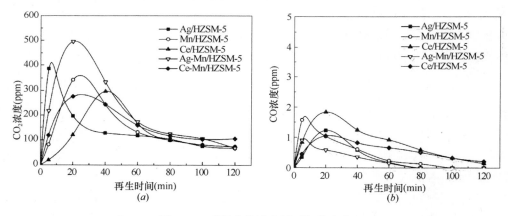

图 2-39   碳氧化物浓度随时间的变化

（a）CO_2；（b）CO

2.3.4   其他方法在室内化学污染物净化中的应用

除了吸附、催化和低温等离子体协同催化之外，臭氧及其耦合催化、光催化和植物吸收等方法在室内空气净化中的应用也广受关注。尽管这些方法的有效性和安全性等还有待进一步研究验证，但其基本原理越来越为人们所接受。

2.3.4.1　臭氧及其耦合催化净化室内化学污染物

臭氧在标准状态下的氧化还原电位为 2.07V，是极强的氧化剂。臭氧在平流层中可以吸收对人体有害的短波紫外线，防止地表生物遭受紫外线的辐射。在近地面人们也常常利用臭氧来进行杀菌、消毒以及进行催化氧化反应。臭氧发生器、静电除尘器、紫外消毒灯、低温等离子体设备等都是常见的臭氧发生源。不过，值得注意的是，人体接触高浓度臭氧会引发不良的健康效应。

臭氧氧化法一直以来都是颇受关注和重视的高级氧化技术，臭氧可以氧化大多数无机物和有机物，因而普遍应用于难脱除的有机污染物的处理研究上。臭氧与有机物的反应极其复杂，能够与有机物发生包括普通化学反应、生成过氧化物以及臭氧分解或生成臭氧化物三种不同方式的反应。而臭氧分解是指在极性有机化合物原来的双键的位置上，臭氧与极性有机物反应，将其结构一分为二。臭氧和芳香族化合物反应时反应速率很缓慢，臭氧对部分常见有机物的氧化顺序为链烯烃＞酚＞多环芳香烃＞醇＞醛＞链烷烃，可见芳香烃化合物较难脱除。

由于产生臭氧的过程往往伴随高能电子和各种活性基团，有些情况下还伴有紫外光，因此臭氧作用空气中有机物的机理与低温等离子体相类似，主要包括：1）高能电子的直接撞击作用，即利用能量足够高的电子离解有机物为各种不稳定的碎片结构。这些碎片结构相互碰撞重组，可能生成新的物种。由于室内空气有机物浓度低，所以电场中高能电子主要作用于背景气体中的 N_2、O_2，对挥发性有机物的去除作用并不大；2）活性组分与挥发性有机物反应，即利用氧化性强的活性组分氧化挥发性有机物。在反应过程中，可能形成一些不完全氧化副产物；3）紫外光子作用，部分活性基团由激发态向下跃迁，回到基态过程中，会向外辐射紫外光子。光子作用于挥发性有机物分子，也可能实现断键而降解有机物。

总体来说，臭氧降解挥发性有机物是一个复杂的化学过程。近年来，随着等离子诊断技术的发展与应用，人们对等离子体的认识也逐渐深入，大多数研究人员认同的观点是，当等离子体电离度不高且气体污染物浓度低时，活性基团起主导作用；当污染物浓度较高时，挥发性有机物降解是上述三种作用的综合结果。另一方面，尽管臭氧对某些低浓度挥发性有机物具有较好的净化效应，但是对于绝大多数有机物，要么降解效率低，要么矿化率低。正因为如此，臭氧耦合催化净化成为最近 20 年的研究热点。

目前广受认可的臭氧耦合催化净化挥发性有机物的机制是臭氧首先在催化剂表面为氧气和氧化性更强的氧物种。然后，活性氧物种与有机物反应生成一些中间产物。最后，臭氧进一步将后者氧化为 CO_2 和 H_2O。负载型氧化锰催化剂是应用最多的催化剂，大量研究表明，负载锰氧化物的 γ-氧化铝具有较高强化臭氧氧化挥发性有机物活性，可以将甲醛氧化为二氧化碳和水，而苯系物的反应产物则除了二氧化碳和水之外，还会形成其他有机产物，不能完全氧化为二氧化碳和水。目前，臭氧及其耦合催化净化室内化学污染物的应用还不多见。但伴随高活性和稳定性催化剂的成功开发，该技术可望得到推广应用。

2.3.4.2　光解和光催化技术净化室内化学污染物

（1）光解技术

光解是指借助光的作用使物质发生降解。作为光解技术的典型应用，有机污染物光解是指在光的作用下，有机物化学键发生裂解或转化。这个过程不可逆地改变了分子状态，一些有害物可能变成无害物或低害物，但也有可能变成其他不确定性物质。光解过程可分为三类：第一类称为直接光解，这是化合物本身直接吸收了太阳能而进行的分解反应；第二类称为敏化光解，是天然物质（如腐殖质等）被阳光激发，又将其激发态的能量转移给化合物而导致的分解反应；第三类是氧化反应，天然物质被辐照而产生自由基或纯态氧（亦称单线态氧）等中间体，这些中间体又与化合物作用而生成新的产物。

（2）光催化技术

自1972年Fujishima和Honda发现在受辐照的TiO_2上可以持续发生水的氧化还原反应[52]以来，人们对光催化反应进行了大量的研究。光催化是指光催化剂在吸收某些特定波长的入射光之后对吸附在催化剂表面的物质所发生的光化学变化，把有害的有机物降解为无害的无机物。常见的光催化剂多为金属氧化物或硫化物，例如TiO_2、ZnO、ZnS、CdS及PbS等，由于光腐蚀和化学腐蚀的原因，实用性较好的有TiO_2和ZnO。其中TiO_2具有良好的抗光腐蚀性和催化活性，而且性能稳定、廉价易得、无毒无害，是目前公认的最佳光催化剂。

有研究表明，光催化氧化可以使大多数烷烃、芳香烃、卤代烃、醇、醛和酮等有机物降解，还可以使有机酸发生脱碳反应。但是，对于此技术方法的可行性一直存在争议，因为光催化反应的最终产物取决于反应时间和反应条件等因素，越来越多的研究发现光催化降解挥发性有机物效率低，而且会形成各种各样的副产物。目前，光催化净化污染物的研究主要侧重以下几个方面进行：①高性能可见光催化材料研制及应用；②光催化效果强化研究；③延长光催化材料的使用寿命，解决其失活问题；④有害中间产物的控制；⑤光催化与其他方法的协同作用；⑥光催化反应器的结构和性能优化研究；⑦光催化技术在室内净化方面的应用方式和应用系统研究。

2.3.4.3　植物净化室内化学污染物

植物净化室内空气污染的机理可分为直接净化和间接净化，直接净化主要指植物茎叶、气孔及栽培基质的吸附和吸收，而间接净化主要包括植物降解与同化、根际微生物降解作用等内容。室内植物对气态类污染物的吸附与吸收主要通过植物茎、叶以及栽培基质来进行。植物茎叶表面可有效吸附空气中的浮尘及其他悬浮状的污染颗粒和有毒气体污染物，其吸附程度与植物叶面的形态、粗糙度、叶片表面绒毛和表面分泌物、润湿性、表面自由能及其大小有关。植物表面可以吸附亲脂性的有机污染物，其吸附率取决于污染物的辛醇-水分配系数。同时植物的一些提取物质也可以起到净化室内化学污染物的作用。

气孔是植物吸收气态污染物的主要途径，其吸收能力与气孔的大小、排列方式及污染物的化学性质和环境条件有关。降解是指植物通过代谢过程或植物自身的物质来分解植物体内外来污染物的过程。植物对污染物的代谢过程分为传输、转化和结合 3 种，同时植物含有一系列代谢异生素的基因及专性同工酶，以束缚保存代谢产物植物从外界吸收各种污染物的同时，也不断地分泌各种物质，其中包括一些能够降解有机污染物的酶类，这些酶对污染物的降解具有选择性。植物还可利用同化作用将气态污染物中的硫、碳、氮等元素转化为自身的营养物质，促进自身生长。不同植物同化室内空气中化学污染物的能力差异显著。研究人员通过 ^{14}C-甲醛标记实验研究万年青、常春藤、大花蕙兰和喜林芋 4 种植物同化甲醛的能力[53]。结果表明，4 种植物都有一定的甲醛同化能力，从强到弱依次为：大花蕙兰、万年青、喜林芋、常春藤。通过跟踪甲醛在绿萝、垂叶榕叶中的代谢过程路径，在植物的根、茎、叶片中的发现有 ^{14}C 的存在，说明 ^{14}C 标记的甲醛气体在甲醛脱氢酶和甲酸脱氢酶的作用下最终被氧化成 CO_2，然后经过卡尔文循环代谢分解。证明植物可以通过自身的同化作用吸收分解甲醛等室内化学污染物。

总的来说，植物在室内空气化学污染物的净化上能起到一定的效果，而且简单易行，具有其他净化方法无可比拟的优点。但不同的植物的净化效果不一，净化机理尚未研究明确，还需相关研究人员的进一步研究。另一方面，部分植物也会释放一些有害物质，所以利用植物净化室内空气污染物时，也需特别关注其释放污染物可能带来的健康效应。

2.4　小　　结

源头控制和空气净化是实现室内空气污染治理的有效方法，而揭示室内环境中 VOCs 的源散发特性是实现源头控制的前提。室内环境空气污染源除了备受关注的建材和家具散发的 VOCs 之外，人体自身活动（使用护肤品、清洁、烹饪等）所产生的 VOCs 也不容忽视。本章所介绍的人体散发模型及建材 VOCs 散发特性参数的预测和测定方法为识别室内典型源的散发特性提供了有效的技术手段。除了源头控制这一根本之法外，空气净化作为补充之法也日益受到人们的关注和重视。本章对典型空气净化技术的原理、优缺点、净化效果和适用性亦进行了详细介绍，为人们遴选合适的空气净化方案提供了科学支撑。本章系统地阐述了室内源散发及污染控制中的一些关键科学和技术问题，这些问题的解决对营造健康舒适的绿色室内环境、保障人们身体健康具有重要意义。

参 考 文 献

[1]　Wescheler CJ. Roles of the human occupant in indoor chemistry[J]. Indoor Air, 2016, 26: 6-24.

[2]　TangX, Misztal P K, Nazaroff W W, *et al*. Siloxanes are the most abundant volatile organic compound emitted from engineering students in a classroom[J]. Environ. Sci. Technol. Lett, 2015, 2: 303-307.

[3]　Horii Y, Kannan K. Survey of Organosilicone Compounds, Including Cyclic and Linear Siloxanes, in Personal-Care and Household Products[J]. Archives of Environmental Contamination and Toxicology, 2008, 55(4): 701-710.

[4]　Lu Y, Yuan, T, Wang, W H, *et al*. Concentrations and assessment of exposure to siloxanes and synthetic musks in personal care products[J]. Environ. Pollut. 2011, 159: 3522-3528.

[5]　Montemayor B P, Price B B, Van Egmond R A. Accounting for intended use application in characterizing the contributions of cyclopentasiloxane (D5) to aquatic loadings following personal care product use: Antiperspirants, skin care products and hair care products[J]. Chemosphere, 2013, 93(5): 735-740.

[6]　Genualdi S, Harner T, Cheng Y, *et al*. Global distribution of linear and cyclic volatile methyl siloxanes in air [J]. Environ. Sci. Technol, 2011, 45: 3349-3354.

[7]　Hayden J F, Barlow S A. Structure-activity relationships of organosiloxanes and the female reproductive system [J]. Toxicol. Appl. Pharmacol, 1972, 21: 68-79.

[8]　Granchi D, Cavedagna D, Ciapetti G, *et al*. Silicone breast implants: the role of immune system on capsular contracture formation [J]. Biomed. Mater. Res, 1995, 29: 197-202.

[9]　Rücker C , Kümmerer, K. Environmental chemistry of organasiloxanes[J]. Chem. Rev, 2015, 115: 466-524.

[10]　Reddy M B, Looney R J, Utell M J, *et al*. Andersen, M. E. Modelling of human dermal absorption of octamethyltetracyclosiloxane (D-4) and decamethylcyclopentasiloxane (D-5) [J]. Toxicol. Sci, 2007, 99: 422-431.

[11]　Xiong J Y, Liu C, Zhang Y P. A general analytical model for formaldehyde and VOC emission/sorption in single-layer building materials and its application in determining the characteristic parameters[J]. Atmos. Environ, 2012, 47: 288-294.

[12]　Xu Y, Zhang Y P. An improved mass transfer based model for analyzing VOC emissions from building materials[J]. Atmos. Environ. 2003, 37: 2497-2505.

[13]　Yang T, Zhang P P, Xu B P, *et al*. Predicting VOC emissions from materials in vehicle cabins: determination of the key parameters and the influence of environmental factors[J]. Int. J. Heat Mass Transf, 2017, 110: 671-679.

[14]　Weschler C J, Nazaroff W W. Semivolatile organic compounds in indoor environment. Atmos[J]. Environ, 2008, 42: 9018-9040.

[15] Xu J, Zhang J S. An experimental study of relative humidity effect on VOCs' effective diffusion coefficient and partition coefficient in a porous medium[J]. Build. Environ, 2011, 46: 1785-1796.

[16] Huang S D, Xiong J Y, Cai C R, et al. Influence of humidity on emission characteristics of formaldehyde and hexaldehyde in building materials: experimental observation and correlation[J]. Sci. Rep, 2016, 6: 23388.

[17] Ernstoff A S, Fantke P, Csiszar S A, et al. Multi-pathway exposure modeling of chemicals in cosmetics with application to shampoo[J]. Environ. Int, 2016, 92-93, 87-96.

[18] Xiong J Y, Cao J P, Zhang Y P. Early stage C-history method: Rapid and accurate determination of the key SVOC emission or sorption parameters of indoor materials[J]. Build. Environ, 2016, 95: 314-321.

[19] Yang T, Xiong J Y, Tang X C, et al. Predicting indoor emissions of cyclic volatile methylsiloxanes from the use of personal care products by university students[J]. Environm. Sci. Technol, 2018, 52: 14208-14215.

[20] Loretz L J, Api A M, Barraj L, et al. Exposure data for personal care products: hairspray perfume, liquid foundation, shampoo, body wash, and solid antiperspirant[J]. Food Chem. Toxicol, 2006, 44, 2008-2018.

[21] 周晓骏. 多孔建材 VOC 多尺度传质机理及散发特性研究[D]. 西安: 西安建筑科技大学, 2017.

[22] Liu Y, Zhou X, Wang D, et al. A diffusivity model for predicting VOC diffusion in porous building materials based on fractal theory[J]. Journal of Hazardous Materials, 2015, 299: 685-695.

[23] Xu P, Yu B. Developing a new form of permeability and Kozeny-Carman constant for homogeneous porous media by means of fractal geometry[J]. Advances in Water Resources 2008, 31: 74-81.

[24] Yun M, Yu B, Cai J. Analysis of seepage characters in fractal porous media[J]. International Journal of Heat & Mass Transfer, 2009, 52: 3272-3278.

[25] Comiti J, Renaud M. A new model for determining mean structure parameters of fixed beds from pressure drop measurements: application to beds packed with parallelepipedal particles [J]. Chemical Engineering Science, 1989, 44: 1539-1545.

[26] Lee C S, Haghighat F, Ghaly W S. A study on VOC source and sink behavior in porous building materials-Analytical model development and assessment[J]. Indoor Air, 2005, 15: 183-196.

[27] Xiong J, Zhang Y, Wang X. Macro-meso two-scale model for predicting the VOC diffusion coefficients and emission characteristics of porous building materials[J]. Atmospheric Environment, 2008, 42: 5278-5290.

[28] Blondeau P, Tiffonnet A L, Damian A, et al. Assessment of contaminant diffusivities in building materials from porosimetry tests[J]. Indoor Air, 2003, 13: 310-318.

[29]　Zhang Y，Luo X，Wang X，*et al*. Influence of temperature on formaldehyde emission parameters of dry building materials[J]. Atmospheric Environment 2007，41：3203-3216.

[30]　赵振国. 应用胶体与界面化学[M]. 化学工业出版社，2008.

[31]　Dubinin M M，Zaverina E D，Timofeyev D P. Sorption and structure of active carbons. Ⅵ. The structure types of active carbons[J]. Zhur. Fiz. Khim. 1949，23：1129-1140.

[32]　白书培. 临界温度附近 CO_2 在多孔固体上吸附行为的研究(硕士学位论文)[D]. 天津：天津大学，2003.

[33]　Liu Y，Zhou X，Wang D，*et al*. A prediction model of VOC partition coefficient in porous building materials based on adsorption potential theory[J]. Building and Environment，2015，93：221-233.

[34]　Xiong J，Yan W，Zhang Y. Variable volume loading method：A convenient and rapid method for measuring the initial emittable concentration and partition coefficient of formaldehyde and other aldehydes in building materials [J]. Environ Sci Technol，2011，45：10111-10116.

[35]　Huang S，Xiong J，Zhang Y. Impact of temperature on the ratio of initial emittable concentration to total concentration for formaldehyde in building materials：theoretical correlation and validation[J]. Environ Sci Technol，2015，49：1537-1544.

[36]　Zhou X，Liu Y，Song C，*et al*. A study on the formaldehyde emission parameters of porous building materials based on adsorption potential theory[J]. Building and Environment，2016，106：254-264.

[37]　Zhou X，Liu Y，Liu J. Alternately airtight/ventilated emission method：A universal experimental method for determining the VOC emission characteristic parameters of building materials[J]. Building and Environment，2018，130：179-189.

[38]　Xiong J，Chen W，Smith J F，*et al*. An improved extraction method to determine the initial emittable concentration and the partition coefficient of VOCs in dry building materials[J]. Atmospheric Environment，2009，43：4102-4107.

[39]　World Health Organization/International Agency for Research on Cancer. IARC monographs on the evaluation of carcinogenic risks to humans. Volume 88：Formaldehyde，2-butoxyethanol and 1-tert-butoxypropan-2-ol. [M]. 2004.

[40]　Zhou X，Liu Y，Song C，*et al*. A novel method to determine the formaldehyde emission characteristic parameters of building materials at multiple temperatures[J]. Building and Environment，2019，149：436-445.

[41]　Liu Y，Zhou X，Wang D，*et al*. A prediction model of VOC partition coefficient in porous building materials based on adsorption potential theory[J]. Building and Environment，2015，93：221-233.

[42]　Wei W J，Xiong J Y，Zhang Y P. Influence of precision of emission characteristic parameters on model prediction error of VOCs/formaldehyde from dry building material[J]. Plos One，2013，8：1-8.

［43］ Zhang C，He H，Tanaka K. Catalytic performance and mechanism of a Pt/TiO_2 catalyst for the oxidation of formaldehyde at room temperature［J］. Applied Catalysis B：Environmental，2006，65（1）：37-43.

［44］ Zhang C，He H J. A comparative study of TiO_2 supported noble metal catalysts for the oxidation of formaldehyde at room temperature［J］. Catalysis Today，2007，126（3）：345-350.

［45］ Zhang C，Liu F，Zhai Y. Alkali-Metal-promoted Pt/TiO_2 opens a more efficient pathway to formaldehyde oxidation at ambient temperatures［J］. Angewandte International Edition Chemie，2012，51（38）：9628-9632.

［46］ Ma C，Wang D，Xue W，*et al*. Investigation of formaldehyde oxidation over CO_3O_4-Ce_2 and Au/Co_3O_4-CeO_2 catalysts at room temperature：effective removal and determination of reaction mechanism［J］. Environmental Science & Technology，2011，45（8）：3628-34.

［47］ 王美艳，朱天乐，樊星. 低浓度苯系物在室温下的 $MnOx/Al_2O_3$ 催化 O_3 氧化［J］. 中国环境科学，2009，29（8）：806-810.

［48］ 贺泓，张博，张长斌. 一种电催化还原氧气的阴极材料及其制备方法和用途［P］. 中国专利：CN106637327A，2016.

［49］ Fan X，Zhu T L，Wang M Y，*et al*. Removal of low-concentration BTX in air using a combined plasma catalysis system［J］. Chemosphere，2009，75（10）：1301-1306.

［50］ Wan Y，Fan X，Zhu T L. Removal of low-concentration formaldehyde in air by DC corona discharge plasma［J］. Chemical Engineering Journal，2011，171（1）：314-319.

［51］ Wang W Z，Wang H L，Zhu T L，*et al*. Removal of gas phase low-concentration toluene over Mn，Ag and Ce modified HZSM-5 catalysts by periodical operation of adsorption and non-thermal plasma regeneration［J］. Journal of Hazardous Materials，2015，292：70-78.

［52］ Fujishima A，Honda K. Electrochemical Photolysis of Water at a Semiconductor Electrode［J］. Nature，1972，238（5358）：37-38.

［53］ 张春晓，刘梦云，张莉莉，等. 四种室内观叶植物离体叶片吸收甲醛效果的研究［J］. 杭州电子科技大学学报（自然科学版），2015（2）：83-87.

第 3 章　室内颗粒物污染

近年来，室外雾霾频发引起人们对颗粒物污染特别是 PM2.5 污染的关注。事实上，室内颗粒物污染在某种程度上对人的影响更大，一方面室内颗粒物浓度受室外颗粒物污染和室内污染源的双重作用，部分区域较室外更高；另一方面由于室内空间较小，颗粒物污染的视觉效果不明显，再加上人们潜意识认为室内颗粒物污染较少，对室内颗粒物污染不重视，缺少防护措施，在室内待的时间远比室外长，因此对人的健康可能引起更大危害。本章从室内颗粒物污染现状、颗粒物污染的健康效应、建筑对室内颗粒物污染的影响以及颗粒物在室内的输运过程几方面对近年来室内颗粒物污染方面的进展做了简要介绍。

3.1 室内颗粒物污染概述

3.1.1 背景

随着我国城市化的不断提高，颗粒物污染研究关注点逐渐由总悬浮颗粒物（TSP），可吸入颗粒物（PM10）到可入肺颗粒物（PM2.5），图 3-1 给出了分别以总悬浮颗粒物、PM10 和 PM2.5 为关键词，通过知网的远见搜索检索的自 1980 年～2017 年发表论文篇数，从中可以看出人们对颗粒物污染的关注自 21 世纪后成爆发式增长。随之而来的是对室内颗粒物污染的关注大幅提升，如图 3-2 所示，人们对室内颗粒物尤其是 PM10 和 PM2.5 的关注在 2011 年之后迅速增长。

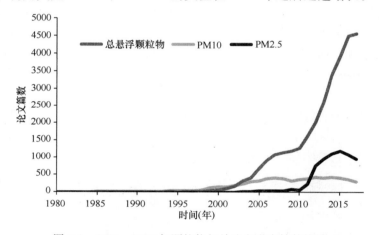

图 3-1 1980～2017 年颗粒物相关论文发表篇数统计

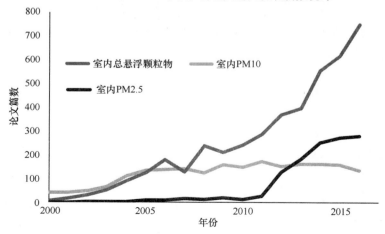

图 3-2 2000～2017 年室内颗粒物污染相关论文发表篇数统计

这种变化主要源于人们对颗粒物污染健康效应的认识不断深化以及国人对健康的关注不断增强。国内早期对室内颗粒物污染的关注可追溯于 20 世纪 70 年代，中国疾病控制中心的何兴舟教授团队注意到云南宣威地区肺癌的高发病率，通过数十年的研究确认了肺癌与室内燃煤导致的颗粒物污染之间的相关性[1]。除了关注室内燃烧产生的颗粒物外，室内烟草颗粒物也是早期室内颗粒物关注的焦点[2]，国内由于各种因素，吸烟较为普遍，给人员健康造成较大影响，在非传染疾病致死者中烟草污染原因在 1990 年占到 12.8%（约 600 万人）[3]，这个比例在 2010 年上升到了16.4%[4]。2005 年，全国人大常委会表决加入了联合国《烟草控制框架公约》，各地也陆续出台了相关禁烟法令[5]，同时伴随着大众对烟草健康危害的了解，国内吸烟民众比例有一定程度下降[6]，室内烟草导致的颗粒物污染得到缓解。2010 年以后，随着公众对雾霾问题的高度关注，室外来源的室内颗粒物污染逐渐得到重视，研究表明室外 PM2.5 对室内 PM2.5 污染的贡献超过了 54%，最高可达到 96%[7]，这也是当下室内颗粒物污染的关注重点。近年来随着人们对环保的要求提高，《环境空气质量标准》GB 3095 在 2012 年修订时增加了 PM2.5 的控制标准，同时对PM10 的控制标准提高了要求，该标准 2016 年已正式实行，2017 年 PM2.5 年均浓度范围为 $10\sim86\mu g/m^3$，同比下降了 6.5%，新的环境空气质量标准初显成效[8]。同时，人们对室内空气质量中的颗粒物污染也日益关注，新风系统和净化器市场增长迅猛，鉴于此，本章节将对室内空气颗粒物污染中的几个学术问题的进展予以报告，希望对相关人员能有所帮助。

3.1.2 室内颗粒物污染现状

由于经济发展水平、人居形态、建筑形式、大气污染等存在较大差异，农村和城市室内颗粒物污染存在较为明显的差异。基于 2017～2018 年公开发表的 2 篇综述性论文[9,10]中的数据，图 3-3 绘出了目前中国城市室内颗粒物污染情况。当然，由于采样样本数、采样点、采样时间的选择等因素存在较大差异，此图并不能完全代表整个城市室内颗粒物污染水平。从中可以看出，所检测的部分建筑内颗粒物浓度水平的平均值依然不满足 WHO 最新发布空气质量导则中的 PM2.5 年均值不大于 $25\mu g/m^3$ 的标准，相关文献研究表明我国城市民用建筑 PM2.5 较为严重的原因主要在于城市大气环境 PM2.5 浓度偏高所致[11-13]。

Du 等人[14]综述了文献中我国部分地区（贵州、云南、西藏、安徽、山西、浙江、湖北、吉林、江苏、陕西、辽宁、广西、黑龙江、四川、内蒙古、河南、湖南、广东、河北和重庆）农村建筑的室内污染，颗粒物粒径包括 TSP、PM10、PM2.5 和 PM1.0，相关结果见表 3-1。从中也能看出农村地区室内颗粒物浓度较高，其中室内由于燃烧固体燃料导致的颗粒物污染较为严重。

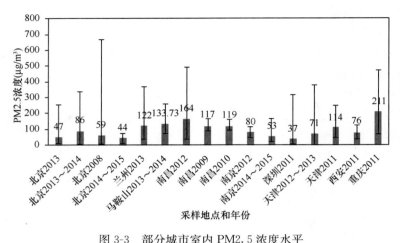

图 3-3　部分城市室内 PM2.5 浓度水平

中国农村地区室内颗粒物污染水平[14]　　　　　　　　　　　　表 3-1

颗粒物类别	燃料	季节	室内区域	报道的平均 浓度范围（μg/m³）	文献结果的平均值 （μg/m³）
TSP 或 PM10 （μ/m³）	固体燃料	冬季	厨房	61～2400	935
			卧室	56～846	414
		其他季节	厨房	92～770	341
			卧室	158～410	273
	非固体燃料	冬季	厨房	630	630
		其他季节	厨房	104～770	353
			卧室	410	410
PM2.5 （μ/m³）	固体燃料	冬季	厨房	75～1944	392
			卧室	73～2334	343
		其他季节	厨房	62～1272	264
			卧室	63～210	129
	非固体燃料	冬季	厨房	47～246	129
			卧室	108～108	108
		其他季节	厨房	47～460	219
			卧室	63	63

3.1.3　室内颗粒物污染影响因素

图 3-4 给出室内颗粒物污染的形成过程，包括①室内外颗粒物通过自然通风或围护结构渗风等进行交换；②室外颗粒物通过机械通风进入室内；③人员自身产生的颗粒物；④颗粒物自身动力学特性如沉降和再悬浮等；⑤室内人员活动等；⑥室内颗粒物的输运。通过对此 6 个过程分析可知，如下因素影响室内颗粒物污染。

（1）室外颗粒物污染

近年来国内室外雾霾频发，已成为国民关注的焦点问题之一。室外颗粒通过①和②对室内产生影响。建筑物本身的特性[15]，室内外环境参数如空气温度[16]和速度等[11]均会影响过程①，因此本年度报告将在3.3 章节介绍颗粒物穿透与外窗阻隔性能现场测试装置的最新研究进展。机械通风中颗粒在风道中的沉降特性，过滤器特性以及风量均会影响过程②，感兴趣的读者可参见文献［17，18］。

（2）室内人员自身产生的颗粒物

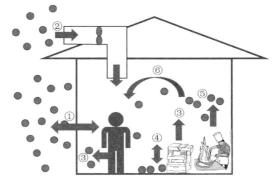

① 室内外颗粒物通过自然通风或围护结构渗风等进行交换；②室外颗粒物通过机械通风进入室内；③人员自身和各类产尘设备产生的颗粒物；④颗粒物自身动力学特性如沉降和再悬浮等；⑤室内人员活动等；⑥室内颗粒物的输运

图 3-4　室内颗粒物污染形成过程

研究表明，室内人员自身代谢产生的皮屑占到室内 PM10 浓度的 10％[19]，皮屑释放的速率与性别、着装[20]、皮肤表面油脂、关键皮肤部位的细菌定植以及活动强度等有关，室内人员总的释放速率与室内人员数量线性相关，释放颗粒物粒径以 $2\sim4\mu m$ 为最多[21]。实测得到室内人员颗粒物释放速率约为 $0.3mg/(人 \cdot h)$，且皮肤保湿霜可能会增加皮肤颗粒物的释放[22]。

另外室内人员的咳嗽、打喷嚏等行为均会导致相关的生物气溶胶释放到室内，影响室内颗粒物的浓度及分布，这部分研究可参考 Ai 等的综述论文[23]。

（3）室内人员活动

室内人员如吸烟[24,25]、烹饪[26,27]、清扫、养宠物[28]等活动均会影响室内颗粒物浓度，是室内重要的污染源。另外，室内人员的活动强度如躺、静坐、走路和跑步等除了影响人员自身代谢产生的颗粒物外，还会导致颗粒物再悬浮，影响室内颗粒物浓度。

（4）室内设备

室内打印机、复印机等设备是重要的室内颗粒物释放源[29,30]，可释放大量粒径较小的颗粒物[31]。Destaillats 等人[32]对室内设备释放颗粒物有较为详细的综述，感兴趣的读者可阅读了解。

除了污染源之外，部分设备如净化器等也是室内颗粒物汇，对室内颗粒物浓度和分布有重要影响。

（5）室内颗粒物输运

室内颗粒物由源头到人体，主要依靠室内空气流动输运，同时颗粒物自身动力学特性会对其输运特性造成影响。其中建筑内部布局、送回风口位置、室内人员活动、室内设备等均会影响室内空气流动，进而影响颗粒物在室内的输运；同时颗粒物自身在输运过程中会发生凝聚、扩散、相变、沉降以及再悬浮等行为，也将影响室内颗粒物浓度的分布[33]，在本章 3.4 章节对此有一定论述，读者可参阅。

3.2　室内颗粒物污染对健康的影响

颗粒物被认为是对健康危害最大的空气污染物之一，会对人体健康造成多方面的影响。

3.2.1　颗粒物对呼吸系统的影响

颗粒物对呼吸道的毒害作用主要包括其引起呼吸道炎症如发生支气管炎、肺气肿和支气管哮喘等，以及对肺通气功能的影响。不同粒径颗粒物在呼吸道沉积部位有较大差异，粒径 $0.5\sim2.0\mu m$ 的颗粒容易沉积在肺泡区，约占沉积在肺实质内粒子的 96%。粒径小于 $0.02\mu m$ 的亚微颗粒可以穿透肺泡壁进入肺间质，并通过淋巴系统进入血液，从而达到其他脏器，引起这些脏器的损害。由于肺泡壁有丰富的毛细血管网，颗粒物中的可溶性部分很容易被吸收而带到全身；而不溶性部分沉积在肺泡区，作为异物，会引起免疫细胞反应。肺泡巨噬细胞（MAC）的吞噬作用是肺脏一种重要的清除机制。MAC 作为肺内炎症的调控者，具有强大的生物学活性，可分泌 50 多种生物活性因子，其中多数为重要的炎症介质。同时，被致敏的MAC 会对颗粒物产生超敏反应，释放更多的炎症因子，导致更严重、更广泛的损伤。这可以解释超死亡人群大部分发生在原先患有心肺疾病及年老体弱人群中。颗粒物致呼吸系统损害的可能的生物学机制[34]包括：

（1）自由基损伤作用。吸附许多过渡金属元素的颗粒物进入人体后，可在局部释放出浓度较高的转运金属离子，它们产生自由基的能力很强。超细颗粒物因其表面积大具有特殊的表面化学特征，亦能产生自由基。此外，颗粒物进入呼吸道后，会作用于巨噬细胞及肺泡上皮细胞等，当各类吞噬细胞被激活进行吞噬作用时，氧消耗大量增加（氧爆发），使细胞外生成大量的活性氧（ROS）。这些自由基和活性氧主要作用于脂质、蛋白质、DNA，并引起膜脂质过氧化、蛋白质氧化或水解，从而诱导或抑制蛋白酶活性、DNA损伤。

（2）激活炎症相关的细胞因子及其转录因子。暴露于颗粒物会引起实验动物呼吸道中性粒细胞浸润，淋巴细胞及肥大细胞聚集等较为明显的炎症反应。并可在宿主效应细胞如肺泡巨噬细胞、支气管上皮细胞检测到相关细胞因子信使RNA（mRNA）水平的增高。目前认为与颗粒物引起呼吸道炎症相关的细胞因子有白介素1，6，8（IL-1，IL-6，IL-8）、干扰素（INF）、肿瘤坏死因子（TNF）。近年来，人们较为关注的核因子卡波粒（NF-κB，又称核转录因子）被认为在颗粒物所介导的炎症反应中起着重要的作用。NF-κB是调节基因转录的关键因子之一，参与许多基因，特别是与机体防御功能及炎症反应有关的早期应答基因的表达调控。当机体受到外界因素如氧化应激等刺激时，激活NF-κB，并进入细胞核，与DNA链上特异性部位结合，启动基因转录。NF-κB调控的靶基因产物有细胞因子、酶、黏附分子和受体四大类。在年老、幼儿、原先患有心肺疾病的易感人群中，由于宿主防御功能较弱，机体存在一定本底的细胞因子水平，即处于一种预先致敏状态。当颗粒物进入呼吸系统时，刺激效应细胞再次分泌细胞因子。由于细胞因子之间可能存在的协同作用，从而产生爆破式释放。同时，细胞因子又能激活NF-κB等核转录因子，后者又能启动一系列炎症相关基因的表达，产生细胞因子瀑布放大效应，从而引起机体更为广泛弥漫的炎症，产生更为严重的病理损伤。

（3）细胞钙稳态破坏。钙离子（Ca^{2+}）是细胞内重要的信号传导系统之一，细胞内低钙是保证其发挥正常功能的前提条件。如果细胞内外Ca^{2+}浓度差减小，则会引起细胞功能性损伤。颗粒物中吸附的重金属，如铅、镉、汞、镍等，它们与Ca^{2+}具有类似的原子半径，可在质膜、线粒体或内质网膜的Ca^{2+}转运部位上与Ca^{2+}发生竞争，进而导致细胞内钙稳态失调。实验观察到超细颗粒物可以使人类单核细胞系（MM6）中Ca^{2+}浓度水平增高。细胞内Ca^{2+}浓度的持续增高会抑制ATP的合成，氧自由基生成增加，加重组织损伤。

3.2.2 颗粒物对心血管系统的影响

目前颗粒物对心血管系统的影响研究较多。颗粒物在进入人体后，可通过激发系统性的炎症反应和氧化应激，增加血液黏度和形成血栓，导致动脉粥样硬化，出现一系列缺血性疾病；通过肺部的自主神经反射弧，改变心脏的自主神经传导系统，增加心率、降低心率变异性，出现心律失常，甚至心搏骤停；系统性炎症反应可激活血管内皮细胞，改变其功能，引起动脉血管收缩，血压升高[35]。颗粒物对心血管系统的影响如图3-5所示。

颗粒物本身尤其是超细颗粒物以及附有的成分，能进入血液循环发挥毒性作用[36]。有报道显示PM2.5污染水平上升与老年人及曾患有心肌梗死人群的心率变异度的降低及心肌梗死的发病风险增高有关。PM暴露能引起人、大鼠、狗等动物

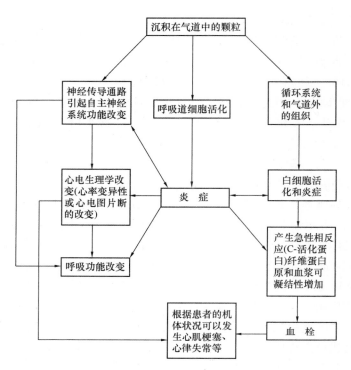

图 3-5   颗粒物对呼吸系统和心血管系统的影响[26]

血循环中的中性粒细胞数目增多，还能引起骨髓释放的未成熟白细胞增多。因此，颗粒物对心血管毒作用的主要研究思路集中在 PM 浓度增高与一些心血管系统因素水平的关系，如与血黏度、血浆纤维蛋白原水平、C-反应蛋白（CRP）、内皮素水平、血压等存在密切相关。血黏度、CRP 皆是人体急性期反应的标志物。血黏度主要由血浆纤维蛋白原水平决定。颗粒物经一系列反应刺激血浆纤维蛋白原水平升高，从而引起血黏度增高，使血液处于高凝状态，更易形成血栓。CRP 是人体肝脏合成的典型急性期反应蛋白，由细胞因子 IL-6 等所诱导产生，血中 CRP 的浓度几乎与炎症、组织损伤成正比。国外研究表明，血中 CRP 浓度增高与心血管病死亡率的增高密切相关，高水平的 CRP 可使脑卒中危险性增加 2 倍，心肌梗死增加3 倍，是较敏感的心血管预测因子。内皮素是一种强力缩血管肽，可对血管和心脏产生强而持续的加压作用，并具有较强的收缩支气管作用，还能促进神经递质的释放。可见，颗粒物的吸入可引发机体急性反应，并可改变机体血循环系统一些重要物质浓度，从而导致心血管事件的发生。

3.2.3   颗粒物对生殖系统的影响

大量的流行病学证据表明，母体若在孕期暴露于高浓度的颗粒物，颗粒物可能通过氧化应激、炎症反应、凝血功能异常、内皮功能紊乱及血流动力学改变等生物学机制[37]对胎儿产生危害，进而导致一系列的不良妊娠结局，包括宫内发育迟缓、早产、死产、低出生体重和新生儿婴儿死亡率升高等[38]。也有人认为颗粒物可能通过干扰孕妇的内分泌系统、损害胎盘的氧气及营养运输，从而导致低出生体重和早产。颗粒物上附着很多重金属及多环芳烃等有害物质，造成孕妇胎盘血毒性，易导致胎儿宫内发育迟缓和低出生体重，以及先天性功能缺陷。毒物还可通过胎盘，直接毒害胎儿，造成早产儿、新生儿死亡率的上升。

除了不良妊娠结局外，颗粒物还可能升高男女不孕不育的发生率。在著名的护士队列研究中发现：居住地沿主干道者比远离主干道者发生不孕不育的概率显著高出 11％，其中原发性不孕概率高出 5％，而继发性不孕的概率高出 21％[39]。颗粒物的累积暴露量可能与不孕不育的发生更具相关性。颗粒物导致不孕不育可能与生殖细胞的直接损害有关，也可能与颗粒物中的某些组分干扰或抑制"下丘脑—垂体—性腺轴"，进而对生殖腺产生不良影响有关。已有部分研究发现颗粒物污染可导致精子活力降低、精子形态异常及精子的染色质异常[40]。这可能是造成男性生殖能力下降或者不育的重要原因之一。

动物实验证据也表明，即使是中等浓度的颗粒物暴露，也可导致小鼠的生殖系统损害，表现为存活胎鼠数量减少、胚胎种植失败次数增多、同胎中雄鼠/雌鼠性别比例降低等。颗粒物暴露还可引起小鼠的发情周期改变，进而造成窦状卵泡数量减少和胚胎种植失败率增高。颗粒物的暴露还会持续影响子代小鼠的生殖系统健康，造成肛殖距缩短、生殖功能发育推迟、生育能力降低和不良妊娠结局增加等。

3.2.4　颗粒物对儿童健康的影响

较高的颗粒物污染水平与婴儿的死亡率升高存在显著相关，尤其与出生 28 天后的婴儿因呼吸系统疾病导致的死亡关联尤为紧密。国外的研究发现，颗粒物对婴儿死亡率的影响甚至高于对成人死亡率的影响。对 1952 年 12 月伦敦烟雾事件的健康效应进行重新分析，结果显示排除了流感的影响，婴儿的死亡率在此期间翻了一番。这一发现验证了人们对于颗粒物与婴儿死亡率之间关联的假设。除此以外，高浓度颗粒物暴露还可能引起喘息、咳嗽等呼吸系统症状，增加儿童罹患呼吸系统疾病和过敏性疾病的风险，如肺炎、急性支气管炎、哮喘、特异性过敏等。

颗粒物污染还与儿童肺功能受损有关，尤其在患有哮喘症状和气道高反应性的儿童中，颗粒物导致的肺功能损害效应更明显。一项基于南加州样本的研究发现，搬到颗粒物高污染区居住的儿童的肺功能年增长率较低，而搬到空气清洁区居住的儿童肺功能年增长率较高，提示颗粒物污染与儿童肺功能发育受限相关，改善空气质量或将有利于儿童肺功能发育[41]。

儿童期甚至成年期的健康也可能受到产前颗粒物暴露的影响。已观察到，产前暴露于 PM2.5 会增加儿童早期对呼吸道感染的易感性。除此以外，免疫系统的发育，尤其在围产期，将会对儿童早期及整个生命过程的健康产生深远影响。环境因素导致的 Th1 细胞和 Th2 细胞平衡紊乱可能改变免疫系统的正常发育，引起儿童期的特异性过敏、哮喘和抗感染能力受损。但这些关联需要在更多的环境流行病学研究中得到进一步验证。

儿童对颗粒物污染更敏感的原因，可能包括：（1）儿童的呼吸系统与成人存在较大差异。这些差异使得在相同的污染暴露下，污染物能够更高比例地进入并沉积于儿童的呼吸系统，产生更大的危害。（2）儿童正处在迅速生长发育期，神经、呼吸、免疫和生殖系统还不成熟，对颗粒物污染更加敏感。（3）儿童在室外逗留的时间多于成人，且儿童的呼吸区更接近于地面，增加了他们吸入颗粒物的概率。

3.2.5　颗粒物的致癌作用

2013 年 10 月，世界卫生组织下属的国际癌症研究机构（IARC）发布报告，把空气颗粒物确认定为一级致癌物（一级的定义：对人类为确定之致癌物）。该项评估报告充分考虑了流行病学研究、动物致癌实验、致癌机理研究证据。

大量的流行病学研究证据一致表明颗粒物污染与肺癌死亡率密切相关，此关联在调整了重要的肺癌风险因素（如吸烟）后仍然存在。在最为著名的美国癌症协会（ACS）队列研究中发现，PM2.5 每升高 $10\mu g/m^3$，人群中肺癌死亡率将升高 13.5%（95% CI：4.4%～23.0%）[42]。在美国哈佛六城市研究中也有同样发现：与空气质量最好的城市相比，空气质量最差的城市的肺癌死亡率增加 37%[43]。此外，一些流行病学研究还发现颗粒物或其某些组分的长期暴露还与乳腺癌、卵巢癌、前列腺癌、皮肤癌、食道癌等相关，但颗粒物与这些癌症的关系还需要进一步研究来验证。

部分动物研究发现，小鼠通过呼吸作用，直接暴露于颗粒物中，可引起肺腺瘤的发生率增加。小鼠皮下注射颗粒物的有机提取物后，注射部位的肿瘤（如肝癌、肺腺癌、腺癌）的发生率显著增加。在小鼠裸露的皮肤上涂抹悬浮颗粒物的有机提取物，可诱导皮肤癌的发生。

颗粒物的致癌机理研究证据表明，颗粒物中的多个成分具有致癌性或促癌性，如多环芳烃，镉、铬、镍等重金属。颗粒物的有机提取物有致突变性，且以移码突变为主。使用不同细胞的实验表明，颗粒物的有机提取物可引起细胞的染色体畸变、姊妹染色单体交换以及微核率增高、诱发程序外 DNA 合成。颗粒物的有机提取物还可引起细胞发生恶性转化。

3.2.6　影响颗粒物健康危害的因素

（1）宿主对颗粒物的易感性

影响宿主对颗粒物易感性因素主要有：①宿主的年龄、性别、种族；②遗传背景；③生理状况，如体温、基础代谢、锻炼等；④营养状况，如机体抗氧化水平、蛋白质摄入状况、营养结构等；⑤机体预先存在的疾病状态。

流行病学调查发现老年人较青年人对空气颗粒物更为敏感，此外性别对颗粒物的影响也有很大差异。流行病学研究表明，当 PM10 上升 $10\mu g/m^3$ 时，妇女的死亡率上升 1.08%，而男性仅上升 0.74%[44]。这可能与颗粒物在肺内沉积情况依性别不同有关。据调查，$1\mu m$ 的颗粒物最容易在女性肺内沉积。因此性别对颗粒物健康效应具有修饰作用。

α1 胰蛋白酶抑制因子（API）缺乏的人容易发生慢性阻塞性肺病 COPD[45]。编码 API 基因具有 75 个等位基因，呈高度多态性。其中 Pi-ZZ 基因型是 PAI 缺乏人群中最常见的基因型，此外 Pi-ZZ 基因型也与 COPD 发生有关。具有这些基因型的人群对颗粒物的呼吸道损伤特别敏感。

（2）颗粒物的粒径

颗粒物在大气中的沉降与其粒径有关。一般来说，粒径小的颗粒物沉降速度慢，易被吸入。不同粒径颗粒物沉降到地面所需时间分别为：$10\mu m$ 的颗粒物需 4～9h，$1\mu m$ 的需 19～98d，$0.4\mu m$ 的需 120～140d，小于 $0.1\mu m$ 的则需 5～10 年。

不同粒径的颗粒物在呼吸道的沉积部位不同。大于 $5\mu m$ 的多沉积在上呼吸道，即沉积在鼻咽区、气管和支气管区，通过纤毛运动这些颗粒物被推移至咽部，或被吞咽至胃，或随咳嗽和打喷嚏而排除。小于 $5\mu m$ 的颗粒物多沉积在细支气管和肺泡。$2.5\mu m$ 以下的 75% 在肺泡内沉积，但小于 $0.4\mu m$ 的颗粒物可以较自由地出入肺泡并随呼吸排出体外，因此在呼吸道的沉积较少。有时颗粒物的大小在进入呼吸道的过程中会发生改变，吸水性的物质可在深部呼吸道温暖、湿润的空气中吸收水分而变大。

颗粒物的粒径不同，其有害物质的含量也有所不同。研究发现，60%～90%的有害物质存在于 PM10 中。一些元素如 Pb、Cd、Ni、Mn、V、Br、Zn 以及多环芳烃等主要附着在 $2\mu m$ 以下的颗粒物上。

（3）颗粒物的成分

颗粒物的化学成分多达数百种以上，可分为有机和无机两大类。颗粒物的毒性与其化学成分密切相关。颗粒物上还可吸附细菌、病毒等病原微生物。

颗粒物的无机成分主要指元素及其他无机化合物，如金属、金属氧化物、无机离子等。一般来说，自然来源的颗粒物（例如地壳风化和火山爆发等）所含无机成分较多。此外，不同来源的颗粒物表面所含的元素不同。来自土壤的颗粒主要含

Si、Al、Fe 等，燃煤颗粒主要含 Si、Al、S、Se、F、As 等，燃油颗粒主要含 Si、Pb、S、V、Ni 等，汽车尾气颗粒主要含 Pb、Br、Ba 等，冶金工业排放的颗粒物主要含 Mn、Al、Fe 等。

颗粒物的有机成分包括碳氢化合物，羟基化合物，含氮、含氧、含硫有机物、有机金属化合物、有机卤素等。来自煤和石油燃料的燃烧，以及焦化、石油等工业的颗粒物，其有机成分含量较高。有机成分中以多环芳烃最引人注目，研究发现颗粒物中还能检出多种硝基多环芳烃，它们可能是大气中的多环芳烃和氮氧化物反应生成的，也可能是在燃烧过程中直接生成的。

颗粒物可作为其他污染物如 SO_2、NO_2、酸雾和甲醛等的载体，这些有毒物质都可以吸附在颗粒物上进入肺脏深部，加重对肺的损害。颗粒物上的一些金属成分还有催化作用，可以使大气中的其他污染物转化为毒性更大的二次污染物。例如，SO_2 转化为 SO_3，亚硫酸盐转化为硫酸盐。此外，颗粒物上的多种化学成分还可以有联合毒作用。

（4）呼吸道对颗粒物的清除作用

清除沉积于呼吸道的颗粒物是呼吸系统防御功能的重要环节。呼吸道不同部位的清除机制有所不同。鼻毛可阻留 95% 的 $10\mu m$ 以上的颗粒物。颗粒物可通过咳嗽或随鼻腔的分泌物排出体外，也可被吞咽入消化系统或进入淋巴管和淋巴结以及肺部的血管系统后在体内进行再分布。气管支气管的黏膜表面被纤毛覆盖并分泌黏液，通过纤毛运动可将沉积于呼吸道的颗粒物以及充满颗粒物的巨噬细胞随同黏液由呼吸道的深部向呼吸道上部转运，并越过喉头的后缘向咽部移动，最终被咽下或随痰咳出。黏液—纤毛系统的清除过程较为迅速，沉积于下呼吸道的颗粒物在正常情况下 24~48h 内可被清除掉。环境污染物可使呼吸道黏膜的分泌性和易感性增强，影响纤毛运动，导致黏液—纤毛清除机制受阻。肺泡对颗粒物的清除作用主要由肺巨噬细胞完成。颗粒物可被巨噬细胞吞噬后经黏液—纤毛系统排出或进入淋巴系统。一些细小的颗粒可直接穿过肺泡上皮进入肺组织间质，最后进入血液循环或淋巴系统。

（5）其他

某些生理或病理因素可影响颗粒物在呼吸道的沉积。例如，运动时呼吸的量和速度都明显增加，这将大大增加颗粒物通过沉降、惯性冲击或扩散在呼吸道的沉积。慢性支气管炎患者的呼吸道黏膜层增厚，会造成气道的部分阻塞，有利于颗粒物的沉积。一些刺激性的气体如香烟烟气等可引起支气管平滑肌收缩，加大颗粒物在气管、支气管的沉积。

3.3　颗粒物穿透围护结构规律与特征

3.3.1　室外颗粒物外窗穿透实测与微观形貌

3.3.1.1　渗透通风房间室内外颗粒物质量浓度相关性

很多学者对颗粒物的围护结构缝隙穿透、室内外颗粒物浓度关系等进行了研究，发现颗粒物的穿透与缝隙几何尺寸、材料、表面粗糙度、室内外压差、温湿度等多个因素有关[46-53]。不同粒径的颗粒物在围护结构穿透时具有不同的行为特性，了解不同粒径颗粒物的穿透系数是室内颗粒物环境暴露、室内颗粒物浓度预测等研究的重要基础。基于对北京某气密性较好的建筑外窗颗粒物穿透行为的实测，分析了室内外颗粒物累积粒径PM0.5、PM1.0、PM2.5、PM5.0、PM10、TSP和分段粒径<0.5μm、0.5~1.0μm、1.0~2.5μm、2.5~5.0μm、5.0~10μm、≥10μm的逐时质量浓度分布，对不同粒径范围颗粒物在建筑外窗缝隙穿透过程中的相关性进行了分析。

（1）测试方法标记

测试建筑位于北京市朝阳区北三环，建筑北侧为北三环主路，东西南侧均为办公和住宅建筑，建筑周边无大型直排污染源。本次测试为夏季（6月份），本测试点选择16层的一个密闭房间，房间无人使用，可视为无室内颗粒物散发源。选择距外窗内侧缝隙0.3m、距地面1.2m处作为室内检测点，选择临近房间窗外作为室外检测点，两者检测高度保持一致。建筑外窗为上悬窗，达到现行国家标准《建筑外门窗气密性、水密、抗风压性能分级及检测方法》GB/T 7106的6级要求。建筑外窗尺寸为0.8×1.25m，房间体积为48m³。

颗粒物计数仪内置6个颗粒物测试通道，可同时检测颗粒物质量浓度（mg/m³）和粒子数量浓度N（个/m³）。为减小设备人为操作误差，检测设备采取自动抽样检测，抽气检测时间为1min，时间间隔为59min，可实现每天24h循环监测记录。小于等于x粒径范围内的全部颗粒物质量浓度记为PM$_x$，例如粒径小于2.5μm的全部颗粒物的质量浓度记为PM2.5；介于某两个粒径范围之间的全部颗粒物质量浓度记为PM$x1$~$x2$，例如粒径介于1.0μm和2.5μm的全部颗粒物的质量浓度记为PM1.0~2.5。

（2）室内外颗粒物粒度分布

室外颗粒物的测试结果显示，室外PM0.5、PM1.0、PM2.5、PM5.0、PM10、TSP的平均质量浓度分别为18.09μg/m³、34.10μg/m³、48.38μg/m³、95.67μg/m³、122.49μg/m³、138.72μg/m³。分段粒径颗粒物PM<0.5、PM 0.5~1.0、PM 1.0~2.5、PM 2.5~5.0、PM 5.0~10、PM≥10的平均质量浓度分别为18.09μg/m³、

16.01μg/m³、14.28μg/m³、47.29μg/m³、26.82μg/m³、16.23μg/m³（图 3-6）。

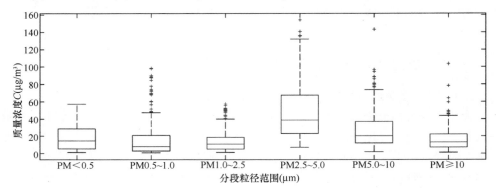

图 3-6　室外颗粒物分段粒径颗粒平均质量浓度

室内颗粒物的测试结果显示，室内 PM 0.5、PM 1.0、PM 2.5、PM 5.0、PM 10、TSP 的平均质量浓度分别为 11.19μg/m³、16.59μg/m³、20.51μg/m³、24.75μg/m³、27.14μg/m³、27.59μg/m³。分段粒径颗粒物 PM＜0.5、PM 0.5～1.0、PM 1.0～2.5、PM 2.5～5.0、PM 5.0～10、PM≥10 的平均质量浓度分别为 11.19μg/m³、5.40μg/m³、3.92μg/m³、4.24μg/m³、2.40μg/m³、0.44μg/m³（图 3-7）。

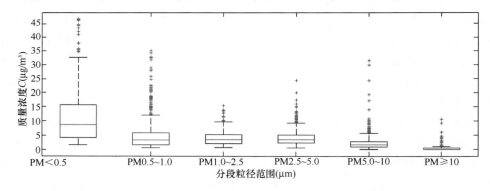

图 3-7　室内颗粒物分段粒径颗粒平均质量浓度

通过图 3-6 与图 3-7 比较可知，室外分段粒径颗粒物 PM＜0.5、PM0.5～1.0、PM1.0～2.5、PM2.5～5.0、PM5.0～10、PM≥10 在穿透外窗缝隙的过程中粒径分布发生了明显变化。室内颗粒物以 PM＜0.5 为主且随着粒径的增加，室内颗粒物质量浓度越低。

（3）相关性分析

采用最小二乘法对室内外监测数据进行处理，经稳健回归分析后按照绝对残差最小的原则进行拟合，拟合直线方程表达式为 $y = Ax + B$，横坐标代表室外颗粒物质量浓度，纵坐标代表室内颗粒物质量浓度。为便于描述，按不同颗粒物粒径对室外和室内测试数据结果进行编号，见表3-2。

	PM0.5	PM1.0	PM2.5	PM5.0	PM10	TPM
室外环境	A1	A2	A3	A4	A5	A6
测试房间	C1	C2	C3	C4	C5	C6
	PM<0.5	PM0.5~1.0	PM1.0~2.5	PM2.5~5.0	PM5.0~10	PM≥10
室外环境	D1	D2	D3	D4	D5	D6
测试房间	F1	F2	F3	F4	F5	F6

累积粒径颗粒物质量浓度是指小于等于某粒径的全部颗粒物的质量浓度累积值，如 PM2.5 代表粒径小于等于 $2.5\mu m$ 的颗粒物质量浓度。通过室外环境与测试房间的颗粒物浓度相关性分析可知，累积粒径 PM0.5、PM1.0、PM2.5、PM5.0、PM10、TSP 的室内外质量浓度均呈现显著的线性相关。随着粒径的增大，累积粒径颗粒物的质量浓度线性系数 A 由 0.54 缓慢减小至 0.15，且相关系数随着粒径的增大逐渐降低。

分段粒径颗粒物质量浓度是指一定粒径范围的颗粒物质量浓度，例如 PM0.5~1.0 代表 $0.5\sim1.0\mu m$ 范围的颗粒物质量浓度。PM<0.5、PM0.5~1.0、PM1.0~2.5、PM2.5~5.0、PM5.0~10 的质量浓度与室外环境均呈现显著的线性相关，而 PM≥10 的室内外质量浓度无显著相关性。与累积粒径颗粒物的结果不同，分段粒径颗粒物的线性系数 A 随着粒径范围的增大而急剧降低。当粒径大于 $2.5\mu m$ 时，室内外质量浓度的线性系数 A 接近为零，说明粒径大于 $2.5\mu m$ 的颗粒在穿透过程中几乎不能穿过外窗缝隙进入室内。

同时，相关性分析结果显示，不同粒径范围颗粒物的穿透系数不同，在建筑围护结构缝隙尺寸和室内外环境一定的情况下，建筑围护结构的阻隔性能与颗粒物的粒径大小直接相关。实测建筑对粒径大于 $2.5\mu m$ 的颗粒的阻隔率达 99%，对粒径小于等于 $2.5\mu m$ 的阻隔率则仅为 66%，说明气密性较好的建筑外窗缝隙在颗粒物穿透过程中起到了过滤作用，与气密性较差的建筑的渗透原理是不同的。

3.3.1.2 外窗阻隔作用下的颗粒物微观形貌分析

（1）室外颗粒物微观形貌

室外颗粒物可以分为矿物颗粒、烟尘、球形颗粒和其他颗粒四类。矿物颗粒根据化学成分不同，可分为富 S、富 Ca 和富 Si 矿物。烟尘多以集合体的形式出现，多数研究成果表明，烟尘集合体可分为链状、蓬松状和密实状。不同燃烧源排放的烟尘集合体的形貌不完全相同，但燃煤和燃油排放的烟尘集合体有相似之处，类似于球形、近似球形的颗粒物，主要为飞灰、二次粒子，其主要化学成分是 O、Si、Al 等。其他粒子包含的类型较多，主要由超细颗粒物组成。采用能谱分析发现，北京地区 PM10 中的矿物颗粒主要化学成分为碳、氧、硫、硅、钙和铝等[54,55]。通过重力沉降方法，对室外颗粒进行采样分析，电镜图片采集如图 3-8 所示。

室外环境中，小粒径颗粒吸附在大颗粒表面，不同粒径颗粒聚集形成不均匀的混合物。图 3-8 中（a）为不规则矿物粒径颗粒的混合物，（b）为汽车尾气或煤炭燃烧产生的烟尘集合体，（c）为汽车尾气絮状颗粒物与大小颗粒物的混合物，（d）可能为生物质颗粒，（e）为铁球（汽车磨损产生），（f）、（g）、（h）为室外球形颗粒和矿物颗粒。

从外观形状上看，室外颗粒的微观形貌差异很大，具有多样性，多边形、菱形、正方形、长方形和椭圆形的颗粒物均存在。粒径分布广，从几纳米到数十微米不等。室外颗粒的微观形貌与季节和室外源有关，例如冬季和夏季颗粒污染源的分布不同，其颗粒的微观形貌也有显著差异。冬季北京地区的颗粒物污染物以矿物颗粒、烟尘、球形颗粒（飞灰和二次粒子）和其他颗粒等单颗粒类型为主；春季的颗粒物中矿物尘、花粉粒子或孢子也存在于颗粒物中，夏季汽车尾气排放较多，室外细颗粒气溶胶粒子数量较多。

（a）

（b）

（c）

（d）

图 3-8　室外颗粒物电镜图（一）

图 3-8 室外颗粒物电镜图（二）

通过电镜分析可知自然沉降的颗粒物主要以矿物颗粒物为主，烟尘集合体、球形颗粒和其他粒子沉降量也存在，但数量和质量明显较少，如图 3-9 所示。

图 3-9 室外颗粒物化学成分能谱谱图

（2）室内颗粒物形貌

对于气密性较高的房间，建筑围护结构缝隙对颗粒物具有一定的阻隔性能，颗粒物的穿透过程中，粒径大小和外观形状具有一定的选择性。如图 3-10 所示密闭房间室内窗内侧颗粒物的抽样检测显示，室内的颗粒主要是粒径小于 $1\mu m$ 的矿物颗粒物（d）、（e）、烟尘集合体（a）、（b）、（c）、（h）、球形粒子（f）、（g）等，不规则大粒径矿物颗粒相对较少，说明该建筑围护结构缝隙对室外粒径较大的颗粒物特别是矿物颗粒的阻隔性能较好。图 3-10 中均为随机捕捉镜头下捕捉到的颗粒形态，可以发现室内超细颗粒物和烟尘集合体的数量比例较大，不规则矿物颗粒明显减少。

与颗粒物计数仪检测的结果一致，无人密闭房间中，室内以细颗粒污染为主，粒径多小于 $1\mu m$，主要是呈蜂窝状、链状、枝状的烟尘集合体和各种小粒径碳粒。通过 IPP 图像处理软件测量烟尘集合体粒径约在 $50\sim150nm$（$0.1\sim0.15\mu m$）范围（图 3-11）。

（a）　（b）

（c）　（d）

图 3-10　密闭房间室内颗粒物微观形貌图（一）

图 3-10 密闭房间室内颗粒物微观形貌图（二）

图 3-11 烟尘集合体颗粒粒径尺寸图

与室外颗粒物相比，室内以球形颗粒、球形颗粒集合体或絮状体居多（图3-10 a、b、c、e），粒子的微观形貌趋于规整。大粒径矿物颗粒数量明显减少，主要以 $0.5 \sim 1.0\mu m$ 范围内的矿物颗粒为主，吸湿膨胀后体积增大，形貌也更接近于球形。室内颗粒的实际半径更接近空气动力学半径，球形度系数更接近 1。

3.3.2 室外源单粒径颗粒行为的室内浓度预测

目前，关于颗粒物室内外污染相关性和预测方法研究，主要以质量守恒方程为理论基础，结合颗粒物的空气动力学方程进行研究。在室内源颗粒物混合状态良好，忽略渗透过程中气态物质的蒸发和室内外环境温湿度变化等因素的条件下，室内颗粒物质量守恒方程为

$$\frac{\mathrm{d}C_{\mathrm{in}}(t)}{\mathrm{d}t} = a \cdot P \cdot C_{\mathrm{out}}(t) - (a+k) \cdot C_{\mathrm{in}}(t) + \frac{Q_{\mathrm{is}}}{V} \tag{3-1}$$

式中　$C_{\mathrm{in}}(t)$，$C_{\mathrm{out}}(t)$ 分别为 t 时刻室内外颗粒物的质量浓度（$\mu g/m^3$），t 为时间，h；a 为换气次数（h^{-1}），p 为穿透系数，k 为沉降系数，V 为房间体积（m^3），Q_{is} 为室内颗粒物源的散发率（$\mu g/h$）。

一般室外环境空气中进入室内处于悬浮状态的颗粒物多采用渗透系数 F_{INF} 来表示。渗透系数由穿透系数 p、沉降系数 k 和换气次数 a 决定。

$$F_{\mathrm{INF}} = \frac{a \cdot p}{a+k} \tag{3-2}$$

该参数可用于定量评价室外颗粒物浓度对室内颗粒物浓度的影响水平，在颗粒物的暴露评价过程中非常重要。从亚特兰大、巴尔的摩、波士顿和斯托本维尔进行的 4 次暴露评价研究成果表明，渗透系数是解释城市住宅中室内人员暴露和环境水平差异的主要因素之一（如图 3-12 所示）。

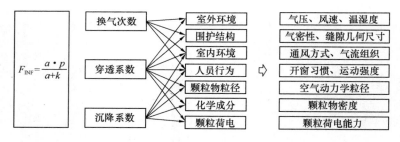

图 3-12　渗透系数的影响因素

换气次数 a 主要由建筑围护结构、人员行为、室内通风方式、室外气象参数等决定。穿透系数 p 和沉降系数 k 与建筑特征、室内外环境、颗粒物粒径、化学成分等密切相关。目前，穿透系数 p 和沉降系数 k 的不确定性是预测过程中存在的最大问题。

20 多年关于 p，k，F_{INF} 计算方法的研究很多，主要概括为稳态假设法、质量动态平衡法、模型实验法、渗透替代法四类。

（1）稳态假设法

稳态假设法是使用最广泛的方法，该方法简化了质量守恒方程，不需要连续数据。颗粒物的稳态质量守恒方程为[56]：

$$\overline{C_{in}} = \frac{a \cdot p}{a+k} \overline{C_{out}} + \frac{\overline{Q_{is}}}{V \cdot (a+k)} - \frac{\Delta C_{in}}{\Delta t (a+k)} \tag{3-3}$$

式中　Δt 为稳态时间段，h；$\overline{C_{in}}$，$\overline{C_{out}}$，$\overline{Q_{is}}$ 分别为 Δt 时间段内 $C_{in}(t)$，$C_{out}(t)$ 和 Q_{is} 的平均值（$\mu g/m^3$），ΔC_{in} 为室内质量浓度变化值（$\mu g/m^3$）是室内浓度变化值。

式（3-3）中 $\frac{\Delta C_{in}}{\Delta t (a+k)}$ 反映了室内颗粒物浓度达到平衡的滞后时间，一般情况下，该部分可以直接忽略，式（3-3）可简化为

$$C_{in} = \frac{a \cdot p}{a+k} C_{out} + \frac{Q_{is}}{V \cdot (a+k)} = F_{INF} \cdot C_{out} + \frac{Q_{is}}{V \cdot (a+k)} \tag{3-4}$$

式中 C_{in}，C_{out}，Q_{is} 均为 Δt 时间段内 $C_{in}(t)$，$C_{out}(t)$ 和 Q_{is} 的平均值。

在忽略沉降系数 k 的情况下，室内外浓度的穿透系数 p 近似等于渗透系数 F_{INF}，可用于沉降系数 k 比较小的颗粒的计算，但不适用于室内大粒径颗粒的综合预测。

$$F_{INF} = \frac{a \cdot p}{a+k} = \frac{a \cdot p}{a} = p \tag{3-5}$$

在考虑居住建筑室内源（抽烟、烹饪）时，室内颗粒质量守恒方程如下[57]：

$$C_{in} = \frac{a \cdot p}{a+k} C_{out} + \frac{(N_{cig} \cdot S_{cig} + T_{soot} \cdot S_{soot})/t + Q_{other}}{V \cdot (a+k)} \tag{3-6}$$

式中，N_{cig} 为香烟数量（支），S_{cig} 为单位香烟发尘量（μg），T_{soot} 为烹饪时间（min），S_{soot} 为烹饪时单位时间发尘量（$\mu g/min$），Q_{other} 为其他尘源发尘量（$\mu g/h$）。

（2）动态质量守恒模型法

动态质量守恒模型的研究是对稳态假设法的很大提升，该方法以颗粒物质量浓度的连续监测数据作为计算基础，以时间为变化参数，可以反映室内颗粒物浓度的动态变化。

Tung[58]假定室内颗粒物起始质量浓度为 $C_{in,o}$，建立了以下动态质量守恒方程：

$$C_{in} = \left(C_{in,o} - \frac{\lambda \cdot a \cdot p}{\lambda a + k} \cdot C_{out} \right) \cdot e^{-(\lambda a + k) \cdot t} + \frac{\lambda \cdot a \cdot p}{\lambda a + k} \cdot C_{out} \tag{3-7}$$

式中 t 为时间，s；λ 为室内空气的混合比例，$0 < \lambda < 1$。

如果 $t \to \infty$，$C_t \to C_f$，则公式（3-7）转化为

$$C_f = \frac{\lambda \cdot a \cdot p}{\lambda a + k} \cdot C_{out} \tag{3-8}$$

式（3-7）可以转化为

$$C_{\text{in}} - C_{\text{f}} = (C_{\text{in,o}} - C_{\text{f}}) \cdot e^{-(\lambda \cdot a + k) \cdot t} \Rightarrow \ln(C_{\text{in}} - C_{\text{f}}) = -(\lambda \cdot a + k) \cdot t + \ln(C_{\text{in}} - C_{\text{f}})$$

$$(3-9)$$

通过实验室沉降系数实验和示踪气体实验，获得香港办公建筑室内外 PM10 的连续浓度检测数据和换气量测试数据，应用公式（3-9）计算得到穿透系数 p 和沉降系数 k 分别为 0.78h^{-1} 和 0.06h^{-1}。

$$P = \frac{\lambda a + k}{\lambda \cdot a} \cdot \frac{C_{\text{out}}}{C_{\text{f}}} \tag{3-10}$$

（3）实验-经验公式法

特殊的实验设计可以近似忽略某项因素，减小未知参数的影响，通过实验替代方式克服或弱化质量守恒过程中存在的问题。1987 年 Roed 等首次应用实验方法研究了室外浓度对室内浓度的影响，通过离心风机消除穿透系数的影响（$p = 1$），计算室内的沉降系数 k[58]。

$$k = a \cdot \left(\frac{C_{\text{out}}}{C_{\text{in}}} - 1 \right) \tag{3-11}$$

同样在换气次数较大的情况下，可以忽略沉降系数 k 的影响，根据下式计算穿透系数。

$$p = \frac{a + k}{a} \cdot \frac{C_{\text{out}}}{C_{\text{in}}} \tag{3-12}$$

实验-经验公式法对于实际建筑的预测具有很好的应用价值，缺点在于实验过程中，室外浓度、颗粒物源特性、气象条件、室内环境扰动等各种因素均会对实验结果产生不同程度的影响。因此，该经验公式的应用过程中，受建筑功能类型和具体环境的限制较大。

（4）替代法

替代法的基本原理是通过化学标记元素作为替代参数进行计算[59]。该理论一般需满足无室内源、室内浓度可准确测量、颗粒物化学性能稳定、可连续检测等条件。

研究证实硫酸盐是存在于室外颗粒物中的基本物质[60]，是 PM2.5 的主要构成成分。室内人为硫酸盐是非常少的，室内硫酸盐和室外硫酸盐具有非常强的相关性[61]，随着粒径的增长呈现堆积的模式，硫酸盐可作为室内外 PM2.5 的标识物[62]。2002 年硫酸盐第一次被作为标记替代元素用于室内外颗粒物浓度相关性实验，用于计算室外颗粒物渗透系数 F_{INF}[63]。虽然 PM2.5 主要由超细颗粒物和粗粒子组成，硝酸盐对 PM2.5 的质量贡献非常低，使用示踪物质也可能得不到准确的结果。为此，Sarnat 等收集了 Bosten 地区 6 户住宅室内外 PM2.5 硝酸盐的浓度，计算得到该地区建筑 PM2.5 的渗透系数为 0.84。

在无室内燃烧源的条件下，室内外颗粒物的元素碳与粒径的分布显著相关。Diapouli 等也建议采用元素碳和黑炭作为 PM2.5 的示踪物质。黑炭被用来测试过滤器的过滤效率，但示踪物质与颗粒物的粒径大小有关，例如 PM1 使用 SO_4^{2-} 作为示踪物质计算结果更准确。

替代法是采用化学元素作为示踪物质，将颗粒物的化学组分与室内外浓度联系在一起，可以较好地反映某一化学组分室内外颗粒物的穿透和沉降特性，该方法的不足之处在于示踪元素在不同粒径颗粒物上的聚集程度不同，多反映某一粒径范围特殊化学组分颗粒物的动态行为特征，对于空气中多源混合的颗粒污染物来讲，其计算结果仍然具有局限性。

通过以上综述可知，室外颗粒物的渗透过程中，穿透系数、沉降系数和换气次数是影响室内颗粒物浓度的主要因素。穿透系数和沉降系数是计算室内外颗粒物渗透的关键参数。

同时也可以发现，颗粒物的粒径在参数计算过程中起到非常重要的决定性作用，不同粒径颗粒物在同一室内外环境下，其动态行为特征差异很大，建筑围护结构的穿透系数和沉降系数是完全不同的。因此，下文以单粒径颗粒物为研究对象，基于颗粒物的输运过程，从颗粒物动态行为控制角度建立建筑室内颗粒物浓度预测模型，以用于室内颗粒物的浓度预测。

3.3.2.1　预测模型

以建筑围护结构内侧为界，分为 3 个动态行为过程，过程 1 是从室外进入室内的输运和穿透过程。穿透系数和沉降系数是颗粒物从室外进入室内过程的主要计算参数，求解过程较为复杂。为此，本研究以建筑围护结构为界，基于单粒径颗粒物的动态行为，建立室内颗粒物浓度预测模型。图 3-13 为模型过程简化示意图。

该模型将室外颗粒物穿过建筑围护结构进入室内时间定义为穿透时间 t_p，穿透进入室内的时间定义为沉降时间 t_k；将 t_p 时间段内颗粒物的穿透过程进行简化，将其穿透过程看作是瞬间即可完成的行为，忽略穿透过程中颗粒物的实际沉降。

t_k 时间段内颗粒物的沉降过程主要发生在室内，颗粒物的动态行为时间相对较长，且与换气次数、室内人员活动及室内气流组织等密切相关。假设室外不同粒径颗粒物的质量浓度 C_{di} 的分布满足 $f(di)$ 粒径分布函数，则室外颗粒物的浓度可表述为 $C_{di} = f(di)C_{out}$。假设室外不同粒径颗粒物的围护结构穿透系数检测值为 P_{di}^E，则由室外进入室内的颗粒物的质量浓度可表示为

$$C_{E,in} = \sum_{di=0.001}^{di=10} P_{di}^E f(di) C_{out} \tag{3-13}$$

同理，通风管道输运过程中进入室内的颗粒物的浓度 C_{Din} 为

$$C_{Din} = \sum_{di=0.001}^{di=10} p_{di}^D f(di) C_{out} \tag{3-14}$$

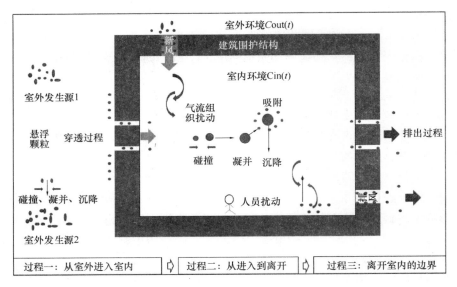

图 3-13   模型过程简化示意图

通过过滤效率为 P_{di}^{F} 的新风过滤装置进入室内的颗粒物的浓度 $C_{F,in}$ 为

$$C_{Din} = \sum_{di=0.001}^{di=10} P_{di}^{F} f(di) C_{out} \tag{3-15}$$

式中：p_{di}^{D} 和 p_{di}^{F} 为粒径为 di 的颗粒在通风管道和过滤装置中的穿透系数，C_{Ein}、C_{Din}、C_{Fin} 分别是指室外颗粒物通过建筑围护结构缝隙、通风管道、过滤装置后进入室内的颗粒物的浓度。

假设通过以上 3 种方式进入室内的风量分别为 Q_{Ein}，Q_{Din}，Q_{Fin}，则进入室内的颗粒物的质量分别为

$$M_{Ein} = Q_{Ein} C_{Ein} \tag{3-16}$$

$$M_{Din} = Q_{Din} C_{Din} \tag{3-17}$$

$$M_{Fin} = Q_{Fin} C_{Fin} \tag{3-18}$$

不同通风工况下的室内颗粒物来源不同，根据质量守恒原理可以获得以下公式：

1) 渗透通风房间，无室内源时的颗粒物质量为

$$M_{in} = M_{Ein} \tag{3-19}$$

2) 渗透通风＋新风过滤装置房间的颗粒物质量为

$$M_{in} = M_{Ein} + M_{Fin} \tag{3-20}$$

3) 渗透通风＋集中空调＋过滤系统（回风不经过滤处理）的颗粒物质量为

$$M_{in} = M_{Ein} + M_{Din} + M_{Fin} \tag{3-21}$$

4) 渗透通风＋回风＋新风过滤系统（回风和新风均经过空气处理装置）的颗

粒物质量为

$$M_{in} = M_{Ein} + M_{Din} + M_{Fin} \tag{3-22}$$

通过建筑围护结构和通风系统进入室内的单位体积颗粒物质量为

$$M_{in} = \sum_{i=0.001}^{i=10} f(di) C_{out} (P_{di}^{E} + P_{di}^{D} + P_{di}^{F}) \tag{3-23}$$

假如 τ 时刻室内源散发的颗粒物的质量为 $M_r = \sum_{i=0.001}^{i=10} f(di) C_r$，则 τ 时刻室内颗粒物浓度逐时质量 M 为

$$M = \sum_{i=0.001}^{i=10} f(di) C_{out} (Q_{di}^{E} P_{di}^{E} + Q_{di}^{D} P_{di}^{D} + Q_{di}^{F} P_{di}^{F}) + Q_{di}^{r} \sum_{i=0.001}^{i=10} g(di) Cr - Q_{di}^{ex} \sum_{i=0.001}^{i=10} h(di) C_{ex} \tag{3-24}$$

$$C(di) = h(di) = \frac{M}{V} \tag{3-25}$$

式（3-24）和式（3-25）式中 $g(di)$ 为室内散发源的粒径分布函数；C_r 为室内散发源散发的颗粒物的质量浓度（$\mu g/m^3$），Q_{di}^{ex} 为排风量（m^3/h）；$h(di)$ 为 τ 时刻排风管道中颗粒物浓度，该浓度与室内 τ 时刻颗粒物浓度 $C(di)$ 相同；V 为房间体积（m^3）。

室内颗粒物的沉降过程是在穿透过程之后紧接着发生的过程，受换气次数、人员活动、通风设备等各类扰动因素的影响，模型将单一粒径颗粒在室内的扰动过程中的沉降系数作为恒定参数进行考虑，可将颗粒室内沉降实验的经验值作为计算参考值。

3.3.2.2　模型应用

该模型是基于单粒径颗粒物的运动行为，将颗粒物在进入室内的过程和室内沉降的过程分开考虑，将室外颗粒物进入室内运动过程分为穿透进入、室内沉降、排出过程 3 个阶段。在模型应用过程中，需要将几个主要的过程分析清楚，并分别建立单颗粒物运动行为质量守恒方程。模型主要模块和流程如图 3-14 所示。

（1）室外颗粒物环境

室外环境包括气象参数、室外颗粒物粒度分布、质量浓度、化学组分等。室外气象参数包含室内颗粒物穿透过程有影响的气压、室内外温湿度、风速等工况参数等。

（2）穿透过程

颗粒物的穿透过程需根据建筑的围护结构和通风系统形式进行确定。

1）不同粒径颗粒物建筑围护结构缝隙的穿透系数 P_{di}^{E} 为输入参数，可采用两种方法确定。设计工况下的穿透系数 P_{di}^{E}，可参考设计工况下建筑外窗缝隙穿透系数推荐值或理论计算值。运行工况下，既有建筑的穿透系数可依据窗内外侧平均浓

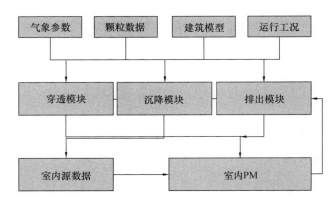

图 3-14　模型主要模块和流程

度实测值，经处理后，计算获得渗透系数值作为输入参数。

2）对于机械通风管道内的颗粒物穿透系数 P_{di}^{D} 的计算，可根据通风管道的几何尺寸和气流组织变化规律确定。

3）对于有新风或回风空气颗粒物捕集装置的通风，可根据设备对不同粒径颗粒物的捕集效率及随气流组织、容尘量的变化情况选择合适的 P_{di}^{E} 值。

（3）室内沉降

忽略室外颗粒物进入室内后与室内颗粒物的碰撞、凝并过程的影响，假设与室内源颗粒物混合均匀的情况下，可根据假定的室内颗粒物浓度，计算不同气流组织下、不同粒径室内颗粒物的沉降系数 k_{di}。该沉降过程需考虑室内空间设计、室内人员活动、气流组织等因素的综合影响，主要采用单粒径颗粒物室内扰动沉降实验的实验经验值作为计算值。

（4）室外排出

室内未沉降的颗粒物会随排风系统排到室外，也可能会经过空气处理装置处理后排到室外，该过程需依据室内外质量守恒方程，根据换气次数和通风方式进行确定。在无特殊室外排风处理的情况下，可将 τ 时刻室内颗粒物的平均浓度作为计算值。

3.3.3　外窗颗粒物阻隔性能现场检测方法

3.3.3.1　现场检测装置研发目的

雾霾天气频发，颗粒物特别是 PM2.5 对人体健康具有潜在的危害。研究显示，无持续正压保证的建筑，室外颗粒物可以穿透围护结构的缝隙进入室内，造成室内颗粒物浓度升高，而在室内具有负压时，这种穿透更为明显。在现代建筑中，外窗是连接室内外环境的主要部件。当关闭外窗时，室外颗粒物会随着渗透风渗透进入室内。但由于外窗具有一定的气密性能，且使用不同材质的密封条，会对颗粒物渗透起到不同程度的阻隔作用，这种阻隔作用的大小称之为外窗颗粒物阻隔性能。

为真实掌握实际建筑中外窗颗粒物阻隔性能，指导外窗颗粒物阻隔性能提升改造，降低室内人员的颗粒物室外源的暴露，需要对建筑外窗颗粒物渗透性能进行测试。现有的建筑外窗颗粒物渗透性能测试台，是在实验室中对外窗颗粒物渗透性能进行测试，测试条件是实验室理想环境，其目的是检验外窗出厂时的性能。但实际建筑工程中，送检外窗与实际安装外窗是有差异的，所以现场进行外窗颗粒物阻隔性能检测是非常必要的，原因如下：①送检的外窗，是在厂家严格的生产标准下进行组装的，所以可以保证其各项性能要求。但实际工程中，外窗是将各部分运输至施工现场，在现场进行组装和安装的，由于施工工艺差别、场地环境差异，实际安装的外窗会与出厂送检的外窗在气密性能上有差异。②目前有大量建筑使用的是老旧外窗或使用时间较长的外窗，无法经过实验室对外窗颗粒物渗透性能进行检测。③外窗密封条在使用中会存在老化、破损的情况，所以大量建筑外窗的颗粒物阻隔性能在实际使用过程中仍然是未知的。因此，在国家自然科学基金（项目编号：51778593）的支持下，研发了一套外窗颗粒物阻隔性能现场检测装置，其对于实现现场准确检测外窗的颗粒物阻隔性能具有重要作用。

3.3.3.2　装置构成与作用

外窗颗粒物阻隔性能现场检测装置，包括密封组件、压差传感器、空气采集器、室外颗粒物测试仪、室内颗粒物测试仪和负压系统，其构成示意如图 3-15 所示。各构成部分的作用为：密封组件用于与待检测外窗形成封闭的静压腔；压差传感器用于监测静压腔与室内之间的压差；空气采集器设置于静压腔内并用于采集静压腔内不同位置的空气；室外颗粒物测试仪用于采集室外空气的颗粒物浓度；室内颗粒物测试仪用于采集静压腔内空气中的颗粒物浓度；负压系统、室内颗粒物测试仪和空气采集器通过管路依次连接。

密封组件包括密封板和密封支架。密封板用于与待检测外窗的围护结构密封连接，且密封板、待检测外窗以及待检测外窗的围护结构形成静压腔。当待测试外窗的围护结构不凸出，无法直接使用密封板与围护结构形成静压腔时，需要在密封板的周向上设置密封支架，用于与待检测外窗的边缘密封连接。

由于室外空气一般从窗缝渗入室内，从而颗粒物在窗缝位置浓度较高，而其他位置浓度较低，颗粒物分布不均匀，为了准确测量由待检测外窗进入室内的颗粒物

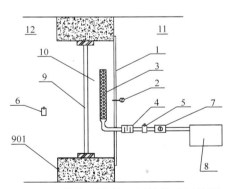

图 3-15　外窗颗粒物阻隔性能现场检测装置构成

1—密封板；2—压差传感器；3—空气采集器；4—空气混流器；5—室内颗粒物测试仪；6—室外颗粒物测试仪；7—气体流量传感器；8—负压系统；9—待检测外窗；901—围护结构；10—静压腔；11—室内；12—室外

质量，设计了空气采集器，其主要功能部件是空气采集管。空气采集管一端封闭，另一端与室内颗粒物测试仪连通。空气采集器为长条柱状，基本能覆盖静压腔内各处，空气采集管侧壁上均匀分布的多个采集通孔，能同时采集静压腔内不同位置的空气并输入至室内颗粒物测试仪以测量静压腔内的颗粒物浓度。

为了进一步充分混合来自空气采样器内的空气颗粒物，测试装置中设置了空气混流器，设置于空气采集器与室内颗粒物测试仪连接的管路上，使空气中的颗粒物混合均匀。空气混流器包括混流壳体和多个混流隔板，混流壳体的两端分别与空气采集器和室内颗粒物测试仪连通，各混流隔板在混流壳体内交错分布，使空气充分搅动进而使采集空气中的颗粒物混合均匀。

室内颗粒物测试仪和室外颗粒物测试仪均能够设置检测时间间隔、记录存储测试数据、实时显示测试数据。

气体流量传感器设置于室内颗粒物测试仪与负压系统连接的管路上。

控制器分别与室内颗粒物测试仪和室外颗粒物测试仪相连接，室内颗粒物测试仪和室外颗粒物测试仪分别将测得的静压腔内颗粒物浓度数据信息和室外颗粒物浓度数据信息传输至控制器，控制器根据接收到的静压腔内颗粒物浓度数据信息和室外颗粒物浓度数据信息计算分析外窗的颗粒物阻隔性能。

3.3.3.3　测试方法与步骤

应用外窗颗粒物阻隔性能现场检测装置对外窗进行颗粒物阻隔性能测试，整体包括以下步骤：

（1）将密封组件与待检测外窗形成封闭的静压腔，确保各连接处密封；

（2）开启负压系统，并使静压腔与室内之间的压差达到测试需要的压差工况；

（3）待静压腔与室内之间的压差稳定后，通过室外颗粒物测试仪和上述室内颗粒物测试仪同步采集室外颗粒物浓度和静压腔内的颗粒物浓度；

（4）计算颗粒物阻隔性能表征参数 A，颗粒物阻隔性能表征参数 $A＝1－$ 静压腔内颗粒物浓度/室外颗粒物浓度，颗粒物阻隔性能表征参数 A 越大，外窗颗粒物阻隔性能越强。以此评估外窗对颗粒物的阻隔性能。

现场检测时，为保证测试的准确性，室外颗粒物浓度不应低于 $75\mu g/m^3$；室外颗粒物浓度和静压腔内颗粒物浓度采集时间间隔相同且均为 1min，每次采集时间为 1min，每种压差工况的采集总时间至少为 40min。

3.4　颗粒物的输运特性

来自室内或室外各种污染源的颗粒物在到达人体前的输运过程可包括混合、相变、凝聚、沉降和再释放等[33]（图 3-16）。颗粒物的粒径和浓度在输运过程中的变化会影响人的暴露和后续健康效应。本节综述总结 2017 年来关于室内颗粒物输运过程的相关研究进展。

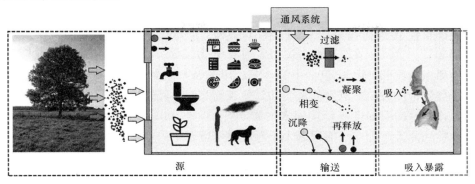

图 3-16 颗粒污染物由室内和室外各类污染源向人输送的过程示意

3.4.1 混合

室内颗粒物在室内气流伴随下由源向空间、由局部向整体的输运过程可以看作是一个混合过程。建筑通风、室内冷热源、人体运动等产生的气流可以影响不同空气动力学粒径颗粒物在室内的混合，换句话说，可以影响颗粒物在室内空气中的浓度分布。浓度的潜在不均匀一方面给全局通风稀释带来挑战，一方面又意味着可能存在更高性价比的局部控制方法[33]。当这一点对污染源相对单一的室内环境，如居住建筑中的厨房（油烟，$55\sim10000\mu g/m^3$）[64-68]、客舱环境（人呼出飞沫和飞沫核，约 $10\mu g/m^3$）[69-71] 和工业建筑（工业烟尘，约 $10mg/m^3$）尤为适用[72-79]。例如，针对我国黑色冶金等行业的大空间厂房颗粒物污染，王怡等学者优化了既有局部排风吸风口结构设计，亦提出涡旋通风等能够更快速稀释厂房内污染物的气流组织形式，大量减少转炉倾倒等过程中厂房环境的颗粒物浓度。

对于一般室内空间，颗粒物染污来源广泛，全面的控制污染源目前还不现实，只能切断由源向人的输运过程。建筑通风因其不要求用户在室内遵循特定规范，应用最广。然而，传统的全局通风方法中机械通风过滤方案能耗高，自然通风无法阻隔室外颗粒污染物。能否以较小能耗高效营造局部的健康环境，是我国室内环境领域研究的当务之急。用空气净化器净化室内环境是降低当前大气污染对人健康影响的应急之策[80]。因本书中有专门章节详述颗粒物净化研究进展，在此不作赘述。在近期一项实测北京住宅的颗粒物污染研究中发现，即使净化器已开启并正常工作，通过穿戴式设备测量得到的吸入暴露水平（$67.8\mu g/m^3$）仍可达环境浓度（$8.47\mu g/m^3$）的 8 倍[81]。降低室内近距离（小于 $1.5m$[82]）的污染暴露仍是当前研究的一大难点。

3.4.2 相变

目前室内颗粒污染物的相变问题主要集中在两点：一是室内半挥发性有机污染

物（semi-volatile organic compounds-SVOCs）在气态与颗粒态间的相互转化；二是人的呼出飞沫蒸发形成飞沫核的散布过程。

半挥发性有机污染物（semi-volatile organic compounds-svocs）是指沸点在170~350℃、蒸汽压在 13.3×10^{-5} Pa 的有机物，部分 SVOC 容易吸附在颗粒物上。生活中常见的 SVOC 包括甲醛、苯、甲苯及衍生物等。SVOC 在室内分布在气相、空气中的颗粒、沉降的灰尘和其他表面之间，其传质参数，如传质系数和分配系数，受室内温湿度等环境因素的影响[83,84]。气相与颗粒相达到平衡需要的时间从几秒到几天不等，可能远远大于颗粒物停留于室内空气中的时间。因此，利用相平衡方法分析室内 SVOC 各相浓度的方法可能存在着很大的误差。张寅平等学者针对室内 SVOC 凝聚核相变的动态过程首次提出了颗粒物龄（indoor particle age）的概念（图 3-17），以代替使用颗粒物在室内空气的平均停留时间（mean residence time），进一步改进了浓度的动态预测模型[85]。

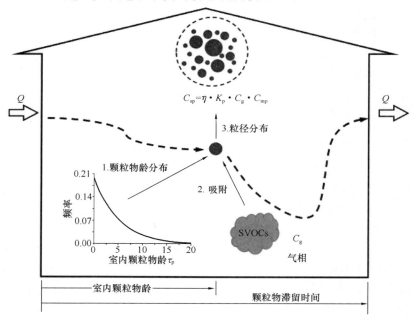

图 3-17 颗粒物龄更适合描述室内环境中气相和颗粒相 SVOC 动态分配[85]

人们的呼吸活动，包括正常呼吸、咳嗽、喷嚏、说话等，会产生数以万计的亚微米到毫米级别的飞沫。大粒径飞沫（>20μm）传播距离有限，而小粒径飞沫（<5μm）悬浮时间长，扩散范围广；不同粒径飞沫中病原体的含量也有不同。呼吸道传染病的传播途径包括大粒径飞沫的近距离传播、空气传播和表面接触传播等[71,82,86-95]。由于影响因素复杂，目前对诸多呼吸道传染病传播途径的研究尚无定论。以流感为例，大粒径飞沫的近距离传播和小粒径飞沫的空气传播孰重孰轻，争

论颇多[96,97]，而对于两种路径所采取的防治措施完全不同：前者需佩戴口罩，通风作用有限，后者则恰恰相反。给定液滴的蒸发速度主要受其吸湿性组分含量、环境湿度和释放速度影响。吸湿性组分包括液滴中的钠钾离子和高分子有机物等[98]，也包括带有芽孢的微生物[99]。飞沫核的形成与散布是制定相应控制策略的关键（图3-18），不仅需要了解飞沫蒸发和运动过程中的物化特性变化，也需要了解物化特性与携带微生物间的相互作用。该领域的研究需要微生物学与室内环境科学的深入交叉[100-102]，是未来研究防控流感等疾病在室内传染的重要方向。

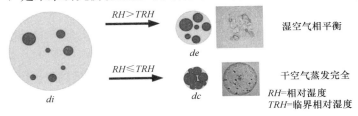

图 3-18　人呼出飞沫在干湿空气中蒸发形成飞沫核的不同机制[98]

3.4.3 凝聚

在凝聚过程中，颗粒相互碰撞或与较大颗粒碰撞，导致较小颗粒损失和较大颗粒增加。这一过程将颗粒尺寸分布向更大的尺寸转移。凝聚是一个关于颗粒数浓度的二阶过程，因此随着污染源释放量增加，凝聚产生的影响将会更大。当考虑了凝聚作用，研究发现厨房油烟和蜡烛燃烧等超细颗粒物的源强度可达以往忽略凝聚作用的 8 倍[103]。

颗粒物的凝聚是污染控制中的重要机制之一，通过凝聚可使小颗粒集结成大的颗粒，更容易从气体中分离去除。电凝聚技术是通过提高细颗粒的荷电能力，使得荷电细颗粒以电泳方式到达较大颗粒表面从而提高颗粒间碰撞凝聚的机率。按荷电方式不同，可分为正、负荷电颗粒的库仑凝聚、正、负荷电颗粒在恒定电场中凝聚、同极性荷电颗粒在交变电场中的凝聚、正、负荷电颗粒在交变电场中的凝聚 4 种方式。荷电凝聚后的颗粒粒径分布产生变化，大粒径占比明显提高，平均粒径亦有所增大，且电压越高，效果越明显[104]。当颗粒电荷水平高于玻尔兹曼平衡电荷极限时，电荷对凝聚有显著影响[105]，当电场强度为 1kV/m 时，布朗运动主导颗粒的分散和沉积过程，当电场强度增加到 10kV/m 时，静电力开始起主导作用[106,107]。荷电凝聚可用于如控制柴油机超细颗粒物排放等场合。电凝聚去除技术的效率是微细颗粒凝聚技术研究的重点，因为微细颗粒的微观性和凝聚过程的复杂性，主要依据理论推导和试验方法对微细颗粒的凝聚过程进行推测，具有较多的不确定性因素，使得微细颗粒的污染治理研究受到极大制约。今后的发展方向是深入研究电除尘器和电凝聚技术的作用机理及相关影响因素，提高微细颗粒物的处理效率，降低处理成本，开发电除尘器、电凝聚去除技术与其他除尘技术联合使用的组合技术，互补不足[108]。

与电凝聚相似的还有湍流凝聚，指由于流场扰流引起的颗粒间的速度差异，使流场内颗粒发生局部集且颗粒间径向速度极不均匀，从而产生明显的颗粒凝聚现象。两种原理相结合形成了电湍耦合强化凝聚，李宁等设计并通过实验验证了颗粒捕集增效装置与烟气冷却器及旋转电极式电场存在较强的耦合效应，可进一步强化颗粒凝聚[109]。除此之外，利用喷雾液滴也可以促进颗粒凝聚以达到除尘目的。在许多实验条件下，非离子表面活性剂喷雾对煤尘的捕集效果良好[110,111]。

3.4.4   沉降

气载颗粒污染物是影响室内空气品质，诱发传染性疾病的最重要因素。室外颗粒物跟随气流进入室内环境，其沉降作用将导致颗粒物滞留室内，从而引起极大的健康隐患。因此，探究颗粒物沉降机理及沉积量，对控制室内颗粒污染物，优化提升室内空气品质具有积极意义。

颗粒物沉降过程受多种因素影响[112]，诸如：颗粒物物性参数（粒径[113]、密度等），沉积表面类型（粗糙度[114]、温度、角度[115]等）及室内环境特性（气流组织形式[116,117]，温度，湿度，换气效率等）。现有大量关于室内颗粒物沉降的研究主要集中于获得颗粒物沉积量与复杂影响因素之间的相关关系，以期通过参数优化提出更有效的颗粒污染物控制策略。Xu 等[118]建立了新的三维动态计算模型，可准确预测重力沉降和扩散耦合作用下颗粒物在室内环境中的迁移，Zhou 等人[119]采用数值模拟方法，探究了送风速度和地面温度对室内颗粒物在地板沉降量的影响，研究表明沉积在地板上的颗粒数量随送风速度和地板温度的增加呈下降趋势，Cao 等人[120]通过实验测量了四种不同室内人员活动状态下机舱内 PM2.5 和 PM10 的排放量，发现了乘机人登机/离机时颗粒物排放量大于用餐及静坐时段，基于实验结论，进一步采用数值模拟方法量化了送风口附近的颗粒物沉积量，预测了送风口附近出现颗粒沉积污染区域的最短时间。

上述研究仅关注不同影响因素下颗粒物在接触面的沉积量，而颗粒物沉降速度是量化其由空气转移至接触面的重要变量，对沉积量的变化起主导作用。为了明晰沉降速度的影响因素及其变化规律，部分研究者针对室外大气环境中颗粒物的干沉降速度进行了研究，Roupsard 等人[121]采用风洞试验测量了不同风速下亚微米颗粒物在玻璃、水泥地面、草地及垂直建筑物表面的干沉降速度，研究发现沉降速度随湍流强度的增大而增大，与接触面边界层附近的湍流强度及表面光滑度密切相关；Pellerin 等人[122]2007 年至 2015 年进行了 7 次实验，获得了 2.5nm～1.2μm 颗粒物在玉米、草地、裸地和森林植物表面的干沉降速度，结论表明摩擦速度是颗粒物沉降速度的主要影响因素，而接触面物性参数，如叶面积指数或植被覆盖特性（黏附性、微粗糙度）的影响次之。受建筑室内外环境差异性影响，上述基于室外环境所获得的颗粒物沉降速度研究结论无法直接应用于室内环境，目前，仅有少数研究者对室内颗粒物沉降速度进行了探索，Pan 等人[123]采用实验方法测量了机舱内送风口附近 PM2.5 颗粒沉降总量，基于室内空气中的颗粒物浓度量化了颗粒物沉降速度，同时采用大涡模拟方法建立了数值计算模型，获得了送风口附近颗粒物沉降速度分布。通过实验和数值模拟结果的对比分析，证明了该数值模拟方法的有效性（图 3-19）。

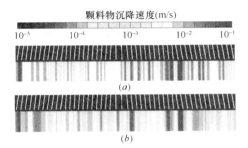

图 3-19 机舱内细颗粒物实验和数值模拟颗粒物沉降速度对比（Pan et al. 2019）
（a）实验测量；（b）数值模拟

Cong 等[124]研究了室外颗粒物浓度与室内颗粒物浓度之间的关系，通过在自然通风作用下的办公室进行实验，估算了不同换气效率下室外颗粒物的穿透率和沉降速度，同时评价了室内环境中颗粒物污染的人体暴露水平。研究发现 $0.3\mu m$ 和 $0.5\mu m$ 在人体肺泡中的沉积量大于 $1.0\mu m$ 和 $2.5\mu m$ 颗粒物；Liu 等[112]实验研究了两所教室自然通风换气次数对 PM 2.5 颗粒的沉降影响，第 1 次通过实验证明了颗粒物沉降速度与自然通风换气次数之间呈单调递增关系（图 3-20（a）），并建立了 PM 2.5 沉积速度与换气次数之间的经验公式，进一步分析了由于换气次数引起的颗粒物沉积速度变化对渗透系数、I/O 比（室内外浓度比）及空气过滤器选型的影响。研究发现，较之恒定沉降速度，考虑换气次数对沉降速度的影响后 PM 2.5 的渗透系数和 I/O 比对自然通风量的敏感性降低。当进行空气过滤器选型计算时，采用恒定的颗粒物沉降速度将使得空气过滤器送风量计算值偏低（图 3-20（b））。

基于现有文献调研发现，虽已有大量室内颗粒物沉降的研究，但关于沉降速度

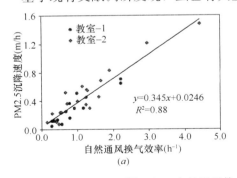

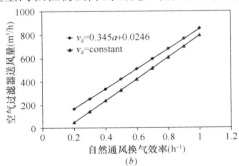

图 3-20 自然通风换气效率与不同因素的影响
（a）颗粒物沉降速度随自然通风换气效率变化规律；（b）颗粒物沉降速度对空气过滤器
送风量的影响[112]

的量化分析尚不够深入具体，研究结论普适性不足。此外，颗粒物在人体表面及呼吸道内的沉降速度研究匮乏，亟须相关研究为颗粒物在人体内和体外暴露量的预测提供依据。

3.4.5　再释放/二次悬浮

"二次悬浮"是指颗粒物从已沉积表面再释放进入空气中的过程。室内人员活动，例如走路，是引起地板沉积颗粒物二次悬浮的主导因素[125-128]。颗粒物运动主要受气流流动影响，为了揭示颗粒物二次悬浮机理，首先应明确人员活动引起的人体微环境内流态变化。Tao 等人[129]采用 CFD 动网格技术模拟了假人行走状态，研究了三种行走速度下人体周围流场分布特性及地面沉积颗粒的迁移运动。结果表明，人体步行时不同部位诱导气流流态差异导致颗粒物运动规律发生变化，腿部附近前方下沉而后方的上升气流带动颗粒物向上运动，而上半身前方形成的上升气流则将颗粒物输送至人体呼吸区，背部的下沉气流使得人体行走时颗粒物附着于人体背部（图 3-21）。当行走速度较高时，背部强烈的下沉气流将阻碍颗粒物上升，有助于降低颗粒物接触水平。

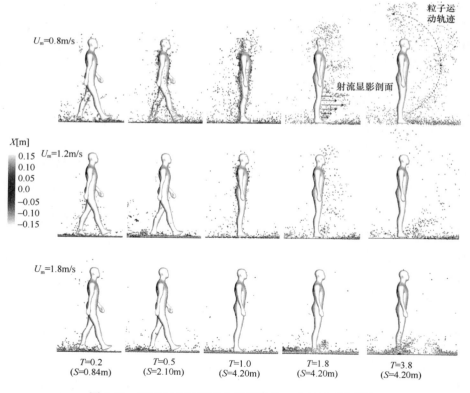

图 3-21　不同行走速度产生的颗粒物二次悬浮现象[129]

该研究虽还原了真实人体步行状态，但不考虑足部与地面接触时引起的二次悬浮作用，而人体行走时鞋与地面的碰撞、接触及分离过程是沉积颗粒物再悬浮的主要诱因，受人体活动强度、接触面类型[130]、室内环境参数等诸多因素影响，Song等[131]建立了鞋下降、与接触面分离、上升过程的理论模型，计算了不同材料及质量荷载率下，不同粒径颗粒物的二次悬浮率，证明了二次悬浮现象随着质量荷载率和颗粒物粒径的增大而愈发显著，同时提出鞋的材质将影响颗粒与鞋之间的粘附力，为了进一步探究鞋的类型引起的颗粒物二次悬浮率差异，Lai 等[132]首次采用实验方法分别研究了鞋型、鞋底花纹与瓷砖和地毯接触时产生的二次悬浮颗粒物浓度，研究发现鞋底花纹类型差异影响不明显，高跟鞋在地毯表面引起的 $3.5\sim$ $10\mu m$ 颗粒物二次悬浮浓度比瓷砖高 4～7 倍，Zheng 等[133,134]利用电动牵引杆控制鞋的运动，分析了不同运动速度时，颗粒物二次悬浮率随提升高度的变化规律。

上述研究仅集中于足部周围环境，旨在明确颗粒物二次悬浮机理及诱导因素。为了分析其在室内环境中的迁移进而阐明对人体健康危害，Lv 等[135]采用实验和理论分析的方法研究了人员行走引起的室内颗粒物二次悬浮过程，比较了两种通风方式对室内颗粒物排除效率的影响。研究表明 $1.0\sim3.0\mu m$ 颗粒物二次悬浮率最高，而 $0.5\sim1.0\mu m$ 最低；Salimifard 等[136]采用实验方法，量化了气流速度和相对湿度影响下，地毯和油毡表面的石英、尘螨、猫毛、狗毛颗粒及通风管道内表面细菌孢子颗粒的二次悬浮率，证明了室内湿度是决定亲水性尘螨颗粒再悬浮率的关键因素，提高室内相对湿度能够抑制尘螨颗粒物二次悬浮。研究同时发现，涡流速度显著影响细菌孢子颗粒的二次悬浮，管道涡流可能对其在通风管道中传播起到了关键作用。目前，最完整深入的研究来自于美国普渡大学研究团队[137,138]，该团队通过实验测量了爬行婴儿机器人和成人步行两种运动模式下，产生的二次悬浮颗粒物在婴儿和成人呼吸区颗粒物粒径及浓度分布，基于基因测序分析明确了其内生物活性颗粒种类，结合 MPPD 呼吸道模型评价了不同粒径二次悬浮颗粒物在婴儿和成人的呼吸道暴露量。研究发现，婴儿爬行导致的颗粒物二次悬浮具有阵发性和时变性，即爬行开始阶段二次悬浮颗粒物数量激增，远大于成人行走产生的颗粒物浓度，而爬行结束后颗粒物浓度衰减较成人行走快（图 3-22）。但婴儿爬行时将持续暴露在高浓度颗粒污染环境中，呼吸区颗粒为蛋白菌类为主的生物活性颗粒，进入婴儿体内后将主要沉积在气管、支气管处，成人步行时颗粒物则主要沉积位置在头部呼吸道。由于婴儿每公斤吸入空气量高于成人，气管、支气管沉积量可达成人的 $22.4\sim44.5$ 倍，研究建议分析颗粒物与人体健康效应的关系时，应采用体重标准化或肺部体积标准化指标。

上述文献分析结果表明，现有颗粒物二次悬浮的研究大多停留在分析悬浮成因或量化影响因素作用程度，关于其与人体微环境之间的交互作用及由此引起的健康效应研究不足，尚待开展。

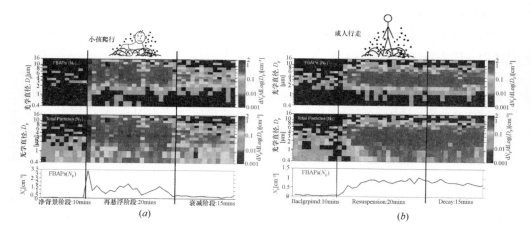

图 3-22   颗粒物二次悬浮浓度随时间的变化（彩图见二维码）

(a) 婴儿爬行运动；(b) 成人步行运动[137,138]

3.5   小   结

室外雾霾频发也引起了人们对室内颗粒物污染的普遍关注，研究热度持续增加。本章主要从颗粒物健康危害、颗粒物穿透建筑物进入室内的过程和在室内传输特性三个方面介绍了近年来国内外关于室内颗粒物污染研究回顾和最新进展研究，主要结论如下：

（1）我国室内 PM2.5 污染较为严重，城市主要源于大气 PM2.5 浓度经常居高不下，农村则主要源于固体燃料燃烧。

（2）室内颗粒物污染对呼吸系统、心血管系统和生殖系统均有不同程度的负面影响，甚至可能导致癌症。而儿童对颗粒物污染更敏感，尤其需要关注。

（3）实测结果表明，由于建筑围护结构的阻挡作用以及来源不同，室内颗粒物在粒径分布、形貌特征均与室外颗粒物存在较大差异。通过对测量数据的分析发现，气密性较好的建筑外窗缝隙在颗粒物穿透过程中能够起到过滤作用，粒径大于 $2.5\mu m$ 的颗粒在穿透过程中几乎不能穿过外窗缝隙进入室内。与室外颗粒物相比，室内以球形颗粒、球形颗粒集合体或絮状体居多，粒子的微观形貌趋于规整。

（4）颗粒物输送过程中的混合、相变、凝聚、沉降和再释放对颗粒物浓度、粒径等性质有重要影响，对控制室内颗粒污染物，提升室内空气品质具有十分重要的意义。

基于上述研究进展，以下问题还值得进一步研究：

（1）开展我国室内颗粒物污染多区域、系统性调研，摸清我国室内颗粒物污染状况和特征及其影响因素，为室内颗粒物污染防控相关政策和标准规范制定等提供更详细的依据。

（2）调查我国室内颗粒物污染的疾病负担，研究我国相关疾病与室内颗粒物污染及其相关污染之间的关联，研究其作用机理，为相关疾病防治提供依据。

（3）进行通过建筑优化设计控制室内颗粒污染方面的方法研究，为建筑和室内环境设计提供指导。

（4）研究室内颗粒物输运过程中的动力学、物理、化学等方面的机理，探究室内颗粒物污染与其他室内化学、微生物及放射性污染的协同过程，为全面改善室内空气品质提供科学依据。

参　考　文　献

[1] Mumford J，He X，Chapman R，et al. Lung cancer and indoor air pollution in Xuan Wei，China[J]. Science. 1987. 235(4785)：217-220.

[2] Repace J L Lowrey A H. Indoor air pollution，tobacco smoke，and public health[J]. Science. 1980. 208(4443)：464-472.

[3] Liu B-Q，Peto R，Chen Z-M，et al. Emerging tobacco hazards in China：1. Retrospective proportional mortality study of one million deaths[J]. Bmj. 1998. 317(7170)：1411-1422.

[4] Yang G，Wang Y，Zeng Y，et al. Rapid health transition in China，1990-2010：findings from the Global Burden of Disease Study 2010[J]. The lancet. 2013. 381(9882)：1987-2015.

[5] 刘峣，十年控烟博弈路，《人民日报海外版》(2016年06月06日第5版). 2016.

[6] Yang G，Wang Y，Wu Y，et al. The road to effective tobacco control in China[J]. The Lancet. 2015. 385(9972)：1019-1028.

[7] Ji W，Zhao B. Contribution of outdoor-originating particles，indoor-emitted particles and indoor secondary organic aerosol (SOA) to residential indoor PM2.5 concentration：a model-based estimation[J]. Building and Environment. 2015. 90：196-205.

[8] 中国生态环境部，2017中国生态环境状况公报. 2018. http：//www. mee. gov. cn/hjzl/zghjzkgb/lnzghjzkgb/201805/P020180531534645032372. pdf.

[9] Lin Y，Zou J，Yang W，et al. A review of recent advances in research on PM2.5 in China[J]. International journal of environmental research and public health. 2018. 15(3)：438.

[10] Ye W，Zhang X，Gao J，et al. Indoor air pollutants，ventilation rate determinants and potential control strategies in Chinese dwellings：A literature review[J]. Science of the Total Environment. 2017. 586：696-729.

[11] Han Y，Qi M，Chen Y，et al. Influences of ambient air PM2.5 concentration and meteorological condition on the indoor PM2.5 concentrations in a residential apartment in Beijing using a new approach[J]. Environmental pollution. 2015. 205：307-314.

[12] Wang F，Meng D，Li X，et al. Indoor-outdoor relationships of PM2.5 in four residential dwellings in winter in the Yangtze River Delta，China[J]. Environmental Pollution. 2016.

215：280-289.

[13]　赵力，陈超，王平等. 北京市某办公建筑夏冬季室内外 PM _ 2.5 浓度变化特征[J]. 建筑科学. 2015. 31(4)：32-39.

[14]　Du W，Li X，Chen Y，et al. Household air pollution and personal exposure to air pollutants in rural China-A review[J]. Environmental Pollution. 2018. 237：625-638.

[15]　Li A，Ren T，Yang C，et al. Study on particle penetration through straight，L，Z and wedge-shaped cracks in buildings[J]. Building and Environment. 2017. 114：333-343.

[16]　Lee W C，Shen L，Catalano P J，et al. Effects of future temperature change on PM2. 5 infiltration in the Greater Boston area[J]. Atmospheric Environment. 2017. 150：98-105.

[17]　Gao R，Li A. Dust deposition in ventilation and air-conditioning duct bend flows[J]. Energy conversion and management. 2012. 55：49-59.

[18]　Liu G，Xiao M，Zhang X，et al. A review of air filtration technologies for sustainable and healthy building ventilation[J]. Sustainable cities and society. 2017. 32：375-396.

[19]　Mackintosh C，Lidwell O，Towers A，et al. The dimensions of skin fragments dispersed into the air during activity[J]. Epidemiology & Infection. 1978. 81(3)：471-480.

[20]　Tian Y，Licina D，Savage N，et al. Size-resolved total particle and fluorescent biological aerosol particle emissions from clothing[J]. Proceedings of Indoor Air 2016. 2016.

[21]　Bhangar S，Adams R I，Pasut W，et al. Chamber bioaerosol study：human emissions of size-resolved fluorescent biological aerosol particles[J]. Indoor Air. 2016. 26(2)：193-206.

[22]　Zhou J，Fang W，Cao Q，et al. Influence of moisturizer and relative humidity on human emissions of fluorescent biological aerosol particles[J]. Indoor Air. 2017. 27(3)：587-598.

[23]　Ai Z，Melikov A K. Airborne spread of expiratory droplet nuclei between the occupants of indoor environments：a review[J]. Indoor air. 2018. 28(4)：500-524

[24]　DeCarlo P F，Avery A M Waring M S. Thirdhand smoke uptake to aerosol particles in the indoor environment[J]. Science advances. 2018. 4(5)：eaap8368.

[25]　Protano C，Manigrasso M，Avino P，et al. Second-hand smoke generated by combustion and electronic smoking devices used in real scenarios：ultrafine particle pollution and age-related dose assessment[J]. Environment International. 2017. 107：190-195.

[26]　Gao J，Jian Y，Cao C，et al. Indoor emission，dispersion and exposure of total particle-bound polycyclic aromatic hydrocarbons during cooking[J]. Atmospheric Environment. 2015. 120：191-199.

[27]　Wang G，Cheng S，Wei W，et al. Chemical characteristics of fine particles emitted from different Chinese cooking styles[J]. Aerosol Air Quallity Research. 2015. 15(6)：2357-2366.

[28]　Xu H，Guinot B，Ho S S H，et al. Evaluation on exposures to particulate matter at a junior secondary school：a comprehensive study on health risks and effective inflammatory responses in Northwestern China[J]. Environmental Geochemistry and Health. 2018. 40(2)：849-863.

[29]　Voliotis A，Karali I，Kouras A，et al. Fine and ultrafine particle doses in the respiratory

tract from digital printing operations[J]. Environmental Science and Pollution Research. 2017. 24(3): 3027-3037.

[30] Byeon J H Kim J-W. Particle emission from laser printers with different printing speeds[J]. Atmospheric Environment. 2012. 54: 272-276.

[31] He C, Morawska L Taplin L. Particle emission characteristics of office printers[J]. Environmental science & technology. 2007. 41(17): 6039-6045.

[32] Destaillats H, Maddalena R L, Singer B C, et al. Indoor pollutants emitted by office equipment: A review of reported data and information needs[J]. Atmospheric Environment. 2008. 42(7): 1371-1388.

[33] Nazaroff W W. Indoor particle dynamics[J]. Indoor air. 2004. 14: 175-183.

[34] 黄强，董发勤，王利民等. PM_(2.5)的细胞毒性及机制研究进展[J]. 毒理学杂志. 2014. 28(1): 68-72.

[35] Brook R D, Franklin B, Cascio W, et al. Air pollution and cardiovascular disease: a statement for healthcare professionals from the Expert Panel on Population and Prevention Science of the American Heart Association[J]. Circulation. 2004. 109(21): 2655-71.

[36] Brook R D, Rajagopalan S, Pope C A, 3rd, et al. Particulate matter air pollution and cardiovascular disease: An update to the scientific statement from the American Heart Association[J]. Circulation. 2010. 121(21): 2331-78.

[37] Kannan S, Misra D P, Dvonch J T, et al. Exposures to airborne particulate matter and adverse perinatal outcomes: a biologically plausible mechanistic framework for exploring potential effect modification by nutrition[J]. Environmental Health Perspectives. 2006. 114(11): 1636-1642.

[38] Fleischer N L, Merialdi M, van Donkelaar A, et al. Outdoor air pollution, preterm birth, and low birth weight: analysis of the world health organization global survey on maternal and perinatal health[J]. Environmental Health Perspective. 2014. 122(4): 425-430.

[39] Mahalingaiah S, Hart J E, Laden F, et al. Adult air pollution exposure and risk of infertility in the Nurses' Health Study II[J]. Human Reproductive. 2016. 31(3): 638-647.

[40] Lafuente R, Garcia-Blaquez N, Jacquemin B, et al. Outdoor air pollution and sperm quality [J]. Fertil Steril. 2016. 106(4): 880-896.

[41] Gauderman W J, Avol E, F G, et al. The Effect of Air Pollution on Lung Development from 10 to 18 Years of Age[J]. New England Journal of Medicine. 2004. 351(11): 1057-1067.

[42] Pope C A, 3rd, Burnett R T, Turner M C, et al. Lung cancer and cardiovascular disease mortality associated with ambient air pollution and cigarette smoke: shape of the exposure-response relationships[J]. Environmental Health Perspective. 2011. 119(11): 1616-21.

[43] Dockery D W, 3rd P C, X X, et al. An Association between Air Pollution and Mortality in Six U. S. Cities[J]. New England Journal of Medicine. 1993. 329(24): 1753-2759.

[44] Zanobetti A Schwartz J. Race, gender, and social status as modifiers of the effects of PM10

on mortality[J]. Journal of Occupational Environmental Medicine. 2000. 42(5)：469-74.

[45] Sandford A J Silverman E K. Chronic obstructive pulmonary disease： Susceptibility factors for COPD the genotype-environment interaction. Thorax [J]. 2002. 57：736-741.

[46] Chao C Y，Wan M Cheng E C. Penetration coefficient and deposition rate as a function of particle size in non-smoking naturally ventilated residences[J]. Atmospheric Environment. 2003. 37(30)：4233-4241.

[47] Long C M，Suh H H，Catalano P J，et al. Using time-and size-resolved particulate data to quantify indoor penetration and deposition behavior[J]. Environmental Science & Technology. 2001. 35(10)：2089-2099.

[48] Quang T N，He C，Morawska L，et al. Influence of ventilation and filtration on indoor particle concentrations in urban office buildings[J]. Atmospheric Environment. 2013. 79：41-52.

[49] Tran D T，Alleman L Y，Coddeville P，et al. Indoor-outdoor behavior and sources of size-resolved airborne particles in French classrooms[J]. Building and Environment. 2014. 81：183-191.

[50] Tung T C，Chao C Y Burnett J. A methodology to investigate the particulate penetration coefficient through building shell[J]. Atmospheric Environment. 1999. 33(6)：881-893.

[51] 陈超，陈紫光，吴玉琴等. 关于渗透通风条件建筑结构对室内 PM2.5 浓度水平影响评价模型探讨[J]. 环境科学研究. 2017(11)：1761-1768.

[52] 王清勤，李国柱，孟冲等. 室外细颗粒物（PM2.5）建筑围护结构穿透及被动控制措施[J]. 暖通空调. 2015. 45(12)：8-13.

[53] 王亚峰，陈超，陈紫光等. 基于建筑外窗缝隙通风的室外 PM2.5 渗透与沉降特性评价模型[J]. 中国环境科学. 2016. 36(7)：1960-1966.

[54] 陈雁菊，时宗波，贺克斌等，北京市沙尘天气中矿物单颗粒的物理化学特征[J]. 环境科学研究，2007. 20(1)：52-57

[55] 吕森林 邵龙义，北京市可吸入颗粒物（PM10）中单颗粒的矿物组成特征[J]. 岩石矿物学杂志，2003.

[56] Dockery D W Spengler J D. Indoor-outdoor relationships of respirable sulfates and particles [J]. Atmospheric Environment (1967). 1981. 15(3)：335-343.

[57] Koutrakis P，Briggs S L Leaderer B P. Source apportionment of indoor aerosols in Suffolk and Onondaga Counties，New York[J]. Environmental Science & Technology. 1992. 26 (3)：521-527.

[58] Roed J Cannell R. Relationship between indoor and outdoor aerosol concentration following the Chernobyl accident[J]. Radiation Protection Dosimetry. 1987. 21(1-3)：107-110.

[59] Wilson W E，Mage D T Grant L D. Estimating separately personal exposure to ambient and nonambient particulate matter for epidemiology and risk assessment：why and how[J]. Journal of the Air & Waste Management Association. 2000. 50(7)：1167-1183.

[60] Meng Q Y，Turpin B J，Polidori A，et al. PM2.5 of ambient origin：estimates and exposure

errors relevant to PM epidemiology[J]. Environmental Science & Technology. 2005. 39 (14): 5105-5112.

[61] Katsouyanni K, Touloumi G, Samoli E, et al. Confounding and effect modification in the short-term effects of ambient particles on total mortality: results from 29 European cities within the APHEA2 project[J]. Epidemiology. 2001. 12(5): 521-531.

[62] Tolocka M P, Solomon P A, Mitchell W, et al. East versus west in the US: chemical characteristics of PM2.5 during the winter of 1999[J]. Aerosol Science & Technology. 2001. 34(1): 88-96.

[63] Sarnat J A, Long C M, Koutrakis P, et al. Using sulfur as a tracer of outdoor fine particulate matter[J]. Environmental Science & Technology. 2002. 36(24): 5305-5314.

[64] Chen C, Zhao Y Zhao B. Emission rates of multiple air pollutants generated from Chinese residential cooking[J]. Environmental Science & Technology. 2018. 52(3): 1081-1087.

[65] Snider G, Carter E, Clark S, et al. Impacts of stove use patterns and outdoor air quality on household air pollution and cardiovascular mortality in southwestern China[J]. Environment International. 2018. 117: 116-124.

[66] Shan M, Carter E, Baumgartner J, et al. A user-centered, iterative engineering approach for advanced biomass cookstove design and development[J]. Environmental Research Letters. 2017. 12(9): 95009-95009.

[67] Cao C, Gao J, Wu L, et al. Ventilation improvement for reducing individual exposure to cooking-generated particles in Chinese residential kitchen[J]. Indoor and Built Environment. 2016. 26(2): 226-237.

[68] Zhou B, Wei P, Tan M, et al. Capture efficiency and thermal comfort in Chinese residential kitchen with push-pull ventilation system in winter-a field study[J]. Building and Environment. 2019. 149: 182-195.

[69] Xu C, Liu L. Personalized ventilation: One possible solution for airborne infection control in highly occupied space? [J] Indoor and Built Environment. 2018. 27(7): 873-876.

[70] You R, Chen J, Lin C-H, et al. Investigating the impact of gaspers on cabin air quality in commercial airliners with a hybrid turbulence model[J]. Building and Environment. 2017. 111: 110-122.

[71] You R, Zhang Y, Zhao X, et al. An innovative personalized displacement ventilation system for airliner cabins[J]. Building and Environment. 2018. 137: 41-50.

[72] Huang Y, Wang Y, Liu L, et al. Performance of constant exhaust ventilation for removal of transient high-temperature contaminated airflows and ventilation-performance comparison between two local exhaust hoods[J]. Energy and Buildings. 2017. 154: 207-216.

[73] Wang Y Cao Z. Industrial building environment: Old problem and new challenge[J]. Indoor and Built Environment. 2017. 26(8): 1035-1039.

[74] Zhou Y, Wang M, Wang M, et al. Predictive accuracy of Boussinesq approximation in opposed mixed convection with a high-temperature heat source inside a building[J]. Building

and Environment. 2018. 144：349-356.

[75] Cao Z，Wang Y，Duan M，et al. Study of the vortex principle for improving the efficiency of an exhaust ventilation system[J]. Energy and Buildings. 2017. 142：39-48.

[76] Cao Z，Wang Y Wang M. Comparison between vortex flow and bottom-supply flow on contaminant removal in a ventilated cavity[J]. International Journal of Heat and Mass Transfer. 2018. 118：223-234.

[77] Cao Z，Wang Y，Zhai C，et al. Performance evaluation of different air distribution systems for removal of concentrated emission contaminants by using vortex flow ventilation system [J]. Building and Environment. 2018. 142：211-220.

[78] Yang Y，Wang Y，Song B，et al. Transport and control of droplets：A comparison between two types of local ventilation airflows[J]. Powder Technology. 2019. 345：247-259.

[79] Zhang Q，Zhang X，Ye W，et al. Experimental study of dense gas contaminant transport characteristics in a large space chamber[J]. Building and Environment. 2018. 138：98-105.

[80] Zhao B，Chen C Zhou B. Is there a timelier solution to air pollution in today's cities? [J] The Lancet Planetary Health. 2018. 2(6)：e240-e240.

[81] Zhan Y，Johnson K，Norris C，et al. The influence of air cleaners on indoor particulate matter components and oxidative potential in residential households in Beijing[J]. Science of The Total Environment. 2018. 626：507-518.

[82] Liu L，Li Y，Nielsen P V，et al. Short-range airborne transmission of expiratory droplets between two people[J]. Indoor Air. 2017. 27(2)：452-462.

[83] Wei W，Mandin C，Blanchard O，et al. Predicting the gas-phase concentration of semi-volatile organic compounds from airborne particles：Application to a French nationwide survey [J]. Science of The Total Environment. 2017. 576：319-325.

[84] Wei W，Mandin C Ramalho O. Influence of indoor environmental factors on mass transfer parameters and concentrations of semi-volatile organic compounds[J]. Chemosphere. 2018. 195：223-235.

[85] Cao J，Mo J，Sun Z，et al. Indoor particle age，a new concept for improving the accuracy of estimating indoor airborne SVOC concentrations，and applications[J]. Building and Environment. 2018. 136：88-97.

[86] Xiao S，Li Y，Wong T-w，et al. Role of fomites in SARS transmission during the largest hospital outbreak in Hong Kong[J]. PLOS ONE. 2017. 12(7)：e0181558-e0181558.

[87] Lei H，Li Y，Xiao S，et al. Logistic growth of a surface contamination network and its role in disease spread[J]. Scientific Reports. 2017. 7(1)：14826-14826.

[88] Xiao S，Tang W J Li Y，Airborne or Fomite Transmission for Norovirus? A Case Study Revisited[J]. International Journal of Environmental Research and Public Health. 2017. 14 (12)：E1571

[89] Wei J，Zhou J，Cheng K，et al. Assessing the risk of downwind spread of avian influenza virus via airborne particles from an urban wholesale poultry market[J]. Building and Environ-

ment. 2018. 127：120-126.

［90］ Zhang N，Huang H，Su B，et al. A human behavior integrated hierarchical model of airborne disease transmission in a large city［J］. Building and Environment. 2018. 127：211-220.

［91］ Xiao S，Li Y，Lei H，et al. Characterizing dynamic transmission of contaminants on a surface touch network［J］. Building and Environment. 2018. 129：107-116.

［92］ Zhou J，Wei J，Choy K-T，et al. Defining the sizes of airborne particles that mediate influenza transmission in ferrets［J］. Proceedings of the National Academy of Sciences. 2018. 115(10)：E2386 LP-E2392.

［93］ Zhang N Li Y，Transmission of Influenza A in a Student Office Based on Realistic Person-to-Person Contact and Surface Touch Behaviour［J］. International Journal of Environmental Research &·Public Health. 2018. 15(8)，pii：E1699

［94］ Zhao P，Li Y，Tsang T L，et al. Equilibrium of particle distribution on surfaces due to touch［J］. Building and Environment. 2018. 143：461-472.

［95］ Tellier R，Li Y，Cowling B J，et al. Recognition of aerosol transmission of infectious agents：a commentary［J］. BMC Infectious Diseases. 2019. 19(1)：101-101.

［96］ Brankston G，Gitterman L，Hirji Z，et al. Transmission of influenza A in human beings［J］. The Lancet Infectious Diseases. 2007. 7(4)：257-265.

［97］ Yan J，Grantham M，Pantelic J，et al. Infectious virus in exhaled breath of symptomatic seasonal influenza cases from a college community［J］. Proceedings of the National Academy of Sciences. 2018. 115(5)：1081 LP-1086.

［98］ Liu L，Wei J，Li Y，et al. Evaporation and dispersion of respiratory droplets from coughing［J］. Indoor Air. 2017. 27(1)：179-190.

［99］ Piecková E，Indoor Microbial Aerosol and Its Health Effects：Microbial Exposure in Public Buildings-Viruses，Bacteria，and Fungi. Exposure to Microbiological Agents in Indoor and Occupational Environments，In Viegas C，et al.，Editors. 2017，Springer International Publishing：Cham. 237-252.

［100］ Otero F M，J T R，J G N，et al. Assessing the airborne survival of bacteria in populations of aerosol droplets with a novel technology［J］. Journal of The Royal Society Interface. 2019. 16(150)：20180779-20180779.

［101］ Marr L C，Tang J W，Van Mullekom J，et al. Mechanistic insights into the effect of humidity on airborne influenza virus survival，transmission and incidence［J］. Journal of the Royal Society Interface. 2019. 16(150)：20180298.

［102］ Vejerano E P Marr L C. Physico-chemical characteristics of evaporating respiratory fluid droplets［J］. Journal of The Royal Society Interface. 2018. 15(139)：20170939.

［103］ Rim D，Choi J-I Wallace L A. Size-Resolved Source Emission Rates of Indoor Ultrafine Particles Considering Coagulation［J］. Environmental Science &·Technology. 2016. 50(18)：10031-10038.

[104]　李宁，袁伟锋，刘含笑等. 基于电湍耦合凝并机制的 PM2.5 捕集增效装置的开发及应用 [J]. 中国电力. 2018. 51(6)：17-25.

[105]　马若白 王凯全. 可吸入性粉尘电凝并效应的实验研究[J]. 工业安全与环保. 2016(2016 年 01)：25-27.

[106]　Ghosh K，Tripathi S N，Joshi M，et al. Modeling studies on coagulation of charged particles and comparison with experiments[J]. Journal of Aerosol Science. 2017. 105：35-47.

[107]　Sardari P T，Rahimzadeh H，Ahmadi G，et al. Nano-particle deposition in the presence of electric field[J]. Journal of Aerosol Science. 2018. 126：169-179.

[108]　Zhu L，Tian R，Liu X，et al. A general theory for describing coagulation kinetics of variably charged nanoparticles[J]. Colloids and Surfaces A：Physicochemical and Engineering Aspects. 2017. 527：158-163.

[109]　张卫风，陶术平 向速林. 我国静电技术对 PM2.5 控制研究进展[J]. 现代化工. 2016. 36 (1)：21-24.

[110]　Tessum M. Effects of Spray Surfactant and Particle Charge on Respirable Dust Control[J]. 2015.

[111]　Tessum M W Raynor P C. Effects of Spray Surfactant and Particle Charge on Respirable Coal Dust Capture[J]. Safety and Health at Work. 2017. 8(3)：296-305.

[112]　Liu C，Yang J，Ji S，et al. Influence of natural ventilation rate on indoor PM2.5 deposition [J]. Building and Environment. 2018. 144：357-364.

[113]　Riley W J，McKone T E，Lai A C K，et al. Indoor Particulate Matter of Outdoor Origin：Importance of Size-Dependent Removal Mechanisms[J]. Environmental Science & Technology. 2002. 36(2)：200-207.

[114]　Abadie M，Limam K Allard F. Indoor particle pollution：effect of wall textures on particle deposition[J]. Building and Environment. 2001. 36(7)：821-827.

[115]　Li M，Wu C Pan W. Sedimentation behavior of indoor airborne microparticles[J]. Journal of China University of Mining and Technology. 2008. 18(4)：588-593.

[116]　Mei X Gong G. Influence of Indoor Air Stability on Suspended Particle Dispersion and Deposition[J]. Energy Procedia. 2017. 105：4229-4235.

[117]　Zhao B Wu J. Effect of particle spatial distribution on particle deposition in ventilation rooms[J]. Journal of Hazardous Materials. 2009. 170(1)：449-456.

[118]　Xu G Wang J. CFD modeling of particle dispersion and deposition coupled with particle dynamical models in a ventilated room[J]. Atmospheric Environment. 2017. 166：300-314.

[119]　Zhou Y，Deng Y，Wu P，et al. The effects of ventilation and floor heating systems on the dispersion and deposition of fine particles in an enclosed environment[J]. Building and Environment. 2017. 125：192-205.

[120]　Cao Q，Chen C，Liu S，et al. Prediction of particle deposition around the cabin air supply nozzles of commercial airplanes using measured in-cabin particle emission rates[J]. Indoor Air. 2018. 28(6)：852-865.

[121] Roupsard P，Amielh M，Maro D，et al. Measurement in a wind tunnel of dry deposition velocities of submicron aerosol with associated turbulence onto rough and smooth urban surfaces[J]. Journal of Aerosol Science. 2013. 55：12-24.

[122] Pellerin G，Maro D，Damay P，et al. Aerosol particle dry deposition velocity above natural surfaces：Quantification according to the particles diameter[J]. Journal of Aerosol Science. 2017. 114：107-117.

[123] Pan Y，Lin C-H，Wei D，et al. Experimental measurements and large eddy simulation of particle deposition distribution around a multi-slot diffuser[J]. Building and Environment. 2019. 150：156-163.

[124] Cong X C，Zhao J J，Jing Z，et al. Indoor particle dynamics in a school office：determination of particle concentrations，deposition rates and penetration factors under naturally ventilated conditions[J]. Environmental Geochemistry and Health. 2018. 40（6）：2511-2524.

[125] 唐佳新，室内环境中人体行走造成颗粒物二次悬浮的实验及模拟研究. 2017，浙江工业大学硕士学位论文.

[126] Qian J，Peccia J Ferro A R. Walking-induced particle resuspension in indoor environments [J]. Atmospheric Environment. 2014. 89：464-481.

[127] Yakovleva E，Hopke P K Wallace L. Receptor Modeling Assessment of Particle Total Exposure Assessment Methodology Data[J]. Environmental Science & Technology. 1999. 33 (20)：3645-3652.

[128] Ferro A R，Kopperud R J Hildemann L M. Source Strengths for Indoor Human Activities that Resuspend Particulate Matter[J]. Environmental Science & Technology. 2004. 38 (6)：1759-1764.

[129] Tao Y，Inthavong K Tu J Y. Dynamic meshing modelling for particle resuspension caused by swinging manikin motion[J]. Building and Environment. 2017. 123：529-542.

[130] Benabed A Limam K. Resuspension of Indoor Particles Due to Human Foot Motion[J]. Energy Procedia. 2017. 139：242-247.

[131] Song J Qian H. Theoretical Models for Particle Detachment and Resuspension Induced by Human Walking in Indoor Environment[J]. Procedia Engineering. 2017. 205：1397-1404.

[132] Lai A C K，Tian Y，Tsoi J Y L，et al. Experimental study of the effect of shoes on particle resuspension from indoor flooring materials[J]. Building and Environment. 2017. 118：251-258.

[133] Zheng S，Du W，Zhao L，et al. Simulation of Particle Resuspension Caused by Footsteps [J]. Environmental Processes. 2018. 5(4)：919-930.

[134] Zheng S，Du W，Zhao L，et al. Experimental study on the influence of footstep motion on resuspension of particles in small box[J]. Journal of Intelligent & Fuzzy Systems. 2018 (Preprint)：1-9.

［135］　Lv Y，Wang H，Zhou Y，et al. The influence of ventilation mode and personnel walking behavior on distribution characteristics of indoor particles［J］. Building and Environment. 2019. 149：582-591.

［136］　Salimifard P，Rim D，Gomes C，et al. Resuspension of biological particles from indoor surfaces：Effects of humidity and air swirl［J］. Science of The Total Environment. 2017. 583：241-247.

［137］　Hyytiäinen H K，Jayaprakash B，Kirjavainen P V，et al. Crawling-induced floor dust resuspension affects the microbiota of the infant breathing zone［J］. Microbiome. 2018. 6 (1)：25-25.

［138］　Wu T，Täubel M，Holopainen R，et al. Infant and Adult Inhalation Exposure to Resuspended Biological Particulate Matter［J］. Environmental Science & Technology. 2018. 52 (1)：237-247.

第4章 室内微生物

　　工业化和城市化带来人口分布的全球性变化，越来越多的人在室内环境中生活和工作。一个个体从医院出生、在住宅室内环境成长、在办公室或工厂工作、年老后入住敬老院，这样的趋势已从西方发达国家扩散到发展中国家。人们90%以上的时间停留在室内环境中，在室内环境中，除了人这样的生物个体，微生物属于看不见的或者被忽视的"住户"，其所面对的环境的物理、化学特征和其在自然环境下的条件大有不同。

4.1　微生物对健康的影响

4.1.1　种类

微生物包括细菌、真菌、病毒等一大类个体微小的生物群体，在室内环境空气中或者表面上，不同类型的微生物及其碎片、代谢组分等广泛存在。表4-1中以真菌为例，介绍了真菌相关的组分特征及其研究应用。

室内真菌种类及其组分[1]

表 4-1

真菌	描　述	室内空气研究的应用
片段	真菌来源的颗粒物，粒径小于孢子本体（一般小于 $1\mu m$）	多作为暴露介质与健康效应相关
麦角固醇	真菌细胞特有的固醇，大多数真菌细胞中都有，酵母菌中被忽视，在健康效应中无特定作用	作为生物指示物被用来估算真菌生物量
葡聚糖	真菌的主要结构组分，右旋葡萄糖的（1-3）和（1-6）相连的高聚物，本身不具有致敏性，但有促炎症作用	作为生物指示物被用来估算有活性真菌的生物量
胞外多糖	生长过程产生的，位于真菌细胞表面的稳定、高分子量的糖类聚合物	真菌生物量的标识（主要为青霉菌和曲霉菌），目前已应用较少
真菌过敏源	能引起 lgE 介导及过敏反应的抗原物质	室内暴露和健康效应，当前认识仍不充分
微生物挥发性有机化合物	高挥发性、低分子量的化学物质，由生长中的真菌（和细菌）产生的原生和次生代谢物，包括醇类、醛类、胺类、酮类、烯类和芳香烃类化合物，相对低毒性	由霉菌的气味而产生，进而被认识，因为微生物源仅产生少量的特定挥发性有机化合物，因而不能很好地衡量真菌生长
真菌毒素	无挥发性的真菌次级代谢物，具有多种化学结构，化学稳定性，部分热稳定，许多具有生物活性，部分摄入有剧毒，可能附着于其他颗粒物上而通过空气传播	已发现存在于室内空气中，是部分病症的病原体，可能源于它们的毒性和诱炎症的潜力，其与健康的相关性的研究仍较欠缺
真菌核酸物质，包括 DNA 和 RNA	核苷酸组成的高分子聚合物，包含真菌的基因信息（DNA）或基因表达过程的信息（RNA），位于不同细胞器	广泛用作基于 DNA 方法的靶标，该方法越来越广泛地用于室内空气研究中（包括 PCR、DNA 指纹鉴定、测序）

4.1.2 健康危害

室内微生物暴露相关的健康影响包括对呼吸系统、眼部等的刺激、疲劳、恶心等非特异性症状、病态楼宇综合征、传染性疾病、呼吸道疾病、过敏、癌症等，并与病毒、细菌、真菌、原生动物、寄生虫等通过直接接触、空气传播、媒介传播有关[2,3]。表4-2中为与室内微生物相关的疾病类型和微生物类型[4]。炎症效应是上述各不同类型的症状或疾病形成过程的重要的病理学过程，室内外颗粒物的健康效应也多与促炎症效应有关[5-6]。基于细胞的实验室研究表明，从室内环境中分离的常见的细菌和真菌孢子有显著的促炎症效应[7]。真菌群落的多样性和丰度水平对于婴儿气喘有直接影响[8]。通过对过敏性哮喘儿童开展流行病学研究，数据表明过敏性哮喘的严重程度和室内真菌群落组成有关，尤其是 *Volutell* 菌属；而非过敏性哮喘儿童的严重程度则与真菌总浓度水平有关[9]。

与生物气溶胶传播相关的疾病类型、微生物类型[4] 表 4-2

疾病	微生物介质	类型
水痘	带状水痘病毒	病毒
感冒（常规）	鼻病毒	病毒
肠胃炎	诺如病毒	病毒
流感	甲型流感病毒	病毒
军团病	嗜肺军团菌	细菌
麻疹	麻疹病毒	病毒
肺炎	肺炎双球菌	细菌
肺病	非结核分枝杆菌	细菌
非典型肺炎	非典型肺炎冠状病毒	病毒
天花	重型天花或类天花病毒	病毒
葡萄球菌感染	金黄色葡萄球菌	细菌
肺结核	结核分枝杆菌	细菌
百日咳	百日咳博德特氏菌	细菌

除微生物本身之外，微生物的代谢物质也可对人体健康产生影响，如图4-1所示[10]，针对霉菌等微生物来源的代谢物质，与鼻炎、喘息、咳嗽、气短、哮喘、支气管炎、呼吸道感染、过敏性鼻炎、湿疹之间的关系已被大量研究所证实。当湿度上升时，部分真菌孢子、细菌孢子或者休眠细胞的某些代谢物质也会有相应上升，包括醛类、醇类、胺类、酮类、芳烃、氯代烃、土腥素等化学物质，进而对人体健康产生一定的影响。

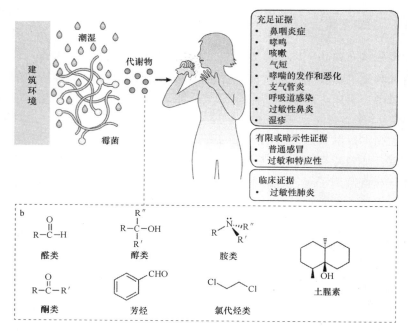

图 4-1　微生物代谢物影响人体健康[10]

4.1.3　有利影响

　　"卫生假说"的提出与微生物暴露在过敏性疾病、哮喘等类型疾病方面的影响有关[11]。卫生条件改善导致人体的微生物暴露水平降低，对于免疫系统发育尚不完善的婴幼儿影响较大，使其日后的过敏等与免疫系统异常相关的疾病风险上升。如图 4-2 所示，在农场等微生物群落丰富的环境中成长的儿童，长期暴露于较高水

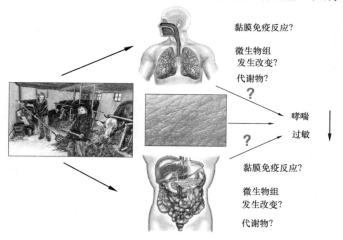

图 4-2　环境微生物暴露的健康保护效应[12]

平、种群较为丰富的微生物环境，其天然免疫系统得到了较好的发展和形成，大大降低了其患哮喘等过敏性疾病的风险，该保护作用可能是通过影响呼吸道、皮肤及肠道微生物群落实现的。当生长环境发生变化，儿童的微生物暴露发生变化，对于其呼吸道和肠道的黏膜免疫反应、微生物组、代谢组等产生什么样的影响，如何影响哮喘、过敏等疾病，仍然需要更多的深入研究[12]。

4.2 室 内 微 生 物

从远古时代开始，人们普遍认为建筑环境内的微生物对人体有不利的健康影响，致力于控制、消除室内微生物，这种认识持续至今。从 20 世纪初开始，研究数据进一步证实了室内人群拥挤、通风不良、污染等状况在导致传染性疾病爆发过程中的作用。为提升室内环境质量，控制微生物滋生的环境条件成为重要需求，然而这也造成了对室内微生物群落的选择性压力，导致室内外环境中的微生物种群存在差异。在选择性压力影响下的微生物群落对人体健康的影响，及在室内生态环境中所起的作用尚不明确[10,13]。因此，深入认识室内环境的微生物群落，对进一步优化人类的室内生活环境具有重要意义。

4.2.1　类型及来源

室内环境中微生物来源多样，室外空气、土壤、动物、人体（皮肤、肠道、生殖系统等）等不同类型的源可通过通风、人体行为等传播途径，在建筑材料、温度、湿度、pH 值、季节、地理位置等不同因素的影响下，形成了室内特有的不同于室外环境的微生物群落环境[14,16]，图 4-3 形象地展示了室内微生物的来源[15]。

图 4-3　室内微生物来源[15]

　　室内微生物来源多样，对应的在不同类型的室内场所中，其微生物特征也较为丰富，表4-3中展示的为不同类型建筑环境内特征细菌类型[14]。

不同类型建筑环境内特征细菌类型[14]　　　　　表 4-3

场所	细菌种类	中文译名
办公室	*Streptococcus spp.*	链球菌属
	Corynebacterium spp.	棒状杆菌属
	Flavimonas spp.	黄单胞菌属
	Lactobacillus spp.	乳酸杆菌属
	Burkholderia spp.	伯克氏菌属
	Bacillus spp.	芽孢杆菌属
	Bradyrhizobium spp.	根瘤菌属
新生儿重症监护病房	*Propionibacterium spp.*	丙酸菌属
	Enterobacter spp.	肠杆菌属
	Neisseria spp.	奈瑟菌属
	Pseudomonas spp.	假单胞菌属
	Streptococcus spp.	链球菌属
	Staphylococcus spp.	葡萄球菌属
水族馆过滤器	*Nictrospumilus spp.*（archaea）	亚硝化螺旋菌属
	Nitrosospira spp.	
	Nitrosomonas spp.	亚硝化单胞菌属
医院空气	*Kytococcus sedentarius*	坐皮肤球菌
	Staphylococcus epidermidis	表皮葡萄球菌
	S. haemolyticus	溶血性葡萄球菌
	Ralstonia pickettii	皮氏罗尔斯顿菌
	Enterobacter spp.	肠杆菌属
	Kocuria rhizophila	噬根考克氏菌
	Micrococcus luteus	滕黄微球菌
	Microcystis aeruginosa	铜绿微囊藻
	Prochlorococcus marinus	原绿球藻
	Methylocella silvestris	
	Methylobacterium extorquens	扭脱甲基杆菌
导管	*Pseudomonas spp.*	假单胞菌属
	Staphylococcus spidermidis	葡萄球菌
	Enterococcus faecalis	粪肠球菌
	Klebsiella spp.	克雷伯氏菌属

续表

场所	细菌种类	
洗手间	*Propionibacterium spp.*	丙酸杆菌属
	Corynebacterium spp.	棒状杆菌属
	Micrococcaceae	微球菌
	Streptococcus spp.	链球菌属
	Staphylococcus spp.	葡萄球菌属
	Bacteriodaceae	
浴帘	*Methylobacterium spp.*	甲基杆菌属
	Sphingomonas spp.	鞘氨醇单胞菌
喷头	*Mycobacterium spp.*	分枝杆菌属
	Pseudomonas aeruginosa	绿脓杆菌
	Legionella spp.	军团杆菌属
治疗池	*Mycobacterium spp.*	分枝杆菌属
	Sphingomonas spp.	鞘氨醇单胞菌
教室	*Propionibacterineae*	丙酸杆菌亚目
	Xanthomonadaceae	黄单胞菌属
	Micrococcineae	微球菌亚目
	Sphingomonas spp.	鞘氨醇单胞菌
	Caenibacterium	藻青菌
	Staphylococcus spp.	葡萄球菌
	Enterobacteriaceae	肠杆菌科
	Corynebacterineae	棒杆菌亚目

通过对美国、中国、德国、丹麦四个国家的七个教室的室内真菌的研究，发现常见的 40 种真菌种类如图 4-4 所示，*Cryptococcus* 隐球菌（12.0%）、*Alternaria* 链格孢菌（5.8%）、*Wallemia* 节菌属（3.7%）、*Cladosporium* 枝孢菌（2.7%）、*Epicoccum* 附球菌属（2.5%）；通过使用质量平衡模型对室内真菌来源进行研究，发现 70%的室内真菌来源于室内源，80%的致敏性真菌群落来自于室内源，81%的室内源致敏性真菌来源于人体释放[17]。平均而言，每个人每小时向室内环境中释放 1400 万个细菌，1400 万个真菌，导致细菌气溶胶浓度平均升高 81 倍，真菌为 15 倍，83%±27%的细菌、66%±19%的真菌来自于室内源排放[18]。

另外一项针对住宅环境微生物的研究，在美国加利福尼亚州的 29 户住宅内采集了不同类型源的样品，包括室内空气、室外空气、地面、宠物、地铁、门阶、厨房台面、自来水、淋浴头、浴缸瓷砖、冰箱、厕所、皮肤、唾液等 13 种室内微生

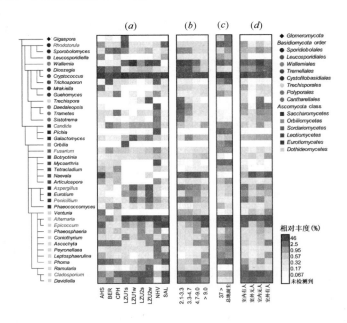

图 4-4　室内环境中常见的 40 种真菌种类（彩图见二维码）

(a) 不同场所；(b) 不同粒径；(c) 地面尘；(d) 人使用情况[17]

物源的细菌群落进行了研究和比较，数据表明室内空气中以 *Diaphorobacter sp.*、*Propionibacterium sp.*、*Sphingomonas sp.*、*Alicyclobacillus* 为主，图 4-5 中展示了不同类型的上述排放源与室内空气细菌群落的相似性，由图可见，室外空气和室内空气中的细菌相似性最高，说明室外空气是最主要的源头，其次地面、宠物样品、地毯的细菌类型和室内空气细菌群落相似性也较高，室内住户数量、活动强度、宠物、自来水对室内空气中的细菌的多样性有明显影响，这些源对室内空气细菌群落的贡献比例不一，依次为室外空气 16.5%、地面 12.5%、自来水 8.8%、地毯 7.0%、宠物 6.3%、门阶 5.6%、皮肤 4.9%、淋浴头 4.1%[19]。

　　卫生间和厨房接触水较为频繁，淋浴、冲厕、洗手、洗菜等均是微生物滋生几率较高的过程。淋浴过程中不断有大量水滴被雾化到空气中或其他表面上，其中空气中的微生物水平并无一致趋势，有升高也有降低，*Burkholderia* 伯克氏菌、*Staphylococcus* 葡萄球菌、*Streptococcus* 链球菌等有潜在健康风险的菌属丰度较高[20]。浴帘由于经常接触水而有生物膜形成，有研究中通过测序技术发现浴帘上生物膜以变形菌门的 *Sphingomonas* spp 鞘氨醇单胞菌和 *Methylobacterium* spp. 甲基杆菌属最为丰富，而这两个属内有较多致病菌[21]。卫生间淋浴处的墙壁及厨房洗碗池由于频繁接触水，表面也积累了大量的微生物，且不同位置的微生物种类有明显差异，其中来源于植物的 *Neorhizobium* 新根瘤菌属、*Pseudomonadaceae* 假单

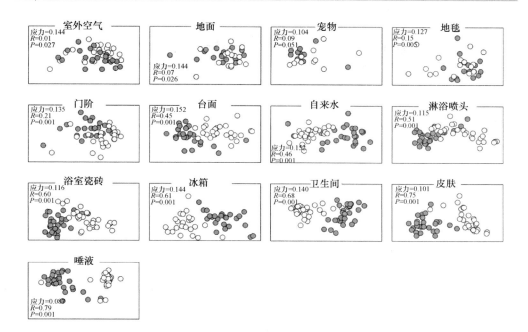

图 4-5　室内空气中细菌与不同类型排放源的细菌群落之间的相似性对比[19]

注：基于非加权威对 Unifrac 距离的室内空气与室内源环境差异的 NMDS 图。室内空气用空心环表示，可能来源用实心环表示。应力以及 ANOSIM R 和 p 值如图所示（999 次排列）；R 值接近于 0 代表室内空气微生物群落与来源相似；接近于 1 则不相似。

胞菌科是厨房的主要菌属，而其他与人体密切相关的 *Staphylococcus* 葡萄球菌、*Corynebacterium* 棒状杆菌、*Brevundimonas* 短波单胞菌等在卫生间丰度较高，真菌 *Filobasidium magnum* 在两处均有发现，且这些微生物对室内环境中的挥发性有机物质有重要贡献[22]。

为改善室内环境质量，植物成了常见的室内景观，这些植物作为室内环境中微生物排放源的重要性也不可忽视[23]。有研究人员通过对植物施用含有有益菌的生物肥料，发现该肥料可以改变植物叶表及其周围空气中的微生物群落，从而说明植物对室内环境微生物的影响[24]。

室内地面尘可通过二次悬浮对室内人群产生健康风险。一项在大学教室开展的研究结果表明，地面尘中的微生物含量要高于空气中的含量，从而成为室内微生物的重要贡献源[25]。另外一项研究中对室内住宅环境的地面积尘伴生真菌进行了研究，真菌平均水平为 110CFU/cm^2，部分室内空气环境可高达 2500CFU/m^3[26]。Amend 等通过采集地面尘，在全球水平对 72 个室内环境真菌进行了研究，认为室内真菌类型有明显的地域性，在温带区域的多样性高于热带地区[27]。Adams 等人的研究中发现室外和室内空气中真菌群落有明显的季节性变化趋势，且室内真菌主要源于室内扩散，人源排放和活动对室内真菌无明显影响[28]。

人体与微生物共存并相互影响，通过呼吸、接触其他带菌的媒介物质等从外界获取微生物，一方面也可通过呼吸过程、接触过程等向环境中不断排放，如图 4-6 所示[10]。Noris 等的研究中发现在有人时，革兰氏阳性菌较多[29]。一项研究选取了人员较为密集的大学教室，分别在有人和无人时对空气中的细菌开展研究，有人时会增加室内空气 PM10、PM2.5 中的细菌含量，其中 PM10 中的增加超过 2 个数量级，通过排除二次悬浮对微生物释放过程的影响，研究结果表明人体直接释放是重要来源，与皮肤、鼻腔、头发等源相关的细菌均有发现[25]。人体向环境空气中释放细菌的速度为 3700 万基因拷贝数/（人·h），真菌则为 730 万基因拷贝数/（人·h），其中 17％的细菌基因与人体皮肤相关细菌浓度变化有较大影响，造成的细菌浓度变化从 12 基因拷贝数/（人·h）到 2700 基因拷贝数/（人·h）不等，真菌浓度变化则在 1.5 基因拷贝数/（人·h）到 5.2 基因拷贝数/（人·h）之间[30]。Bhangar 等利用基于微生物自发荧光检测的在线监测仪器对一大学教室内的微生物进行了实时监测，表明每人每小时向室内空气中释放 200 万个微生物颗粒[31]。上述研究均为在自然通风的室内环境中开展的相关研究。Adams 等开展了条件可控的暴露仓研究，结果表明在机械式通风及人口密度合理的条件下，人源释放的微生物对室内空气影响较小[32]。

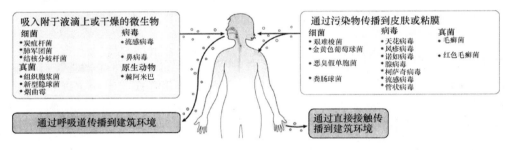

图 4-6　人体的微生物摄入与释放[10]

现代建筑中，空调通风系统应用广泛，其微生物污染问题日渐严重[33-37]。如图 4-7（a）所示，冷却塔中的冷却水与大气接触，易受空气污染，其环境适合微生物繁殖生长。在夏季和秋季，由于温度较高，微生物的繁殖生长速度加快；冷凝器换热管壁处由于存在微生物与其他杂质附着的情况，导致热交换效率大大下降，水流阻力增加，促使腐蚀的发生。在图 4-7（b）中，新、回、送风口处由于积尘量较多，积尘量与微生物生长存在正相关的关系，在不同的机组中，相关系数差异较大；在初效、中效及亚高效过滤段，机组过滤段清洗次数不够，可能存在积尘以及微生物污染问题，当过滤网处于潮湿状态时，污染现象可能更加严重；夏季表冷除湿段常处于 14～20℃，湿度较大，比较适宜微生物繁殖生长；凝水盘位于冷却盘管和挡水板下，最低点设置排水管实现排水功能，而大多数空调冷凝水盘均设有水封，此处湿度较大，温度与表冷器附近类似，容易出现微生物污染问题；表冷器后端也存在类似微生物污染情况；风机盘管的冷凝器容易聚集灰尘和泥垢，且时间长不易剥离，当排水管过长或者坡度不够时易出现排水不畅产生积水，导致微生物滋生和聚积；冷桥部分由于保温层厚度不够或漏风的问题，局部可能结露、生锈，湿度较大，易出现微生物滋生现象。

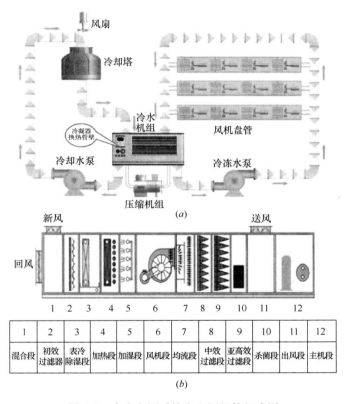

图 4-7　中央空调系统和空调机箱组成图

(*a*) 典型中央空调系统组成图；(*b*) 空调机箱组成图[34]

4.2.2　不同类型建筑环境

Coombs 等对绿色和非绿色建筑室内环境中的微生物组进行了研究，发现这两种类型的室内环境中微生物组无显著差异，而室内空气、地面、床等地点的微生物组则有较大差异[38]。农村建筑环境微生物与其住户密切相关，与住户从事农业活动时携带的微生物有密切关系。通风类型对室内微生物有明显影响，自然通风的室内环境和其室外环境更接近，而机械通风的室内环境则不同。Dunn 等对美国北卡

州四十个分布在不同区域的住宅内表面微生物进行了研究，发现区域差异明显，狗
对室内表面微生物有重要影响，经常清洁的表面其微生物多样性有明显下降，室外
环境对室内环境有明显影响[39]。Flores 等对厨房表面微生物进行大量检测后，发
现 Actinobacteria 放线菌门、Bacteroidetes 拟杆菌门、Firmicutes 厚壁菌门、Pro-
teobacteria 变形菌门的细菌最为常见，且有古菌出现，研究中未发现大量与食品携
带致病菌贡献的微生物，在清洁较少的位置，包括炉灶上方的风扇、冰箱门密封
条、地面等，微生物多样性最高；在洗碗池等清洁较为频繁的表面，多样性较低，
由革兰氏阴性菌生成的生物膜较为常见；人体皮肤是厨房表面微生物的重要源头，
其次是食物及自来水[40]。Adams 等通过 Meta 分析认为室外空气、人体皮肤对室
内微生物贡献较大，而地理条件、建筑类型对室内微生物影响也不容忽视[41]。Lee
等人使用培养和测序手段发现在托儿所以 Pseudomonas 假单胞菌菌属最为丰富，
而且更换尿布对托儿所内的微生物有显著影响[42]。Madureira 等对 8～10 岁儿童教
室的细菌、真菌气溶胶浓度进行了分析，覆盖了 20 所小学的 71 间教室，发现室内
的细菌、真菌浓度均高于室外环境，与室内人员密度、活动强度、通风条件等相
关，细菌浓度和室内 CO_2 正相关，相比成人，儿童的细菌气溶胶暴露浓度要比成人
高两倍[43]。Han 等对合肥、宜兴、北京、广州四地的污水处理厂的污泥脱水间的
细菌组分进行研究，发现不同区域的细菌气溶胶类型有明显差异[44]。Kembel 等人
发现室内细菌群落的多样性构成与通风、相对湿度、温度等建筑特征有明显关系，
与人体致病菌相关的细菌相对丰度显著高于室外空气，且在通风不畅和湿度较低的
环境中，水平更高，表明建筑设计对室内细菌多样性和群落结构的重要影响[45]。
室内游泳池中也有较为严重的微生物污染[46]。放线菌主要源于土壤，为革兰氏阳
性菌，部分能形成孢子的丝状放线菌对健康有不利影响，在潮湿的建筑物中较为常
见[47]。Rintala 等对两栋建筑物内的地面尘中的微生物进行了分析，发现其以革兰
氏阳性菌为主，建筑物之间的差异对微生物的影响程度要大于季节性差异[48]。
Verdier 等的研究中对室内建筑表面、物品表面的微生物类型进行了综述，表面真
菌菌属以 Cladosporiums 枝孢菌、Penicillium 青霉菌、Aspergillus 曲霉菌、
Stachybotrys 葡萄穗霉属等较为常见，细菌以革兰氏阴性菌和支原体为主[49]。

4.2.3　适应和变化

微生物在室内环境中所接触到的空气、表面等和室外的自然环境有较大差异。
不同于自然环境，室内环境中的石膏、油漆、涂层、地毯等人工合成化学物质，对
微生物这样繁殖较快的生物个体造成了较大的选择性压力。例如，浴帘上存在的细
菌 Sphingomonas 鞘氨醇单胞菌和 Methylobacterium 甲基杆菌属，可以很好地使用
不同碳链长度的碳源；给病人输送抗生素药物的导液管内表面存在的微生物也较易
获得抗药性；在国际空间站、宇宙飞船等特殊类型的微重力环境中，致病菌的毒

性、抗药性等均有一定的变化[10]。

4.3 研 究 方 法

可靠的样品采集分析方法对于评估室内微生物，理解微生物对人体健康的影响，有非常重要的意义。

4.3.1 室内样品采集方法

4.3.1.1 室内空气样品采集

针对室内空气中的微生物，一般采用离线分析的方法进行检测，即先采样后分析。目前常用的采样方法包括重力沉降法、液体或固体撞击法、静电采样法和膜采样等。各个采样方法的优缺点如表 4-4 所示。

生物气溶胶采样技术优缺点对比[50,51]　　　　表 4-4

生物气溶胶 采样技术	优 点	缺 点
固体撞击法	成本低、应用广泛；直接将微生物收集在培养基中，无需后取样过程；采样器无需消毒处理，即可用于收集下一个样本；可对生物气溶胶的可吸入组分进行分级采样	通过固体撞击采样器收集的微生物，只能用培养法进行计数；对高污染空气进行采样时，菌落重叠使计数困难；抽气速度会影响采样效率
液体撞击法	此技术应用广泛，易获得大量数据；液体基质提高了微生物负载量，并不易对微生物造成损伤；对接下来的计数和检测方法要求低	计数需要后收集过程；使用前采样器需要经过灭菌处理；液体蒸发可能会引起微生物损失；气流速度会影响采样效率；采样器不能对生物气溶胶进行分级采样
过滤法	操作简单，成本低；对后续计数和检测方法要求低；采样器可以对生物气溶胶进行分级采样	计数需要后收集过程；在高污染环境中进行采样时，微生物可能超过过滤器的承载量；过滤器过于干燥时，可能会使微生物的回收效率降低；气流速度会影响采样效率
自然沉降法	操作简单，成本低；可以同时地在多个采样点进行采样，而不会扰乱气流；结果可靠；实验可重复	受周围气流影响大；对小粒径微生物富集效率低；与其他定量检测方法关联性差；与空气体积相关性差；采样时间长
静电沉降法	微生物不易受到外加干扰；回收效率高；可用于收集低浓度的微生物；高度可行的低能耗生物气溶胶监测方法	电荷可能会影响细菌的活性
旋涡法	收集效率高；消毒过程简单	液体蒸发可能会引起微生物损失
微流控芯片技术	富集效率高；洗脱体积小；操作简单	成型复杂，需要特定的仪器；不能进行分级采样

续表

生物气溶胶采样技术	优　点	缺　点
热沉淀法	对小粒径颗粒的采集效率好，能辅助确定颗粒物的粒径分布；气流自由通过采样器，因此压降小，不需要泵	收集率非常低；收集区域小；高温影响采集的微生物的活性
冷凝法	操作时间非常短；超细微生物气溶胶颗粒易被采集和检测；采样过程能保持微生物的活性	系统复杂，操作需要专业知识

目前针对室内空气中的微生物采集对于大流量快速捕获技术的需求较高，现在已有每分钟可采集 1000L 空气的便携式 HighBioTrap 采样器，其切割点为 $2\mu m$，可应用于室内空气采样和微生物分析[52]。

4.3.1.2　其他室内样品

室内地面尘作为各种污染物的重要汇之一，通过拭子或者真空吸尘器等采集地面尘是较为常见的用于分析室内微生物的样品采集手段，然而地面尘多为沉降的大颗粒物，且受到进入室内环境的人源活动影响，可能不能作室内源颗粒物的代表性样品。室内表面涉及类型多样，例如玻璃、不锈钢、塑料、混凝土、涂层、灰泥、石膏板等，这些物质或有孔、粗糙或无孔、光滑，拭子采样、黏性胶带采样、培养基直接接触采样、整块表面剥离采样等方法在表面采样中应用较为频繁[49]。

此外，室内环境中取暖、通风、空调系统等单元中多使用过滤膜，这些过滤膜上沉积了大量颗粒物，有望用于代表较长时间内、广泛的室内空间内的颗粒物，对这些过滤膜沉积颗粒中的微生物进行分析，在一定程度上可用于研究室内空气中的颗粒物。Maestre 等人的研究表明通过拭子擦拭或者真空吸尘器可最大限度地从这些过滤膜上回收沉积的微生物，要高于直接利用洗脱液从过滤膜上回收微生物的效率[53]。

人体本身也是室内微生物的重要来源，其呼吸、皮肤、活动等均会对室内空气中的微生物水平造成影响。在呼出气采集装置方面，常用的采集装置包括 Rtube（Respiratory Research, Inc, Charlottesville，VA）、EcoScreen 2（FILT Lungen-& Thorax Diagnostik GmbH，Germany）等，这些呼出气采集装置可在 10min 左右采集约 $1000\mu L$ 的呼出气冷凝液，然而相关装置成本较高，采集过程较为复杂。针对这些问题，北京大学课题组研发的 BioScreen 呼出气采集装置，能够在几分钟内采集 $200 \sim 300\mu L$ 呼出气冷凝液[54,55]。

4.3.2　常用分析方法

从 19 世纪末、20 世纪初的基于显微镜的细菌、真菌分析，到 20 世纪 50 年代通过选择性培养基实现对某种类型细菌、真菌的特异性鉴定。在核糖体 RNA 测序技术之前，基于培养的微生物研究方法是室内微生物研究的主要手段。培养方法可用于定性和定量研究，但其采样过程主要基于碰撞原理，对于较小的微粒收集效率较低，且通过空气传播的微生物中只有少部分可以被培养，可能不超过 1%。因此培养法可能会遗漏一些较为重要的微生物和不可培养的微生物。通过涂抹油膜的方法对撞击式培养法进行改进，可在一定程度上避免颗粒反弹、干燥效应以及生物嵌入的现象，从而提高撞击式培养法的准确度[56]。

分子生物学技术，例如聚合酶链式反应（PCR）、定量 PCR（qPCR）和逆转录-PCR（RT-PCR）可以实现对微生物中不可培养部分的检测，从而提高对室内空气中微生物群落的认识和对相关风险的估计。近年来，环介导等温扩增（LAMP）的方法也开始应用于空气微生物的检测，尤其是病原微生物的检测，具有反应灵敏、检测限低等特点，结合微流控技术，可实现对空气中的病原体的检测[57]。此外，针对微生物或其他生物体释放到空气中的生物组分，如内毒素、葡聚糖、过敏源等，则使用基于生物化学的方法（如酶联免疫法和鲎试剂法等）检测和分析。表 4-5 中针对常见的室内微生物研究方法进行了简单总结。

室内微生物研究常用方法[4,50] 表 4-5

分析方法/分析物	描 述
培养法	性价比高，操作简单；最常用的生物气溶胶研究方法；仅限于可培养种类；测量精度差
显微镜法	工作量大但能获得高质量结果；结合染色能突显某些特性如代谢能力
聚合酶链式反应（PCR）	使用通用引物和探针，能用于定量细菌或真菌总量；灵敏度高；检测快速、适用范围广；样本制备操作不当，可能导致 PCR 定量不准确
高通量测序	使用通用引物和探针对 PCR 扩增的 DNA 测序确定细菌和真菌种属
宏基因测序	不进行扩增，获得生物气溶胶的基因测序信息；需要采集大量空气来获得足够的 DNA 量
荧光显微镜法/流式细胞技术	即可鉴定可培养的微生物，又可鉴定不可培养的微生物；操作成本低，可用于高通量测序；荧光染料与非生物颗粒结合会造成假阳性结果；图像分析系统不适合计算发生聚集的细胞
变形梯度凝胶电泳	可同时分析多个样本；可监测微生物群落随时间的变化；对 DNA 序列变异敏感；耗时；半定量技术；只适用于短片段的分析
内毒素	革兰氏阴性菌细胞壁最外层的脂多糖成分，酶联免疫分析
β-葡聚糖	葡聚糖聚合物发现于多数真菌和部分细菌的细胞壁内，酶联免疫分析
生物标志物法（麦角固醇、三羟基脂肪酸、N-乙酰氨基己糖苷酶、胞壁酸）	麦角固醇为胆固醇的类似物，多见于真菌，在植物和动物体内不存在，三羟基脂肪酸革兰氏阴性菌的脂多糖的化学标志物；N-乙酰氨基己糖苷酶为真菌酶，胞壁酸为葡萄糖胺衍生物，发现于细菌细胞壁，通过色谱分析手段

对空气中微生物进行实时在线检测是一个长期存在的挑战，生物气溶胶质谱法（BAMS）、表面增强拉曼光谱（SERS）、以及基于荧光标记的流式细胞术（FCM）等不同类型的技术开始应用于实时在线监测研究。质谱分析法通过荷质比来分析微生物，优点是快速、实时，然而由于微生物组分复杂缺乏特征谱峰，导致质谱方法不能鉴定微生物种类，所以并未广泛应用于室内空气中的微生物研究。荧光空气动力学粒度计（FLAPS）被描述成活性微粒的前端视觉感应器，可使用 $340\sim360nm$ 的紫外线来测量 FCM 下的荧光信号。紫外气溶胶粒径分析仪（UV-APS）和宽频带集成生物气溶胶传感器（WIBS）是基于 FLAPS 原理改进后的微生物气溶胶在线监测仪器，目前在室内空气微生物中的研究和应用较多。

基于 DNA、电学和纳米生物传感的技术是当前有望用于空气微生物监测的实时检测平台。将生物识别分子和传感元件相结合，生物信号被快速转化为其他可检测的信号。例如表面等离子体共振生物传感器、压电晶体生物传感器、电化学生物传感器和硅纳米线场效应晶体管（SiNW-FET）生物传感器等。硅纳米线传感器通过场效应晶体管（FET）将被监测生物和识别分子结合的信号转变成微电子信号，具有灵敏度高、选择性好以及快速检测（电信号可以直接读数）等优点，在化学物质、生物分子、病毒检测等方面有较为广泛的应用。Shen 等人结合 GREATpa 与呼出气快速采集，通过采集呼出气冷凝液，将其稀释 100 倍后直接利用 SiNW-FET 生物传感器进行病毒检测，可以在几分钟之内检测到 H3N2 流感病毒，特异性高，检测限达 29 个/μL[58]。总的来说，上述介绍的各类方法在检测空气中的微生物方面有很大应用价值，但也存在很多挑战。在针对生物气溶胶的研究中，通过引入分子生物学、光学、电学、纳米技术等研究手段，极大地推动了生物气溶胶检测的相关研究。生物气溶胶监测亟须快速的、既能广谱检测又能进行物种甄别的、低检测限、高灵敏度的监测技术。通过集成空气采集、微流控技术以及快速响应的纳米生物传感器，科学界已经向实时在线甄别空气中的生物成分迈进了历史性的重要一步。未来，在高通量实时在线甄别空气中的微生物种类上，仍然存在相当漫长的科学之路[59]。而生物气溶胶检测监测技术的快速革新，对于推动室内微生物研究、阐明室内空气中的微生物在人体健康中的作用，有重要意义。

4.3.3 新兴方法

针对微生物本身的特征，微生物的细胞本身及其组分，包括核酸物质（DNA、RNA）、蛋白质、小分子代谢物等，越来越多的新技术被应用于或将应用于室内微生物研究。如图 4-8 所示，包括针对基因组某一片段进行扩增后测序的扩增子测序、宏基因组测序、宏转录组测序、宏蛋白质组学、代谢组学等技术和方法。在基因扩增中添加 PMA（叠氮溴化乙锭），可用于室内微生物检测中区分死菌和活菌，还可结合特异性引物实现对特定微生物的检测[60]。在 2004 年，核糖体 RNA 扩增子测序技术首次被应用于室内环境的细菌群落研究。由于 DNA 并不能反映微生物状态，针对核糖体 RNA 的直接检测有望用于室内微生物研究，揭示其对室内微生物群落动态变化的作用[61]。近年来，针对细菌及真菌的 16S、18S、内转录间隔区（ITS）核糖体 RNA（rRNA）基因片段的扩增子测序成本大幅下降，在室内微生物研究中的应用不断增加。基于转录组的测序技术，可用于深入研究室内微生物的基因表达状态，从而判断其在不同环境条件下对环境的适应和变化情况。表 4-6 中针对不同类型的测序技术及组学技术优点及缺点进行了总结。DAPI 染色、荧光原位杂交技术 FISH 等技术结合电子显微镜技术，使得原位观测微生物变为现实，同位素标记、生物正交非标准氨基酸标记 BONCAT 技术在研究不可培养但具有代谢活性的微生物方面有很好的应用前景。

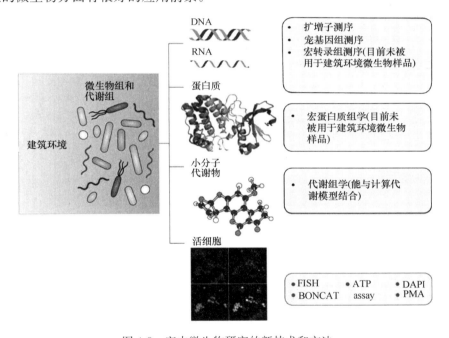

图 4-8　室内微生物研究的新技术和方法

微生物群落测序技术优势和劣势总结[14]　　　　　　　表 4-6

技术	描述	优点	缺点
扩增子测序	从基因组中选择单一基因进行扩增和测序。传统细菌测序一般使用 16S rRNA，现已定向于更大范围的靶标	扩增子测序非常便宜并允许快速和深度检测环境梯度变化时的微生物的结构变化	该方法提供的研究视野较狭窄，仅以单个基因作为靶标，只能提供该基因的分类或功能信息，并受引物和扩增的影响

技术	描　述	优　点	缺　点
基因组测序	对群落的代表性基因组进行测序，理想为单序列，实际上一般为 100s 的基因组序列	基因组在潜在功能和系统发育之间建立了明确的联系，这样可以推断出物种 x 执行过程 y。当与培养的细胞进行联系时，它还可用于通过靶向生化测试来定义基因功能	产率是一个问题。对分离的生物的基因组进行测序仍处于初步阶段，很少能被分离。筛选来自群落的分选细胞进行测序，逐步变得可行，但由于扩增的偏差，常常导致基因组的覆盖有限
宏基因测序	对来自微生物聚生体细胞的随机基因组 DNA 样品进行测序	该技术允许观察整个群落的分类和功能基因而无扩增子测序的偏差。通过足够深度的测序，还可以组合微生物基因组和其他遗传元件	目前的测序工作站需要大量的初始材料。成本可能过高，导致仅对最主要的微生物类群进行浅层表征。输出仅表述潜在的功能，并且通常很难将功能与系统发育联系起来
宏转录组测序	对来自微生物群落的信使 RNA、小 RNA 和其他 RNA 进行随机测序，确定微生物基因表达的机制和响应	与宏基因组学一样，这种技术可以实现广泛的分类学和功能表征，但限于表达基因，能够对群落的活跃部分进行更深入的分析。测序数据可以映射到已知的基因组，以帮助识别系统发育特异的功能反应	由于去除 90%～95% 的核糖体 RNA 以实现 mRNA 的更深表征的步骤价格昂贵且耗时，成本过高，这也因此限制了其通量。RNA 对降解很敏感，mRNA 的半衰期非常短，因此对群落进行采样的过程中就会产生误差
宏蛋白质组测序	对微生物群落中表达为蛋白质材料的氨基酸序列进行随机测序	主要优点是能够识别蛋白质，这些蛋白质不仅被表达为 mRNA，而且还被折叠并且在细胞中可形成活性蛋白质，例如酶。当与基因组学和元转录组学相结合时，可以确定同种型蛋白质并将蛋白质功能与系统发育映射	成本和产率仍然是其主要缺点，仍高于宏基因组学或元转录组学。就其本身而言，分类法的分配很复杂
代谢组学测序	随机表征可能由微生物群落产生的样品中的代谢产物	与其他样品相比，代谢物浓度的相对变化可以解释很多关于基因组潜能、转录和蛋白质丰度的功能结果	与蛋白质组学一样，代谢组学受到成本和产率的限制，也受到产品鉴定的限制。目前还具有检测限的缺点，少量代谢物难以检测

4.4　小　结

室内微生物来源丰富，种类多样，且处于不断的动态变化中。由于室内环境的复杂性及现有技术的局限性，对于室内微生物的全面认识还需要很长过程。

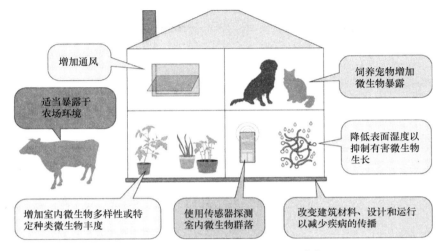

图 4-9　室内微生物群落优化途径[10]

　　一方面越来越多的证据表明特定类型的室内微生物在一些疾病发生和发展过程中有重要作用，另一方面微生物暴露有益于完善人体免疫系统的重要性也日益受到重视。我们过去不断致力于过度控制室内环境微生物的存在和生长，提高室内环境质量，然而这一行为的合理性正在受到挑战。通过不同途径，优化室内微生物，使其更好地促进和维持人体免疫系统的正常工作，可能是未来需要深入并持续研究的领域。如图 4-9 所示，一方面，需要研发更为先进的实时监测技术，实现对室内微生物群落的原位、实时的定性和定量的监测。另一方面，通过增加通风、饲养宠物、培养绿色植物、控制湿度等手段，使得室内的微生物群落和人体能够"和谐共处"，实现保护人体健康的目的。

参 考 文 献

[1] Nevalainen A，Täubel M，Hyvärinen A．Indoor fungi：Companions and contaminants[J]．Indoor air，2015，25：125-156

[2] Douwes J，Thorne P，Pearce N，et al．Bioaerosol health effects and exposure assessment：Progress and prospects[J]．Annals of Occupational Hygiene，2003，47：187-200

[3] Husman T．Health effects of indoor-air microorganisms[J]．Scandinavian journal of work，environment & health，1996，5-13

[4] Nazaroff W W．Indoor bioaerosol dynamics[J]．Indoor Air，2016，26：61-78．

[5] Wu W，Jin Y，Carlsten C．Inflammatory health effects of indoor and outdoor particulate matter[J]．Journal of Allergy and Clinical Immunology，2018，141：833-844．

[6] 申芳霞，朱天乐，牛牧童．大气颗粒物生物化学组分的促炎症效应研究进展[J]．科学通

报，2018，63：968-978.

[7]　Huttunen K，Hyvärinen A，Nevalainen A，*et al*. Production of proinflammatory mediators by indoor air bacteria and fungal spores in mouse and human cell lines[J]. Environmental Health Perspectives，2003，111：85.

[8]　Karvonen A，Kirjavainen P V，Täubel M，*et al*. Indoor microbial diversity and risk of different wheezing phenotypes[J]. European Respiratory Journal，2018，52：OA3310.

[9]　Dannemiller K C，Gent J F，Leaderer B P，*et al*. Indoor microbial communities：Influence on asthma severity in atopic and nonatopic children[J]. Journal of Allergy and Clinical Immunology，2016，138：76-83.

[10]　Gilbert J A，Stephens B. Microbiology of the built environment[J]. Nature Reviews Microbiology，2018，1.

[11]　Martinez F D，Holt P G. Role of microbial burden in aetiology of allergy and asthma[J]. The Lancet，1999，354：SII12-SII15.

[12]　von Mutius E. The microbial environment and its influence on asthma prevention in early life [J]. Journal of Allergy and Clinical Immunology，2016，137：680-689.

[13]　King G M. Urban microbiomes and urban ecology：How do microbes in the built environment affect human sustainability in cities? [J]. Journal of Microbiology，2014，52：721-728.

[14]　Kelley S T，Gilbert J A. Studying the microbiology of the indoor environment[J]. Genome biology，2013，14：202.

[15]　Ijaz M K，Zargar B，Wright K E，*et al*. Generic aspects of the airborne spread of human pathogens indoors and emerging air decontamination technologies[J]. American Journal of Infection Control，2016，44：S109-S120.

[16]　Prussin A J，Marr L C. Sources of airborne microorganisms in the built environment[J]. Microbiome，2015，3：78-87.

[17]　Yamamoto N，Hospodsky D，Dannemiller K C，*et al*. Indoor emissions as a primary source of airborne allergenic fungal particles in classrooms[J]. 2015，49：5098-5106.

[18]　Hospodsky D，Yamamoto N，Nazaroff W W，*et al*. Characterizing airborne fungal and bacterial concentrations and emission rates in six occupied children's classrooms[J]. Indoor air，2015，25：641-652.

[19]　Miletto M，Lindow S E. Relative and contextual contribution of different sources to the composition and abundance of indoor air bacteria in residences[J]. Microbiome，2015，3：61.

[20]　Estrada-Perez C E，Kinney K A，Maestre J P，*et al*. Droplet distribution and airborne bacteria in an experimental shower unit[J]. Water research，2018，130：47-57.

[21]　Kelley S T，Theisen U，Angenent L T，*et al*. Molecular analysis of shower curtain biofilm microbes[J]. Applied and environmental microbiology，2004，70：4187-4192.

[22]　Adams R I，Lymperopoulou D S，Misztal P K，*et al*. Microbes and associated soluble and

volatile chemicals on periodically wet household surfaces[J]. Microbiome, 2017, 5: 128.

[23] Berg G, Mahnert A, Moissl-Eichinger C. Beneficial effects of plant-associated microbes on indoor microbiomes and human health? [J]. Frontiers in microbiology, 2014, 5: 15.

[24] Mahnert A, Haratani M, Schmuck M, *et al*. Enriching beneficial microbial diversity of indoor plants and their surrounding built environment with biostimulants[J]. Frontiers in Microbiology, 2018, 9: 2985.

[25] Hospodsky D, Qian J, Nazaroff W W, *et al*. Human occupancy as a source of indoor airborne bacteria[J]. Plos One, 2012, 7: e34867.

[26] Yamamoto N, Shendell D G, Peccia J. Assessing allergenic fungi in house dust by floor wipe sampling and quantitative pcr[J]. Indoor Air, 2011, 21: 521-530.

[27] Amend A S, Seifert K A, Samson R, *et al*. Indoor fungal composition is geographically patterned and more diverse in temperate zones than in the tropics[J]. Proceedings of the National Academy of Sciences, 2010, 107: 13748-13753.

[28] Adams R I, Miletto M, Taylor J W, *et al*. Dispersal in microbes: Fungi in indoor air are dominated by outdoor air and show dispersal limitation at short distances[J]. The ISME journal, 2013, 7: 1262.

[29] Noris F, Siegel J A, Kinney K A. Evaluation of hvac filters as a sampling mechanism for indoor microbial communities[J]. Atmospheric Environment, 2011, 45: 338-346.

[30] Qian J, Hospodsky D, Yamamoto N, *et al*. Size - resolved emission rates of airborne bacteria and fungi in an occupied classroom[J]. Indoor air, 2012, 22: 339-351.

[31] Bhangar S, Adams R I, Pasut W, *et al*. Chamber bioaerosol study: Human emissions of size-resolved fluorescent biological aerosol particles[J]. Indoor Air, 2016, 26: 193-206.

[32] Adams R I, Bhangar S, Pasut W, *et al*. Chamber bioaerosol study: Outdoor air and human occupants as sources of indoor airborne microbes[J]. PLoS One, 2015, 10: e0128022.

[33] 武艳, 荣嘉惠. 空调通风系统对室内微生物气溶胶的影响[J]. 科学通报, 2018, 63: 920-930.

[34] 吕阳, 胡光耀. 集中式空调系统生物污染特征, 标准规范及防控技术综述[J]. 建筑科学, 2016, 32: 151-158.

[35] Liu Z, Ma S, Cao G, *et al*. Distribution characteristics, growth, reproduction and transmission modes and control strategies for microbial contamination in HVAC systems: A literature review[J]. Energy and Buildings, 2018, 177: 77-95.

[36] Liu Z, Zhu Z, Zhu Y, *et al*. Investigation of dust loading and culturable microorganisms of HVAC systems in 24 office buildings in Beijing[J]. Energy and Buildings, 2015, 103: 166-174.

[37] Liu Z, Yin H, Ma S, *et al*. Effect of Environmental Parameters on Culturability and Viability of Dust Accumulated Fungi in Different HVAC Segments [J]. Sustainable Cities and Society.

[38] Coombs K, Taft D, Ward D V, *et al*. Variability of indoor fungal microbiome of green and

non-green low-income homes in cincinnati, ohio[J]. Science of The Total Environment, 2018, 610: 212-218.

[39] Dunn R R, Fierer N, Henley J B, Leff J W, *et al.* Home life: Factors structuring the bacterial diversity found within and between homes[J]. PloS one, 2013, 8: e64133.

[40] Flores G E, Bates S T, Caporaso J G, *et al.* Diversity, distribution and sources of bacteria in residential kitchens[J]. Environmental microbiology, 2013, 15: 588-596.

[41] Adams R I, Bateman A C, Bik H M, *et al.* Microbiota of the indoor environment: A meta-analysis[J]. Microbiome, 2015, 3: 49.

[42] Lee L, Tin S, Kelley S T. Culture-independent analysis of bacterial diversity in a child-care facility[J]. BMC Microbiology, 2007, 7: 27.

[43] Madureira J, Aguiar L, Pereira C, *et al.* Indoor exposure to bioaerosol particles: Levels and implications for inhalation dose rates in schoolchildren[J]. Air Quality, Atmosphere & Health, 2018, 11: 955-964.

[44] Han Y, Wang Y, Li L, *et al.* Bacterial population and chemicals in bioaerosols from indoor environment: Sludge dewatering houses in nine municipal wastewater treatment plants[J]. Science of The Total Environment, 2018, 618: 469-478.

[45] Kembel S W, Jones E, Kline J, *et al.* Architectural design influences the diversity and structure of the built environment microbiome[J]. The Isme Journal, 2012, 6: 1469.

[46] Rodríguez A, Tajuelo M, Rodríguez D, *et al.* Assessment of chemical and microbiological parameters of indoor swimming pool atmosphere using multiple comparisons[J]. Indoor Air, 2018, 28: 676-688.

[47] Rintala H. Actinobacteria in indoor environments: Exposures and respiratory health effects [J]. Front Biosci (Schol Ed), 2011, 3: 1273-1284.

[48] Rintala H, Pitkäranta M, Toivola M, *et al.* Diversity and seasonal dynamics of bacterial community in indoor environment[J]. BMC Microbiology, 2008, 8: 56.

[49] Verdier T, Coutand M, Bertron A, *et al.* A review of indoor microbial growth across building materials and sampling and analysis methods[J]. Building and Environment, 2014, 80: 136-149.

[50] 李晓旭, 翁祖峰, 曹爱丽, 等. 室内空气中致病微生物的种类及检测技术概述[J]. 科学通报, 2018, 63: 2116-2127.

[51] Ghosh B, Lal H, Srivastava A. Review of bioaerosols in indoor environment with special reference to sampling, analysis and control mechanisms[J]. Environment international, 2015, 85: 254-272.

[52] Chen H, Yao M. A high-flow portable biological aerosol trap (highbiotrap) for rapid microbial detection[J]. Journal of Aerosol Science, 2018, 117: 212-223.

[53] Maestre J P, Jennings W, Wylie D, *et al.* Filter forensics: Microbiota recovery from residential hvac filters[J]. Microbiome, 2018, 6: 22.

[54] Zheng Y, Chen H, Yao M, *et al.* Bacterial pathogens were detected from human exhaled

breath using a novel protocol[J]. Journal of Aerosol Science，2018，117：224-234.

[55]　Xu Z，Shen F，Li X，*et al*. Molecular and microscopic analysis of bacteria and viruses in exhaled breath collected using a simple impaction and condensing method[J]. PLoS One，2012，7：e41137.

[56]　Xu Z，Wei K，Wu Y，*et al*. Enhancing bioaerosol sampling by andersen impactors using mineral-oil-spread agar plate[J]. PloS one，2013，8：e56896.

[57]　Liu Q，Zhang X，Li X，*et al*. A semi-quantitative method for point-of-care assessments of specific pathogenic bioaerosols using a portable microfluidics-based device[J]. Journal of Aerosol Science，2018，115：173-180.

[58]　Shen F，Wang J，Xu Z，*et al*. Rapid flu diagnosis using silicon nanowire sensor[J]. Nano letters，2012，12：3722-3730.

[59]　郑云昊，李菁，陈灏轩，等. 生物气溶胶的昨天，今天和明天[J]. 科学通报，2018，63：878-894.

[60]　Chang C W，Lin M H. Optimization of pma‐qpcr for staphylococcus aureus and determination of viable bacteria in indoor air[J]. Indoor air，2018，28：64-72.

[61]　Gomez-Silvan C，Leung M H Y，Grue K A，*et al*. A comparison of methods used to unveil the genetic and metabolic pool in the built environment[J]. Microbiome，2018，6：71

第 5 章　室内环境污染与健康

　　室内环境污染，尤其是室内空气污染对公众的健康造成了巨大的健康威胁。室内环境污染轻者可以引起人类不舒适、烦扰、工作能力下降及一些轻微疾病，重者可以导致严重的疾病如癌症、哮喘等。了解室内环境污染物的特点及其引发的健康效应对相关政策的制定和提升公众健康健康水平具有重大的意义。本章结合国内外的相关研究，对甲醛、PM2.5、邻苯二甲酸酯（PAEs）、纳米材料四类典型的污染物质的基本物理化学性质、各种健康效应及相应的毒性机制进行了系统阐述。结合大量研究结果来看，某种污染物往往能够造成多种毒性效应，例如甲醛对于人的神经、生殖、免疫、呼吸系统均能造成不同程度的毒性作用。通过本章的内容，希望给相应的环境政策制定提供一定参考，并给相关研究和工作人员提供借鉴指导。

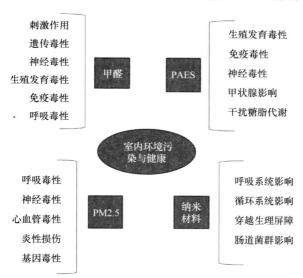

5.1 室内空气污染所致的健康影响

出于制定防治对策的便利，室内空气污染对人体健康的影响可以划分为"重大健康影响"和"有限健康影响"两大类。前者包括：癌症、可能致死、可能致残的严重疾病；后者包括：轻微疾病、不舒适、工作能力下降等详见表5-1。

室内空气污染物对人体健康影响的等级划分　　　　　　　　　表 5-1

健康影响等级	室内空气污染物		
	所致疾病的严重程度	致病暴露水平	疾病的经济负担
重大的健康影响	严重疾病（癌症、可能致死、可能致残）	低水平的暴露即可致病	较大
有限的健康影响	轻微疾病（不舒适、致烦扰、工作能力下降）	高水平的暴露才能致病	较小

5.1.1　重大的健康影响

目前学术界比较肯定的，在我国范围内对人体有重大健康影响的室内空气污染相关疾病包括：癌症（肺癌、鼻咽癌和白血病）、严重的过敏性疾病（哮喘、过敏性肺炎）、严重的呼吸系统感染性疾病（军团菌病、非典型肺炎、流行性感冒）、一氧化碳中毒、慢性阻塞性肺部疾病等，现分述如下。

（1）癌症

与室内空气污染相关的癌症主要包括肺癌、鼻咽癌、白血病。

1）肺癌和鼻咽癌

肺癌是一种主要的室内环境相关疾病。我国环境流行病学工作者通过云南省宣威地区的多年研究证明，室内炊事燃煤和不正确燃烧使用方式是肺癌的重要危险因素。此外，国内外多项环境流行病学研究发现，室内环境烟草烟雾（包括二手烟）也是人体肺癌的重要危险因素。烹调油烟是出现在中国人家庭一种常见的空气污染混合物，我国的环境流行病学和环境毒理学研究均发现这种污染物也是一种人类肺癌的危险因素。在欧美国家室内氡气污染被认为是肺癌的重要危险因素，而且在我国室内氡气与肺癌的关系也曾经受到广泛的关注。但是多年的研究发现我国大多数地区地层中镭（226Ra）含量较低，致使室内氡浓度水平较低，因此室内氡气与肺癌的因果联系并不明显。室内空气甲醛污染与鼻咽癌的关系已经十分明确，世界卫生组织于2004年已将甲醛明确定为人类鼻咽癌的致癌物质（A1类），但鼻咽癌的发病率较低。

2）白血病

白血病就是血癌，主要对于儿童和青少年，以及家庭、社会和人类健康有很大的创伤性。装修性化学性空气污染物甲醛被公认为人类致癌物。基于大量的流行病学研究和动物实验证据，国际癌症研究机构（IARC）于 2004 年重新将甲醛确定为人类致癌物质（1 类），同时指出甲醛致白血病的证据有力但不充分。2009 年 9 月，IARC 在会议上指出根据已有的流行病学研究结果应将甲醛视为人类白血病致病原。此后不久，美国国家毒理学计划（NTP）科学咨询委员会同样认为甲醛应归为人类白血病致病原，但还需要进一步的研究审查。美国环境保护署（US EPA）在 2010 年也认为甲醛应被视为人类白血病致病原。2012 年，IARC 明确认定甲醛是人类白血病致病原，指出有足够的证据表明甲醛暴露可导致人类白血病。甲醛导致白血病特别是髓系白血病的证据主要来自职业流行病学研究，动物实验研究的证据还不足。

（2）严重的过敏性疾病

与室内空气污染相关的严重的过敏性疾病主要包括支气管哮喘、过敏性肺炎。

1）支气管哮喘

支气管哮喘，简称哮喘，是一种可以导致病人死亡的呼吸系统慢性疾病。室内环境对哮喘的产生和发作都有明显的作用。WHO 把哮喘定为终身性疾病，哮喘给世界各国带来沉重的经济负担。近 40 年哮喘（特别是过敏性哮喘）的发病率和死亡率在世界各地持续增长，呈现出非常明显的三大流行病学特征，即：发病率逐年上升、发达国家发病率高于不发达国家、城镇发病率高于乡村/富人发病率高于穷人。传统的过敏哮喘发病机制理论（I 型变态反应，及其导出的过敏体质和过敏源的二元论）无法解释上述哮喘的流行病学特征：一方面，从遗传学的观点来看，过敏性哮喘的"内因"遗传性过敏体质（基因多态性）的数量和强度基本不会随时间变化；另一方面，在发达的现代社会中，过敏性哮喘的"外因"吸入性过敏源的数量正在减少。1997 年美国哮喘学权威 Platts-Mills 在《科学》上撰文指出："到底是什么使过敏性哮喘发病率持续增高？原因并不清楚。这使得许多学者开始了过敏性哮喘的其他致病因素和致病机制的研究"。2004 年 Nowak 等指出"化学性空气污染更像是哮喘发病率增加的合理解释。因为过去 40 年间人造化学品/空气污染物不论是种类上还是数量上都以惊人的速度发展，它们的不断增长可能是哮喘真正的成长性致病因素"。

2）过敏性肺炎

过敏性肺炎（hypersensitivity pneumonitis）也称为外源性过敏性肺泡炎（extrinsic allergic alveolitis）与室内空气过敏源的污染有关，室内过敏源包括细菌、真菌、原生动物和微生物及其代谢产物。停止这些致敏源的暴露，可缓解外源性过敏性肺泡炎的症状，使机体得以康复；但是如果这些过敏源的暴露持续存在，可导致患者永久性肺损伤，肺组织严重纤维化，最后因肺功能衰竭而死亡。这种疾病在中国不常见。

(3) 严重的呼吸系统感染性疾病

严重的呼吸系统感染性疾病主要包括军团菌病、非典型肺炎（Severe Acute Respiratory Syndrome，SARS）和流行性感冒等。这些病原体在建筑室内的传播和传染的规律，已经成为室内环境与环境健康领域的重要研究方向。

1）军团菌病

军团菌病（legionellosis）主要是由革兰染色阴性的嗜肺军团菌（legionella pneumophila，Lp）引起的急性感染性疾病，主要包括军团菌肺炎和庞蒂亚克热。对该病最早的认识起源于 1976 年在美国宾夕法尼亚州费城召开的宾州地区美国军团（American legion，美国退伍军人组织之一）代表大会。由于在举行会议的宾馆空调循环气流中含有嗜肺军团菌，使参加此会议部分人员暴发一种主要症状为发热、咳嗽及肺部炎症的疾病，故称此病为"军团病"（legionnaires' disease），现称为"军团菌病"。早期，由于没有发现特效药品，这种疾病的病死率很高。

2）非典型肺炎

非典型肺炎又称为"严重急性呼吸系统综合症"，于 2002 年在中国广东顺德首发，并扩散至全国、东南亚乃至全球，直至 2003 年中期疫情才被逐渐控制的一次全球性传染病流行，病死率极高。2003 年 3 月下旬，SARS 在香港淘大花园建筑群爆发，截至 4 月 15 日共有 321 宗 SARS 个案。2003 年中旬，中国香港卫生署连同其他 8 个政府部门展开调查。调查后，当局相信疾病的传播主要与房屋结构的设计有关，病毒有可能通过空气飞沫、病人排泄物或废水传播，显示了非常明显的建筑物和室内环境相关性。

3）流行性感冒

长期以来人们都清楚流行性感冒是由流感病毒所引起的急性传染性疾病，也知道这种疾病与建筑物和室内环境的特征密切相关。在以前的学科分类上这是室内环境科学领域的一个盲点，室内环境与健康领域的专家并不关心这个疾病。自从 2003 SARS 事件之后，这种流感病毒在建筑室内的传播和传染的规律，逐步成为室内环境与环境健康领域的重要研究方向。加强室内空气质量的控制，改善建筑室内空气的品质对预防流感的流行有重要的意义。

(4) 一氧化碳中毒

一氧化碳中毒是一种典型的室内空气污染相关性疾病。室内一氧化碳污染对中枢神经系统有严重的影响，甚至可能置人于死地。此外慢性一氧化碳中毒干扰神经组织的供氧，并可能导致睡眠障碍。随着我国家庭燃料煤改气工程的顺利实施，我国居民发生一氧化碳中毒的情况得到很大的改善，但是在那些仍然采用煤炭和人工煤气为家庭燃料的地区，还没有杜绝一氧化碳中毒的现象。

（5）慢性阻塞性肺部疾病（COPD）

COPD 是呼吸系统疾病中最常见和最难治的慢性疾病之一，我国用于 COPD 的直接和间接治疗费用已超过美国（240 亿美元）。而且 COPD 主要累及的是我国贫困地区的中老年人群（弱势群体）。和上述两种疾病与家庭装修密切相关的情况不同，不洁燃料的使用可能是 COPD 更危险的致病因素。由家庭燃煤和环境烟草烟雾所产生的空气颗粒物，特别是 PM2.5 与 COPD 的关系密切。

（6）其他相关关系尚未明确的重大疾病

最近几年随着环境与健康学科的发展，多种室内空气污染物与某些重大疾病的关系开始受到关注，例如：甲醛与不孕和流产、甲醛与老年痴呆等等，邻苯二甲酸酯与不孕症、哮喘、糖尿病、抑郁症、儿童自闭症、学习与记忆障碍等。目前室内空气污染物与这些疾病的关系还很不明确，目前只有少数前沿学术研究开始探讨它们之间的关系和机理。

5.1.2　有限的健康影响

这些疾病的共同特点是非致死性、较低的医疗花费。但是往往波及的范围较大。因此本人认为，在新一轮的室内空气污染与健康关系的研究中，也要适当考虑这些疾病的研究。按影响程度由高到低排序分别为：

（1）不良建筑物综合征

不良建筑物综合征或称病态建筑物综合征（Sick Building Syndrome，SBS），特点为大多数居住人员对室内环境的一种特定的反应，主要表现为眼鼻咽刺激症状、神经衰弱和全身不适（神经毒性），离开建筑物症状减弱或消失，目前认为可能是多种作用机制不同环境因素的综合作用结果，该病征的特点是致病原因不清楚。

（2）空调综合征

空调综合征（Air Conditioning Syndrome），又称为"空调病"，是由于房间安装空调系统，导致室内空气环境质量的恶化，引起人体出现异常临床表现，称为空调综合征。主要表现为疲乏、头痛、胸闷、恶心、甚至呼吸困难和嗜睡。主要的危险因子为空气负离子的减少，室内挥发性有机化合物、一氧化碳、二氧化碳和可吸入颗粒物等污染物浓度的增加。

（3）加湿器热

加湿器热（Humidifier Fever）是一种波及免疫系统的感冒样疾病，与室内空气的生物性污染有关。通常胸透无异常。它到底是由于致敏原、细菌内毒素或其他毒素引起，尚有争论，真正的病因还不清楚。但是可以肯定的是，接触微生物污染的加湿器系统的人群可出现此病。这种疾病在中国较为少见，可能与先天遗传因素有关。

（4）多重化学物质敏感症

多重化学物质敏感症（Multiple Chemical Sensitivity，MCS）可简称为化学物质敏感症（Chemical Sensitivity），其特点是环境化学物的摄入方式多种，成分不明确，病情涉及免疫毒性，严重患者可能失去工作能力，西方国家多见。

（5）其他室内环境相关性过敏性疾病

例如：过敏性鼻炎、过敏性皮炎，其特点为过敏源引起，影响的人数也较多。但是非过敏源性的化学物是否具有诱导和促进作用，目前还不清楚。

5.2   甲醛的健康影响

5.2.1   甲醛的基本理化性质

1859 年，苏联化学家 Butlerov 首次发现并记载了甲醛，他的研究包括合成了一种甲醛聚合物六甲基四氨（Hexamethylenetetramine）。1868 年，德国化学家 Hoffmann 从甲醇中提炼出了甲醛，并且将它定义为醛类化合物的第一个成员；自 1908～1975 年之间，世界范围内出版了 8 本关于甲醛的专著，这些专著主要是用于甲醛生产的化学工业研究。

甲醛（Formaldehyde，FA）既是一种内源性有机化合物，又是一种常见的而又危害巨大的装修型化学性室内空气污染物。甲醛是分子量最小、结构最简单的醛类化合物，分子式为 HCHO，分子空间构型为平面三角形。环境气态甲醛呈无色、有强烈嗅味、氧化力强的刺激性气体。甲醛气体相对密度为 1.067（空气＝1），甲醛液体密度为 $0.815g/cm^3$（－20℃）。熔点－92℃，沸点－19.5℃，易挥发且易溶于水和乙醇。甲醛的 35％～40％的水溶液称为福尔马林（Formalin），是有刺激气味的无色液体。甲醛具有强还原性，尤其是在碱性溶液中，还原能力更强。能燃烧，蒸气与空气形成爆炸性混合物，燃点约 300℃。在生化反应中甲醛是一种性质优良的交联剂，常用于将小分子化合物与蛋白质载体结合。

5.2.2   甲醛的污染

随着我国经济的快速发展，人民生活水平的提高，室内装修已经成为新的时尚。但是由于不适当地使用了含有污染物的劣质建筑装饰材料，使目前我国城市室内空气污染，特别是甲醛污染十分严重，对广大人民群众的健康造成了很大的危害。因此，了解甲醛的污染特性以及揭示甲醛污染与人类健康之前的关系显得尤为重要。

（1）甲醛的污染来源

自然界甲醛背景值很低（$10\mu g/m^3$ 以下），城市空气甲醛年平均浓度约为 $0.005～0.01mg/m^3$，一般不超过 $0.03mg/m^3$[1]，主要来自于大气光化学氧化反应的中间产物，同时也来源于动物排泄、植物残叶降解、微生物代谢等过程。在水果、水产品和其他食物中也有天然甲醛存在。室内甲醛可来源于室外的大气污染，但主要来源于室内的建筑装饰装修材料、家具和生活用品、家用燃料和烟叶的不完全燃烧等。生物体内，甲醛存在于所有细胞中，是一个很重要的中间代谢产物，研究发现生物细胞中的内源性丝氨酸，蛋氨酸，甘氨酸，胆碱等有机物在代谢过程中也可以产生甲醛[2]。

1）建筑材料及装饰物

室内空气中甲醛的主要来源是装饰装修材料及家具，尤以人造板为甚。人造板主要是用脲醛树脂作为其粘合剂。脲醛树脂是一种由尿素和甲醛缩聚而成的氨基树脂胶粘剂，它会慢慢释放甲醛，时间可达数十年，在高温及高湿条件下脲醛树脂会加快水解，释放甲醛量增多，污染环境。80%脲醛树脂用于各种人造板的生产，故含一定量的游离甲醛。因此，新式家具的制作，墙面、地板的装饰铺设，均不可避免地释放甲醛，污染室内空气。室内装修时，家具及能大量释放甲醛的建筑材料纷纷进入家内。现在室内装饰装修常用的地板胶、胶合板、塑贴面、乳胶合成纤维、胶粘剂等均可释放出甲醛，新装修的宾馆、商场、客房、家庭居室等，由于使用了上述装修材料，造成甲醛污染。

2）烟叶和燃料的燃烧

随着人类活动的影响，燃烧过程中直接或间接释放的甲醛已经成为室外甲醛浓度升高的主要因素。液化气、煤气等化石燃料的不完全燃烧能够产生甲醛和其他空气污染物，除此之外，森林火灾、焚烧农作物、工业及汽车尾气排放、火力发电厂、内燃机、焚化炉、柴灶和香烟等都可以释放甲醛。香烟主流烟雾中甲醛平均浓度为 $212mg/m^3$，侧流烟雾为 $18\sim58mg/m^3$。在 $30m^3$ 的室内吸 2 支烟可使室内空气中甲醛浓度高达 $0.1mg/m^3$ 以上。厨房中燃料燃烧是室内甲醛的另一主要来源，最高值可达 $0.40mg/m^3$[3]。

3）防腐剂和固定剂

浓度为 35%～40% 的甲醛水溶液俗称为福尔马林，具有防腐杀菌性能且可起到固定作用，常可用来浸制生物标本，给种子消毒等。特别是解剖学家和医学生，他们在解剖期间可能会暴露于高浓度的甲醛蒸气。不法商人常常使用福尔马林来保鲜，例如海鲜、蔬菜等。医院以及病理解剖实验室经常使用福尔马林溶液用于医学防腐和固定，在使用过程中也会释放出强烈的刺激性甲醛，严重损害人体健康。

4）其他

甲醛是一种重要的纺织品整理剂。在各种布料和纺织品印染和后整理（柔软、硬挺、抗皱整理）过程中，要使用各种染料、助剂和整理剂，其中含有对人体有害的物质，主要是甲醛。用甲醛印染助剂比较多的纺织品是纯棉纺织品，因为纯棉纺织品容易起皱，使用含甲醛的助剂能提高棉布的硬挺度。另外，化妆品、油漆、时装、清洁剂、杀虫剂、印刷油墨等都是甲醛污染的重要来源。由于甲醛具有高度的挥发性，因而容易从这些商品中挥发出来并对环境造成污染。

由此可见，人们通过职业和非职业接触甲醛的机会都很多，如果甲醛使用超过了标准限量，对接触者造成伤害的几率便会增大。

（2）甲醛污染的主要特点

1）污染范围广

甲醛污染在绝大多数新装修家庭和办公室都存在。其主要原因是使用了含有脲醛树脂的木质人造板材，而脲醛树脂是由甲醛与尿素聚合反应生成的一种黏合剂，其中所含的游离甲醛和降解时产生的甲醛都可以释放出来，污染室内空气。

2）污染时间长，呈季节性波动

甲醛污染可以持续数年之久，这是因为聚合脲醛树脂的降解是一个长期的不间断的过程，且甲醛释放量可随夏季环境温度和湿度的升高而大幅度增加。

3）新装修室内污染水平相对较高

尽管居室内空气甲醛与职业性空气甲醛的污染水平相比，还属于低浓度水平，但是在所有因室内装修引起的有机类空气污染物中，甲醛的污染水平常可以高达 $0.1\sim4\mathrm{mg/m^3}$，这样的浓度水平不但远远高于其他单个污染物的水平，有时甚至高于其他挥发性有机化合物（VOC）的总量，所占比重也是其他污染物难以相比的。

4）生物毒性大

2004 年 6 月 15 日，IARC 的工作小组评估了甲醛致癌效应的相关研究报告后，将甲醛确定为 1A 类物质（人类致癌物），高浓度的甲醛能导致耳、鼻和喉癌，同时还提到也可能导致白血病。目前美国甲醛的职业阈限值为 $0.37\mathrm{mg/m^3}$，我国职业卫生标准也于 2002 年将我国车间空气甲醛的职业阈限值从 $3.0\mathrm{mg/m^3}$ 降低到 $0.5\mathrm{mg/m^3}$，同时根据 WHO 文件，非职业性环境空气甲醛阈限值仅为 $0.1\mathrm{mg/m^3}$，这些数据均说明气态甲醛有较大的生物毒性。

5）毒性作用种类繁多，机制复杂

甲醛暴露有关的症状有：眼炎、嗓子发干、流鼻涕、咳嗽、鼻窦感染、头痛、乏力、压抑、失眠、出疹鼻血、恶心、腹泻、胸痛和腹痛等。甲醛对动物是强有力的致癌物。甲醛除了遗传毒性和致癌作用外，还具有免疫毒性、神经毒性、呼吸毒性和生殖毒性。

（3）我国甲醛的污染现状

研究调查显示，通过室内装修材料引进的有毒有害物质要有甲醛、苯、甲苯、可挥发性有机物等，其中甲醛为室内空气污染的主要污染物。根据《室内空气质量标准》GB/T 18883 要求，甲醛的限量值为小于等于 $0.1\mathrm{mg/m^3}$。

在 2009～2017 年进行的调查中发现，全国各地室内空气甲醛污染情况均存在不同程度的超标，最高超标 20 倍，超标率最高达到 88.46％，最低 4.17％。大量研究表明，甲醛释放量随着放置时间的推移而呈现出下降趋势，然而甲醛释放是一个长期过程，装修 2 年后仍存在甲醛超标的现象。室内空气甲醛含量还与室内面积大小、家具的多少以及空气流通情况有密切关系，面积越小，家具越多，空气流通情况越差甲醛污染就越严重[4]。在我国北京等 11 个省市的调查中，除了毛坯房甲醛超标率较低以外，其他新装修或非新装修的住宅甲醛超标率在 27.3％～94.7％之间，甲醛含量平均浓度远远大于国标规定的浓度限值（0.1mg/m³），情况非常严重[5]。任文理等人对兰州市某一装修住宅进行了为期 1 年的跟踪检测，研究结果表明，1 天内甲醛的释放量变化小，温度与甲醛释放量呈现正相关，大气压强与甲醛释放量呈现负相关，装修程度越复杂，甲醛释放量越高，自然通风半年左右甲醛释放量接近标准限量值[6]。

5.2.3 甲醛暴露与健康效应

由于甲醛来源和应用的广泛性，人类无可避免地会接受到甲醛的暴露。一方面内源性甲醛在体内具有一定的生理作用，另一方面甲醛的暴露可能会对人体产生严重的危害。大量的流行病学调查和动物毒理学研究表明，甲醛暴露可引起机体产生诸多不同的健康效应。受到不同暴露方式、浓度、时间以及个体特异性的影响，甲醛毒性效应内容十分多样且复杂，主要包括刺激作用、遗传毒性与致癌作用、神经毒性、生殖和发育毒性、呼吸毒性等，不同种毒性之间又互有干扰和交叉。因此，本节结合国内外的研究，综合对甲醛的暴露途径、在体内代谢过程及其多种毒性作用进行阐述。

（1）甲醛的暴露途径

甲醛的人体暴露途径主要包括：呼吸吸入、皮肤或眼睛接触、经消化系统吸收。由于甲醛经呼吸道暴露可以直接进入肺组织和血液循环，而经消化道暴露则可经过消化系统代谢，由肝脏发挥解毒作用，因而同剂量下经甲醛经呼吸道暴露的毒性远大于经消化道暴露，甲醛的毒理学研究也更多集中于呼吸道暴露。

1）呼吸吸入

呼吸暴露是甲醛最主要也是危害最大的暴露方式。当前我国各地装修家庭室内环境甲醛污染情况比较突出，各地的监测发现家庭甲醛超标率很高，达 60％以上甚至 90％，而且甲醛浓度平均倍数高，有的超过国家标准 4 倍，甚至达 7.5 倍。在未污染的室外空气中活动 2h 的甲醛暴露量约为 0.02mg/d，在含 1mg/m³ 甲醛的空气中工作的工人（工作 6h）甲醛暴露量约为 5mg/d，日抽烟 20 支的甲醛暴露量为 1mg，被动吸烟的暴露量为 0.1～1mg/d[7]。

2）皮肤和眼睛接触暴露

护肤霜和防晒霜等护理品含有甲醛，根据大鼠的皮肤吸收率测算，质量为

17g、甲醛含量为 0.1％的护肤品全部用完时经皮肤吸收量为 0.87mg。另外，空气中的甲醛气体可溶于水后经眼睛进入人体[7]。

3）饮食暴露

通过天然食品摄入的甲醛相对较少，微量的甲醛在人体内能很快代谢成甲酸，从呼吸系统和尿液中排出，对人类健康没有影响。食用未污染食品时成人每天通过食品摄入的甲醛量为 1.5～14mg。当前的水发海产品甲醛阳性率较高，常有不法商贩用甲醛浸泡海产品以达到保鲜效果。成人每天从饮水中摄入甲醛约 0.2mg。儿童易受甲醛污染的危害，家庭内装修、木制品、新衣物、家用化学品、化妆品都释放甲醛，儿童接触、误食等增加了甲醛暴露危险。地毯可吸收甲醛，儿童在上面活动也增加了甲醛的消化道暴露量[6]。

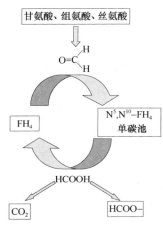

图 5-1 内源性甲醛的生成和单碳池源

（2）甲醛的对机体代谢的影响

1）内源性甲醛的生成和单碳池源

内源性甲醛是机体内的一种正常代谢产物。正常情况下在机体内生成的内源性甲醛分子的数量都很少。McGilvery 认为其生成数量与"单碳池"保持平衡，如图 5-1 所示。

图 5-1 中，FH4 代表四氢叶酸，N5，N10-FH4 代表 N5，N10-亚甲基四氢叶酸盐。借助甲酰化反应，甲醛在中间代谢过程中充当了单碳池的一种来源。内源性甲醛可以由多种途径产生。正常情况下，内源性甲醛可以由氨基酸代谢产生，其供体可能是甘氨酸、组氨酸和丝氨酸。此外，甲醇和甲胺等都可以在混合功能氧化酶系作用下生成甲醛[8]。在植物中，细胞色素 P450 分子脱甲基作用也可以导致甲醛生成[9]。现在已知的氨基脲敏感型胺氧化酶（Semicarbazide-Sensitive Amine Oxidase，SSAO）可以导致内源性甲醛的生成[10]。SSAO 可以在体内和体外催化甲胺，氨基丙酮等一级胺的脱氨基作用，导致甲醛、丙酮醛和过氧化氢等有害物质的生成。该酶与蛋白质交联，氧化压力和细胞毒性有关，并与糖尿病，动脉紊乱和心脏病发病有关。

N-甲基氨基酸和肌氨酸可以通过特定酶的氧化去甲基化转化为甲醛。组织中内源性甲醛的水平范围为 3 至 12ng/g，其中 40％以游离形式存在[11]。甲醛具有非常短的半衰期（1.5 分钟），在肝脏和红细胞中代谢成甲酸，在甲醛进入体内后由甲醛脱氢酶（FDH）催化反应，无论摄入的方式（呼吸，口服，腹腔注射或静脉注射）。在该反应过程中，FDH 需要谷胱甘肽作为辅因子。因此，随着甲醛浓度增加，血液谷胱甘肽水平降低。谷胱甘肽（一种抗氧化剂）的消耗增加了甲醛的毒性。甲醛通过与四氢叶酸结合进入细胞代谢的单碳库[12]。

2）体内甲醛的代谢途径

体内甲醛的代谢途径如图 5-2 所示。

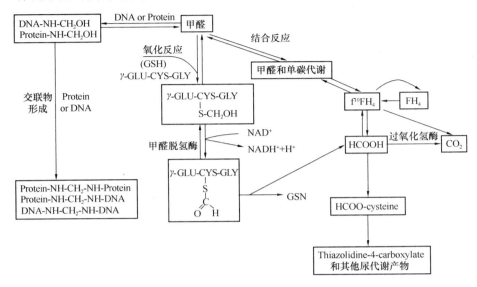

图 5-2 甲醛的生物代谢途径

① 氧化反应

甲醛主要是经过氧化反应进行代谢，成为甲酸或甲酸盐。其过程的催化酶，现在已知的有两种[13]，一种是最近发现的 MySH（mycothiol，一种硫醇类化合物）依赖性甲醛脱氢酶。MySH 依赖性甲醛脱氢酶仅见于少数革兰氏阳性细菌中，靠 MySH 和 NAD 共同作用氧化甲醛。另一种更广泛存在的是"可溶性胞浆谷胱甘肽（GSH）依赖性甲醛脱氢酶"。与一般的醛脱氢酶不同，它是谷胱甘肽的复合物，特异地氧化甲醛。因此，谷胱甘肽是甲醛氧化反应的协同因子。甲醛与谷胱甘肽反应生成"半乙缩醛 S-氢氧甲基谷胱甘肽（Hemiacetal S-Hydroxymethylglutathione）"，在 NAD＋和甲醛脱氢酶存在的情况下，反应生成甲酸的硫酯"S-甲酰谷胱甘肽"。此后，谷胱甘肽释放产生甲酸。甲酸在过氧化氢酶的作用下生成二氧化碳，二氧化碳是甲醛代谢的主要产物，经呼出气排出体外。在尿中，甲酸还可以与氨基酸（甲硫氨酸、丝氨酸、半胱氨酸）形成甲酸盐，经尿液排出体外。值得特别指出的是，哺乳动物机体对甲醛的氧化特别"优待"，与机体对其他醛类的氧化方式完全不同：既有完全不同的酶结构，又有极强的甲醛特异性，同时脱氢方式也不同，需要 GSH 的辅助。

② 结合反应

甲醛的结合反应主要由细胞胞浆中的 10-甲酰四氢叶酸（10-formyltetrahydrofolate，$f^{10}FH_4$）合成酶与脱氢酶催化进行，产物是甲酸。$f^{10}FH_4$ 合成酶的作用需要 S 腺苷甲硫氨酸（S-adenosyl-methionine，SAM）的辅助，因此对细胞内甲硫氨酸的浓度有严格的要求。人类和猴子体内有低水平的肝脏 10-甲酰四氢叶酸脱氢酶（10-formyltetrahydro dehydrogenase），它对解除甲醛结合反应的中间产物甲醇的毒性十分重要，它可以迅速将甲醇转化为甲酸或甲酸盐。

③ 交联反应

甲醛所致的 DNA-蛋白质交联（DNA-Protein Crosslink，DPC），其共价键位于赖氨酸的氨基与 DNA 碱基之间，所致的 DNA-DNA 交联，发生在 A、G、C 碱基自身或三者之间，但不形成 C-C 交联。从代谢生理的角度上看，DNA-CH_2-DNA，DNA-CH_2-蛋白质，蛋白质-CH_2-蛋白质交联是甲醛正常代谢的一种方式，因此，正常的细胞中存在微量的生物大分子的交联产物。交联态的甲醛可以通过水解的方式释放出来，但是直到现在还不知道过程中是否有 DPC 特异性水解酶的参与。赖氨酸特异脱甲基酶（LSD1）可能具有 DPC 特异性水解酶的功能。

3）血液中甲醛浓度的稳定与平衡

甲醛在血液中浓度的平衡是甲醛正常生理作用中一个十分重要的现象，并被 Heck 和 Casanova 所领导的研究组经过一系列的实验所证实[14]。McGilvery 认为[15]，血液中甲醛浓度的稳定与平衡是机体保持单碳源稳定的需要，其可能的缓冲体系见图 5-3。杨旭等[16]通过研究发现，在 72h 3ppm 空气甲醛的暴露后，昆明种小鼠器官中存在 GSH 耗竭的趋势，因此，氧化反应及其逆反应也应该是另一类缓冲调节体系。从代谢上讲，这也是合理的。

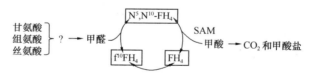

FH$_4$:te trahydrofolic
$f^{10}FH_4$:10-formylte trahydrofolate
N^5,N^{10}-FH$_4$:N^5N^{10}-methylene tetrahydrodolate
SAM:S-adenosylmethionine

图 5-3　血液中甲醛稳定平衡的缓冲

4）甲醛的代谢毒性

尽管机体内存在将甲醛代谢分解的途径，但仍有不少文献报道暴露于高浓度甲醛仍可能引发各种代谢毒性，尤其是对泌尿系统的损伤。流行病学调查表明接受职业性甲醛暴露的工人肾癌的发病率显著增加[17]。一项针对酒精患者的研究中，证实甲醇代谢成甲醛和甲酸，导致肾组织肾小管坏死，随后导致肾功能衰竭[18]。给大鼠口服甲醛导致胃肠道系统黏膜溃疡，发生代谢性酸中毒、循环衰竭、血尿、无尿和肾乳头坏死等症状[19]。据观察，将从猴子体内分离的肾细胞培养物暴露于甲醛，会导致 RNA 合成受到抑制和 DNA 转录终止失败[20]。亚慢性吸入甲醛也会影响机体主要代谢途径，会改变葡萄糖-6-磷酸脱氢酶（G6PD），乳酸脱氢酶（LDH），苹果酸脱氢酶（MDH）和己糖激酶（HK）酶的活性[21]。在另一项大鼠的研究中，报道了由于甲醛暴露而发生的肾组织中的组织病理学和生化改变，具体表现为肾小管和肾小球变性并且基底膜增厚，肾小管扩张和充血，远端小管内空泡化和扩张。这些组织病理学清楚地证明甲醛具有严重的肾毒性作用[22]。同时，还发现肾脏受损的大鼠中谷胱甘肽过氧化物酶（GSH-Px）和超氧化物歧化酶（SOD）活性显著降低，而丙二醛（MDA）水平升高，表明甲醛导致肾组织脂质过氧化，提示甲醛通过削弱肾脏的抗氧化防御机制而引起氧化损伤[23]。Spanel 等人研究表明甲醛是膀胱癌和前列腺癌的潜在生物标志物[24]。在美国毒理学计划的致癌物质最终报告中指出，高水平甲醛暴露会导致肾癌[25]。

（3）甲醛的刺激作用

甲醛对人体的急性毒性作用，主要表现为对眼睛、皮肤、黏膜和呼吸道的刺激作用。甲醛在室内达到一定浓度时，人就有不适感。当室内空气中甲醛含量为 $0.1mg/m^3$ 时就有异味和不适感；$0.5mg/m^3$ 可刺激眼睛引起流泪；$0.6mg/m^3$ 时引起咽喉不适或疼痛；浓度再高可引起恶心、呕吐、咳嗽、胸闷、皮炎、气喘甚至肺气肿[7]。接触甲醛平均浓度为 $0.40mg/m^3$ 且最高浓度为 $0.70mg/m^3$ 的工人眼刺激症状较对照组更为普遍。Imbus 报道，长期接触低浓度甲醛可引起疲劳、头痛、眩晕和上下呼吸道刺激症状[26]。Horvath 等对甲醛暴露浓度为 0.17 ppm 以上的工人进行调查，结果发现甲醛可以引起喉部刺激作用、咳嗽以及胸部疾病[27]。

（4）甲醛的遗传毒性与致癌作用

遗传毒性和致癌作用是气态甲醛对人体健康最主要的危害之一。一般说来，遗传毒性是细胞和分子水平的描述，而致癌作用则是整体水平的描述。致癌作用中还包括"非遗传机制"的致癌作用，二者的差别在于：遗传毒性是 DNA 序列发生了改变；非遗传致癌作用是由于细胞有丝分裂过程的失控[28]。甲醛分子的空间位阻小，所带羰基功能团较活泼，不仅可以直接与遗传物质 DNA 形成加合物及交联，还能导致哺乳类动物细胞中的 DNA 断裂，造成染色体畸变等，并最终诱导肿瘤发生。因此，在探讨甲醛的遗传毒性时，通常将其与致癌作用联系在一起。

1）甲醛与染色体改变

研究报道，甲醛可以引起染色体改变，包括：染色体畸变（Chromosomal Aberration，CA）、姐妹染色单体交换（Sister Chromatid Exchanges，SCE）和微核形成（Micronucleus）[29]。研究表明，即使甲醛在日常室内空气浓度的暴露水平下，也可引起人外周血淋巴细胞产生明显的染色体畸变[30]。体内外实验表明，甲醛引起的染色体损伤主要为染色单体断裂和交换，而整倍体和非整倍体诱导活性几乎不明显，所以甲醛暴露虽可诱导微核，但所诱导的微核中几乎没有着丝粒[31]。甲醛可能在 DNA 合成复制的过程中通过交联使 DNA 合成酶活力发生改变，使 DNA 复制过程中产生大量染色体碎片，进而形成微核[32]。

2）甲醛对 DNA 的作用

甲醛能够导致 DNA 的结构发生变化，包括：DNA 链断裂（DNA Strand Breakage）、DNA 加合物形成（DNA Adduct Formation），例如 DNA-DNA 交联和 DNA 蛋白质交联（DNA-Protein Crosslink，DPC 或 DPX）、非程序性 DNA 合成（Unscheduled DNA Synthesis，UDS）等。DNA 交联是一种严重的遗传损伤，许多具有致癌作用的试剂如烷基化试剂、金属离子及射线等均可引起 DNA 交联。甲醛是一种典型的交联试剂，因此其遗传毒性与 DNA 交联的形成有很大关系。当甲醛浓度在 $25\mu mol/L$ 以上时，可以在体外引起人外周血淋巴细胞形成 DNA-DNA 交联[33]。除了与 DNA 碱基形成加合物外，甲醛通常还易与蛋白质的赖氨酸残基上的氨基或半胱氨酸上的巯基等发生反应形成蛋白质加合物，这种蛋白质加合物可再与核苷酸上的碱基进一步发生加合反应而生成 DPC[34]。流行病学结果表明，长期与甲醛接触的医护人员的外周血细胞中 DPC 含量明显增多[35]。当甲醛浓度达到 $50\mu mol/L$ 时可在体外引起人外周血淋巴细胞形成 DPC[33]。甲醛通过加合和交联方式产生 DNA 加合物及交联物，这些初级损伤产物一方面可能本身易产生错误修复方式如错配修复（MMR）及跨损伤修复（TLS）等而产生突变，另一方面通过蛋白质加合或交联的方式使 DNA 损伤修复相关的酶失活或功能异常，进而导致 DNA 链断裂等更严重的遗传毒性事件发生[36]。

3）甲醛与基因突变

甲醛可以诱导基因突变（Gene Mutation），这也是甲醛遗传毒性的重要组成部分。有关研究发现：位于人类 X 染色体的 hprt 基因被甲醛诱导可发生点突变和大范围改变（Point and Large-Scale Changes）[37]。在甲醛的作用下，E. Coli 的 gpt 基因突变性质的构成：插入突变（Insertion）41％，缺失突变（Deletion）18％，点突变（Point Mutation）41％。大鼠暴露于大于 12.28 mg/m³ 的气态甲醛可以诱发其鼻上皮细胞鳞状癌，且其中约 50％都存在抑癌基因 p53 点突变[38]。甲醛能直接在体外引起细菌或细胞产生突变，如体外处理 SupF 穿梭质粒可以引起其串联突变和单点突变[39]。

4）甲醛的细胞毒性

甲醛所介导的细胞毒性与甲醛的遗传毒性密不可分，甲醛能够引起细胞发成 DNA 氧化损伤（Oxidative Damage）、炎症（Inflammation）、促进细胞增殖（Enhanced Cell Proliferation），这些可能是甲醛具有遗传毒性的重要分子机制。低浓度水平的甲醛（<3ppm）就可以造成对 DNA 和细胞内其他成分的氧化损伤。DNA 的氧化损伤不是甲醛对 DNA 的直接破坏，而是由细胞内自由基介导产生的 DNA 损伤。DNA 的氧化损伤可以表现为多种形式，最有代表性的是形成 8-羟基脱

氧鸟嘌呤（8-OHdG）。甲醛可以引起细胞内的氧化应激，从而造成 DNA 碱基的氧化性损伤。甲醛明显诱导 A549 细胞内的丙二醛和脂质过氧化物增加，而超氧化物歧化酶、谷胱甘肽过氧化物酶活力及过氧化物氧化还原酶的水平降低[40]。武阳等指出 $15\mu mol/L$ 甲醛就可以引起肝细胞产生氧化应激和 DNA 损伤，且随着甲醛暴露浓度的升高，肝细胞产生的丙二醛和 8-OHdG 的含量不断升高[35]。袭著革等将甲醛以气管灌注方式作用于大鼠 24h 后，检测到其肺组织中的 8-OHdG 含量明显增加，且随着甲醛浓度的增加而不断升高[41]。甲醛可能通过消耗细胞内的谷胱甘肽等含巯基类物质或抑制维持细胞氧化还原稳态的酶活力而使氧化还原稳态失衡，使细胞内活性自由基过量蓄积，进而导致核酸的氧化性损伤增加。DNA 的氧化性损伤是细胞死亡、突变及人体衰老和某些疾病发生的一个主要原因。甲醛一方面通过消耗细胞内的谷胱甘肽或抑制氧化还原酶的活力使细胞内氧化还原稳态失衡，另一方面通过直接氧化或以类似 Fenton 反应的方式产生过量自由基，使 DNA 碱基氧化，进而导致 DNA 氧化损伤产物形成和增多。另外，甲醛可诱导细胞增殖。高浓度（6～30ppm）的气态甲醛可以直接导致气道化学性炎症，细胞变性坏死后，释放出的某些炎症介质具有类似有丝分裂剂的作用，刺激细胞分裂和增殖；长时间吸入高浓度（＞6ppm，1～42days）甲醛，在显微镜下可见的细胞增殖加强现象。

5）甲醛与鼻咽癌

目前已有充足的证据证明甲醛可以引发鼻咽癌。Hauptmann 等跟踪观察了美国 25619 名甲醛作业工人患鼻咽癌死亡的情况，结果发现鼻咽癌的相对危险度随着甲醛平均暴露水平、累积暴露水平、一次最高浓度和暴露工龄的增加而升高[42]。Marsh 等随访了某塑料厂 7328 名甲醛作业工人的死亡情况，结果发现甲醛作业工人患鼻咽癌死亡的危险性比其他工人增加了 5 倍[43]。除鼻咽癌外，WHO 指出甲醛还可能引起肺癌、白血病、脑癌、口腔癌等。

6）甲醛与白血病

关于甲醛是否能够引起白血病，从 20 世纪跨越到了 21 世纪，持续争论 33 年（1981～2014 年）。1981 年，NTP 首次将第二份致癌物报告（RoC）中的甲醛列为"合理预期为人类致癌物"。2011 年 NTP 发表了第 12 版致癌物报告（Report on Carcinogens，Twelfth Edition），明确指出甲醛也是人类白血病致病原。由于此举引起了美国甲醛工业巨头的质疑，美国国会指示卫生和人类服务部安排国家科学院（NAS）独立审查甲醛的致癌作用，尤其是甲醛与白血病之间的关联。2014 年，由美国国家研究理事会（National Research Council）指出有明确的、令人信服的流行病学和动物实验证据，表明甲醛暴露与骨髓性白血病之间存在关联。2017 年 10 月 27 日，世界卫生组织国际癌症研究机构公布最新一期的致癌物清单中，将甲醛放在一类致癌物列表中。

于立群等以 151 名甲醛暴露工人和 112 名非甲醛暴露工人为研究对象，发现甲醛暴露可导致工人外周血淋巴细胞的 DNA 和染色体损伤水平增高，并且随甲醛暴露水平增加损伤程度有加重趋势[44]。Bosettil 对 6 个行业性甲醛接触工人及一般行业工人的研究表明，在甲醛接触的行业工人中，患白血病的相对危险度是 1.39，而在一般行业工人中是 0.90[45]。Laura 等人从 1966 年到 2004 年间对 10 个甲醛使用与不使用的行业工人进行随访。用 Poisson 回归分析得出长期接触甲醛可能与淋巴造血系统的恶性肿瘤有关，特别是髓样白血病[46]。张罗平等以 94 名中国工人（43 名暴露于甲醛和 51 名匹配对照）为研究对象，发现受暴露于甲醛的工人中，外周血细胞计数显著降低，并且在髓系祖细胞中白血病特异性染色体变化显著升高。这表明甲醛暴露会对造血系统产生不利影响，并且甲醛诱发白血病在生物学上是合理的[47]甲醛与 PM2.5 联合对雄性 Balb/c 小鼠进行暴露，结果发现骨髓、脾脏、髓系祖细胞均发生了氧化损伤和 DNA 损伤，细胞凋亡水平也有上升趋势，推测氧化应激及其下游的 DNA 损伤可能是甲醛复合 PM2.5 致小鼠血液毒性的一种重要机制[48]。

（5）甲醛的神经毒性

甲醛的神经毒性作用已被广泛证实，且受影响人群十分广泛。甲醛的神经毒性主要体现在：引起神经系统氧化损伤、损伤神经元、对机体行为的影响三个方面。

1）甲醛引起神经系统氧化损伤

关于甲醛神经毒性的研究中，大量文献报道了甲醛会作用于脑部氧化/抗氧化系统并引起氧化损伤。活性氧（ROS），包括单线态氧、过氧化氢、超氧阴离子和羟基自由基，它对于正常的生物过程是必不可少的。然而 ROS 的过量产生和积累可能对细胞和组织产生危害。这些 ROS 是导致细胞损伤的重要介质，与细胞内的氧化应激有关。机体可以通过的细胞防御机制来调节由 ROS 引发的氧化应激，参与调节的酶包括超氧化物歧化酶（SOD），过氧化氢酶（CAT）和谷胱甘肽过氧化物酶[49]。大脑含有高含量的不饱和脂肪酸，需要大量的氧气，而脑中氧化代谢活性的比率相对较高且抗氧化酶活性较低，因此中枢神经系统（CNS）中的神经元更容易受到氧化损伤的危害[50]。

Ozdem 等研究了甲醛对海马的毒性，并用咖啡酸苯乙酯（CAPE）作为保护剂。结果发现甲醛暴露组 MDA 水平显著高于对照组，而 CAPE 可以逆转由甲醛所致的海马脂质过氧化[51]。在 Zararsiz 等进行的另一项研究，调查了对甲醛对大鼠的前额叶皮质的作用以及褪黑激素的保护作用。甲醛暴露组与对照组相比，SOD 和 GSH-Px 水平显著降低，MDA 水平显著升高。而暴露于甲醛的同时对大鼠施用褪黑激素，则会增加的 SOD 和 GSH-Px 水平并降低 MDA 水平[52]。在最近，黄佳伟等通过对昆明小鼠的研究发现，$3mg/m^3$ 的甲醛吸入暴露 2 周后会使小鼠脑部发生显著的氧化损伤，还原型谷胱甘肽（Reduced GSH）和诱导型一氧化氮合酶（iNOS）含量较对照组显著下降，致使小鼠的学习记忆能力受到损害。在暴露甲醛同时使用表没食子儿茶素没食子酸酯（EGCG，绿茶茶多酚的主要成分）后，由于激活了 Nrf 2 信号通路，使具有抗氧化作用的血红素加氧酶 1（HO-1）和醌氧化还原酶 1（NQO-1）活性提高，起到抗氧化损伤作用，最终逆转了甲醛导致的神经毒性效应[53]。

2）甲醛对神经元的损伤

在出生后早期吸入甲醛导致细胞凋亡增加，神经元数目减少和海马结构受损。Songur 等研究了产后早期吸入甲醛对大鼠发育过程中热休克蛋白 70（Hsp70）合成和海马形态变化的影响。结果发现，在出生后 30 天吸入浓度为 6ppm 和 12ppm 的甲醛，导致大鼠海马锥体细胞层中的致密神经元数目增加，并且这种现象一直持续到出生后 60 天，直到出生后 90 天才没有显著变化。同时吸入甲醛使大鼠海马中热休克蛋白 70 的免疫染色程度加深[54]。Sarsilmaz 等发现了在出生早期吸入甲醛会引起大脑半球体积和海马锥体细胞减少，并且这种损伤可能是永远的。Aslant 等人（2006）也报道了在出生早期暴露于 6ppm 和 12ppm 甲醛后，观察到大鼠脑中齿状回（DG）的体积显著增加，而 DG 颗粒细胞总数减少。Kanter 等对 wistar albino 大鼠的研究表明甲醛暴露使位于额叶皮质组织的神经元发生严重的退行性变化，细胞质收缩且形成广泛的黑色致密核，且凋亡神经元的数量显著增加[55]。Sorg 等研究报道了长期的低水平甲醛暴露改变了 HPA 轴功能和应激激素皮质酮的释放[56]。

3）甲醛对机体行为的影响

甲醛的职业暴露可引起相关人群（解剖学家，组织学家，病理学家，尸体防腐技术人员，在透析单位工作的护士）产生不适，头痛，消化不良，平衡和睡眠障碍以及精神和记忆障碍等症状。在经常使用甲醛的工业区工作的人员中，报告了严重疲劳和口渴，烦躁，嗜睡，行为和感觉情绪障碍的反应，这也提示甲醛的神经毒性[57]。暴露于高水平甲醛或重复低水平甲醛产生对可卡因运动激活作用的交叉致敏作用，增加诱导的运动活动和对气味的条件恐惧反应，这表明甲醛可能引起化学性脑病。Zendehdel 等对 35 名接触甲醛的工人与来自食品行业的 32 名控制员工进行比较，评估甲醛暴露对三聚氰胺制备车间工人的神经系统影响。结果表明甲醛的神经毒性作用表现为降低乙酰胆碱酯酶（AChE，神经毒性的生物标志物）活性，认知功能障碍情况下的胆碱能信号降低可能与内源性甲醛有关[58]。

（6）甲醛的免疫毒性

免疫毒性也是气态甲醛对人体健康的主要危害之一。免疫系统作为化学物质攻击的靶部位，其毒性反应可以使免疫活性改变。免疫活性降低表现为免疫抑制，可以增加对疾病的易感性；免疫活性增加可致使超敏反应和自身免疫疾病发生。室内气态甲醛的免疫毒性主要表现为免疫活性的增加，低中浓度水平气态甲醛即可诱发过敏性鼻炎、多重化学物敏感症（Multiple Chemical Sensitivity，MCS）和支气管哮喘。特别是甲醛诱导型哮喘，发作严重时可以致人死亡，是室内装修型空气污染造成的最严重的健康危害之一。

甲醛所致免疫毒性可能的作用机制至少有两种：第一种是Ⅰ型超敏反应：又称为过敏反应（Allergy）。气态甲醛诱发哮喘的作用主要原因是甲醛所致的气道Ⅰ型超敏反应。甲醛是一种半抗原，可以与血浆中清蛋白或皮肤角蛋白形成完全抗原，导致机体气道（鼻腔和支气管）黏膜产生甲醛特异性 IgE，它可以作为肥大细胞膜上的结合态免疫球蛋白而存在，当人体再次接触抗原时，这些免疫球蛋白互相之间发生桥联，导致肥大细胞膜通透性发生变化，释放组织胺等生物活性介质，导致局部产生过敏性水肿和炎症[59]。但是Ⅰ型过敏反应的机制不能全面解释气态甲醛所致哮喘发作的机制。有关的研究指出，在气态甲醛所致哮喘的病例中，只有少数的患者可以在体内检出甲醛特异性 IgE（FA-IgE），多数患者体内没有发现 FA-IgE。

第二种是获得性过敏体质现象：过敏体质现象表现为个体体内的 IgE 总水平和活化能力高于正常人的情况。关于哮喘的研究发现，过敏体质个体中有相当数量的一些人不是先天遗传的，而是后天获得的，过敏体质的形成与所接触的环境有关[60]。这可以有力地解释，为什么在过去数十年中世界各地哮喘发病率一直持续上升，而不是维持在某一恒定水平。气态甲醛是目前已知的为数不多可以导致获得性过敏体质的化学物质之一。甲醛本身一般不是过敏源，但是可以加重机体对其他物质的过敏作用，这种现象称为"佐剂"效应。WHO 文献报道，用 $2.0mg/m^3$ 的气态甲醛预处理 BALB/c 小白鼠，10 天，每天 6 小时，使小白鼠产生的血清白蛋白（其他过敏源）特异性 IgE 含量提高三倍[61]。气态甲醛为什么可以导致获得性过敏体质，机制尚不明确。杨旭等提出一项解释"获得性过敏体质"现象的分子机制假说：吸入气道的甲醛分子可以作为类香草素受体（VR）的配子体：它不但可以激活（由气道神经末梢启动的）第一类 VR 信号传递系统（FA/VR/Ca2＋/SP/NKR/NO），在局部产生"气道神经源性炎症"；而且可以激活（由气道黏膜中肥大细胞启动的）第二类 VR 信号传递系统（FA/VR/Ca2＋/IL4/IgE），使机体产生"获得性过敏体质"状态。具体表现为体内 IL4 分子合成增加，体内合成 IgE 能力的提高。在外来的过敏源和/或刺激原（气态甲醛本身就是一种强刺激原）协同作用的情况下，诱发过敏性哮喘、过敏性鼻炎和多重化学物敏感症[62]。

甲醛可抑制机体免疫分子和免疫细胞的功能。梁瑞峰等对小鼠脾脏、胸腺丙二醛（MDA）含量、血清超氧化物歧化酶（SOD）活力与 T 淋巴细胞亚群 CD3、CD4、CD8 含量进行相关分析，发现甲醛可以影响小鼠脾脏、胸腺 T 淋巴细胞亚群含量，并可对小鼠脾脏、胸腺 SOD 活力产生抑制作用，导致 MDA 含量增加；脂质过氧化损伤可能是甲醛引起免疫损伤的作用机制之一[63]。马若波等的研究表明，甲醛在高剂量时能显著抑制小鼠脾脏和胸腺的生长，亦使血清中丙二醛含量增加，表明甲醛致免疫器官重量的降低，并能对脂质造成氧化损伤，对小鼠细胞免疫、体液免疫、非特异性免疫均有抑制作用[64]。卫邦栋等研究发现，工作在空气中甲醛浓度为 0.341mg/m³ 的组装车间，男性工人外周 IgG 水平下降，而女性工人的免疫水平无明显变化，表明男性对甲醛更为敏感[65]。另外，国内外均有报道，甲醛能使从业工人外周淋巴细胞亚群数目发生变化，即 B 细胞增多，T 细胞数目下降。

（7）甲醛的生殖和发育毒性

已有充分的证据表明甲醛是一种生殖毒物。流行病学调查发现了甲醛可以导致多种生殖和发育毒性。据 1975 年俄罗斯的一项横断面研究中报道，在接触甲醛的女性中，月经紊乱的发生率是对照组的 2.5 倍[66]。后来丹麦的一项横断面研究调查了 7 个移动日托中心的月经不调，其中由于在建筑中使用尿素甲醛，平均室内甲醛浓度为 0.43 mg/m³ 或 0.35 ppm[67]。30%～40% 的女性暴露组工人自我报告月经不规律，而匹配的未暴露对照组则没有。在排尿期间，暴露组也经历了更大的阴道刺激和疼痛。一项芬兰队列研究调查了甲醛对女性生育能力的影响，通过生育力密度比（FDR）来衡量。FDR 明显低于 1.0 意味着受孕延迟，这是生育率降低的一个指标。接触高浓度甲醛（平均值＝ 0.33 ppm）与受孕延迟显著相关并使子宫内膜异位症的风险增加，以上数据均表明甲醛暴露可能对女性生殖影响产生不利影响[68]。低浓度气态甲醛的暴露可能与孕妇的自发性流产有关[61]，使月经紊乱人数增加，并使不孕率升高[69]。

某物质的发育毒性是指它对生物体的发育引起不良反应的能力，主要包括自然流产，死产，先天性畸形和其他结构异常，出生体重过低和早产。Saurel-Cubizolles 在法国进行了研究，调查了有和没有受到甲醛暴露的医院女护士所生婴儿的出生缺陷。在总怀孕 641 例中，暴露于甲醛的孕妇（5.2%）出生缺陷的频率高于未暴露者（2.2%）同时在该研究中研究的所有暴露剂如麻醉剂和电离辐射中，甲醛导致出生缺陷的频率最高[70]。在立陶宛进行的一项新研究中发现，在环境甲醛 ＞2.4μg/m³ 的区域居住会增加 24% 发生先天性心脏畸形的风险[71]。Maroziene 和 Grazuleviciene 在 3988 例出生的横断面研究中研究了环境甲醛和早产的影响，发现在高环境甲醛水平下，早产的风险为 1.37[72]。然而，最新的一项对女性实验室工作人员的调查表明高甲醛暴露的实验室工作的人早产风险降低[73]。

除流行病学调查之外，大量动物毒理学研究已报道甲醛对成年动物生殖器官和系统的影响。主要终点包括生殖器官畸形或功能障碍。在大鼠的甲醛吸入研究中，观察到生精小管和睾丸组织减少受损减少或受损，睾酮水平降低[74,75]。在雄性大鼠的甲醛注射研究中观察到的不良反应包括：睾丸间质细胞损伤，睾丸重量和血清睾酮水平下降，精子数量和活力下降[75,76]，精子表型异常增加，致死突变和成功交配次数减少[77]；并且降低了雄性睾丸、前列腺和附睾中的 DNA 和蛋白质含量[78]。雄性小鼠通过吸入暴露甲醛显示血清睾酮和乳酸脱氢酶（LDH），谷胱甘肽过氧化物酶（GSH-Px），葡萄糖-6-磷酸脱氢酶（G-6PD）和琥珀酸脱氢酶（SDH）水平均下降[79,80]。甲醛能使小鼠精子计数显著减少，并使精子畸形率显著增加[81]。高浓度气态甲醛（$42mg/m^3$ 和 $84mg/m^3$）20h 染毒（2h×10d），造成大鼠睾丸脂质过氧化损伤。对雌性动物的实验表明，低浓度气态甲醛（$0.012mg/m^3$ 和 $1.0mg/m^3$），可以使雌性大白鼠孕期延长 14%～15%。雌性小鼠在吸入暴露于 40ppm 甲醛 13 周后发生了子宫和卵巢发育不全[82]。王伟等的研究表明，甲醛能对雌性小鼠的动情周期及卵巢造成不良影响[83]。对胚胎和幼仔的实验表明，高浓度气态甲醛染毒（40ppm）84h 染毒（6h×14d）甲醛组胎儿体重平均减少 20%。

（8）甲醛的呼吸毒性

1）甲醛对呼吸道的刺激作用

甲醛对呼吸道具有刺激作用，临床表现主要有咳嗽、咽喉不适、打喷嚏，甚至引起咽喉炎、支气管痉挛等。研究发现，将小鼠暴露于甲醛浓度为 $2.4mg/m^3$ 的环境中，每天染毒 1h，每周染毒 5 天，连续 4 周，并以甜橙油作为刺激条件进行观察。结果发现雄鼠对气味的恐惧反应增加，但雌鼠见未有此类似反应[84]。童志前等证实：在气态甲醛暴露的情况下受试动物呼吸器官中 P 物质（神经源性炎症生物标志物）的含量与甲醛的暴露水平呈正相关[85]。人群调查发现，长期暴露于甲醛的工人与正常人群相比，普遍存在呼吸道受刺激以及嗅觉功能改变的情况。Arts 等发现当甲醛浓度达到 $2.4mg/m^3$ 对呼吸道有刺激作用[86]。甲醛对嗅觉功能的影响主要表现为嗅觉敏感度降低。范卫等对 233 名接触甲醛的木材粘合业工人（木材组）、94 名病理科医师（病理组，其工作环境甲醛浓度明显高于木材组），以及 62 名非甲醛接触人员（非甲醛接触组）进行调查，通过调查发现接触甲醛浓度愈高，嗅觉敏感度降低愈明显（$P < 0.01$），病理组过敏性鼻炎的发病率较木材组和非甲醛接触组高，但是 3 组人员的嗅觉阈值比较差异没有统计学意义[87]。

2）甲醛引起的呼吸道炎症和对肺功能的损害

甲醛对呼吸系统的主要危害表现为上呼吸道症状体征发生率增加，如胸闷、咳痰、咳嗽症状等及罹患慢性鼻咽炎、气管炎、肺病的发病率增高，肺功能异常率也增高，且以小气道通气功能异常为主，提示甲醛接触者的肺功能损伤属于阻塞性肺通气功能障碍[88]。Franklin 等对居住于甲醛水平为 $0.6mg/m^3$ 或更高环境中的健康儿童进行了研究，他们发现这些儿童呼出气中的一氧化氮含量明显高于正常水平，这说明 $0.6mg/m^3$ 或更高浓度的甲醛即可导致呼吸道轻微炎症[89]。岳伟等对 30 例成人过敏性哮喘患者和 81 例健康者在调整年龄、性别和吸烟等影响因素后，通过调查发现室内甲醛每升高 $1\mu g/m^3$，其过敏性哮喘的危险性提高了 0.02 倍[90]。这说明甲醛浓度的升高和哮喘发作的危险性之间具有一定的剂量关系。Rumchev 等也证实长期暴露于甲醛环境中会增加小孩患哮喘的几率[91]。李志刚等的调查结果显示，甲醛作业岗位工人的肺纹理改变增多[92]。动物实验研究表明，甲醛对呼吸道及肺均有不同程度的损害。Ohtsuka 等研究表明，F344 大鼠吸入 $20\sim27mg/m^3$ 甲醛后，其肺内细气管可发生变性、坏死、分层、鳞状化生等改变[93]。杨玉花等人研究发现，大鼠吸入 $32\sim37mg/m^3$ 甲醛（4h/d，15d）后呈现急性肺损伤的组织病理学特点主要表现为肺泡性肺炎和间质性肺炎[94]。

5.3 PM2.5 污染的健康影响

近年来，雾霾天气在我国多地频繁出现，而细颗粒物（PM2.5）与雾霾的发生关系最为密切。PM2.5 粒径小，直径不到人类头发丝的 1/10，可直接进入肺泡终端；表面积大，容易载带重金属及多环芳烃等多种有毒有害物质；传播距离远，停滞时间长。而我国的很多地区空气 PM2.5 年平均浓度高达 50 $\mu g/m^3$，甚至接近 $80\mu g/m^3$，远高于 WHO 制定的《空气质量准则》中指出的 PM2.5 安全值 10 $\mu g/m^3$。长期生活在 PM2.5 超标的室内环境下会对人体健康产生极大危害。本文将从流行病学、动物实验研究和机制研究方面讨论 PM2.5 对人体健康危害影响的最新研究进展。

5.3.1 PM2.5 污染的人群流行病学研究

（1）PM2.5 对呼吸系统的影响

大量流行病学调查研究表明 PM2.5 与多种呼吸系统疾病的发病率、住院率和死亡率的增加具有相关性。一项来自中国台湾的研究[95]调查了高雄市 2006～2010 年呼吸系统疾病入院资料和大气 PM2.5 监测数据，结果发现呼吸系统疾病入院人数的增加与寒冷季节 PM2.5 高浓度水平有着显著的相关性，PM2.5 每增加一个四分位间距，肺炎、哮喘及 COPD（慢性阻塞性肺疾病）的入院频率就会分别增加 50%、40% 和 46%。李继忠等[96]选取呼和浩特市、廊坊市居民 1239 名填写呼吸系统流行病学调查表，统计两地呼吸系统疾病、症状发病率，比较两地区和高 PM2.5 地区 2008 年前后发病率差异。结果发现高 PM2.5 地区鼻炎、鼻敏感、咽炎、急性上呼吸道感染、鼻窦炎、支气管炎、哮喘、COPD、肺炎、胸膜炎、肺部肿瘤、间质性肺病的发病率较高；高 PM2.5 地区居民更易发作咳嗽、咳痰、喘息气促、咽部不适、鼻塞、喉咙痛、咯血、喘鸣、呼吸困难等呼吸系统症状。对北京市区 2013 年 PM2.5 污染程度与当地某医院急诊科收治的呼吸系统相关疾病进行相关性分析，发现慢性阻塞性肺疾病急性加重（AECOPD）的门诊量与 PM2.5 的污染程度呈显著正相关，另外女性及老年人对 PM2.5 相关的呼吸系统疾病有更明显的易感性[97]。Fu 等[98]基于不同地区 PM2.5 严重程度和人口数据在全国范围内观察 PM2.5 与肺癌的关系，认为在中国，PM2.5 暴露能够增加肺癌的风险，PM2.5 的长期暴露无论是在男性群体还是女性群体中都能增加肺癌的死亡率。Pun 等[99]

检查了 2000～2008 年期间生活在美国各地的 1890 万医疗保险受益人（420 万人死亡）中，慢性 PM2.5 暴露与特异病因死亡率之间的关系，发现 PM2.5 暴露与 COPD、肺炎等呼吸系统疾病致死率显著正相关，PM2.5 增加 10 $\mu g/m^3$，危险比从 1.10 上升到 1.24。而另一项 7 年的队列研究（2000～2007 年）表明 PM2.5 年平均浓度每减少 10 $\mu g/m^3$，人平均寿命得以延长 0.35 年[100]。

（2）PM2.5 对心血管系统的影响

2015 年中国心血管病报告[101]将大气污染列为心血管病的危险因素之一，明确指出 PM2.5 与心血管病关联密切。PM2.5 急性暴露可增加心血管疾病的死亡风险。梁锐明等[102]探讨了中国石家庄、哈尔滨、上海、武汉、广州、成都和西安 7 个城市大气 PM2.5 对人群心血管疾病死亡的急性效应，结果显示 PM2.5 浓度每升高 10 $\mu g/m^3$ 可引起居民心血管疾病死亡率增加 0.315％。同样，来自天津及广州的同类研究得出类似结果[103,104]。

Gholampour 等[105]评价了 PM2.5 等空气污染物对伊朗马什哈德地区居民心血管及呼吸系统疾病死亡率及住院率，包括慢性阻塞性肺疾病及急性心肌梗死的影响，结果显示，随着 PM2.5 等污染物的增加，心血管疾病的死亡率也显著升高。一项来源于意大利北部两个重污染地区的研究[106]评价了 PM10、PM2.5 及 O_3 对当地居民健康的影响，发现长期暴露于这些空气污染物，会增加心肺疾病及肺癌的患病率及死亡率，降低预期寿命，其中 PM2.5 的影响最为显著。

PM2.5 与心肌梗死、高血压、充血性心力衰竭、心律失常等许多心血管系统疾病具有很强的因果关系。一项 Meta 分析调查了空气污染物短期暴露与心肌梗死的相关性，发现 PM2.5 短期暴露可增加急性心梗的发生风险 PM2.5 浓度每升高 10 $\mu g/m^3$，人群急性心梗风险升高 2.5％[107]。长期生活在 PM2.5 浓度较高的地区，急性心梗和其他心血管疾病的风险比短期暴露增加约 5％～10％[108]。Liang 等[109]的研究结果表明，PM2.5 浓度每升高 10 $\mu g/m^3$，收缩压升高 1.393 mmHg，舒张压升高 0.895 mmHg。加拿大一项 30 年的分析研究发现，PM2.5 浓度每升高 10$\mu g/m^3$，慢性心力衰竭及缺血性心脏病的发生率均升高[110]。

（3）PM2.5 对神经系统的影响

近年来，医学界越来越重视 PM2.5 暴露与神经系统损伤相关性的研究。PM2.5 可以直接透过血脑屏障或间接通过系统性炎症反应对中枢神经系统造成不良影响，引发神经退行性疾病或神经发育障碍性疾病。

一项来自中国台湾的研究[111]调查了近 10 万 65 岁以上老人，发现大气中 PM2.5 每增加 4.34 $\mu g/m^3$，阿尔茨海默病（AD）发病率增加 138％。Ranft 等[112]的研究发现，交通来源的 PM2.5 可引起其认知功能下降，表示长期暴露于交通来源的 PM2.5 可能参与 AD 的发病机制。洛杉矶学者通过分析该市中老年人群的空气污染暴露情况及其认知能力，发现 PM2.5 高暴露者的语言学习能力更低，进一步说明高浓度的 PM2.5 与认知功能关系密切[113]。有研究评估 PM2.5 对美国东北部 50 个城市（1999～2010）≥65 岁的所有医保登记者中痴呆症，AD 和帕金森病（PD）首次入院的影响，研究结果表明这三种神经系统疾病的住院风险随着PM2.5 年均浓度的上升而显著升高[114]。Kirrane 等[115]研究了北卡罗来纳州和爱荷华州农民帕金森病与臭氧和 PM2.5 的关系，结果提示北卡罗来纳州农民帕金森病与臭氧（OR ＝ 1.39；95％CI：0.98，1.98）和 PM2.5（OR ＝ 1.34；95％CI：0.93，1.93）呈显著正相关。

现在国内外学者已逐渐开始关注环境污染对胎儿及新生儿的影响。有研究表明，母亲孕期，尤其是在孕中期的空气污染 PM2.5 暴露可增加儿童自闭症的患病风险[116;117]。来自中国台湾的一项研究发现，儿童在 1～4 岁暴露于空气污染可增加其自闭症患病率[118]。2013 年，哈佛大学公共卫生学院的研究人员就环境污染对自闭症的影响程度做了调查，研究发现孕期妇女处于严重的空气污染中会使孩子患自闭症的可能性上升 30％～50％，其中 PM2.5 对孕期妇女的影响最为严重[119]。Volk 的团队研究发现，母亲怀孕期间若暴露在严重的来自于交通的空气污染中，其子代罹患自闭症的几率几乎是正常空气环境下成长的孩子的 2 倍。此外，出生后到 1 岁期间的婴儿若暴露在严重的来源于交通的空气污染中，那么他们患自闭症的可能性则高达正常儿童的 3.1 倍[120,121]。Talbott 等人[122]报道称，母亲孕期及儿童出生早期在 PM2.5 的暴露，均可导致儿童罹患自闭症的风险升高。

5.3.2　PM2.5 污染的毒理学研究

（1）PM2.5 的呼吸系统毒性

人体暴露研究结果表明，PM2.5 可加剧全身系统性炎症反应，增加呼吸道，尤其是健康人下呼吸道中的氧化应激[123]。富含多环芳烃的木烟颗粒可引起 DNA 损伤及细胞功能障碍，进一步恶化人体的气道炎症反应[124]。小鼠模型研究显示，PM2.5 可增强 M2 巨噬细胞，加重肺嗜酸粒细胞增多症，并激活 Th2 细胞介导的免疫炎症反应[125]。Riva 等研究报道，急性 PM2.5 暴露能够增强小鼠的肺氧化应激和炎症反应，并导致肺功能恶化[126]。暴露于 PM2.5 的 C57BL6 小鼠肺组织中 MCP-1 和中性粒细胞水平显著升高，表现出明显的炎症反应[127]。C57BL/6 小鼠在气管滴注 PM2.5 两天后，出现静息呼吸频率、炎症细胞因子水平及血管紧张素转化酶（ACE）显著升高等急性肺损伤，研究者发现 ACE2 敲除基因小鼠的损伤修复显著慢于野生型小鼠，提升 ACE2 基因可能参与炎症反应、组织重塑和损伤修复[128]。顾娜等[129]研究发现，大鼠经气管滴注 PM2.5 染毒后，支气管肺泡灌洗液内巨噬细胞吞噬功能下降，出现间质性肺炎、肺泡间隔明显增宽、部分肺泡壁断裂等肺损伤，PM2.5 暴露大鼠的肺组织病理学评分明显高于对照组。宋锐等[130]研究结果发现 PM2.5 可加重哮喘小鼠支气管反应性及炎症反应。有一项研究观察了母体暴露于 PM2.5 对大鼠模型出生后肺功能障碍的影响，发现母体暴露于 PM2.5 后，子代幼仔出生后 28 天的呼气期间的肺容积参数，均顺应性和气流显著降低[131]。

（2）PM2.5 的心血管系统毒性

在人体暴露研究中[132,133]，高 PM2.5 暴露受试者的生物样本被发现与凝血，炎症，血栓形成和脂质过氧化等有关的生物标志物水平有显著升高。这些因素可能与 PM2.5 在心血管疾病发病率和死亡率方面的机制有关。严超等[134]研究发现，汽车尾气来源的高剂量 PM2.5 长期暴露可导致心肌因炎症损害从而导致心肌组织水肿，破坏心肌正常排列，并发现心腔内和血管腔内血栓形成。Tanwar 等[135]将孕期 FVB 小鼠暴露于平均浓度 73.61 $\mu g/m^3$ 的 PM2.5（6 小时/天，6 天/周，直到分娩），子代 12 周龄时检测发现，宫内 PM2.5 暴露可引起子鼠全身炎症反应，慢性基质重构，钙蛋白表达改变，导致发展为成年期心功能障碍。ApoE-/-小鼠是研究心血管疾病的常用模型。研究者将 ApoE-/-小鼠持续暴露于浓缩 PM2.5 六个月（6 小时/天，5 天/周）后，发现 PM2.5 浓度与心率变异性（HRV）负正相关[136]。PM2.5 暴露可显著增加丙二醛，降低心率变异，并上调内脂素[137]，这将加剧心脏的氧化应激和动脉粥样硬化。国内的类似研究发现，与对照组相比，PM2.5 气管滴注染毒大鼠血压和心率均升高，心率变异性降低[138]。长期暴露较高浓度 PM2.5 可通过增加血管壁的巨噬细胞浸润、氧化应激反应以及金属基质蛋白酶的表达，加重动脉粥样硬化，促使动脉粥样斑块处于不稳定的状态[139]。

（3）PM2.5 的神经系统毒性

一系列人体尸检结果表明，高 PM2.5 暴露个体出现中枢神经系统氧化应激加剧、炎症反应及神经变性等改变，部分表现出 tau 蛋白过度磷酸化、神经纤维缠结、淀粉样蛋白-β（Aβ）弥散性斑块等 AD 特异性病变[140,141]。动物实验研究发现，在生活高 PM2.5 污染区域的犬只表现出脑组织氧化损伤进行性加重、过早的血小板沉淀、嗅球部位基因改变显著增多、额叶皮质和海马萎缩等，此外还表现出脑组织退化和大脑局部区域的重金属堆积[142,143]。同样，从暴露在 PM2.5 中大鼠模型发现，PM2.5 可导致大鼠出现空间学习能力和记忆能力减退，并伴随着海马炎性细胞因子表达和海马神经元树突密度和分支改变[144]。此外，Bhatt 等[145]在动物实验中观察到，长期大量吸入 PM2.5 导致 C57BL/6 小鼠脑内呈现出一系列 AD 样病理改变。Levesque 等[146]将大鼠暴露于浓度为 992 $\mu g/m^3$ 的 PM2.5 中 6 个月，发现受试大鼠脑 α 核突触蛋白水平显著升高，提示 PM2.5 污染可能与早期帕金森病的发病有关。Allen 等[147,148]的一系列动物实验研究发现，新生小鼠暴露于浓缩的空气污染超细颗粒物，可导致幼鼠侧脑室扩大、神经递质紊乱、神经炎性反应等一系列与自闭症密切相关的改变。Li 等[149]将新生 SD 大鼠暴露于 PM2.5 两周后，暴露大鼠表现出典型的自闭症行为特征，包括交流障碍，社会交往不良和新奇性回避等。进一步研究发现，暴露在 PM2.5 中大鼠海马自闭症易感基因 SHANK3（多重锚蛋白重复结构域 3）的表达水平显著降低，因此自闭症可能是由遗传基因和生命早期外部环境因素暴露共同作用的结果。

5.3.3　PM2.5 污染健康危害的机制研究

（1）活性氧（ROS）的氧化损伤

PM2.5 中附着的自由基、重金属和多环芳烃等成分能够诱导产生 ROS 导致细胞氧化，这可能是机体损伤的主要原因[150-152]。ROS 包括含氧自由基、过氧化氢及其下游产物过氧化物和羟化物等，参与细胞生长增殖、发育分化、衰老和凋亡等生理病理过程。然而，在 PM2.5 的影响下，当细胞结构发生明显破坏时，ROS 可急剧增多，发生氧化应激反应，过多的 ROS 可通过降低核因子及红细胞相关因子 2（Nrf2）来削弱抗氧化系统[150]，或通过降低超氧化物歧化酶（SOD）、谷胱甘肽过氧化物酶（GSH-Px）、过氧化氢酶等抗氧化酶，进一步降低细胞的抗氧化能力[153-155]。如 Lin 等[156]研究了 PM2.5 处理的大鼠肺组织和周围血的氧化应激损伤，发现大鼠暴露于 PM2.5 中 7~14d，肺组织中谷胱甘肽过氧化物酶（GSH-Px）的活性明显降低，丙二醛（MDA）的含量明显升高。刘婷等[157]研究了太原市雾霾天气下采集的 PM2.5 对肺泡巨噬细胞的毒性作用，发现随着 PM2.5 浓度的增加，肺泡巨噬细胞存活率、超氧化物歧化酶（SOD）和 GSH-Px 活性下降，细胞培养上清中 MDA 含量升高，细胞内 ROS 含量和 Ca^{2+} 浓度均升高，并呈现剂量-效应关系，细胞早期凋亡率明显增加，揭示了太原市灰霾 PM2.5 可引起肺泡巨噬细胞发生氧化应激损伤。

（2）炎性损伤

炎症反应是机体抵抗外来刺激的一种保护机制，但当炎症介质产生过多时，对机体及其细胞会产生极大损害。PM2.5 诱导的 ROS 能增强促炎因子如 TNF-α、IL-1β、IL-6、IL-8、及 MCP-1 基因和蛋白的表达，进而加重机体炎症反应，促进各种疾病的发生发展。Yan 等[158]体外培养 BEAS-2B 细胞和 THP-1 细胞并暴露于 PM2.5，发现 PM2.5 可呈剂量依赖式诱导 IL-8 基因的表达，PM2.5 的水溶性和不溶水部分均可诱导 IL-8 基因表达。而翟文慧等[159]测定了 2013 年北京城区 PM2.5 对 A549 细胞的炎症损伤作用，发现随着 PM2.5 浓度的升高，IL-6、TNF-α 表达水平明显增高，随着 PM2.5 干预时间的延长，IL-6、TNF-α 表达水平亦明显增高。Honda 等[160]于 2013 年收集了日本工业区和市区的 PM2.5 提取物，研究结果发现上述 PM2.5 的有机提取物可以刺激气道上皮细胞产生 IL-6，并引起炎症反应。

（3）细胞周期紊乱

细胞周期与信号转导、基因转录、细胞凋亡、DNA 修复及细胞分化等多种生命活动密切相关。细胞周期调控蛋白的降解，控制着细胞周期内一系列事件运行的顺序、方向和协调。细胞周期监控机制的破坏，最终可导致细胞的失控性生长（肿瘤）或细胞生长、复制及分裂的终止（凋亡）。PM2.5 可通过影响细胞周期而影响疾病的发生发展。研究者探索 PM2.5 对人上皮细胞 BEAS-2B 细胞周期变化的影响及其可能机制，发现 PM2.5 暴露 3h 后，G2 期细胞显著增多，该作用可能与 Chk2 磷酸化作用增强有关；暴露 10h，可发现有丝分裂纺锤丝严重畸变；暴露 24h，发现有丝分裂中期/后期明显延迟，导致四倍体 G1 细胞和细胞微核明显增多[161]。张琳等[162]发现，雄性 Wistar 大鼠经 PM2.5 染毒后，可导致睾丸组织细胞二倍体细胞数显著降低；以二倍体细胞为主的 G0/G1 期细胞比例显著下降，G2/M 期细胞比例和细胞增殖指数显著上升，提示 PM2.5 可透过血睾屏障，干扰细胞周期进程。

（4）基因毒性

对人体基因表达差异的研究有助于疾病病因的探索，疾病早期诊断和治疗，常见的信号通路也可以引起下游基因表达的调节、细胞内酶活性的变化、细胞骨架构型和 DNA 合成改变等，PM2.5 通过诱导细胞损害有关的基因和通路而影响肺部疾病。Zhou 等[163]研究发现，人支气管上皮细胞（16HBE）暴露于 $25\mu g/cm^2$ 的 PM2.5 中 24h 后，有 283 个基因表达显著上调，256 个基因表达显著下调。Ding 等[164]通过全基因组测序方法，探索 PM2.5 诱导人体肺毒性的基因和信号通路，体外培养 HBE 细胞，分别暴露于不同浓度的 PM2.5 悬浊培养液，发现 $200\mu g/mL$ 和 $500\mu g/mL$ 的 PM2.5 组分别有 970 个基因和 492 个基因表达水平明显改变，这些基因涉及炎症反应、免疫反应、氧化应激反应及 DNA 损伤刺激等。

5.4　邻苯二甲酸酯类的健康与毒理学研究

邻苯二甲酸酯（Phthalates，PAEs）又称酞酸酯，分子结构式如图 5-4 所示，其侧链基团 R1、R2 可相同或不同，可为 C1～C13 的烷基或环烷基、苯基、苄基

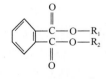
图 5-4　邻苯二甲酸酯的结构

等。我国传统生产和消费的 PAEs 主要包括邻苯二甲酸二（2-乙基己酯）（DEHP）、邻苯二甲酸二丁酯（DBP）、邻苯二甲酸丁基苄基酯（BBP）、邻苯二甲酸二壬酯（DOP）等。近年来，邻苯二甲酸二异壬酯（DINP）和邻苯二甲酸二异癸酯（DIDP）逐渐得到广泛应用。PAEs 的生产成本低，耐热性、耐水性、耐氧化性、耐酸碱性都较好，可使塑料制品稳定不易变形[165]。因而 PAEs 主要用以增强塑料产品的可塑性和柔韧性，使得塑料容易加工成型，并制成各种软质塑料产品。近年来的毒理学研究发现，PAEs 的主要毒理学效应包括：生殖发育毒性、免疫毒性、神经毒性、甲状腺干扰作用、影响机体糖、脂代

谢，肝脏和肾脏毒性，血管毒性和肌肉发育毒性等。

5.4.1　生殖发育毒性

（1）雄性生殖毒性

PAEs 染毒的雄性啮齿类动物可以表现出显著的生殖系统畸形，包括：睾丸结构异常、隐睾、尿道下裂、附睾发育不全、输精管和前列腺异常，以及肛殖距缩短等。

1）出生后暴露对雄性生殖系统的影响

用 DEHP 连续灌胃成年 SD 大鼠 30 天后，发现大鼠睾丸内生精小管变形、生精细胞凋亡、睾丸支持细胞及睾丸间质细胞的数量增加，血清雄激素睾酮水平降低[166]。高浓度 DEHP 染毒后，对睾丸超微结构观察显示：支持细胞和精原细胞内可见大量空泡，生精细胞脱落减少，细胞核严重变形，线粒体嵴减少[167]。分别用 DEHP 和其代谢产物 MEHP 对雄性大鼠灌胃 1 周，发现大鼠精原细胞萎缩，发育迟滞，空泡化等，凋亡显著增多，精子畸形率增加，推测 DEHP 与 MEHP 对幼鼠精原细胞有明显损伤，对小鼠的生精功能也有损害[168]。DBP 可以诱导睾丸毒性、生精细胞的氧化应激及线粒体途径的凋亡，同时，DBP 也激活细胞内的自我防护机制—内质网应激，内质网应激可以对抗 DBP 引起的生精细胞凋亡[169, 170]。另一研究表明，DBP 可引起雄性小鼠睾丸组织丙二醛（MDA）水平变化，并可使小鼠精子数量减少、小鼠精子畸形率增加。同时 DBP 可影响小鼠睾丸细胞进程，出现 G0/G1 期阻滞，并可在一定程度上引起细胞凋亡[171]。研究发现 PAEs 能够影响与雄激素合成的相关基因的表达进而影响雄激素合成，如 DEHP 可通过降低睾丸间质细胞活性、减少间质细胞的数量，睾酮水平降低，并下调胰岛素样因子 3（IN-SL3）表达，影响睾丸正常发育，诱导小鼠隐睾发生[172]。研究表明，DINP 能造成小鼠睾丸组织的病理损伤和氧化损伤，褪黑素的抗氧化能力可以有效对小鼠睾丸组织起保护作用，使生殖毒性减弱[173]。

2）围产期暴露对出生后动物雄性生殖系统的损伤

研究发现，在对母鼠无明显影响的 DBP 剂量对子代仔鼠的出生体重、每窝活产数、雄性仔鼠肛殖距均有明显影响，并可观察到成熟期雄性仔鼠附睾、前列腺脏器系数明显降低，出现小睾丸、附睾发育不良甚至附睾缺失现象[174]。DBP 与糖皮质激素联合作用可通过干扰雄激素的激活以及正常转化而干扰雄性大鼠外生殖器的发育，使转录激活因子 3（ATF3）表达上调，干扰尿道正常形成从而造成尿道下裂[175]。孕期暴露 DBP 可以明显抑制雄性子代胎鼠血清睾酮的合成，促进子代雄性生殖结节组织的细胞自噬[176]。孕期 DEHP 的暴露可以引起睾丸组织氧化应激的增加，MDA 水平升高，使抗氧化因子 Nrf2 表达降低，可能间接影响 notch 信号通路[177]。

（2）雌性生殖毒性

动情周期的紊乱可以作为反映雌性激素分泌水平的敏感指标。对小鼠腹腔注射 DEHP 染毒 2 周，发现 1250mg/kg 和 125mg/kg 剂量组小鼠动情后期及动情间期的持续时间与对照组相比显著延长，且 1250mg/kg 剂量组小鼠动情周期发生紊乱，说明 DEHP 可能改变雌性动物自然排卵周期，延长动情周期，产生无排卵性周期或排卵延迟[178]。研究显示，DEHP 可导致小鼠卵巢黄体细胞内固性坏死和卵泡坏死，使小鼠子宫内膜厚薄不均，上皮下空泡变性液化、储备细胞变性增生和内皮纤维化。因此一定剂量的 DEHP 可造成子宫、卵巢的病理组织学改变[179]。卵巢颗粒细胞凋亡是卵泡闭锁的基本机制，卵泡细胞缺乏再生能力，最终导致雌性生殖功能衰退。研究发现 DEHP 对小鼠染毒 30 天和 60 天，各染毒组颗粒细胞凋亡率明显高于对照组[180]。另一研究发现，DEHP 能够降低血清中性激素水平，增加雌性小鼠卵巢颗粒细胞 G0/G1 期百分数，减少 S 期和 G2/M 期百分数，促使颗粒细胞发生凋亡[181]。研究显示，DBP 长时间处理卵巢颗粒细胞可以影响雌二醇 E2、孕酮 P 的水平，促进了 P450 芳香化酶和 P450 侧链裂解酶的活性，造成雌性动物生殖力的衰退[182]。

（3）对胚胎发育影响

对雌性大鼠妊娠早期 DEHP 灌胃染毒，妊娠 16 天处死，25mg/kg 剂量组可见着床数明显降低。在妊娠中晚期 DEHP 灌胃染毒，妊娠 21 天处死，25mg/kg 剂量组和 50mg/kg 剂量组每窝母鼠胚胎数、活胎数与对照组比较明显减少，胚胎的体重和胎盘重量均低于对照组；50 mg/kg 剂量组吸收胎数、畸胎数与对照组比较明显增加，提示低剂量 DEHP 就可产生胚胎毒性作用[183]。MEHP 能够影响小鼠胚胎干细胞（mESCs）形态，降低 mESCs 的细胞活力，并增加总的细胞凋亡率，能够抑制 mESCs 的正常生长。这是由于 MEHP 能够减少了碱性磷酸酶的合成，降低 mESCs 多能性标记物 SOX2 和 OCT4 的基因表达水平，影响 mESCs 的多能性维持，致使其分化异常，进而影响到胚胎的早期发育[184]。

（4）对性别发育的干扰作用

DEHP 孕期暴露可以显著干扰雄性性别决定基因精确表达的时序性表达，使性别决定调控通路异常，导致雄性仔鼠出生后支持细胞分化发育异常和精子生成障碍。同时，DEHP 还可以诱导雌性胚胎期性别决定调控通路关键因子表达上调，导致雌性发育通路异常激活，诱导仔鼠颗粒细胞分化和功能异常以及卵泡发育提前[185, 186]。

5.4.2 免疫毒性

流行病学调查研究显示 PAEs 可对人类免疫系统造成影响[187]，表明免疫系统同样是 PAEs 敏感的靶组织。国外学者初步提出，PAEs 本身并不能作为过敏源或半过敏源直接引发动物的过敏反应，但能增强动物对特定过敏源的过敏反应，并将其称为"环境佐剂"效应[188]。

（1）过敏性哮喘及环境佐剂效应

研究者采用灌胃染毒的方法分别对 Wistar 大鼠和 Balb/c 小鼠进行研究，发现 DEHP 不但会使受卵清蛋白（OVA）致敏动物的肺泡灌洗液中嗜酸性粒细胞（EOS）数量增加，产生明显的气道高反应性，还使肺部发生明显气道重塑，表明 DEHP 以"环境佐剂"效应诱导动物发生哮喘[189, 190]。随着 DBP 染毒剂量的升高，小鼠肺泡灌洗液中 EOS 和血清中免疫球蛋白 E（IgE）的水平也随之升高，肺部气道出现明显病理学变化，但气道高反应性并无明显的改变，这表明皮肤接触也会引起小鼠气道过敏性炎症的发生[191]。研究显示，DEHP＋OVA 处理小鼠相对 OVA 单独处理小鼠的氧化损伤标志物活性氧自由基（ROS）含量显著上升，谷胱甘肽（GSH）含量显著下降，且抗氧化剂维生素 E 可以阻断该损伤效应，表明氧化损伤途径可介导 DEHP 加重过敏性哮喘的佐剂效应[192]。同期研究发现，DEHP＋OVA 处理组相对 OVA 组白介素-17（IL-17）浓度增加，表明 DEHP 促进气道炎症发生的过程涉及 Th17 细胞群[193]。进一步研究发现，胸腺基质淋巴生成素（TSLP）单克隆抗体处理后，可以明显拮抗小鼠气道过敏性炎症的发生，改善气道重塑状况，表明 TSLP 是抑制 DEHP 在过敏性哮喘中的佐剂作用的有效靶点[194]。另一研究表明，DEHP 口服暴露以佐剂样作用促进 OVA 诱导小鼠初始辅助性 T 细胞（Th）向滤泡性辅助性 T 细胞（Tfh）分化过度，导致体液免疫应答失调，且过氧化物酶体增殖物激活受体-γ（PPAR-γ）可能是 DEHP 该作用的核受体分子[195]。研究表明，与 OVA 模型组比较，"绿色增塑剂"DIDP＋OVA 处理组的气道重塑现象加重，气道高反应性增强，细胞因子表达增加，且随着 DIDP 暴露浓度的增加，哮喘样症状显著增强。且通过维生素 E 拮抗氧化损伤和通过 SB203580 阻断 p38 丝裂素活化蛋白激酶（MAPK）途径均明显减轻了 DIDP＋OVA 处理组动物的哮喘样症状，揭示 DIDP 暴露是通过氧化应激和 p38MAPK 活化促进过敏性哮喘的发生[196]。报道显示，孕期和哺乳期 DINP 暴露同样会恶化仔鼠的过敏性哮喘症状，且这种作用是由磷脂酰肌醇三激酶/蛋白激酶 B（PI3K/Akt）通路介导的[197]。

（2）过敏性皮炎和佐剂效应

与过敏性哮喘相似，结果显示 DBP 皮肤暴露也可以导致"环境佐剂"作用，提高小鼠对过敏源（异硫氰酸荧光素）的敏感性，促使小鼠耳部肿胀，发生剧烈过敏性炎症；本研究还表明胸腺基质淋巴细胞生成素（TSLP）对这种过敏性炎症具有介导作用[198]。DINP 的持续皮肤暴露同样会促使细胞因子和免疫球蛋白的异常分泌，加重异硫氰酸荧光素模型小鼠过敏性耳部的肿胀程度，出现较为严重的组织病理学改变。这表明 PAEs 可以导致模型动物的"获得性过敏体质"，既是低浓度的过敏源作用，也可以导致过敏性皮炎。使用抗氧化剂褪黑素可改善 DINP 诱导的过敏性炎症反应，证实氧化应激/损伤途径可以介导此病理作用[199]。进一步研究表明，DINP 持续暴露恶化过敏性皮炎疾病这一过程，可以通过加剧氧化应激，活化核转录因子-κB（NF-κB）信号传导途径，增加 TSLP 的产生进而激活 TRPA1 离子通道，引起机体免疫失衡来实现的。研究发现，DIDP 长期经口暴露同样可以通过激活 NF-κB 信号通路，进而促进 TSLP 的分泌激活 STATs 进一步加剧炎症效应和过敏反应[200]。

5.4.3 神经毒性

（1）围产期暴露对子鼠神经发育的影响

在胚胎期和哺乳期给予 DBP 灌胃染毒后，可致 F_1 代幼鼠海马神经细胞线粒体 Na^+-K^+-ATP 酶活性和膜电位降低，该效应具有剂量依赖性，但是没有性别差异[201]。对 Wistar 大鼠从妊娠日起用 DEHP 连续灌胃染毒 19 天，子鼠出生 6 周后进行水迷宫实验显示：DEHP 高剂量组探索错误次数明显增加、潜伏期显著延长。表明 DEHP 对子代大鼠神经系统发育具有明显的毒性作用，且存在着剂量-反应关系[202]。另一研究显示，孕期 DEHP 暴露可导致胎鼠宫内生长受限，这种损伤无性别差异；孕晚期暴露可明显降低雄性子代的记忆能力[203]。

（2）出生后暴露对认知能力和脑组织的影响

亚慢性 DBP 暴露可导致小鼠海马 cAMP-PKA 信号通路中主要信号分子发生异常改变，这可能是 DBP 致学习记忆功能损伤的重要分子机制，并发现 DBP 可使小鼠抗氧化能力降低，并导致 DNA 损伤[204]。研究发现 PAEs 所致学习和记忆能力障碍的程度与脑组织的氧化应激标志物水平呈正相关；而抗氧化剂的使用可以缓解 PAEs 所致的小鼠学习和记忆能力障碍，说明氧化应激/损伤是 PAEs 所致神经毒性的重要机制之一[205-207]。同时 PAEs 染毒可以降低神经递质 5-羟色胺（5-HT）的水平，通过 cAMP/PKA 所介导的信号通路下调环磷腺苷效应元件结合蛋白（CREB）的磷酸化水平[208]。以原代培养的小鼠脑细胞为研究材料，探究 DEHP 对小鼠神经细胞的影响，结果表明高浓度的 DEHP 可以导致神经细胞的凋亡，使神经细胞突触数目减少，神经纤维缩短，同时降低突触蛋白表达水平，提示 DEHP 长时暴露抑制海马神经元的树突和突触发育；而利用抗氧化剂维生素 C 的保护，神经细胞的损伤有所恢复，提示损伤机制之一是 DEHP 所引起的氧化应激和氧化损伤[209, 210]

5.4.4 甲状腺干扰作用

对雄性大鼠分别以 DEHP 和 DBP 口服染毒 15 天，结果显示 DEHP 和 DBP 均可下调 T4 水平，干扰甲状腺系统的平衡[211]。对雌性大鼠连续染毒 DEHP 4 周显示，高剂量染毒组大鼠血清 T3 水平下降、血清 GSH 活力降低，且去除暴露因素恢复 6 周后，暴露恢复组的甲状腺素水平及甲状腺病理改变与暴露组比较并无差异；并可显著上调甲状腺组织自噬标志物 LC3Ⅱ蛋白表达、下调自噬标志物 p62 蛋白表达，相关性分析结果表明 ROS 与 LC3Ⅱ蛋白表达成正相关，与 p62 蛋白表达成负相关，表明 DEHP 可通过氧化应激引起甲状腺功能减退，同时可通过诱导自噬降低 ROS 对细胞的毒性伤害，提示自噬是 DEHP 致甲状腺毒性作用中的自我保护机制[212, 213]。研究表明，DBP 与甲状腺球蛋白（TG）联合作用，可以显著加重甲状腺组织病理学变化，显著上调自身免疫抗体水平，可以恶化自身免疫性甲状腺炎的发生，这些变化可被维生素 C 阻断，显示氧化应激途径在 DBP 导致自身免疫性甲状腺炎过程中起介导作用[214]。另一研究发现，DBP 如与高碘联合作用，可以通过改变血清甲状腺结合球蛋白水平和上调组织 IL-17 水平引起甲状腺功能失衡[215]。研究表明，妊娠期和哺乳期 DEHP 暴露显著损害仔鼠甲状腺滤泡上皮细胞超微结构，可通过上调仔鼠甲状腺功能蛋白水平，影响脱碘化酶活性造成仔鼠甲状腺功能紊乱[216]。

5.4.5 对机体糖代谢和脂代谢的影响

研究显示，高剂量的 DEHP 暴露减缓青春期大鼠体重增加，会影响青春期大鼠正常糖代谢，扰乱血糖稳态，引起的受体后信号转导抑制，引起胰岛素和瘦素水平升高，出现以胰岛素抵抗为典型症状的代谢综合征[217]。另一研究表明，DEHP 并不能直接诱导小鼠糖尿病的发生，而与疾病成模剂链脲佐菌素（STZ）联合作用，DEHP 可以加重该疾病，且呈剂量-效应关系。另一以小鼠为对象研究表明，DBP 可以通过 PI3K/Akt 通路扰乱胰岛素分泌平衡，加重Ⅱ型糖尿病[218]。以大鼠胰岛细胞瘤细胞（Ins-1）为受试对象，发现 DEHP 及 DNOP 可使 Ins-1 细胞的溶酶体膜稳定性降低，并使细胞线粒体膜电位水平降低，使细胞的 ROS 水平升高，GSH 水平降低，从而对细胞产生氧化应激损伤，表明氧化应激和溶酶体-线粒体途径在 DEHP 及 DNOP 诱导 Ins-1 细胞毒性的过程中起着重要的作用[219, 220]。

5.4.6 其他毒性作用

（1）肝、肾毒性

研究发现，DINP 可造成小鼠肝、肾组织损伤，DNA 损伤，氧化损伤标志物水平显著变化。联合给予抗氧化剂褪黑素后，发现组织中氧化损伤标志物水平、炎症因子水平以及细胞凋亡程度明显降低，病理损伤明显减缓，证明氧化应激/损伤途径可以直接介导 DINP 所致的损伤作用[221]。

（2）血管毒性

DBP 能引起大鼠离体胸主动脉收缩，初步机制可能涉及细胞膜电压依赖性钙通道与受体操纵性钙通道开放及钙离子内流，且 DBP 孵育后血管收缩功能减弱，可能与其氧化应激损伤血管平滑肌细胞有关[222]。DEHP 代谢物 MEHP 可以诱导细胞线粒体损伤，引起氧化应激和脂质过氧化；并能通过内源性细胞凋亡通路诱导人脐静脉内皮细胞（HUVEC）细胞凋亡，这提示可能 DEHP 诱导肺血管内皮细胞的凋亡，并导致输血相关急性肺损伤的发生[223]。

（3）对肌肉发育的毒性

研究显示，DEHP 活性代谢产物 MEHP 可以通过影响相关转录因子激活骨骼肌中肌肉生成抑制素（MSTN）基因的启动子，从而增加 MSTN 表达水平，引起骨骼肌细胞的萎缩[224]。

5.5　纳米材料的健康影响

纳米颗粒（或者叫纳米材料）是自然产生或者人造的在某一个维度上小于 100nm 的颗粒物，自然产生的颗粒物，例如汽车尾气即可能含有一定量的纳米颗粒（也叫超细颗粒物，定义为直径小于 $0.1\mu m$ 的颗粒物），并且研究表明，自然产生的纳米颗粒物相对细颗粒物（即 PM2.5）在人体中的滞留时间可能更长，危害可能更大，这可能是与纳米颗粒的自身性质有关。例如，在相同质量的情况下，纳米颗粒比细颗粒物（即 PM2.5）和可吸入颗粒物（即 PM10）有更大的比表面积和更高的化学活性。

近年来，随着纳米技术的发展，人造纳米颗粒的潜在危害得到了广泛关注。目前，人造纳米材料已经应用到生活的方方面面。根据伍德罗·威尔逊国际中心（The Woodrow Wilson International Center for Scholars and the Project on Emerging Nanotechnologies）的调查报告，已经在 32 个国家和地区 622 家公司所出售的 1814 种商品中发现纳米材料的使用。其中，健康和健身分类产品中使用纳米材料最为频繁，占比 42％。除此以外，食品饮料，电子产品以及汽车配件等分类产品中也频繁使用纳米材料。市售商品中最常使用的纳米材料主要有金属类纳米颗粒，包括纳米银、纳米二氧化钛、纳米氧化锌和纳米金、碳材料纳米颗粒，包括碳纳米管、石墨烯和富勒烯以及纳米二氧化硅。这些材料在市售商品中有着广泛的用途。例如，纳米银和纳米氧化锌具有广谱抗菌效应，并且不会像抗生素一样产生耐受现象，因此被广泛用作抗菌材料。碳纳米管是典型的一维材料，具有特殊的力学，电学和光学性质，因此在电子产品，化纤材料以及电池等产品中都有广泛应用。然而，人们在生产和使用含纳米材料的商品同时，纳米材料可能会释放出来，从而导致人类暴露于纳米颗粒，主要的暴露途径包括皮肤接触，吸入和经口摄入。另外，除了市售商品中存在纳米材料的使用，科学家们还在不断研究纳米材料的新型用途，例如将纳米材料用于生物成像以及药物递送。因此，纳米颗粒已经成为现代社会颗粒物暴露的主要来源之一，并且可以预计在未来社会纳米颗粒的暴露还会不断增加，其可能的健康效应受到广泛关注。

本节将简述现阶段关于纳米颗粒暴露所导致的健康危害的认识。

5.5.1 纳米颗粒的生物利用度和生物分布

一般而言，纳米颗粒由于其尺寸很小，纳米颗粒可能更容易穿过人体的屏障作用，导致纳米颗粒在系统性器官的分布。尽管在纳米医学中，科学家可以利用纳米颗粒生物利用度高的特点来提高药物的生物利用度，但不受控制的环境纳米颗粒暴露还是可能导致纳米颗粒在机体的长期滞留和全身分布，从而导致严重的健康效应。例如，碳纳米管是一种典型的生物不可降解材料，由于其直径在纳米级别，与普通纤维相比，纳米颗粒的吸入暴露可能进入肺泡，最终被肺泡中的免疫细胞，尤其是巨噬细胞所捕获，从而长期滞留在机体。动物实验表明，小鼠或者大鼠在吸入碳纳米管结束以后一个月左右，依然可以在肺脏中检测到碳管的存在，表明碳管可能不易被机体清除，从而长期滞留。同时，部分碳纳米管还可能向系统性器官转移，其中肝脏是碳纳米管暴露的主要目标之一。甚至，碳纳米管可能穿越血脑屏障这种不易穿越的人体屏障，从而导致对神经系统的作用。

与碳纳米管相比，某些纳米颗粒，例如纳米氧化锌和纳米银，是部分可溶的纳米颗粒，尤其是在机体内，纳米氧化锌和纳米银可部分或者完全解离成为锌离子和银离子。有研究表明，纳米氧化锌在解离以后，可能在靶标组织重新产生纳米氧化锌颗粒，从而导致纳米颗粒在系统性器官的分布。

当然，也有一些纳米颗粒的生物利用度比较低，比较典型的是纳米二氧化硅。有研究表明，大鼠经口暴露纳米二氧化硅以后，大部分二氧化硅会通过粪便排出机体（大于 90%），仅仅只有少量的纳米颗粒进入机体的系统性器官。然而，即使只有少量纳米颗粒进入机体，纳米颗粒可能仍然会导致系统健康问题。

5.5.2 纳米颗粒对呼吸系统的影响

由于吸入暴露是生活中纳米颗粒的主要暴露途径之一，尤其是在职业暴露中，因此纳米颗粒经呼吸暴露所导致的健康效应得到了广泛关注。一般来说，颗粒物在气道中的沉积主要和颗粒物的大小有关，可吸入颗粒物主要沉积在上呼吸道，较少进入肺泡，而纳米颗粒由于尺寸很小，主要沉积在肺泡，从而导致肺部疾病。一般认为，纳米颗粒进入肺部以后，诱导过量的氧自由基的产生，导致氧化损伤，最终导致生物大分子，例如 DNA 和蛋白质的损伤。此外，纳米颗粒也可能导致持久的炎症反应，从而导致与炎症有关的疾病发生或者恶化。例如，碳纳米管是一种长径比很大的材料，肺泡的免疫细胞，例如巨噬细胞捕获碳纳米管以后，并不能完全降解这种材料，从而持续产生炎症反应。目前，已经有大量的实验数据支持纳米颗粒的吸入暴露可能导致肺部的氧化损伤和炎症反应。

除了这些常见的效应，纳米颗粒的吸入暴露可能还会导致一些意想不到的效应。例如，最近有研究分析了化石燃料内燃机产生的纳米颗粒对肺脏免疫系统的可能影响，在特定的疱疹病毒感染模型中，研究人员发现纳米颗粒暴露会导致炎症反应并改变免疫系统的活性，从而导致潜伏的病毒再次活化、增殖并损伤宿主细胞。尽管该研究只是理论研究，人体中是否存在类似现象还有待确认，但该研究为理解纳米颗粒暴露与免疫系统疾病发生提供了借鉴和思路。

目前，纳米颗粒对肺脏的损伤作用也在职业工人中得到了初步证实。例如，在中国纳米涂料生产的工厂进行的研究表明，在工厂工作数月的工人中，有七名女性职工罹患永久性肺脏损伤，两人死亡，从工人的肺泡灌洗液中可检出金属类纳米颗粒，电镜研究表明金属类纳米颗粒分布在肺上皮和间皮细胞的胞浆和核质中，肺上皮细胞呈现凋亡形态，可以认为吸入纳米颗粒暴露与这些变化有关。在美国进行的流行病学调查表明，在生产碳管/碳纤维的工人痰样品中，可以检出氧化损伤和炎症反应标志物升高，这些标志物与工厂可吸入碳材料的浓度线性相关。流行病学研究成果佐证了动物实验的论断。

5.5.3　纳米颗粒对循环系统的影响

纳米颗粒经呼吸或者经口暴露以后，可能对血液循环系统产生影响，从而导致循环系统疾病的产生，尽管目前还不太清楚这是由于纳米颗粒转移进入血液循环系统以后的直接作用，还是通过产生二级活跃分子导致的，或者两者兼有。纳米颗粒对血液循环系统的影响可以归结为以下三个方面：

第一，纳米颗粒暴露可能导致循环系统的氧化应激和炎症反应，从而导致与血液循环系统相关的疾病，例如促进动脉粥样硬化血栓板块的形成，以及通过影响血液循环系统凝血系统从而导致静脉血栓的形成。

第二，纳米颗粒可能可以改变血管的信号通路，从而影响血压或者血管的收缩和舒张。例如，纳米颗粒可能可以改变一氧化氮信号通路，从而对血管功能产生重大影响。

第三，纳米颗粒的暴露可能还会改变心跳。有研究表明，纳米颗粒的暴露可能可以影响离子通道的活性，从而对心率产生影响。

目前，已经有少量流行病学调查研究结果支持纳米颗粒暴露可能影响人类血液循环系统。例如，在志愿者中进行的研究表明，吸入暴露纳米氧化锌可导致血液中急性期蛋白质和中性粒细胞的增加，并影响志愿者体温，这些指标都与心脑血管疾病的发生有密切的关系。在美国工厂进行的研究表明，暴露于碳管/碳纤维的工人血液中炎症反应的生物标志物会上调，心率会改变，尽管对血压没有明显的影响。

5.5.4 对生理屏障的穿越作用及其相关危害

在人体中存在很多生理屏障，从而保证生理系统的正常运行。其中，血脑屏障是一种典型的生理屏障，其存在只能允许小分子通过，从而保证中枢神经系统的正常运行。有研究表明，雾霾中的颗粒物可穿越血脑屏障，损伤大脑。与细颗粒物类似，纳米颗粒也具有很强的穿越血脑屏障的作用。例如，碳纳米管由于其具有一维材料的特点，可迅速穿过血脑屏障达到大脑，并引起脑部的炎症反应。但是，目前纳米颗粒对血脑屏障的穿透作用主要集中在实验室研究，由于伦理方面的问题，人类的数据还缺失。

胎盘屏障是另外一种高度选择性的屏障，从而保证胎盘内环境的稳定。纳米颗粒由于自身特点，可能可以穿越胎盘屏障，从而产生生殖毒性。此外，也有研究表明，纳米颗粒，例如碳纳米管可以影响胎盘的血管功能，从而对早产产生影响。

5.5.5 纳米颗粒的其他影响

除了以上的影响，某些纳米颗粒还可能存在其他健康影响。例如，纳米材料由于可以导致氧化损伤，特别是生物大分子的损伤，以及持续的炎症反应，被认为可能会导致癌症的发生。2017年10月27日，世界卫生组织国际癌症研究机构公布的致癌物清单初步整理参考，纳米二氧化钛，碳纳米管，多壁MWCNT-7在2B类致癌物清单中，即人类可疑致癌物。目前，已经有少量动物实验数据支持纳米颗粒暴露会导致癌症的发生，例如碳纳米管可能导致皮间瘤的发生，但确凿的人类流行病学数据还比较缺乏。

纳米材料对肠道菌群的可能影响也受到了很多关注。在人体肠道内生活着肠道菌群，肠道菌群的平衡对人体健康有着重大的影响。目前动物研究已经表明，常见纳米颗粒，例如纳米银，纳米氧化锌和碳纳米管的暴露都可能导致肠道菌群失调，肠道菌群代谢产物特别是短链脂肪酸的生物合成的改变。但纳米材料对肠道菌群的影响主要集中在实验动物方面，人群调查结果还缺失，另外纳米颗粒所导致的肠道菌群失调与疾病发生之间的关系也不太清楚。

总而言之，纳米颗粒作为新型材料，其潜在的人体健康效应还不是特别清楚，流行病学调查也是刚刚开始，但结论并不是很一致。在完全了解纳米颗粒毒性之前，有必要限制纳米颗粒与人体的直接接触，控制好职业暴露的浓度。

5.6 小　　结

结合甲醛、PM2.5、邻苯二甲酸酯、纳米材料四类典型污染物的研究结果来看，某种特定的污染物往往存在着多种毒性效应，并可能通过不同的方式对人类的健康造成危害。对于某种物质的健康效应的探讨，应该结合污染物的剂量和人类可能的接触方式，并考虑到个体差异性。在流行病学调查的基础上，进行系统的动物毒理学实验，两者相辅相成才能充分揭示说明污染物的毒性作用。另外，在人类实际生活的环境中，经常可能同时暴露于多种污染物中，因此探究多种污染物的联合暴露效应显得尤为关键，这也将是室内环境污染的毒理学研究的一个新趋势。

综上所述，室内环境污染物可能对人类的健康造成多种严重的威胁。一方面，公众应该加强安全健康意识，采取有效手段规避和减少室内环境污染物的暴露。另一方面，目前的研究中仍存在着不少争议结果或空白，因此进一步探究揭示相关污染物的毒性效应及机制势在必行。

参 考 文 献

[1] 鲁志松. 室内空气甲醛对人体健康的危害[J]. 中国环境卫生，2003(3)：22-30.

[2] 吴建国. 甲醛对相关工作人员危害性调查及分析[J]. 中国高新技术企业，2009(3)：142-143.

[3] 彭光银. 甲醛对小鼠遗传毒性和免疫毒性的研究（硕士学位论文）[D]. 华中师范大学，2007.

[4] 梁庆龙，李福，廖秀芬. 装修住宅室内空气甲醛污染情况研究概述[J]. 大众科技，2018.

[5] 江浩芝，赵婉君. 室内甲醛的危害及其污染现状[J]. 广东化工，2016，43(11)：189-189.

[6] 任文理，张杰，李岩，等. 兰州市室内空气中甲醛释放量的研究[J]. 工程质量，2017(7).

[7] 环境保护部. 国家污染物环境健康风险名录——化学第一分册[M]. 北京：中国环境科学出版社，2009.

[8] 阙惠芬，袁陈敏. 甲醛与人体健康[J]. 环境与健康杂志，1993，10(1)：46

[9] Haslam R，Rust S，Pallett K，et al. Cloning and characterisation of S-formylglutathione hydrolyase from Arabidopsis thaliana：a pathway for formaldehyde detoxification[J]. Plant Physiology and biochemistry，2002，40：281-288

[10] Czochra MP，Malarczyk EB，Sielewiesiuk J. Relationship of demethylation processes to veratric acid concentration and cell density in cultures of Rhodococcus erythropolis[J]. Cell Biology International，2003，1647：193-199

[11] National Toxicology Program. Final report on carcinogens background document for formaldehyde[J]. Rep Carcinog Backgr Doc. 2010：i-512.

[12] Eells J T，McMartin K E，Black K，et al. Formaldehyde poisoning Rapid metabolism to formic acid[J]. JAMA. 1981；246：1237-8.

[13] Smits M M，Wvan P，Sakuda O，et al. Mycothiol，1-O-(2-[N-acetyl-L-cysteinyl]amido-2-deoxy-α-D-glucopyranosyl)-D-myoinositol，is the factor of NAD factor dependent formaldehyde dehydrogenase[J]. FEBS Letters，1997，409：221-222

[14] Heck H D，Casanova-Schmitz M，Dodd P B，et al. Formaldehyde (CH_2O) Concentrations in the Blood of Humans and Fischer-344 Rats Exposed to CH_2O Under Controlled Conditions

［J］. AIHAJ，1985，46(1)：1-3.

［15］ Mcgilvery R W. Fuel for breathing. ［J］. American Review of Respiratory Disease，1979，119(2 Pt 2)：85.

［16］ 乔琰，何胡军，牛丹丹，等. 甲醛吸入对小鼠不同组织器官谷胱苷肽水平的影响［J］. 公共卫生与预防医学，2004(5)：12-14.

［17］ Hansen J，Olsen J H. Formaldehyde and cancer morbidity among male employees in Denmark［J］. Cancer Causes Control，1995；6：354-60.

［18］ Roldán J，Frauca C，Dueñas A. Alcohol intoxication［J］. Anales Sist Sanit Navar，2003；26：129-39.

［19］ Til H P，Woutersen R A，Feron V J，*et al*. Evaluation of the oral toxicity of acetaldehyde and formaldehyde in a 4-week drinking-water study in rats［J］. Food Chem Toxicol，1988；26：447-52.

［20］ Nocentini S，Moreno G，Coppey J. Survival，DNA synthesis and ribosomal RNA transcription in monkey kidney cells treated by formaldehyde. ［J］. Mutation Research，1980，70(2)：231-240.

［21］ Yılmaz H R，Özen O A，Songur A，*et al*. The toxic effects of subchronic (13 weeks) formaldehyde inhalation on some enzymes in the kidney of male rats［J］. Van Medical Journal，2002；9：1-5.

［22］ Zararsiz I，Sarsilmaz M，Tas U，*et al*. Protective Effect of Melatonin Against Formaldehyde-induced Kidney Damage in Rats［J］. Toxicol Ind Health，2007；23：573-9.

［23］ Zararsiz I，Sonmez M F，Yilmaz H R，*et al*. Effects of ω-3 Essential Fatty Acids Against Formaldehyde-Induced Nephropathy in Rats［J］. Toxicol Ind Health，2006；22：223-9.

［24］ Spanel P，Smith D，Holland T A，*et al*. Analysis of formaldehyde in the headspace of urine from bladder and prostate cancer patients using selected ion flow tube mass spectrometry ［J］. Rapid Commun Mass Spectrom，1999，13：1354-9.

［25］ Report F，Backgrou C，Carcinog R，*et al*. Final Report on Carcinogens Background Document for Formaldehyde. ［J］. Rep Carcinog Backgr Doc，2010(10-5981)：i.

［26］ IMBUS，H. Clinical evaluation of patients with complaints related to formaldehyde exposure ［J］. Journal of Allergy and Clinical Immunology，1985，76(6)：831-840.

［27］ Canada G O，Canada E. Priority substances list assessment report no. 4 ：Toluene［M］. 2002.

［28］ 夏世钧，吴中亮. 分子毒理学基础［M］. 武汉：湖北科学技术出版社，2001.

［29］ Conaway C C，Whysner J，Lynne K，*et al*. Formaldehyde mechanistic data and risk assessment：Endogenous protection from DNA adduct formation，Pharmacol［J］. Ther. Vol. 71，Nos. 1/2，pp. 29-55，1996.

［30］ Santovito A，Tiziana Schilirò，Castellano S，*et al*. Combined analysis of chromosomal aberrations and glutathione S-transferase M1 and T1 polymorphisms in pathologists occupationally exposed to formaldehyde［J］. Archives of Toxicology，2011，85(10)：1295-1302.

［31］ Jakab M G，Klupp T，Besenyei K，*et al*. Formaldehyde-induced chromosomal aberrations and apoptosis in peripheral blood lymphocytes of personnel working in pathology departments. ［J］. Mut. Res. -Genetic Toxicology and Environmental Mutagenesis，2010，698(1)：11-17.

［32］ Bender M A，Griggs H G，Bedford J S. Mechanisms of chromosomal aberration production Ⅲ. Chemicals and ionizing radiation［J］. Mutation Research/fundamental & Molecular Mechanisms of Mutagenesis，1974，23(2)：0-212.

［33］ Liu Y. Studies on formation and repair of formaldehyde-damaged DNA by detection of DNA-protein crosslinks and DNA breaks［J］. Frontiers in Bioscience，2006，11(1).

［34］ Lu K，Ye W，Gold A，*et al*. The Formation of S-[1-(N$_2$-deoxyguanosinyl)methyl]glutathione between Glutathione and DNA Induced by Formaldehyde［J］. Journal of the American Chemical Society，2009，131(10)：3414.

［35］ Shaham，J. DNA-protein crosslinks and p53 protein expression in relation to occupational exposure to formaldehyde［J］. Occupational and Environmental Medicine，2003，60(6)：403-409.

［36］ 张森，陈欢，王安，等. 甲醛的遗传毒性及作用机制研究进展［J］. 环境与健康杂志，2017.

［37］ Conaway C C，Whysner J，Verna L K，*et al*. Formaldehyde mechanistic data and risk assessment：endogenous protection from DNA adduct formation. ［J］. Pharmacol Ther，1996，71(1-2)：29-55.

［38］ LuK，Collins L B，Ru H，*et al*. Distribution of DNA Adducts Caused by Inhaled Formaldehyde Is Consistent with Induction of Nasal Carcinoma but Not Leukemia［J］. Toxicological Sciences，2010，116(2)：441-451.

［39］ Matsuda T，Yagi T，Kawanishi M，*et al*. Molecular analysis of mutations induced by 2-chloroacetaldehyde，the ultimate carcinogenic form of vinyl chloride，in human cells using shuttle vectors［J］. Carcinogenesis，1995，16(10)：2389-2394.

［40］ Murta G L，Campos K K D，Bandeira A C B，*et al*. Oxidative effects on lung inflammatory response in rats exposed to different concentrations of formaldehyde［J］. Environmental Pollution，2016，211：206-213.

［41］ 武阳，常青，杨旭. 不同浓度甲醛致大鼠肝细胞 DNA 氧化损伤作用［J］. 环境科学学报，2009，29(11)：2415-2419

［42］ 袭著革. 甲醛致核酸损伤作用的实验研究［J］. 环境科学学报，2004，24(4)：719-722.

［43］ Hauptmann M. Mortality from lymphohematopoietic malignancies among workers in formaldehyde industries［J］. J Natl Cancer Inst，2003，95.

［44］ Marsh G M，Youk A O，Buchanich J M，*et al*. Pharyngeal cancer mortality among chemical plant workers exposed to formaldehyde. ［J］. Toxicology & Industrial Health，2002，18(6)：257-268.

［45］ 于立群，甲醛暴露工人外周血淋巴细胞遗传物质损伤水平的研究［J］. 中华预防医学杂

志，2005，39(6)：392-395.

[46] Bosetti C，Mclaughlin J K，Tarone R E，*et al*.Formaldehyde and cancer risk：a quantitative review of cohort studies through 2006[J]. Annals of Oncology，2007，19(1)：29-43.

[47] Beane Freeman L E，Blair A，Lubin J H，*et al*.Mortality From Lymphohematopoietic Malignancies Among Workers in Formaldehyde Industries：The National Cancer Institute Cohort[J]. JNCI Journal of the National Cancer Institute，2009，101(10)：751-761.

[48] Zhang L，Tang X，Rothman N，*et al*.Occupational exposure to formaldehyde, hematotoxicity, and leukemia-specific chromosome changes in cultured myeloid progenitor cells[J]. Cancer Epidemiol Biomarkers Prev，2010，19(1)：80-8.

[49] 阎静，郭晴，江清英，等. 甲醛复合 PM2.5 致小鼠血液毒性的研究[J]. 中国环境科学，2017(7).

[50] Songur A，Ozen O A，Sarsilmaz M. The Toxic Effects of Formaldehyde on the Nervous System[J]. Conta. Toxicol，2010，203：105-114.

[51] Irmak M K，Fadillioglu E，Sogut S，*et al*.Effects of caffeic acid phenethyl ester and alpha-tocopherol on reperfusion injury in rat brain[J]. Cell Biochemistry & Function，2003，21(3)：283-289.

[52] Ozdem T A，Sarsilmaz M，Kus I，*et al*.Caffeic acid phenethyl ester (CAPE) prevents formaldehyde-induced neuronal damage in hippocampus of rats[J]. Neuroanat，2007，6：66-71.

[53] Zararsiz I，Kus I，Ogeturk M，*et al*.Melatonin prevents Formaldehyde-induced neurotoxicity in prefrontal cortex of rats：An immunehistochemical and biochemical study[J]. Cell Biochem. Funct，2007，25：413-418.

[54] Huang J，Lu Y，Zhang B，*et al*.Antagonistic effect of epigallocatechin-3-gallate on neurotoxicity induced by formaldehyde[J]. Toxicology，2018.

[55] Songur A，Akpolat N，Kus I，*et al*.The effects of the inhaled formaldehyde during the early postnatal period in the hippocampus of rats：A morphological and immune histochemical study[J]. Neurosci. Res. Commun，2003，33：168-178.

[56] Kanter M. Protective effects of Nigella sativa on formaldehyde induced neuronal injury in frontal cortex[J]. Tıp Araştırmaları Dergisi，2010，8 (1)：1-8.

[57] Sorg BA，Bailie TM，Tschirgi ML，*et al*.Exposure to repeated low-level formaldehyde in rats increases basal corticosterone levels and enhances the corticosterone response to subsequent formaldehyde[J]. Brain Res，2001a，898(2)：314-320.

[58] Kilburn KH，Warshaw R，Thornton JC. Formaldehyde impairs memory, equilibrium, and dexterity in histology technicians：Effects which persist for days after exposure. Arch[J]. Environ. Health，1987，42：117-120.

[59] Zendehdel R，Fazli Z，Mazinani M. Neurotoxicity effect of formaldehyde on occupational exposure and influence of individual susceptibility to some metabolism parameters[J]. Environ Monit Assess，2016 Nov，188(11)：648.

[60] 李明华，殷凯生，朱栓立. 哮喘病学[M]. 北京：人民卫生出版社，1998.

［61］ WHO. Formaldehyde，Concise International Chemical Assessment Document 40［M］. Geneva：World Health Organization，2002.

［62］ 杨旭，李睿，鲁志松，等. Nielsen 假说和类香草素受体信号传递系统与获得性过敏性体质，中华预防医学会，第一届全国室内空气质量与健康学术研讨会论文集［C］，第一届全国室内空气质量与健康学术研讨会，北京，2002. 北京：中华预防医学会，2002. 187-190.

［63］ 梁瑞峰，原福胜，白剑英，等. 甲醛对小鼠的免疫毒性及氧化损伤的研究［J］. 环境与健康杂志，2007，24(6)：396-399.

［64］ 马若波，张旸，吴艳萍，等. 甲醛对小鼠免疫功能影响［J］. 中国公共卫生，2007，23(10)：1218-1218.

［65］ 卫邦栋，郝兰英，温天佑，等. 室内甲醛污染对人体免疫功能的影响. 第一届全国室内空气质量与健康学术研讨会论文集［C］，第一届全国室内空气质量与健康学术研讨会，北京，2002. 北京：中华预防医学会，2002. 197-198.

［66］ Shumilina A V. Menstrual and child bearing functions of female workers occupationally exposed to the effects of formaldehyde（Russian）［J］. Gig Tr Prof Zabol，1975，19(12)：18-21.

［67］ Jørgen H. Olsen，Martin D. Formaldehyde induced symptoms in day care centers［J］. AIHAJ，1982，43(5)：366-370.

［68］ Taskinen H K，Kyyrönen P，Sallmén M，et al. Reduced fertility among female wood workers exposed to formaldehyde［J］. American Journal of Industrial Medicine，1999；36：206-212.

［69］ 谢颖. 甲醛的生殖毒性［J］. 工业卫生与职业病，2002，28(2)：118-120.

［70］ Saurel-Cubizolles M J，Hays M，Estryn-Behar M. Work in operating rooms and pregnancy outcome among nurses［J］. Int Arch Occup Environ Health，1994；66：235-241.

［71］ Dulskiene V，Grazuleviciene R. Environmental risk factors and outdoor formaldehyde and risk of congenital heart malformations［J］. Medicina（Kaunas），2005，41：787-795.

［72］ Maroziene L，Grazuleviciene R. Maternal exposure to low-level air pollution and pregnancy outcomes：a population-based study［J］. Environ Health，2002，1：6.

［73］ Zhu J L，Knudsen L E，Andersen A M，et al. Laboratory work and pregnancy outcomes：a study within the National Birth Cohort in Denmark［J］. Occup Environ Med，2006，63：53-58.

［74］ Ozen OA，Akpolat N，Songur A，et al. Effect of formaldehyde inhalation on Hsp70 in seminiferous tubules of rat testes：an immunohistochemical study［J］. Toxicol Ind Health，2005，21：249-254.

［75］ Zhou D X，Qiu S D，Zhang J，et al. The protective effect of vitamin E against oxidative damage caused by formaldehyde in the testes of adult rats［J］. Asian J Androl，2006b，8：584-588.

［76］ Chowdhury A R，Gautam A K，Patel K G，et al. Steroidogenic inhibition in testicular tissue of formaldehyde exposed rats［J］. Indian J Physiol Pharmacol，1992，36：162-168.

[77] Odeigah P G. Sperm head abnormalities and dominant lethal effects of formaldehyde in albino rats[J]. Mutat Res, 1997, 389: 141-148.

[78] Majumder P K, Kumar V L. Inhibitory effects of formaldehyde on the reproductive system of male rats[J]. Indian J Physiol Pharmacol, 1995, 39: 80-82.

[79] Xing S-y, Ye L, Wang N-n. Toxic effect of formaldehyde on reproduction and heredity in male mice[J]. Journal of Jilin University, 2007, 33: 716-718.

[80] Wang N, Yang Y, Zhang L, et al. Reproductive toxicity of formaldehyde on male mice[J]. Community Medical Journal, 2006c, 4: 13-15.

[81] 黄玉兰, 颜文. 甲醛对小鼠精子影响的实验研究[J]. 中国现代医学杂志, 2002, 12(16): 77-77.

[82] Maronpot R R, Miller R A, Clarke W J, et al. Toxicity of formaldehyde vapor in B6C3F1 mice exposed for 13 weeks[J]. Toxicology, 1986, 1: 253-266.

[83] 王伟, 唐明德, 易义珍, 等. 甲醛对雌性小鼠动情周期及卵巢的影响[J]. 实用预防医学, 2002, 9(6): 641-643.

[84] Sorg B A, Swindell S, Tschirgi M L. Repeated low level formaldehyde exposure produces enhanced fear conditioning to odor in male, but not female, rats[J]. Brain Research, 2004, 1008(1): 11-19..

[85] 童志前, 刘宏亮, 严彦, 等. 气态甲醛染毒致小鼠气道神经源性炎症的神经受体机制[J]. 环境与健康杂志, 2004, 21(4): 215-217.

[86] Arts J H E, Rennen M A J, De Heer C. Inhaled formaldehyde: Evaluation of sensory irritation in relation to carcinogenicity[J]. Regulatory Toxicology & Pharmacology Rtp, 2006, 44(2): 144-160.

[87] 范卫, 周元陵, 王法弟, et al. 甲醛接触者的嗅觉功能[J]. 环境与职业医学, 2004, 21(3): 202-204.

[88] 王维, 周烨, 王秋萍. 甲醛对作业工人呼吸系统及肺功能的影响[J]. 中国工业医学杂志, 2000, 13(2).

[89] Franklin P, Dingle P, Stick S. Raised Exhaled Nitric Oxide in Healthy Children Is Associated with Domestic Formaldehyde Levels[J]. American Journal of Respiratory and Critical Care Medicine, 2000, 161(5): 1757-1759.

[90] 岳伟, 金晓滨, 潘小川, 等. 室内甲醛与成人过敏性哮喘关系的研究[J]. 中国公共卫生, 2004, 20(8): 904-906.

[91] Rumchev K B, Spicken J T, BulsarsM K, et al Domestic exposure to formaldehyde significantly increases the risk of asthma in young children[J]. Eur. Respir J, 2002, 20: 403-408.

[92] 李志刚, 陈保成. 低浓度甲醛对作业人员健康的影响[J]. 中国工业医学杂志, 2002, 15(5): 302-303.

[93] Ohtsuka R, Shuto Y, Fujie H, et al. Response of Respiratory Epithelium of BN and F344 Rats to Formaldehyde Inhalation. [J]. Experimental Animals, 1997, 46(4): 279-286.

[94] 杨玉花, 裘著革, 晁福寰, 等. 气态甲醛对大鼠肺组织影响的病理学观察[J]. 生态毒理

学报，2007，2(3)：310-314.

[95] Tsai S S, Chiu H F, Liou S H, *et al*. Short-term effects of fine particulate air pollution on hospital admissions for respiratory diseases: a case-crossover study in a tropical city[J]. Journal of Toxicology and Environmental Health, Part A, 2014, 77(18)：1091-1101.

[96] 李继忠，边毓尧，郭文有，等. PM2.5 与呼吸系统疾病发病率关系流行病学调查研究[J]. 陕西医学杂志，2018，47(06)：805-808.

[97] Xu Q, Li X, Wang S, *et al*. Fine particulate air pollution and hospital emergency room visits for respiratory disease in urban areas in Beijing, China, in 2013[J]. PLoS One, 2016, 11(4)：e0153099.

[98] Fu J, Jiang D, Lin G, *et al*. An ecological analysis of PM2.5 concentrations and lung cancer mortality rates in China[J]. BMJ open, 2015, 5(11)：e009452.

[99] Pun V C, Kazemiparkouhi F, Manjourides J, *et al*. Long-term PM2.5 exposure and respiratory, cancer, and cardiovascular mortality in older US adults[J]. American journal of epidemiology, 2017, 186(8)：961-969.

[100] Correia A W, Pope III C A, Dockery D W, *et al*. The effect of air pollution control on life expectancy in the United States: an analysis of 545 US counties for the period 2000 to 2007[J]. Epidemiology (Cambridge, Mass.), 2013, 24(1)：23.

[101] 陈伟伟，高润霖，刘力生，等.《中国心血管病报告 2015》概要[J]. 中国循环杂志，2016，31(06)：521-528.

[102] 梁锐明，殷鹏，王黎君，等. 中国 7 个城市大气 PM2.5 对人群心血管疾病的急性效应研究[J]. 中华流行病学杂志，2017，38(3)：283-289.

[103] 王德征，江国虹，顾清，等. 采用时间序列泊松回归分析天津市大气污染物对心脑血管疾病死亡的急性影响[J]. 中国循环杂志，2014，29(06)：453-457.

[104] Yang C, Peng X, Huang W, *et al*. A time-stratified case-crossover study of fine particulate matter air pollution and mortality in Guangzhou, China[J]. International archives of occupational and environmental health, 2012, 85(5)：579-585.

[105] Gholampour A, Nabizadeh R, Naseri S, *et al*. Exposure and health impacts of outdoor particulate matter in two urban and industrialized area of Tabriz, Iran[J]. Journal of Environmental Health Science and Engineering, 2014, 12(1)：27.

[106] Fattore E, Paiano V, Borgini A, *et al*. Human health risk in relation to air quality in two municipalities in an industrialized area of Northern Italy[J]. Environmental research, 2011, 111(8)：1321-1327.

[107] Mustafić H, Jabre P, Caussin C, *et al*. Main air pollutants and myocardial infarction: a systematic review and meta-analysis[J]. Jama, 2012, 307(7)：713-721.

[108] Claeys M J, Rajagopalan S, Nawrot T S, *et al*. Climate and environmental triggers of acute myocardial infarction[J]. European heart journal, 2016, 38(13)：955-960.

[109] Liang R, Zhang B, Zhao X, *et al*. Effect of exposure to PM2.5 on blood pressure: a systematic review and meta-analysis[J]. Journal of hypertension, 2014, 32(11)：2130-2141.

[110] To T, Zhu J, Villeneuve P J, *et al*. Chronic disease prevalence in women and air pollution—a 30-year longitudinal cohort study [J]. Environment international, 2015, 80: 26-32.

[111] Jung C R, Lin Y T, Hwang B F. Ozone, particulate matter, and newly diagnosed Alzheimer's disease: a population-based cohort study in Taiwan[J]. Journal of Alzheimer's Disease, 2015, 44(2): 573-584.

[112] Ranft U, Schikowski T, Sugiri D, *et al*. Long-term exposure to traffic-related particulate matter impairs cognitive function in the elderly[J]. Environmental research, 2009, 109 (8): 1004-1011.

[113] Gatto N M, Henderson V W, Hodis H N, *et al*. Components of air pollution and cognitive function in middle-aged and older adults in Los Angeles[J]. Neurotoxicology, 2014, 40: 1-7.

[114] Kioumourtzoglou M A, Schwartz J D, Weisskopf M G, *et al*. Long-term PM2. 5 exposure and neurological hospital admissions in the northeastern United States[J]. Environmental health perspectives, 2015, 124(1): 23-29.

[115] Kirrane E F, Bowman C, Davis J A, *et al*. Associations of ozone and PM2. 5 concentrations with Parkinson's disease among participants in the agricultural health study[J]. Journal of occupational and environmental medicine/American College of Occupational and Environmental Medicine, 2015, 57(5): 509.

[116] Raz R, Roberts A L, Lyall K, *et al*. Autism spectrum disorder and particulate matter air pollution before, during, and after pregnancy: a nested case-control analysis within the Nurses'Health Study II Cohort[J]. Environmental health perspectives, 2015, 123(3): 264-70.

[117] Kalkbrenner A E, Windham G C, Serre M L, *et al*. Particulate matter exposure, prenatal and postnatal windows of susceptibility, and autism spectrum disorders[J]. Epidemiology, 2015, 26(1): 30-42.

[118] Jung C R, Lin Y T, Hwang B F. Air pollution and newly diagnostic autism spectrum disorders: a population-based cohort study in Taiwan[J]. PLoS One, 2013, 8(9): e75510.

[119] Becerra T A, Wilhelm M, Olsen J, *et al*. Ambient air pollution and autism in Los Angeles county, California[J]. Environmental health perspectives, 2013, 121(3): 380-6.

[120] Volk H E, Hertz-Picciotto I, Delwiche L, *et al*. Residential proximity to freeways and autism in the CHARGE study[J]. Environmental health perspectives, 2011, 119(6): 873-7.

[121] Volk H E, Lurmann F, Penfold B, *et al*. Traffic-related air pollution, particulate matter, and autism[J]. JAMA Psychiatry, 2013, 70(1): 71-7.

[122] Talbott E O, Arena V C, Rager J R, *et al*. Fine particulate matter and the risk of autism spectrum disorder[J]. Environ Res, 2015, 140: 414-420.

[123] Barregard L, Sällsten G, Andersson L, *et al*. Experimental exposure to wood smoke: effects on airway inflammation and oxidative stress[J]. Occupational and environmental

medicine，2008，65(5)：319-324.

[124] Muala A，Rankin G，Sehlstedt M，et al. Acute exposure to wood smoke from incomplete combustion-indications of cytotoxicity[J]. Particle and fibre toxicology，2015，12(1)：33.

[125] Migliaccio C T，Kobos E，King Q O，et al. Adverse effects of wood smoke PM2. 5 exposure on macrophage functions[J]. Inhalation toxicology，2013，25(2)：67-76.

[126] Riva D R，Magalhaes C B，Lopes A A，et al. Low dose of fine particulate matter (PM2. 5) can induce acute oxidative stress，inflammation and pulmonary impairment in healthy mice [J]. Inhalation toxicology，2011，23(5)：257-267.

[127] Haberzettl P，O'Toole T E，Bhatnagar A，et al. Exposure to fine particulate air pollution causes vascular insulin resistance by inducing pulmonary oxidative stress[J]. Environmental health perspectives，2016，124(12)：1830.

[128] Lin C I，Tsai C H，Sun Y L，et al. Instillation of particulate matter 2. 5 induced acute lung injury and attenuated the injury recovery in ACE2 knockout mice[J]. International journal of biological sciences，2018，14(3)：253.

[129] 顾娜，张桂贤，史鹏程，等. PM2.5 致大鼠肺损伤模型中肺巨噬细胞 NLRP3 炎性小体活化研究[J]. 天津医药，2018，(11)：1171-1175＋1257.

[130] 宋锐，王亚红，邹宝安，等. PM2.5 对小鼠过敏性哮喘模型炎症反应的影响[J]. 广东医科大学学报，2018，36(02)：147-151.

[131] Tang W，Du L，Sun W，et al. Maternal exposure to fine particulate air pollution induces epithelial-to-mesenchymal transition resulting in postnatal pulmonary dysfunction mediated by transforming growth factor-β/Smad3 signaling[J]. Toxicology letters，2017，267：11-20.

[132] Barregard L，Sällsten G，Gustafson P，et al. Experimental exposure to wood-smoke particles in healthy humans：effects on markers of inflammation，coagulation，and lipid peroxidation[J]. Inhalation toxicology，2006，18(11)：845-853.

[133] Croft D P，Cameron S J，Morrell C N，et al. Associations between ambient wood smoke and other particulate pollutants and biomarkers of systemic inflammation，coagulation and thrombosis in cardiac patients[J]. Environmental research，2017，154：352-361.

[134] 严超，曹希宁，沈炼桔，等. 汽车尾气来源 PM _ (2.5)长期暴露导致大鼠多器官损害 [J]. 重庆医科大学学报，2015，40(06)：844-849.

[135] Tanwar V，Gorr M W，Velten M，et al. In utero particulate matter exposure produces heart failure，electrical remodeling，and epigenetic changes at adulthood[J]. Journal of the American Heart Association，2017，6(4)：e005796.

[136] Chen L C，Hwang J S，Lall R，et al. Alteration of cardiac function in ApoE－/－ mice by subchronic urban and regional inhalation exposure to concentrated ambient PM2. 5[J]. Inhalation toxicology，2010，22(7)：580-592.

[137] Pei Y，Jiang R，Zou Y，et al. Effects of fine particulate matter (PM2. 5) on systemic oxidative stress and cardiac function in ApoE－/－ mice[J]. International journal of environ-

mental research and public health，2016，13(5)：484.

［138］ 甄玲燕，蒋蓉芳，辛峰，等. 大气细颗粒物对自发性高血压大鼠心血管系统的影响［J］. 环境与职业医学，2013，30(06)：471-474.

［139］ Nurkiewicz T R，Porter D W，Barger M，*et al*. Systemic microvascular dysfunction and inflammation after pulmonary particulate matter exposure［J］. Environmental health perspectives，2005，114(3)：412-419.

［140］ Calderon-Garciduenas L，Reed W，Maronpot R R，*et al*. Brain inflammation and Alzheimer's-like pathology in individuals exposed to severe air pollution［J］. Toxicologic pathology，2004，32(6)：650-658.

［141］ Calderón-Garciduenãs L，Kavanaugh M，Block M，*et al*. Neuroinflammation，hyperphosphorylated tau，diffuse amyloid plaques，and down-regulation of the cellular prion protein in air pollution exposed children and young adults［J］. Journal of Alzheimer's Disease，2012，28(1)：93-107.

［142］ Calderon-Garciduenas L，Azzarelli B，Acuna H，*et al*. Air pollution and brain damage［J］. Toxicologic pathology，2002，30(3)：373-389.

［143］ Calderon-Garciduenas L，Maronpot R R，Torres-Jardon R，*et al*. DNA damage in nasal and brain tissues of canines exposed to air pollutants is associated with evidence of chronic brain inflammation and neurodegeneration［J］. Toxicologic pathology，2003，31(5)：524-538.

［144］ Fonken L K，Xu X，Weil Z M，*et al*. Air pollution impairs cognition，provokes depressive-like behaviors and alters hippocampal cytokine expression and morphology［J］. Molecular psychiatry，2011，16(10)：987.

［145］ Bhatt D P，Puig K L，Gorr M W，*et al*. A pilot study to assess effects of long-term inhalation of airborne particulate matter on early Alzheimer-like changes in the mouse brain［J］. PLoS One，2015，10(5)：e0127102.

［146］ Levesque S，Surace M J，McDonald J，*et al*. Air pollution & the brain：Subchronic diesel exhaust exposure causes neuroinflammation and elevates early markers of neurodegenerative disease［J］. Journal of neuroinflammation，2011，8(1)：105.

［147］ Allen J L，Conrad K，Oberdörster G，*et al*. Developmental exposure to concentrated ambient particles and preference for immediate reward in mice［J］. Environmental Health Perspectives，2012，121(1)：32-38.

［148］ Allen J L，Liu X，Pelkowski S，*et al*. Early postnatal exposure to ultrafine particulate matter air pollution：persistent ventriculomegaly，neurochemical disruption，and glial activation preferentially in male mice［J］. Environmental health perspectives，2014，122(9)：939.

［149］ Li K，Li L，Cui B，*et al*. Early postnatal exposure to airborne fine particulate matter induces autism-like phenotypes in male rats［J］. Toxicological Sciences，2017，162(1)：189-199.

［150］ Deng X，Rui W，Zhang F，*et al*. PM 2.5 induces Nrf2-mediated defense mechanisms against oxidative stress by activating PIK3/AKT signaling pathway in human lung alveolar epithelial A549 cells[J]. Cell biology and toxicology, 2013, 29(3): 143-157.

[151] Weichenthal S A, Pollitt K G, Villeneuve P J. PM 2.5, oxidant defence and cardiorespiratory health: a review[J]. Environmental Health, 2013, 12(1): 40.

[152] Jin X, Xue B, Zhou Q, et al. Mitochondrial damage mediated by ROS incurs bronchial epithelial cell apoptosis upon ambient PM2.5 exposure[J]. The Journal of toxicological sciences, 2018, 43(2): 101-111.

[153] Davel A P, Lemos M, Pastro L M, et al. Endothelial dysfunction in the pulmonary artery induced by concentrated fine particulate matter exposure is associated with local but not systemic inflammation[J]. Toxicology, 2012, 295(1-3): 39-46.

[154] Deng X, Zhang F, Rui W, et al. PM2.5-induced oxidative stress triggers autophagy in human lung epithelial A549 cells[J]. Toxicology in vitro, 2013, 27(6): 1762-1770.

[155] Wang G, Zhao J, Jiang R, et al. Rat lung response to ozone and fine particulate matter (PM2.5) exposures[J]. Environmental toxicology, 2015, 30(3): 343-356.

[156] Zhi-Qing LIN, Zhu-Ge XI, Dan-Feng Y, et al. Oxidative damage to lung tissue and peripheral blood in endotracheal PM2.5-treated rats[J]. Biomedical and Environmental Sciences, 2009, 22(3): 223-228.

[157] 刘婷, 魏海英, 杨文妍, 等. 太原市冬季灰霾天气大气 PM2.5 对肺泡巨噬细胞的氧化损伤作用[J]. 环境科学学报, 2015, 35(3): 890-896.

[158] Yan Z, Wang J, Li J, et al. Oxidative stress and endocytosis are involved in upregulation of interleukin-8 expression in airway cells exposed to PM2.5[J]. Environmental toxicology, 2016, 31(12): 1869-1878.

[159] 翟文慧, 黄志刚, 冯聪, 等. 大气细颗粒污染物 PM2.5 浓度及对肺上皮细胞炎性因子的影响[J]. 现代生物医学进展, 2015, 15(06): 1028-1031.

[160] Honda A, Fukushima W, Oishi M, et al. Effects of components of PM2.5 collected in Japan on the respiratory and immune systems[J]. International journal of toxicology, 2017, 36(2): 153-164.

[161] Longhin E, Holme J A, Gutzkow K B, et al. Cell cycle alterations induced by urban PM2.5 in bronchial epithelial cells: characterization of the process and possible mechanisms involved[J]. Particle and fibre toxicology, 2013, 10(1): 63.

[162] 张琳, 牛静萍, 徐佳, 等. 大气细颗粒物 PM_(2.5)对大鼠睾丸组织细胞周期的影响[J]. 生态毒理学报, 2009, 4(02): 271-275.

[163] Zhou Z, Liu Y, Duan F, et al. Transcriptomic analyses of the biological effects of airborne PM2.5 exposure on human bronchial epithelial cells [J]. PloS one, 2015, 10(9): e0138267.

[164] Ding X, Wang M, Chu H, et al. Global gene expression profiling of human bronchial epithelial cells exposed to airborne fine particulate matter collected from Wuhan, China[J]. Toxicology letters, 2014, 228(1): 25-3

[165]　石志博，姚宁，朱玉，等．邻苯二甲酸酯类增塑剂的正确评价和使用[J]．塑料助剂，2009，77：43-49.

[166]　Ha M，Guan X，Wei L，et al. Di-（2-ethylhexyl）phthalate inhibits testosterone level through disturbed hypothalamic-pituitary-testis axis and ERK-mediated 5α-Reductase 2[J]. Science of the Total Environment，2016：563-575.

[167]　秦道云，谭琴，徐新云，等．DEHP对大鼠睾丸组织病理损害和超微结构的影响[J]．中国卫生检验杂志，2014，24(22)：3228-3231

[168]　杨俊杰，马洪，李静，等．邻苯二甲酸二乙基己酯及代谢产物邻苯二酸-单-2-乙基己酯对雄性幼鼠生精细胞凋亡的影响[J]．南方医科大学学报，2012，32(12)：1758-1763.

[169]　Zhang G，Liu K，Ling X，et al. DBP-induced endoplasmic reticulum stress in male germ cells causes autophagy，which has a cytoprotective role against apoptosis in vitro and in vivo[J]. Toxicology Letters，2016，245：86-98

[170]　Zhang G，Ling X，Liu K，et al. The p-eIF2alpha/ATF4 pathway links endoplasmic reticulum stress to autophagy following the production of reactive oxygen species in mouse spermatocyte-derived cells exposed to Dibutyl phthalate[J]. Free Radical Research，2016，50(7)：698-707.

[171]　吴冠宇，王硕，刘艳，等．邻苯二甲酸二丁酯对雄性小鼠生殖系统的脂质过氧化作用[J]．吉林大学学报(医学版)，2015，41(3)：553-557.

[172]　宋晓峰，魏光辉，邓永继，等．邻苯二甲酸二乙基己酯对新生小鼠睾丸及Leydig细胞影响的实验研究[J]．中华男科学杂志，2006，12(9)：775-779.

[173]　陈莹莹，葛淑珍，黄健，等．增塑剂邻苯二甲酸二异壬酯对雄性小鼠生殖毒性的氧化损伤机制[J]．生态毒理学报，2018，13(5)：281-287.

[174]　张蕴晖，陈秉衡，丁训诚，等．DBP、DEHP及其代谢物MBP、MEHP的体内雌激素样活性分析[J]．环境与职业医学，2005，22(1)：11-13.

[175]　王勇，张力峰，张炜．转录激活因子3在糖皮质激素与邻苯二甲酸二丁酯联合作用致大鼠尿道下裂发生中的表达变化[J]．中华实验外科杂志，2011，28(5)：778-780.

[176]　李祥．细胞自噬和细胞凋亡在邻苯二甲酸二丁酯对生殖结节发育影响中相关作用机制的研究[J]．苏州大学，2016.

[177]　王养才．新生雄性大鼠短期暴露邻苯二甲酸对生殖系统发育和功能的影响[J]．重庆医科大学，2016.

[178]　靳秋梅，孙增荣．邻苯二甲酸二丁酯对小鼠卵巢功能的影响[J]．环境与健康杂志，2007，24(5)：310-312.

[179]　解玮．某市供水体系有机提取物内分泌干扰活性与邻苯二甲酸二乙基己酯性激素干扰效应研究[J]．复旦大学，2004.

[180]　Xu C，Chen J A，Qiu Z Q，et al. Ovotoxicity and PPAR-mediated aromatase downregulation in female Sprague Dawley rats following combined oral exposure to benzo(a)pyrene and di-(2-ethylhexyl) phthalate[J]. Toxicology Letters，2010，199：323-332.

[181]　Li N，Liu T，Zhou L T，et al. Di-(2-ethylhexyl) phthalate reduces progesterone levels and

induces apoptosis of ovarian granulosa cell in adult female ICR mice[J]. Environmental Toxicology and Pharmacology, 2012, 34(2): 869-875.

[182] 李虹. 邻苯二甲酸二丁酯对大鼠卵巢颗粒细胞生长和分泌功能的影响[J]. 第二军医大学, 2016.

[183] 王心, 尚丽新, 吴楠, 等. DEHP 对妊娠大鼠胚胎着床及胚胎发育影响[J]. 中国公共卫生, 2011, 27(5): 597-599.

[184] 李玉秋, 段志文, 裴秀从, 等. DEHP、MEHP 对小鼠胚胎干细胞细胞毒性的研究[J]. 实用药物与临床, 2016, 19(8): 2-5.

[185] Wang Y, Yang Q, Liu W, et al. Di (2-ethylhexyl) phthalate exposure in utero damages Sertoli cell differentiation via disturbance of sex determination pathway in fetal and postnatal mice[J]. Toxicological Sciences 2016, 152(1): 53-61.

[186] Wang Y, Liu W, Yang Q, et al. Di (2-ethylhexyl) phthalate exposure during pregnancy disturbs temporal sex determination regulation in mice offspring[J]. Toxicology 2015, 336: 10-16

[187] Bornehag CG, Sundell J, Weschler CJ, et al. The association between asthma and allergic symptoms in children and phthalates in house dust: A nested case-control study[J]. Environ Health Perspectives, 2004, 112(14): 1393-1397.

[188] Larsen S T, Hansen J S, Hansen E K, et al. Airway inflammation and adjuvant effect after repeated airborne exposures to di-(2-ethylhexyl) phthalate and ovalbumin in BALB/c mice[J]. Toxicology, 2007, 235(1-2): 119-129.

[189] Yang G, Qiao Y, Li B, et al. Adjuvant effect of di (2-ethylhexyl) phthalate on asthma-like pathological changes in ovalbumin-immunised rats[J]. Food and Agricultural Immunology, 2008, 19(4): 351-362.

[190] Guo J, Han B, Qin L, et al. Pulmonary toxicity and adjuvant effect of di-(2-exylhexyl) phthalate in ovalbumin-immunized Balb/c mice[J]. PLoS One, 2012, 7(6): e39008

[191] 李俐, 李金泉, 问华肖, 等. 邻苯二甲酸二丁酯皮肤和经口摄入暴露诱发的小鼠肺损伤[J]. 环境与健康杂志, 2014, 31(2): 95-99.

[192] You H H, Chen S H, Mao L, et al. The adjuvant effect induced by di-(2-ethylhexyl) phthalate (DEHP) is mediated through oxidative stress in a mouse model of asthma[J]. Food and Chemical Toxicology, 2014, 71: 272-281.

[193] 尤会会, 赵静云, 袁烨, 等. DEHP 与 OVA 联合染毒对小鼠肺功能和肺部 IL-17 表达的作用[J]. 环境科学学报, 2013, 33(4): 1202-1207.

[194] You H H, Li R, Wei C X, et al. Thymic Stromal Lymphopoietin Neutralization Inhibits the Immune Adjuvant Effect of Di-(2-Ethylhexyl) Phthalate in Balb/c Mouse Asthma Model[J]. PLOS ONE, 2016, 11(7): e0159479.

[195] Han Y, Wang X, Chen G, et al. Di-(2-ethylhexyl) phthalate adjuvantly induces imbalanced humoral immunity in ovalbumin-sensitized BALB/c mice ascribing to T follicular helper cells hyperfunction[J]. Toxicology, 2014, 324: 88-97.

[196]　Qin W，Deng T，Cui H，*et al*. Exposure to diisodecyl phthalate exacerbated Th2 and Th17-mediated asthma through aggravating oxidative stress and the activation of p38 MAPK[J]. Food and Chemical Toxicology，2018：78-87.

[197]　Chen L，Chen J，Xie C M，*et al*. Maternal Disononyl Phthalate Exposure Activates Allergic Airway Inflammation via Stimulating the Phosphoinositide 3-kinase/Akt Pathway in Rat Pups[J]. Biomedical and Environmental Sciences，2015，28(3)：190-198.

[198]　Li J，Li L，Zuo H，*et al*. T-Helper Type-2 Contact Hypersensitivity of Balb/c Mice Aggravated by Dibutyl Phthalate via Long-Term Dermal Exposure[J]. PLOS ONE，2014，9(2).

[199]　Wu Z，Li J，Ma P，*et al*. Long-term dermal exposure to diisononyl phthalate exacerbates atopic dermatitis through oxidative stress in an FITC-induced mouse model[J]. Frontiers of Biology in China，2015，10(6)：537-545.

[200]　Shen S，Li J，You H，*et al*. Oral exposure to diisodecyl phthalate aggravates allergic dermatitis by oxidative stress and enhancement of thymic stromal lymphopoietin[J]. Food and Chemical Toxicology，2017：60-69.

[201]　陈龙，蒋莉，陈恒胜，等. 邻苯二甲酸二丁酯对子代大鼠海马神经细胞发育的影响[J]. 中华劳动卫生职业病杂志，2010，28(7)：530-533.

[202]　李丹丹，刘尚辉，潘亮，等. 塑化剂 DEHP 对子代大鼠神经毒性机制探讨[J]. 毒理学杂志，2012，26(5)：326-330

[203]　Shen R，Zhao L，Yu Z，*et al*. Maternal di-(2-ethylhexyl) phthalate exposure during pregnancy causes fetal growth restriction in a stage-specific but gender-independent manner[J]. Reproductive Toxicology，2017：117-124.

[204]　马宁，支媛，徐海滨. 邻苯二甲酸二异丁酯对雄性小鼠空间学习记忆行为的影响[J]. 中国食品卫生杂志，2010，22(4)：300-305.

[205]　Tang J，Yuan Y，Wei C，*et al*. Neurobehavioral changes induced by di(2-ethylhexyl) phthalate and the protective effects of vitamin E in Kunming mice[J]. Toxicology Research，2015，4(4)：1006-1015.

[206]　Ma P，Liu X，Wu J，*et al*. Cognitive deficits and anxiety induced by diisononyl phthalate in mice and the neuroprotective effects of melatonin[J]. Scientific Reports，2015，5：14676.

[207]　葛淑珍，陈莹莹，黄佳伟，等. 邻苯二甲酸二异癸酯联合甲醛致小鼠学习记忆障碍的氧化损伤机制研究[J]. 环境科学学报，2018，38(10)：4185-4194.

[208]　Min A，Liu F，Yang X，*et al*. Benzyl butyl phthalate exposure impairs learning and memory and attenuates neurotransmission and CREB phosphorylation in mice[J]. Food and Chemical Toxicology，2014：81-89.

[209]　Wu Y，Li K，Zuo H，*et al*. Primary neuronal-astrocytic co-culture platform for neurotoxicity assessment of di-(2- ethylhexyl) phthalate[J]. Journal of Environmental Sciences-china，2014，26(5)：1145-1153.

[210]　Dai Y，Yang Y，Xu X，*et al*. Effects of uterine and lactational exposure to di-(2-ethylhex-

yl) phthalate on spatial memory and NMDA receptor of hippocampus in mice[J]. Hormones and Behavior, 2015: 41-48.

[211] 王珥梅. IBPs 及其与 PAEs 联合对生殖内分泌和甲状腺系统的影响[J]. 中国疾病预防控制中心, 2008.

[212] 胡帅尔, 张紫虹, 杨美玲, 等. DEHP 致大鼠甲状腺毒性作用中的机制研究[J]. 毒理学杂志, 2014, 28(2): 87-90.

[213] 胡帅尔, 张紫虹, 陆彦, 等. 邻苯二甲酸二(2-乙基)己酯对大鼠甲状腺功能干扰效应的研究[J]. 华南预防医学, 2016, 42(4): 309-313.

[214] Wu Y, Li J, Yan B, et al. Oral exposure to dibutyl phthalate exacerbates chronic lymphocytic thyroiditis through oxidative stress in female Wistar rats[J]. Scientific Reports, 2017, 7: 15469.

[215] Duan J, Kang J, Deng T, et al. Exposure to DBP and High Iodine Aggravates Autoimmune Thyroid Disease Through Increasing the Levels of IL-17 and Thyroid-Binding Globulin in Wistar Rats[J]. Toxicological Sciences, 2018, 163(1): 196-205.

[216] 丛章钊. 孕哺期暴露邻苯二甲酸二(2-乙基)己酯影响仔鼠甲状腺功能的实验研究[J]. 2018, 中国医科大学.

[217] 徐缙. DEHP 对青春期大鼠糖代谢的影响及其机制[J]. 2017, 吉林大学.

[218] Wang J, Li J, Zahid K R, et al. Adverse effect of DEHP exposure on the serum insulin level of Balb/c mice[J]. Molecular & Cellular Toxicology, 2016, 12(1): 83-91.

[219] 王伟. 塑化剂 DNOP 对胰岛 β 细胞 DNA 氧化性损伤机制探讨[J]. 2017, 大连医科大学.

[220] 余艳. 塑化剂邻苯二甲酸酯对胰岛 β 细胞氧化应激性 DNA 损伤机制探讨[J]. 2016, 大连医科大学.

[221] Ma P, Yan B, Zeng Q, et al. Oral exposure of Kunming mice to diisononyl phthalate induces hepatic and renal tissue injury through the accumulation of ROS. Protective effect of melatonin[J]. Food and Chemical Toxicology, 2014: 247-256

[222] 蒋昀, 夏强. 邻苯二甲酸二丁酯的收缩血管作用及其机制[J]. 中国药理学通报, 2014, 30(2): 199-202.

[223] 班金豹. 环境雌激素通过介导的线粒体损伤在中的作用机制研究[D]. 2014, 华中科技大学.

[224] 罗婷. MSTN 在 DEHP 母体暴露引起子代肌肉发育抑制中的作用及相关机制研究[D]. 2017, 第三军医大.

第6章　室内空气净化

空气净化是减少或去除室内污染的重要途径之一。近年来我国室外雾霾天气频发，空气净化器已被越来越多的建筑使用以改善室内空气质量，特别是在住宅建筑中。而其在实际建筑中的效果不仅取决于设备自身的净化性能，同时受到用户使用行为的影响。空气净化器在实际住宅中对于降低室内污染效果到底如何？本章第一部分介绍了空气净化器在全国范围内住宅中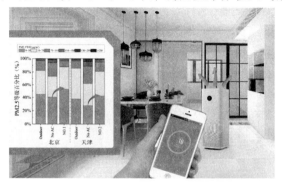的使用行为及效果调研。除颗粒物、气体污染物外，微生物污染也是室内环境的重要污染物，特别是在公共建筑的集中式空调系统中非常容易滋生。本章第2部分介绍了微波和负离子两种灭菌技术，并对上述两种灭菌技术的机理、在空调系统中的应用和研究进展进行了阐述。

6.1 住宅空气净化器用户行为及净化效果

6.1.1 住宅空气净化器用户行为

6.1.1.1 空气净化器普及率

空气净化器是改善室内空气质量的重要手段。中国市场情报中心（CMIC）[1]在 2009 年曾报告了不同国家和地区空气净化器的普及率，如图 6-1 所示。韩国家庭空气净化器的普及率最高，可以达到 70％左右，随后欧洲、美国、日本的普及率分别为 42％、27％、17％。家用空气净化器之所以在西方国家得到迅速普及，可能是受西式生活方式的影响。一方面，花园别墅式住宅导致空气中花粉含量较高；另一方面，饲养宠物家庭会出现较多的动物毛发；此外，铺设地毯的家装习惯容易滋生细菌。而中国家庭空气净化器的普及率要远低

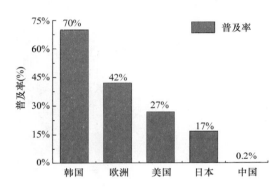

图 6-1 2009 年不同国家或地区空气净化器普及率[1]

于其他国家和地区，2009 年仅为 0.2％左右。近年来我国室外空气质量持续恶化，中研网（中国行业研究网）的统计称，"从 2011 年的 112 万台到 2015 年的 352 万台，五年之内增长了 214.2％，年复合增长率 42.84％"[2]，因此空气净化器也在越来越多的家庭中得到应用。可根据空气净化器保有量（指空气净化器的拥有量，净化器寿命按 5 年计算）及家庭人口数量对目前空气净化器在中国的普及率做大致估算。2018 年全国人口普查数据显示我国的家庭数量约为 4.55 亿户[3]，而空气净化器的保有量约为 2419 万台[4]，因此，目前空气净化器的普及率约为 5％。相比于其他国家，我国空气净化器的普及率仍明显偏低。

裴晶晶等人[5]利用问卷调研的方法研究了住户使用空气净化器的驱动力，如图 6-2 所示。结果表明，70％以上的受试者表示使用空气净化器是为了去除由室外进入到室内的雾霾；其次，是为了净化室内家具所散发的甲醛、VOCs 等气态污染物；只有不足 20％的受试者表示使用空气净化器是为了减轻过敏反应症状。需要注意的是，还有一部分人使用空气净化器只是一种从众行为，并不确定空气净化器能否改善室内空气质量。空气净化器在发达国家已经使用了很长时间，主要为了去除烟草烟雾、异味、灰尘、花粉和其他室内污染物，包括气相和颗粒物相，以减轻过敏或哮喘症状[6]。Piazza[7]等人研究了美国居民购买空气净化器的原因，有 50％

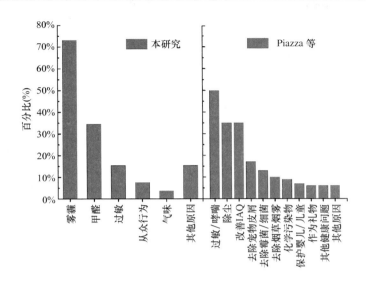

图 6-2 中美购买空气净化器驱动力对比

左右的受试者表示，家中有人曾患过敏症或哮喘是购买的原因；33％的住户表示购买空气净化器是为了去除灰尘；同样比例的受试者表示，改善室内空气质量是购买的主要原因。

6.1.1.2 空气净化器运行时长

中国 50％～80％的家庭从来不使用空气净化器或者家中未配置空气净化器，如图 6-3 所示。显然，不同地区之间空气净化器的使用行为模式并不相同，这与各个地区的室外空气质量和家庭收入水平有关，同时还与人们对空气质量的关注程度有关。在北京、上海、天津地区，使用空气净化器的比例要高于其他地区，有超过 50％的人表示使用空气净化器的频率在"有时"以上。然而，在西安、乌鲁木齐地

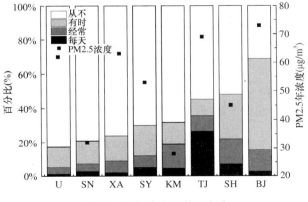

图 6-3 空气净化器使用频率

区，只有 30％左右的人表示使用过空气净化器，且频繁使用（经常和每天）的比例（小于 10％）更低。在京津地区，由于室外空气污染严重，收入水平和受教育水平较高，导致越来越多的人认识到空气污染对健康的有害影响，更愿意在家中使用空气净化器。在西安、沈阳地区，尽管室外空气污染也很严重，但是人们对环境污染的意识较差，该地区使用空气净化器的比例很低。在中国的华南地区（深圳和南宁），由于室外空气质量相对较好，空气净化器的使用比例也很低。

裴晶晶等[4]在全国 43 户拥有空气净化器的家庭中安装了室内空气质量传感器（Ikair）和智能功率插座。室内空气质量传感器用来检测空气净化器放置房间中的室内空气质量，智能功率插座用来监测空气净化器的运行功率并通过功率的高低变化来反映空气净化器的开关状态和运行挡位。功率的监测结果表明，在 43 户家庭中只有 8 户家庭使用空气净化器，而其他 35 户家庭则从来没有开启过空气净化器。图 6-4 展示了 8 户家庭开启空气净化器的日常运行时长。显而易见的是，8 户家庭也并非连续运行，而是采用间歇运行的模式。由图 6-4 的结果可以看出，人们间歇式运行空气净化器，在开启时每天的使用时长约为 1～4h。而在 8 户开启空气净化器的家庭之间，也有明显的个性化差异。研究还发现，每个家庭的日常运行时长的变化范围很大，且使用时长没有规律性。BJ-1，TJ-2，U-6，三户家庭日常运行时长变化范围相对较大，分别为：11～1420min/d，3～1345min/d，6～845min/d。XA-3、SN-4、SN-5、U-7 和 U-8 五户家庭的运行日常时长范围相对较窄，分别为 3～242min/d，20～339min/d，81～341min/d，16～373min/d，5～173min/d。

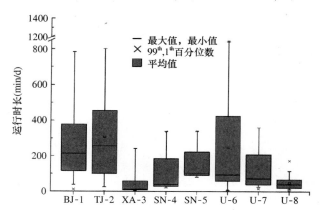

图 6-4　8 户家庭空气净化器日常运行时长

Piazza 等[7]也研究了美国加州空气净化器的使用频率，如图 6-5 所示。结果表明，加州 77％的家庭会全年使用空气净化器，只有 23％的家庭会在特定的季节使用空气净化器。在每周使用频率的调研中，有 78％的家庭表示会每天都开启空气净化器，大部分从不关机。

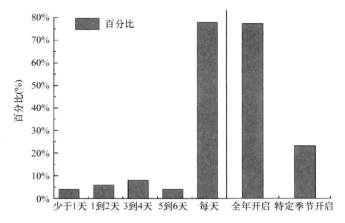

图 6-5 美国家庭空气净化器使用频率[6]

人们开启空气净化器的驱动力是普遍受到关注的问题，裴晶晶等[5]使用调查问卷的方法研究了我国空气净化器开启驱动力。空气净化器开启驱动力可以分为四种类型：环境刺激、事件刺激、时间刺激和其他因素。图 6-6 显示大多数人只有在主观上感觉到空气质量不好时才会开启空气净化器，或者只有当他们进入房间时才开启。不使用空气净化器的主要原因可能是用户觉得空气净化器风机运行噪声较大或者增加能耗。另一个可能的原因是，用户并没有感受到使用空气净化器的效果。

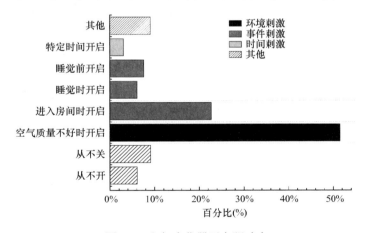

图 6-6 空气净化器开启驱动力

6.1.1.3 空气净化器运行挡位

空气净化器通常会有不同的运行挡位，包括高挡、中挡、低挡等。有的空气净化器还会有"自动挡"的功能，它可以根据空气净化器内传感器所监测的污染物浓度来自动确定空气净化器的运行挡位。不同的运行挡位所对应的洁净空气量大小也

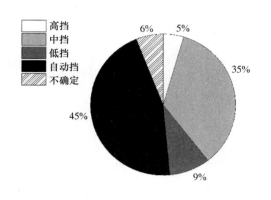

图 6-7　空气净化器运行风量

不相同。图 6-7 为空气净化器开启时运行挡位的问卷调研结果。只有 5% 的受试者表示通常开启"高挡"运行模式,此时空气净化器可以提供最大的洁净空气量。有超过 45% 的受试者表示,通常会开启"自动挡"模式,此时空气净化器可根据室内空气质量状况自动确定运行风量。还有超过 35% 的受试者表示,通常会开启"中挡"运行模式,原因是担心低挡运行时不能够很好地去除室内污染物而高挡运行时又会产生较大的噪音。此外,还有 9% 的受试者表示,通常是开启低挡运行。

图 6-8 为功率传感器所监测的功率数据统计结果,该结果可以间接反映出空气净化器挡位运行情况。当功率数值较大时,表明空气净化器在高挡运行;当功率数值较小时,表明空气净化器在低挡运行;当功率数值在两者之间时,表明空气净化器在中挡运行。图中方块为生产厂家所标称的功率值,而图中的圆点表示由功率传感器所监测到的功率值。圆点的大小表示该功率下运行时长所占总时长的比例大小。图中可以看出,住户通常在低挡和中挡模式运行空气净化器,高挡模式运行的情况比例极低。这与上文中的问卷主观调研结果相同。正如前面分析,能耗和噪声问题是造成这种运行模式的主要原因。

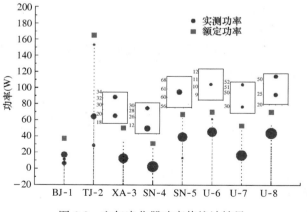

图 6-8　空气净化器功率值统计结果

人们在选择空气净化器时是根据空气净化器的最大洁净空气量来确定适用面

积。低中挡位下运行空气净化器，可能导致不能向空间输送足够的洁净空气量以满足室内空气品质的要求。空气净化器的有效性可能受到很大影响，详细结果见下面的章节。

6.1.2 住宅空气净化器运行效果

6.1.2.1 空气净化器对室内 PM2.5 的影响

图 6-9 显示了不同 PM 2.5 污染等级天数百分比。对于每个地区，分别对比是否使用空气净化器家庭的室内 PM 2.5 浓度和室外 PM 2.5 浓度。使用空气净化器家

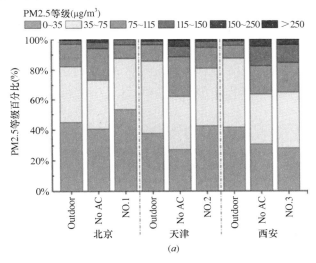

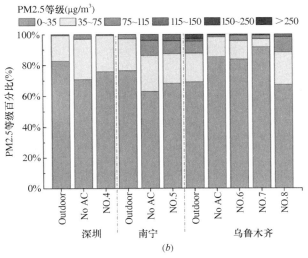

图 6-9 PM 2.5 等级百分比（彩图见二维码）

庭记为 NO. x，不使用空气净化器的家庭记为 No AC，室外 PM 2.5浓度记为 Outdoor。需要注意的是，No AC 的数据监测来自不使用空气净化器的家庭，且这些住户的房间面积与使用空气净化器家庭的住户房间面积近似相同。由于没有室内的 PM 2.5浓度分级标准，本研究根据室外 PM 2.5浓度分级标准，将室内 PM 2.5浓度划分为优、良、轻度污染、中度污染、重度污染、严重污染六个等级。结果显示，使用空气净化器家庭（NO.1～NO.8）室内 PM 2.5浓度低于 $35\mu g/m^3$ 的天数比例分别为53%、42%、28%、75%、68%、83%、91% 和67%。与不使用空气净化器的家庭相对比，该比例并没有明显的提升。同样地，空气质量等级为重度污染以上的天数比例分别为 0%、1.3%、3.5%、0%、0%、0%、0.5%、0%，与不使用空气净化器的家庭相比，该比例也没有明显地减少。使用净化器既没有显著增加室内的优良天数比例，也没有显著减少重度污染以上的天数比例，净化器没有显著降低室内 PM 2.5日平均浓度。这可能是因为在当前运行风量和运行时长下，空气净化器并不能向房间提供足够的洁净空气量，进而不能显著改善室内空气质量。

6.1.2.2 空气净化器开启时室内外 PM2.5 浓度及 I/O 比

上述分析表明，由于空气净化器的运行行为不佳，导致其在降低室内 PM 2.5日平均浓度效果不佳，而当空气净化器在运行阶段，其是否有效是值得关注的问题。图 6-10 显示了8户监测家庭中空气净化器开启和关闭阶段的平均室外和室内 PM 2.5浓度以及相应地的室内—室外（I/O）比率。每户家庭连续 7 个月的监测数据被分为两组，即空气净化器开启或关闭，并用两种模式下的平均浓度进行分析。当空气净化器关闭时，I/O 比的范围为 0.36～1.31，而当空气净化器开启时，I/O 比的范围为 0.23～0.77。需要注意的是，当空气净化器关闭时，大多数住户 I/O 比大于 0.5，而当空气净化器开启时，大多数住户 I/O 比小于 0.5。对于 TJ-2 和 XA-3 住户，对居住者日常行为的进一步调查表明，他们经常在家做饭，因此显示 I/O 比大于 1。

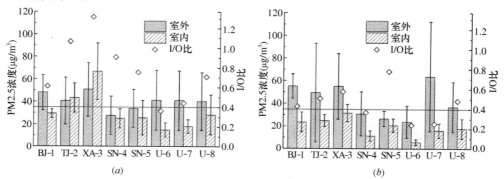

图 6-10　空气净化器（a）关闭和（b）开启时，室内外 PM 2.5浓度和 I/O 比

6.1.2.3 空气净化器开启时室内 PM2.5 浓度衰减

I/O 比通常表示稳态浓度，但是不能反映空气净化器开启后室内浓度如何随着时间而降低，即是其净化速度的快慢。根据质量守恒的原理，这实际上取决于室外浓度水平、渗透特性以及所使用空气净化器的 CADR 和房间的大小等因素。

在 8 户监测家庭中，每个家庭随机选取两个初始浓度工况（高浓度：$\geqslant 100\mu g/m^3$；低浓度：$< 100\mu g/m^3$）进行净化器开启后浓度变化的分析。对于 SN-4、SN-5 和 U-7 三户家庭，在开启空气净化器时，并没有发现高于 $100\mu g/m^3$ 的初始浓度，只有低于 $100\mu g/m^3$ 时的初始浓度。

图 6-11 显示了空气净化器开启后室内 PM 2.5 浓度随着时间的变化，对于每一个使用空气净化器的家庭，都选取了室内初始浓度为高浓度和低浓度两种工况。如图 6-11 所示，在使用空气净化器的情况下，室内 PM 2.5 浓度在所有情况下都会迅速地下降，但是室内 PM 2.5 浓度的衰减率在不同情况下存在差异。对于 BJ-1，当初始浓度为高浓度（$144\mu g/m^3$）和低 CADR（$90m^3/h$）时，空气净化器运行 30 分钟内，PM 2.5 浓度迅速从 $144\mu g/m^3$ 下降到 $48\mu g/m^3$。如果按照当前的衰减率继续下去，大约 37min，室内 PM 2.5 浓度将低于中国的年平均 PM 2.5 标准值（$35\mu g/m^3$），大约 58min 后，将低于 WHO 推荐的标准值（$15\mu g/m^3$）。同样的，当初始浓度（$78\mu g/m^3$）低，CADR 值（$260m^3/h$）高，PM 2.5 浓度下降得更快。室内 PM 2.5 浓度在 8min 可达到中国标准限值，在 14min 后可达 WHO 标准限值。

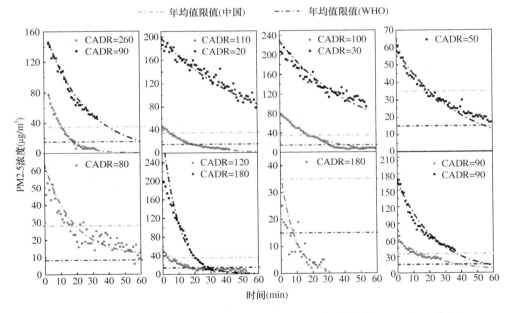

图 6-11 空气净化器开启后室内 PM 2.5 浓度随时间的变化（CADR：m^3/h）

同样，观察到室内初始 PM 2.5 浓度高而 CADR 低的两种情况，即是 PM 2.5 初始浓度为 $198\mu g/m^3$、CADR 为 $20m^3/h$ 的 TJ-2 和 PM 2.5 初始浓度为 $229\mu g/m^3$、CADR 为 $30m^3/h$ 的 XA-3。同样的，室内 PM 2.5 浓度逐渐降低。室内 PM 2.5 浓度在 30 分钟内从 $198\mu g/m^3$ 降至 $128\mu g/m^3$ 和从 $229\mu g/m^3$ 降至 $133\mu g/m^3$。室内 PM 2.5 浓度降低至标准限值（中国/WHO）所需的时间分别为 155/231min 和 97/142min。室内 PM 2.5 浓度的变化规律与前面所描述的情况有很大不同。

需要特别注意的是，有些住户在室内浓度尚未达到标准限值时就已经将净化器关闭。例如，BJ-1 住户净化器运行 30min 左右就已经将净化器关闭，而此时室内 PM 2.5 浓度依然高于国家标准限值，约为 $50\mu g/m^3$。TJ-2、XA-3 住户由于净化器的运行 CADR 值较低，净化器开启 60min 后依然高于国家标准限值，为 $80\sim100\mu g/m^3$。U-8 住户初始浓度为 $203\mu g/m^3$，达到国家标准限值需要 57min，而住户在运行 40min 时就已经将净化器关闭。运行时间不足也是净化器难以显著降低室内 PM 2.5 日平均浓度的重要原因。

如表 6-1 所示，该表详细总结了室内初始浓度、达到标准限值所需时间、测试 CADR 等。运行空气净化器的 CADR 和室内初始 PM 2.5 浓度是影响室内 PM 2.5 浓度达到标准限值所需时间的关键因素。初始 PM 2.5 浓度越低，CADR 越高，所需时间越短。当初始 PM 2.5 浓度较高，而 CADR 值的较低时，室内 PM 2.5 浓度在短时间内难以达到标准限值。

初始 PM 2.5 浓度，实测 CADR，达标时间和有效系数表						表 6-1
编号	房间大小 （m^3）	需求 CADR[a] （m^3/h）	初始 PM 2.5 浓度（$\mu g/m^3$）	实测 CADR[b] （m^3/h）	达标时间[c] （min）	有效性[d]
BJ-1	45	375～643	144	90	37/58	0.71
			78	260	8/14	0.88
TJ-2	34	283～486	198	20	155/231	0.42
			45	110	5/15	0.80
XA-3	31	258～443	229	30	97/142	0.54
			80	100	18/32	0.78
SN-4	28	233～400	64	50	19/55	0.69
SN-5	30	250～429	64	80	12/33	0.77
U-6	34	283～486	237	180	20/26	0.86
			52	120	4/19	0.81
U-7	35	291～500	38	180	2/8	0.86
U-8	26	216～372	203	90	36/57	0.81
			79	90	15/39	0.81

[a]　需求 CADR 由中国标准提供的公式 $S=（0.07\sim0.12）* CADR$ 计算。
[b]　测试 CADR 由浓度衰减曲线计算。
[c]　达到标准限值时间是指室内 PM 2.5 浓度达到年平均限值所需要的时间（中国/WHO：$35/15\mu g/m^3$）。
[d]　有效性的概念定义为由于空气净化器引起的室内浓度与无空气净化器时相比的差异，以此衡量 CADR 的可接受值。

6.1.2.4 空气净化有效系数

CADR 常用来描述空气净化器的自身性能，需要结合空气净化器的实际使用情况来评估空气净化器的实际使用效果，例如，需要考虑房间内的其他去除机制，包括表面沉积和通风稀释等。

Nazaroff[8,9]将空气净化有效系数的概念定义为由于空气净化（$C_{noAC}-C_{AC}$）引起的室内浓度差，与没有空气净化时的浓度相比，以此来确定 CADR 的可接受值。

$$H = \frac{C_{noAC}-C_{AC}}{C_{noAC}} \tag{6-1}$$

利用质量平衡方程，很容易得到使用空气净化器时（C_{AC}）和不使用空气净化器时（C_{noAC}）的稳态浓度，空气净化器的有效系数可推导得出：

$$H = \frac{CADR}{V(\lambda_v+\lambda_d)+CADR} = \frac{CADR/V(\lambda_v+\lambda_d)}{CADR/V(\lambda_v+\lambda_d)+1} = \frac{f}{f+1} \tag{6-2}$$

其中 f 是 $CADR$ 与其他去除机制的比值，即是渗透换气次数（λ_v）和颗粒物沉积率（λ_d），H 越接近 1，表明空气净化器在去除污染物方面的性能越好。当主要污染物来自室外时，用户将关闭门窗开启空气净化器。按照国标 GB/T 18801—2015，渗透换气次数 λ_v 在 0.05～0.57/h 之间，计算时取为 0.6/h，颗粒物沉积率为 0.2/h。根据图 6-11 所示的 PM 2.5 总衰减和具体的去除过程（$\lambda_v=0.6/h$；$\lambda_d=0.2/h$），可以得到（6-2）式定义的空气净化器有效系数 H。

如表 6-1 所示，在大多数情况下，空气净化器的有效系数高于美国家电协会（AHAM）的推荐值 0.8。当测试的 CADR 值为 260m³/h 时，相应的有效系数为 0.88；而当空气净化器的 CADR 为 20m³/h 时，有效系数为 0.42，远低于推荐值 0.8。在这种情况下，空气净化在整个污染物去除机制中不起主导作用。

6.1.2.5 空气净化器长期性能变化

空气净化器的使用寿命是人们普遍关注的问题。本章作者利用空气质量传感器（IKair）监测室内 PM 2.5 浓度变化，并由此计算每次净化器开启时段的 CADR 值，将 CADR 值的衰减变化作为净化器寿命的判断依据。

如图 6-12 所示，该图显示了四户典型住户空气净化器 CADR 在数据监测期间的衰减变化趋势。A 住户和 B 住户，空气净化器的使用行为类似。每月均有一半左右的天数会开启空气净化器，A 住户每次开启的时长略长，约为 1.5～6h，B 住户每次开启的时长略短，为 1～2h；A、B 两户的净化器刚投入使用时的 CADR 分别为 300m³/h、250m³/h。在这种运行模式和室外空气质量状况下，A 住户净化器运行 7 个月后的 CADR 衰减为 100m³/h，平均每月衰减 30m³/h，衰减率为 66.7%；B 住户运行 9 个月之后 CADR 衰减为 98m³/h，平均每月衰减 17m³/h，衰减率为 60.8%。考虑到标准中建议，当 CADR 衰减至初始 CADR 值的 50% 时，认为空气净化器达到使用寿命的终点。A 住户在使用 4.4 月后，空气净化器已经达到

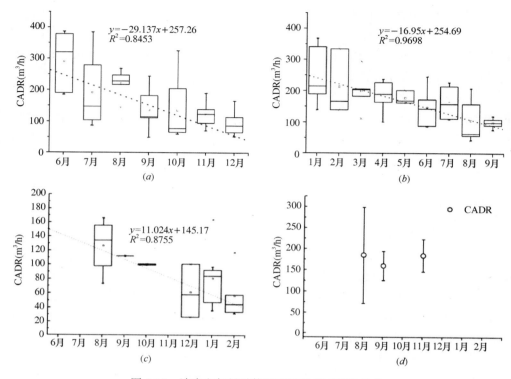

图 6-12   洁净空气量随使用时间的衰减变化趋势
(a) A 住户；(b) B 住户；(c) C 住户；(d) D 住户

寿命终点；而 B 住户使用 7.4 月后，净化器才达到寿命终点。

C 住户，空气净化器的使用频率和时长要小于 A、B 住户，每月开启的天数也较少。6、7、11 月份，该住户未开启过空气净化器，9、10 月份空气净化器也仅开启过几次，每次开启空气净化器的时长约为 1~3h。8 月份使用时空气净化器的 CADR 约为 120m³/h，运行 7 个月后，CADR 衰减至 40m³/h，CADR 的衰减率为 66.7%。同理，可认为该住户的空气净化器在使用 6.5 月后达到寿命终点。

D 住户，空气净化器的使用频率和时长均要小于 A、B、C 三住户。该住户在 6、7、10、12、1、2 六个月没有开启过空气净化器，仅在 8、9、10 三个月有若干次开启行为。由图可知，这几个月来，净化器的 CADR 并没有出现明显的衰减，基本维持在 150m³/h 左右。按照这种运行模式，空气净化器的寿命要比 A、B、C 三住户的要长得多。

综上所述，空气净化器 CADR 的衰减变化，可以作为空气净化器滤网寿命判断的依据。CADR 衰减率不仅与净化器本身的性能有关，还与室内颗粒物浓度、净化器的使用频率和使用时长有关。若住户使用频率高且每次开启 1.5~6h，约

4.5 个月就需对滤网进行更换；若住户的使用频率较高且每次开启 1～2h，约 7.4 个月就需对滤网进行更换。而若住户的使用频率较低且每次开启 1～3h，约 7 个月就需对滤网进行更换；而如果住户的使用频率极低且每天的使用时长也较低，空气净化器的寿命较长，较长时间的使用也无须更换。

6.2 微波及负离子空气灭菌技术

6.2.1 微波灭菌技术

6.2.1.1 集中式空调系统微波灭菌技术研究背景

国家卫生部制订的《公共场所集中空调通风系统清洗消毒规范》WST 396-2012（以下简称为《规范》）对消毒技术、清洗技术及安全措施等做出明确规定，清洗方法主要分为干式清洗和湿式清洗。《规范》规定[10]：空气处理机组的清洗主要包括风机、换热器、过滤网、加湿器（除湿器）、箱体、混风箱、风口等与处理空气相接触的表面，可使用负压吸尘机去除部件表面污染物的干洗清洗方式，亦可使用带有一定压力的清洗或中性清洗剂配合专用工具清洗部件表面污染物的湿式清洗方式，必要时使用干式、湿式联合方式。《规范》规定：清洁风管后，风管内表面积尘残留量不小于 $20g/m^2$，风管内表面细菌总数、真菌总数应小于 $100CFU/m^2$。部件清洗后，表面细菌总数、真菌总数应小于 $100CFU/m^2$。集中空调系统消毒后，其自然菌去除率应大于 90%，风管内表面真菌总数、细菌总数应小于 $100CFU/m^2$，且不得检出致病微生物。冷却水消毒后，其自然菌去除率应大于 90%，且不得检出如嗜肺军团菌等致病微生物。但笔者实际调研发现，由于机组内部空间狭小，照明度低，很多部件处于密闭状态且难以使用常规方法清洗，如若进入空调机箱内部进行清洗，很容易毁损部件。据多位被调研的集中式空调系统维护工作人员称"种种原因导致机组部件的常规清洗消毒工作往往是被忽略的。"因此，开展集中式空调系统灭菌技术研究意义重大。

6.2.1.2 集中式空调系统微波灭菌技术研究基础

微波是 300MHz～300GHz 频段之间的电磁波。微波有四个频段用于工业领域的微波加热和干燥，即：$915\pm25MHz$、$2450\pm13MHz$、$5800\pm75MHz$ 和 $22125\pm125MHz$，电磁频谱图如图 6-13 所示。这些频段由美国联邦通讯委员会（FCC）确定，主要用于工业、科学和医药方面，符合 1959 年在日内瓦颁布的国际无线电法规。在这些频段当中，国内和工业微波炉通常在 2450MHz 下运行，这相当于 12.24cm 的波长。微波法灭菌通常指利用频率为 2450MHz 的电磁波进行操作。

微波是一种电离辐射，微波辐射的能量是由离子迁移和偶极子旋转引起的分子运动产生（图 6-14），通过偶极子和电磁场的影响，电磁辐射可以在材料中转化成

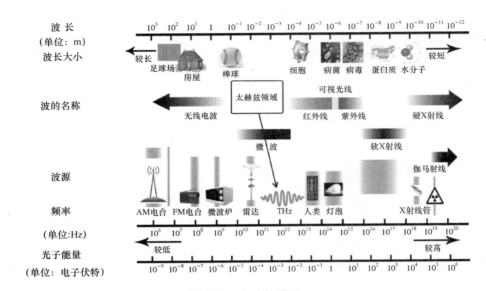

图 6-13   电磁频谱图

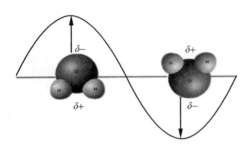

图 6-14   电磁波中电场分量对
水分子旋转的影响

热能。对于水和其他溶剂的小分子来说，由于偶极子的旋转，样本的介电损耗随样本温度上升而下降[11]。相比之下，由离子传导引起的介电损耗随温度的升高而升高。因此，当一个样本被微波加热时，这个样本的介电损耗最初是由偶极子旋转引起的，但随着温度的升高，离子的传导在介电损耗中占支配地位。

国内外研究表明，微波灭菌效应分为热效应以及非热效应[12-21]。微波的热效应是指在一定强度微波场的作用下，微生物会因分子极化现象，吸收微波能升温，从而使其蛋白质变性，失去生物活性，微波的热效应主要起快速升温杀菌作用；微波的非热效应是指高频的电场使其膜电位、极性分子结构发生改变；使微生物体内蛋白质和生理活性物质发生变异，而丧失活力或死亡。微波灭菌的原理是微波热效应和非热效应共同作用的结果，微波的灭菌效应以微波的热效应为主。由于微波灭菌的生物效应（非热效应），微波杀菌温度低于热处理方法，其灭菌效率更高，往往在数分钟内便可达到良好的灭菌效果。微波热效应的影响因素较为复杂，主要取决于以下几个因素：微波频率、微波加热时间、微波加热功率、空腔的体积或形状、材料介电性能、材料热导率、介电材料的大小、形状和位置，还有温度等。这些因素影响微波加热过程介电材料的温度变化[13, 22, 23]。因此，针对微波能量的吸收率来说，电介质材料的介电常数是最重要的因素。介电常数通常被视为复数，实部衡量材料内部储存的微波能量，而虚部则衡量材料内部消耗的微波能量。这个复数介电常数通常是微波频率和温度的较复杂函数[24]。加热过程中温度的变化能引起复介电常数的改变，这直接影响电磁场空间和时间变化。一般来说，由于游离态水的扩散，纯水在频率为 2.45GHz 时的损耗系数随着温度的升高而减小。而且游离态水的介电常数因为布朗运动也随温度的升高而减小。此外，材料的水分含量对介电性能也有显著的影响。一般来说，材料的水分含量越多，它的介电常数和损耗系数越大[25]。物质吸收微波的能力，主要由其介质损耗因数来决定。介质损耗因数大的物质对微波的吸收能力就强，相反，介质损耗因数小的物质吸收微波的能力也弱。由于各物质的损耗因数存在差异，微波加热就表现出选择性加热的特点。物质不同，产生的热效果也不同。水分子属极性分子，介电常数较大，其介质损耗因数也很大，对微波具有强吸收能力，因此设备表面含水量的多少对微波加热效果影响很大。由于空调系统的特定功能，其内部环境尤其是在表冷器附近，空气的相对湿度较大，设备表面可能有积水现象，而微生物生长需要水分，空调系统的内部环境无疑成了滋生微生物的温床，微波灭菌技术在杀灭微生物的同时，其由选择性加热特性产生的干燥脱水性能，破坏了微生物滋生的环境条件，提高了灭菌效果。

微波的基本性质为穿透、反射、吸收。微波会穿越对于玻璃、瓷器等材料，水会吸收微波而发热，而金属会反射微波。空调系统内的过滤网材质大多为复合材料（无纺布、超细玻璃纤维等），由于微波具有穿透性，微波磁控管可放置在加湿器、制冷盘管、过滤网等装置的间隙中。微波辐射能穿透进入部件内部，并进行直接、快速、高效、有选择性的加热灭菌，这些特点可被用于空调系统中的灭菌。近年来，国内外学者做了相关的研究工作。王绍林对于微波加热物理特性和微波加热设备设计、微波干燥脱水技术、微波杀菌技术进行了较详尽的基础阐述[26]。武艳提出了利用微波辐射直接灭活生物气溶胶的简单实用方法，系统地研究了微波辐射对空气中细菌、真菌、病毒和过敏原的影响，为发展相关灭活技术提供了科学依据[27]。卢振等人开发了一种空气微波消毒装置，如图 6-15 所示，微波磁控管在腔体侧面发射出微波直接辐射到滤料表面，将滤料表面过滤下来的微生物杀灭，研究结果表明，微波谐振腔内的场强均匀性较好，没有"冷点"存在；滤料各表面的杀菌效果一致，没有显著性差异，表明微波具备在空气处理机组中应用的可能性[28]。吕阳等人对集中式空调系统微生物污染实态进行了分析并通过搭建

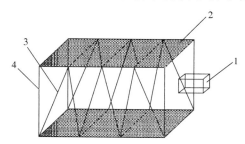

图 6-15　微波消毒腔及滤料结构

1—微波磁控管；2—通风金属网；

3—无纺布滤料；4—腔体钢板

微波灭菌实验平台，对不同控制条件下的空调系统加湿段微波灭菌技术开展研究，实验台如图6-16所示，研究表明，微波辐射 900W，辐射时间 5min 的工况下所有测点灭菌率可达到 99％以上[29—31]。

图 6-16　微波灭菌实验平台

6.2.2　负离子灭菌技术

负离子是空气中一种带电荷的气体离子，大气中的气体分子在受到外力的作用时，会产生电离而失去或者得到电子，失去电子的为正离子，得到电子的为负离子，宇宙射线、紫外线辐射、瀑布、喷泉或者海浪的冲击，都可能产生空气离子。

在海边、森林里，空气中负离子的浓度明显增高。负离子的作用主要有以下两个方面：

（1）负离子增加了空气清新感，但是由于空气负离子能还原来自大气的污染物质、氮氧化物、香烟等产生的活性氧（氧自由基）、减少过多活性氧对人体的危害；中和带正电的空气飘尘无电荷后沉降，使空气得到净化。

（2）提高空气品质作用，通过高压电晕放电的方法来产生空气离子是最常用的方法，人工产生的负离子浓度可以达到 10^6 个/cm^3，该浓度目前被公认为衡量空气品质的一个指标。世界卫生组织规定：清新空气的负氧离子标准浓度为 1000～

1500 个/cm³。

6.2.2.1 负离子的杀菌机理

研究发现，通过安装负离子发生器对抑制病菌传播具有有效作用[32,33]。空气离子的杀菌机理可以概括为带电空气粒子、沉积和重力沉降、产生的静电力、臭氧等副产物效应。空气负离子释放到空气中，吸附空气中悬浮的气溶胶细菌和颗粒，并通过电泳力作用产生的迁移速度，将气溶胶细菌和颗粒吸附物沉降到壁面，静电势越大，沉积量越大[34]。单极离子使空气中的气溶胶粒子带电，使它们要么相互排斥，要么通过镜像电荷或静电作用沉积在其附近的表面上。Fletcher 等提出空气离子的抗菌作用主要是不可恢复的电穿孔造成的[35,36]。不动杆菌（*Acinetobacter*）的去除机理与负离子发生器产生的静电效应有关[37]。Mendis 等发现当细胞膜表面积聚了足够的静电电荷，从而导致向外的静电应力超过其拉伸强度时，就会发生细胞膜的静电破坏。负离子能使细菌蛋白质表层的电性两极颠倒，促使细菌死亡，达到消毒与灭菌的目的[38]。Noyce 等研究了直流电晕产生的负离子和正离子在氮气环境下对细胞的消毒效果，负离子或正离子对大肠杆菌（*E. coli*）和维氏假单胞菌（*P. veronii*）的外细胞膜均产生破坏作用从而产生灭菌效果[39,40]。Fletcher 等认为微生物细胞的死亡归因于臭氧，第二种作用是电穿孔，先前的研究人员认为空气离子的存在可能高估了它的灭活作用[41]。空气离子对气溶胶微粒的灭活机制仍存在争议，但负离子对人体有明显的有益作用，因此负离子在医学、空气净化等方面得到了广泛应用。

6.2.2.2 负离子在空调系统中的应用

空气负离子技术目前被广泛推荐应用于空气杀菌领域，主要是因为离子发生器的电极不会占用风管空间，在风管内不会产生很大的阻力，且电极产生的负离子可以释放到空气环境中，吸附空气中悬浮的污染物，而静电除尘技术需要将污染物穿过指定的电场区域，从而限定了杀菌的范围[42]。空气负离子技术目前主要被应用于通风空调管道及设备[43,44]、通风房间[45-51]和工业等特定领域[52-54]。国内空气负离子技术的研究，最早主要集中在大气环境中自然界存在的空气负离子浓度与人健康之间的关系，以及寻找人工负离子产生技术去除通风与空调系统内空气污染物[55-57]。文献提到自然通风房间的负离子浓度几乎是空调房间中的 2 倍，造成负离子浓度下降的原因主要是风道、过滤器及人员活动等[58]。孙雅琴等得出 CO_2 浓度与负离子浓度呈负相关，人呼吸产生的 CO_2 会使负离子被吸收成为重离子，使负离子浓度下降[59]。负离子具有良好的气流跟随性，文献[60]采用数值模拟的方法，在不同气流组织（混合通风、地板送风及置换通风）下，对室内负离子的动态传播进行模拟。结果显示，负离子分布均匀性：混合通风＞地板送风＞置换通风，在混合通风下负离子的失效率最高，然而在此数值模型中未考虑离子发生器产生空气负离子的电离过程，只是模拟空气负离子浓度在房间内不同通风方式下的分布特征。

沈晋明等将负离子发生器安装在送风口，得出负离子浓度与气流分布密切相关，在大空间可利用空调气流使负离子与污染物充分接触，使颗粒物凝并、沉降，30min能使颗粒物降低 42% 左右，但研究者并未涉及负离子发生器的安装位置、负离子发生量对室内颗粒物净化效果的影响[61,62]。Grinshpun 等对人体呼吸区可吸入颗粒物浓度衰减进行在线测量，发现不同粒子发射率对负离子净化器的净化性能具有较大影响[63]。

6.2.2.3 通风管道内负离子的杀菌数值和实验研究

空气负离子技术杀灭气溶胶细菌时，空气负离子的浓度、空气流速、负离子与细菌的接触时间、温度、相对湿度以及其在空间上的分布是影响其杀灭细菌效率的关键因素。

Mayya 等[55]建立离子发生器应用于通风房间负离子杀菌的数学模型，并采用分析解方法求解，分析影响负离子杀菌的参数。Noakes 等人[64]和 Flectcher 等人[35]采用实验和计算流体动力学方法分析离子发生器用于通风房间时，产生空气负离子的过程以及室内环境参数对空气负离子浓度分布的影响。

Yu 等[43]研究了空气负电离（NAI）、光催化氧化（PCO）以及 NAI 与 PCO 组合在不同相对湿度下对生物气溶胶的去除效果，并通过实验研究光催化过滤器和空气负离子同时应用于通风管道杀灭大肠杆菌和无名丝酵母菌的效率，分析了湿度对杀菌效率的影响。Lee 等通过实验研究发现，发现将两个正离子发生器和两个负离子发生器分别置于风管上下壁面时，杀灭表皮葡萄球菌的效率可达 85%；在空气流速小于 1m/s 的小管道中安装单极和双极电离器，其不同电离器数量和离子极性变化数（NCP）的抗菌效果亦不同[32]。Ardkapan 等研究分别将低温等离子发生器、空气离子发生器、紫外光线灯、臭氧发生器和静电除尘装置应用于风管和通风房间的灭菌效率[44]。Terrier 等在类似于实际通风系统的管流条件下，研究了低温等离子体对呼吸道病毒的消毒效果，在 0.9m/s 的"合理"气流速度下，有较好的灭菌效果，但是当气流速度增加到 5.1m/s 时，丧失消毒效果[65]。Kujundzic 等发现管道内 UV-C 系统对变色曲霉和副偶发分枝杆菌的消毒效果分别为 75% 和 87%[66]。Zhou 等在实验室环境下设计了一个用于负离子灭菌的通风管道系统，如图 6-17 所示，送风速度 2～7m/s 时，室内温度控制在 23℃±0.5℃，相对湿度 55%±2%，负离子对葡萄球菌的杀菌效率为 8%～16%；对沙雷氏菌的杀菌效率约为 17%～31%；对大肠杆菌的杀菌效率为 16%～33%；通风管道安装负离子发生器后的前后压降约为 1.84～8.23Pa，与 HEPA 过滤器相比较小；风速在 1.5m/s 时，臭氧的产生量约 68ppb，因此负离子发生器的使用相对比较安全；当风速为 3m/s 时，可以测量出的最大负离子浓度为 $2.24×10^5$ 个/cm³，由于负离子迁移率高、扩散系数小，负离子数量沿气流方向急剧下降，见图 6-18[67,68]。

负离子发生器运行过程中还可以产生臭氧，从而诱导细菌的细胞死亡[41]。臭

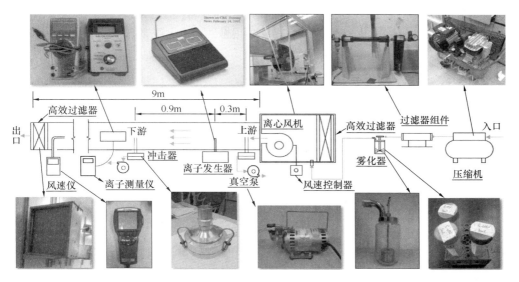

图 6-17 通风管道负离子灭菌的实验研究示意图

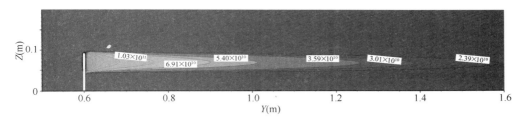

图 6-18 负离子在通风管道中的分布云图

氧可对人的呼吸功能造成不利影响[69]。空气净化中负离子发生器产生的臭氧限制了其大规模地推广应用，因为其衍生物臭氧会与化学物质如甲醛和超细微粒的二次排放有关，可能对健康产生影响[70]。但最新的纳子富勒烯离子释放技术，可使负离子发生器能生成纯净的负离子，没有任何衍生物。

6.3 小　　结

本章主要探讨了住宅中空气净化器的用户使用行为及颗粒物去除实际性能；并且针对公共建筑集中式空调系统的微生物污染，介绍了微波和负离子两种灭菌技术。主要结论如下：

（1）空气净化器的用户使用行为

目前我国住宅空气净化器的普及率明显低于其他欧美日韩等国家。且中国家庭通常的空气净化器运行模式为间歇式运行，单次的运行时长一般仅为1～4h，运行挡位常在低挡或中挡。这样的使用行为严重影响了空气净化器在改善室内空气质量中的作用。

（2）空气净化器的实际性能

在上述间歇式的运行模式下，使用空气净化器的住宅室内PM2.5日平均浓度并没有显著低于没有净化器的家庭。然而，多数情况下空气净化器自身的有效系数可以达到0.8的推荐值，但CADR较小时净化效果明显变差。随着使用时间的增加，净化器的CADR呈下降趋势，净化器寿命可根据CADR衰减变化确定。

（3）微波灭菌技术

微波灭菌利用频率为2450MHz的电磁波，在微波热效应和非热效应共同作用下达到杀菌的效果。因微波的穿透性等自身性质，其具备在空气处理机组中应用的可能性，并在近年来得到诸多文献的证明和支持。

（4）负离子灭菌技术

空气负离子技术目前被广泛推荐应用于空气杀菌领域，在空调系统中其主要被用于通风空调管道及设备、通风房间和工业等特定领域。众多文献通过理论和数值方法、实验方法等对负离子杀菌的灭菌效率、环境影响因素等进行了研究和讨论。

参 考 文 献

[1] China Market Intelligence Center（CMIC）. Development prospect Analysis and Investment Risk Forecast Report of Air Purifier Industry in China 2009～2012，（2009）（in Chinese）[EB/OL].

[2] http：//www. chinairn. com/hyzx/20170411/142755337. shtml

[3] 中华人民共和国国家统计局. 中国统计年鉴[EB/OL]. http：//www. stats. gov. cn/tjsj/nd-sj/2018/indexch. htm，2018

[4] 杨帆. 空气净化器普及率将大幅提升预计2017年销量将近千万台[EB/OL]. 前瞻产业研究院，https：//bg. qianzhan. com/report/detail/459/170405-e6982db7. html，2017-04-05.

[5] Jingjing Pei, Chuanbin Dong, Junjie Liu. Operating behavior and corresponding performance of portable air cleaners in residential buildings, China[J]. Building and Environment, 2019, (147)：473-481.

[6] Shaughnessy R J, Sextro R G. What Is an Effective Portable Air Cleaning Device? A Review [J]. Journal of Occupational and Environmental Hygiene, 2006, 3(4)：13.

[7] Piazza T. Survey of the use of ozone-generating air cleaners by the California public [J]. Certification council Org, 2007.

[8] W. M. Nazaroff. Effectiveness of air cleaning technologies, in：O. Sepp¨anen, J. S¨ateri (Eds.)[A]. Healthy Buildings, 2000, 2. Espoo, Finland：International Society of Indoor Air Quality, August 6-10, 2000. 49-54.

[9] Miller-Leiden S, Lohascio C, Nazaroff W W, et al. Effectiveness of In-Room Air Filtration

and Dilution Ventilation for Tuberculosis Infection Control [J]. Journal of the Air & Waste Management Association，1996，46(9)：869-882.

[10] WST 396-2012，公共场所集中空调通风系统清洗消毒规范[S].

[11] LUQUE D C M D，LUQUE GARCiA J L. Acceleration and automation of solid sample treatment [J]. Applied Catalysis B Environmental，2002，106 (106)：114-122.

[12] WOO I S，RHEE I K，PARK H D. Differential damage in bacterial cells by microwave radiation on the basis of cell wall structure [J]. APPLIED AND ENVIRONMENTAL MICROBIOLOGY，2000，66 (5)：2243-2247.

[13] CURET S，ROUAUD O，BOILLEREAUX L. Effect of Sample Size onMicrowave Power Absorption within Dielectric Materials：2D Numerical Results vs. Closed-Form Expressions [J]. AICHE JOURNAL，2009，55 (6)：1569-1583.

[14] COOK H J，STENECK N H，VANDER A J，et al. EARLY RESEARCH ON THE BIOLOGICAL EFFECTS OF MICROWAVE-RADIATION-1940-1960[J]. ANNALS OF SCIENCE，1980，37 (3)：323-351.

[15] VELA G R，WU J F. MECHANISM OF LETHAL ACTION OF 2，450-MHZ RADIATION ON MICROORGANISMS [J]. APPLIED AND ENVIRONMENTAL MICROBIOLOGY，1979，37 (3)：550-553.

[16] FERNANDO H，PAPADANTONAKIS G A，KIM N S，et al. Conduction-band-edge ionization thresholds of DNA components in aqueous solution [J]. PROCEEDINGS OF THE NATIONAL ACADEMY OF SCIENCES OF THE UNITED STATES OF AMERICA，1998，95 (10)：5550-5555.

[17] PAPADANTONAKIS G A，TRANTER R，BREZINSKY K，et al. Low-energy，low-yield photoionization，and production of 8-oxo-2′-deoxyguanosine and guanine from 2′-deoxyguanosine[J]. JOURNAL OF PHYSICAL CHEMISTRY B，2002，106 (31)：7704-7712.

[18] JENG D，KACZMAREK K A，WOODWORTH A G，et al. MECHANISM OF MICROWAVE STERILIZATION IN THE DRY STATE [J]. APPLIED AND ENVIRONMENTAL MICROBIOLOGY，1987，53 (9)：2133-2137.

[19] KOZEMPEL M F，ANNOUS B A，COOK R D，et al. Inactivation of microorganisms with microwaves at reduced temperatures [J]. JOURNAL OF FOOD PROTECTION，1998，61 (5)：582-585.

[20] CELANDRONI F，LONGO I，TOSORATTI N，et al. Effect of microwave radiation on Bacillus subtilis spores [J]. JOURNAL OF APPLIED MICROBIOLOGY，2004，97 (6)：1220-1227.

[21] WU Y，YAO M. Inactivation of bacteria and fungus aerosols using microwave irradiation [J]. JOURNAL OF AEROSOL SCIENCE，2010，41 (7)：682-693.

[22] AYAPPA K G，DAVIS H T，BARRINGER S A，et al. Resonant microwave power absorption in slabs and cylinders [J]. AICHE JOURNAL，1997，43 (3)：615-624.

[23] KLINBUN W，RATTANADECHO P，PAKDEE W. Microwave heating of saturated packed

bed using a rectangular waveguide (TE10 mode): Influence of particle size, sample dimension, frequency, and placement inside the guide [J]. INTERNATIONAL JOURNAL OF HEAT AND MASS TRANSFER, 2011, 54(9-10): 1763-1774.

[24] XIANG Z, LIPING Y, KAMA H. Review of numerical simulation of microwave heating process [M]. GRUNDAS S, 2011. 27-48.

[25] FENG H, TANG J, CAVALIERI R P. Dielectric properties of dehydrated apples as affected by moisture and temperature[J]. TRANSACTIONS OF THE ASAE, 2002, 45 (1): 129-135.

[26] 王绍林. 微波加热技术的应用: 干燥和杀菌[M]. 机械工业出版社, 2004.

[27] 武艳. 微波辐射与低温等离子体对生物气溶胶活性的影响及其机理[D]. 北京大学, 2013.

[28] 卢振, 张吉礼, 何娟, 等. 微波消毒方法在中央空调中的应用研究[J]. 中国卫生工程学, 2009, (01): 1-4.

[29] 吕阳, 胡光耀. 集中式空调系统生物污染特征、标准规范及防控技术综述[J]. 建筑科学, 2016, (06): 151-158.

[30] Lv Y, Hu G, Wang C, et al. Actual measurement, hygrothermal response experiment and growth prediction analysis of microbial contamination of central air conditioning system in Dalian, China[J]. Scientific Reports, 2017, 7.

[31] 胡光耀. 集中式空调系统微波灭菌技术研究[D]. 大连理工大学, 2017.

[32] Lee SG, Hyun J, Lee SH, et al. One-pass antibacterial efficacy of bipolar air ions against aerosolized Staphylococcus epidermidis in a duct flow[J]. J Aerosol Sci, 2014, 69: 71-81.

[33] Noyce JO, Hughes JF. Bactericidal effects of negative and positive ions generated in nitrogen on Escherichia coli[J]. J Electrostat, 2002, 54: 179-87.

[34] Meschke S, Smith B D, Yost M, et al. The effect of surface charge, negative and bipolar ionization on the deposition of airborne bacteria[J]. J Appl Microbiol, 2009, 106: 1133-9.

[35] Fletcher L A, Noakes C J, Sleigh P A, et al. Air ion behavior in ventilated rooms[J]. Indoor Built Environ, 2008, 17: 173-82.

[36] Kim Y S, Yoon K Y, Park J H, et al. Application of air ions for bacterial de-colonization in air filters contaminated by aerosolized bacteria[J]. Science of the Total Environment, 2011: 748-55.

[37] Shepherd S J, Beggs C B, Smith C F, et al. Effect of negative air ions on the potential for bacterial contamination of plastic medical equipment[J]. Bmc Infect Dis, 2010, 10.

[38] Mendis, D A, M Rosenberg, et al. A note on the possible electrostatic disruption of bacteria [J]. Plasma Science, IEEE Transactions on, 2000, 28(4): 1304-1306.

[39] Noyce, J O, J F Hughes. Bactericidal effects of negative and positive ions generated in nitrogen on Escherichia coli[J]. Journal of electrostatics, 2002, 54(2): 179-187.

[40] Noyce, J O, J F Hughes. Bactericidal effects of negative and positive ions generated in nitrogen on starved Pseudomonas veronii[J]. Journal of electrostatics, 2003, 57(1): 49-58.

[41] Fletcher L A, Gaunt L F, Beggs C B, et al. Bactericidal action of positive and negative ions

in air[J]. Bmc Microbiol, 2007, 7.

[42] Lee Byung Uk, Yermakov Mikhail, Grinshpun Sergey A. Removal of fine and ultrafine particles from indoor air environments by the unipolar ion emission [J]. Atmospheric Environment, 2004, 38: 4815-4823.

[43] Yu Kuo-Pin, Lee Grace Whei-May, Lin Szu-Ying, et al. Removal of bioaerosols by the combination of a photocatalytic filter and negative air ions [J]. Journal of Aerosol Science, 2008, 39: 377-392.

[44] Ardkapan Siamak Rahimi, Afshari Alireza, Bergsoe Niels C, et al. Evaluation of air cleaning technologies existing in the Danish market: Experiments in a duct and in a test room [J]. Indoor and Built Environment, 2014, 23(8): 1177-1186.

[45] Mayya Y S, Sapra B K, Khan Arshad, et al. Aerosol removal by unipolar ionization in indoor environments [J]. Journal of Aerosol Science, 2004, 35: 923-941.

[46] Noakes C J, Sleigh P A, Beggs C B. Modelling the air cleaning performance of negative air ionizers in ventilated rooms. Roomvent. Helsinki, 13-15th June, 2007.

[47] Wu Yi-Ying, Chen Yen-Chi, Yu Kuo-Pin, et al. Deposition removal of monodisperse and polydisperse submicron particles by a negative air ionizer [J]. Aerosol and Air quality Research, 2015, 15: 994-1007.

[48] Shiue Angus, Hu Shih-Cheng, Tu Mao-Lin. Particles removal by negative ionic air purifier in cleanroom [J]. Aerosol and Air Quality Research, 2011, 11: 179-186.

[49] Sawant VS, Meena GS, Jadhav DB. Effect of negative air ions on fog and smoke [J]. Aerosol and Air Quality Research, 2012, 12: 1007-1015.

[50] Joshi M, Sapra B K, Khan A, et al. Thoron (220Rn) decay products removal in poorly ventilated environments using unipolar ionizers: Dosimetric implications [J]. Science of the Total Environment, 2010, 408: 5701-5706.

[51] Shiue Angus, Hu Shih-Cheng. Contaminant particles removal by negative air ionic cleaner in industrial minienvironment for IC manufacturing processes [J]. Building and Environment, 2011, 46: 1537-1544.

[52] Sapra B K, Kothalkar P S, Joshi M. Mitigating particulates emitted by mosquito coils using unipolar ionisers: implications to deposition in human respiratory tract system [J]. Indoor and Built Environment, 2011, 000: 1-13.

[53] Park Kyu-Tae, Farid Massoud Massoudi, Hwang Jungho. Anti-agglomeration of spark discharge-generated aerosols via unipolar air ions [J]. Journal of Aerosol Science, 2014, 67: 144-156.

[54] Liang Jia-liang, Zheng Sen-hong, Ye Sheng-ying. Inactivation of Penicillium aerosols by atmospheric positive corona discharge processing [J]. Journal of Aerosol Science, 2012, 54: 103-112.

[55] Yan Xiujing, Wang Haoran, Hou Zhengyang, et al. Spatial analysis of the ecological effects of negative air ions in urban vegetated areas: A case study in Maiji, China [J]. Urban

Forestry & Urban Greening，2015，14：636-645.

[56]　Zhang Yinping，Mo Jinhan，Li Yuguo，*et al*. Can commonly-used fan-driven air cleaning technologies improve indoor air quality? A literature review［J］. Atmospheric Environment，2011，45：4329-4343.

[57]　王继梅，冀志江，隋同波，等 . 空气负离子与温湿度的关系［J］. 环境科学研究，2004，17 (2)：68-70.

[58]　吴玉珍，张秀珍，等 . 空调房间中的负离子与健康［J］. 江苏预防医学杂志，1997，(4)：39-41.

[59]　孙雅琴 . 公共场所空气负离子与 CO_2 关系的初步研究［J］. 环境与健康，1992，9(6)：263.

[60]　成霞，钟珂，等 . 不同送风方式对负离子分布影响的数值模拟［J］. 建筑热能通风空调，2011，1(30)：50-54.

[61]　沈晋明，饶松涛，等 . 负离子技术对地铁站环境改善效果的研究［J］. 暖通空调，2009，39 (2)：122-127.

[62]　饶松涛，沈晋明，陈巍，等 . 负离子对某食堂环境改善效果的实验研究［J］. 建筑热能通风空调，2008，27(3)：1-5.

[63]　Grinshpum S A，Mainelis G. Trunov M. Evaluation ofionic air purifiers for reducing aerosol exposure in confined indoor spaces Helsinki［J］. Indoor air，2005，15：235-245.

[64]　Noakes C J，Sleigh P A，Beggs C. Modelling the air cleaning performance of negative air ionisers in ventilated rooms［A］. Proceedings of the 10th International Conference on Air Distribution in Rooms-Roomvent［C］. Leeds：2007.

[65]　Terrier O，Essere B，Yver M，*et al*. Cold oxygen plasma technology efficiency against different airborne respiratory viruses［J］，J. Clin. Virol. ，2009，45，119-124.

[66]　Kujundzic E，Hernandez M，Miller SL. Ultraviolet germicidal irradiation inactivation of airborne fungal spores and bacteria in upper-room air and HVAC in-duct configurations［J］，J. Environ. Eng. Sci. ，2007，6：1-9.

[67]　Pei Zhou，Yi Yang，Gongsheng Huang，*et al*. Numerical and experimental study on airborne disinfection by negative ions in air duct flow［J］. Building and Environment，2018，(127)：204-210.

[68]　Pei Zhou，Yi Yang，Alvin CK Lai，*et al*. Inactivation of airborne bacteria by cold plasma in air duct flow［J］. Building and Environment，2016，(106)：120-130.

[69]　Jakober C，Phillips T. Evaluation of Ozone Emissions From Portable Indoor AirCleaners：Electrostatic Precipitators and Ionizers. 2008.

[70]　Weschler C J. Ozone in indoor environments：Concentration and chemistry［J］. Indoor Air，2001，10(4)：269-288.

第7章 室内环境检测监测进展

本章分别从室内环境和健康的角度，回顾总结了近年室内检测和监测的最新仪器与技术，包括：室内VOCs质谱检测最新技术、宽温度纳米颗粒分级技术系统、室内人为源颗粒物检测装置及方法研究进展、室内吸入颗粒物健康效应监测新技术。室内VOCs质谱检测技术中的实时在

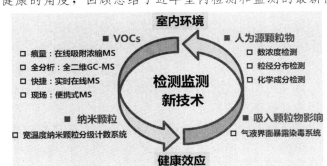

线质谱、在线吸附浓缩质谱、全二维气相色谱质谱、便携式质谱，分别为快速检测、痕量检测、复杂成分检测、现场监测，提供了有力工具。宽温纳米颗粒稀释、采集与计数检测系统，适合−10～300℃纳米颗粒物的分级数目浓度测量，适用范围广（空气监控、餐饮油烟、车辆尾气、燃煤电厂等）；精度高（无需冷却且不受湿度和VOC凝结影响）；响应快（无冷却和去除VOCs中间环节）。各种人为源颗粒物（EBPs）检测装置及方法，可实现人体呼出气中颗粒物数浓度、粒径和化学成分分析，为室内颗粒物暴露研究提供多维度检测工具；回顾表明EBPs的数浓度和粒径检测方法，相比于化学成分检测方法更为成熟、选择更多，而直接质谱分析新技术的出现，如单颗粒气溶胶质谱、二次电喷雾电离/萃取电喷雾电离质谱等，有望成为EBPs化学成分分析新的分析策略。在本章的最后一节，介绍了一种基于人体呼吸系统细胞的气液界面暴露染毒系统，为探究颗粒物对呼吸系统影响提供了新的研究工具。

7.1　室内 VOCs 质谱检测新技术

7.1.1　实时在线质谱

实时在线质谱采用聚二甲基硅氧烷（PDMS）薄膜进样技术，无需对样品进行前处理即可直接进样；配置真空紫外灯单光子电离源（10.6eV），将样品电离为分子离子，无碎片离子，可保证化合物的完整信息；结合垂直引入反射式飞行时间质量分析器和微通道板检测器及信号放大技术，具有高灵敏度、宽质量检测范围、低检测限、广线性范围、样品无需前处理等特点[1-3]，是气体、液体中 VOCs 快速检测的有效手段，可用于实时、在线快速检测气体、液体中痕量的挥发性/半挥发性有机物（VOCs/SVOCs），并能够快速发现目标污染物的动态变化趋势[4-6]。

以《民用建筑工程室内环境污染控制规范》GB 50325—2010 列出的苯、甲苯、二甲苯、乙苯为目标化合物，通过使用实时在线质谱在线快速监测某新装修的房间内上述 VOCs 分布特征。试验结果表明，采用实时在线质谱可以获得连续 48h 的苯、甲苯、二甲苯和乙苯的浓度变化趋势图，根据图 7-1 可知新装修房间内苯的浓度较高，在 48h 内呈现缓慢下降趋势；甲苯在监测第 24h 左右出现上升，浓度升高到 40ppb，后逐渐下降；而二甲苯和乙苯的浓度随着时间的推移逐渐升高，监测结束时浓度高达 80ppb 以上。上述 VOCs 表现出不同的浓度-时间变化趋势，表明它们的来源并不完全相同[7]。

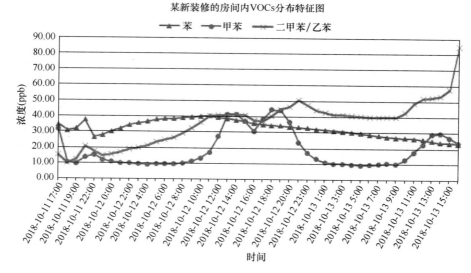

图 7-1　某新装修房间内 VOCs 分布特征图

7.1.2 在线吸附浓缩质谱

在线吸附浓缩质谱通过双级深冷富集系统将样品中 VOCs 全组分高效捕集并浓缩于捕集管中，其中一级深冷实现对 VOCs 的捕集及脱水，二级深冷实现 VOCs 二次浓缩；样品经过快速加热汽化后进入 GC-FID/MS 双通道检测监测系统完成分析（图 7-2）。在线吸附浓缩质谱，通过深冷富集系统浓缩气体样品，无需填充任何吸附剂，可一次对环境空气中 100 多种 VOCs 组分进行实时、准确地在线定性与定量分析，性能稳定，分析结果准确可靠[8-10]。

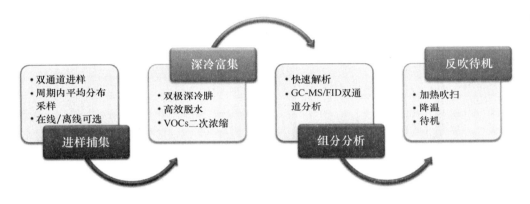

图 7-2　在线吸附浓缩质谱原理图

通过使用在线吸附浓缩物质谱对某生产车间室内环境空气成分进行分析，在该车间室内空气中检出 75 种 VOCs。其中，FID 检测器主要检出烷烃、烯烃类物质，包括乙烷、乙烯、丙烷、丙烯、异丁烷、正丁烷、乙炔 7 种组分，总浓度为 11ppb，其中丙烷、正丁烷、异丁烷和乙烯浓度较高，均超过 1ppb（图 7-3）；MS 检测器检出酮类、醇类、卤代有机物等 68 种 VOC 组分，其中丙酮、乙醇、异丙醇、二氯甲烷、2-丁酮浓度较高，均超过 1ppb。基于上述结果不难看出，同时采用 FID 和 MS 检测器，可以更全面地表征空气中 VOCs 组分（图 7-3）。

7.1.3 全二维气相色谱质谱

全二维气相色谱质谱是一款用于复杂样品的全组分分析及简单样品的快速检测的分析系统[11-14]，通过使用调制器串联两根气相色谱柱，从第一根柱流出的组分聚焦后，再脉冲进样到第二根色谱柱继续分离，实现不同沸点和不同极性组分的正交分离，所有分离后的组分进入飞行时间质谱系统实现高精度的快速分析（图 7-4）。与常规气相色谱相比，全二维气相色谱具有峰容量大、分辨率高、灵敏度高、族分离等特点，结合飞行时间质谱高采集速率、高灵敏度、高分辨、高精度的检测

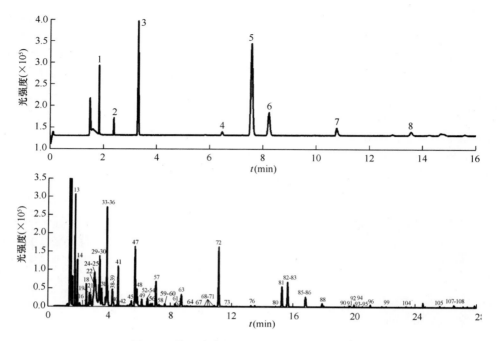

图 7-3   某生产车间室内环境空气检测组分图

上图为 GC-FID 检测结果；下图为 GC-MS 检测结果

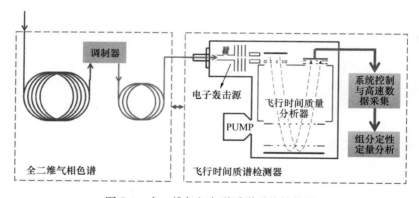

图 7-4   全二维气相色谱质谱系统结构图

能力，大幅度提高全二维气相色谱质谱的定性能力，检测组分种类更丰富、分离更显著、更利于实际空气样品的定性与定量分析，能够检测出环境空气中更多的低浓度、难分离的 VOCs 组分，是复杂样品定性定量分析的理想仪器。

采用全二维气相色谱质谱[15]，结合冷冻预浓缩模块，对某室内环境空气进行直接进样检测分析，共测出空气中 101 种组分，总含量 243.9ppb，其中异丁烷、正丁烷、乙醇、丙酮、异戊烷、二氯甲烷、乙酸乙酯、甲苯、二甲苯、β-蒎烯等浓度较高，均超过 1ppb（图 7-5）。

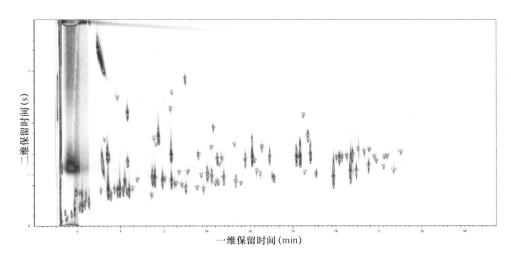

图 7-5　全二维气相色谱质谱对室内环境空气检测分析结果图（彩图见二维码）

7.1.4　便携式质谱

便携式质谱可实时在线快速检测空气中挥发性/半挥发性有机物（VOCs/SVOCs），采用膜进样装置、紫外单光子软电离系统、数字方波与线型离子阱技术[16,17]，并结合离子阱的串级功能，可实现对气体样品的定性定量分析。便携式质谱与传统的检测手段比，具备秒极响应、低能耗、高分辨、低检测限等优势，是环境应急检测领域的新型重要手段。

便携式质谱在现场检测方面，优势显著，如利用便携式质谱分析某实验室内 VOCs 的分布特征，发现该室内环境中检测出至少 20 种 VOCs，其中，二甲苯的最高浓度为 4ppb（图 7-6）。再如，对某公司办公区域进行 VOCs 检测，在约三千平方米的区域内选取 32 个测试点进行便携式测定，得到各物质区域空间浓度分布图（图 7-7）。总挥发物（TVOC）结果表明在某一办公区域浓度最高，TVOC 达到了 875ppb。便携式质谱能够快速判断出办公区域内的污染源位置，并且检测出不同污染源产生的污染物存在明显的差异，有利于对污染源进行针对性的治理。

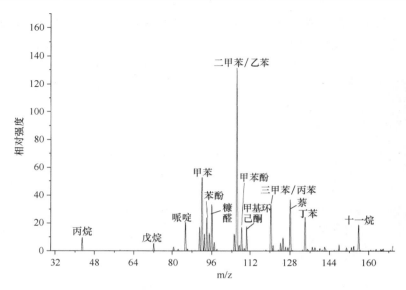

图 7-6　某实验室内检测出挥发性有机物的特征组分图

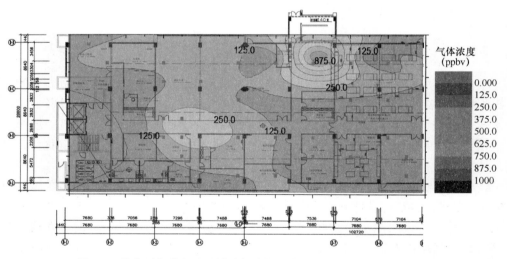

图 7-7　某公司部分办公区域总挥发物浓度分布图（彩图见二维码）

7.2　宽温度纳米颗粒分级计数系统

7.2.1　系统研发背景

雾霾天气频发，引起公众对于大气颗粒污染物的密切关注。大量研究表明，颗粒尺寸越小，越容易深入人体，进入肺泡、血液，甚至随着血液的循环进入大脑[18]（图 7-8），给人体带来不可逆的损伤，危害极大。现代医学证明：纳米颗粒可以直达肺泡深部，进入血液循环，对心脑血管等造成不可逆损伤，对纳米颗粒的精确计数可准确评估其危害。纳米颗粒主要由高温燃烧产生，但具体来源争议较大，由于不同排放源的颗粒数目特征谱不同，纳米颗粒精确计数可为污染来源解析提供依据。

随着人们对纳米颗粒危害的认识水平提升，未来更多行业（钢铁、大气监控、室内检测、无尘车间等）也将引入纳米颗粒数目浓度标准。比如对于超低排放的钢企，其排放的颗粒物已得到大幅度控制，即将施行的河北省新的钢铁企业排放法规——《钢铁工业大气污染物超低排放标准》中规定钢铁生产中烧结、炼铁、炼钢和轧钢等工序的颗粒物排放不得高于 $10mg/m^3$。该规定值接近传统的基于颗粒物质量的测量手段的精度上限，测量颗粒质量浓度很难真实反映出颗粒物的数量浓度。另外，超低排放技术使得钢企排放的微米级大颗粒物急剧减少，由此导致纳米级颗粒缺少依附体，更难凝聚成大颗粒，研究表明，颗粒直径大于 $20\mu m$ 的颗粒在大气中的停留时间仅为几个小时；而直径小于 $2\mu m$ 的细颗粒物的停留时间则可达数月甚至更长，这些纳米颗粒可扩散至排放源周边极广范围区域。这些纳米颗粒演变成二次气溶胶颗粒，吸附有害气体和细菌病毒，对人体造成二次危害。

气溶胶是一个两相系统，由气体及其中悬浮的固体或液体颗粒组成，如熏烟、烟、灰尘、烟雾、雾、霾等如图 7-9。气溶胶颗粒尺寸范围一般在 $0.001\mu m$ 到 $100\mu m$ 之间，分布范围相当广泛，在某种气溶胶中最小颗粒和最大颗粒尺寸有时可相差几个量级。颗粒尺寸是表征气溶胶行为最重要的参数，并与控制规律密切相关。由于颗粒微观形貌均不相同，难以用实际的尺寸去表征。所以，引入空气动力学直径的概念用于表示颗粒当量直径，空气中单一颗粒，不考虑其密度、大小、形态，若它在空气中的沉降速度等于密度为 $1g/cm^3$ 的球形颗粒的沉降速度，则此球形颗粒的直径即为该颗粒的空气动力学直径。根据颗粒空气动力学直径大小，可将

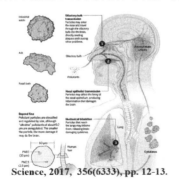

Science, 2017, 356(6333), pp. 12-13.

图 7-8　纳米颗粒直达肺泡
深部造成不可逆损伤

图 7-9　各类排放在大气中
生成二次气溶胶

空气中的颗粒分为五类，即总悬浮颗粒（<100μm），可吸入颗粒（<10μm，PM 10），细微颗粒（<2.5μm，PM 2.5），亚微米颗粒（<1μm）和超细颗粒（<0.1μm）。开发的宽温度纳米颗粒分级计数系统可以在-10~300℃下实现0.01μm到10μm颗粒物的原位实时的分级计数，适用范围广。

7.2.2　设备简介

北京航空航天大学研制的宽温纳米颗粒稀释、采集与计数检测系统（以下简称WTCPC），经过10余年国内外技术攻关，成功实现快速精确的宽温纳米细颗粒物数目浓度在线检测。该仪器适合-10~300℃纳米颗粒物的分级数目浓度测量，WTCPC大幅度拓展工作温度范围，如图7-10所示，适用范围广（大气监控、餐饮油烟、车辆尾气、燃煤电厂等）；精度高（无需冷却且不受湿度和VOC凝结影响）；响应快（无冷却和去除VOC中间环节）具体参数见表7-1。该系统满足最新

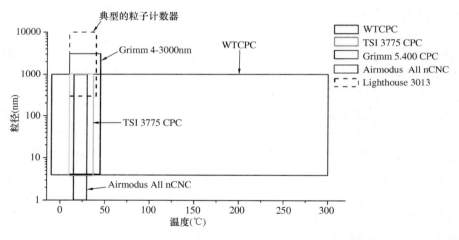

图 7-10　大幅拓宽主流纳米颗粒计数系统的工作温度范围

WTCPC 主要技术参数介绍　　　　　　　　　　　　　　　表 7-1

采样温度	-10~300℃
测量范围	0~50000 个/mL
响应时间	1s
截止粒径	<10nm，23nm 以上技术效率>95%
采样频率	100Hz
流量精度	1% span
温控精度	±0.5℃
通讯方式	串口 485、USB、以太网
无线传输	配备 WiFi 和 4G 发射模块

国Ⅵ排放法规新增的细颗粒物数目浓度测试要求，且先后在中国原子能研究院、清华大学苏州汽车研究院、清华大学汽车安全与节能国家重点实验室、东风汽车公司、北京大学环境模拟与污染控制国家重点联合实验室等企业单位成功示范应用，并荣获中法联合创新大奖。

　　本章作者提出原位测量高温燃气的新思路。受"变温度效应"流体启发，找到表面张力在高温下不降反升的新工质，成功实现高温下的颗粒计数，解决了"高温凝结增长"这一国际难题[19]。自主设计研发的 WT-CPC 忽略气体中可挥发性颗粒的影响，能够准确地计量固态颗粒数目浓度，国内外主流 CPC 技术对比如表 7-2 所示。该设备的研制成功不仅对航空、机动车等高温尾气固态颗粒数目浓度检测有重要意义，对大气、室内环境等常温下的固态颗粒的研究和环境污染控制均有重要意义。

国内外主流 CPC 技术对比　　　　　　　　　　表 7-2

	法规要求	采样气温度要求	冷凝工质	截至粒径和 VPR 需求	最大量程和稀释需求
TSI CPC 3783	满足	<35℃	水（成本低）	23nm，需 VPR	10^6 个/ml，一级稀释
TSI CPC 3772	满足	<35℃	正丁醇（较高）	23nm，需 VPR	10^4 个/ml，需二级稀释
其他品牌手持型 CPC	不满足	<35℃	异丙醇（较高）	N/A	10^7 个/ml，无需稀释
WT-CPC	满足	300℃	＊＊＊＊（高）	7~30nm 可调，无需 VPR	10^6 个/ml，一级稀释

　　WT-CPC 能完全满足国Ⅵ排放法规，无需复杂 VPR 和冷却稀释，实现低成本高精度。

7.2.3　仪器标定

　　根据航空排放标准，采用静电计作为参考设备来对 WT-CPC 进行标定。标定实验装置如图 7-11 所示，包含一台颗粒发生器、TSI 3080 静电分级器，3085 差分

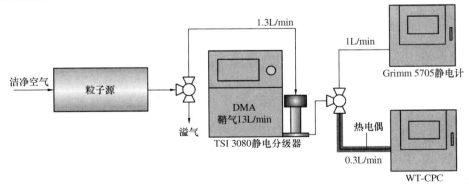

图 7-11　WT-CPC 标定实验装置

电迁移率分析仪（Differential Mobility Analyzer，DMA）、Grimm 5705 静电计和 WT-CPC。标定使用的粒子为单分散的银（Ag）和四十烷（C40）颗粒。多分散气溶胶颗粒进入 DMA，单分散颗粒被筛分出来，分别进入 WT-CPC 和静电计中。

标定实验装置如图 7-11 所示，标定前使用皂膜流量计（精度可达 0.1mL/min）对 WT-CPC 进行了流量校准，同时使用质量流量计实时检测其总路和旁路流量。

通过调整 DMA 电极电压，使用不同粒径的颗粒对 WT-CPC 进行标定，初始步长选定为 5nm。在标定过程中，若发现 WT-CPC 计数效率开始下降（<0.9）时，就将步长设定为 1nm，从而获取更为精确的计数效率曲线。在标定过程中，温度、流量等参数均保持不变，尽管不同粒径的颗粒浓度有所不同，但对实验的影响可忽略不计。

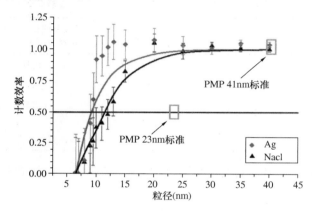

图 7-12　不同粒径下 WT-CPC 计数效率曲线

在 WT-CPC 的标定实验中，以静电计为参考设备，银和 NaCl 颗粒为粒子源，经由 DMA 筛分后输出的单分散粒子同时进入 WT-CPC 和静电计中。对某一粒径，WT-CPC 所测数目浓度与静电计所测数目浓度之比定义为该粒径下 WT-CPC 的计数效率，在以 TSI 3775 CPC 为参考设备的标定实验中，不同粒径下的计数效率曲线如图 7-12 所示。

从图 7-12 可得 D_{50}、D_{90} 分别为：$D_{50,NaCl} = 11nm$；$D_{50,Ag} = 9nm$；$D_{90,NaCl} = 20nm$；$D_{50,Ag} = 16nm$。完全符合 PMP 标准（D_{50} 不大于 23nm，D_{90} 不大于 41nm），适应国Ⅵ、欧Ⅵ排放法规。

图 7-13 为不同稀释比（从上至下，稀释比依次为 50，100，300）下，乙烯火焰燃烧排放颗粒的粒径分布图。图中 TSI CPC 所测颗粒数目浓度值大于 WT-CPC 所测颗粒数目浓度值。这是因为，TSI CPC 工作在常温下，尾气中含有的大量可挥发性颗粒也被计数在内；而 WT-CPC 工作温度为 300℃，在高温下这些可挥发性物质均变成气态，所以在 WT-CPC 只对尾气中的固态颗粒进行了计数。比较两线的峰值位置可知，WT-CPC 的峰值对应粒径稍微小于 TSI CPC 峰值对应粒径，这可能是因为 WT-CPC 工作温度较高，使原本包裹在固态碳烟颗粒表面的可挥发性物质挥发，导致颗粒粒径下降[28]。另外，通过对比两线的误差棒可知，WT-CPC 误差棒较小，表明其测试的可重复性较好，这也是因为固态碳烟颗粒相比可

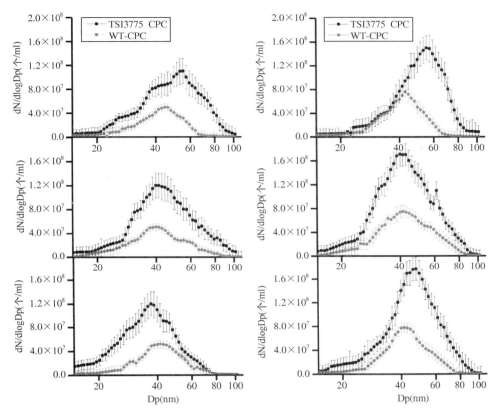

图 7-13 不同稀释比下，乙烯火焰排放颗粒的粒径分布

（左：CS mode；右：non-CS mode. 上：DR＝50；中：DR＝100；下：DR＝300。）

挥发性物质能够更稳定的存在[21-26]。尽管测试过程中，大部分的采样气均通过了催化器，但可能仍有一小部分可挥发性物质没有去除干净，在催化器下游再次凝结成核形成颗粒，这是 CS mode 下造成 TSI CPC 和 WT-CPC 计数差异的原因。

在测试系统从 CS mode 切换为 non-CS mode 时，TSI CPC 所测的颗粒数目浓度出现大幅度的上升，表明在燃烧尾气中存在着大量的可挥发性颗粒。在 WT-CPC 的测试数据中，也能看到幅度不明显的上升，这是因为 WT-CPC 工作温度较高的原因，"自动忽略"了那些可挥发性物质。从图 7-13 左侧三幅图（即 CS mode）中可以看出，随着稀释比的增大，TSI CPC 测试曲线的峰值在往小粒径方向移动，WT-CPC 测试曲线的移动并不明显。这表明，WT-CPC 能够将 CS 下游再次凝结成核的可挥发性颗粒蒸发掉，从而导致其测试性能对稀释比的变化不敏感，重复性更高。而 TSI CPC 因为工作在常温下，所以不具备这样的特点，导致出现该现象的原因可能是，随着稀释比的增加，颗粒在 CPC 中的滞留时间变短、可挥发性物质的分压降低，减缓了在固态碳烟颗粒表面的冷凝。在 non-CS mode 下，并没有出现如上的现象，可以看到 TSI CPC 的峰值先向左移，后向右移，这可能是由于大量可挥发性物质的存在导致计数不确定性变大。但 WT-CPC 并没有像 TSI CPC 那样"混乱"，依然比较稳定，表明在复杂的气溶胶组分和多变的稀释条件下，WT-CPC 仍能保持较高的计数精度和重复性。

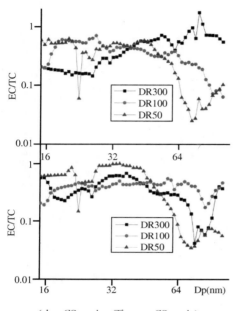

（上：CS mode；下：non-CS mode）
图 7-14 不同稀释比，乙烯火焰燃烧排放 EC/TC 粒径分布

实际上，WT-CPC 检测计数的只是固态的碳烟颗粒，而通常情况下，碳烟等价于元素碳（elemental carbon，EC）；TSI CPC 检测到的就是元素碳和可挥发性颗粒（有机碳，organic carbon，OC）的总和，即总碳（total carbon，TC）。元素碳与有机碳之比，即 EC/TC，是一个重要的组分参数，通常由热重分析仪给出。但热重分析仪只能离线使用，还需要滤纸，并且整个测试无法给出粒径信息[27]。而通过并行使用 TSI CPC 和 WT-CPC，即可在线获得具有粒径信息的 EC/TC。

图 7-14 显示了乙烯火焰排放中 EC/TC 的粒径分布。稀释比的变化对 EC/TC 的分布没有明显影响，这是因为催化器对可挥发性物质的去除效率基本不受稀释比的影响，而且本实验所采用的稀释器还有一级"热稀释"。有相关研究表明，稀释对可挥发性物质的去除有一定作用，但并不足以去除所有小于 23nm 的可挥发性颗粒[28]。

可以发现在小于 60nm 的范围内，CS mode 下的 EC/TC 要高于 non-CS mode 下的 EC/TC，这是因为 CS 去除了一些可挥发性颗粒，所以 OC 在 TC 中的比例就下降了。大量研究表明，CS 对可挥发性颗粒的去除效率可达 96% 以上，这是因为 CS 不仅能使这些可挥发性物质蒸发，还能对他们起到氧化作用[29]。对于大于 60nm 的颗粒，EC/TC 比例下降，并且不确定度增大。大概原因有两方面：一是滞留时间不足，导致催化器对较大的挥发性颗粒去除效果不佳；二是由粒径分布（图 7-14）右端较低的信噪比可知，粒径在 60nm 以上的颗粒的数目浓度本来就低，从而导致了 EC/TC 比例较大的不确定度。

7.3　人体呼出颗粒物检测装置及方法研究进展

人体呼出气中含有纳米到微米级的颗粒物（Exhaled breath particles，EBPs），这些 EBPs 或来自人体吸入的环境颗粒物或来自人体自身产生的颗粒物[30-35]。EBPs 的理化性质，一般通过数浓度、粒径分布、化学成分进行表征。研究表明，健康个体正常呼吸状态下，EBPs 的最大和最小浓度范围分别是 $0.15 \sim 1383$ 个/mL[1] 和 $0.01 \sim 2.1$ 个/mL[1][31-36]。

EBPs 的采样装置可分为两大类，如图 7-15 所示，（a）无气袋系统和（b）有气袋系统。无气袋系统允许持续的气体流动，常用于 EBPs 实时在线分析，包含呼出气传输管路加热模块、流量计、检测前颗粒物干燥模块；气袋系统则是将呼出气样品储存在气袋中，或作为实时在线分析的缓冲装置，或用于离线采样。上述两种采样系统通常都包括与人体呼吸道连接的接口（如呼气面罩、吹嘴）、连接管、吸入和呼出气样品的容器。一些系统还配有流量计记录呼气模式，使用自动旋转阀控制呼气。或在样品传送过程中进行处理，如稀释、加热、干燥等。

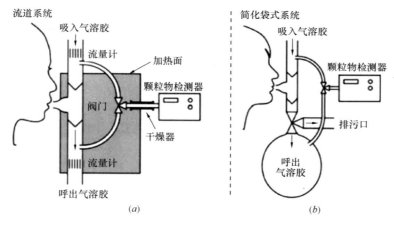

图 7-15　两种主要采样系统的示意图
（a）无气袋系统；（b）气袋系统

目前报道的 EBPs 计数浓度和粒径分析装置包括：光学粒子计数器（Optical particle counter，OPC）、空气动力学粒径谱仪（Aerodynamic particle sizer，APS）、扫描电迁移率粒径谱仪（Scanning mobility particle sizer，SMPS）、差分电迁移率分析仪（Differential mobility analyzer，DMA）、凝聚粒子计数器（Condensation particle counter，CPC）、凝结核计数器（Condensation nuclei counter，CNC）、激光光谱仪（Laser spectrometer）。OPC 可测量微米级的 EBPs，APS 可测量 $0.5 \sim 20 \mu m$ 的 EBPs，SMPS 的测径范围是 $0.003 \sim 1 \mu m$。

呼出颗粒物化学成分,主要通过离线采集 EBPs 后再进行仪器分析。常用分析方法包括:液相色谱(Liquid chromatography,LC)、液相色谱质谱(LC mass spectrometry,LC-MS)、飞行时间二次电离质谱(Time of flight secondary ion mass spectrometry,TOF-SIMS)等。相比于 LC-MS,TOF-SIMS 用于分析 EBPs 的广泛性低很多,这主要是由于 TOF-SIMS 在实验室的普及度低于前者。TOF-SIMS,多用于材料科学和半导体研究中,分析样品表面成分,如聚合物的表面研究,近来开始逐渐用于生物分子,也可用于成像分析。

以下主要针对一些典型的 EBPs 检测装置进行分析讨论。

7.3.1 EBPs 数浓度和粒径分布检测装置和方法

Yang 等分别采用了两种采样方式考察了咳嗽产生 EBPs 的粒径分布特征[33]。①受试者戴着呼气面罩,咳嗽产生的气溶胶液滴被收集在采样气袋中;②同样的两个受试者,每个人直接咳嗽到一个气袋里,气袋完全覆盖住受试者的嘴部区域。采样气袋中的相对湿度大约是 95%,采样流程和装置见图 7-16。

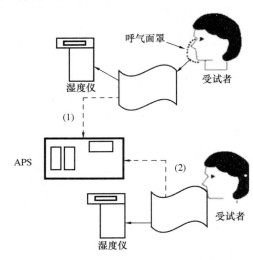

图 7-16 咳嗽产生 EBPs 检测装置示意图[33]

检测结果表明咳嗽液滴的平均大小约为 $8.35\mu m$。使用面罩采样时,咳嗽液滴的总体平均粒径范围是 $0.62\sim13.8\mu m$;不使用面罩采样时,咳嗽液滴的粒径范围是 $0.62\sim15.9\mu m$。对比戴面罩和不戴面罩两种条件,咳嗽液滴的粒径分布相似,这可能是由于即使不戴过滤面罩,采样袋紧密地覆盖住受试者的口部,咳出的液滴的尺寸分布没有受到外部环境的影响。另一方面,从计数浓度的角度,戴面罩时产生的咳嗽液滴的计数浓度明显低于未戴面罩直接咳嗽到样品袋中测得的计数浓度,说明戴面罩阻挡了一定数目的气溶胶液滴。

在 Tinglev 等的研究工作中[38],采用 OPC 实时在线检测粒径分布,同时离线采集 EBPs,采用液相色谱-串联质谱(LC-MS/MS)分析化学成分。在采样装置设计方面,尝试了两种不同的装置,其中一种是将 OPC 与采样管路、颗粒物收集器都放置在加热箱中(图 7-17a),另一种是仅将 OPC 放置在加热箱中(图 7-17b)。两种情况下,加热箱温度均设置在 308K,接近呼吸循环中呼吸空气的平均温度,目的是使样品处于恒温状态,减少 EBPs 粒径变化;样品采集管路中特别安装了

HEPA 过滤器，减少对检测人体内产生 EBPs 的影响；所有志愿者都配备了一个鼻夹，避免鼻腔吸入颗粒物的影响。

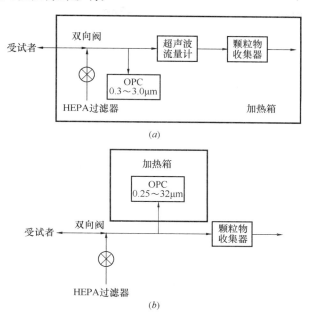

图 7-17 采样装置示意图[38]

OPC 分析结果表明，内源性 EBPs 粒径范围约 $0.40 \sim 4.55 \mu m$，计数浓度范围 $10^3 \sim 10^5$ 个，随粒径增大，计数浓度减小。基于两种采样装置获得的 EBPs 粒径分布特征相似，如图 7-18 所示。

Holmgren 等为更好地理解个体 EBPs 计数浓度粒径分布差异、探讨 EBPs 形成机制以及在呼吸道内的形成区域，比较了不同呼吸模式和不同个体产生的 EBPs 的粒径分布[30]。在采样过程中，EBPs 被收集在缓冲气袋内，气袋安放在 307K 恒温箱内，分别采用 SMPS 和 OPC 检测 $0.003 \sim 1 \mu m$ 和 $0.3 \sim 3.0 \mu m$ 范围内的 EBPs 的计数浓度和粒径分布（图 7-19）。另一方面，由于健康成人单次呼出气体体积在 $350 \sim 500 mL$ 之间，且呼出流速不均匀，因此采样装置中将 30L 储气袋作为缓冲装置，并在采样袋上方放置压板以施加恒定压力。采样装置和传输管路均处于 307K 恒温环境中，减少呼气中水汽冷凝导致的颗粒物数量的降低以及管路内壁污染。HEPA 过滤器确保检测到的内源性 EBPs 中不含空气中颗粒物。

7.3.2 EBPs 化学成分检测装置和方法

EBPs 化学成分分析，是准确理解 EBPs 来源的必要前提。为验证 EBPs 与呼吸道内衬液的相关性，Bredberg 等分析了 12 位健康志愿者 EBPs 中的蛋白质成

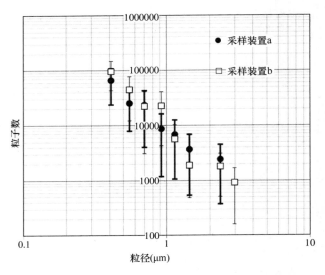

图 7-18　受试者内源性 EBPs 的计数浓度粒径分布特征

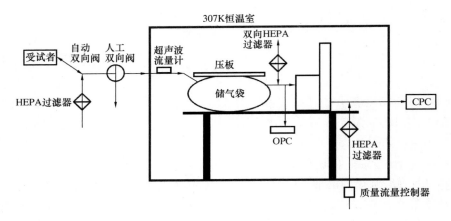

图 7-19　EBPs 计数实验装置示意图[30]

分[39]。EBPs 由三级撞击器收集到采样硅板上；采样过程中，同时采用 OPC 检测计数浓度，为了获得足够的 EBPs 进行后续的化学成分分析，采样体积为 3000L 和 4400L。采集到的 EBPs 中的蛋白质经处理分离后，提取肽进入 LC-MS 检测。值得一提的是，质谱检测器为线性离子阱-傅立叶变换回旋共振质谱，质量分辨率可达百万级别，并可进行串联质谱分析，确保了测量的准确性。通过对样本的综合分析，在志愿者的 EBPs 中识别出 124 种蛋白，与支气管肺泡灌洗液蛋白质组学数据高度相符（83%），支持了 EBPs 源自呼吸道内衬液这一假设，且反映了未稀释的呼吸道内衬液的组成。

Almstrand 等采用 TOF-SIMS 分析 EBPs 化学成分，同时采用 OPC 检测粒径分布特征，探究 EBPs 用于识别哮喘患者和囊性纤维化患者的可行性[40]，实验装置如图 7-20 所示。在吸气过程中，志愿者吸入储气装置中的湿润空气，这部分空气是经过滤器过滤后的无颗粒物的干净空气，并通过空气加湿器，确保气体含水量与呼气接近。在呼气过程中，志愿者的呼出气样品进入恒温储气装置，一部分被 OPC 检测计数浓度，另一部分经由惯性撞击器采集到采样板上。储气装置、OPC、惯性撞击器、传输管路等，均放置在一个恒温箱中，温度保持在 309K（图 7-20）。一般需采集呼气 15min，才能获得足够的 EBPs（＞128L）用于 TOF-SIMS 分析。

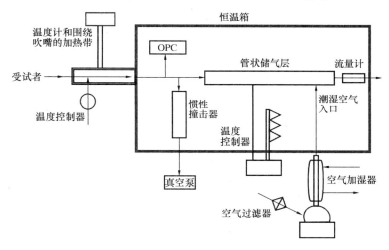

图 7-20　EBPs 化学分析装置

TOF-SIMS 在正、负离子模式下检测 EBPs 化学成分谱（m/z 400～1000），其中对照样品是健康非吸烟志愿者呼气 15min 后收集得到的 EBPs，见图 7-21。结果表明，在 m/z 700～800 范围内，分子离子信号主要来自磷脂类物质。这些磷脂成分与支气管肺泡灌洗液的分析结果相一致，再一次证实了 EBPs 源自呼吸道内衬液这一假设。

尽管呼出气中单个颗粒物的质量远远超出了现有仪器的检测限，比如一个直径 300nm、密度 1.5g/cm 的颗粒物的质量约是 20fg，但是单个颗粒物中包含了约 1.3 亿个分子，单个颗粒物的化学成分分析是可以实现的[41]。Adams 等尝试采用单颗粒气溶胶质谱仪（Single Particle Aerosol Mass Spectrometry，SPAMS）为分析手段，并基于结核分枝杆菌（*M. tuberculosis*，TBa）、耻垢分枝杆菌（*Mycobacterium smegmatis*，MSm）、肺表面活性剂（Lung surfactant，LS）、TBa 生长培养基、MSm 生长培养基气溶胶样品（气溶胶发生器产生）建立的标准谱库（图 7-22），初步验证了 SPAMS 分析 EBPs 鉴别结核病患者的潜在可行性[42]。

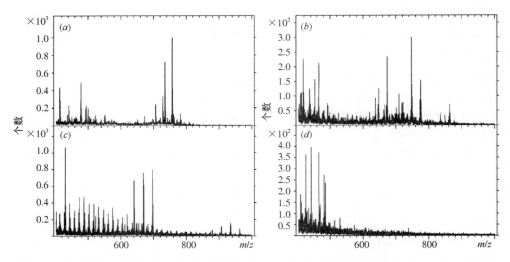

图 7-21 单个颗粒点样品（a、b）和唾液样品（c、d）的 TOF-SIMS 谱图（m/z 400～1000）
(a)、(c) 正谱图 (b)、(d) 负谱图

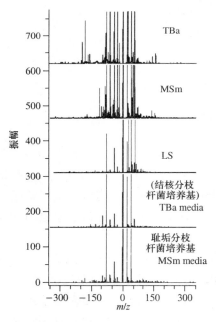

图 7-22 正、负离子检测模式下
混合物的质谱指纹谱图

金丹丹等[43]基于实际样品，探索了 SPAMS 分析人体 EBPs 粒径分布和化学成分的可行性。结果表明，健康成人 EBPs 计数浓度为 227～1043 个/L，获取具有统计意义的粒径分布所需的 EBPs 数量的检出限为 2500 个 EBPs，EBPs 的粒径范围为 200～1000nm，峰值出现在 460 nm。通过比较 200～300nm、320～420nm、440～660nm、680～2200nm，4 个粒径段的质谱图，发现 EBPs 的粒径分布和化学成分是内源性和外源性颗粒物的混合结果。在 EBPs 低粒径段（200～300nm）观察到的多个较高丰度的碳簇离子（图 7-23），或可为环境暴露研究，如外源性颗粒物体内吸湿增长研究提供思路；而在负离子模式下，高粒径范围（680～2200nm）内检测到的 PO_3^-、CN^- 和 CNO^-，则可能为肺部疾病诊断提供信息（图 7-23）。

基于 EBPs 现有分析技术不难看出，EBPs 的计数浓度和粒径检测方法，相比于化学成分检测方法更为成熟，选择更多。直接质谱分析技术，如单颗粒气溶胶质谱（Single Particle Aerosol Mass Spectrom-

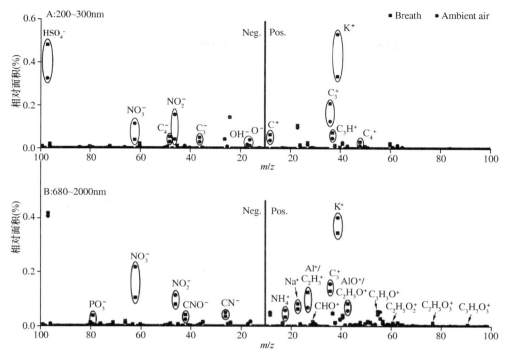

图 7-23　人体呼出气和环境空气的化学成分谱图[43]

etry，SPAMS）、电喷雾萃取电离/二次电喷雾电离质谱（Extractive/secondary electrospray ionization MS，EESI/SESI-MS）、直接实时质谱（Direct analysis in real time mass spectrometry，DART-MS），是近年来有望用于 EBPs 化学成分分析的新技术。上述技术的共同特点是，都可以在无需样品前处理的条件下，实时分析 EBPs，可极大减少 EBPs 在前处理过程产生的损失或变化。SPAMS 分析 EBPs 的可行性已经得到初步证实[42,43]EESI/SESI-MS 和 DART-MS，目前有研究者探索其在亚微米大气颗粒物化学成分分析中的应用[44-49]，这些工作无疑可以为研发基于 EESI/SESI-MS 和 DART-MS 的 EBPs 分析方法，提供重要的参考。

7.4　气液界面暴露染毒系统

7.4.1　系统研发背景

呼吸系统是人体第一道屏障，在吸入有害物质后，会造成呼吸系统损伤、心脑血管受损、DNA 受损等一系列问题。在研究 PM 2.5 健康效应时，PM 2.5 对呼吸系统的影响是首要关注问题之一。细胞试验由于试验周期短、费用低、剂量一反应关系明确、动物福利等因素，是科研工作者首选的研究系统。采用人体的呼吸系统细胞来进行暴露染毒研究，一般采取两种实验方法：①液液界面暴露染毒实验；②气液界面暴露染毒实验，如图 7-24 所示。

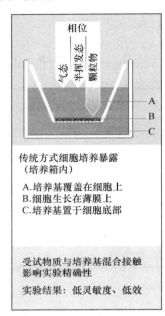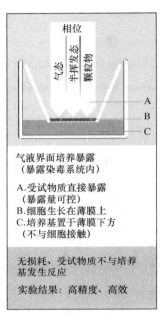

图 7-24　液液界面暴露染毒（左）和气液界面暴露染毒（右）示意图

在液液界面暴露染毒实验中，首先将呼吸系统细胞与培养液混合，然后将细胞暴露在气溶胶下，实验结束后用荧光显微镜对细胞进行观察记录。在气液界面暴露染毒实验中，呼吸系统细胞生长在 TRANSWELL 薄膜上，TRANSWELL 被放置于专业的染毒系统中（根据 CFD 设计制造），培养液放置在 TRANSWELL 的底部（不与细胞混合接触），然后将细胞暴露在管道内的气溶胶下，实验结束后，采用 PCR 等仪器对细胞进行检测。两种细胞实验相比，液液界面暴露因为其物理化学改变特性大，暴露时长偏差大等缺点而慢慢被摒弃。现在大多数研究中均采用气液界面暴露方法（图 7-25）。

在气液界面暴露实验中，使用气液界面染毒系统得到的细胞实验结果可进一步通过以下方法进行表征，包括：细胞毒性（活细胞数、乳酸脱氢酶漏出、NRU 摄取、MTT 比色法、XTT 比色法、MTS 比色法）、增殖（WST-1 试剂、蛋白质水平）、细胞应激（ATP 腺苷三磷酸、细胞 ATP/ADP 比率、GSH、GSSG、GSSG/GSH）、氧化应激（脂质过氧化，MDA 丙二醛测试）、炎症（细胞因子，如 IL8、IL6、IL12）、遗传毒性（彗星试验、AMES 突变子个数）、组学技术（ARN 样品用于 MICRO ARRAY 分析 ARRAY）、分子生物学（蛋白质样品用于 WB 分析）。

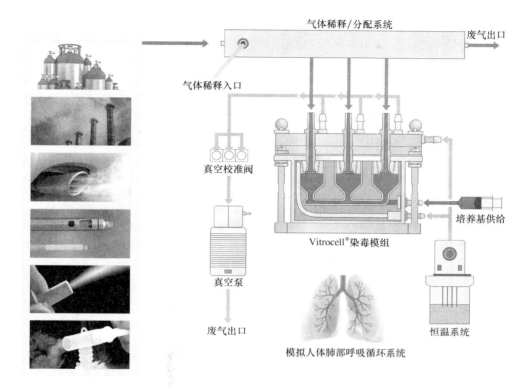

图 7-25 气溶胶、颗粒物样品对暴露染毒系统中的细胞进行染毒（图片来源：vitrocell.com）

在室内环境中，人体吸入颗粒物主要来源于人为源（二次气溶胶），对人体健康危害大的具体有以下几种：

（1）香烟、电子烟烟气。

（2）木柴、木炭燃烧。

（3）打印机工作排放的颗粒物。

（4）建筑中切割钢筋水泥时所排放的粉尘颗粒物。

（5）中式厨房油烟。

以下即以香烟烟气，木柴、木炭燃烧产生的烟气，打印机排放颗粒物为例，介绍气液界面暴露在室内环境健康研究中的应用。

7.4.2 系统应用实例

使用吸烟机器人产生整体烟气，在细胞染毒仪中通过气液界面暴露染毒方式分别对无吸烟史人群（9人，年龄：36.3±14.8）、吸烟人群（6人，年龄：36.0±13.2）、慢阻肺（COPD）病人（9人，年龄：49±6.8）的上皮细胞进行暴露[50]。实验时长：每隔一天暴露一次，共3天。烟气暴露量：四支烟/次。试验结果表明，从 COPD 患者的细胞中提取出来的正常支气管上皮细胞（NHBE）比吸烟者的正常支气管上皮细胞内质网应激（endoplasmic reticulum（ER）stress）反应更强烈。而吸烟者的内质网应激反应数据有所上升。对比 COPD 患者、吸烟者、非吸烟者的正常支气管上皮细胞（NHBE）实验数据，COPD 患者的各项指标如：ATF4、XBP1、GRP78、GRP94、EDEM1、CHOP，在通过烟气重复暴露后，指标都有所上升。吸烟者的 EDEM1 基因表达指标有非常大的上升。通过细胞蛋白分析，COPD 患者的 ATF4、IRE1α、GRP78、GRP94、EDEM 和 CHOP 指标都有上升。研究表明，COPD 患者的正常支气管上皮细胞的 XBP1 的 $mRNA$ 剪接功能均比吸烟者和非吸烟者的要高，而 XBP1 可以通过调节非折叠蛋白（UPR）来缓和内质网应激。可以认为，重复的烟气暴露对 COPD 内质网应激只有非常细微的影响。

使用普通家用木柴烤炉产生气溶胶在全自动染毒仪（共 18 个染毒孔）中对 A549 细胞进行暴露染毒[51]，如图 7-26。连续暴露 4h/次。系统自带微量天平称量功能，以 $10ng/cm^2$ 的精度监测颗粒物在细胞上的沉积量。实验结果表明，A549 细胞在 1∶10 稀释后的木柴焚烧气溶胶中暴露 4 个小时，分别进行两组实验，一组普通暴露，第二组启用了染毒仪中的高压电颗粒物富集功能，第二组实验的颗粒物浓度是第一组的 8 倍，随后对细胞进行乳酸脱氢酶释放（LDH release）检测，第二组的 LDH 指标很明显高于第一组。

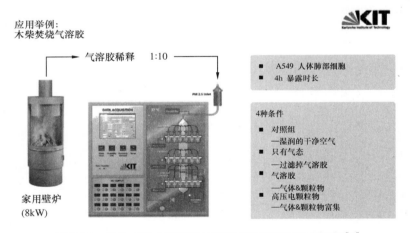

图 7-26   壁炉或者木柴焚烧气溶胶细胞暴露试验示意图[51]

搭建 1 立方米的打印机排放空间（5 台激光打印机），连接染毒系统，使用 A549 细胞进行暴露染毒[52]，如图 7-27。实验结果表明，在打印机工作过程中，臭氧排放量非常小，为 13～34$\mu g/m^3$，相比打印机非工作状态的排放量（2～18$\mu g/m^3$），工作状态的排放增加量数值很低。该数值远低于 EU Council Directive 2002/3/EC 的标准，该标准为 $180\mu g/m^3$。相比洁净空气所排放 VOCs 和总挥发物

（TVOC），打印机所排放的数值更高。打印机排放的 VOCs 中，可定性定量检出 13 种 VOCs，在浓度达到峰值时，主要的 VOCs 为：2-丁酮，邻、间、对二甲苯和 o-xylene。总的 PM 排放量很低，小于 $2.4\mu g/m^3$。相比较洁净空气，打印机排放物质并未对细胞毒性产生影响。

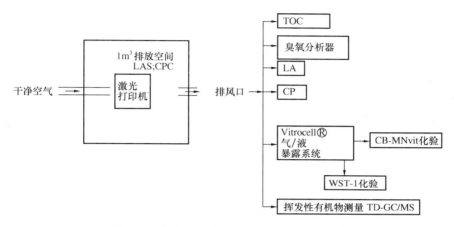

图 7-27　打印机释放颗粒物细胞暴露试验[52]

7.5　小　　结

本章分别从室内环境和健康效应的角度，总结了近年室内 VOCs 和颗粒物检测的最新仪器与技术，室内人为源颗粒物检测装置及方法以及室内吸入颗粒物健康效应监测新技术。主要结论如下：

（1）质谱技术，定性定量室内 VOCs 优势显著，特别是随着各种实时在线质谱、在线吸附浓缩质谱、全二维气相色谱质谱、便携式质谱的出现，可以分别满足现场快速溯源、痕量成分分析、复杂成分分析，为开展室内环境化学研究、室内健康暴露研究，提供了有力的工具。

（2）宽温纳米颗粒稀释、采集与计数检测系统，尤适于纳米颗粒物的分级数目浓度测量，适用范围广、精度高、响应快，拓宽了室内颗粒物检测范围，是更好地理解室内纳米颗粒物暴露水平的利器。

（3）人体呼气颗粒物数浓度、粒径分布和化学成分的检测，特别是化学成分分析，在室内环境暴露、疾病诊断方面都有潜在应用前景，而直接质谱分析新技术的出现，将有助于更深入地理解 EBPs 化学成分分析，为后续的健康研究提供重要信息。

（4）基于人体呼吸系统细胞的新型气液界面暴露染毒系统在香烟烟气、木炭燃烧烟气、打印机排放颗粒物的成功应用，为进一步拓展新系统在室内其他暴露条件中的相关研究，提供了必要的参考信息。

参 考 文 献

[1]   Mendes M A，Eberlin M N. Trace level analysis of vocs and semi-vocs in aqueous solution u-sing a direct insertion membrane probe and trap and release membrane introduction mass spec-trometry[J]. Analyst，2000，125(1)：21-24.

[2]   谭国斌，高伟，洪义，等. 高灵敏度膜进样 VOCs 在线检测质谱仪的研制[J]. 现代科学仪器，2011，(5)：59-62.

[3]   谭国斌，高伟，黄正旭，等. 真空紫外灯单光子电离源飞行时间质谱仪的研制[J]. 分析化学，2011，39(10)：1470-1475.

[4]   高伟，谭国斌，洪义，等. 在线质谱仪检测植物排放的挥发性有机物[J]. 分析化学，2013，41(02)：258-262.

[5]   顾超峰，谭国斌，李操，等. 封闭式单光子/光电子离子源及其在酒类质谱鉴别中的初步应用[J]. 现代科学仪器，2014，(005)：29-35.

[6]   谭国斌，麦泽彬，喻佳俊，等. 便携式飞行时间质谱仪在汽车尾气在线检测中的应用[J]. 质谱学报，2016，37(3)：193-200.

[7]   周振，喻佳俊，黄正旭，等. 便携式飞行时间质谱仪用于室内甲苯、二甲苯污染快速溯源分析[J]. 分析化学，2015，(05)：783-787.

[8]   Wang M，Zeng L M，Lu S H，et al. Development and validation of a cryogen-free automatic gas chromatograph system (GC-MS/FID) for online measurements of volatile organic com-pounds[J]. Analytical Methods，2014，6(23)：9424-9434.

[9]   刘兴隆. 大气中挥发性有机物在线监测系统[J]. 环境科学学报，2009，29(12)：2471-2477.

[10]   李虹杰，肖庆，韩长绵，等. 低温空管冷冻浓缩技术-GC-MS-FID 法自动监测环境空气中 VOCs[J]. 中国环境监测，2017，(6)：14.

[11]   Marriott P J，Shellie R，Cornwell C. Gas chromatographic technologies for the analysis of essential oils[J]. Journal of Chromatography A，2001，936(1-2)：1-22.

[12]   阮春海，叶芬，孔宏伟，等. 石油样品全二维气相色谱分析的分离特性[J]. 分析化学，2002，30(5)：548-551.

[13]   Santos F J，Galceran M T. Modern developments in gas chromatography – mass spectrom-etry-based environmental analysis[J]. Journal of Chromatography A，2003，1000(1-2)：125-151.

[14]   Shellie R，Mondello L，Marriott P，et al. Characterisation of lavender essential oils by using gas chromatography – mass spectrometry with correlation of linear retention indices and comparison with comprehensive two-dimensional gas chromatography[J]. Journal of Chro-matography A，2002，970(1-2)：225-234.

[15]   吴曼曼，岑延相，杨丽华，等. 用于与全二维气相色谱联用的高通量飞行时间质谱仪的研制[J]. 分析化学，2016，(11)：1786-1792.

[16]   Ding L，Sudakov M，Kumashiro S. A simulation study of the digital ion trap mass spec-

trometer[J]. International Journal of Mass Spectrometry，2002，221(2)：117-138.

[17]　Brancia F L，McCullough B，Entwistle A，et al. Digital asymmetric waveform isolation (DAWI) in a digital linear ion trap[J]. Journal of the American Society for Mass Spectrometry，2010，21(9)：1530-1533.

[18]　Oberdorster G，Sharp Z，Atudorei V，et al. Translocation of inhaled ultrafine particles to the brain[J]. Inhalation Toxicology，2004，16(6-7)：437-445.

[19]　Hinds W C. Aerosol technology：Properties，behavior，and measurement of airborne particles [M]，John Wiley & Sons，1999.

[20]　朱恩云，马胶. 中国大气气溶胶研究现状[J]. 环境科学与管理，2008，33(12)：57-59.

[21]　汪安璞. 大气气溶胶研究新动向[J]. 环境化学，1999，(01)：10-15.

[22]　Howard C. Statement of evidence：Particulate emissions and health[J]. Proposed Ringaskiddy Waste to Energy facility，2009.

[23]　Hinds W C. 气溶胶技术[M]，黑龙江科学技术出版社，1989.

[24]　胡敏，唐倩，彭剑飞，等. 我国大气颗粒物来源及特征分析[J]. 环境与可持续发展，2011，36(05)：15-19.

[25]　朱坦，冯银厂. 大气颗粒物来源解析：原理，技术及应用[M]. 科学出版社，2012.

[26]　Phalen R F，Phalen R N. Introduction to air pollution science：a public health perspective [J]. Jones & Bartlett Learning，2013.

[27]　Chen L，Stone R，Richardson D. Effect of the valve timing and the coolant temperature on particulate emissions from a gasoline direct-injection engine fuelled with gasoline and with a gasoline - ethanol blend[J]. Proceedings of the Institution of Mechanical Engineers，Part D：Journal of Automobile Engineering，2012，226(10)：1419-1430.

[28]　Amanatidis S，Ntziachristos L，Giechaskiel B，et al. Evaluation of an oxidation catalyst ("catalytic stripper") in eliminating volatile material from combustion aerosol[J]. Journal of Aerosol Science，2013，57：144-155.

[29]　Swanson J，Kittelson D. Evaluation of thermal denuder and catalytic stripper methods for solid particle measurements[J]. Journal of Aerosol Science，2010，41(12)：1113-1122.

[30]　Holmgren H. On the formation and physical behaviour of exhaled particles[M]. Chalmers University of Technology，2011.

[31]　Papineni R S，Rosenthal F S. The size distribution of droplets in the exhaled breath of healthy human subjects[J]. Journal of Aerosol Medicine，1997，10(2)：105-116.

[32]　Chao C Y H，Wan M P，Morawska L，et al. Characterization of expiration air jets and droplet size distributions immediately at the mouth opening[J]. Journal of Aerosol Science，2009，40(2)：122-133.

[33]　Yang S H，Lee G W M，Chen C M，et al. The size and concentration of droplets generated by coughing in human subjects[J]. Journal of Aerosol Medicine，2007，20(4)：484-494.

[34]　Johnson G R，Morawska L. The mechanism of breath aerosol formation[J]. Journal of Aerosol Medicine And Pulmonary Drug Delivery，2009，22(3)：229-237.

[35] Morawska L, He C R, Johnson G, et al. An investigation into the characteristics and formation mechanisms of particles originating from the operation of laser printers[J]. Environmental Science & Technology, 2009, 43(4): 1015-1022.

[36] Wurie F, Le Polain de Waroux O, Brande M, et al. Characteristics of exhaled particle production in healthy volunteers: possible implications for infectious disease transmission[J]. F1000Research, 2013, 2: 14.

[37] Londahl J, Moller W, Pagels J H, et al. Measurement techniques for respiratory tract deposition of airborne nanoparticles: a critical review[J]. Journal of Aerosol Medicine And Pulmonary Drug Delivery, 2014, 27(4): 229-254.

[38] Tinglev A D, Ullah S, Ljungkvist G, et al. Characterization of exhaled breath particles collected by an electret filter technique[J]. Journal of Breath Research, 2016, 10(2): 026001.

[39] Bredberg A, Gobom J, Almstrand A C, et al. Exhaled endogenous particles contain lung proteins[J]. Clinical chemistry, 2012, 58(2): 431-440.

[40] Almstrand A C, Ljungstrom E, Lausmaa J, et al. Airway monitoring by collection and mass spectrometric analysis of exhaled particles [J]. Analytical Chemistry, 2009, 81 (2): 662-668.

[41] Murphy D M. The design of single particle laser mass spectrometers[J]. Mass Spectrometry Reviews, 2007, 26(2): 150-165.

[42] Adams K L, Steele P T, Bogan M J, et al. Reagentless detection of mycobacteria tuberculosis h37ra in respiratory effluents in minutes[J]. Analytical Chemistry, 2008, 80(14): 5350-5357.

[43] 金丹丹, 陈文年, 刘荔, 等. 基于单颗粒气溶胶质谱的人体呼出颗粒物粒径分布与化学成分的分析方法研究[J]. 分析测试学报, 2018, (8): 906-912.

[44] Doezema L A, Longin T, Cody W, et al. Analysis of secondary organic aerosols in air using extractive electrospray ionization mass spectrometry (EESI-MS)[J]. Rsc Advances, 2012, 2 (7): 2930-2938.

[45] Gallimore P J, Kalberer M. Characterizing an extractive electrospray ionization (EESI) source for the online mass spectrometry analysis of organic aerosols[J]. Environmental Science & Technology, 2013, 47(13): 7324-7331.

[46] Kumbhani S, Longin T, Wingen L M, et al. New mechanism of extractive electrospray ionization mass spectrometry for heterogeneous solid particles[J]. Analytical Chemistry, 2018, 90(3): 2055-2062.

[47] Nah T, Chan M, Leone S R, et al. Real time in situ chemical characterization of submicrometer organic particles using direct analysis in real time-mass spectrometry[J]. Analytical Chemistry, 2013, 85(4): 2087-2095.

[48] Chan M N, Nah T, Wilson K R. Real time in situ chemical characterization of sub-micron organic aerosols using direct analysis in real time mass spectrometry (DART-MS): The effect of aerosol size and volatility[J]. Analyst, 2013, 138(13): 3749-3757.

[49] Schramm S, Zannoni N, Gros V, et al. New application of direct analysis in real time high-resolution mass spectrometry for the untargeted analysis of fresh and aged secondary organic aerosols generated from monoterpenes[J]. Rapid Communications in Mass Spectrometry, 2019, 33: 50-59.

[50] Geraghty P, Baumlin N, Salathe M A, et al. Glutathione peroxidase-1 suppresses the unfolded protein response upon cigarette smoke exposure[J]. Mediators of Inflammation, 2016.

[51] Mülhopt S, Dilger M, Diabaté S, et al. Toxicity testing of combustion aerosols at the air – liquid interface with a self-contained and easy-to-use exposure system[J]. Journal of Aerosol Science, 2016, 96: 38-55.

[52] Tang T, Gminski R, Konczol M, et al. Investigations on cytotoxic and genotoxic effects of laser printer emissions in human epithelial a549 lung cells using an air/liquid exposure system[J]. Environmental And Molecular Mutagenesis, 2012, 53(2): 125-135.

第8章　住宅环境与健康

　　改革开放40年以来，中国的经济高速发展，人们的生活水平有了明显的提高，同时居住环境也得到了很大的改变。从农村到城镇，越来越多的人更加注重室内环境的美观性，对居住环境进行不同程度的装修及装饰。然而，市场上部分装饰及装修材料的质量可谓参差不齐，室内的装修材料在一定程度上可以造成室内空气的污染。由于建筑物有一定的气密性，自然通风条件较差，大量的家具及电器设备摆放在室内，这些位置往往成为灰尘及污染物聚集的地方。同时在电器使用的过程中，会产生一定量的污染环境的气体、固体和液体。伴随着人类社会进入了信息时代，人们处在室内工作学习、休闲娱乐等的时间越来越长[1]，每天呼吸的空气约为$10m^3$，室内环境的空气品质影响人体的舒适性，由污染的室内空气而引发的各种疾病严重影响着人们的身体健康。因此住宅环境污染与否、室内空气质量达标与否等问题也逐渐引起人们的重视。

8.1　中国住宅环境现状

8.1.1　住宅环境主要污染物种类

住宅环境主要污染物种类通常有化学类污染、物理类污染、生物类污染、放射类污染四种[2]。

8.1.1.1　化学类污染

人们日常生活中的化学产品处处可见，为我们的生产、生活带来了极大的方便，伴随着化学工业的发展为我们带来了物质文明的同时，化学产品也对人类赖以生存的家园带来了一定的污染，特别是人类居住的室内环境，各种各样的化学产品直接或间接地影响着人们的身体健康[3]。化学类污染主要包括一氧化碳、二氧化碳、二氧化硫、二氧化氮、氨气、臭氧、甲醛、苯、甲苯、二甲苯、苯并芘、挥发性有机化合物等，如图 8-1 所示。

图 8-1　室内化学污染的主要成分

8.1.1.2　物理类污染

物理类污染主要包括颗粒物、机械性污染、非电离辐射污染等。颗粒物是空气污染物中的固体相物，也是空气污染物中的主体，颗粒物包括降尘、飘尘、石棉和无机金属粉尘，这些物质有着不同的粒径和质量[4]。机械性污染又有噪声、超声、次声等；非电离辐射污染是指波长大于 100nm 的电磁波，因不能引起水和组织的电离而得名，包括可见光、紫外线、红外线和电磁辐射。

8.1.1.3　生物类污染

生物污染是引发"致病建筑综合征"的重要因素之一，大气中的生物污染是一种空气变应原，主要有花粉和霉菌孢子，这些由空气传播的物质，能引起个别人的过敏性反应。空气变应原可以诱发哮喘、鼻炎、湿疹、过敏性肺部病变等一些疾病。人们熟悉的许多微生物大多数都能通过空气或饮水在室内传播，室内常见的生物类污染物种类比较多，主要包括细菌、真菌、病毒，如流行性感冒、麻疹、结核、白喉、百日咳、SARS、军团杆菌病等，有时也将动物的毛皮屑、宠物的唾液、尘螨、花粉等划分为生物类污染[5]。图 8-2 为军团菌电镜照片。

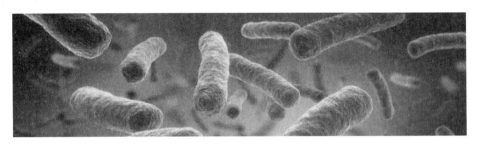

图 8-2　军团菌电镜照片

8.1.1.4　放射类污染

放射类污染主要是指含有天然放射性元素的建筑材料如石材，建筑石材中的放射性主要是镭、钍、钾三种放射性元素在衰变过程中产生的放射性物质。如果可衰变物质的含量过大，即放射性物质的"比活度"过高，则对人体是有害的。天然石材中的放射性危害主要有两个方面，体内辐射和体外辐射。体内辐射主要来自于放射性辐射在空气中的衰变，而形成一种放射性物质：氡及其子体。氡是自然界唯一的天然放射性气体，氡在作用于人体的同时会很快衰变成人体可以吸收的核素，从而进入人体的呼吸系统造成辐射损伤，进而诱发肺癌。体外辐射主要是指天然石材中的辐射体直接照射人体后产生的一种生物效果，会对人体的造血器官、神经系统、生殖系统和消化系统造成一定程度的危害[6]。

8.1.2　主要污染物的来源[2][7]

8.1.2.1　化学类污染的来源

（1）一氧化碳

一氧化碳其化学分子式为 CO，分子量为 28，是一种无色、无味、无刺激性的有害气体，相对于空气的密度为 0.967，熔点 $-199℃$，微溶于水，不易液化和固化，其燃烧时呈蓝色火焰，一氧化碳比较稳定，能在空气中长期积累，不易引起人们的注意。室内空气中一氧化碳主要来源有：煤、天然气等燃料的不完全燃烧；室外大气一氧化碳的渗入，尤其是当室内使用煤炭取暖或做饭时，一氧化碳的含量比室外高。另外，吸烟、烟熏、蚊香的燃烧也会产生一定量的一氧化碳。

（2）二氧化碳

二氧化碳俗称为碳酸气，是一种无色、无臭的气体，有酸味，相对空气密度为1.53，易溶于水，部分产物为碳酸，化学性质比较稳定。植物可以利用二氧化碳进行光合作用。二氧化碳在一定条件下能够被液化，其相对空气密度为1.101，沸点为-78.5℃，液态的二氧化碳在蒸发时可吸收大量的热量。另外，二氧化碳也有固态，俗称干冰。通常室内空气中二氧化碳主要来源于人员的呼吸、燃料的燃烧、吸烟、生物发酵和植物的呼吸[8]。

（3）二氧化硫

二氧化硫别名亚硫酸酐，分子式为SO_2，是一种具有强烈辛辣刺激气味的无色气体，相对空气密度为1.434，沸点-10℃，能溶于水，部分产物为亚硫酸，也可以溶于乙醇、乙醚、硫酸和醋酸，能被氧化为三氧化硫。室内空气中的二氧化硫主要来源于含硫燃料的燃烧，人们在燃烧未脱硫处理的原煤（例如蜂窝煤）、木材、煤气、液化石油气等进行室内取暖、做饭时均会产生二氧化硫。另外，吸烟也会产生一定量的二氧化硫。

（4）二氧化氮

二氧化氮，分子式为NO_2，属于氮氧化物的一种，具有腐蚀性及较强的氧化性，在常温下，二氧化氮与四氧化氮混合存在，它是一种红褐色有刺激性臭味的气体，相对空气密度为1.448，在低于0℃时，几乎只有四氧化氮存在，无色晶体，熔点-93℃，沸点21.3℃，同时分解为二氧化氮。室内空气中的二氧化氮主要来自烹饪、取暖用燃料的燃烧、室内人员的吸烟、进入室内的车辆尾气等。

（5）氨气

氨气NH_3，分子量为17.01，是无色有强烈刺激性气味的气体，相对空气密度为0.5971。在常温下氨气易被液化成无色液体，沸点为-33.3℃，也易被固化成雪花状的固体。氨气在高温时会分解为氮气和氢气，具有还原作用。氨气的来源：通常在冬季的建筑施工中，为了提高混凝土的强度，在混凝土施工过程中加入高碱混凝土膨胀剂和含有尿素的混凝土防冻剂，这些外加剂中含有氨类物质，房屋建成后，在墙体中随着温湿度等环境因素的变化而还原成氨气被释放出来。另外，家具在涂饰时也会采用氨水作为添加剂和增白剂，因此室内的装修材料和木质板材中也会散发氨气。在农场附近的建筑物中，动物排泄的粪便中含有的氨气也会随空气进入室内而造成污染。

（6）臭氧

臭氧O_3，氧的同素异形体，气态臭氧呈现蓝色，相对空气密度为1.658，含量较高时与氯气相像，是一种带有鱼腥味的强氧化剂，难溶性气体。液态臭氧是蓝色，相对水的密度是1.71，沸点为-112℃，固态臭氧是紫黑色，熔点为-251℃，液态臭氧容易爆炸，在常温下分解缓慢，在高温下可以迅速分解，形成氧气。室内臭氧主要来自电视机、复印机、激光印刷机、负离子发生器、紫外灯、电子消毒柜、静电吸尘器等。人们有时候会使用空气净化器-臭氧发生器去氧化空气中的污染物，当使用不当时，过剩的臭氧会扩散在空气中成为污染物。

(7) 甲醛

甲醛是一种无色有强烈刺激性气味的气体，其40%的水溶液可用作消毒剂（福尔马林），此溶液的沸点为−19.5℃，在室温下极易挥发，可通过呼吸道被人体吸收。甲醛很容易聚合成多聚甲醛，其受热极易发生解聚作用，并在室温下可缓慢释放出单体甲醛。甲醛主要用于生产各类人造板粘合剂、树脂（酚醛树脂、脲醛树脂）、塑料、皮革、造纸、人造纤维、玻璃纤维、橡胶、涂料、药品、油漆、肥皂等。室内甲醛主要来自建筑材料、家具、各种粘合剂涂料、合成织品。装饰材料用的人造板（胶合板、细木工板、中密度纤维板、刨花板等）中甲醛释放速率受温度、湿度影响较大，温度越高，甲醛释放越快；湿度越高，则甲醛容易滞留于室内空气中，甲醛的释放时间可达到十几年之久，是室内空气中甲醛的主要来源[9]。这些人造板用于木地板、各种家具等，使得室内空气中的甲醛含量较高。对于地毯等合成织物、装修材料用的壁纸、泡沫塑料等材料通常也会散发甲醛，因为这些经过树脂整理的化学纤织品，在使用及保存的过程中会释放出游离的甲醛，对室内环境造成一定的污染。有资料表明，吸烟时室内甲醛浓度是无烟时的3倍，另外，无碳的复写纸、化妆品、清洁剂、杀虫剂、防腐剂在使用的过程中也会释放甲醛[10]。

(8) 苯系物（苯、甲苯和二甲苯）

苯系物主要存在于油漆、化学胶水及各种内墙涂料中。在室内它主要来源于建筑、装饰材料及家具所用的涂料用剂。苯为无色透明有强烈芳香味的液体，挥发性强，易燃，不溶于水，但可以溶于乙醇、乙醚等有机溶剂。苯主要存在于各种建筑材料的有机溶剂中，例如各种油漆的添加剂和稀释剂，防水材料的添加剂也含有苯。苯也可以用作装饰材料、人造板家具、黏合剂、空气消毒剂和杀虫剂的溶剂。甲苯和二甲苯均为无色、有芳香味、具有挥发性、易燃、燃点低的液体。二者通常用作建筑材料、装饰材料及人造板家具的溶剂和粘合剂。另外，液体清洁剂中均含有甲苯，着色剂、塑料管中也含有甲苯和二甲苯。

(9) 苯并芘

苯并芘是一种多环芳香烃类化合物，是多环芳烃中毒性最大的一种致癌物。苯并芘为无色至淡黄色、针状、晶体，又称3，4-苯并芘，简称BaP，分子式为$C_{20}H_{12}$；分子量253.23；熔点为179℃；沸点为475℃；相对于水的密度为1.351。苯并芘可以溶解在苯、氯仿、乙酮、环己烷、二甲苯等有机溶剂中，在苯中溶解呈现蓝色或紫色荧光，在浓硫酸中呈橘红色并伴有绿色荧光。苯并芘主要来源于含碳燃料及有机物的热解过程，煤炭、石油等在无氧加热裂解过程中产生的烷烃经过脱氢、聚合可以产生一定量的苯并芘，工厂排放的烟气中含有的悬浮颗粒物上吸附有苯并芘，随颗粒物散发于空气中，一部分可以进入室内，一部分可以降落到水面和地面上，从而污染水源和土壤。另外炼焦、化工、染料等工厂排出的工业废水中以及熏制食品、香烟烟雾中均可检测到一定量的苯并芘。

（10）挥发性有机化合物（VOCs）

挥发性有机化合物是一类低沸点有机物的统称，美国环保署（EPA）对 VOCs 的定义是：在通常室内大气温度和压力的环境中能够蒸发的一类有机物，包括除了二氧化碳、碳酸、金属碳化物、碳盐酸以及碳酸铵等一些参与大气中光化学反应之外的含碳化合物[11]。室内挥发性有机化合物主要来源有：建筑材料、室内装饰材料、生活及办公用品。有机溶液，如油漆、含水涂料，粘合剂、化妆品、洗涤剂、捻缝胶等；建筑材料，如人造板、泡沫隔热材料、塑料板材等；室内装饰材料，如壁纸等；纤维材料，如地毯、挂毯和化纤窗帘；办公用品，如油墨、复印机、打印机等。家用燃料的不完全燃烧、人体排泄物等。室外的工业废气、汽车尾气、光化学烟雾等随着空气进入室内而成为室内污染物。

世界卫生组织（WTO）基于有机化合物的挥发的难易程度，将 VOCs 分为三类，如表 8-1 所示：

WTO 对室内有机污染物的分类[12]　　　　　　　　　　表 8-1

有机物分类	沸点（℃）	典型物质（部分列举）
极易挥发的有机化合物（VVOC）	<0 到 50~100	甲醛
挥发性有机化合物（VOC）	50~100 到 240~260	苯、甲苯、二甲苯
半挥发有机化合物（SVOC）	240~260 到 380~400	邻苯二甲酸酯类

（11）半挥发性有机化合物（SVOCs）

半挥发性有机化合物的饱和蒸汽压力较低，吸附性很强，与 VOCs 相比，SVOCs 在环境中较稳定，不易降解，在室内环境中可存在数年之久。典型的 SVOCs 分类和来源见表 8-2：

室内常见 SVOCs 及其分类、来源[13]　　　　　　　　表 8-2

SVOC 种类	典型污染物	用途	来源
烷基苯酚	4-壬基苯酚，4 辛基苯酚	非离子表面活性剂	洗涤剂，消毒剂，表面清洁剂
有机氯	滴滴涕，氯丹	杀虫剂，杀白蚁剂，杀菌剂	室内外空气，消毒用品
有机磷组分	磷酸（β-氯乙基）三酯（TCEP），三（氯异丙基）磷酸酯（TCPP）	塑化剂，无泡清洁剂，阻燃剂，杀虫剂	聚合材料，纺织品，聚氨酯泡沫，电子产品，室内外空气，尘埃

续表

SVOC 种类	典型污染物	用途	来源
邻苯二甲酸酯	邻苯二甲酸二（2-乙基己基）酯（DEHP），邻苯二甲酸二异壬酯（DINP）	塑化剂，溶剂，配料香味	软 PVC 材料，PVC 地板，墙材，电缆，电线套管，个人护理用品
多溴二苯醚	六溴二苯醚（BDE-153），四溴二苯醚（BDE-47）	阻燃剂	地毯衬垫，墙面，电子产品（套管），家具（泡沫和床垫）
多氯联苯（PCBs）	2，2′，5，5′-四氯-1，1′-联苯（PCB 52）；2，2′，4，4′，5，5′-六氯-1，1′-联苯（PCB 153）	传热工质，稳定剂，阻燃剂	地板饰面，泡沫垫，床垫，油浸变压器，电容器
多环芳烃（PAHs）	苯并芘	燃烧副产物	室外空气，烹饪，抽烟
拟除虫菊酯	氟氯氰菊酯，氯菊酯	杀虫剂	室内外空气，灰尘，清洁用品
对烃基苯甲酸酯	尼泊金丁酯，尼泊金甲酯	杀菌剂，抗菌剂，防腐剂	个人护理用品，罐装食品，纺织品

图 8-3 是 SVOCs 在室内的输运示意图，颗粒物的存在会极大地改变 SVOCs 的浓度，研究表明，当室内 TSP 浓度增加时，室内气相 DEHP 浓度会减少。颗粒相 DEHP 浓度会增加，并且颗粒物种类不同时，也会对气相 DEHP 暴露水平产生影响。

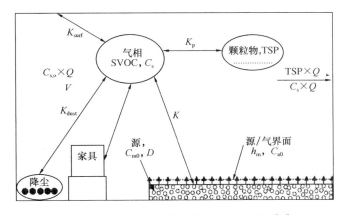

图 8-3　SVOCs 的散发及输运过程示意图[14]

8.1.2.2　物理类污染的来源

（1）颗粒物

颗粒物按照来源可以分为一次颗粒物和二次颗粒物。一次颗粒物是由天然污染源和人为污染源释放到大气中直接造成污染的颗粒物，主要来源有土壤粒子、燃烧产生的烟尘、吸烟以及点燃蚊香产生的烟雾。二次颗粒物是由大气中的某些污染物的固体或气体组分（如二氧化硫、氮氧化物、碳氢化合物等）之间，或这些组分与大气中的正常组分（如氧气）之间通过光化学反应、催化氧化反应或者其他化学反应转化生成的颗粒物[15]。室内的颗粒物是指空气中固体和液体颗粒物的总称，主要是固体，如灰尘、烟尘、烟雾等。室内颗粒物的动力学直径范围为 $0.1 \sim 200 \mu m$，按照颗粒物的动力学直径可以分为以下颗粒物，如表 8-3 所示：

颗粒物类别 表 8-3

类别	动力学直径 γ
总悬浮颗粒物	$\gamma \leqslant 100 \mu m$
可吸入颗粒物（PM 10）	$\gamma \leqslant 10 \mu m$
粗颗粒物	$2.5 \mu m \leqslant \gamma \leqslant 10 \mu m$
细颗粒物（PM 2.5）	$\gamma \leqslant 2.5 \mu m$

　　室内的颗粒物的来源很多，主要来自燃料的燃烧、吸烟、室外和空调系统的带入。另外，二次扬尘也会造成颗粒物的产生。图 8-4 是用显微镜拍摄的室内 PM2.5 颗粒物的放大照片。

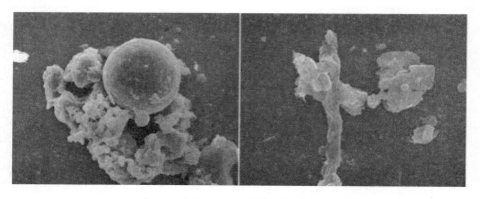

图 8-4　室内 PM2.5 颗粒物的放大照片

　　颗粒物的多样性、多孔性和可吸附性造成其本身可以吸附多种无机物、烃类化合物、有害气体（如二氧化硫、二氧化氮、甲醛等）以及多种病原微生物等。颗粒物具有很好的吸湿性，是雾气的良好凝聚核。颗粒物由于表面的吸附和凝结能力比较强，决定了它成分的多样性，可分为有机成分、无机成分的水溶性成分和水不溶成分及致病微生物成分。这样多种成分的联合作用使得毒性加强，给人们的健康造成更大的危害。

　　（2）噪声

　　噪声是指主观上不需要的声音，主要来源于交通噪音、工业噪音、施工噪音和社会噪音等。交通噪音是指机动车辆、飞机、轮船、火车等交通工具在运行过程中产生的影响交通工具内部及其外部周围一定空间范围内的环境噪声源。工业噪音是指工矿企业在生产活动中产生并影响周围地区生活环境的噪音，主要来源于机械设备的气动源和机械设备的振动源。施工噪音是指建筑工地和室内装修现场产生的影响周围地区生活环境的噪声。社会噪音是指人为活动产生的影响周围人们生活环境的噪音。另外，还有家庭影院、音响设备、电视机、洗衣机、吹风机等用电设备在运行时发出的噪音。

（3）电磁波

随着各种各样的电器进入人们的家庭，及大地方便了人们的生活，然而在使用这些设备时，会产生不同波长和频率的电磁波，它对人体健康有着一定的威胁，通常称为"电磁辐射污染"，有关研究表明，电磁波致病效应随着磁场振荡频率的增大而增大，当频率超过 10 万 Hz 时，可对人体健康构成潜在的威胁[15]。电磁波可以穿透多种物质，当人们在使用各种电器时，会有部分电磁波泄露，而与人体或某些物质发生相互作用，并释放能量，进而对人体产生危害。电磁波主要来源于常用的家用电器：电视机、电脑、电冰箱、微波炉、洗衣机、空调、电热毯、移动手机、吸尘器等。

8.1.2.3　生物类污染的来源[2]

空气中微生物的数量及种类常因污染及污染程度的不同而异。空气中的污染物常常是气溶胶的形式存在，微生物气溶胶可以污染食品和水源。人类的很多疾病病菌在空中可以直接传播，经空气传播的病原菌主要有结核杆菌、白喉杆菌、炭疽杆菌、溶血性链球菌、金黄色葡萄球菌、脑膜炎球菌、感冒病毒、麻疹病毒等。空气中的微生物是自然因素和人为因素污染的结果，主要来源于人类的生产和生活活动，人类、动物、植物的生产、生活、咳嗽、喷嚏等产生的尘埃、液滴、皮屑、分泌物、花粉和孢子等均可携带微生物飘浮在空气中。在室内微生物中细菌占绝大多数，其中球形菌比例最高，革兰氏阳性菌和需氧、兼性厌氧菌占多数。军团菌是一类需氧革兰氏阴性杆菌，其中以嗜肺军团菌最易致病，这类细菌可寄生于天然淡水和人工管道中，也可以在土壤中生存，其潜伏期为 2～20d 不等[16]。

霉菌是一种在温暖和潮湿环境中迅速繁殖的微生物，属于真菌的一种，一般在室内卫生间、厨房的角落和房间的阴暗面等比较潮湿的室内表面中被发现，霉菌还能产生悬浮于空气中的有机体，这些有机体可以产生霉变臭味，这类霉菌会引起室内人员的恶心、呕吐、腹痛以及一些呼吸道疾病（如哮喘）和肠道疾病（如痢疾）。

流行病毒是流行感冒的病原体，根据其核蛋白的抗原性可分为三类：甲型流感病毒（A 类流感病毒）如图 8-5 所示，乙型流感病毒（B 类流感病毒），丙型流感病毒（C 类流感病毒），适宜生长在温度为 25～60℃的环境中，传染途径通常是呼吸道传染和消化道传染。

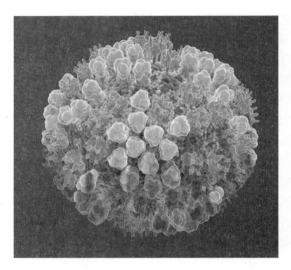

图 8-5　甲型流感病毒

尘螨属于蛛形网的微小节肢动物，其形状看似蜘蛛且有 8 只脚，个体极其微小，身长有 $170\sim500\mu m$，人的肉眼不容易看到，需要借助放大镜或者显微镜能够看到[2]，如图 8-6 所示。尘螨普遍存在人类居住和工作的环境中，尤其在室内潮湿、通风不良的情况下（如温度 $20\sim30℃$、相对湿度 $75\%\sim85\%$），大量的尘螨滋生于卧室的枕头、被褥、软垫、地毯、挂毯、窗帘、沙发罩等纺织物内和一些家具中。

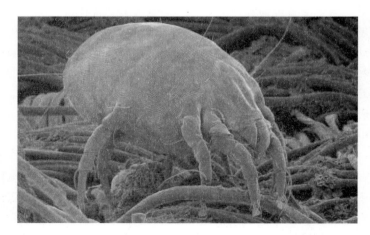

图 8-6　显微镜下的尘螨

室内由于使用空调或紧闭门窗，室内的温湿度为尘螨的滋生创造了有利的环境条件，尤其是在床褥和纯毛地毯的下面，尘螨的数量最多。尘螨是一种啮食性的自生螨，以粉末性物质为食物，如动物皮屑、面粉、棉籽饼和真菌。尘螨及其分泌物、排泄物和其生长各阶段虫体、蜕皮甚至虫尸体均具有强烈的变态反应原性，具有极强的致变应作用，可以通过空气传播进入人体，当人体反复接触时，可以导致过敏而引发过敏性哮喘、过敏性鼻炎及皮肤过敏。另外，尘螨也是诱发支气管哮喘的重要变应原。

8.1.2.4　放射类污染的来源[17]

氡是由镭、铀衰变产生的自然界唯一的天然放射性惰性气体，无色无味，不可挥发。氡本身虽然是惰性气体，但其衰变的子体（即氡子体）极易附着在空气中的细微粒上。氡及氡子体通常在空气中能形成放射性气溶胶而污染空气。室内氡的来源主要有：第一，从房基土壤中析出的氡。在地层深处含有铀、镭、钍的土壤、岩石中，有着高浓度的氡，通过地层断裂带，进入土壤和大气层，若建筑物在上面，氡可以沿着地面的裂缝扩散到室内。第二，从建筑材料中析出的氡。建筑材料是室内氡的主要来源，如花岗岩、砖沙、水泥及石膏等，特别是含有放射性元素的天然石材，很容易释放出氡。第三，从户外空气进入室内的氡。室外空气中的氡也会进入室内，在室内大量的聚集。第四，从供水及用于取暖和厨房设备的天然气中释放出的氡。这方面只有水和天然气的含量比较高时才会有危害。

8.1.3　住宅环境主要污染物的浓度标准

住宅环境主要污染物的浓度标准，可以参考国内的《室内空气质量标准》GB/T 18883—2002[18]、《民用建筑工程室内环境污染控制规范》GB 50325—2010（2013 版）[19]，国际上主要是 WHO 于发布的室内空气污染物标准以及 WELL 标准（V2 版）。各个标准对室内主要污染物浓度限值的对比如表 8-4 所示。

国内外标准对住宅环境主要污染物浓度限值的对比　　　　表 8-4

参数类别	参数	《室内空气质量标准》（GB/T 18883—2002）	《民用建筑工程室内环境污染控制规范》（GB 50325—2010（2013 版））	美国 WELL 标准（V2 版）	世界卫生组织（WHO）室内空气污染物标准
化学	二氧化硫（SO_2）	0.50	—	—	0.02-1
	二氧化氮（NO_2）	0.24	—	—	0.05～1
	氡	0.20	≤0.2	—	—
	一氧化碳	10	—	9×10^{-6}（体积分数）	1～100
	二氧化碳	0.10（%）	—	—	600～9000

续表

参数类别	参数	《室内空气质量标准》(GB/T 18883—2002)	《民用建筑工程室内环境污染控制规范》(GB 50325—2010(2013版))	美国 WELL 标准(V2版)	世界卫生组织(WHO)室内空气污染物标准
化学	臭氧	0.16	—	51×10^{-9}(体积分数)	0.04~0.4
	甲醛	0.10	≤0.08	27×10^{-9}(体积分数)	0.05~2
	二氯甲醛				0.005~1
	三氯甲醛				0.0001~0.02
	四氯甲醛				0.002~0.05
	苯	0.11	≤0.09	0.03	0.01~0.04
	甲苯	0.20	—	0.15	0.015~0.07
	二甲苯	0.20	—	0.35（邻、间、对二甲苯总和）	0.01~0.05
	1,4二氯化苯			0.4	0.005~0.1
	石棉				< 10 个纤维/m^3
	矿物纤维				< 10 个纤维/m^3
	烟草中可吸入颗粒物				0.05~0.7
	烟草中 CO				1~1.5
	烟草中硝基二甲胺				$(1~50) \times 10^6$
	苯并［a］芘	1.0	—	—	—
	可入肺颗粒物(PM 2.5)	—		$15\mu g/m^3$	
	可吸入颗粒物(PM 10)	0.15	—	$50\mu g/m^3$	
	总挥发性有机物	0.60	≤0.5	$500\mu g/m^3$	—

参数类别	参数	《室内空气质量标准》(GB/T 18883—2002)	《民用建筑工程室内环境污染控制规范》(GB 50325—2010(2013版))	美国 WELL 标准(V2 版)	世界卫生组织(WHO)室内空气污染物标准
生物	细菌总数	2500（cfu/m³）	—	—	—
放射	氡(^{222}Rn)	400（Bq/m³）	≤200（Bq/m³）	150（Bq/m³）	10-3000（Bq/m³）

注：
(1) 附表中注明的浓度单位以外，其他单位为 mg/m³。
(2)《民用建筑工程室内环境污染控制规范》GB 50325—2010（2013版）中选用的是 I 类的标准值。
(3) 世界卫生组织（WHO）室内空气污染物标准中选用的是报告浓度。

8.1.4　污染物对人体健康带来的危害

室内污染物浓度主要取决于室内污染物产生量（或散发效率）、通过再反应或沉降作用导致的污染物被清除率、室内外空气交换率以及室外污染物浓度间的关系。然而，实际中很难确定人们在污染空气中的暴露情况，这主要是因为个人行为活动对污染暴露量影响很大。美国环保署在 19 世纪 80 年代进行的 TEAM（总污染评价方法）研究结论表明，人体受多种污染物直接污染的程度明显超过那些环境空气中的污染物浓度，这种现象就是著名的混浊效应[20]。污染物对个人的影响程度取决于个体对污染物的敏感性、污染物浓度、个体当前的心理、生理状态以及受污染的时间和频率。

8.1.4.1　室内环境中的化学污染物对人体健康的影响[2]

（1）甲醛

甲醛被世界卫生组织确定为可疑致癌物质，游离甲醛有辛辣刺激的气味，当吸入后，轻者有鼻、咽、喉部不适和烧灼感以及流鼻涕、咽痛、咳嗽等症状；重者感到胸部不适、呼吸困难、头痛、心烦等；更甚者发生口腔、鼻腔黏膜糜烂，喉头水肿，痉挛等。长期超量吸入甲醛可引起鼻咽癌、喉头癌等多种严重疾病，对身体健康构成严重威胁。

（2）氨

氨对上呼吸道有强烈的刺激和腐蚀作用，氨的浓度达到 67.2mg/m³ 时，吸入 45min，鼻咽喉部、眼部就产生刺激作用，此时如果离开现场，几分钟后不适感即可消失。轻度中毒时，会发生鼻炎、咽炎、气管炎、咽喉痛、咳嗽、咯血、胸闷、胸骨后疼痛等症状，还能刺激眼睛，导致结膜水肿、角膜溃疡、虹膜炎、晶状体浑浊甚至角膜穿孔。严重中毒时，可出现喉头水肿、声门狭窄、窒息、肺水肿。

（3）二氧化碳

二氧化碳作为呼吸中枢兴奋剂为生理所需，但 CO_2 浓度超过一定范围后，可对人体产生危害。人对 CO_2 的耐受浓度可达 1.5％，空气中二氧化碳含量达 3％时，人体呼吸加深；长时间吸入浓度达 4％的 CO_2 时，会出现头晕、头痛、耳鸣、眼花等神经症状，同时血压升高；室内空气中二氧化碳浓度达 8％～10％时，会导致呼吸困难、脉搏加快、全身无力、肌肉由抽搐转为痉挛、神志由兴奋转向抑制。

（4）挥发性有机物

苯系化合物挥发性强，短时间接触高浓度可出现头晕、恶心、呕吐、白细胞减少、呼吸道刺激等症状，严重者意志丧失、出现神经系统的麻痹作用。呼吸衰竭、心衰死亡。长期低浓度接触导致头晕、乏力、记忆力减退、免疫力低下。慢性苯中毒，严重可致再生障碍性贫血、白血病。苯系中的甲苯、二甲苯对生殖系统也有一定影响，可导致胎儿先天性畸形。长期低浓度接触苯的人群，白血病、恶性肿瘤的发病率明显高于一般人群。世界卫生组织将苯化合物确定为人类致癌物[21]。

（5）一氧化碳

空气中的 CO 浓度与血液中的 HbCO（碳氧血红蛋白）有明显的剂量－效应关系，CO 浓度越高，HbCO 的饱和度就越高，中毒症状就越严重。HbCO 的饱和浓度达 5％时，视觉敏感性降低，行为和动作能力受影响；7％时发生轻度头痛；12％时中度头痛、眩晕；25％时，严重头痛、眩晕；45％～60％时除了上述症状外，还发生恶心呕吐、意识模糊、昏迷；90％时导致死亡。长期低浓度接触 CO 对神经系统和心血管系统有一定损害。CO 可经胎盘进入胎儿体内，正常胎儿血液中 CO 浓度比母亲高。胎儿对 CO 的毒性比母亲敏感，孕妇患急性 CO 中毒幸存者，其胎儿可以致死或出生后遗留神经障碍。

（6）二氧化硫

二氧化硫易溶于水，易被上呼吸道和支气管黏膜的富水性黏液所吸收，引起呼吸道急性和慢性炎症。当浓度达到 $25mL/m^3$ 时，气道的纤毛运动将有 65％～70％受到阻碍；若每天吸入二氧化碳浓度为 $100mL/m^3$ 的空气 8h，支气管和肺部将出现明显的刺激症状，使肺组织受损；极高浓度时可发生声门水肿或肺水肿及呼吸道麻痹。

（7）氮氧化物

氮氧化物在肺中形成的亚硝酸盐进入血液后，能与血红蛋白结合形成高铁血红蛋白，减弱了血红蛋白带氧气的能力，引起组织缺氧。当污染物以氮氧化物为主时，肺的损害比较严重；当污染物以 NO 为主时，高铁血红蛋白症及中枢神经系统损害比较明显，对心、肝肾及造血组织等均有影响。慢性毒作用的主要表现为神经衰弱综合征。

8.1.4.2 室内环境的生物因素对人体健康的危害

室内生物污染引起的主要是上呼吸道感染、哮喘、过敏性肺泡炎、中毒反应、传染性疾病、病毒感染、细菌感染、真菌感染、衣原体感染及由宠物传播的疾病。如感染性的支气管炎是由感冒引起的疾病，常见的症状有：流鼻涕、疲倦、畏寒、背部和肌肉疼痛、轻微发热以及咽喉疼痛等。肺脓肿是由多种病原体所引起的肺组织化脓性病变，早期为化脓性肺炎，继而肺组织坏死、液化，脓肿形成[2]。

8.1.4.3 室内可吸入颗粒物对人体健康的危害

可吸入颗粒物在空气中以气态、气溶胶态共存。颗粒物对健康的影响，取决于其浓度、理化特性、生物学特性、粒径大小和溶解性。粒径 $5\sim30\mu m$ 的多滞留于鼻咽部；粒径 $1\sim5\mu m$ 的多滞留于气管、支气管、细支气管。颗粒物越小，进入的部位越深，$1\mu m$ 以下的在肺泡里沉积率最高。小于 $0.4\mu m$ 的颗粒能较自由地进入肺泡并随呼吸排出，在肺内沉积越少。大量的可吸入颗粒物进入肺部对局部有堵塞作用，使局部支气管的通气功能下降，细支气管和肺泡的换气功能丧失。尤其是黏稠性较大的可吸入颗粒物，易聚集在局部组织不易扩散，会导致局部组织损伤，导致慢性阻塞性肺部疾患[2]。

8.2 住宅污染物的浓度水平

8.2.1 背景介绍

为全面了解住宅室内环境现状和儿童健康状况（儿童哮喘、过敏症和呼吸道疾病等），2010 年 9 月，来自全国 10 所大学在中国 10 个重要城市启动了中国室内环境与儿童健康研究（China，Children，Homes，Health，简称 CCHH）。CCHH 分为两个阶段：阶段 I 为关于儿童哮喘、过敏性疾病和部分空气传染病的患病率以及住宅环境暴露的现状的问卷调查（2010 年 11 月～2012 年 4 月）；阶段 II 是病例—对照研究，包含室内环境空气样本、灰尘和人体尿液中污染物及其代谢产物种类和浓度的检测。本章内容基于 CCHH 上海课题组阶段 II 的研究成果[22]。

入室检测的对象从横断面问卷调查中选取，均为 4～6 岁学龄前儿童，并且愿意接受室内空气品质检测及填写完整的联系方式的家庭。确定范围之后，进一步筛选未对室内环境进行大调整（如搬家、装修和添置搭建家具）的家庭作为实测对象，以儿童哮喘为主要研究目标，进行病例—对照的实验设计，最终于 2013 年 4 月～2014 年 12 月对 454 位学龄前儿童的住宅环境进行了检测。

检测项目包括：温湿度、CO_2 浓度、甲醛、颗粒物（PM 1.0、PM 2.5、PM 4 和 PM 10）、VOCs（空气样本）、浮游菌（空气样本）、尘螨变应原（儿童床铺落尘样本）、SVOCs（落尘样本）、SVOCs 代谢产物（儿童晨尿样本），同时将住宅潮湿情况、住宅环境、建筑材料、生活习惯及儿童和家庭成员健康信息列为检测的调查内容。

8.2.2 污染物的测试和分析方法

8.2.2.1 CO_2 浓度、温湿度以及甲醛

住宅 CO_2 浓度、温度和湿度通过将测试仪器 HUMLOG 20 放置于儿童卧室和起居室的中心，采取被动的检测方式，检测间隔为 1min，连续检测 24h，该仪器可以高精度的获取温度、湿度和 CO_2 数据。图 8-7（a）所示为 CO_2、温湿度测试仪器 HUMLOG 20（E＋E Inc.，Austria）。对于甲醛浓度同样也采用被动检测的方式，检测间隔为 30min，连续检测 24h，将测试仪器（Formaldehyde Multimode Monitor，SHINYEI Inc.，Japan，如图 8-7（b）所示）放置于儿童卧室。

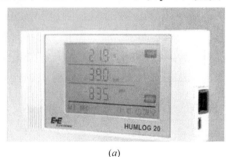
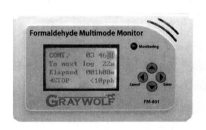

（a）   （b）

图 8-7　测试仪器

（a）CO_2、温湿度检测仪；（b）甲醛检测仪

8.2.2.2 室内颗粒物

室内颗粒物浓度（PM1.0、PM2.5、PM4.0、PM10）采用主动检测方式。检测仪器（Aerosol Mass Monitor 831，Met One Instruments，Inc.，USA，如图 8-8所示）放于儿童卧室，检测间隔为 1min，一共检测 10 次，通过直接读取的方式记录室内不同颗粒直径的浓度。

图 8-8　颗粒物监测仪器

（Aerosol Mass Monitor 831）

8.2.2.3 室内 VOCs

空气中的挥发性有机物（VOCs）采用德国 AQUARIA 公司开发的 RING 被动吸附采样管（图 8-9（a））收集儿童卧室连续 7d 的空气样本，采样结束后将采样管密封保存在 −40℃ 的冰箱，分析时根据内标法采用气相色谱－质谱联用仪（GC-MC，美国 Thermo Fisher Scientific，气相色谱仪型号为 Trace 1310，质谱仪型号为 ISQ，如图 8-9（b）所

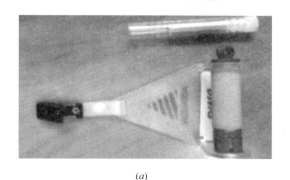
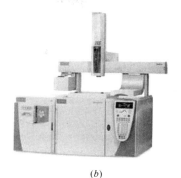

(a)　　　　　　　　　　　　　　　　(b)

图 8-9　室内挥发性有机物检测设备

(a) 吸附采样管；(b) 气相色谱－质谱联用仪

示）对样品进行分析。

8.2.2.4　浮游菌

空气中的浮游菌的浓度是先使用 Microflow（AQUARIA Inc.，Italy）对儿童房间和起居室进行主动采样，空气流速设定为 100L/min，每个样本采集 10min，再对采集的空气进行正式采样（图 8-10）。在正式采样前采样器先进行 10min 的预热，采样介质使用普通琼脂培养基，采集完微生物粒子的样本放置在 35±1℃ 的恒温箱中培养 48h 后，计数其菌落数。

图 8-10　Microflow-α 便携式空气微生物采样器

8.2.2.5　床铺尘螨

床铺尘螨的获取是利用的仪器是 Panasonic 手持式吸尘器 MC-DL202 如图 8-11 所示，先取出吸尘器无刷子的延长段和扁嘴吸头，再安置吸尘袋之后再在儿童床垫上进行灰尘的采集，采集之后的样本也一样保存在 −40℃ 的冰箱里如图 8-12 所示。实验采用酶联免疫吸附（ELISA）实验法，通过购买相应螨种的 ELISA 监测试剂盒对儿童卧室床铺灰尘中的 Der f1 和 Der p1 浓度进行测定。

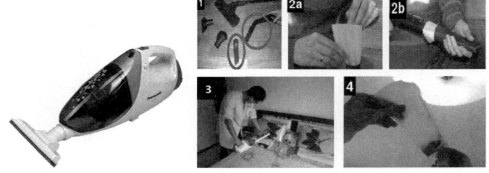

图 8-11   MC-DL202 手持 吸尘器

图 8-12   灰尘收集仪器和操作流程

8.2.2.6   潮湿表征

室内潮湿表征根据入室检测的两位调查员进行现场评估，分别对客厅、儿童卧室、父母卧室、厨房和浴室进行八项潮湿表征评估，其中包括房间潮湿视觉总体评价、吊顶可见霉斑、外墙可见霉斑、外墙可见湿斑、内墙可见霉斑、内墙可见湿斑、地板水破坏和窗户结露，如图 8-13 所示。

图 8-13   常见的潮湿表征现状
（a）霉斑；（b）湿斑；（c）衣物受潮；（d）水损坏；（e）窗户结露；（f）霉味

8.2.3   不同污染物的浓度水平

8.2.3.1 CO_2 浓度、温度和相对湿度[23] 以及甲醛

表 8-5 给出了室内 CO_2 浓度、温度和湿度的检测结果。由表 8-5 可知，儿童卧室的 CO_2 的浓度比起居室的要高，对于温度和湿度，儿童卧室和起居室的差别不

大。并且可以看出夜间（00：00～06：00）的 CO_2 较 24h 检测结果更高，起居室的相对湿度在夜间更高。

室内检测 CO_2 浓度、温度和湿度的均值和标准差 表 8-5

	24h 均值±标准差			6h 均值±标准差（00：00～06：00）		
	CO_2 (ppm)	温度 (℃)	相对湿度 (%)	CO_2 (ppm)	温度 (℃)	相对湿度 (%)
儿童卧室	814±378	21.4±6.6	64.6±10.8	1123±741	21.1±6.4	67.0±11.2
起居室	643±290	21.5±6.8	64.3±11.4	707±481	21.3±6.8	66.3±12.0

图 8-14 展示的是不同季节室内外 24h 温度均值的关系，可以看出除夏季外，室内全天的平均温度总体均高于室外，且春季、夏季和冬季室内外的平均温度差异比秋季明显。

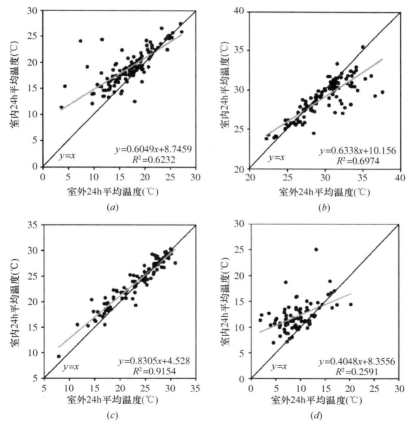

图 8-14 不同季节室内外 24h 温度均值的关系

（*a*）春季；（*b*）夏季；（*c*）秋季；（*d*）冬季

图 8-15 给出了不同季节室内外 24h 的相对湿度均值。可见，室内的全天平均相对湿度和绝对湿度总体上来说低于室外，且室内外的平均相对湿度和绝对湿度差异在春季和冬季较夏季和秋季更加明显。

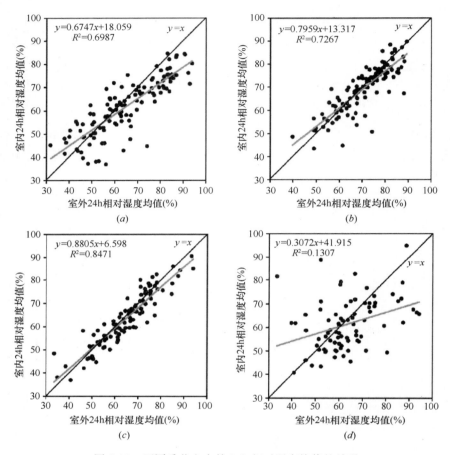

图 8-15　不同季节室内外 24h 相对湿度均值的关系
（a）春季；（b）夏季；（c）秋季；（d）冬季

454 户住宅中共有 409 户住宅（占 90.1%）的儿童卧室存在有效的甲醛浓度数值，甲醛浓度均值为 $21.5\mu g/m^3$，最大值为 $110.7\mu g/m^3$，绝大部分的卧室甲醛浓度均低于 $60\mu g/m^3$，室内甲醛浓度均值$>100\mu g/m^3$ 的儿童卧室仅有 2 户。冬季检测的卧室甲醛的检出率和浓度均值明显高于其他季节，如表 8-6 所示。

通过单样本 Kolmogorov-Smirnov 检验发现，24h 和 6h 的甲醛平均浓度均不呈正态分布，如图 8-16 所示。

儿童卧室 24h 甲醛浓度（μg/m³）总体分布情况[24]　　表 8-6

项目	n（检出率/%）	均值±标准差	最小值	百分位数			最大值
				25%	50%	75%	
总体	409(90.1)	21.5±13.0	6.8	12.3	19.6	27.5	110.7
春季	118(90.8)	20.4±10.3	9.2	12.3	17.6	27.1	73.2
夏季	110(86.6)	19.7±17.9	6.8	9.7	11.6	22.1	110.7
秋季	92(88.5)	19.2±12.6	6.8	11.5	18.3	23.2	109.7
冬季	89(95.7)	27.7±5.8	12.8	25.8	27.5	28.2	53.0

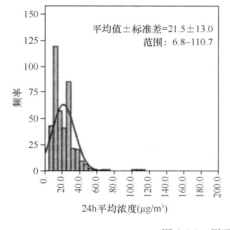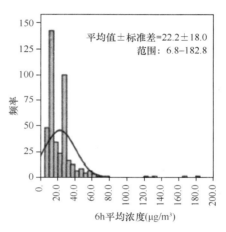

图 8-16　甲醛平均浓度[25]

8.2.3.2　室内颗粒物

儿童卧室不同颗粒物直径的浓度如表 8-7 所示，儿童卧室 PM2.5 的均值为 61.0μg/m³，PM10 的均值为 133.4μg/m³。

儿童卧室的颗粒物浓度（μg/m³）　　表 8-7

	PM 1.0	PM 2.5	PM 4.0	PM 10
均值±标准差	6.1±6.2	61.0±66.7	87.4±89.8	133.4±118.7

室内外有效的颗粒物浓度有效数据有 266 份，从图 8-17 可以看出，室内和室外在不同直径的粒径下，浓度存在较强的线性相关关系（Pearson 相关系数：$r=0.891-0.992$；P 值<0.001）。

8.2.3.3　室内 VOCs

对于苯系物，358 户住宅（占 78.9%）的儿童卧室存在有效的苯系物浓度数值如图 8-17 所示，一共检测出 14 种苯系物，检出率最高的为对二甲苯，为 93.6%，检出率最低的是丙苯，仅在 1 户卧室中检出，浓度最大值为 1，4-二氯苯（757.4μg/m³），

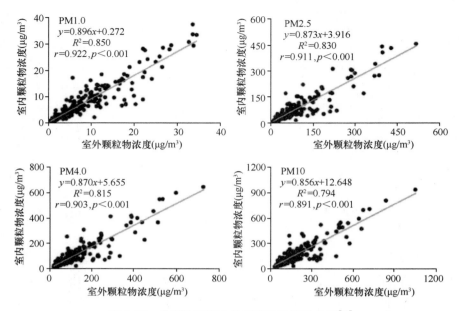

图 8-17　儿童卧室室内外颗粒物浓度的关系[26]

其次为甲苯（186.9μg/m³）。苯系物总和浓度均值为 33.9μg/m³，绝大部分的卧室苯系物浓度存在较大差异（标准差为 72.1μg/m³），并且卧室苯系物浓度的季节差异不显著（$P=0.621$），冬季检出率和浓度高于其他季节，如表 8-8 所示。

儿童卧室室内 VOCs 浓度的季节差异对比　（μg/m³）[23]　　表 8-8

项目	n（检出率%）	均值±标准差	最小值	百分位数			最大值
				25%	50%	75%	
总体	358(78.9)	33.9±72.1	<LOD	8.3	14.	30.4	770.1
春季	88(67.7)	29.2±48.8	2.0	7.5	13.8	30.1	335.4
夏季	91(71.7)	35.4±81.6	0.8	5.0	11.6	26.2	595.9
秋季	88(84.6)	30.6±54.2	2.8	10.4	15.9	31.1	451.3
冬季	86(92.5)	42.4±95.8	0.2	8.8	20.6	33.0	770.1

8.2.3.4　浮游菌

图 8-18 和 8-19 分别总结了不同检测日期内儿童卧室和客厅浮游菌浓度的分布情况。可知，儿童卧室与客厅浮游菌浓度随着检测日期分布的规律基本一致，绝大多数家庭的浮游菌浓度集中在小于 500CFU/m³ 区域，较高的浮游菌浓度分布在 2013 年 6 月至 8 月，2014 年的 2 月至 4 月，2014 年 3 月出现极个别家庭有相对较高的浮游菌浓度。且从图 8-18 和图 8-19 中可以发现，从春季到秋季，以及从冬季到春季室内浮游菌浓度呈现上升的趋势。

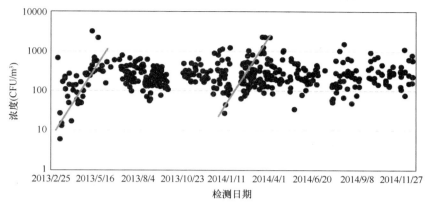

图 8-18 不同测试时间儿童卧室的浮游菌浓度

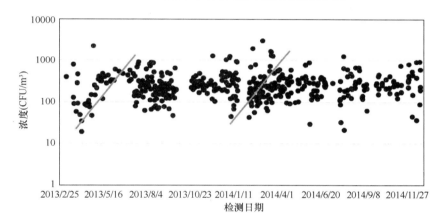

图 8-19 不同测试时间起居室的浮游菌浓度

表 8-9 给出了根据检测季节划分后的儿童卧室和客厅浮游菌浓度的分布情况，可以发现，春季的室内浮游菌的平均浓度高于其他三个季节，夏季和秋季的室内浮游菌的平均浓度较低，其中秋季室内浮游菌平均浓度显著低于春季，儿童卧室和客厅浮游菌浓度的最大值也是出现在春季。

检测住宅浮游菌浓度的情况　　　　　　　　　　　　　　　　　　表 8-9

	儿童卧室（CFU/m³）			起居室（CFU/m³）		
	均值±标准差	最小值	最大值	均值±标准差	最小值	最大值
总体	310±313	6	3184	301±288	19	3044
春季	368±478	6	3184	334±404	19	3044
夏季	285±208	48	1522	289±205	21	1237
秋季	267±140	76	921	252±123	46	782
冬季	314±266	27	1218	326±322	36	1935

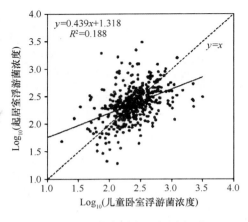

图 8-20　儿童卧室和起居室浮
游菌浓度的关系

不同房间的使用功能不同，也会影响房间内微生物的生长。统计分析了儿童卧室和客厅的浮游菌浓度数据后，分析结果显示儿童卧室的浮游菌浓度与客厅的浮游菌浓度弱相关，且儿童卧室的浮游菌浓度稍高于客厅，如图 8-20 所示。

8.2.3.5　床铺尘螨

检测期间获得了 453 位儿童的床铺灰尘样本，1 位儿童的床铺灰尘样本缺失，在 453 份儿童床铺灰尘样品中，Der f1 和 Der p1 的含量中位数（最小值，最大值）分别为 1.05（0.03，1.77）μg/g

和 2.24（0.03，4.34）μg/g。如图 8-21 所示，Der f1 含量主要集中在 0.5～1.5μg/g 之间，而 Der p1 含量主要集中在 1.0～3.0μg/g 之间，近似于 2 倍关系，可用拟合函数 $y=1.8554x^{1.2847}$ 来描述，可见上海市儿童床铺灰尘样品中的 Der f1 含量显著低于 Der p1，且两者之间存在显著性差异（$P<0.001$），如图 8-22 所示。

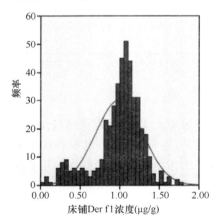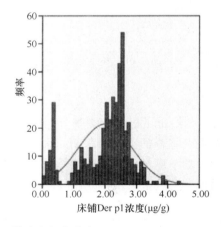

图 8-21　儿童床铺尘螨浓度频率分布

8.2.3.6　潮湿表征

入室检测时为了避免由于一位检测员评估而带来的误差，所以由两位检测员对相同住宅进行评估。表 8-10 和 8-11 分别给出了检测员 1 和检测员 2 汇报的室内潮湿表征。由此可知，潮湿表征最严重的都是地板水破坏，其次是房间潮湿视觉总体评价，再次是吊顶可见霉斑。总体来说，室内潮湿表征在住宅环境中较为严重。

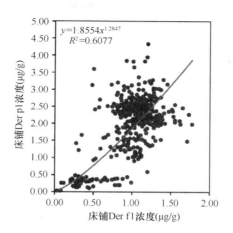

图 8-22 儿童床铺中 Der f1 和 Der p1 的关系图

入室检测员 1 汇报的室内潮湿表征 表 8-10

	房间潮湿视觉总体评价	吊顶可见霉斑	外墙可见霉斑	外墙可见湿斑	内墙可见霉斑	内墙可见湿斑	地板水破坏	窗户结露
样本量	68	60	26	29	28	22	209	17

入室检测员 2 汇报的室内潮湿表征 表 8-11

	房间潮湿视觉总体评价	吊顶可见霉斑	外墙可见霉斑	外墙可见湿斑	内墙可见霉斑	内墙可见湿斑	地板水破坏	窗户
样本	125	80	60	62	33	37	198	26

8.3 住宅污染物与人体健康

8.3.1 污染物与成人健康的关联性

室内污染物主要有物理类、化学类、生物类及放射类，它们的危害程度均对成人的健康构成了严重的威胁，目前国内外众多相关方面的专业人士及学者对污染物和成人之间的关联性进行了大量的实验研究，研究结果发现室内污染物与成人健康之间有一定的关联性，这对更好地应对污染物的危害提供了很好的参照。

8.3.1.1 物理类

胡伟和魏盛夏[27]研究了成人呼吸健康与空气颗粒物中元素浓度的关系，探讨空气污染源对成人呼吸健康的影响。结果表明颗粒物中土壤元素与成人呼吸健康的正向关联性，研究者提出了"土壤粒子团"假设对呼吸健康与土壤元素的关联作出了解释，"土壤粒子团"成为病毒、细菌和挥发性有机物等有害物质的载体，使得土壤元素与呼吸健康之间产生间接的关联性。

PM2.5 参与鼻窦炎、慢阻肺、支气管哮喘和肺癌等多种呼吸道疾病的发生和发展[27,28]。流行病学研究表明，PM2.5 的浓度与呼吸系统疾病的发病率和死亡率呈正相关[29]，其中 PM 2.5 与哮喘的发生、发展及严重程度密切相关。Schikowski T[30] 发现居住于公路附近的女性，因暴露于交通源性 PM 2.5 其 FEV1 下降，导致该人群罹患慢阻肺的危险性上升。

8.3.1.2　化学类

游离甲醛对眼黏膜、鼻和上呼吸道都有强烈刺激作用，成人过敏性鼻炎与甲醛浓度具有一定的关联性，于薇薇等人[31] 采用病例一对照流行病学研究方法进行实验，结果表明卧室的甲醛浓度可能是成人过敏性鼻炎的危险因素，而且甲醛对过敏性鼻炎的作用存在剂量一反应关系。Gartette 等[32] 研究发现，甲醛增加过敏性疾病的危险，而且随着甲醛浓度的增加，患病危险不断增加。Sakamoto 等[33] 研究发现，鼻炎与甲醛浓度有一定的联系。李曙光等[34] 研究发现室内装修中甲醛暴露量与人群发生中枢神经系统反应和呼吸道反应、眼、鼻、喉刺激症状、呼吸系统反应和皮肤过敏反应有关。

TVOC 暴露量与人群发生中枢神经系统反应和呼吸系统反应有关。此外，烹调油烟的健康效应问题也得到了相应的报道[35]，上海市区女性肺癌可能与厨房小环境污染有关。研究结果表明，某些不饱和脂肪酸含量较高的半干性油，在高温加热后产生的油烟凝聚物有致突变性，菜油的致突变性大于豆油，并有潜在致癌性。据欧小兰等的[36] 报道，20 世纪 80 年代，广州的室内空气污染明显高于室外，其主要污染源是厨房中的燃煤烟尘，其可导致家庭主妇尿中 BaP❶ 浓度增加，病例对照研究表明，妇女接触煤烟尘诱发肺癌的相对危险度高达 14.52[37]。

8.3.1.3　生物类

DeVries MP 等[38] 研究发现，尘螨抗原暴露量高的哮喘患者服用的吸入型糖皮质激素的量高于尘螨抗原暴露量低的哮喘患者。Surdu S 等[39] 在研究中观察到大约 80% 的家庭中尘螨抗原的浓度超过 $2\mu g/g$ 的临界值，因此他们认为尘螨的暴露与哮喘之间的联合作用是有实际意义的。

毛佐华等[40] 利用双抗夹心 ELISA 法对室内尘螨变应原的浓度进行了初步检测，结果说明上海市居室尘螨变应原浓度偏高，可能会对人体健康产生较大影响，特别是与哮喘的高发率可能有一定的相关性。有研究认为室内出现过敏症状与尘螨及其代谢物、宠物来源的尘屑、真菌及细菌等 4 种生物性颗粒物有关，这些变应原与变应性肺炎、鼻炎、哮喘等一些呼吸道的过敏症状和特异性过敏性皮炎有关[41]。

---

❶　注：尿苯并（a）芘（BaP），也可简写成尿 BaP，是 BaP 的一类，还有比如飘尘 BaP、降尘 BaP 等。

也有研究表明，室内生物源性污染与上呼吸道癌症，如鼻咽癌及喉癌有关[42]。Wendy 等[43]发现，颗粒物在细胞毒性剂量之下时，彗星实验结果表明它能致大鼠成纤维细胞 DNA 损伤。Bushini A 等[44]研究发现细颗粒物有机提取物可引起 TA98、TA100 菌株回复突变率增加。Somers 等[45]观测到吸入污染空气颗粒的小鼠发生基因突变。

8.3.1.4　放射类

Rn 对人体的早期健康效应不易察觉，但长期接触 Rn 可以致癌。国际癌症研究机构（IARC）确认 Rn 及其子体对人有致癌性，已将其编入 1 组—对人是致癌的物质[46]。

据报道，美国人的肺癌原因中，Rn 仅次于吸烟名列第 2。早在 20 世纪 90 年代初美国环保局（EPA）在一项科技报告中将 Rn 列为最危险的环境致癌因子，EPA 估计，在美国每年大约有 20000 例肺癌死亡者与 Rn 暴露有关[47]。

张新生[48]研究综合分析的结果已经显示了危险度有统计学意义的增加，即在氡浓度为 $100Bq/m^3$ 时肺癌危险度约有 10％的增加，同时剂量—效应关系符合线性无域的关系，在对欧洲 9 国开展的 13 个流行病学研究的原始数据进行综合分析的结果，以及美国、加拿大的 7 个流行病学研究的原始数据进行综合分析的结果显示，都对氡浓度测量误差或统计学不确定性进行了矫正，且都得出了肺癌危险度增加的正向结果。

8.3.2　室内污染物与儿童健康关联性分析

在全球范围内，儿童临床肺炎发作次数从 2000 年的 1.78 亿次（95％不确定区间 [UI] 110～289）下降 22％，至 2015 年的 1.38 亿次（86～226）。2015 年，印度、尼日利亚、印度尼西亚、巴基斯坦和中国占全球肺炎病例的 54％以上，其中 32％的全球负担来自印度。2000～2015 年，由艾滋病毒引起的临床肺炎负担下降了 45％。在 2000～2015 年期间，全球儿童肺炎住院人数增加了 2.9 倍，世卫组织东南亚区域的住院人数比非洲区域增长更快。从全球范围来看，在千年发展目标期间，儿童肺炎发病率下降了 30％，死亡率下降了 51％。这些减少与肺炎的一些关键危险因素患病率的下降、社会经济发展和预防干预措施的增加、获得护理机会的改善以及医院护理质量的提高相一致[49]。

8.3.2.1　物理类

关于颗粒物，Feier Chen 等[50]调查后发现增加 $10mg/m^3$ 的年 PM 2.5 与变应性鼻炎患病率的比值比（OR）正相关 1.20，诊断哮喘的 OR 值为 1.10。那些居住在非城市地区（与城市地区）的人暴露于更严重的室内空气污染生物质燃烧后 PM 2.5 与变应性鼻炎及电流之间的 OR 值均显著升高。这表明长期接触 PM 2.5 可能会增加哮喘和哮喘的风险中国学龄前儿童过敏性疾病或症状。与那些生活在城市地区的人相比，居住在郊区或农村地区的儿童接触 PM 2.5 的风险更高[50]。另外，Si-warom 等[51]进行了关于 PM 10 暴露与 6 岁以下儿童呼吸道症状之间的关系的研究，结果表明，发生鼻炎、咳嗽的频率与 PM 10/CO、苯的浓度水平相关。大多数测得的 PM10 浓度水平均高于标准，且在三个季节均有较高的 PM 10 测量值[52]。Norback Dan 等[52]从中国的 6 个城市的随机日托中心招募 3～6 岁的儿童，结果发现产前 PM 2.5 与喘息患病率增加有关。出生后 NO$_2$ 和出生后 PM 10 与哮喘和鼻炎患病率增加和缓解率降低有关。室外 PM 2.5、PM 10 和 NO$_2$ 可增加儿童喘息和鼻炎的发生。拥挤、家里的蟑螂以及新建筑材料和煤气的排放都可能是哮喘和鼻炎的危险因素[52]。

8.3.2.2　化学类

关于烟草烟雾暴露，有一项研究是 CCHH 研究在上海的第一阶段的一部分，Liu Wei 等人[53]发现，郊区父亲吸烟的比例高于城市，而母亲吸烟的比例则相反，这与西方国家的其他研究结果一致。接触父母吸烟的儿童比未接触父母吸烟的儿童有更高的喘息和臀部患病率。当前母亲吸烟与喘息有显著正相关。然而，无论是现在还是孩子出生时，父亲吸烟与喘息和臀部的患病率联系都很弱。焚香（驱蚊香和焚香）与医生诊断的哮喘和花粉热显著负相关。母亲的失业状况也被发现是公共场所接触二手烟（second hand smoking，简称 SHS）的一个重要决定因素[54]。在单变量和多变量分析中，非僧伽罗民族和家中有吸烟者与在公共场所暴露与 SHS 显著相关。在多变量分析中，母亲的失业状况也被发现是公共场所接触 SHS 的一个重要决定因素[54]。Piekarska 等[55]探讨室内空气污染对哮喘自然史的影响，问卷调查结果显示，使用集中供暖系统的人群哮喘发生的可能性较小，且与中度哮喘的临床表现（OR）相符。使用固体燃料加热设备和电热器的人更容易出现哮喘症状。使用含市政天然气和储气罐的烹饪器具与哮喘更频繁的申报有关。症状性哮喘在吸烟至少 1 年（OR＝2.26）和前一个月吸烟超过 1 个月（OR＝1.60）的人群中更为常见。被动接触烟草烟雾导致症状性哮喘发病率增加 1.5 倍（OR＝1.53），无论接触时间长短。

关于 NO$_2$、SO$_2$ 及其混合物，邓启红等[56]研究了暴露在户外的二氧化硫、二氧化氮和可吸入颗粒物单独和不同的混合物（二氧化硫＋二氧化氮，二氧化氮＋可吸入颗粒物，二氧化硫＋ PM 10，NO$_2$ 和 SO$_2$＋PM 10）在孩子生命的不同时期（从调查妊娠）及其关联的风险 lifetime-ever 过敏性湿疹和湿疹。研究表明，妊娠期和终生暴露于环境 NO$_2$ 是儿童期特应性湿疹的危险因素。暴露于环境 SO$_2$ 和 PM 10 可增强 NO$_2$ 对儿童湿疹的影响。另一项在韩国首尔进行的纵向研究也发现，对于被诊断为特应性湿疹的 41 岁至 12 岁的儿童来说，每天接触环境中的超细颗粒可能会加重这些儿童的皮肤症状[57]。另一项研究关于长沙市学龄前儿童，儿童期湿疹与妊娠前 3 个月交通相关空气污染物 NO$_2$ 相关，在第 1 个月暴露于 NO$_2$ 时观察到得湿疹的风险最高。在任何时期，SO_2 和 PM 10 暴露均未检测到相关性。与低水平暴露相比，高水平暴露于 NO_2 在整个时间段内显著增加了 NO_2 对湿疹风险的影响[58]。Amadeo 等[59] 研究旨在描述空气污染和测量瓜德罗普（法属西印度群岛）儿童肺功能的关系。结果表明，1463 名儿童中，有 277 名（16%）患有哮喘。与 NO_2 无近距离污染相关性。哮喘患儿中期暴露于环境污染与 PEF 下降的相关性比非哮喘患儿 O_3 下降的相关性更强。NO_2、SO_2 和 PM 10 污染物对 PEF 和 Delta PEF 均无影响，但 PM 10 与 PEF 的增加有显著相关性。即使在低浓度（低于世卫组织指南）下，O_3 也可能对加勒比地区儿童肺功能产生急性影响。

关于挥发性有机化合物（VOCs），在中国越来越多的新型建筑材料被应用于家居装饰，从而增加室内挥发性有机化合物（VOCs）等污染物的比例，造成与健康相关的损害。在 Zhang 等[60] 的研究中，分析了家庭装修周期和装修材料（墙和地板）与儿童医生诊断的终生哮喘和家长报告的哮喘症状之间的关系。结果发现，妊娠期间的家庭装修增加了 23% 的终生哮喘、21% 的终生喘息和 21% 的当前喘息。0 岁至 1 岁期间的家居装修增加了 26% 和 33%。怀孕期间添置新家具增加了 24%，终生喘息的几率，当前喘息的几率增加了 23%，当前干咳的几率增加了 28%。家庭室内空气污染（IAP）是一个全球性的健康问题，也是儿童呼吸道疾病的危险因素。Vanker 等[61] 研究旨在描述非洲出生队列 Drakenstein Child Health study（DCHS）中的家庭环境和测量 IAP。结果显示，几乎三分之一的参与者社会经济地位最低，大多数住房（65%）缺乏 2 个或更多的住房类别维度。大多数家庭有电（92%），然而，化石燃料仍然用于做饭（19%）和供暖（15%）。孕妇产前吸烟患病率为 31%，44% 的人是因为被动吸烟而患病。在 IAP 检测中，苯浓度中位数为 $5.6 g/m^3$（IQR $2.6\sim17.1\mu g/m^3$），显著高于 $5.0 g/m^3$ 的环境标准。使用化石燃料做饭与苯（OR=3.4）、一氧化碳（OR=2.9）和二氧化氮（OR=18.6）水平升高之间存在显著相关性。冬季 IAP 水平较高与季节相关性显著。

关于甲醛，在中国上海进行了实地调研，结果表明，家庭甲醛暴露可能增加儿童患感冒的风险。暴露在较高的甲醛水平下与降低当前鼻炎和其他一些疾病的可能性显著相关，尤其是在这些春季检查过的住宅中。Huang 等[62] 发现，最近几十年建造的住宅比较旧的住宅具有更高的甲醛浓度。上述研究认为较高的甲醛水平可能与儿童哮喘、过敏和气道疾病的风险增加有关，或者至少与这些疾病的风险增加/降低没有显著关联。Branco 等人[63] 的研究是"城市托儿所儿童室内空气暴露"大型研究的第二部分。其研究结果表明甲醛和 VOC 存在特定的室内来源，室内某些材料会释放甲醛，清洁活动和儿童的一些手工活动等（如绘画和粘贴）会释放 VOC。对于甲醛，在一些被研究的房间中发现甲醛浓度超过标准值，这增强了详细研究儿童长期和短期暴露于这种室内空气污染物的重要性。一种健康风险评估方法被提出，用来评估幼儿园儿童暴露在甲醛和 VOC 中的健康风险。改变清洁时间和减少释放甲醛材料的使用，以及在使用释放 VOC 产品时更有效的通风，保证新鲜空气供应，可以减少儿童的暴露。

8.3.2.3 生物类

基于以往的研究推测，呼吸系统健康受损与环境潮湿有关，但大多数研究缺乏关于肺功能变异性和特异反应性的客观数据。Andriessen 等[64]研究加湿与 PEF 变异性与咳嗽、痰、上、下呼吸道症状和支气管扩张剂使用周期的相关性。在异位儿童中，PEF 的变化与自报告的霉菌有正相关，而与湿斑无正相关。与"干燥"的家庭相比，住在有霉菌的房子里的儿童咳嗽和上呼吸道症状的患病率明显更高。慢性呼吸道症状的欧洲儿童呼吸不稳的客观和主观指标与家庭产生的霉菌有关。一项横断面调查评估了生活在加拿大蒙特利尔老城区的儿童饮用水、房屋灰尘和油漆对血铅水平（BLLs）的影响。在厨房自来水、地板灰尘、窗台灰尘和房屋油漆中测量住宅铅，并对静脉血样本进行分析。结果发现，窗台粉尘负荷＞ 14.1 mug/ft 也与 BLLs ≥1.78 mug/dL 有关。尽管 BLLs 值相对较低，但自来水和室内粉尘铅会导致暴露在空气中的幼儿 BLLs 值的增加[65]。美国国家职业安全与健康研究所调查了两家医院员工因室内环境潮湿而出现的呼吸道症状和哮喘。与下呼吸道症状相关的结果显示，随着麦角甾醇（又称"麦角固醇"，是甾类化合物之一，也是真菌生物量的一种标记）的比值比单调增加。其他真菌和细菌指标、颗粒计数、猫过敏原和乳胶过敏原与呼吸道症状有关。数据表明了与水损害有关的新发哮喘，并表明与工作相关的呼吸道症状可能与各种生物污染物有关[66]。

8.3.2.4 放射类

在匈牙利、波兰和斯洛伐克的幼儿园中进行的氡浓度测量结果表明，氡浓度小于 $300Bq/m^3$，约 86.0% 的病例出现在第 1 期（新生儿到青春期晚期（0～18 岁）），82.1% 的病例出现在第 2 期（成年期）。然而，在斯洛伐克发现了氡浓度超过 $1000Bq/m^3$ 的幼儿园房间[67]。Fucic 等人[68]的一项研究主要是调查空气污染对健康的影响，而辐射的影响应得到更多的关注。1986 年切尔诺贝利核电站事故后开展的研究是关于辐射对儿童基因组损害的主要知识来源。总的来说，切尔诺贝利核事故、核试验、环境辐射污染和室内意外污染后进行的研究表明，暴露在辐射中的儿童染色体畸变和微核频率始终比正常儿童高，还应特别考虑放射化学环境对发展基因组损伤的适应性反应的影响。应建立交互式数据库，以便将细胞遗传数据、儿童癌症登记数据和环境污染信息结合起来。总的目标是采取及时和有效的预防措施，以便更好地了解辐射暴露对儿童的早期和迟发健康影响。

8.4 小   结

住宅作为人们生活常居住的场地之一，现如今随着经济飞速发展，住宅环境有了很大的改善，室内环境时刻影响人体的健康以及舒适性。常见的室内污染物种类包括化学类污染、物理类污染、生物类污染以及放射性污染。其中，常见的化学类污染包括一氧化碳、二氧化碳、二氧化硫、二氧化氮等；物理类污染包括光、紫外线等；生物类污染包括细菌、真菌和病毒等；放射类污染包括一些含有天然放射性的建筑材料。不同污染物都对人体的健康有一定的危害。中国室内环境与儿童健康研究课题组在 2013～2014 年对上海地区的 454 户学龄前儿童的住宅环境进行了检测，检测了温湿度、二氧化碳浓度、甲醛、颗粒物、浮游菌、尘螨、SVOCs、VOCs。儿童卧室的甲醛浓度均值为 $21.5\mu g/m^3$，最大值为 $110.7\mu g/m^3$，室内甲醛浓度超标（$>100\mu g/m^3$）的儿童卧室仅有 2 户。室内外的颗粒物浓度存有较强的线性相关关系。苯系物总和浓度均值为 $33.9\mu g/m^3$，绝大部分的卧室苯系物浓度存在较大差异（标准差为 $72.1\mu g/m^3$）。儿童卧室和客厅的浮游菌浓度分布的规律基本一致，绝大多数浮游菌浓度集中在小于 $500CFU/m^3$ 区域。对于床铺尘螨分析可见，上海市儿童床铺灰尘样品中的 Der f1 含量显著低于 Der p1，且两者之间存在显著性差异。同时，根据两个检测员的检测发现室内潮湿表征在住宅环境中较为严重。不同住宅环境和各类污染物对成人和儿童的健康有着不可忽视的影响，呼吸道疾病包括哮喘、肺炎、干咳、感冒等，过敏性疾病包括有鼻炎、湿疹等等以及一些其他疾病。因此，住宅环境时刻影响着人体的健康，住宅环境的好坏将直接危害人体的呼吸道疾病、过敏性疾病和其他疾病。

参 考 文 献

[1] 朱颖心. 建筑环境学(第二版)[M]. 北京：建筑工业出版社，2006.

[2] 刘艳华，王新轲，孔琼香. 室内空气质量检测与控制[M]. 北京：化学工业出版社，2012.

[3] 宋广生. 室内环境质量评价及检测手册[M]. 北京：机械工业出版社，2002.

[4] 朱天乐. 室内空气污染控制[M]. 北京：化学工业出版社，2003.

[5] 赵安乐，郭玉明，潘小川. 建筑室内生物污染及健康影响的研究进展[J]. 环境与健康杂志，2009，26(1)：82-85.

[6] 程业勋. 环境中氡及其子气体的危害与控制[J]. 现代地质，2008，22(5)：537-550.

[7] 徐东群，尚兵，袭著革. 居住环境空气污染与健康[M]. 北京：化学工业出版社，2005.

[8] 王炳强. 室内环境测试技术[M]. 北京：化学工业出版社，2005.

[9] 周中平，赵寿堂，朱立，等. 室内污染检测与控制[M]. 北京：化学工业出版社，2002.

[10] 刘晓云，刘兆荣. 清洁剂对室内空气影响及健康效应研究进展[A]. 2008 年室内环境与健康分会年会论文集[C]. 中国环境科学学会室内环境与健康分会学术年会，2008.

[11] Won D, Magee R J, Lusztyk E, *et al.* Comprehensive VOC emission database for commonly-used building materials[A]. Proceedings of 7th International Conference of Healthy Buildings[C]. 7-11 Dec 2003：1-6.

[12] Berlin. Indoor air quality：organic pollutants[R]. World Health Organization Regional Office

for Europe. Copenhagen：23-27 August 1987.

[13] Xu Y，Zhang JS. Understanding SVOCs[J]. ASHRAE Journal，2011，(11)：121-125.

[14] 王立鑫，赵彬，刘聪，等. 中国室内 SVOC 污染问题评述[J]. 科学通报，2010(11)：967-977.

[15] 张金良，郭新彪. 居住环境与健康[M]. 北京：化学工业出版社，2004.

[16] 贡建伟，程宝义，师奇威. 室内空气微生物污染及防治措施[J]. 制冷空调与电力机械，2005，(4)：25-28.

[17] 任天山. 室内氡的来源、水平和控制[J]. 辐射防护，2001，(21)：88-89.

[18] GB/T 18883—2002，室内空气质量标准[S].

[19] GB 50325—2010，民用建筑工程室内环境污染控制规范[S].

[20] 陈冠英. 居室环境与人体健康[M]. 北京：化学工业出版社，2004.

[21] 熊建银. 建材 VOC 散发特性研究、测定、微介观诠释及模拟[D]. 北京：清华大学. 2010.

[22] Huang C，Wang X，Liu W，et al. Household indoor air quality and its associations with childhood asthma in Shanghai，China：On-site inspected methods and preliminary results [J]. Environmental Research，2016，(151)：154-167.

[23] 蒋巧云，刘平平，王雪颖. 上海地区住宅儿童卧室内甲醛和苯系物浓度的现场检测分析 [J]. 环境科学，2018.

[24] Huang C，Liu W，Cai J，et al. Household formaldehyde exposure and its associations with dwelling characteristics，lifestyle behaviours，and childhood health outcomes in Shanghai，China[J]. Building and Environment，2017，(125)：143-152.

[25] Huang C，Wang X，Liu W，et al. Household indoor air quality and its associations with childhood asthma in Shanghai，China：On-site inspected methods and preliminary results [J]. Environmental Research，2016，(151)：154-167.

[26] 胡伟，魏盛夏. 空气颗粒物中元素浓度与成人呼吸健康的关系[J]. 环境与健康杂志，2004，(04)：123-128.

[27] C. Arden Pope Ⅲ，Richard T. Burnett，et al. Lung cancer，cardiopulmonary mortality，and long-time exposure to fine particulate air pollution[J]. JAMA，2002，(287)：1132-1141.

[28] 段争，杜飞燕，袁雅冬. PM2.5 暴露对大鼠肺脏清除肺炎克雷伯菌的影响[J]. 中华结核和呼吸杂志，2013，(36)：836-840.

[29] Baulig A，Sourdeval M，Meyer M，et al. Biological effects of atmospheric particles on human bronchial epithelial cells：comparison with diesel exhaust particles[J]. Toxicol In Vitro，2003，(17)：567-573.

[30] Schikowski T，Sugiri D，Ranft U，et al. Long-term air pollution exposure and living close to busy roads are associated with COPD in woman[J]. Respiratory Research，2005，(6)：152.

[31] 于薇薇，邢志敏，潘小川. 室内甲醛浓度与成人过敏性鼻炎的相关研究[R]. 全国环境卫生学术研讨会，2013，(14)：285-288.

[32] Gartette M H，et. al. Increased risk of allergy in children due to formaldehyde exposure in homes[J]. Allergy，1999，(54)：330-333.

［33］　Tatsuo Sakamoto, Satoru Doi, Shinpei Torri. Effects of formaldehyde, as anindoor air pollutant, on the airway[J]. Allergology International, 1999, (48): 151-160.

［34］　李曙光,刘亚平,林丽鹤,等.家庭装修室内空气污染对居民健康的影响[J].中国公共卫生,2007,(23):400-401.

［35］　高玉堂,张溶.上海市672例女性肺癌病例对照研究[J].肿瘤,1987,(5):194-197.

［36］　欧小兰,杜应秀.家庭主妇肺癌与生活用煤的关系[J].环境与健康杂志,1989,(1):4-6.

［37］　马德华,吕建进,孙世.尘螨过敏的研究进展[J].中国寄生虫病防治杂志,2002,(4):1-2.

［38］　DeVries MP, Vanden BL, Thoonen BP, et al. Relationship between house dust mite (HDM) allergen exposure level and inhaled corticosteroid dosage in HDM-sensitive asthma patients on a self-management program[J]. Primary Care Respiratory Journal of the General Practice Airways Group, 2006, (15): 110-115.

［39］　Surdu S, Montoya LD, Tarbell A, et al. Childhood asthma and indoor allergens in Native Americans in New York[J]. Environmental Health: Global Access Science Source, 2006, (5): 22.

［40］　毛佐华,刘施巍,张凤霞,等.上海市居室尘螨变应原浓度初步检测[J].中国寄生虫学与寄生虫病杂志,2005,(4):225-227.

［41］　周晓瑜,施玮,宋伟民.室内生物源性污染物对健康影响的研究进展[J].卫生研究,2005,(3):367-371.

［42］　Leslie GB. Health risks front indoor air pollutants: public alarm toxicology reality[J]. Indoor Built Environ, 2000, (9): 5.

［43］　Wendy HWL, Mo ZY, Fang M, et al. Cytotoxicity of PM2.5 and PM2.5-10 ambient air pollutants assessed by the MTT and the Comet assays[J]. Mutat Res, 2000, (471): 45-55.

［44］　Bushini A, Cassoni F, Anceschi E, et al. Urban airborne particulate: genotoxicity evaluation of different size fractions by mutagenesis tests on microorganisms and comet assay[J]. Chemosphere, 2001, (44): 17.

［45］　Somers CM, McCarry BE, Malek F, et al. Reduction of particulate air pollution lowers the risk of heritable mutations in mice[J]. Science, 2004, (304): 1008-1010.

［46］　犹学箔,顾祖维.国际癌症研究中心(IARC)最新公布的对人体致癌性总评价表[J].劳动医学,1999,(3):196.

［47］　崔九思.室内空气污染检测方法[M].北京:化学工业出版社,2002:70-71.

［48］　张新生.室内氡气对人体的危害浅谈[J].环境与健康,2006,(5):361-366.

［49］　Evropi T, McAllister DA, et al. Global regional and national estimates of pneumonia morbidity and mortality in children younger than 5 years between 2000 and 2015: a systematic analysis[J]. Lancet Global Health, 2014, (12): 1250-1258.

［50］　Feier Chen, Zhijing Lin, et al. The effects of PM2.5 on asthmatic and allergic diseases or symptoms in preschool children of six Chinese cities, based on China, Children, Homes and Health (CCHH) project[J]. Environmental Pollution, 2018, (232): 329-337.

[51]   Puranitee P, Siwarom S, *et al*. Association of indoor air quality and preschool children's respiratory symptoms[J]. Asian Pacific Journal of Allergy and Immunology, 2016, (35): 119-126.

[52]   Norback D, Lu C, Zhang YP, *et al*. Onset and remission of childhood wheeze and rhinitis across China: Associations with early life indoor and outdoor air pollution[J]. Environment international, 2019, (123): 61-69.

[53]   Liu W, Huang C, *et al*. Associations between indoor environmental smoke and respiratory symptoms among preschool children in Shanghai[J]. China, Chinese Science Bulletin, 2013, (34): 4211-4216.

[54]   Alagiyawanna, Veerasingam EQ, *et al*. Prevalence and correlates of exposure to second hand smoke (SHS) among 14 to 15 year old schoolchildren in a medical officer of health area in Sri Lanka[J]. BMC Public Health, 2018, (1): 1240.

[55]   Piekarska, Barbara, Stankiewicz-Choroszucha, *et al*. Effect of indoor air quality on the natural history of asthma in an urban population in Poland[J]. Allergy and asthma proceedings, 2018.

[56]   邓启红, 路婵, 贺广兴. 室内颗粒物的健康危害与研究对策. 全国暖通空调制冷 2010 年学术年会论文集[C]. 北京: 中国制冷学会, 2010.

[57]   Liu W, Cai J, *et al*. Associations of gestational and early life exposures to ambient air pollution with childhood atopic eczema in Shanghai, China[J]. Science of the Total Environment, 2016, (572): 34-42.

[58]   Lu C, Deng L, Ou CY, *et al*. Preconceptional and perinatal exposure to traffic-related air pollution and eczema in preschool children[J]. Journal of Dermatological Science, 2016, (2): 85-95.

[59]   Amadeo B, Robert C, *et al*. Impact of close-proximity air pollution on lung function in schoolchildren in the French West Indies[J]. BMC Public Health, 2015, (15): 45.

[60]   Zhang JL, Sun CJ, *et al*. Associations of household renovation materials and periods with childhood asthma, in China: A retrospective cohort study[J]. Environment International, 2018, (113): 240-248.

[61]   Vanker A, Barnett W, *et al*. Home environment and indoor air pollution exposure in an African birth cohort study[J]. Science of the Total Environment, 2015, (536): 362-367.

[62]   Huang C, Liu W, *et al*. Household formaldehyde exposure and its associations with dwelling characteristics, lifestyle behaviours, and childhood health outcomes in Shanghai, China [J]. Building and Environment, 2017, (125): 143-152.

[63]   Branco PTBS, Nunes, *et al*. Children's exposure to indoor air in urban nurseries-Part Ⅱ: Gaseous pollutants'assessment[J]. Environmental Research, 2015, (2): 662-670.

[64]   Andriessen JW, Brunekreef B, *et al*. Home dampness and respiratory health status in European children[J]. Clinical and Experimental Allergy, 1998, (10): 1191-1200.

[65]   Levallois P, St-Laurent J, *et al*. The impact of drinking water, indoor dust and paint on

blood lead levels of children aged 1-5 years in Montre´al (Que´bec, Canada) [J]. Journal of Exposure Science and Environmental Epidemiology, 2014, (24): 185-191.

[66] Cox-Ganser J M, Rao C Y, *et al*. Asthma and respiratory symptoms in hospital workers related to dampness and biological contaminants[J]. National Institute for Occupational Safety and Health, 2009, (4): 280-290.

[67] Mullerova M, Monika, *et al*. Preliminary Results of Radon Survey in the Kindergartens of V4 Countries[J]. Radiation Protection Dosimetry, 2017, (1-2): 95-98.

[68] Fucic A, Brunborg G, *et al*. Genomic damage in children accidentally exposed to ionizing radiation: A review of the literature[J]. Mutatio Research-Reviews in Mutation Research, 2008, (1): 111-123.

第9章　住宅建筑通风

住宅是否拥有良好的通风措施以及是否能将室内污染物排出室外是世界卫生组织定义的"健康住宅"标准之一。住宅通风量受建筑类型、天气和在室人员行为影响，一般换气次数在 0.1～4h^{-1} 范围内。随着对室内各类污染物的深入认识，有关通风量的标准被逐步提出。美国供暖、制冷与空调工程师学会（ASHRAE）标准62—99 提出可接受室内空气品质的概念，认为 CO_2 浓度低于 1000 ppm 是可接受的浓度，住宅新风量不得少于 7.5 L/（s·人）。2001 年，ASHRAE 通风标准规定居住区最小换气次数为 0.35h^{-1}。2010 年 ASHRAE 62.2 规定低层住宅建筑按照居住人数和面积，最小换气次数为 0.2～0.4h^{-1}。在我国，《住宅设计规范》GB 50096—2011中对住宅自然通风做出强制性要求，但只在自然通风开口面积提出了具体的要求。国家标准《室内空气质量标准》GB/T 18883—2002 规定了住宅和办公建筑中新风量不应小于每人 30 m^3/h。《民用建筑供暖通风与空调设计规范》GB 50736—2016规定居住建筑根据人均居住面积，最小换气次数为 0.45～0.70h^{-1}。所有的最小通风量的规定都是针对可接受的室内空气品质的，即空调房中的绝大多数人对空气没有表示不满意，并且空气中没有已知的污染物达到了可能对人体健康产生严重威胁的浓度。通风不足会导致室内污染源产生的污染物无法及时排除，增加室内二氧化碳、细菌、过敏原浓度和不良气味的感知，增加室内潮湿问题产生和加剧的可能性，这些都可能对居住者健康产生负面影响[1,2]。

9.1　住宅建筑通风发展史

通风的主要目的是降低室内污染物浓度，保护在室人员健康。在工作环境的研究中，通常是使用最大允许浓度（Maximum Allowable Concentration，MAC）值来评价室内污染物。但由于住宅环境中的人群特点，即年龄范围广、健康状况多样，MAC 值不适用于评估住宅的室内污染物。1936 年，Yaglou 对人体气味进行了研究[3]，用于评估室内污染物水平，但气味与健康的关联性仍是个未知的问题。同一时期，Sundell 在瑞典辐射防护局和建筑研究所的资助下进行了一项关于住宅内氡的研究。氡不仅来自于土壤，而且来自于建筑材料，通风对氡的影响至关重要。研究发现，当换气次数小于 0.5/h 时，氡浓度会显著提高。随后，0.5/h 的换气次数便被用于瑞典的建筑规范或标准中，其他许多国家也陆续沿用，直至今日。然而，在另外一项与尘螨感染相关的研究中发现，尘螨与住宅的通风量密切相关，同时，室内外相对湿度的不同也导致了各住宅对通风量需求的不同，例如在斯德哥尔摩，0.5/h 的换气次数足以避免尘螨感染，但在哥本哈根则需要 0.7/h 的换气次数。

1969 年，Sundell 和 Carlsson 研究了瑞典的住宅通风[4]。该研究测量了房间的室内外压差，用以确定气流方向，并测量了送风端口的空气流量。研究发现，瑞典住宅平均换气次数为 0.8/h，其中，自然通风住宅的换气次数为 0.27/h。

在我国，大部分的通风指工业通风，办公室、住宅并没有得到良好的通风。且我国的暖通行业关注点在于空调设计（热舒适），但通风设计比热舒适方面的设计更加复杂，同时涉及能源方面。到目前为止，在中国和世界大部分地区，能源一直是重中之重，而通风需要较多的能源。由此，通风通常被视为工程问题，但现实中，通风更是一个公共卫生的问题。

除了住宅建筑通风量的讨论，关于通风系统的选择也经历了长期的思考与研究。20 世纪 70 年代的能源危机使得建筑能耗成为焦点。若要减少建筑物的能源消耗，最简单的方法就是减少通风耗能。1974 年瑞典科研人员对建筑能耗和通风系统展开了首次探讨与思考。自然通风不需要机械驱动（即不需要能源耗用），但自然通风难以控制气流组织，空气的流入及流出由风速、风向和室内外温差决定。这意味着在寒冷的气候中，自然通风量可能较高。在密闭建筑物中，室外空气更容易通过厨房或浴室进入住宅的其他房间，且方向很难改变。在瑞典，这使得相关部门推广采用强制通风的方式来阻止自然通风系统的反向通风。自然通风系统还存在另一个问题，即需要在屋顶布置更多的管道，由此会带来较高的建筑成本。总之，瑞典的讨论发现，自然通风系统消耗更多的能源，建造成本不低，且通风效果不佳。通过讨论，推出了采用机械通风系统和热回收的方案，这种方案可以获得合理的通风组织，并节约能源，因此在 1975 年被收入瑞典的建筑标准。

机械通风系统由管道、风扇组成，多数机械通风还有过滤装置，其主要值得关注的问题是其需要良好的设计和维护。Sundell 等人研究了装有机械通风系统的 300 栋左右的建筑，通过测量发现，其通风量远小于其设计值或调试值，机械系统的工作状况没有得到应有的关注，工作效果不佳。

综上所述，自然通风不能节省能源，而功能良好的带有热回收的机械系统可以节省能源，但现实工作中的不良维护会导致效果欠佳，因此关于住宅通风（包括通风量和通风系统）的探讨仍然需要继续。

9.2　住宅建筑通风量测量方法

测量建筑通风量有多种方法，应根据建筑的通风类型选择合适的方法。在住宅建筑的通风量测量过程中，需要尊重居住者的隐私，很多常规的测量方法无法得到应用。另外，为取得接近真实生活条件的实验数据，住宅建筑通风量测量对居住者的干扰应降到最低，且不应明显影响居住者日常行为习惯。因此，在住宅建筑的通风量测量中，通常采用示踪气体法[5-8]。

示踪气体法不仅可应用于测量具有稳定流型的气流组织，还可以用以研究气流变化剧烈、无稳定流型的空气流动，因此在研究建筑物内空气流动方面应用极为广泛。运用示踪气体测量建筑物的空气流动和渗透通风特性在国外已有大约 50 年的历史，发展了多种不同的测试方法。在我国，采用这一方法对住宅通风进行研究的工作还比较少。

示踪气体法通常将进入建筑或管道的气体用一些容易辨认的信号进行标记，以此来追踪气体的流动。该方法的实质是用一定浓度的示踪气体标示某一部分气流，并假定示踪气体在这一气流中分布均匀，当这一气流与其他气流掺混时，示踪气体的浓度变化即可代表各气流所占的比例。由于自然通风情况下风速较小、流向变化不定、通路多，一般仪器很难准确测量，示踪气体法在自然通风测量中显得尤为重要。

示踪气体法根据示踪气体的释放和控制方法可以归纳成三种基本方法：衰减法，恒定浓度法，恒定注入法。

（1）衰减法

衰减法是将示踪气体注入测试空间经过一段时间后，气体在该空间中浓度均匀，记录初始浓度及浓度的衰减，经过分析计算得到该空间的换气次数。

（2）恒定浓度法

恒定浓度法是将示踪气体注入测试空间并控制注入速度，使得空间中示踪气体保持恒定浓度，通过记录注入气体的浓度与速度，分析计算该空间的换气次数。

（3）恒定注入法

恒定注入法是将示踪气体以恒定的速度不断注入测试空间中，记录空间中示踪气体的浓度，通过气体的浓度分析计算该空间的换气次数。

根据空间内示踪气体质量守恒，理论上注入测试空间的示踪气体质量与通风进入测试空间的示踪气体质量之和等于测试空间中积累的示踪气体质量与从测试空间流出的示踪气体质量之和。示踪气体法通常假定：① 测试空间内气体浓度均匀混合，且从测试空间示踪气体流出的气体浓度与室内气体浓度相等；② 在测试过程中，空气流入和流出测试空间的体积流率相等且恒定；③ 进入测试空间的示踪气体的浓度等于室外空气中示踪气体的浓度。故测量住宅通风量的示踪气体法可用连续性方程，即式（9-1）表示[9]：

$$F + Q \cdot c_e = V \cdot \frac{\mathrm{d}c}{\mathrm{d}\tau} + Q \cdot c \qquad (9-1)$$

式中，F——单位时间内示踪气体释放量，$\mathrm{m^3/s}$；Q——室内外换气量，$\mathrm{m^3/s}$；c_e——室外示踪气体浓度，$\mathrm{mg/m^3}$；V——测试空间空气体积，$\mathrm{m^3}$；c——测试空间中示踪气体浓度，$\mathrm{mg/m^3}$；τ——时间，s。

示踪气体的选择至关重要，Homma 和 Hunt 最早提出了示踪气体应具有的特性，包括可测性、稳定性、无毒性、空气中的浓度低及与空气性质相近等[10]。用代谢产生的 CO_2 作为示踪气体已有 30 多年，很多研究中用 CO_2 作为示踪气体测量通风量[11,12]。将 CO_2 作为示踪气体，也具有廉价、化学性质稳定、浓度易测量等优点。由于人、动物、燃烧等都会释放 CO_2，室内的 CO_2 浓度高于室外。在通风良好的建筑里，CO_2 浓度一般在 1500～2000ppm 以下。室内 CO_2 浓度的产生依赖于室内人数、人员身高体重及其活动量大小，是人体代谢的产物。人体代谢在产生 CO_2 的同时，也散发其他代谢污染物（如氨气、VOC 等），因此 CO_2 浓度可以一定程度上用于表征由人自身引起的室内空气污染程度。

利用人呼出 CO_2 为示踪气体测量通风量的方法在国外已有一定的研究。Persily[13]分别给出了 CO_2 衰减法、平衡法等两种利用 CO_2 浓度计算通风量的方法，可应用于机械通风、自然通风工况。Guo[14]等人以 CO_2 为示踪气体测量了爱尔兰六户家庭住宅的换气次数，发现 CO_2 在单室内的均匀性满足测试要求。美国材料与试验协会（ASTM）标准（D6245-12）描述了用人体呼出 CO_2 计算通风量并评价室内空气品质的方法，该标准旨在规范 CO_2 浓度测量（测量时间和采样位置），均匀性要求以及计算原则，该标准包括两种计算方法，一是人员离开室内后的浓度衰减计算，二是人员在室内时的平衡计算。Barankova[15]研究了以人呼出 CO_2 为示踪气体测试住宅通风量的方法，通过大量的实验室及实际住宅的测试数据验证了人体呼出的 CO_2 在室内分布的均匀性（室内各测点的 CO_2 的浓度差距在 10% 以内，能够满足实验数据的分析要求）。当测量单区多房间的换气次数时，只要连接各个房间的门开度大于 10cm，就足以保证整个区的浓度分布均匀。Barankova 对 CO_2 仪器放置位置、通风量计算方法等进行了研究，并称之为"CO_2 方法"[15]。在实际测量中，住宅建筑往往有多个房间，单区的"CO_2 方法"并不能满足测量要求，侯静等人对"CO_2 方法"进行了发展，根据两房间之间的 CO_2 浓度差及门的状态对住宅进行分区，并对 CO_2 浓度进行加权平均，该方法可以用于夜间卧室换气次数的计算，测量误差较低[16]。

9.3 中国住宅建筑通风现状

优良室内空气质量是绿色建筑的重要体现，通风是稀释室内污染源污染的有效方法。为研究我国住宅建筑通风现状，探讨提高我国居住建筑室内空气质量的措施和方法，多所高校及科研院所、相关企业合作开展了"十三五"国家重点研发计划项目"居住建筑室内通风策略与室内空气质量营造"。

研究范围覆盖全国五个不同气候区（严寒地区、寒冷地区、夏热冬冷地区、夏热冬暖地区及温和地区），选择了 10 个地区（沈阳以北东北地区、京津冀地区、华中湖南及湖北地区、乌鲁木齐周边西北地区、西安周边西部地区、上海周边长三角、成都/重庆地区、广州周边珠三角地区、广西地区、昆明/贵阳周围云贵高原地区），对超过 200 户自然通风住宅进行四季入户的渗透换气次数测试，并对室内污染物进行监测。同时选取典型的 60 户自然通风住宅，对室外气象参数、大气污染及自然通风效果、室内空气质量（CO_2、PM2.5、VOCs、温度及湿度）、空调供暖能耗等数据进行现场长期在线测量，结合无线联网远程数据采集平台和问卷调查，连续测试一年以上开关窗行为及室内空气质量。研究建立了结合各住宅建筑特征的全国渗透换气次数数据库，以及结合人员开关窗行为的全国自然通风换气次数数据库。

为研究通风量对室内微环境及人员健康的影响，孙越霞等人在天津地区开展了"中国儿童家庭环境与健康（Chinese，Child，Home and Health，"CCHH"）研究"[17]。采用流行病学方法进行了横断面问卷调研，并对其中 410 户进行了入户环境监测和灰尘采集，评估其换气次数，分析住宅建筑内邻苯二甲酸酯浓度及尘螨的浓度，并研究通风的健康效应。

9.3.1 我国住宅建筑渗透通风的现状

在我国五个气候区四个季节共测试了 847 次渗透换气次数，卧室渗透换气次数为 0.44 ± 0.37/h，渗透换气次数的分布直方图如图 9-1 所示。

典型的渗透换气次数分布范围为 0.08～1.12/h（5% 和 95% 分位数）。卧室渗透换气次数分布统计如表 9-1 所示。

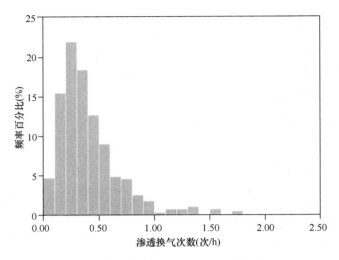

图 9-1　卧室渗透换气次数分布图

卧室渗透换气次数分布　　　　　　　　　　　　　　　　表 9-1

| | N | 平均值 | 标准差 | 最小值 | 分位数 | | | | | 最大值 |
					05	25	50	75	95	
渗透换气次数	847	0.44	0.37	0.01	0.08	0.22	0.34	0.56	1.12	3.57

　　建筑渗透换气次数受气候条件、周围建筑及建筑特征的影响[18,19]，在不同的室内外温差、建筑密度及建筑特征时表现出不同的渗透换气次数。各季节测量的渗透换气次数如图 9-2 所示。由于室内外温差不同等原因，不同季节测得的建筑渗透

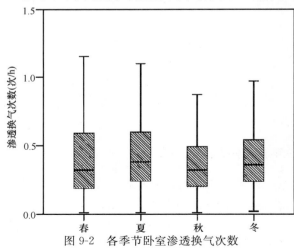

图 9-2　各季节卧室渗透换气次数

换气次数存在差异。

各季节卧室渗透换气次数分布统计如表9-2所示。由于室内外温差的不同,夏季和冬季的渗透换气次数略高于春季和秋季。

卧室各季节渗透换气次数分布　　　　　　　　　　表9-2

N		平均值	标准差	最小值	分位数					最大值
					05	25	50	75	95	
春	208	0.45	0.44	0.01	0.07	0.18	0.32	0.59	1.21	3.57
夏	227	0.46	0.37	0.01	0.09	0.24	0.38	0.60	1.16	3.10
秋	196	0.39	0.28	0.01	0.06	0.20	0.32	0.49	0.95	1.70
冬	216	0.45	0.34	0.02	0.12	0.24	0.36	0.54	1.30	2.41

各地区测量的卧室渗透换气次数如图9-3所示。卧室渗透换气次数与建筑特征的关系如表9-3所示。我国南方地区(夏热冬冷、夏热冬暖、温和地区)的渗透换气次数略高于北方地区(严寒、寒冷地区),这可能是北方地区气候较冷,建筑较严密所导致的。住宅的楼层、建造年代、装修年代、窗框材质及窗户玻璃层数对卧室的渗透换气次数的影响并不明显。对卧室渗透换气次数造成显著性影响的是窗户类型,即推拉窗的卧室渗透换

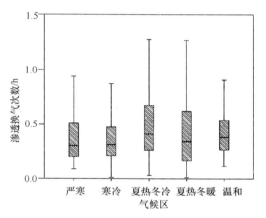

图9-3　各气候区卧室渗透换气次数

气次数显著高于安装有平开窗的卧室。在本次调查中,我国北方有74.8%的住宅是平开窗,而我国南方平开窗的住宅仅有52.7%。另外,我国北方96.7%的住宅窗为双层玻璃,而我国南方双层玻璃窗的住宅仅有62.8%。尽管在建筑特征和渗透换气次数的分析中,窗户的玻璃层数对卧室渗透风量并没有显著的影响,但结果显示双层玻璃窗的卧室渗透风量是大于单层玻璃的。结果表明,窗户类型的差异是造成我国南北方卧室渗透换气次数差异的主要原因。

建筑特征的住宅渗透换气次数　　　　　　　　　　表9-3

建筑特征		测量数量 N(%)	渗透换气次数中位数 (次/h)	P 值[a]
楼层	1~3	199 (24.0)	0.34	0.80
	4~6	219 (26.4)	0.33	
	7~10	125 (15.1)	0.35	
	11~19	151 (18.2)	0.34	
	≥20	134 (16.2)	0.33	

建筑特征		测量数量 N（%）	渗透换气次数中位数（次/h）	P 值[a]
建筑年代	≥2011	419（51.5）	0.36	0.35
	2001~2010	283（34.7）	0.33	
	≤2000	112（13.8）	0.32	
装修年代	≥2011	634（76.8）	0.34	0.74
	2001~2010	171（20.7）	0.34	
	≤2000	20（2.4）	0.48	
窗框材质	铝	346（43.4）	0.31	0.05
	不锈钢	451（56.6）	0.36	
窗户玻璃层数	单层	174（21.2）	0.37	0.33
	双层	648（78.8）	0.33	
窗户类型	推拉窗	275（34.8）	0.37	0.00
	平开窗	516（65.2）	0.32	

注：[a] Mann-Whitney U 检验。

9.3.2 我国住宅建筑日常通风的现状

当居住者开窗时，卧室获得较大的换气次数，有良好的通风。当居住者不开窗时，卧室仅通过渗透与室外进行空气交换，换气次数较低，且通常不能满足居住者的通风需求。在日常生活中，卧室最常被利用的时间段是夜间，此时的通风对居住者尤为重要。我们以居住者呼出的 CO_2 作为示踪气体，计算并分析了卧室夜间的换气次数。

2017 年 1 月 1 日至 2017 年 12 月 31 日，侯静等人监测了我国 5 个气候区 46 户住宅卧室的 CO_2 浓度及卧室窗户的开关状态。图 9-4 为各气候区各季节住宅卧室的开窗率。由图 9-4 可知，严寒地区和寒冷地区在春、秋及冬季的开窗率远低于夏季；温和地区四季开窗率均高于其他地区；夏热冬冷地区及夏热冬暖地区的夏季、冬季的开窗率较低。不区分季节与气候区，整体来看，约 56% 的住宅卧室不开窗。

室外温度对开窗的影响如图 9-5 所示。

选取常住人员固定的卧室计算换气次数及通风量，各地区夜间换气次数如表9-4 所示。在严寒地区和寒冷地区，夏季换气次数最高，冬季换气次数最低。在夏热冬暖地区和夏热冬冷地区，各季节的换气次数差异小，冬季换气次数仍然为各季中最低。在室外温度最低的冬季，开窗比例最低，开窗尺寸/角度也最小，导致冬季的开窗换气次数最低；在室外温度最高的夏季，我国南方地区（夏热冬冷地区和夏热冬暖地区）由于夏季炎热的气候条件，开窗次数相对较低；温和地区具有适宜

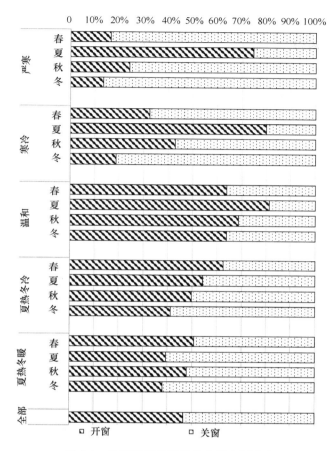

图 9-4　各气候区各季节住宅卧室开窗率

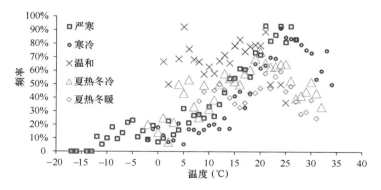

图 9-5　不同室外温度下的各地区开窗率

的气候条件，开窗率也明显高于其他地区，因此相较于其他地区的卧室具有最高的换气次数。

各气候区卧室夜间换气次数　　　　　　　　　　　　　　　　表 9-4

		全部		开窗		关窗	
		N	换气次数中位数（次/h）	N（%）	换气次数中位数（次/h）	N（%）	换气次数中位数（次/h）
严寒地区	春	564	0.34	93(16.5)	1.58	471(83.5)	0.26
	夏	710	1.92	530(74.6)	2.95	180(25.4)	0.33
	秋	559	0.33	135(24.2)	1.45	424(75.8)	0.24
	冬	534	0.34	71(13.4)	1.32	458(86.6)	0.30
寒冷地区	春	452	0.46	147(32.5)	1.32	305(67.5)	0.31
	夏	493	1.44	394(79.9)	1.74	99(20.1)	0.40
	秋	379	0.52	162(42.7)	1.37	217(57.3)	0.35
	冬	556	0.41	94(18.8)	0.87	405(81.2)	0.37
温和地区	春	245	1.38	157(64.1)	2.21	88(35.9)	0.27
	夏	247	2.32	201(81.4)	3.16	46(18.6)	0.17
	秋	179	1.87	123(68.7)	2.33	56(31.3)	0.14
	冬	247	1.61	158(64.0)	2.08	89(36.0)	0.33
夏热冬冷地区	春	822	0.96	361(62.6)	1.74	216(37.4)	0.42
	夏	1014	0.91	467(54.3)	1.51	393(45.7)	0.44
	秋	588	1.16	238(49.9)	1.81	239(50.1)	0.45
	冬	843	0.55	198(41.2)	1.86	283(58.8)	0.38
夏热冬暖地区	春	451	0.84	229(50.8)	2.28	222(49.2)	0.24
	夏	603	0.57	237(39.3)	2.38	366(60.7)	0.36
	秋	403	0.78	193(47.9)	2.59	210(52.1)	0.39
	冬	325	0.43	118(38.2)	2.07	191(61.8)	0.26

由于室外温度对门窗开启产生的季节性影响，换气次数也具有很强的季节性变化，如图 9-6 所示。从气候寒冷的地区到气候炎热的地区，四季的变化越来越小。在冬季，除了温和地区，其余各气候区的换气次数达到四季最低：严寒地区和寒冷地区分别有 61% 和 62% 的冬季换气次数都低于 0.5/h；夏热冬冷地区和夏热冬暖地区分别有 47% 和 54% 的冬季低于 0.5/h。但是到了夏季，在夏热冬暖地区和夏热冬冷地区，仍有 24% 和 44% 的夏季低于 0.5/h，这是由于在炎热夏季，人们使用空调降温，关闭门窗抵挡室外酷热。在温和地区，通风最好，各季换气次数仅有 15%～27% 的时间低于 0.5/h。

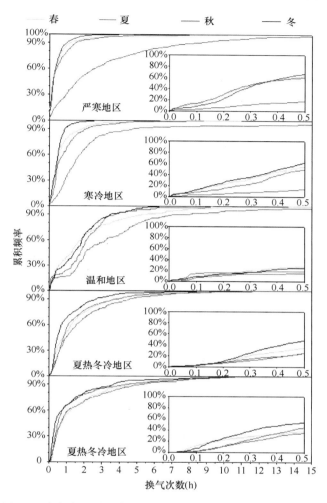

图 9-6　各气候区卧室各季节换气次数累积分布图（见二维码）

总而言之，由于我国北方地区冬季室外温度偏低，导致冬季卧室开窗率低；南方地区冬季较冷，夏季较热，以致居住者冬夏季都不习惯开窗通风，进而导致卧室通风环境较差。

9.4　住宅建筑通风与室内微环境的关系

通风量较低的房间，室内污染源产生的污染物无法及时排除，导致室内微环境恶劣。

9.4.1 住宅建筑通风和室内挥发性有机物（VOCs）的关系

挥发性有机物（Volatile Organic Compounds，VOC）是一类重要的室内空气污染物。它们各自的浓度往往不高，但若干种 VOC 同时存在于室内时，其共同作用是不可忽视的。由于它们单独的浓度低但种类多，故总称为 VOCs，一般不予以逐个分别表示。以 TVOC 表示其总量。许多研究均证实，室内空气中 VOC 的浓度明显高于室外空气，甚至高于城市工业区或石化工业区，这说明在通常情况下挥发性有机物的污染主要来源于室内。VOCs 在室内的浓度变化，主要与污染源的释放量和释放规律有关；也与使用期限、室内温度、湿度以及通风程度等因素有关。其中，通风的影响非常显著。

孙越霞等人通过对天津市 32 户住宅进行的四个季节的入户室内环境测试，分析出住户卧室的渗透换气次数与几种常见的 VOC 和 TVOC 之间的关系。渗透换气次数依据中位数（$0.30\mathrm{h}^{-1}$）作为断点，划分成高低两类。由表 9-5 可知，渗透换气次数大，则 VOCs 浓度低，渗透换气次数小，则 VOCs 浓度高，且渗透换气次数的大小对于苯、甲苯及 TVOC 的浓度都有显著的影响。

渗透换气次数与常见 VOCs 的关系   表 9-5

VOC 名称	VOC 浓度（$\mu g/m^3$）		P 值[a]
	高渗透风量	低渗透风量	
苯	2.77	5.19	0.01
甲苯	11.95	17.28	0.01
对二甲苯	5.63	6.45	0.19
·萘	0.50	1.67	0.07
·乙基己醇	2.89	3.02	0.98
柠檬烯	3.77	0.61	0.51
·α-蒎烯	0.50	0.50	0.18
壬醛	10.44	12.75	0.11
·苯甲醛	1.15	2.38	0.07
TVOC	304.63	533.63	0.00

注：[a] Mann-Whitney U 检验。

9.4.2 住宅建筑通风和室内半挥发性有机物（SVOCs）的关系

半挥发性有机化合物（SVOC）是一类有机物质。由于其饱和蒸汽压较低，较难挥发，因此除了气态之外，SVOC 还会吸附在悬浮颗粒物、吸附表面（如墙壁、家具表面）、室内降尘上，以气相、颗粒相、降尘相、表面相的多相形式存在于室内环境中。我国室内环境中部分 SVOC 的气载相浓度（气相和颗粒物浓度之和）水平明显高于其他国家。

对于 SVOC 来讲，Xu 等的研究表明，开始通风后室内 SVOC 浓度始终会上升，并最终稳定在某一个值上，继续用同样换气次数通风，室内空气中 SVOC 浓度并不会下降。增加换气次数，可是使得空气中的 SVOC 的浓度下降[20]。

张庆男等人通过对 410 户天津地区住宅建筑室内灰尘中半挥发性有机物（主要是邻苯二甲酸酯）的分析[21]，以及对住宅通风量的评估，得到住宅室内灰尘中邻苯二甲酸酯浓度和换气次数的关系，如表 9-6 所示。换气次数按照中位数（$0.5h^{-1}$）划分。换气次数低的儿童房间内邻苯二甲酸酯浓度较高，但是差异均没有达到显著水平（$P > 0.05$）。

住宅建筑换气次数与室内灰尘中邻苯二甲酸酯浓度的关系　　　　表 9-6

	邻苯二甲酸酯浓度（µg/g）		Pa
	高换气次数	低换气次数	
DEP	0.31	0.31	0.728
DiBP	15.11	17.10	0.745
DnBP	41.14	44.15	0.158
BBzP	0.10	0.12	0.618
DEHP	118.08	145.30	0.816
DiNP	0.27	0.32	0.431

注：a Mann-Whitney 检验

9.4.3 住宅建筑通风和室内尘螨的关系

室内环境的生物性污染主要是各种寄生虫、动物皮毛和微生物（包括细菌、真菌、真菌孢子、病毒等），这些室内生物性污染物对人体健康有着很大的危害，能引起呼吸道疾病、哮喘以及不良建筑综合征等病症。现代家居环境密闭性大大加强，使得室内环境的换气次数降低，多余的水汽不能被有效排出；家庭环境的毛绒类物品增多，如毛绒地毯，毛绒玩具，毛绒床上用品等，这些物品给皮屑等物质的积累提供了良好的场所。这两种因素同时作用使得现代家庭环境中的尘螨浓度有了明显提高。

罗述刚等人对天津地区 410 户进行了入户环境监测和灰尘采集，通过对住宅建筑内尘螨浓度的监测分析[22]，以及对住宅通风量的评估，分析了天津城市室内换气次数对尘螨过敏原浓度的影响，如表 9-7 所示。换气次数高于中位数定义为高换气次数，低于中位数定义为低换气次数。对于全年而言，高换气次数会显著的降低尘螨过敏原的暴露浓度。

天津城市室内换气次数对尘螨过敏原浓度的影响   表 9-7

换气次数		全年	春	夏	秋	冬
		中位数 (ng/g) [n]	中位数 (ng/g) [n]	中位数 (ng/g) [n]	中位数 (ng/g) [n]	中位数 (ng/g) [n]
Der1	低	1046.8 [140]	1067.2 [29]	351.4 [31]	1348.4 [33]	1059.7 [48]
	高	387.7 [144]	384.6 [30]	364.3 [32]	568.8 [34]	955.4 [47]
	Pa	0.015	0.268	0.698	0.063	0.539
Derf1	低	949.5 [143]	957.3 [32]	341.4 [31]	1223.1 [33]	1041.5 [48]
	高	362.7 [146]	357.7 [30]	319.8 [32]	557.2 [35]	758.8 [48]
	Pa	0.019	0.571	0.955	0.943	0.527
Derp1	低	22.7 [140]	22.0 [29]	11.6 [31]	25.7 [33]	25.0 [48]
	高	19.7 [144]	18.9 [30]	11.3 [32]	25.4 [34]	23.7 [47]
	Pa	0.253	0.602	0.708	0.930	0.825

注：[a] Mann-Whitney U 非参数检验。

9.5   住宅建筑通风对人体健康的影响

室内环境影响人体健康，通风作为中国住宅建筑室内环境的重要因素，研究住宅建筑通风量的健康效应是一个重要工作。

9.5.1   住宅建筑通风对过敏性疾病的影响

过敏是免疫系统受到破坏或削弱的表现，是免疫系统对人体一般都能应付而不表露任何症状的刺激物的一种过火反应，会引发呼吸道、消化道和皮肤上的一些症状，最常见的过敏性疾病包括哮喘、过敏性鼻炎和湿疹。过敏性疾病通常是由遗传体质加上外在环境的刺激而导致的。儿童的免疫系统发育尚未成熟，易受外在环境因素的影响。哮喘是一种呼吸道慢性炎症疾病，由于呼吸道的慢性炎症，导致哮喘病人喘息困难或喘鸣发作，胸部会有紧紧的不舒适感觉，而且这种症状易发生于半夜或凌晨之时。支气管哮喘是儿童常见的慢性气道炎症，是当今世界威胁公共健康最常见的慢性肺部疾病，全球已有哮喘患者约 3 亿，近年来哮喘患病率及病死率均呈上升趋势。鼻炎的临床表现是连续阵发性喷嚏发作，继而出现大量水样鼻涕和鼻塞、鼻痒等症状。湿疹是一种常见的炎症性皮肤病，其临床特点为多形性皮疹，倾向渗出，对称分布，病情易反复，可多年不愈。湿疹可发生在身体任何部位，但多发于面部、头部、耳周、小腿、腋窝，肘窝等部位。近 10 年来儿童哮喘和过敏性疾病的高发病趋势越来越得到人们的关注。究竟是什么因素导致了哮喘和过敏性疾病的发病率在几十年间急剧上升呢？是基因发生了改变吗？人类的基因不可能在短时间内发生突变，从而影响疾病的发病和患病率。是室外污染导致了疾病的产生和发展吗？室外污染是致病的原因之一，但不能解释全部的哮喘等过敏性疾病的发病特点和因由。ISAAC 的研究表明虽然大气污染会加重过敏病人的哮喘症状，但不是导致哮喘发作的主要原因[23]。在中国、东欧这些大气污染（如颗粒物、SO_2）最严重的地区，哮喘患病率低；污染较严重的西欧和美国属于中等哮喘患病率地区；而室外环境最"干净"的地区如新西兰却有着最高的哮喘患病率。

人们有 90% 以上的时间是在室内度过的，因此室内环境因素越来越得到大众的关注。研究证明，来自尘螨的过敏原、建筑潮湿、霉菌滋长以及环境烟雾等因素都是和过敏性疾病联系在一起的危险因素，加强室内通风可明显改善室内空气环境和降低室内污染物。Sundell 教授等综述了 2005 年至 2011 年间相关文献，发现住宅通风量与儿童哮喘和过敏性症状存在关联性[24]。瑞典 Hägerhed-Engman 发现，在通风量低的情况下，住在"潮湿"住宅内的儿童的过敏性疾病患病率会显著增加[25]。环境干预研究发现改善室内通风可以降低儿童哮喘症状的发病率[26]。国内学者也逐渐意识到住宅室内环境和通风对居民健康的影响[27]。但定量研究住宅通风状况和过敏性疾病关联性的研究还较少。

侯静等人通过对天津地区 410 户住宅换气次数的评估，以及对儿童过敏性疾病的调研[28]，分析了住宅建筑不同区域、不同时段通风换气次数对儿童过敏性疾病的影响，如表 9-8 所示。儿童卧室夜间测试的换气次数和儿童曾经有鼻炎症状、现在患有鼻炎及确诊鼻炎的关联达到了显著性水平。住宅夜间测试的换气次数和儿童确诊鼻炎的关联达到了显著性水平。总体而言，儿童活动最频繁的地点（儿童卧室），暴露时间最长阶段（晚上）的换气次数，相对于其他区域其他时段，对于儿童过敏性疾病的影响更大。通风不良是儿童过敏性疾病的危险性因素。

换气次数和儿童过敏性疾病的 Logistic 回归分析   表 9-8

儿童卧室夜间换气次数[b]	危险度（95%置信区间）[a]		
	儿童卧室（白天+晚上）平均换气次数[b]	住宅白天换气次数[b]	住宅夜间换气次数[b]
曾患哮喘	0.98(0.57, 1.69)	1.36(0.41, 4.50)	0.92(0.52, 1.62)	0.68(0.39, 1.17)
现患哮喘	1.03(0.52, 2.06)	1.75(0.33, 9.19)	0.95(0.45, 1.98)	0.84(0.42, 1.68)
现患干咳	1.09(0.63, 1.87)	0.40(0.10, 1.55)	0.91(0.52, 1.59)	1.06(0.62, 1.82)
确诊哮喘	0.63(0.30, 1.31)	0.53(0.11, 2.54)	0.73(0.35, 1.53)	0.56(0.27, 1.16)
曾患鼻炎	1.59(1.01, 2.48)	1.04(0.39, 2.77)	1.22(0.77, 1.93)	1.21(0.78, 1.89)
现患鼻炎	1.65(1.05, 2.58)	1.18(0.43, 3.25)	1.41(0.89, 2.24)	1.21(0.78, 1.88)
确证鼻炎	2.13(1.15, 3.94)	1.44(0.27, 7.60)	1.33(0.72, 2.46)	1.93(1.05, 3.53)

续表

儿童卧室夜间 换气次数[b]	危险度（95%置信区间）[a]		
	儿童卧室（白天＋晚上） 平均换气次数[b]	住宅白天换气次数[b]	住宅夜间换气 次数[b]
曾患湿疹	0.96(0.61，1.50)	0.85(0.35，2.23)	1.39(0.87，2.21)	0.87(0.55，1.35)
现患湿疹	0.71(0.43，1.16)	1.22(0.39，3.80)	1.16(0.70，1.92)	0.62(0.38，1.01)
确诊湿疹	1.02(0.66，1.60)	0.51(0.19，1.35)	1.25(0.79，1.98)	1.01(0.65，1.57)

注：[a]对性别，年龄，家庭患病史，潮湿及测试季节进行调整。

[b]以高于中位数的值作为参考。

9.5.2 住宅建筑通风对呼吸道疾病的影响

典型的呼吸道疾病包括感冒、肺炎、鼻窦炎、耳朵和喉咙发炎。呼吸道疾病的传播途径有直接传播（患者接触）和间接传播（患者使用的物件或触摸过的地方）。另一个不容忽视的传播途径是以空气为媒介的病毒气溶胶传播，在 2003 年 SARS 危机之后这种空气传播途径越来越得到人们的关注。

2005 年孙越霞等人对一类特殊的住宅环境，即宿舍环境，进行了研究[29]。宿舍作为人口高度密集场所。在这样的场所，稍有疏忽，容易造成传染病在学校的发生和蔓延。该研究分析了宿舍冬季的通风量与感冒感染率之间的关系，如图 9-7 所示。室外新风量与感冒感染率之间呈现清晰的剂量-反应关系。

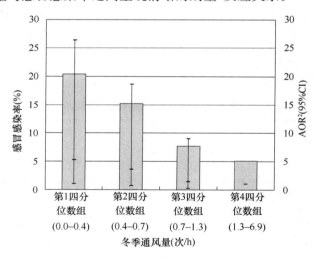

图 9-7 通风量与感冒感染率的关系

9.5.3 住宅建筑通风对病态建筑综合征(SBS)症状的影响

根据世界卫生组织的定义，病态建筑综合征(SBS)分为三大类症状：一般性，黏膜性和皮肤性症状。病态建筑综合征往往和特定的"病态"建筑相关，当人们离开"病态"建筑时，症状往往会消失或减轻。

一般性病态建筑综合征症状主要有疲倦、头重、头痛、眩晕、注意力很难集中等。黏膜性病态建筑综合征症状主要有眼睛刺痛、鼻子刺痛、喉咙发干发痛、咳嗽等。皮肤性症状主要是脸部或手部的皮肤发红、发痒等。以往关于通风与病态建筑综合征的研究多集中在办公建筑。研究发现通风量的提高改善了室内空气品质，降低了 SBS 症状的患病率，减少工作人员的缺勤率，提高了工作效率[30-33]。美国100 栋办公建筑通风量研究的结果表明，通风量和病态建筑综合征症状如黏膜刺痛、眼睛干燥、喉咙疼痛之间存在显著性的剂量-反应关系，通风量以 100 ppm 下降造成的优势比为 1.1～1.2[34]。无新风的空气调节建筑内的 SBS 发病率较高；同样，缺乏维护的 HVAC 通风系统也会提高 SBS 症状发生的危险度。Mendell 和 Smith[35] 发现和自然通风的建筑相比，缺少维护的机械通风系统自身反而污染了送入室内的新风。在机械通风的办公室内工作的人员报告的病态建筑综合征症状有上升趋势。

针对住宅建筑通风与在室人员病态建筑综合征的关系，侯静等人分析了住宅建筑不同时段不同区域的换气次数对病态建筑综合征的影响[28]，如表 9-9 所示。换气次数和黏膜症状的关联达到了显著性水平，即低换气次数可能是病态建筑综合征症状的危险性因素。

换气次数和病态建筑综合症的 Logistic 回归分析　　　　　　　　　表 9-9

	卧室夜间换气次数[b]	危险度(95%置信区间)[a]	
		住宅白天换气次数[b]	住宅夜间换气次数[b]
一般性症状	1.16(0.64，2.10)	1.21(0.66，2.23)	1.72(0.95，3.14)
黏膜症状	1.95(1.05，3.62)	2.00(1.06，3.79)	1.95(1.05，3.62)
皮肤症状	1.19(0.75，1.89)	0.76(0.47，1.24)	1.37(0.86，2.17)

注：[a] 对性别，家庭患病史及测试季节进行调整。

　　　[b] 以高于中位数的值作为参考。

9.6　小　　　结

本章回顾了住宅建筑通风发展史及聚焦的科学技术问题。住宅建筑作为人类一生最主要的活动场所，对在室人员尤其是孩子的健康有着重要的影响。中国住宅建筑大多通过门窗通风，通风量不足是普遍存在的住宅通风问题，因而引发室内环境污浊问题，最终导致在室人员的健康问题，如过敏性疾病，呼吸道疾病和病态建筑综合症。住宅建筑通风量的确定和通风系统的选择是今后社会各界需要深入思考和探讨的问题，是关系到国计民生的公共安全问题。

参　考　文　献

[1]　Jones AP. Indoor Air Quality and Health[J]. Atmospheric Enviroment，1999，33：4535-4564.

[2]　Schwarzberg MN. Carban Dioxide Level as Migraine Threshold Factor：Hypothesis and Possible Solutions[J]. Medical Hypotheses，1993，41(1)：35-36.

[3]　Yaglou C P，Riley E C，Coggins D I. Ventilation Requirements[J]. ASHVE Trans，1936，41，133-162.

[4]　Carlsson B，Sundell J. Bostadsventilation-En orienterande undersokning (Ventilation in Homes- A Preliminary Study)(Master thesis)[D]. Stockholm，Sweden：Royal Institute of Technology.

[5]　ASTM D 6245-12. Standard Guide for Using Indoor Carbon Dioxide Concentrations to Evaluate Indoor Air Quality and Ventilation[S].

[6]　Charlesworth P S. Air Exchange Rate and Airtightness Measurement Techniques - An Application Guide[M]. Coventry：Air Infiltration and Ventilation Centre，1988.

[7]　Etheridge D，Sandberg M. Building Ventilation：Theory and Measurement[M]. J Chichester：John Wiley & Sons，1996.

[8]　Liddament M W. A Guide to Energy Efficient Ventilation[M]. UK：Air Infiltration and Ventilation Centre，1996.

[9]　Awbi H B. Ventilation of Buildings[M]. London：Spon Press，2003.

[10]　Layus P，Persily A K. A Review of Tracer-Gas Techniques on Measuring Airflow in Buildings[J]. ASHRAE Transaction，1992.

[11]　Yoshino H. Experimental Study of the Multi-Zonal Airflow Measurement Method Using Human Expiration[J]. Journal of Environmental Engineering，2010，75(652)：499-508.

[12]　Penman J M，Rashid A A M. Experimental Determination of Air-Flow in a Naturally Ventilated Room Using Metabolic Carbon Dioxide[J]. Building and Environment，1982，17(4)：253-256.

[13]　Persily A K. Evaluating Building IAQ and Ventilation with Indoor Carbon Dioxide[J]. Ashrae Transactions，1996，103：193-204.

[14]　Guo L，Lewis J O. Carbon Dioxide Concentration and Its Application on Estimating the Air Change Rate in Typical Irish Houses[J]. International Journal of Ventilation，2007，6(3)：235-245.

[15]　Barankova P. A Method for Air Change Rate Measurements in Dwellings Based on Carbon Dioxide Produced by People[D]. Lyngby：Technical University of Denmark，2004.

[16]　Hou J，Zhang Y，Sun Y，*et al*. Air Change Rates at Night in Northeast Chinese Homes

［J］. Build. Environ，2018，132：273-281.

［17］ Sun Y，Hou J，Sheng Y，*et al*. Modern Life Makes Children Allergic. A Cross-Sectional Study：Associations of Home Environment and Lifestyles with Asthma and Allergy Among Children in Tianjin Region，China［J］. International Archives of Occupational and Environmental Health，2019，92，587-598.

［18］ ASHRAE Handbook：Fundamentals 2017，American Society of Heating，Refrigerating，and Air-Conditioning Engineers［S］. Atlanta，GA：2017.

［19］ Sherman MH，Dickerhoff D. Air Tightness of US Dwellings［J］. ASHRAE Trans，1998，104：1359-67.

［20］ Xu Y，J Zhang. Understanding SVOCs［J］. ASHRAE Journal. 2011，11：121-125.

［21］ 张庆男. 住宅建筑室内邻苯二甲酸酯暴露与健康效应的研究(硕士论文)［D］，天津：天津大学，2016.

［22］ 罗述刚. 住宅建筑室内尘螨过敏原暴露与健康效应的研究(硕士论文)［D］. 天津：天津大学，2017.

［23］ Beasley R，Keil U，Von Mutius E，*et al*. International Study of Asthma and Allergies in Childhood(ISAAC) Steering Committee. Worldwide Variation in Prevalence of Symptoms of Asthma，Allergic Rhinoconjunctivitis，and Atopic Eczema：ISAAC［J］. Lancet，1998，351(9111)：1225-1232.

［24］ Sundell J，Levin H，Nazaroff WW，*et al*. Ventilation Rates and Health：Multidisciplinary Review of the Scientific Literature［J］. Indoor Air，2011，21：191-204.

［25］ Hägerhed-Engman L，Sigsgaard T，Samuelson I，*et al*. Low Home Ventilation Rate in Combination with Moldy Odor from the Building Structure Increase the Risk for Allergic Symptoms in Children［J］. Indoor Air，2009，19：184-192.

［26］ Wu F，Takaro TK. Childhood Asthma and Environmental Interventions［J］. Environmental Health Perspectives，2007，115：971-975.

［27］ Apte MG，Fisk WJ，Daisey JM. Associations between Indoor CO_2 Concentrations and Sick Building Syndrome Symptoms in US Office Buildings：an Analysis of the 1994-1996 BASE Study Data［J］. Indoor Air，2000，10：246-257.

［28］ 侯静. 住宅建筑通风量测量及其健康效应的研究(硕士论文)［D］. 天津：天津大学，2015.

［29］ 孙越霞. 宿舍环境因素与大学生过敏性疾病关系的研究(博士论文)［D］. 天津：天津大学，2007.

［30］ Apte MG，Fisk WJ，Daisey JM. Associations between indoor CO_2 concentrations and sick building syndrome symptoms in US office buildings：an analysis of the 1994-1996 BASE study data［J］. Indoor Air，2000，10：246～257.

［31］ Bluyssen PM，de Oliveira Fernandes E，Groes L，*et al*. European Indoor Air Quality Audit Project in 56 Office Buildings［J］. Indoor Air，1996，6：221-238.

［32］ Jaakkola JJK，Reinikainen LM，Heinonen OP，*et al*. Indoor Air Requirements for Healthy Office Buildings：Recommendations Based on Epidemiologic Study［J］. Environmental International，1991，17：371-378.

[33] Sundell J，Lindvall T，Stenberg B. Association between Type of Ventilation and Air Flow Rates in Office Buildings and the Risk Of SBS-Symptoms among Occupants[J]. Environmental International. 1994，20：239-251.

[34] Christine A E，Michael G A. Mucous Membrane and Lower Respiratory Building Related Symptoms in Relation to Indoor Carbon Dioxide Concentrations in the 100-Building BASE Dataset[J]. Indoor Air，2004，14(supp 18)：127-134.

[35] Mendell M J，Smith A H. Consistent Pattern of Elevated Symptoms in Air-Conditioned Office Buildings：A Reanalysis of Epidemiologic Studies[J]. American Journal of Public Health，1990，80(10)：1193-1199.

第 10 章　睡眠热环境

　　大多数人一生中的睡眠时间超过生命的三分之一。睡眠是恢复体力、消除疲劳、改善精神活力的重要方式。睡眠不足严重损害人们的认知功能、免疫能力等，导致心脏病等健康问题。室内热环境是影响人体睡眠质量的重要因素之一。本章重点综述了睡眠对人体健康和工作效率的影响，睡眠质量的客观和主观评价方法，睡眠人体热调节，以及室内环境温度对人体睡眠质量的影响。现有研究显示睡眠过程中人体对环境温度变化很敏感，环境温度稍微偏离中性温度都会导致睡眠质量下降。在未来还需要重点研究睡眠环境动态控制，以及睡眠局部微环境营造技术。

10.1　睡　眠　与　健　康

睡眠是一种特殊的行为，是自然的、反复出现的意识与身体上的状态，它与清醒的区别在于睡眠时机体对环境的反应性降低，与环境的相互作用减弱，但期间大脑依然是活跃的[1]。人的一生有三分之一在睡眠中度过，是人体维持正常机能所必需的生理过程。在睡眠期间，身体的大多数系统处于合成代谢状态，这有助于恢复骨骼、肌肉、神经和免疫系统，同时也是机体维持情绪、记忆和认知功能的重要过程。而长期的睡眠剥夺对机体的正常功能是有毁灭性影响的，是导致各种躯体和心理疾病的一个重要危险因素。

10.1.1　睡眠的作用

睡眠的主要作用是消除疲劳，恢复体力和精力[2]。在睡眠期间，人体器官能进行自我恢复并清理白天人体活动时产生的代谢物，这一恢复过程主要发生在慢波睡眠期，在此期间人的体温、心率和大脑耗氧量下降，基础代谢率降低，从而体力得以恢复。其中尤其是大脑，与清醒状态时相比，沉睡中的大脑能够更快速地清理代谢物，而身体其他部位在人清醒时休息的时候也能进行一定的自我恢复。另外，清醒时新陈代谢产生的活性氧自由基会对细胞造成伤害，而睡眠会帮助促进一些分子的合成，这些分子能帮助修复和保护大脑。

10.1.2　睡眠不足的危害

一般成年人每晚的理想睡眠时长为 7~9h，当睡眠时间因各种因素缩短至正常的生理需要量以下，就形成了睡眠剥夺，也就是我们通常说的睡眠不足。睡眠剥夺按剥夺程度的不同可以划分为急性与慢性两种形式，根据剥夺时间的不同可以分为部分睡眠剥夺和完全睡眠剥夺。睡眠剥夺的程度有很大差异，黑眼圈和眼袋暗示了轻微的睡眠剥夺，而动物实验则显示长期的完全睡眠剥夺会导致死亡[3,4]。现实生活中比较常见的是慢性部分睡眠剥夺，这会导致白天出现疲劳、嗜睡、萎靡不适等症状，影响脑认知功能，严重者甚至会导致各种疾病的产生。

10.1.2.1　影响代谢和内分泌系统

长期的睡眠不足增加了代谢性疾病如糖尿病、高血压和肥胖等发生的风险[5-10]。睡眠剥夺会增强体内的胰岛素耐受性，胰岛素的作用是使血糖下降并使其保持在稳定水平，当机体产生胰岛素耐受性后，胰岛素功能下降，导致血糖升高，从而增加了罹患 2 型糖尿病的可能性（表 10-1）。此外，睡眠剥夺还有可能增加肥胖症和体重增加的风险。长期睡眠不足会导致控制食欲的内分泌调节异常，包括皮质醇升高、饥饿素水平的增加和瘦素水平的减少，导致饥饿感和食欲的增加。

睡眠时长与糖尿病之间关系的纵向和横向研究[8]　　　表 10-1

来源	样本	追踪期（年）	结果
纵向研究 Ayas 等（2003）	70026 名美国女性，40～69 岁	10	与糖尿病发病率呈 U 形关系
Brihl 等（2009）	900 名美国女性和男性，40～69 岁	5	短期睡眠与糖尿病发病率有关
Bjorkelund 等（2005）	661 名瑞典女性，38～60 岁	32	没有关系
Chaput 等（2009）	276 名加拿大女性和男性，21～64 岁	14～23	与糖尿病发病率或葡萄糖耐量受损呈 U 形关系
Gangwisch 等（2007）	8992 名美国女性和男性，32～86 岁	8～10	与糖尿病发病率呈 U 形关系
Mallon 等（2005）	1187 名瑞典女性和男性，45～65 岁	12	糖尿病发病率与男性睡眠时长较短以及女性睡眠时长较长有关
Yaggi 等（2006）	1139 名美国男性，40～70 岁	15～17	与糖尿病发病率呈 U 形关系
横向研究 Chaput 等（2007）	740 名加拿大女性和男性，40～70 岁	不适用	与糖尿病发病率呈 U 形关系
Gottlieb 等（2005）	1486 名美国女性和男性，53～93 岁	不适用	与糖尿病发病率呈 U 形关系
Tuomilehto 等（2008）	2770 名芬兰女性和男性，45～74 岁	不适用	与糖尿病发病率呈 U 形关系

10.1.2.2　影响免疫系统

睡眠剥夺后，机体内白细胞的吞噬能力和 NK 细胞的杀伤力以及淋巴细胞亚群的功能降低，这种降低与睡眠剥夺的时间成正比，恢复睡眠后它们的功能可以逐渐恢复，如表 10-2 所示[10]。此外，睡眠剥夺会激活下丘脑-垂体-肾上腺皮质轴并因此引起糖皮质类固醇激素分泌增加，这种激素对人体免疫功能有强烈的抑制作用，因而使人免疫功能下降，机体更易受到感染。

睡眠剥夺对人体免疫系统成分的变化影响[10]　　　表 10-2

免疫反应	数量/质量	部分睡眠剥夺（晚）		完全睡眠剥夺（小时）					
		1	5*	24	36	4	6	7	8
细胞									
中性粒细胞	数量	↑	↓	↑			↑		
	功能	↑				↔			

续表

免疫反应	数量/质量	部分睡眠剥夺（晚）	完全睡眠剥夺（小时）					
单核细胞	数量	↑	↑				↑	
单核细胞	功能						↓	
自然杀伤细胞	数量	↓		↑ ↓	↓	↓		↑
自然杀伤细胞	功能	↓					↑	
CD4⁺T 细胞	数量	↓		↑ ↔	↓	↔	↓	
CD8⁺T 细胞	数量	↓		↑ ↔	↓	↔	↔	
B 细胞	数量	↔ ↓	↔	↔				
B 细胞	功能	↓				↔		
内源性细胞因子水平升高								
IL—1‡						↑		
IL—2‡						↑		
IL—6		↓	↓					
IL—10								↑
TNF 受体								↑
体外刺激后的细胞因子水平								
PHA 诱导		↓	↑	↓	↔	↓	↔	
PWM 诱导					↔ ↓		↔	
ConA 诱导		↓	↑					
LPS 诱导		↑						

注：* 受到剧烈运动和热量摄入减少的干扰。‡ 通过间接测量。↑，上升；↓，下降；↔，无变化；IL，白介素；TNF，肿瘤坏死因子；PHA，植物凝血素；PWM，商陆促分裂原；ConAn，刀豆蛋白 A；LPS，脂多糖。

10.1.2.3　影响青少年生长发育

人类的生长发育有赖于生长激素，生长激素由下丘脑垂体分泌，以维持机体的生长，骨骼、肌肉、脏器的发育以及损伤修复。生长激素的分泌主要发生在慢波睡眠时，因此经常性的睡眠不足会导致生长激素分泌低于正常值。对于处于生长发育重要阶段的青少年来说，生长激素分泌不足会影响骨骼的生长，而对于脏器系统而言，血细胞数量产生不足以及免疫器官发育不全将导致免疫力降低。同时，睡眠剥夺导致皮质醇分泌过量，影响葡萄糖的摄取，干扰细胞的代谢，降低其生存能力，严重时会导致器官功能受损甚至引起大脑的器质性损害[11]。所以，低浓度的生长激素和高水平的皮质醇共同导致了机体生长发育的迟缓[12]。

10.1.2.4　影响神经系统

睡眠剥夺与一些认知功能障碍的形成有关，包括注意力、记忆力、执行功能、空间学习能力等，这一部分在 10.1.3 节中将详细讨论。同时，睡眠剥夺还会导致疲劳、情绪失调、使人易怒且带有攻击性、精力和敏捷程度下降[13]。这些症状还会伴随着脑组织，尤其是丘脑、额叶前部、额前枕叶皮质和语言运动中枢的代谢衰退。另外，睡眠剥夺与阿尔茨海默症、癫痫、帕金森综合征等中枢神经系统疾病也都有关联。

10.1.3　睡眠与工作效率

良好的睡眠能使大脑得到了足够的休息和恢复，是第二天工作效率的保证，而睡眠不足会导致工作效率下降，具体影响有以下三个方面。

10.1.3.1　生理影响

睡眠剥夺严重时可能引发上文中所描述的一系列病症，而即使是轻微的睡眠不足，其对健康造成的影响也是不容忽视的。这会直接造成工作中的疲劳感和困倦感，在思睡的情况下，人的工作效率会大大降低[14]。对于某些行业如司机等，疲劳作业还极有可能将自己与他人置于职业伤害甚至人身事故危险中。

10.1.3.2　情感影响

情绪与睡眠可以相互影响。一方面，情绪很大程度上影响着睡眠质量，愉悦放松的心情是助眠的良方，另一方面，睡眠质量也会对情绪有反馈作用，包括情绪体验和情感表达。情感体验上，睡眠不足会引发自身的愤怒、焦虑、易怒、沮丧与敌意等负面情绪并抑制愉悦等正面情绪，不仅如此，睡眠剥夺后人们在经历负面事件后会放大其负面情感体验，而正面事件带来的正面情感体验则会减弱[15]。在情绪表达方面，睡眠剥夺会增加人们情绪管理的难度，使之难以有效控制负面情绪，进而加重其负面情绪的体验与表达。因此，在积极情感体验与情感调节功能受损的情况下，人们会产生一系列负面情绪，进而工作满意度下降，甚至产生工作倦怠感。

10.1.3.3　认知影响

睡眠剥夺对认知功能会产生消极影响。通过损害大脑前额皮层的新陈代谢活动，睡眠剥夺使人们在注意力、短时记忆、加工速度与推理任务中的速度和准确性显著下降，进而减弱了认知能力和认知绩效。同时，睡眠剥夺会降低创造力、信息处理能力、风险感知与评估能力，进而影响到决策判断与制定[16]。长时间睡眠剥夺后，个体会因自身认知功能的损耗而无法完成高认知水平任务与执行功能，包括问题解决、复杂决策与自我控制等，以及产生解释偏向而过于负面地解读社会信息[17-19]。

综上所述，睡眠对我们的生理和心理健康乃至工作效率都有着非常重要的影响，因此养成良好的睡眠习惯、拥有良好的睡眠将对生活、学习和工作都大有助益。

10.2　睡眠质量评价方法

如何准确评价睡眠质量，是一个至关重要的问题。本节总结了三类睡眠质量评价方法。

10.2.1　多导睡眠图

脑电波记录技术的发展及应用有力地推进了睡眠的实验性研究。对睡眠的结构和进程的了解，是利用多道睡眠检测仪记录多道睡眠图来完成的。通常应包括脑电图（EEG）、眼动图（EOG）、肌电图（EMG）等。有时还应包括体动、腿动、体位等信号。图 10-1（a）所示为多导脑电图监测仪，以及脑电测点位置。

（a）　　　　　　　　　　　　　　　（b）

图 10-1　检测仪器

（a）PSG 检测仪和；（b）Actiwatch 检测仪

由觉醒至深度睡眠的不同阶段，脑电图（EEG）呈现特征性改变，反映了脑功能状态的变化[20]。Rechtschafen 和 Kales 于 1968 年提出睡眠可分成"非快速眼动睡眠（Non-rapid Eye Movement，NREM）"和"快速眼动睡眠（Rapid Eye Movement，REM）"两种阶段，其中 NREM 睡眠又按照睡眠深浅分为睡眠 1 期、2 期、3 期和 4 期，加上睡前清醒期，睡眠共分为六个期（时相）[21]。2004 年美国睡眠医学学会（AASM）开始组织学者研究新的睡眠监测和分期评价方法，并于 2007 年发表了新的睡眠评价手册，将 NREM 的第 3 期和第 4 期归并为 NREM 第 3 期[22]。

基于脑电、眼动和肌电测量结果，可得到以下评价睡眠质量的定量性指标[23]：睡眠潜伏期；觉醒次数和时间；总睡眠时间；觉醒比；睡眠效率；睡眠维持率；

NREM 各期的比例；REM 睡眠的分析，具体包括 REM 睡眠潜伏期、REM 睡眠次数、REM 睡眠时间（RT）和百分比、REM 活动度（RA）、REM 强度（RI）和 REM 密度（RD）等。

10.2.2 体动记录仪

多导睡眠仪通常只能采集每晚睡眠期间，约 6～10h 的睡眠质量数据，而对人们白天是否有午睡等行为无法知晓。此外，由于多导睡眠仪可能对人体睡眠有一定干扰性，一些研究者寻求其他的研究方法，比如采用 Actiwatch 睡眠监测仪。Actiwatch 由光敏感元件和行为监控器构成，主要对人员的身体状态进行监测，能同时检测身体运动和光照强度，可以实现一天 24h 连续监测，如图 10-1（b）所示。与清醒时相比，睡眠阶段人员体动大大下降，因此通过 Actiwatch 收集到的体动和光照信号，可以判断人体是否入睡。Forberg 采用 Actiwatch 监测长时间（每天 10h）工作制对工作人员睡眠和困倦程度的影响[24]。对健康成年人，Actiwatch 能较好地评价睡眠总时间，区分睡眠和觉醒状态，但不能区分更具体的睡眠分期[25]。此外研究显示，Actiwatch 通常会高估睡眠时间，低估清醒时间，且当人员睡眠质量不好时，误差更大。

10.2.3 主观评价

由于操作方便，可应用于大样本调查，研究者们也常常采用主观问卷来进行睡眠质量的相关研究。国际上广泛使用的匹兹堡睡眠质量指数是基于 Buysee 等[26]于 1989 年编制的睡眠自评量表建立的，包含以下七类指标：睡眠质量，入睡时间，睡眠时间，睡眠效率，睡眠障碍，催眠药物和日间功能障碍。研究显示该量表同样适用于我国精神科临床和睡眠质量评价研究，具有较好的信度和效度[27]。但是它主要针对最近 30 天内的睡眠情况，而且只是对出现严重睡眠障碍的情况比较敏感，对于非睡眠障碍情况来说，指数并无明显差别。Saletu 等[28]提出采用就寝时间、入睡潜时、快速眼动睡眠潜时、卧床时间、睡眠时间等来评价睡眠情况。Zilli 等[29]提出每天睡眠质量调查的量表（包括入睡难易程度、自评睡眠满意程度等指标）如表 10-3 所示。主观问卷调查具有简单、直接等优点，但是准确性不高，一方面是受试者会受到主观心理的影响，另一方面，受试者对于睡眠情况的好与坏缺乏准确的感知，这是不可避免的误差。研究证明，人们在醒后能记住的只有睡醒前一段时间大脑的活动[1]。因此人们对其自身整晚的睡眠状况的认识是有偏差的，也许实际上大脑未得到充分的休息，但是却自我评价睡得不错，也许休息充分了，却自我评价很差。

以上三种睡眠质量评价方法各具优缺点，在研究中需要综合考虑测试对象、测试地点和测试样本数量等选择评价方法。

睡眠质量问卷调查   表 10-3

评分 内容	5	4	3	2	1
1. 睡眠平静度	很平静	比较平静	一般	有点 不平静	完全没休 息好
2. 入睡难易度	很容易	比较容易	不易不难	比较难	非常难
3. 醒来难易度	很容易	比较容易	不易不难	比较难	非常难
4. 醒来振作度	精神饱满	比较精神	一般	不太精神	很迷糊
5. 睡眠满意度	相当满意	比较满意	一般	不太满意	非常不满意

注：♀数值越高表示睡眠质量越好。

在研究中，主观问卷可与整晚的 PSG 监测结合进行[30]如图 10-2 所示。可采用的具体实验过程如下：受试者于 22∶00 到达睡眠实验舱，适应 45min 后填写热舒适问卷，约 15min；然后受试者躺到床上，由实验实施者对之连接各生理测量电极，约 30min；23∶30 熄灯，让受试者开始 8h 睡眠，并开始对其生理参数进行连续测量；第二天早上 7∶30 受试者起床，填写睡眠质量问卷并回忆晚上睡觉期间的热感觉，约 15min。

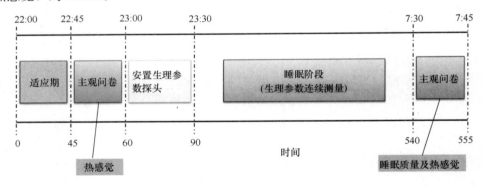

图 10-2　睡眠人体实验流程图

10.3　热环境与睡眠质量

10.3.1　睡眠与人体热调节

许多研究显示睡眠与人体热调节密切相关，这也可通过睡眠节律和体温节律呈现的时间一致性反映出来。早在 19 世纪研究者就发现人体核心温度变化周期为 24h。在夜间睡眠期间，人体核心体温下降，在凌晨 5 点左右达到最低值，在白天清醒状态，核心体温有所上升，在夜间 10 点左右达到最高值。体温的这种节律变化是由人体新陈代谢产热和散热的变化形成的[31]。

人类睡眠—觉醒周期也为 24h，且与体温变化密切关联。对一般健康人群，其夜间睡眠通常从核心体温最低值时刻点前 6h 维持到最低值后 2h[32]。研究表明，核心体温的快速下降有助于人体进入睡眠并进入深睡阶段：Krauchi 等研究发现入睡潜时与入睡前人体散热量相关性最好，且肢体末端血管舒张作用最大[33, 34]。Lan 等[35]实验研究发现，由于不利于人体末端产生血管舒张调节，偏凉的环境使人体入睡所需时间延长，如图 10-3、图 10-4 所示。这些研究表明人体睡眠节律与热调节密切相关。神经科学研究也发现，下丘脑视前区（POAH）不仅与人体热调节相关，还直接控制着睡眠[36]，尤其是下丘脑视前区的热敏神经元对非快速眼动睡眠起决定作用[37]。

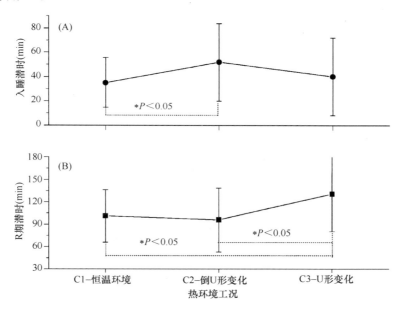

图 10-3　偏凉的环境使人体入睡所需时间延长

通过改变室内环境温度，研究者发现人体核心温度最低值时刻点被提前[38]。考虑到核心体温与人体睡眠条件的密切关联，动态热环境可能对人体睡眠质量有显著影响。人体睡眠质量实验结果显示，在热中性区域内升高或降低环境温度对睡眠有一定影响。环境温度按 U 形或倒 U 形曲线变化时，人体睡眠分期没有显著影响，但在睡眠后期逐渐增加环境温度有助于人体为起床更好做准备，且提高了人员第二天早上的工作效率[35, 39]。

来自皮肤的热刺激对睡眠调节作用非常大。动物实验测试发现皮肤热刺激是增加睡眠神经元放电频率的必要条件，且大部分对脑部温度敏感的神经元接收来自皮肤

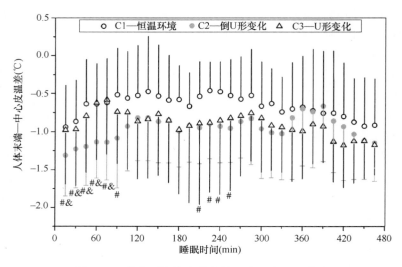

图 10-4　偏凉环境使人体末端—中心皮温差增大

温度感受器的信号[40]。人体实验研究发现，在不同室温环境下，受试者的平均皮温有显著差异；室温越高，平均皮温值越高，如表 10-4 所示[41]。研究者对人体局部皮温进行热刺激，结果发现在没有改变脑部温度的条件下，皮肤局部热刺激激活了下丘脑视前区的热敏神经元。因此，在热中性范围内对皮肤的微小加热能让人体更快入睡[42]。Lan 等[43]研究发现，在偏热环境下，对人体背部和头部进行局部冷却可改善人体热舒适，让人体维持很好的睡眠质量，如图 10-5 和表 10-5 所示。

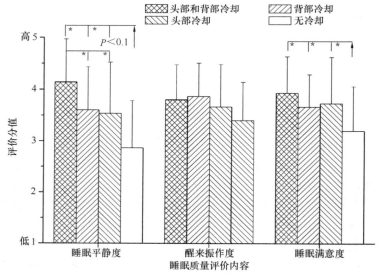

图 10-5　背部和头部冷却对睡眠热舒适的改善作用

不同室内温度环境下受试者的平均皮温值（均值（标准差））　　表 10-4

室内温度（℃）	23	26	30	P 值	两两比较		
					23～26	23～30	26～30
平均皮温（℃）	34.2（0.6）	34.4（0.6）	35.1（0.4）	0.002***	0.709	0.002***	0.014**

注：**P<0.05；***P<0.01。

背部和头部冷却对睡眠质量的改善作用　　表 10-5

P 睡眠质量指标	工况[‡]			
	C1	C2	C3	C4
卧床时间（min）	443.97±35.64	419.50±49.28*a	411.28±55.27*a	392.34±61.88*a
睡眠效率（%）	95.28±4.22	92.8±4.07*a	88.56±10.21*a	84.16±11.74*ab
入睡潜时（min）	4.22±6.19	6.91±9.00	13.88±29.56	21.5±30*ab
清醒时间（min）	15.34±14.09	25.03±14.46	38.69±25.13*ab	51.91±43.61*ab
清醒次数	10.88±5.30	15.31±8.36*a	16.31±6.89*a	18.50±7.05*a
睡眠分期时长（min）				
浅睡	204.34±44.89	192.63±41.15	191.56±36.32	192.56±43.01
深睡	157.97±40.24	153.16±43.26	150.38±36.69	132.16±35.64*abc
非快速眼动睡眠	81.66±17.68	73.72±21.59	69.34±20.73	67.63±25.20

注：[‡]C1——背部和头部同时冷却，C2——背部冷却，C3——头部冷却，C4——无冷却。

*P<0.05，a——与C1工况有显著差异，b——与C2工况有显著差异，c——与C3工况有显著差异。

10.3.2　高温环境对睡眠质量的影响

环境温度是影响睡眠质量的一个重要的环境因素。环境温度过高通常导致睡眠时间、慢波睡眠和快速眼动睡眠时间减少，入睡潜时和觉醒时间增加，且睡眠人体对高温环境没有适应性。研究发现，即使环境温度只是适度高于舒适温度也会导致睡眠质量下降，表现在入睡潜时增加，慢波睡眠时间减少，如图 10-6 和图 10-7 所

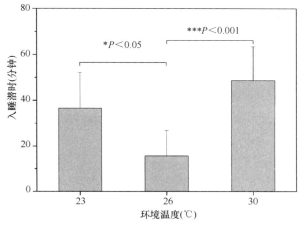

图 10-6　不同环境温度下人体入睡所需时间（入睡潜时）

示[30]，主观评价结果下降等。对老年人，环境温度稍高就导致其觉醒时间增加，快速眼动睡眠时间减少，身体热负荷增加，这表明对老年人等敏感人群，由于其身体热调节功能较弱，睡眠质量更容易受到热环境影响。

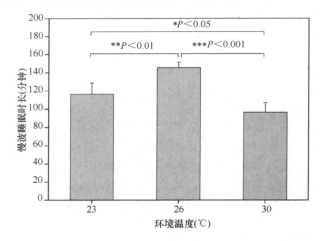

图 10-7   不同环境温度下人体慢波睡眠时长

在高湿条件下，高温对睡眠质量的负面作用增加。高温高湿环境下，人体热负荷显著增加，导致中心体温增加，慢波睡眠和快速眼动睡眠时间减少，觉醒时间增加，且睡眠过程中人体心率更高，褪黑素分泌下降[44]。

提高风速是降低人体热负荷的方法之一。研究显示，在偏热环境下，提高气流速度有助于降低人体热负荷和觉醒时间[45]。随着住宅建筑的气密性越来越高，新风渗入量大大减少，卧室的空气品质问题由此而生。床垫和枕头等床上用品也是空气污染的重要来源。考虑到人体在睡眠过程中很少移动，所占空间区域较小，Lan 等[46]和 Zhou 等[47]提出了床头个性化送风的概念，并以儿童、成年人和老年人为研究对象，实验测试了该个性化送风对睡眠环境和睡眠质量的改善作用，如图 10-8 所示。

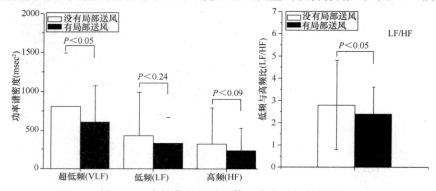

图 10-8   个性化送风对人体心率变异性的影响

10.3.3　低温环境对睡眠质量的影响

当受试者睡觉时没有覆盖被子时，低温环境比高温环境使睡眠质量下降的幅度更大。与热中性环境（29℃）相比，环境温度为 21℃ 时非快速眼动 2 期和快速眼动睡眠时间减少，觉醒时间增加[48]。加盖被子后，低温环境还是降低人体睡眠质量，如图 10-9 和图 10-10 所示[41]。现场研究发现，在室内环境温度低至 10℃ 情况下，通过使用非常厚的被子，老年受试者的睡眠质量并没有显著下降[49]。在非常冷的环境下，使用电热毯等局部加热设备也有助于维持睡眠。但要注意的是，电热毯如

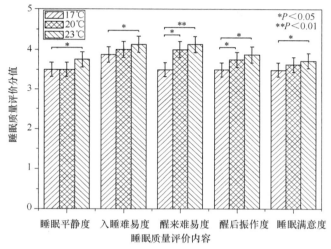

图 10-9　低温环境下睡眠质量主观评价值下降

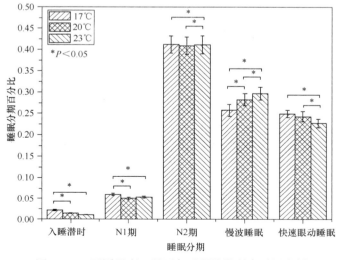

图 10-10　不同温度工况下各睡眠阶段所占时间比例

使用不合理，也会降低人体睡眠质量。火炕作为我国北方农村的一种与建筑一体化的供暖和睡眠设施相当普及，通过合理设计和控制炕系统可维持舒适的睡眠环境。

表 10-6 总结了现有研究中采用的舒适睡眠温度[50]。由表 10-6 可知，由于采用的被盖热阻和睡眠习惯等的差异，目前研究还未得到一致的睡眠热舒适温度值，但睡眠环境温度应维持在 17～29℃，这样室内人员可通过调节被盖热阻等方式来达到睡眠热舒适。夏季适度减小被盖热阻，冬季适度增加被盖热阻都能获取舒适的睡眠热环境，这些行为对建筑节能有重要意义。

现有实验研究得到的舒适睡眠温度　　　　　　　　　表 10-6

论文作者及发表时间	被盖情况	季节	热舒适温度(℃)
Macpherson，1973	不详	夏季	22-24
Karacan 等，1978	睡衣，毯子	不详	22.2
Haskell 等，1981	未覆盖	不详	29
Sewitch 等，1986	不详	不详	20～22
Palca，1986	未覆盖	不详	29
Libert 等，1988	睡衣，羊毛毯	春季	20
Dewasmes 等，1996	未覆盖	不详	29
Dewasmes 等，2003	睡衣，毯子	不详	25
Tsuzuki 等，2008	睡衣，薄毯	夏季	26
Okamoto-Mizuno 等，2009	睡衣，棉被，毯子	冬季	17
Pan 等，2012	睡衣，棉被	冬季	23
Lan 等，2014	睡衣，薄毯	夏季	26

10.3.4 睡眠局部热环境

在睡眠状态下，人体活动范围缩小，行为调节能力减弱，被褥微气候对人体的影响得以凸显[51, 52]，若对睡眠热环境进行房间全空间调节，可能造成不必要的能源浪费，这体现了睡眠人体热舒适需求的空间特征[46, 53]。因此，研究探讨了睡眠状态下人体头部和覆体的热需求差异，发展了睡眠状态下局部差异化热舒适理论模型，提出了室内热环境与被褥微气候耦合空间的睡眠热环境评价方法。

10.3.4.1 空间差异化人体睡眠热需求

在睡眠期间，覆被状态人体可分为两部分：暴露于室内空气的裸露部分、暴露于被褥微气候的被覆部分。对于寒冷季节，人们通常仅将头部暴露于室内空间。研究通过组织受试者参与气候室实验，测试并分析人体睡眠期间头部与覆体的热需求差异[54~56]。由于枕头热阻较大，可将头枕接触面视为绝热，并采用人体面部皮肤温度和主观评价来反映头部热反应。面部皮肤温度由额头、左脸颊和右脸颊皮肤温度平均值得到；覆体平均皮肤温度（CMST）计算以 10c 法人体平均皮肤温度[57, 58]为基础，除前额外对其他部位进行面积加权。

在室内操作温度 8.7℃、10.2℃、12.3℃、14.0℃、15.7℃、20.7℃ 六种工况下，人体面部与覆体皮肤温度分别如图 10-11、图 10-12 所示。在睡眠前 2h 内，面部温度随着睡眠深入逐渐下降，下降梯度随室内温度降低而增大；而覆体皮肤温度与面部温度的波动规律相反。相比于头部，覆体皮肤温度变化范围较窄，为 34.3～35.3℃。这主要有两方面原因：（1）尽管睡眠状态下的代谢率低于清醒活动状态，但睡眠期间脑代谢降低程度是全身代谢降低的两倍，覆体的产热比例比清醒活动状

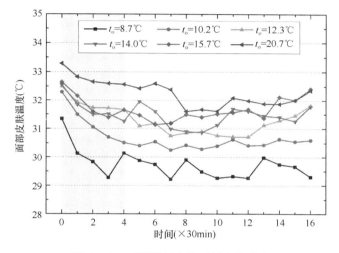

图 10-11 睡眠期间人体面部皮肤温度

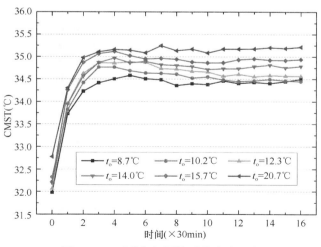

图 10-12 睡眠期间覆体平均皮肤温度

态时更大；（2）人体面部温度的变化取决于面部与室内环境的热量交换，而冬季床褥系统热阻较大，限制了覆体经过被褥热阻与房间的换热量，从而覆体皮肤温度随室内温度变化较为稳定[55]。

人体面部和覆体的热感觉和热舒适水平如图 10-13、图 10-14 所示。人体面部热感觉对房间热环境的敏感度较低，随着室内操作温度的升高，人体面部热感觉的变化梯度小于覆体。结合皮肤温度可知，人体面部的皮肤温度和热感觉均低于覆体，当人体处于热舒适状态时，头部处于中性偏凉状态，而覆体处于中性偏暖状态[55]。

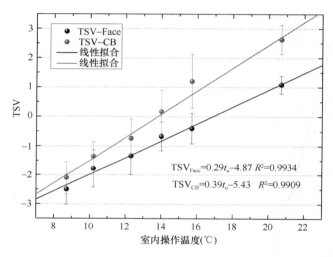

图 10-13　面部与覆体热感觉

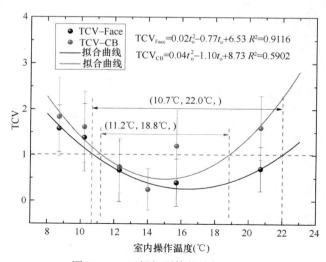

图 10-14　面部与覆体的热舒适水平

10.3.4.2 睡眠局部热环境参数设计

（1）人体睡眠热舒适 PTS-WPD 模型

根据睡眠人体暴露热环境的双空间特征，基于热平衡理论对人体进行两段式散热分析[59]。头部向室内环境的散热主要包括分量呼吸散热、皮肤蒸发散热、对流散热和辐射散热；覆体向环境的散热主要包括分量呼吸散热、蒸发散热、导热传热、对流和辐射散热。基于实验测试结果，可计算人体头部和覆体热负荷：

$$L_H = 12.1792 - \left\{ \begin{array}{l} 0.865 \times [0.056(34 - t_a) + 0.692(5.87 - p_a)] \\ + 0.0689 h_{c.H}(0.256 t_{sk.H} - 3.373 - p_a) \\ + 0.0696 h_{c.H}(t_{sk.H} - t_a) + 0.3271(t_{sk.H} - \overline{t_r}) \end{array} \right\} \quad (10-1)$$

$$L_C = 57.0208 - \left\{ \begin{array}{l} 0.865 \times [0.056(34 - t_a) + 0.692(5.87 - p_a)] + 0.5805(0.256 t_{sk.A} - 3.373 - p_{a.A}) \\ + 1.4511(0.256 t_{sk.B} - 3.373 - p_{a.B}) + \dfrac{0.0353(0.256 t_{sk.S} - 3.373 - p_{a.S})}{0.0296 + \dfrac{1}{19.668 h_{c.C}}} \\ + 2.8871(t_{sk.A} - t_{a.A}) + 7.2167(t_{sk.B} - t_{a.B}) + \dfrac{0.5886(t_{sk.S} - t_{a.S})}{0.0992 + \dfrac{1}{1.192 h_{c.C}}} + 2.1196(t_{sk.S} - t_{a.S}) \end{array} \right\}$$

$$(10-2)$$

通过分析热负荷与热感觉的关系，可获得人体头部（H）与覆体（C）热感觉（PTS）的预测方程：

$$PTS_H = 0.97009 + 0.23169 L_H + 0.0329 \Delta L \qquad R^2 = 0.86357 \quad (10-3)$$

$$PTS_C = 2.09479 + 0.21844 L_C - 0.16628 \Delta L \qquad R^2 = 0.97969 \quad (10-4)$$

对于样本总体来讲，人群中每个人热感觉不可能完全一致，因此，采用整体不满意率（WPD）作为睡眠热环境的综合评价指标。由于人体对睡眠热环境的整体满意程度由头部热感觉和覆体热感觉综合决定。环境施加于人体的热负荷绝对值越大，人体的热感觉偏离热中性的程度就越大，人体对环境的满意程度也相应发生变化，因此，可以合理假设，人体对热环境的不满意程度与热感觉指标存在相关性。对睡眠热环境整体满意率和头部、覆体热感觉进行回归分析[60]：

$$WPD = 26.27 + 31.40 PTS_H - 38.21 PTS_C + 13.12 PTS_H{}^2$$
$$+ 20.09 PTS_C{}^2 - 18.67 PTS_H \cdot PTS_C (R^2 = 0.9436) \quad (10-5)$$

（2）室内热环境与被褥微气候参数匹配设计

室内空气温度和被褥温度是影响人体睡眠热舒适的重要因素，同时也是睡眠热环境调节的主要对象。运用上述局部差异化热舒适模型，以头部热感觉－0.7 和覆体热感觉＋0.5 对应的皮肤温度作为热舒适域计算的设定温度，以 WPD 分别为 5％、10％和 15％作为睡眠环境的三梯级热舒适上限指标，并假设室内空气相对湿度为 50％，平均辐射温度等于室内空气温度，则可得室内操作温度和被褥温度的

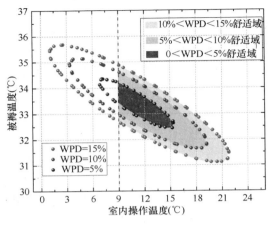

图 10-15　室内操作温度与被褥
微气候的匹配舒适域

匹配关系，如图 10-15 所示。根据实验测试数据，当室内操作温度低至 8.7°C 时受试者不满意率高于 20%，因此研究建议室内最低操作温度取 9°C，图中阴影部分即为室内操作温度与被褥微气候的匹配舒适域。

室内操作温度与被褥微气候的匹配舒适域诠释了睡眠热环境的空间耦合特征，在舒适域内，通过提高被褥温度可适度降低室内操作温度。综合考虑室内热环境与被褥微气候对人体热舒适的影响，不仅在空间上明确了睡眠人体局部热需求，也为睡眠局部热环境营造提供了设计依据[61]。

10.3.4.3　睡眠局部热环境营造技术

根据研究所得室内温度与被褥温度的耦合舒适域，可通过以床体取暖为主、室内供暖为辅的热环境调控策略对被褥微气候与房间热环境进行综合匹配设计。分时分区的建筑热环境控制方式可在满足人体热舒适基础上降低供暖系统能耗[62]。

（1）睡眠局部热环境调控系统

为了实现床—房分时分区供暖，可采用床—地组合的供暖末端形式对两个空间进行独立控制。研究搭建了组合供暖末端热性能分析实验平台，实验系统包括了热源、输配系统、实验房间和供暖末端[63]，如图 10-16 所示。

组合供暖末端的工作原理是将地面和床面盘管同时敷设在一个房间内，二者共

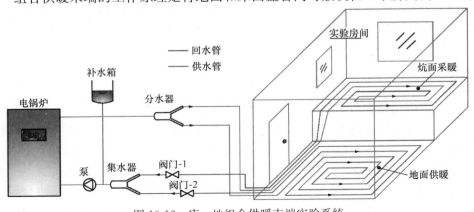

图 10-16　床—地组合供暖末端实验系统

同作用于室内热环境。实验系统的热源可提供恒温热水，通过水泵强制循环，经由分集水器分别对地面和床面进行加热，提高地面和床面两个壁面的温度，进而提升室内空间温度和被褥空间温度。因此二者同时作为房间内蓄热单元以及散热单元，掌握其启、停及共同运行过程中的蓄放热特性和对室内热环境的耦合作用，将有利于更好地满足室内热环境要求，进而实现降低建筑供暖能耗的目的。

（2）床—房分控式睡眠热环境营造技术

基于上述实验平台，以交替运行方式设计实验工况，交替运行时间为 08：00～22：00 地面盘管工作，00：00～08：00 及 22：00～24：00 床面盘管工作，并开展了五种不同运行条件的实验测试[63]，工况详情如表 10-7 所示。

床房分控系统实验测试工况　　　　　　　　　　　　表 10-7

工况	供水温度（℃）	管道流量—地面（kg/h）	管道流量—床面（kg/h）	时间
A	50	0/467	481/0	02/14 12：00～02/15 12：00
B	50	0/476	490/0	02/16 00：00～02/17 00：00
C	50	0/488	499/0	02/17 12：00～02/18 12：00
D	40	0/476	490/0	02/19 00：00～02/20 00：00
E	60	0/476	490/0	02/20 12：00～02/21 12：00

床—地组合供暖末端交替运行时室内空气温度变化如图 10-17 所示。组合末端交替运行模式下室温波动性较大，最大温差达 6.2℃。由于地面采暖开启时，优先对地面进行预热，地面散热量无法同时满足地面所需的预热量和维持室内空气温度所需的热量。因此室内空气温度在 8：00 时出现骤降，且温度上升时间比地面开启时间晚约一个小时，直到 9：00 时才完成对地面的预热，室内空气温度开始上升。此外，由图可知当在实验工况 D 下运行时，室内空气温度能够较好满足差异化热需求，但在夜间和交替运行时段仍存在一定的偏差，因此如果能够形成交替运行模式下最佳运行控制方案，可以满足人体差异化热需求。

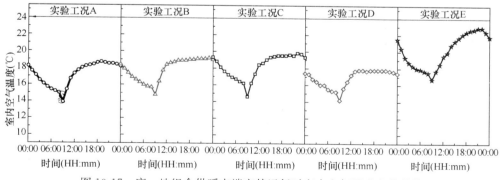

图 10-17　床—地组合供暖末端交替运行时室内空气温度变化趋势

床—地组合供暖末端交替运行时的供暖能耗如图 10-18 所示。当地面在 08：00 开启时，供暖能耗呈现增长趋势；而当床面在 22：00 开启时，供暖能耗呈现降低趋势。当地面和床面开始的初始阶段，供暖能耗出现了一个明显的增长趋势，因为这个阶段需要对地面和床面进行预热，而夜间能耗具有明显的降低趋势，可见，采用这种组合供暖末端不仅能够满足差异化热需求，还可一定程度上降低建筑供暖能耗。

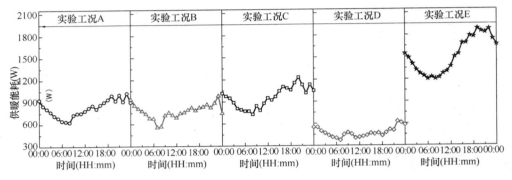

图 10-18 床—地组合供暖末端交替运行时供暖能耗分析

综上可知，鉴于睡眠人体热需求的局部差异性，建筑室内全空间热环境调节并非改善人体睡眠热舒适水平的唯一途径，床—房分区睡眠热环境设计可为满足人体冬季睡眠热舒适提供了新的思路，并在满足人体睡眠热舒适需求的同时，有助于冬季建筑供暖能耗的优化调配与合理利用。

10.4 本 章 小 结

（1）睡眠不足严重损害人们的认知功能、免疫能力等，导致心脏病等健康问题，降低人员工作效率。

（2）睡眠质量评价方法主要有 3 类。脑电波、眼动和肌电信号测量可实现睡眠准确分期，是评价人体睡眠质量的"金标准"。体动睡眠监测仪可应用于睡眠质量现场研究，但准确度还有待验证。对大样本睡眠质量调查则主要采用主观问卷调查法。

（3）人体睡眠质量对热环境很敏感，环境温度偏高或偏低都会降低睡眠质量，舒适的热环境对睡眠的维持和睡眠质量的改善具有非常重要的作用。睡眠状态下人体的热中性环境温度比清醒状态的要高，当前基于清醒人体建立的热环境标准可能不适用于睡眠环境。

（4）人体局部之间的热需求存在差异。综合考虑室内热环境与被褥微气候对人体热舒适的影响，不仅在空间上明确了睡眠人体局部热需求，也为睡眠局部热环境营造提供了设计依据。

参 考 文 献

[1] 寿天德. 神经生物学[M]. 高等教育出版社，2001. 346-352.

[2] Cespuglio R，Colas D，Sabine Gautier-Sauvigé. ENERGY PROCESSES UNDERLYING THE SLEEP – WAKE CYCLE[M]. The Physiologic Nature Of Sleep，2014. 3-21.

[3] Kripke D F，Garfinkel L，Wingard D L，et al. Mortality Associated With Sleep Duration and Insomnia[J]. Archives of General Psychiatry，2002，59(2)：131.

[4] Rechtschaffen A，Bergmann B M. Sleep deprivation in the rat by the disk-over-water method [J]. Behavioural Brain Research，1995，69(1-2)：55-63.

[5] Xie L，Kang H，Xu Q，et al. Sleep Drives Metabolite Clearance from the Adult Brain[J]. Science，2013，342(6156)：373-377.

[6] Siegel J M. Clues to the functions of mammalian sleep[J]. Nature，2005，437(7063)：1264-71.

[7] 丁琳，胡小波. 睡眠剥夺对机体的影响[J]. 微量元素与健康研究，2010，27(6)：45-48.

[8] Gangwisch J E. Epidemiological evidence for the links between sleep，circadian rhythms and metabolism[J]. Obesity Reviews，2010，10(s2)：37-45.

[9] Van Cauter E，Knutson K L. Sleep and the epidemic of obesity in children and adults[J]. European Journal of Endocrinology，2008，159(suppl_1)：S59-S66.

[10] Bryant P A，Trinder J，Curtis N. Sick and tired：Does sleep have a vital role in the immune system？[J]. Nature Reviews Immunology，2004，4(6)：457-467.

[11] 吴兴曲，杨来启，李拴德，等. 睡眠剥夺对大鼠血清 MBP 及皮质醇含量的影响[J]. 中国神经免疫学和神经病学杂志，2004，11(2)：102-104.

[12] Cauter V，Eve. Age-Related Changes in Slow Wave Sleep and REM Sleep and Relationship With Growth Hormone and Cortisol Levels in Healthy Men[J]. JAMA，2000，284(7)：861.

[13] Vgontzas A N，Mastorakos G，Bixler E O，et al. Sleep deprivation effects on the activity of the hypothalamic-pituitary-adrenal and growth axes：potential clinical implications[J]. Clinical Endocrinology，2010，51(2)：205-215.

[14] Scott B A，Judge T A. Insomnia，Emotions，and Job Satisfaction：A Multilevel Study[J]. Journal of Management，2006，32(5)：622-645.

[15] Zohar D，Tzischinsky O，Epstein R，et al. The Effects of Sleep Loss on Medical Residents' Emotional Reactions to Work Events：A Cognitive-Energy Model[J]. Sleep，2005，28(1)：47-54.

[16] Harrison Y，Horne J A. The impact of sleep deprivation on decision making：a review[J]. J Exp Psychol Appl，2000，6(3)：236-249.

[17] Harrison Y，Horne J A. One night of sleep loss impairs innovative thinking and flexible decision making[J]. Organizational Behavior & Human Decision Processes，1999，78(2)：

128-145.

[18] Behavior J O O. Turning molehills into mountains: Sleepiness increases workplace interpretive bias[J]. Journal of Organizational Behavior, 2015, 36(3): 360-381.

[19] 史健, 龙立荣. 员工睡眠剥夺的损耗效应: 组织管理研究的新主题[J]. 心理科学进展, 2018(5).

[20] Carskadon MA, Dement WC. Chapter 2 Normal human sleep: an overview. In: Kryger MH, Roth T, Dement WC, editors[J]. Principles and practice of sleep medicine. 5th ed. Philadelphia: Elsevier Inc.; 2011. p16-26.

[21] Rechtschaffen A, Kales A. A manual of standardized terminology, techniques and scoring system for sleep stages of human subjects[J]. Los Angeles: Brain Information Service, Brain Research Institute, UCLA, 1968.

[22] Iber C, Ancoli-Israel S, Chesson AL, Quan SF. The AASM Manual for the Scoring of Sleep and Associated Events: Rules, Terminology and Technical Specifications, American Academy of Sleep Medicine[J]. Westchester, 2007.

[23] 徐现通. 睡眠状态下人体生理信号的监测[J]. 医学信息, 2004, 17(6): 326-329.

[24] Forberg K., Waage S., Moen B., Bjorvatn B., Subjective and objective sleep and sleepiness among tunnel workers in an extreme and isolated environment: 10-h shifts, 21-day working period, at 78 degrees north[J]. Sleep Medicine, 2010, 11(2): 185-190.

[25] Reid K., Dawson D. Correlation between wrist activity monitor and electrophysiological measures of sleep in a simulated shiftwork environment for younger and older subjects[J]. Sleep, 1999, 52(2): 157-159.

[26] Buysse D. J., Renolds C. F., Monk T. H. et al. The Pittsburgh sleep quality index: a new instrument for psychiatric practice and research[J]. Psychiatry Research, 1989, 28: 193.

[27] 刘贤臣, 唐茂芹, 胡蕾, 等. 匹兹堡睡眠质量指数的信度和效度研究[J]. 中华精神科杂志, 1996, 29(2): 103-107.

[28] Saletu B., Wessely P., Grünberger J., et al. Erste klinische Erfahrungen mit einem schlafanstonden Benzodiazepin, Cinolazepam, mittelseines Selbstbeurteilungsbogens für Schlafund Aufwachqualität(SSA)[J]. Neuropsychiatry, 1987, 1: 169-176.

[29] Zilli I., Ficca G., Salzarulo P. Factos involved in sleep satisfaction in the elderly[J]. Sleep Medicine, 2009, 10: 233-239.

[30] Lan L, Lian ZW, Huang HY, et al. Experimental study on thermal comfort of sleeping people at different air temperatures[J]. Build Environ, 2014, 73: 24-31.

[31] Aschoff J, Heise A. thermal conductance in man: its dependence on time of day and of ambient temperature. In: Itoh S, Ogata K, Yoshimura H, editors[J]. Advances in climatic physiology. Tokyo: Igako Shoin, 1972, p334-338.

[32] Czeisler CA, Weitzman ED, Moore-Ede M, et al. Human sleep: its duration and organization depend on its circadian phase[J]. Science, 1980, 210: 1264-1267.

[33] Kräuchi K, Cajochen C, Werth E, et al. Warm feet promote the rapid onset of sleep[J].

Nature，1999，401(6748)：36-37.

[34] Kräuchi K，Cajochen C，Werth E，*et al*. Functional link between distal vasodilation and sleep-onset latency? [J]. Am J Physiol Regulatory Integrative Comp Physiol，2000，278：R741-R748.

[35] Lan L，Lian ZW，Lin YB. Comfortably cool bedroom environment during the initial phase of the sleeping period delays the onset of sleep in summer[J]. Build Environ，2016，103：36-43.

[36] Van Someren EJW. More than a marker：interaction between circadian regulation of temperature and sleep，age-related changes，and treatment possibilities[J]. Chronobiol Int，2000，17：313-354.

[37] McGinty D，Szymusiak R. Brain structures and mechanisms involved in the generation of NREM sleep：focus on the preoptic hypothalamus[J]. Sleep Med Rev，2001，5：323-342.

[38] Dewasmes G，Signoret P，Nicolas A，*et al*. Advances of human core temperature minimum and maximal paradoxical sleep propensity by ambient thermal transients[J]. Neurosci Lett.，1996，215：25-28.

[39] Lan L，Lian ZW，Qian XL，*et al*. The effects of programmed air temperature changes on sleep quality and energy saving in bedroom[J]. Energy Build，2016，129：207-214.

[40] Crawshaw L，Grahn D，Wollmuth L. Central nervous regulation of body temperature in vertebrates：comparative aspects[J]. Pharmacol Ther，1985，30：19-30.

[41] Pan L，Lian ZW，Lan L. Investigation of sleep quality under different temperatures based on subjective and physiological measurements [J]. HVAC&R Res，2012，18（5）：1030-1043.

[42] Raymann RJE，Swaab DF，Van Someren EJW. Cutaneous warming promotes sleep onset [J]. Am J Physiol Regul Integr comp Physiol，2007，288：R1589-R1597.

[43] Lan L，Qian XL，Lian ZW，*et al*. Local body cooling to improve sleep quality and thermal comfort in a hot environment[J]. Indoor Air，2018，28：135-145.

[44] Okamoto-Mizuno K，Mizuno K，Michie S Effects of humid heat exposure on human sleep stages and body temperature[J]. Sleep，1999，22(6)：767-773.

[45] Tsuzuki K，Okamoto-Mizuno K，Mizuno K，*et al*. Effects of airflow on body temperatures and sleep stages in a warm humid climate[J]. Int J Biometeorol.，2008，52(4)，261-70.

[46] Lan L，Lian ZW，Zhou X，*et al*. Pilot study on the application of bedside personalized ventilation to sleeping people[J]. Build Environ，2013，67：160-166.

[47] Zhou X，Lian ZW，Lan L. Experimental study on a bedside personalized ventilation system for improving sleep comfort and quality[J]. Indoor Built Environ，2014，23(2)：313-323.

[48] Haskell EH，Palca JW，Walker JM，*et al*. The effects of high and low ambient temperatures on human sleep stages[J]. Electroencephalography and Clinical Neurophysiology，1981，51：494-501.

[49] Tsuzuki K，Mori I，Sakoi T，*et al*. Effects of seasonal illumination and thermal environ-

ments on sleep in elderly men[J]. Build Environ, 2015, 88: 82-88.

[50]　Lan L, Lian ZW. Ten questions concerning thermal environment and sleep quality[J]. Building and Environment, 2016, 99(2016): 252-259.

[51]　Okamoto-Mizuno K, Tsuzuki K. Effects of season on sleep and skin temperature in the elderly[J]. International Journal of Biometeorology, 2010, 54(4): 401-409.

[52]　李净, 刘艳峰, 宋聪等. 西北民居冬季睡眠被褥微气候研究[J]. 建筑科学, 2016, 32(2): 65-69.

[53]　Leung C, Ge H. Sleep thermal comfort and the energy saving potential due to reduced indoor operative temperature during sleep[J]. Building and Environment, 2013, 59: 91-98.

[54]　Liu YF, Song C, Wang YY, et al. Experimental study and evaluation of the thermal environment for sleeping[J]. Building and Environment, 2014, 82: 546-555.

[55]　Song C, Liu YF, Zhou XJ, et al. Temperature field of bed climate and thermal comfort assessment based on local thermal sensations[J]. Building and Environment, 2015, 95: 381-390.

[56]　Wang YY, Liu YF, Song C, et al. Appropriate indoor operative temperature and bedding micro climate temperature that satisfies the requirements of sleep thermal comfort[J]. Building and Environment, 2015, 92: 20-29.

[57]　Liu WW, Lian ZW, Deng QH, et al. Evaluation of calculation methods of mean skin temperature for use in thermal comfort study[J]. Building and Environment, 2011, 46(2): 478-488.

[58]　Choi JK, Miki K, Sagawa S. Evaluation of mean skin temperature formulas by infrared thermography[J]. International Journal of Biometeorology, 1997, 41(2): 68-75.

[59]　Song C, Liu YF, Liu JP. The sleeping thermal comfort model based on local thermal requirements in winter[J]. Energy and Buildings, 2018, 173: 163-175.

[60]　Liu YF, Song C, Zhou XJ, et al. Thermal requirements of the sleeping human body in bed warming conditions[J]. Energy and Buildings, 2016, 130: 709-720.

[61]　宋聪. 冬季人体睡眠差异化热需求及热环境设计参数研究[D]. 西安: 西安建筑科技大学, 2017.

[62]　Liu YF, Li T, Chen YW, et al. Optimization of solar water heating system under time and spatial partition heating in rural dwellings[J]. Energies, 2017, 10(10): 1561.

[63]　Li T, Liu YF, Chen YW, et al. Experimental study of the thermal performance of combined floor and Kang heating terminal based on differentiated thermal demands[J]. Energy and Buildings, 2018, 171: 196-208.

第 11 章　住宅厨房油烟污染与通风控制

　　烹饪过程是室内污染物的主要来源。烹饪油烟是用食用油脂高温烹制食物时发生剧烈化学变化后产生的热氧化分解产物，成分十分复杂，主要有醛、酮、烃、酯、醇、脂肪酸、芳香族化合物、杂环化合物等[1]。大量流行病学研究表明，长期暴露于烹饪油烟可导致严重的健康风险，造成肺癌、呼吸系统疾病、心血管疾病、白内障等疾病患病风险上升[2—6]。本章将围绕住宅厨房油烟污染特征、油烟污染个体暴露与健康风险、厨房空间通风控制技术、高层住宅油烟污染集中排风技术等四个方面展开，通过油烟污染源散发特性解析、暴露健康风险评价、厨房通风控制研究、高层住宅集中排烟技术创新，介绍住宅厨房油烟污染与通风控制的优化方法。

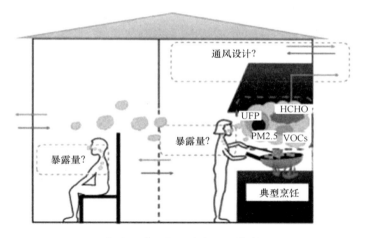

住宅厨房油烟污染与通风控制

图片来源：Chen Chen，Yuejing Zhao，Bin Zhao. Emission Rates of Multiple
Air Pollutants Generated from Chinese Residential Cooking.
Environmental Science & Technology，2018，52：1081-1087.

11.1　住宅厨房油烟污染特征

11.1.1　油烟污染的理化特征

11.1.1.1　颗粒物

厨房颗粒物的来源主要是烹饪过程中燃料不完全燃烧和食用油及食品高温分解的产物。下面主要介绍油烟污染颗粒物的成分及形貌特征。

（1）成分

油烟颗粒物所含成分十分复杂。研究表明，油烟中至少有 300 多种成分，具体成分因烹饪方式不同而有所差异[7]。油烟颗粒成分的扫描电镜结果显示，油烟颗粒物中含有脂肪酸、烃类、醛酮类、醇类和芳香类等有机物，以及硫酸根、钠离子、钙离子、钾离子、氯离子和镁离子等无机盐离子；其中大部分是有机物颗粒物和无机粒子，少部分是有机物和无机盐聚集成的颗粒物和未知成分颗粒物[8]。李勤勤等[9]对颗粒物中的有机碳和元素碳作分析，得出餐饮源颗粒物中有机碳占主要成分，大约占 68%～73%，与烹饪方式、燃料、食材和油烟处理设备等有关。对无机离子而言，各餐饮源排放 PM2.5 的无机离子中钠离子、钾离子、钙离子、硫酸根和氯离子占比较高，主要来自于食材、食用油、燃料、水和食盐等。特别要注意的是，在油烟颗粒中还含有铝、钙、铁、硅等微量元素，甚至含有铅等重金属元素，对人体健康产生较大的危害。

（2）形貌特征

烹饪油烟颗粒物中，主要有固态颗粒物和黏度较大的液态颗粒物，此外还有少部分的球状颗粒物。温梦婷等[10]利用扫描电镜技术对不同餐饮源颗粒物进行观察，发现不同餐饮源之间颗粒物的形貌差别不大，球状颗粒物、固态颗粒物和液态颗粒物分别占大约 3%、43% 和 44%。王桂霞[11]研究了颗粒物的聚集状态，发现颗粒物呈现不同的形状特征，如絮状颗粒物、块状颗粒物、簇状颗粒物、片状颗粒物、液态颗粒包裹固态颗粒物等。

11.1.1.2　气态污染物（VOCs、CO_x、NO_x）

除颗粒物外，烹饪油烟中还有大量的气态污染物，比如燃料燃烧产生的二氧化碳、一氧化碳；食用油和食材在高温下裂解产生的烷烃类、烯烃类、卤代烃类、醛酮类、芳香类、含硫化合物和杂环类化合物等 VOCs 气体。郭浩等[12]对家庭烹饪油烟中的气态污染物进行研究发现，烃类污染物中烷烃和烯烃污染物占主要部分，醛酮类污染物中甲醛、乙醛、丙酮、丙醛、丁醛和正戊醛占主要部分。吴鑫[13]对不同食用油加热后产生的气态污染物进行研究发现，不同的食用油品种产生的气态污染物成分不同，但都含有烷烃、烯烃、醛酮类有机物等。气态污染物中的 VOCs

气体大多具有特殊气味，如烯烃、芳香烃、卤代烃等。

11.1.1.3 多环芳烃（PAHs）

在烹饪油烟气态污染物的研究中，多环芳烃（PAHs）是一种非常重要的污染物。PAHs 被国际癌症研究机构（IARC）归为致癌物质，对人体健康产生不利影响。烹饪油烟中的 PAHs 主要来自两个方面，一是食用油和食材本身含有的 PAHs 随着加热挥发到环境空气中，二是食用油和食材中的有机物由于高温产生热解重组形成 PAHs。徐幽琼等[14]的研究发现在烹饪油烟中存在苯并芘、二苯并蒽等 5 种 PAHs。刘中文等[15]也在烹饪油烟中检测出了苯并芘及其异构苯并芘、二苯并蒽、苯并芴等十多种多环芳烃。朱利中等[16]研究发现，家庭厨房 PAHs 的平均浓度可达 $7.634\mu g/m^3$。

PAHs 在环境中主要以气、固两种形态存在，其中分子量小的 2～3 环 PAHs 主要以气态形式存在，4 环 PAHs 在气态、颗粒态中的分配基本相同，5～7 环的大分子量 PAHs 则绝大部分以颗粒态形式存在。一般大量的 PAHs 吸附或凝并在细颗粒物上，90％～95％的颗粒相多环芳烃吸附在粒径小于 $3.3\mu m$ 的颗粒物上。

11.1.1.4 油烟污染典型成分理化特性

（1）丙烯醛

丙烯醛是最简单的不饱和醛，化学式为 C_3H_4O，分子量为 56.06，在通常情况下是无色透明有恶臭的液体，其蒸气有很强的刺激性和催泪性。丙烯醛的熔点为 $-87.7℃$，沸点为 $52.5℃$，相对密度（水＝1）为 0.84，饱和蒸气压为 28.53kPa（20℃），爆炸限为 2.8％～31.0％，易溶于水、乙醇、乙醚、甲苯、二甲苯等。

环境中丙烯醛的污染来源包括橡胶、塑料、香料、人造树脂等合成工业，机动车尾气、烹调油烟、香烟烟雾，建筑、装饰材料，以及畜禽粪便的微生物代谢等。丙烯醛蒸气与空气可形成爆炸性混合物，遇明火、高热极易燃烧爆炸。

烹饪过程中（以油炸土豆条为例）：油脂在高温加热（150℃以上）过程中分解生成脂肪酸和丙三醇，脂肪酸的进一步氧化降解或丙三醇的进一步脱水均可产生小分子物质—丙烯醛（脂肪酸受热生成的丙烯醛量大于丙三醇），丙烯醛的主要来源是脂肪酸尤其是不饱和脂肪酸的分解；马铃薯中的天冬酰胺高温分解产生了氨气，丙烯醛再与氨作用，最终生成丙烯酰胺（神经毒性和致癌性）。

《美国科学院学报》（Proceedings of National Academy of Sciences，PNAS）一篇文章研究表明，在香烟和烹饪油烟中蕴含的丙烯醛是导致肺癌的主要原因之一。丙烯醛可以导致细胞基因突变，并降低细胞修复损伤的能力。在亚洲国家，很多妇女不吸烟也患了肺癌，其主要原因是这些妇女在烹饪时将油烧到很高的温度，从而释放了大量的丙烯醛。

（2）苯并芘

苯并芘是一种由 5 个苯环构成的多环芳烃。基于苯环的稠合位置不同，苯并芘分为两种，苯并 [a]（1，2-苯并芘）芘和苯并 [e] 芘（4，5-苯并芘）。常见的是苯并 [a] 芘，英文缩写 B [a] P，化学式为 $C_{20}H_{12}$，分子量为 252.31。常温下状态为无色至淡黄色针状晶体（纯品），性质稳定，熔点 178℃，沸点 310～312℃，难溶于水，微溶于甲醇、乙醇，易溶于苯、甲苯、二甲苯、丙酮、乙醚等有机溶剂。

环境中苯并芘的来源主要有两个方面：一是工业生产和生活过程中煤炭、石油和天然气等燃料不完全燃烧产生的废气，包括汽车尾气、橡胶生产以及吸烟产生的烟气等，通过对水源、大气和土壤的污染，可以进入到蔬菜、水果、粮食、水产品和肉类等人类赖以生存的食物中；二是食物在熏制、烘烤和煎炸过程中，脂肪、胆固醇、蛋白质和碳水化合物等在高温条件下会发生热裂解反应，再经过环化和聚合反应就能够形成包括苯并芘在内的多环芳烃类物质。

烹饪过程中，熏烤食品时所使用的熏烟中就含有苯并芘等多环芳烃类物质，熏烤所用的燃料木炭含有少量的苯并芘，在高温下有可能伴随着烟雾侵入食品中，烤制时，滴于火上的食物脂肪焦化产物热聚合反应，形成苯并芘；由于熏烤的鱼或肉等自身的化学成分——糖和脂肪，其不完全燃烧也会产生苯并芘以及其他多环芳烃；食物炭化时，脂肪因高温裂解，产生自由基，并相互结合生成苯并芘。高温油炸、油炸过火、爆炒的食品都会产生苯并芘，煎炸时所用油温越高，产生的苯并芘越多。食用油加热到 270℃时，产生的油烟中含有苯并芘增加。300℃以上的加热，即便是短时间，也会产生大量的致癌物苯并芘。尤其是当食品在烟熏和烘烤过程中发生焦糊现象时，苯并芘的生成量将会比普通食物增加 10～20 倍。

苯并芘具有致癌性、致畸性和致突变性，能通过母体经胎盘影响子代，从而引起胚胎畸形或死亡以及幼仔免疫功能下降等。致突变性和致癌性紧密相关，致癌性强，大多都有较强的致突变性，在 Ames（污染物致突变性检测，美国加州大学生物化学家艾姆斯等人经多年研究创建的一种用于检测环境中致突变物的测试方法）实验及其他细菌突变、细菌 DNA 修复、姐妹染色单体交换、染色体畸变、哺乳类细胞培养及哺乳类动物精子畸变等实验中，苯并芘均呈阳性反应。苯并芘的毒性具有长期和隐匿的特性，当人体接触或摄入苯并芘后即便当时没有不适反应，但也会在体内蓄积，在表现出症状前有较长的潜伏期，一般为 20～25 年，同时也会使子孙后代受到影响。科学家甚至担心苯并芘会阻断人类的进化。

11.1.2　油烟污染的散发特征

油烟污染是室内主要的污染源（包含颗粒物、PAHs 以及 VOCs、CO_x、NO_x 等气态污染物），且油烟污染散发极其复杂、高度不确定，但其量化描述对于厨房空间个体暴露评价及空气品质控制非常关键。因此，本节将从不同油烟污染物的散发浓度水平、颗粒粒径分布、散发强度及其影响因素等几方面进行阐述。

11.1.2.1 油烟颗粒散发特性

（1）测试方法及仪器

颗粒质量浓度测试方法包括滤膜称重法、光散射法、压电晶体法、微量振荡天平法、β射线法等。油烟颗粒 PM10、PM2.5 浓度通常采用基于光散射原理的气溶胶监测仪进行检测，但需要对气溶胶监测仪的光转换系数进行标定。

颗粒数量浓度通常采用凝聚核粒子计数器（CPC）进行测试。凝结核粒子计数器有两种计数模式，即单颗粒计数模式（Single-Particle-Counting Mode）和光度计模式（Photometric Mode）。当气溶胶浓度低于 1000 个/cm³ 时采用单颗粒计数模式，该模式下气溶胶粒子是一颗一颗地进入光学检测区的，因此能够检测浓度非常低（0.01 个/cm³）的粒子。当气溶胶浓度高于 1000 个/cm³ 时采用光度计模式，该模式下大量气溶胶粒子同时进入光检测区，然后测量粒子总散射光强，从而获得气溶胶粒子浓度。这两种计数模式的存在，使得凝结核粒子计数器浓度测量范围非常广，从 0.01 个/cm³ 到 10^7 个/cm³。

颗粒粒径分布测试仪器主要有空气动力学粒径谱仪（APS）、扫描电迁移率颗粒物粒径谱仪（SMPS）、马尔文激光粒度仪（Malvern Spraytec size analyzer）、荷电低压撞击器（ELPI）、光学粒子计数器（OPC）等。APS 可实时对空气动力学粒径在 $0.5 \sim 20 \mu m$ 的粒子进行测定，也可测量相应光学粒径范围（$0.37 \sim 20 \mu m$）的光散射强度；SMPS 由静电分级器（EC）、凝聚核粒子计数器及微机处理系统组成，粒径测试范围大致为 $0.003 \sim 1 \mu m$；静电分级器用于对颗粒粒径分级，凝聚核粒子计数器用于测量颗粒数量浓度；马尔文激光粒度仪粒径测试范围大致为 $0.1 \sim 100 \mu m$；荷电低压撞击器粒径测试范围大致为 $0.006 \sim 10 \mu m$；光学粒子计数器粒径测试范围大致为 $0.3 \sim 20 \mu m$。

（2）油烟颗粒浓度水平

Zhao 等[17]综述分析了中式烹饪污染散发特性，统计得到中式商用及住宅厨房的颗粒浓度水平，如图 11-1 所示。由于烹饪强度差异，商用厨房油烟颗粒浓度通常高于住宅厨房油烟颗粒浓度。商用厨房、住宅厨房烹饪期间的 PM2.5 平均浓度分别在 $28.7 \sim 44920 \mu g/m^3$、$65.7 \sim 4493 \mu g/m^3$。商用厨房亚微米颗粒平均质量浓度为 $320 \sim 2590 \mu g/m^3$，峰值浓度为 $2102 \sim 4537 \mu g/m^3$；住宅厨房烹饪高峰时间亚微米颗粒数量浓度范围值为 $0.097 \sim 0.861 \times 10^6$ 个/cm³，平均数量浓度为 0.457×10^6 个/cm³。商用厨房超细颗粒（UFPs）平均数量浓度为 $0.354 \sim 6.643 \times 10^6$ 个/cm³；住宅厨房超细颗粒平均数量浓度为 0.199×10^6 个/cm³。Gao 等[18]测试得到 6 种植物油加热过程 PM10、PM2.5 峰值浓度分别为 $7400 \sim 30000 \mu g/m^3$、$6500 \sim 18800 \mu g/m^3$。Torkmahalleh 等[19]测试得到油加热过程超细颗粒峰值浓度为 $0.58 \sim 2.43 \times 10^6$ 个/cm³。

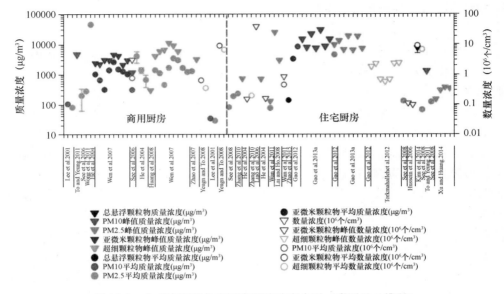

图 11-1　中式商用及住宅厨房颗粒浓度水平（彩图见二维码）

（3）油烟颗粒粒径分布特性

烹饪过程超细颗粒（小于 $0.1\mu m$）的数量约占细颗粒（PM2.5）总数的 $80\%^{[20]}$。油烟颗粒粒径分布一般呈单峰对数正态分布。He[21]、Wan[22]研究得到烹饪过程超细颗粒的峰值粒径在 $0.022\sim0.069\mu m$ 之间；Torkmahalleh[19]研究得到油加热过程超细颗粒的峰值粒径在 $0.025\sim0.082\mu m$ 之间。He[21]、Yeung[23]研究发现：$0.5\sim20\mu m$ 范围，油烟颗粒的平均粒径为 $0.64\sim0.94\mu m$。对于 PM10，Gao 等[24]研究发现：植物油静态加热产生的油烟颗粒主要分布在 $1.0\sim4.0\mu m$，且峰值粒径为 $2.7\mu m$。王桂霞[8]分析了北京市的冬夏季不同餐饮源散发油烟，发现烹饪油烟中颗粒物 PM2.5 与 PM10 的质量浓度比值介于 $0.55\sim0.91$ 之间；朱春[25]研究了不同菜系烹饪油烟颗粒物散发特性，发现颗粒物中 PM1.0 与 PM2.5 的比值为 $0.66\sim0.85$，PM2.5 与 PM10 的比值为 $0.57\sim0.62$。李勤勤[9]统计分析了相关研究中烹饪油烟的颗粒物散发特征，发现颗粒物中的 PM10 质量浓度在总悬浮颗粒物（TSP）总质量浓度中的占比达到 97.43%，而 PM2.5 质量浓度在 PM10 质量浓度中的占比达到 $80\%\sim93\%$。研究表明，烹饪油烟颗粒物主要为细颗粒。

（4）油烟颗粒散发强度

油烟颗粒散发强度是控制厨房环境及评价通风效果的一个重要基础参数，可通过建立质量平衡方程、实时监测烹饪散发及颗粒衰减过程的颗粒浓度计算得到[26,27]。中式烹饪的油烟散发速率一般要大于西式烹饪油烟的散发速率。Liao 等[28]研究得到中式烹饪的 PM2.5 散发速率为 $53\sim134\mu g/s$；He[21]等研究得到西式烹饪的 PM2.5、PM0.1～1.0 的散发速率分别为 $1\sim46\mu g/s$、$0.006\times10^{11}\sim0.122\times10^{11}$ 个/min。Wu 等[29]研究得到不同烹饪方式下的超细颗粒散发速率为 $4.7\times10^{11}\sim148.3\times10^{11}$ 个/min。Gao 等[26]测试了 6 种植物油静态加热过程的 PM10、PM2.5 的散发速率分别为 $670\sim2330\mu g/s$、$62\sim1460\mu g/s$，且橄榄油的散发速率最大，葵花籽油的散发速率最小。

（5）影响因素分析

烹饪过程油烟颗粒散发是极其复杂的动态过程，其散发特性受烹饪方式、加热温度、加热方式、食材种类等因素影响。相对于水煮或蒸煮，煎炸烹饪会散发更多油烟颗粒；相比电加热，燃气加热方式会产生更多颗粒；加热温度越高，散发的油烟颗粒越多，且散发颗粒的峰值粒径越大。

11.1.2.2 多环芳烃散发特性

多环芳烃（PAHs）是指具有两个或两个以上苯的一类有机化合物。PAHs 是食用油加热如炒、烤、炸、煎等后产生的含多个苯环的芳香族化合物，属于持久性有机污染物，已被 IARC 列为致癌物。

（1）测试方法

空气中 PAHs 浓度测试通常利用玻璃纤维滤膜或石英滤膜采样萃取后，采用气相色谱－质谱联用仪（GC－MS）或高效液相色谱仪（HPLC）进行测定。对于颗粒相的 PAHs（PPAHs），可以采用颗粒物吸附多环芳烃监测仪进行测试。

（2）散发水平及其影响因素

商用厨房空间的 PAHs 浓度比住宅厨房更高[30]。Zhao[17]统计发现，住宅厨房的 PAHs 浓度在 $0.006\sim0.060\mu g/m^3$ 范围，而商用厨房的 PAHs 浓度则高达 $0.007\sim63.05\mu g/m^3$。住宅厨房散发主要为含 2～3 个苯环的 PAHs，而商用厨房则以含 3～4 个苯环的 PAHs 为主。厨房烹饪散发 PAHs 大多以气态形式存在，气态 PAHs 占比高达 76%～97%。厨房烹饪 PAHs 中，芘的含量最高；而煎炒过程则会产生大量的高分子 PAHs（苯并［b］荧蒽、苯并芘等）。

厨房空间的 PAHs 浓度水平与烹饪方式、烹饪用燃料及通风方式等相关，且烹饪方式的影响最大。另外，加热温度越高，加热油量越大，则 PAHs 散发速率也越大。

11.1.2.3 气态污染物（VOCs、CO_x、NO_x）散发特性

烹饪过程会产生高浓度的 VOCs 等致癌物质以及 CO、CO_2、NO_x 等有害气体污染，严重损害人员健康。Huang 等[26]研究发现烹饪燃料中并没有甲醛、乙醛、苯等 VOCs 致癌物质，表明厨房 VOCs 主要来自烹饪过程。

烹饪不同菜系情况下，住宅厨房 CO、CO_2、VOCs 的浓度分别为 $5.28\sim27.84mg/m^3$、$593\sim1753mg/m^3$、$0.58\sim12.00mg/m^3$[31]；不同的烹饪方式及加热方式下，商用厨房 CO、CO_2、VOCs 的浓度分别为 $0.832\sim8.114mg/m^3$、$1024\sim$

1378mg/m³、0.84~1.60mg/m³[32, 33]。不同餐馆里，甲醛、乙醛及苯的浓度分别为 1.1~36.7mg/m³、0.001~0.003mg/m³、0.009~2.391mg/m³；NO、NO_2 的浓度分别为 0.009~0.109mg/m³、0.013~0.078mg/m³[17]。Zhao[17]统计发现，采用电加热方式替换燃气加热，可有效降低空间的 CO、CO_2、NO_x 等气态污染物浓度。

11.2　油烟污染个体暴露与健康风险

11.2.1　油烟污染个体暴露评价

20 世纪 80 年代初，Duan 和 Ott 提出了暴露评价的概念[34,35]。暴露是指人体在一定时间内，接触一定浓度的污染物的过程[36]，是评价空气中污染物迁移和分布对人体影响的重要参数。室内颗粒物主要通过呼吸进入人体体内。根据人体暴露采用的潜在暴露[37]的概念，可通过计算一定时间内人体所吸收的颗粒物潜在剂量来评价室内实际的人体暴露状况，潜在暴露量的计算公式如式（11-1）所示：

$$D_{pot} = \int_{t_1}^{t_2} C(t) \times IR(t) dt \qquad (11\text{-}1)$$

式中，$C(t)$ 为呼吸区颗粒物浓度，$\mu g/m^3$；$IR(t)$ 为人体呼吸率，m^3/h；D_{pot} 即为时间 $t_1 \sim t_2$ 内人体的潜在暴露颗粒物量，μg。人体呼吸率是指人体单位时间的呼吸空气的体积流量，根据 Adama 对 160 人的测量，在静坐、静卧或静站状况下，成年男性的呼吸率为 0.54~0.64m³/h，成年女性为 0.43~0.50m³/h，儿童为 0.44~0.51m³/h[38]。

另一个评价个体暴露水平的指标是吸入因子，是指一段时间内，人体吸入污染物的总量与污染物散发总量的比值，从而构建了室内污染源散发量与人体吸入量之间的相对量化关系。吸入因子由哈佛大学 Bennett 等在 2002 年提出[39]，并广泛应用于大范围室外污染群体暴露风险评价[40, 41]。

2008 年，Nazaroff 首次系统地阐述了室内污染源下吸入因子的含义和计算方法[42]，如式（11-2）所示；并指出了通风、人体呼吸率、室内空气不均匀性等因素对室内污染源吸入因子的影响。

$$iF_i = \frac{\text{吸入质量}_i}{\text{散发质量}_i} = \frac{\int_0^t IR(t) C_{i,t}(t) dt}{\int_0^t M_i(t) dt} \qquad (11\text{-}2)$$

式中，$C_{i,t}(t)$ 为吸入口颗粒 i 的质量浓度，$\mu g/m^3$；$M_i(t)$ 为 t 时刻的源散发速率，$\mu g/h$。

对于稳态通风、释放和恒定呼吸率的条件下，有限时间内的颗粒物吸入因子可定义为：

$$iF_{\text{steady}} = \frac{C \times IR}{\dot{M}} = \frac{C \times IR}{C_{\text{out}} \times Q} \qquad (11\text{-}3)$$

式中，C 为吸入口的颗粒物浓度，$\mu g/m^3$；IR 为人体稳定呼吸率，m^3/h；$\dot{M}$ 为散发源的颗粒物恒定释放率，$\mu g/h$；C_{out} 为房间排风口的颗粒物浓度，$\mu g/m^3$；Q 为房间通风量，m^3/h。如果假定厨房室内污染物"均匀混合"，认为呼吸区浓度与排风口浓度一致（$C = C_{\text{out}}$），则稳态下的颗粒物吸入因子可变为人体呼吸率 IR 和房间通风量 Q 的比值，即

$$iF_{\text{steady}} = \frac{IR}{Q} \qquad (11\text{-}4)$$

对于稳态通风、恒定呼吸率，颗粒物近似瞬时释放的条件下，则释放后的某时间段内颗粒物吸入因子可定义为：

$$iF_{\text{unsteady}} = \frac{\int_{t_1}^{t_2} C(t) \times IR\,dt}{M_{0-t_1}} \qquad (11\text{-}5)$$

式中，M_{0-t_1} 是 $0 \sim t_1$ 微小时段或 t_1 时刻瞬时释放的颗粒物量，μg。如果假定厨房室内污染物"均匀混合"，则厨房颗粒浓度变化满足：

$$C(t) = C_{\text{out}}(t) = \frac{M_{0-t_1}}{V} \exp\left(-\frac{Q\,t}{V}\right) \qquad (11\text{-}6)$$

式中，V 表示房间的体积，m^3。

因此，"均匀混合"假设下的动态颗粒物吸入因子为：

$$iF_{\text{unsteady}} = \frac{IR}{Q}\left[\exp\left(-\frac{Q\,t_1}{V}\right) - \exp\left(-\frac{Q\,t_2}{V}\right)\right] \qquad (11\text{-}7)$$

需要注意的是，"均匀混合"假设得到的吸入因子往往与人体实际暴露吸入因子存在差异。原因在于，该方法不能辨别人体位置、气流分布和污染分布特性对人体实际暴露水平的影响。人体的站位以及位移过程对于吸入因子存在显著影响。对于厨房空间的颗粒物暴露评价，应根据实际通风气流条件、颗粒物源特性来解析个体暴露水平，并选定相对不利的空间站立位置开展研究，以此确定相应的通风改善措施。

11.2.2 油烟污染健康风险及其评价

11.2.2.1 油烟污染的健康风险

公共卫生学界的大量流行病学研究和毒理学研究表明，烹饪过程散发的油烟会给人体造成显著的健康风险[2-6]。其中长期暴露于烹饪油烟与罹患肺癌的相关性得到了最为广泛的关注，数位学者于新加坡、中国香港、中国台湾、上海、南京等地

开展的"病例—对照"研究揭示，人群中患肺癌几率与烹饪油烟暴露的经历呈显著相关性[43-47]，Yu 等[48]对中国非吸烟女性烹饪油烟暴露与肺癌之间的"剂量—反应"关系作了深入研究，进一步证实了烹饪油烟暴露的致肺癌作用。

通过研究烹饪油烟暴露与其他呼吸系统疾病，发现儿童下呼吸道感染与固体燃烧炉的使用[3]、慢性阻塞性肺疾病与生物质燃料的使用[4]、哮喘与生物质燃料的使用[5]等均呈现显著的相关性。

除呼吸道疾病之外，Pokhrel 等学者[6]于印度—尼泊尔边境进行的"病例—对照"研究表明，长期在通风不良的厨房内进行烹饪的人群患白内障的风险约为对照组的 1.96 倍；林权惠[49]研究了烹饪油烟对女性性腺的毒性，结果表明女性厨师中经量异常、妊娠高血压、早产、自然流产、先天畸形等的检出率显著高于对照组；张晖等学者[50]的研究表明，烹饪油烟职业暴露人群的外周血淋巴细胞的免疫功能受到抑制；Li 等学者[51]的研究表明，长期烹饪油烟暴露会导致面部粗纹增多和手背细纹出现等皮肤老化症状。

上述研究表明，烹饪油烟中的毒性污染物会对人体造成一系列的健康危害。然而，住宅厨房内的烹饪油烟，其散发具有时间上和空间上的不均匀性，且不同个案之间由于烹饪习惯和厨房条件的差异不具有可比性；另一方面，住宅厨房内烹饪油烟暴露通常具有时间短、剂量大的特点，属于短期急性暴露，目前尚未有规范给出相应污染物浓度限值。以上因素使得住宅厨房油烟通风和油烟控制难以找到落脚点，如果仅以某代表性污染物在某一点处的平均或瞬时浓度作为控制目标，显然说服力不足。因此，必须寻找合适的方法用于短时间内的油烟污染健康风险评价，为改善住宅厨房空气品质、降低烹饪油烟暴露的健康危害提供有效的研究手段和评判依据。

11.2.2.2   油烟污染健康风险的评价方法

不同成分的污染物对人体的毒害作用有所不同，明确吸入剂量后，结合不同成分的毒性数据，即可对人体油烟暴露的健康风险进行评价。烹饪油烟中化学成分明确的污染物主要有 PAHs 和金属粒子等。对于 PAHs 的毒性评价，常使用等效毒性系数（TEF）来表示，即将不同种类的多环芳烃按致癌毒性等效为苯并芘，然后将等效操作后的各种多环芳烃浓度相加，即得到总的等效毒性浓度——等效苯并芘浓度（BaP_{eq}）[52]。烹饪油烟所含金属粒子的毒性也可用类似方法计算。由于从油烟扩散到人体健康风险的效应链中环节众多且影响因素非常复杂，目前越来越多的学者开始采用生物标志物（biomarker）对油烟暴露的健康风险进行评价，更为直接和有效。

生物标志物是生物体受到严重损害之前，在不同水平（分子、细胞、个体等）因受环境污染影响而异常的一种信号指标，能够反映生物体与环境因子相互作用而引起的生理、生化、免疫和遗传等多方面的改变。生物标志物包括暴露标志物

（biomarker of exposure）和效应标志物（biomarker of effect）等。

　　暴露标志物反映了生物体接触环境污染的剂量水平，具体到烹饪油烟暴露研究中，目前已有多位学者采用尿液中污染物的代谢产物作为暴露标志物。1-OHP 是芘在哺乳动物体内主要的代谢产物，由于人尿中 1-OHP 水平与不同环境中芘浓度、总 PAHs 浓度之间均呈现很好的相关性[53, 54]，故以人尿中 1-OHP 水平代表总 PAHs 暴露水平。1-OHP 作为生物标志物已普遍应用于油烟暴露评价，且发现长期油烟暴露人群的尿液中 1-OHP 浓度显著高于少有烹饪行为的对照组；另外，使用生物质燃料烹饪会显著影响尿液中 1-OHP 浓度[55-57]。

　　效应标志物反映了生物体受环境污染因素影响而发生的结构或功能的改变。肺癌是长期烹饪油烟暴露对人体造成的最大的健康风险之一，而癌症的发生与氧化应激和 DNA 损伤等因素有关。8-羟基脱氧鸟苷（8-OHdG）是人体细胞受到活性氧（ROS）攻击后产生的氧化核苷，是目前最常用的研究 DNA 氧化损伤的生物标志物[58, 59]。目前已证实职业厨师等长期接触烹饪油烟的人群中 1-OHP 与 8-OHdG 的浓度均显著高于普通人群，且二者呈正相关[60-62]。

　　人类 8-羟基鸟嘌呤 DNA 糖苷酶（hOGG1）为单碱基切除修复酶，特异性识别切除 8-OHdG，修复 DNA 的氧化损伤。8-OHdG 的增加可以诱导 hOGG1 的表达[63]，因此，有学者提出利用检测外周血淋巴细胞 hOGG1 mRNA 的表达程度作为 DNA 氧化损伤的标记物[64]。结果显示，职业厨师、家庭主妇人群中 hOGG1 mRNA 的表达频率分别是对照组的 10 倍和 4 倍[65]。

　　姊妹染色单体交换（SCE）和微核在病因学中也被认为与癌变的发生有关，其作为效应标志物已有应用[66]。除氧化应激和 DNA 损伤外，烹饪油烟的免疫毒性也已被证实。研究油烟暴露对人体免疫系统的影响，也可用引起变化的相关酶和蛋白作为效应标志物[67]。除此之外，另有其他表征人体宏观结构和（或）功能改变的效应标志物被证明和烹饪油烟暴露有统计意义上的显著相关性，如呼吸道症状[68]、肺功能[69]和心血管功能[70]相关的标志物。

　　综上所述，采用生物标志物的方法来评价油烟暴露健康风险，关键在于寻找到对于油烟污染物敏感且易于测量的生物标志物，进而设法明确他们与烹饪油烟暴露之间的"剂量—反应"关系。这些标志物与长期油烟暴露的相关性已得到证实，但是否对于短期急性油烟暴露敏感还有待研究。

　　为寻找对短期烹饪油烟暴露敏感的人体生理指标，杜博文[71]尝试对烹饪油烟的短期暴露导致人体多种生物标志物的变化和防御性反射行为的反应开展研究，判断利用它们作为非侵入式生物标志物评价烹饪油烟暴露的可行性，从而寻找适用于评价烹饪油烟暴露的人体生理指标。

　　肺功能相关标志物在烹饪后的变化如图 11-2 所示。其中 VC 的变化在第二次烹饪（70%条缝补风，烹饪期间呼吸区颗粒物浓度最高）后变化最为剧烈，水平平

均下降了 22.17%，因此可推测该标志物对油烟暴露剂量较为敏感。而 FVC 在 4
次烹饪后呈现了严格的累进性的变化，分别下降了 6.38%、7.06%、18.18% 和
24.24%，其中第四次烹饪后的下降达统计学显著水平。另有 FEV_1（-5.44%、
2.83%、-7.36% 和 -14.39%）、$FEV_1\%$（1.01%、10.65%、13.19% 和
13.01%）和 $FEF_{50\%}$（-0.68%、5.19%、9.82% 和 10.89%）也呈现出累进性的
变化趋势。

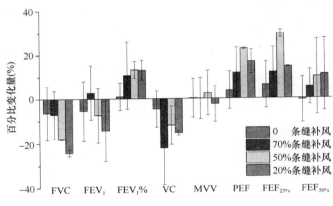

图 11-2　肺功能相关标志物百分比变化量

呼吸道炎症相关标志物在烹饪后的变化如图 11-3 所示。FeNO 的变化在烹饪期
间呼吸区颗粒物浓度最高的第二次烹饪后，变化最为明显，平均水平相较于烹饪前基
准值升高了 26.14%。据此同样可以推测该标志物对单次油烟暴露剂量较为敏感。

尿液中氧化应激相关标志物在
烹饪后的变化如图 11-4 所示。由
图 11-4 可知，表征 PAHs 内暴露
剂量的 1-OHP 浓度在第一日、第
二日烹饪后平均变化均在 10% 以
内；表征氧化应激的 MDA 和 8-
OHdG 浓度在烹饪后有所增加，
且呈现出一定的累进性趋势。

上述研究结果表明，肺功能相
关的 FVC、VC 和一秒用力呼气量
（FEV_1），呼吸道炎症相关的呼出
一氧化氮（FeNO）和氧化应激相
关的尿液丙二醛（MDA）、8-羟基

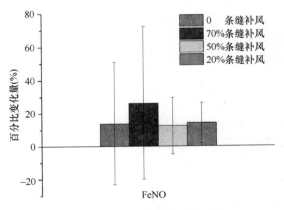

图 11-3　呼吸道炎症相关标志物
百分比变化量

脱氧鸟苷（8-OHdG）可作为生物标志物，用于评价短期急性油烟暴露，为后续改

善住宅厨房通风，降低健康风险奠定了基础。

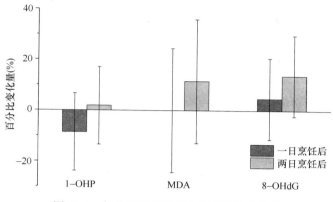

图 11-4　氧化应激相关标志物百分比变化量

11.3　厨房空间通风控制技术

11.3.1　厨房空间通风技术进展

随着人们对厨房污染散发特性及其健康危害研究和认识的加深，厨房污染控制逐渐引起人们的关注。通过采用通风的方式来排除和稀释厨房内的污染物及废热，可以提高厨房内的空气品质和热舒适性。

11.3.1.1　自然通风

利用热压和风压的自然通风是最早也是最简单的厨房通风方式。住宅厨房自然通风一般是通过开启的窗户、门及专门的孔洞等方式来实现的。自然通风不耗电，几乎没有噪声，因其经济性在早期住宅厨房中得到广泛的使用。但自然通风主要有以下两方面的缺点：

一方面，自然通风的排污效率低。在仅使用开窗进行自然通风的厨房中，在被研究的厨房中的 PM2.5 浓度约为 1750 $\mu g/m^{3[72]}$。当以屋顶孔洞、门及门和窗分别作为自然通风的进风口时，在被研究的厨房中 CO 的最高浓度分别约为 182 ppm，43ppm 和 27ppm[73]。而 ASHRAE 标准中规定的室内 PM2.5 及 CO 的浓度限值分别为 35$\mu g/m^3$ 及 9ppm[74]。可以发现，自然通风的排污效率低，难以有效控制厨房污染物浓度。

另一方面，自然通风模式效果稳定性差，其污染物控制效果很容易受到室外气温、风向、风速等多种因素的影响[75]。在使用开窗进行自然通风的厨房中，当室外风速为 0.3m/s 时，厨房内的平均温度较室外风速为 1.0m/s 时的室内平均温度高 4～13℃。

由此可见，仅采用自然通风时，厨房内空气质量往往较差，人员的热舒适也往往得不到保障。目前在我国，住宅厨房自然通风方式多见于农村低层建筑。据统计，韩国采用自然通风的住宅厨房占总数的 9.4%[76]。

11.3.1.2 机械排风

我国当前住宅厨房主要有吸油烟机和排气扇等两种基本机械排风方式。

在厨房外墙安装轴流式排风扇是最简单的机械排风方式。排风扇合理的安装高度、风量及风速等，可以使排风扇达到最佳的控制效果[77]。但是轴流式风扇压头低，当遇到高速迎风时，会造成排风不畅，严重时还会产生倒灌现象。在使用一段时间后，油烟还会对排风扇及风扇安装位置的内外墙面造成污染。而排出室外的气体会扩散到周围建筑物，遇风又带入附近建筑的门窗，与其形成交叉污染。采用排风扇的方法虽然简单，但是在住宅厨房中使用这种排风方式弊大于利。

吸油烟机可以充分利用烹饪过程中形成的热羽流，并在灶台上部形成负压，在排除污染物的同时还能有效控制污染物向厨房其他区域扩散。开启油烟机时，厨房内颗粒物浓度为不开启油烟机时颗粒物浓度的 50%～70%[78,79]。使用吸油烟机进行排风的特点是其排污效率高，但是能耗较大。而油烟机对污染物的捕集效率与厨房的补风及其自身的特性有关。下面将从厨房补风、油烟机的排风量及油烟机的结构特性三方面分别介绍他们对油烟机捕集效率的影响。

（1）厨房补风对捕集效率的影响

当厨房的排风系统打开后，如果厨房的排风量没有得到补偿，厨房内的压力会低于室外压力，造成油烟机效率下降，且使得厨房内燃料不能充分燃烧。住宅厨房中很少考虑补风，其排风量的补充主要依靠门、窗缝隙的渗透。由于建筑气密性的增加，仅依靠门、窗缝隙的渗透不能满足厨房对补风量的需求。在采用油烟机进行排风的住宅厨房中，有 20%～40% 的人会在开启油烟机的同时打开门或窗进行补风[80]。

除以上提到的补风影响油烟机捕集效率的因素外，通过窗户等的补风气流会对油烟机的吸气气流产生横向干扰，进而使得油烟机的捕集效率下降。由此可见，厨房内的排风与补风的气流组织对油烟机的捕集效率有很大的影响。后文将对厨房内气流组织进行详细地介绍。

（2）排风量对捕集效率的影响

同一类型的油烟机，增加排风量可以提高油烟机的捕集效率，有效降低厨房内污染物的浓度，改善厨房的通风效果。但是当风量增加到一定程度后，再增加排风量对油烟机捕集效率的提高作用甚微，而且还会造成能量的浪费，噪声的增大[81]。在一定范围内，油烟机的捕集效率随风量的增加而增大。当油烟机达到规定排风量的情况下，灶具相对于油烟机前置（远离油烟机靠墙一面）时，油烟机的平均效率仅为灶具后置的 62.5％左右。而有的油烟机可以达到高性能，在灶具前置情况下达到 80％以上的效率[82]。由此可见，我们可以通过较优的油烟机形式来提高效率，而不是牺牲能量提高排风流量来提高效率。

（3）油烟机结构特性对捕集效率的影响

按集烟罩特性来对油烟机进行分类，可以将油烟机分为：浅型油烟机（油烟抽净率为 40％左右）、深型油烟机（油烟抽净率为 50％～60％）、柜式油烟机（油烟抽净率可达到 95％以上），见图 11-5。前两种油烟机，捕集效率较低，未被排除的污染物会对厨房空间造成污染。而柜式油烟机是由挡板构成的集烟柜，其捕集效率虽然高，但是会影响人员烹饪操作，且影响厨房的整体美感。为提高油烟机效率且不影响烹饪操作，Claeys 等学者提出气幕式油烟机，其较普通油烟机更节能，且能在较小的风量下，达到更好的排污效果[83]。但是，只有当补风以合适的角度、速度及合理的气幕尺寸中吹出时，才能使油烟机的捕集效率得到提高[84]，否则不合理的气幕会导致油烟机捕集效率降低的风险。

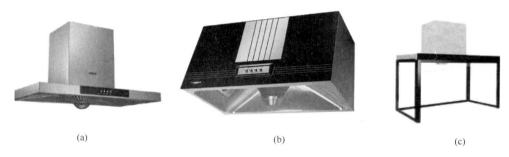

(a)　　　　　　　　　　　(b)　　　　　　　　　　　(c)

图 11-5　不同集烟罩特性的油烟机示意图
（a）浅型油烟机；（b）深型油烟机；（c）柜式油烟机

以上对油烟机效率的评估中，未考虑烹饪人员对捕集效率的影响。而在实际的烹饪过程中，烹饪人员站立在油烟机前，由于 Coanda 效应（即油烟有向较近的壁面偏移的趋势），油烟容易从传统油烟机前端边缘溢出而使油烟机的效率降低，而增加排风量并不能改善这种油烟溢出的现象[85]。为解决人及横向气流对油烟机捕集效率的影响，Huang 等学者提出了倾斜气幕式油烟机[86]以及倾斜涡旋油烟机[87]，见图 11-6。倾斜气幕式油烟机由于存在气幕隔离人体和油烟，在有烹饪人员存在情况下，油烟机的效率不容易受到人的影响。且当倾斜气幕油烟机的排风量比传统油烟机的排风量小 50％时，仍具有更高的捕集效率，节能效果显著。而倾斜涡旋油烟机具有比倾斜气幕油烟机更优的性能，这种油烟机可以在较低的排风量时达到较高的捕集效率。尤其是当有人位于油烟机前时，油烟机的气流几乎不受人体的影响。这种油烟机还能够有效的抵抗横向气流的干扰。但是这两种油烟机要达到特殊的控制效果，需要控制油烟机排风速度、送风速度、送风角度等参数。由于控制上述参数需要一定的专业背景，限制了这类油烟机的实际应用。为提高厨房中的空气品质和舒适性，推荐在机械排风系统中使用高效、低能耗且参数控制简单的油烟机。

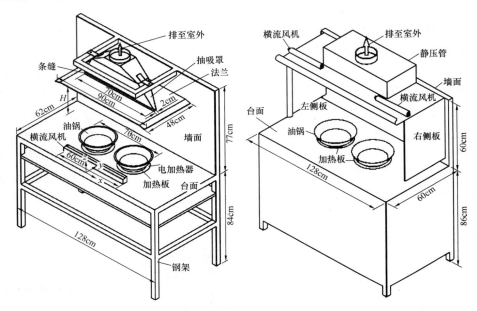

图 11-6   倾斜气幕式油烟机、倾斜涡旋油烟机结构示意图

11.3.2   吸油烟机捕集效率评价

11.3.2.1   气味降低度

针对吸油烟机捕集性能，目前国内外相关标准均采用气味降低度指标进行评价。气味降低度是指吸油烟机在规定的试验条件下，降低室内异常气味的能力；分为常态气味降低度和瞬时气味降低度。常态气味降低度是指在规定的试验条件下，实验室持续、定量产生异味气体时，吸油烟机同步运转，30min 内降低异常气味的能力。瞬态气味降低度是指在规定的试验条件下，当实验室异常气味浓度达到最大时，开启吸油烟机，3min 内降低室内异常气味的能力。

我国国家标准《吸油烟机》GB/T 17713—2011 规定吸油烟机常态气味降低度应不小于 90%，且瞬时气味降低度应不小于 50%[88]。标准中气味降低度测试方法是基于全面通风原理，对吸油烟机局部排风装置捕集性能评价的适宜性有待深入探讨；另外，气味降低度测试是在吸油烟机排放至自由空间条件下进行，而实际厨房吸油烟机要克服一定阻力，吸油烟机实际排风量相对较小，因此标准气味降低度测试难以真实反映吸油烟机实际运行条件下的捕集性能。

英国国家标准（BS EN 61591：1997＋A12：2015）也采用气味降低度评价指

标，测试方法与国标基本一致；考虑吸油烟机排风阻力影响，该标准中气味降低度是在规定排风量（200m³/h）进行测试，其所采用的风量与我国吸油烟机工作范围偏差显著[89]。《美国采暖、制冷与空调工程师学会标准》（ASHRAE 62.2—2016）、《住宅通风研究所标准》（HVI 916—2013、HVI 920—2015）等均规定吸油烟机排风量不得小于100cfm（180m³/h），但未见对吸油烟机捕集性能的相关规定[90~92]。结合上述国内外相关标准对吸油烟机捕集性能描述的缺陷性，考虑我国烹饪习惯特殊性，吸油烟机运行的高负荷性，建立一套科学适用的吸油烟机污染捕集率测试方法迫在眉睫。

11.3.2.2 国内外吸油烟机捕集性能综述

针对吸油烟机捕集性能评价，国内学者卜维平[93]早期从人体暴露角度出发，通过实验分别测试烹饪过程吸油烟机开启/关闭时的呼吸区油烟浓度及背景基底浓度，计算得到吸油烟机油烟排除效率。这样计算的排除效率显然不能代表吸油烟机的真实捕集率，因为当热烟羽发展到吸油烟机罩口高度且热烟羽流量大于排风量时，热烟羽将沿着吸油烟机边沿外溢上升后堆积在厨房上部空间，这时所监测的呼吸区油烟浓度不能真实表征逃逸油烟浓度。随后，卜维平等[93]又提出一种油烟捕集效率测试新方法，通过直接测试吸油烟机开启/关闭时的逃逸油烟浓度及背景基底浓度，计算得到捕集率；该方法通过在吸油烟机外围设置3块挡板，将吸油烟机和挡板缝隙处浓度视为逃逸油烟浓度。吸油烟机外围设置挡板使得排风气流组织完全偏离真实情景，且复杂热羽流动引起缝隙处浓度波动大，测试方法稳定性难以保证。近年来，相关学者多采用实测与仿真结合方法，通过流场及浓度场分析进行吸油烟机捕集性能评价。霍星凯[94]基于数值仿真结果，提出了吸油烟机的排烟效率评价指标。基于数值仿真的捕集性能评价适用于吸油烟机的设计优化，不适于吸油烟机捕集性能的标准化测试评价。

国际上，Sarnosky[95]首次推导了吸油烟机捕集率的简易计算方法，基于烹饪区浓度、厨房空间浓度、背景基底浓度3个参数的计算方法，如式11-8所示。

$$\varepsilon_c = 1 - \frac{C^r - C^0}{C^e - C^0} \tag{11-8}$$

式中，C^r为厨房空间浓度，mg/m³；C^e为烹饪区浓度，mg/m³；C^0为背景基底浓度，mg/m³。

Li[96]考虑了烹饪区和厨房空间区的空气交换，修正了Sarnosky捕集率计算方法，如式11-9所示，并且发现捕集率等于捕集流量与吸油烟机高度羽流流量之比。烹饪区流场复杂、浓度梯度大，烹饪区浓度测试准确性问题有待解决。

$$\varepsilon_c = 1 - \frac{C^r - C^0 + \dfrac{q_v}{q_f}(C^r - C^0)}{C^e - C^0 + \dfrac{q_v}{q_f}(C^r - C^0)} \tag{11-9}$$

式中，q_v 为厨房全面排风量，m^3/h；q_f 为吸油烟机排风量，m^3/h。

美国劳伦斯伯克利国家实验室（LBNL）研究者[97]提出了另一种吸油烟机捕集率的简易计算方法：基于排风浓度、厨房空间浓度、补风入口浓度的计算方法，如式 11-10 所示。该方法计算出的捕集率与全面通风排污效率有关联，而排污效率是衡量稳态通风性能的指标，表示送风排除污染物的能力；采用此方法进行吸油烟机局部排风装置的捕集性能评价存在原理性缺陷。

$$CE = \frac{C_e - C_c}{C_e - C_i} = 1 - \frac{1}{\varepsilon} \tag{11-10}$$

式中，C_e 为排风浓度，mg/m^3；C_c 为厨房空间浓度，mg/m^3；C_i 为补风入口浓度，mg/m^3；ε 为全面通风排污效率。

国内外对于吸油烟机捕集性能评价的研究相对比较丰富，涵盖了理论推导、实验测试、数值计算多种方法。但是作为吸油烟机捕集性能标准化测试评价方法，一是要满足稳定测试条件要求，确保标准测试的可复现性；二是要相对符合吸油烟机的实际工作场景，保证测试结果的可靠性；三是要契合吸油烟机局部排风特征，确保评价指标的科学性。上述方法共同特点是通过监测多点油烟污染浓度计算吸油烟机捕集率，其中存在的主要问题是测点浓度不稳定、测试条件偏离真实场景及评价指标原理性缺陷，应用于吸油烟机捕集性能评价时可能出现捕集率测试结果不稳定、复现性差、可靠性不足等问题。

11.3.2.3 吸油烟机捕集性能评价新方法

针对国内外现有的吸油烟机捕集率的评价缺陷，曹昌盛等[98]提出一种吸油烟机捕集性能评价新方法。

（1）吸油烟机捕集率定义

从局部排风本义出发，吸油烟机捕集率（CE）即为一段时间内吸油烟机污染捕集量与污染源散发量之比。

$$CE = \frac{\int_{t_1}^{t_2} Q_h (C_e - C_r) \, dt}{\int_{t_1}^{t_2} S \, dt} \tag{11-11}$$

式中，Q_h 为吸油烟机排风量，m^3/h；C_e 为排烟管污染物浓度，ppm；C_r 为厨房空间污染物浓度，ppm；S 为污染散发速率，mL/h。

（2）吸油烟机捕集率测试新方法

为保证捕集率标准化测试的稳定性、复现性和可靠性，同济大学搭建了一个吸油烟机捕集率测试实验舱（$3.5m \times 2.7m \times 2.5m$），包含厨房操作台、特征污染散发装置、机械排风系统及机械补风系统，见图 11-7。

特征污染散发装置由示踪气体气瓶、流量控制器、小型变频离心风机、喷嘴测试装置、电加热控制装置、散发锅体及各连接管构成；稳定可调，可形成稳定的污

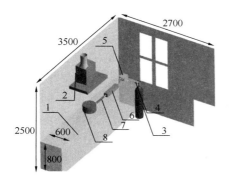

图 11-7　吸油烟机捕集率测试实验舱

1—厨房操作台；2—待测吸油烟机；3—示踪气体钢瓶；4—流量控制器；
5—小型变频风机；6—喷嘴测试装置；7—电加热控制装置；8—散发锅体

染散发速率。污染散发速率（S）采用 3 种实验方法
（散发浓度—风量法、排风浓度—风量法及浓度衰减法）
计算得到，并为此搭建了污染源散发强度测试装置，主
要由半密闭深型罩、变频风机、变频控制器、喷嘴测试
装置、采样支管、均流器、弯头及管道组成，见图
11-8。

结合厨房实际情景，建立了稳定可调节的机械排风
系统和机械补风系统，构造舱内稳定气流组织，以形成
稳定的排风量、排风浓度及厨房空间浓度。排风量
（Q_h）通过喷嘴装置测试得到；排烟浓度（C_e）及厨房
空间浓度（C_r）利用污染浓度监测仪测试得到相关参数
后，采用式（11-11）即可计算得到待测吸油烟机的捕
集率。

图 11-8　污染源散发
强度测试装置

11.3.3　厨房有组织补风与气流组织

相对于西方，我国传统烹饪方式存在特殊性，油烟机排风罩的设置虽然能限制
油烟在居住空间的扩散，但不能有效抑制烹饪操作起始阶段及传统高温用油烹饪时
油烟的强烈扩散，对污染物质扩散、边缘卷吸扩散的抑制效果也有限。很长一段时
间内，油烟机无法完全满足排烟要求。为提高油烟机的油烟捕集效果，截至目前最
常用的办法是增加油烟机的排风量，即便如此，仍然只能保证约 70% 的油烟排出
室外，剩余部分依旧会对厨房空间造成污染[99]；盲目增大排风量带来了住宅厨房
烟道不畅、串烟恶化以及厨房噪声污染、热舒适性差等诸多问题。

由以上可知，目前住宅厨房注重吸油烟机通风量设计值的控制思路难以有效改

善厨房内人体呼吸区的油烟暴露状况。要真正做到以人为本，切实保障烹饪过程中工作区环境，必须合理设计厨房空间的气流组织和采用相关改善措施等。

11.3.3.1 有组织补风

有组织补风是指通过管路或导流设备对室外空气进行合理引导的补风形式，其中依靠厨房内负压提供动力的补风形式为有组织被动补风，依靠风机提供动力的补风形式为有组织主动补风。相对于有组织补风，无组织自然补风的新风有效性不佳，以油烟机排烟控制为主不能彻底改善厨房内人体呼吸区污染物的暴露状况，下面介绍几种有组织补风方式。

图 11-9 中式厨房空气污染控制实验台示意图

（1）顶棚/地板补风

采用顶棚或地板送风口的有组织补风取代开窗的无组织补风，从而弥补无组织补风的缺陷。为探寻与住宅厨房相适宜的有组织补风形式，同济大学基于所搭建中式厨房空气污染控制研究实验台（图 11-9）开展了多种有组织补风和油烟控制研究[81]。

在进行顶棚/地板补风有效性研究过程时，工况设计如图 11-10 所示。CFD 模拟结果如图 11-11 所示。

由图 11-11 可知，相对于其他厨房补风形式，采用顶棚补风时厨房内的颗粒浓度最低，空间内基本没有出现油烟的大量溢出。同时，厨房空间特别是厨房顶棚的油烟颗粒物滞留和累积现象得到了有效改善。计算得到的各工况吸油烟机捕集率的动态变化如图 11-12 所示。

捕集率的计算结果表明，顶棚补风下的吸油烟机捕集率最高，其次是地板补风，两者均优于开窗自然补风。以此推断，从地板或顶棚开口引入的有组织补风能更有效抑制油烟的溢出，促进吸油烟机对油烟颗粒的捕集，可作为改善厨房油烟个体暴露的有效补风形式。

（2）灶台周边条缝补风

在灶台周围设置条缝补风口是一种新型的厨房补风方式，条缝补风口可以在灶台周围形成类似空气幕的效果，有效地阻挡油烟的溢出，提高油烟机的排风捕集

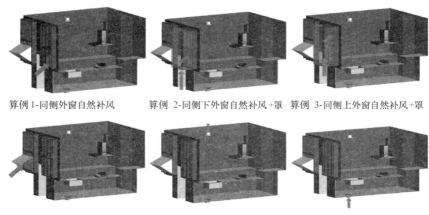

算例 1-同侧外窗自然补风　　算例 2-同侧下外窗自然补风+罩　算例 3-同侧上外窗自然补风+罩

算例 4-异侧外窗自然补风　　算例 5-顶棚圆盘风口自然补风　算例 6-地板圆盘风口自然补风

图 11-10　某中式厨房补风气流组织设计

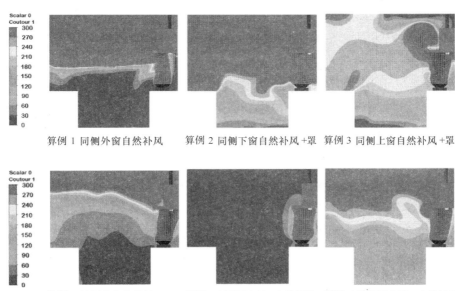

算例 1 同侧外窗自然补风　　算例 2 同侧下窗自然补风+罩　算例 3 同侧上窗自然补风+罩

算例 4 异侧窗自然补风　　算例 5 顶棚圆盘风口自然补风　算例 6 地板圆盘风口自然补风

图 11-11　某中式厨房油烟颗粒浓度切片图

率。但是条缝补风口的补风效果受到风口的范围、风速等多个因素的影响，因此，必须对其进行合理设计和布置。一般来说，四周均设条缝时，油烟机捕集效果要优于仅有一侧或两侧设条缝时的情况[100]。另外，风口风速不宜过小或过大，风速过小时，条缝补风无法形成风幕的效果；而当风速过大时，高速气流会破坏上升的油烟羽流，反而会将油烟向外扩散卷吸。不少研究结果表明[101-103]，当送风风速高于

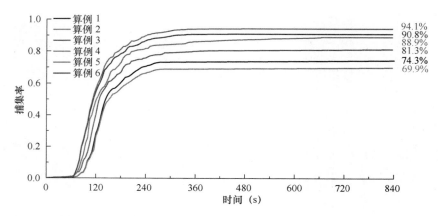

图 11-12   不同补风形式下油烟颗粒的捕集率（彩图见二维码）

2m/s 时，条缝补风已失去阻挡油烟溢出的作用。此外，陈洁[81]对条缝补风在不同送风角度下的补风效果进行了研究，发现送风角度对油烟捕集率产生较大影响。

（3）竖壁贴附送风

尹海国等人提出了一种新型的竖壁贴附送风形式[104, 105]，如图 11-13 所示。全尺寸实验和仿真模拟的结果表明，竖壁贴附送风能在工作区形成类似置换通风的空气湖状速度分布，有效解决一般补风方式产生的横向气流对油烟捕集的影响。

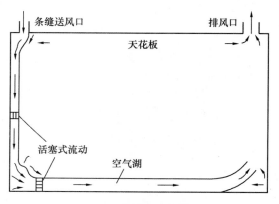

图 11-13   竖直壁面贴附式送风模式气流组织示意图

国内外商业厨房均已经开始大量使用类似送风方式进行厨房补风，极大改善了厨房内的工作环境[106]，相信在住宅厨房中也具有较好的应用前景。

综上，无论采用何种方式进行厨房气流组织设计，降低补风对油烟机捕集性能不良影响的关键在于补风到达捕集区域时的风速最小。良好的厨房气流组织能够保证稳定合理的室内流场，最大限度地避免横向气流对油烟热羽流的影响。

11.3.3.2   其他气流组织改善措施

Chern 和 Lee 提出一种被动控制方法[107]，通过数值模拟，发现在吸油烟机两侧设置竖直挡板可以成功地改善捕集区域横向气流的负面效果，这表明油烟机两侧挡板可改善补风气流组织。陈洁[81]对不同挡板开口率下吸油烟机的补风效果进行了研究，发现挡板尺寸并不是越大越好，当挡板下侧留有 10％左右的开口率时，吸油烟机具有最佳的油烟捕集效果。这些结果对于吸油烟机排烟罩的设计具有一定的参考价值。

11.4 高层住宅油烟污染集中排风技术

11.4.1 现有集中排风形式与问题

高层住宅厨房排风方式经历了自然通风、轴流排气扇、油烟机直排式等几个阶段的发展演变,直至 20 世纪 90 年代初出现公用排风道方式排烟的工程实例。这一演变过程逐步克服了自然通风方式易受室外大气环境干扰的弊端,也有效改善了轴流排气扇和直排式吸油烟机对污染空气捕集效率低、易造成二次污染及影响建筑物美观的缺陷,使得通过选取合理的动力源捕集室内污染物,将油烟统一排放至集中烟道中,再由系统将油烟排放至大气的集中排烟系统,这种方式得到广泛应用[108-110]。

11.4.1.1 国内集中烟道主要形式

建筑住宅共用竖井集中排烟道一般可分为集中式系统、混合式系统和分散式系统三种[111, 112]。

集中式系统:是指采用屋顶风机造成竖井集中排烟道内处于负压,保证各住户的厨房烹饪烟气能顺利排放,且不发生各楼层用户之间串味和倒灌现象(图 11-14a)。这种系统布置方式的缺点是各住户烹饪时间不一,难以确定屋顶风机启闭时间;风机定频运行能耗较高,变频运行控制策略受使用工况随机的影响难以确定。同时该方式在开启户数较多时会出现各楼层排烟不均现象,底层排烟量小,顶层排烟量大。为保证底层排烟效果,风机压头升高,以致高层用户所在位置竖井内负压高达数百帕,易造成止逆阀漏风甚至失灵。长期漏风会极大削弱低层用户的排烟能力从而导致动力浪费。

复合式系统:是指除安装屋顶风机外,各住户安装排油烟机(图 11-14b),使住户在厨房油烟排放中具有一定自主性。这种系统布置方式的缺点是:屋顶风机如何启用受住户行为影响具有随机性;多动力源间关系无法明确;当屋顶风机停开,该设备增加了系统阻力。

分散式系统[113]:该系统采用无动力风帽代替屋顶风机,主要靠住户吸油烟机排出厨房烹饪产生的油烟(图 11-14c),这种方式是目前使用最多的排烟形式,用户拥有最高的主动性,但也存在一些问题。传统的分散式系统的主要形式又可分为以下四种:

1)子母型烟道:各层住户的烹饪油烟通过油烟机的抽吸作用先进入子烟道,然后在浮升力的作用下上升一定高度,与主烟道内的气流汇合,进入主烟道(图

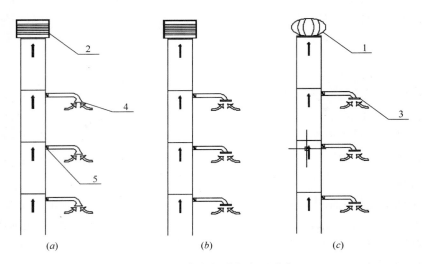

图 11-14　集中烟道的主要形式

（a）集中式系统；（b）复合式系统；（c）分散式系统

1—无动力风帽；2—屋顶风机；3—用户油烟机；4—无动力排风罩；5—止逆阀

11-15a）。该形式利用烟道结构有效避免烟气倒灌、串味等问题。但该烟道要求上下烟道连接紧密且不能有水泥砂砾落入子烟道内发生堵塞，因此施工难度较大，同时为了保证主烟道的流通面积，会占用较大的建筑面积。

2）变截面式烟道：设计时以用户排烟量分布为依据，将集中烟道按住宅高度进行多段划分，底层用户烟道截面较小，顶层用户烟道截面较大（图 11-15b），从而使主烟道气流一直处于比较快的速度，当住户吸油烟机不开启时，可以在住户支

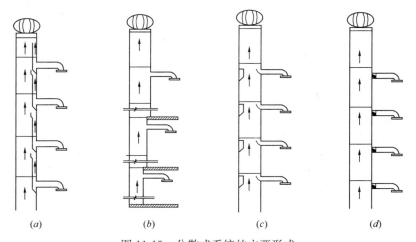

图 11-15　分散式系统的主要形式

（a）子母型；（b）变截面形式；（c）变压式；（d）等截面形式

气管口与主烟道连接处形成负压，避免油烟串味和倒灌现象的发生。这种形式的烟道增加了底层用户的厨房面积，但给设计和施工带来诸多不便，并且增加了成本。实际应用较少。

3）变压式烟道：在用户出口处的主烟道内安装变压板（图11-15c），采用空气动力学中的动静压转换原理，在烟道入口处形成局部负压实现防串烟功能。但是增加的变压板使制作、安装和调试都比较困难。对于高层住宅中的下层住户，常出现排烟量小，排风不畅等问题。

4）等截面式烟道：结构最为简单，各层用户的烟道截面相等，依靠支管上安装的止逆阀起到防串烟和倒灌的功能（图11-15d）。相比其他几种烟道，占用建筑面积更小，施工和安装便利，是目前工程应用最广泛的烟道形式。但由于烟道截面尺寸偏小，导致烟道内压力较大，对油烟机性能要求较高，容易出现排烟不畅、串烟等现象。

11. 4. 1. 2　国外集中烟道主要形式

西方欧美国家与我国国情不同，生活方式和饮食习惯都和我国有着较大区别。欧美国家的烹饪方式不像中式烹饪用油量大、油温高、烹饪时间长，所以困扰我国厨房的串烟串味等问题并不显著。且欧美国家的高层建筑往往作办公楼用，住宅以多层、别墅型居多，几乎不存在厨房集中排烟问题[114]。因此在集中排烟系统设计方面，我国可向欧美借鉴的很少。

欧洲存在的高层或多层住宅厨房同样以集中烟道排烟方式为主，有些高层住宅还在烟道顶部安装屋顶风机以增加排烟动力。不过其烟道形式与国内有差异，常采用 U 形和 T 形排烟道（图 11-16）。T 形烟道在楼层底部留有烟道入口，上下贯通，在顶部排出厨房油烟；U 形烟道同样留有烟道入口，不过烟道入口与出口均设于顶部，一道封挡将烟道分为进风、排风两部分[115]。

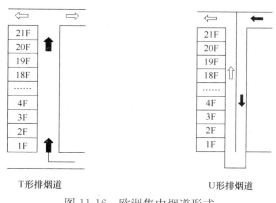

图 11-16　欧洲集中烟道形式

日本作为亚洲国家的典型代表，在住宅通风排烟方面做过大量研究并应用于工程实践。在综合考虑建设费用和运行费用等因素后，日本厨房烟道形式多以单户换气为主，双向贯通式水平排风系统较为常见。如图 11-17 所示，水平风管横向贯通房间，连接厨房排烟支管。水平风管两端开口，均装有管帽，以防止室外风干扰。该系统运行稳定性好，能够应对不同的风压风向干扰，适用于超高层住宅以及常年盛行大风的地区[116, 117]。不过，当住宅层高不足，排风口距离较近时，易引起交叉污染。

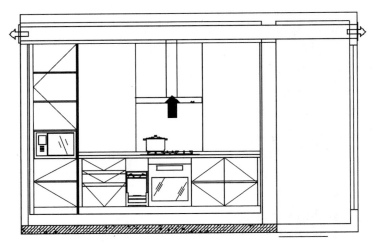

图 11-17   日本烟道示意图

11.4.1.3   集中排烟系统主要问题

随着集中烟道系统在中、高层住宅中的应用越来越广泛，许多问题随之而来。早在20世纪80年代末就有学者提出，由于风道截面设计不合理造成烟气难以排出，上下层相互窜烟，造成交叉污染[118]。经过三十年的研究与改进，目前的高层住宅集中排烟系统仍然存在以下主要问题：

（1）排烟不均

在高层住宅集中排烟系统中，各用户排烟管路与烟道竖井连接相通，成为一个多动力源管网系统。每层用户油烟机的压头需要克服的阻力包括用户侧的压力损失和消耗在竖井的压力损失。倘若每层用户油烟机压头相等（图11-18（1）），则越下层的用户消耗在烟道竖井侧的压力越多，因而用户侧压降越小，用户排风量随之减小，出现上部用户排烟量大，下部用户排烟量小，排烟量分布不均的情况[119-121]。极端工况下还会出现低层用户油烟无法排出的现象，即低层用户油烟机可提供压头小于实际使用时烟道内该层所需压头 $|P_{f1}| < |P_1|$。倘若各层用户油烟机压头不相等（图11-18（2））。比如第二层采用大功率吸油烟机，油烟机压头较高，该层排烟量较大，会在主烟道内产生风阻作用，即该层所排油烟会阻碍相邻楼层排烟，使楼下烟道局部压力增高，阻断楼下住户的正常排烟。局部压力增高后烟道中的污气向第一层泄漏，造成烟气倒灌的现象。

（2）排风不足

由于厨房油烟具有很强的黏附性，用户止逆阀经长期使用会因油烟黏附而出现

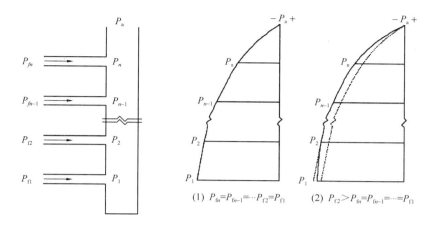

P_a：大气压；P_i（$i=1$，$2\cdots n$）：各层支管汇入主烟道排出所需压力值；P_{fi}（$i=1$，$2\cdots n$）：各层油烟机可提供压力值。

图 11-18　不均匀排风压力分析

启闭不灵的现象，阀门开启不到位也会导致用户油烟机排风不足[122-124]。

（3）串烟串味

由于排烟竖井内为正压环境，当用户油烟机未开启时，止逆阀因油烟黏附关闭不灵，会出现串烟串味的现象[125,126]。

（4）火灾隐患

集中烟道经过长久使用后，厨房中燃料燃烧过程中产生的不完全燃烧物以及油气蒸发产生的油烟比较容易在烟道内积聚，特别是烟道的拐角处。如果不能及时清洗，日积月累，会形成一定厚度的油垢，附着于烟道和吸油烟机的表面，一旦有火苗窜入烟道内，这些油垢将会迅速被点燃，而且火势蔓延速度相当快（图 11-19）。建议油烟机设置前置净化装置，在烟气进入烟道前做脱油处理。

图 11-19　高层住宅烟道火灾❶

（5）自控难度

随着住宅高层化，配备集中烟道的住宅越来越多，烟气集中排放、收集和处理已成为发展趋势。倘若通过设置屋顶风机来解决油烟倒灌及串烟串味等问题，就会

❶　图片来源：http：//info.fire.hc360.com/2006/03/28151335222.shtml.

导致动力源增多，使系统能耗增大。出于节能考虑，需要设计自控系统进行变频调节。而住户油烟机开启行为充满随机性给自控系统设计增加了难度。

11.4.2   集中均匀排风技术

为实现高层住宅厨房集中排烟系统的均匀排风，需要在集中排烟系统进行各用户阻抗平衡调节，传统的调节形式大多在支管上安装阀门。而这一平衡方式需要繁琐地现场调试，且难以适应各层油烟机随机开启的特点。另外，长期运行在油烟环境中，阀门的运动部件极易被堵塞或损坏，破坏各用户的阻抗平衡，导致排风不均。高军等提出的导流构件能够较好地解决高层住宅厨房集中烟道系统的均匀排风问题[113, 127]。该导流构件集成于直角汇流三通中，如图 11-20 所示。该构件由一块半弧形的导流板和两块侧板组成。

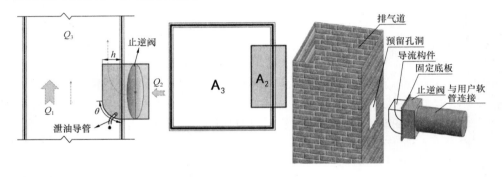

图 11-20   导流构件结构与安装示意

与汇流直角三通相似，该导流构件的汇流阻力系数和直通阻力系数由汇流比（支管流量 Q_2 与主管流量 Q_3 之比）和面积比（导流装置出口面积 A_2 与烟道截面积 A_3 之比）决定。在设计过程中，通过调节高度尺寸（h）来改变面积比，进而调节其阻力特性以适应各层不同汇流比的情况。图 11-21 展示了导流构件在不同汇流比和高度尺寸下的阻力特性，该系统主管尺寸为 $450\text{mm} \times 550\text{mm}$，支管尺寸为 $150\text{mm} \times 150\text{mm}$。相比于直角汇流三通，导流构件的汇流阻力系数更大，且随着汇流比的增大或面积比的减小而增大。由此，高度尺寸大的导流构件相当于开度大的阀门，而高度尺寸小的构件则相当于开度小的阀门。而导流构件的优势之一在于经设计安装后即可满足均匀自适应排风需求，无需像阀门那样进行安装后的调试。

另一方面，导流构件的直通阻力系数相比于直角三通更小，且随着汇流比的增大或面积比的减小而减小，甚至在大多数情况下展现为负值。其原因在于导流板避免了支管气流和主管气流的直接碰撞，而是将支管气流导流至与主管气流近乎平行的状态。研究表明，流速比（导流装置出口流速与主管流速之比）是决定直通阻力系数的重要参数[127]。当流速比大于 1 时，直通阻力系数为负值；当流速比小于 1

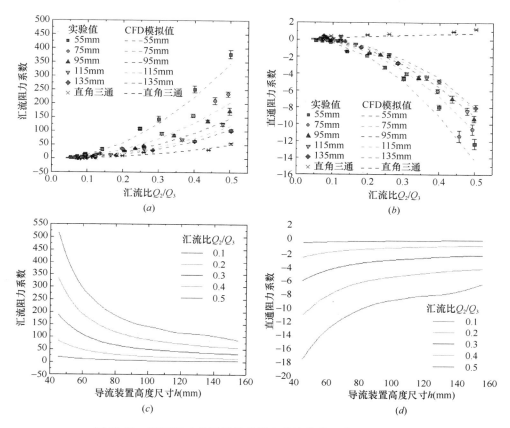

图 11-21　不同尺寸的导流构件阻力特性曲线（彩图见二维码）

时，直通阻力系数为正值（仍然比直角三通阻力要小）；当流速比等于 1，理论上两股气流汇流过程中没有动量损失，直通阻力系数接近于 0。由此，导流构件能够在公共烟道中沿着流动方向产生压力升而非压力降，有助于系统的整体排烟效果；特别在底层流量比较大的情况下，导流构件的"引流效果"更加明显，因而可以有效改善底层排烟不畅的困境。

经过合理的设计后，匹配导流构件系统的排烟均匀性能够得到显著改善，如图 11-22 所示。底层的排气效果得到了改善，排烟均匀性更好，公共烟道内的压力也大幅降低，由此整个系统的排烟效果都有了较大的改善。同时，在各层油烟机随机开启的情况下，由于导流构件的阻力特性随着流量比变化而变化，匹配导流构件后的系统仍具有一定的自适应特性；即在不同的开启数量和开启位置情况下仍能满足一定的排烟均匀性，如图 11-23 所示。

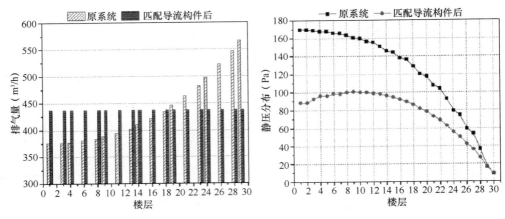

图 11-22 原系统和匹配导流构件后的各楼层排气量和静压分布

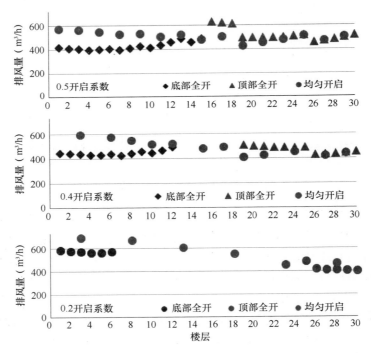

图 11-23 不同开启系数和开启位置下的导流装置系统排风量

11.4.3 集中变排风量系统

高层住宅集中烟道根据整个楼层用户厨房使用情况，包括油烟机开启位置和开启数量，系统总排烟量会发生改变。为解决集中排烟系统存在的油烟倒灌、串烟串味等问题，同时尽可能降低能耗，设置屋顶变频风机进行排烟，将系统变为集中式变排风量系统。

控制方法一直是变风量系统（VAV）的核心问题。参考 VAV 空调系统控制理论，集中烟道变风量排风控制方法可分为三种：定静压控制法、变静压控制法、总风量控制法。

11.4.3.1 定静压控制法

定静压控制法即选定风管道上一个合适的位置作为静压监测点，系统控制终端根据系统设置要求，调整风机的运行频率确保该监测点的静压设定值保持不变，各末端送风装置均在此设定值下输出风量，定静压法的控制回路如图 11-24 所示。

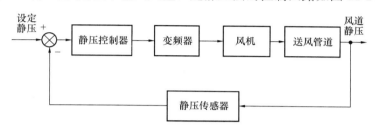

图 11-24　定静压法系统控制回路示意图

定静压法控制方式简单、稳定、对控制设备要求低，在全世界范围得到广泛应用[128-130]。但静压监测点的位置以及静压设定值大小的确定较为困难，节能效果不明显。蔡敬琅[131]提出当变风量系统仅为某一层空调区服务，静压监测点应位于距送风机 1/3 远的主干管上。目前不少设计院在进行变风量空调设计时，也基本选定主送风管上距送风机 1/3 远处作为静压监测点。叶大法[132]对一个算例进行计算后，得到静压监测点应位于在离送风末端 1/3 处的主风管上；并提出静压监测点位置与静压设定值大小应根据风管内各点静压大小来确定。陈方圆[133]在研究多组案例后，认为定静压点位置越靠近主送风管上游，系统输配能耗越大，最优定静压点为干管末端。田应丽[134]运用 HVACSIM＋软件进行仿真，结果表明：从系统稳定性考虑，静压传感器安装在主风道距送风机 2/3 处比较合适。武根峰[135]在某建筑中布置 VAV 系统时，通过对比现场调试法和现场改进调试法两种静压值设定方法，发现现场改进调试法更好。

11.4.3.2 变静压控制法

不同于定静压法中静压值恒定，变静压法提出可根据系统整体负荷对静压设定值进行调整，并尽量使得静压设定值最小化，以降低系统能耗。变静压法与定静压法都属于静压控制法，执行类似的控制回路。区别在于变静压控制法在参考各末端风阀的开启程度后，可调整监测点的静压设定值。合理的静压设定值应确保各末端风阀均开启在 80％以上，末端风阀开度升高使得系统内静压降低，有利于风机节

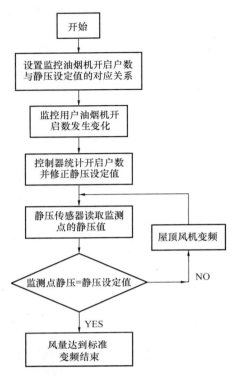

图 11-25 基于定静压控制法的静压修正设计方法路线图

能，并减小了末端因阻力过大引起的噪声。

变静压控制法的核心问题在于如何不断重置监测点的静压设定值。Goswami[136]认为应设置 VAV BOX（变风量空调系统的末端装置，变风量空调系统的关键设备之一，通过末端装置调节一次风送风量，跟踪负荷变化，维持室温）对整个变风量控制方案进行集中控制。Warren 等[137, 138]研究认为可在末端风阀安装风量反馈装置，以反馈信号重置监测点的静压设定值。王盛卫[139]总结得到基于 DDC 控制系统并以统计风阀全开的数目进行静压修正的控制策略。胡钦华等[140, 141]结合风阀局部流体特性与风量反馈的关系总结出一套新的变风量控制算法。

丁希晖[112]针对高层住宅复合动力变排风量系统，提出基于定静压控制法的静压修正设计方法（图 11-25），其控制核心与变静压相同：通过在部分低层用户油烟机上安装开启/关闭信号装置来统计低层用户油烟机的开启数，随着开启户数的变化，变频控制终端重置静压监测点的静压设定值。变频控制终端再通过调整屋顶风机的运行频率使得静压监测点的静压反馈值等于重置的静压设定值，此时各楼层风量均在满足设计的合理风量范围内。

11.4.3.3 总风量控制法

静压控制法是终端控制系统，基于静压的不断调整实现最终的控制目的，需要大量地编程、调试。此外静压控制并不能完全保证所有开启工况风量控制的精确性，压力调整存在震荡性，使系统的稳定性大幅降低。鉴于以上问题，为了更好地推广高层住宅厨房排烟变风量系统，有必要实行更加简单易行的变风量控制方案。

国内相关研究人员提出了针对风量监测的总风量控制方法，通过计算各空调分区所需风量之和来调整风机动力输出，如图 11-26 所示。由于总风量控制法放弃了静压控制回路，大大简化控制结构，减少了设备所需成本，并有效提升了系统的整体稳定性。

总风量控制法在由国内学者提出后，目前并未得到大规模推广。戴斌文等[142]对总风量控制法的控制原理和相关计算算法做了较为详尽地介绍，并利用空调系统

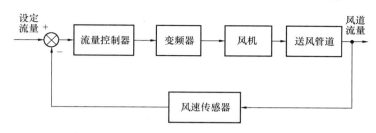

图 11-26 总风量法控制回路示意图

模拟软件对定静压、变静压控制方案进行了对比计算，结果表明总风量法相比定静压法更为节能，在某工程应用后，取得了良好的效果。徐超远等[143]基于总风量法的良好节能效果和迅速平稳调节特性，在某超高层甲级写字楼中使用总风量控制法控制办公区域的单风道变风量系统。郭荣光等[144]在 56 层的上海国金中心大楼的空调送风系统设计时，采用了总风量控制策略，降低了每层 201 台风机转速，实现楼宇节能并满足空调舒适性要求。在该控制方法下，系统总送风量快速、精确地响应了需求风量的变化，并通过降低风机转速带来显著的节能效果。大量的工程实践和模拟表明总风量控制法适用于采用楼宇自动控制系统的高层以及超高层建筑[145,146]。

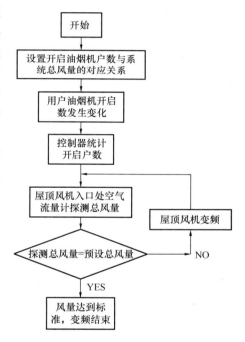

图 11-27 总风量控制法原理示意图

丁希晖[112]结合变风量系统的设计需求，抛弃了传统变风量控制系统的静压反馈要求，从集中排烟系统总风量的角度，提出了高层住宅复合动力变排风量系统的总风量控制法（图 11-27），在均流分布器系统解决了高层住宅集中排烟系统排烟量不均问题基础上，屋顶风机只需要将系统总风量稳定在设计的系统总风量即可。

11.5 小　　结

（1）烹饪油烟成分复杂，主要包括油烟颗粒及 CO、CO_2、NO_x、$VOCs$、$PAHs$ 等气态污染物。烹饪油烟理化特性与散发特性的研究已比较广泛，主要结论为：商用厨房油烟颗粒浓度通常高于住宅厨房油烟颗粒浓度；烹饪油烟颗粒主要以细颗粒为主；烹饪过程油烟污染散发受烹饪方式、加热温度、加热方式、食材种类等多因素影响，中式烹饪油烟散发速率一般要大于西式烹饪油烟散发速率。

（2）公共卫生学界的大量流行病学研究和毒理学研究表明，烹饪过程散发的油烟会给人体带来显著的健康风险。吸入因子可用于厨房空间的油烟个体暴露评价，且应根据实际通风气流条件、颗粒物源特性来解析个体暴露水平，并选定相对不利的人员空间站立位置开展研究，用于通风改善措施评价。肺功能相关的 FVC、VC 和一秒用力呼气量（FEV_1），呼吸道炎症相关的呼出一氧化氮（FeNO）和氧化应激相关的尿液丙二醛（MDA）、8-羟基脱氧鸟苷（8-OHdG）可作为生物标志物，用于评价短期急性油烟暴露，为后续改善住宅厨房通风，降低健康风险奠定基础。

（3）自然通风条件下，住宅厨房室内空气品质和热舒适性比较差。相比而言，吸油烟机可有效排除油烟污染，但其捕集性能受厨房补风、排风量、烟机结构等多因素影响。单纯提升吸油烟机风量难以有效减小住宅厨房人体油烟污染暴露，应通过采用合理的有组织补风（如顶棚/地板补风）控制住宅厨房油烟污染。现有的气味降低度标准指标难以真实反映吸油烟机实际运行条件下的捕集性能，应基于局部排风理论，构建吸油烟机捕集率的测试评价方法。

（4）目前，高层住宅集中烟道排风系统存在排风不均、排烟不畅、串烟串味及火灾隐患等问题。导流构件可以较好地解决高层住宅厨房集中烟道排风系统的均匀排风问题。在导流构件的均流基础上，基于总风量控制法的集中烟道变排风量系统可进一步解决现有集中烟道排风系统的排烟不畅、串烟串味问题，为高层住宅烟道排风提供新思路。

参 考 文 献

[1] 张辉，厉曙光. 烹调油烟的热化学变化及其对人体健康的危害[J]. 铁道医学，1999，(03)：206-207.

[2] To W M，Yeung L L. Effect of Fuels on Cooking Fume Emissions[J]. Indoor and Built Environment，2011，20(5)：555-563.

[3] Smith K R，Samet J M，Romieu I，et al. Indoor air pollution in developing countries and acute lower respiratory infections in children[J]. Thorax，2000，55(6)：518-532.

[4] Anderson H R. Chronic Lung-Disease in the Papua-New-Guinea Highlands[J]. Thorax，1979，34(5)：647-653.

[5] Kumar R，Nagar J K，Raj N，et al. Impact of Domestic Air Pollution from Cooking Fuel on Respiratory Allergies in Children in India[J]. Asian Pacific Journal of Allergy and Immunology，2008，26(4)：213-222.

[6] Perez R，Perez C，Baez R，et al. Cooking with biomass stoves and tuberculosis：a case control study[J]. International Journal of Tuberculosis and Lung Disease，2001，5(5)：441-447.

[7] 王凯雄，朱杏冬. 烹调油烟气的成分及其分析方法[J]. 上海环境科学，1999(11)：

526-528.

［8］　王桂霞. 北京市餐饮源排放大气颗粒物中有机物的污染特征研究［D］. 中国地质大学(北京)，2013.

［9］　李勤勤，吴爱华，龚道程，等. 餐饮源排放 PM2.5 污染特征研究进展［J］. 环境科学与技术，2018，41(08)：41-50.

［10］　温梦婷，胡敏. 北京餐饮源排放细粒子理化特征及其对有机颗粒物的贡献［J］. 环境科学，2007，(11)：2620-2625.

［11］　王桂霞. 餐饮源排放颗粒物的污染特征［C］. Scientific Research Publishing and Engineering Information Institute. Proceedings of Conference on Environmental Pollution and Public Health，2012.

［12］　郭浩，张秀喜，丁志伟，等. 家庭烹饪油烟污染物排放特征研究［J］. 环境监控与预警，2018，10(01)：51-56.

［13］　吴鑫. 烹饪油烟的排放特征及颗粒物的个体暴露研究［D］. 华东理工大学，2015.

［14］　徐幽琼，Ignatius T S，林捷，等. 不同食用油和烹调方式的油烟成分分析［J］. 中国卫生检验杂志，2012，22(10)：2271-2274＋2279.

［15］　刘中文，孙咏梅，袭著革. 烹调油烟雾中有机成分的分析［J］. 中国公共卫生，2002，(09)：26-28.

［16］　朱利中，王静，江斌焕. 厨房空气中 PAHs 污染特征及来源初探［J］. 中国环境科学，2002，22(2)：142-145.

［17］　Zhao Y J，Zhao B. Emissions of air pollutants from Chinese cooking：A literature review ［J］. Building Simulation，2018，11(5)：977-995.

［18］　Gao J，Cao C，Zhang X，*et al*. Volume-based size distribution of accumulation and coarse particles(PM0.1-10) from cooking fume during oil heating［J］. Building and Environment，2013，59：575-580.

［19］　Torkmahalleh M A，Goldasteh I，Zhao Y，*et al*. PM2.5 and ultrafine particles emitted during heating of commercial cooking oils［J］. Indoor Air，2012，22(6)：483-491.

［20］　See S W，Balasubramanian R. Risk assessment of exposure to indoor aerosols associated with Chinese cooking［J］. Environmental Research，2006，102(2)：197-204.

［21］　He C，Morawska L，Hitchins J，*et al*. Contribution from indoor sources to particle number and mass concentrations in residential houses［J］. Atmospheric Environment，2004，38(21)：3405-3415.

［22］　Wan M P，Wu C L，To G N S，*et al*. Ultrafine particles，and PM2.5 generated from cooking in homes［J］. Atmospheric Environment，2011，45(34)：6141-6148.

［23］　Yeung LL，To WM. Size distributions of the aerosols emitted from commercial cooking processes［J］. Indoor and Built Environment，2008，17(3)：220-229.

［24］　Gao J，Cao C，Xiao Q，Xu B，*et al*. Determination of dynamic intake fraction of cooking-generated particles in the kitchen［J］. Building and Environment，2013，65：146-153.

［25］　朱春. 室内细颗粒物防控研究进展综述［J］. 绿色建筑，2017，9(03)：56-60.

[26] Gao J, Cao C, Wang L, *et al*. Determination of Size-dependent Source Emission Rate of Cooking-generated Aerosol Particles at the Oil-heating Stage in an Experimental Kitchen. Aerosol and Air Quality Research[J]. 2013, 13: 488-496.

[27] Morawska L, He C, Hitchins J, *et al*. The relationship between indoor and outdoor airborne particles in the residential environment[J]. Atmospheric Environment, 2001, 35(20): 3463-3473.

[28] Liao C, Chen S, Chen J, *et al*. Contributions of Chinese-style cooking and incense burning to personal exposure and residential PM concentrations in Taiwan region[J]. Science of the Total Environment, 2006, 358: 72-84.

[29] Sze-To G N, Wu C L, Chao C Y H, *et al*. Exposure and cancer risk toward cooking-generated ultrafine and coarse particles in Hong Kong homes[J]. HVAC&R Research, 2012, 18 (1-2): 204-216.

[30] Zhu L, Wang J. Sources and patterns of polycyclic aromatic hydrocarbons pollution in kitchen air, China. [J]. Chemosphere, 2003, 50(5): 611-618.

[31] Zhao YJ, Li AG, Gao R, *et al*. Measurement of temperature, relative humidity and concentrations of CO, CO_2 and TVOC during cooking typical Chinese dishes[J]. Energy and Buildings, 2014, 69: 544-561.

[32] Huang Y, Ho S S H, Ho K F, *et al*. Characteristics and health impacts of VOCs and carbonyls associated with residential cooking activities in Hong Kong[J]. Journal of Hazardous Materials, 2011, 186(1): 344-351.

[33] Wong TW, Wong AHS, Lee FSC, *et al*. Respiratory health and lung function in Chinese restaurant kitchen workers[J]. Occupational and Environmental Medicine, 2011, 68(10): 746-752.

[34] Duan N. Models for human exposure to air pollution[J]. Environment International, 1982, 8: 305-309.

[35] Ott WR. Concepts of human exposure to air pollution[J]. Environment International, 1982, 8: 179-196.

[36] 黄虹, 李顺诚, 曹军骥, 等. 空气污染暴露评价研究进展[J]. 环境污染与防治, 2005, 27: 118-121.

[37] 吴鹏章, 张晓山, 牟玉静. 室内外空气污染暴露评价[J]. 上海环境科学, 2003, 22: 573-579.

[38] Adams, WC. Measurement of breathing rate and volume in routinely performed daily activities[R]. Contract No. A033-205, Sacramento, C. A. : Air Resources Board, 1993.

[39] Bennett DH, Mckone TE, Evans JS, *et al*. Defining intake fraction[J]. Environmental Science and Technology, 2002, 36(A): 206-211.

[40] Marshall JD, Riley WJ, Mckone TE, *et al*. Intake fraction of primary pollutants: motor vehicle emissions in the South Coast Air Basin[J]. Atmospheric Environment, 2003, 37: 3455-3468.

[41] 金胜陶，傅立新，杜譞．吸入因子-汽车尾气污染健康的一种评价方法[J]．环境与健康杂志，2006，23：182-184.

[42] Nazaroff W W. Inhalation intake fraction of pollutants from episodic indoor emissions[J]. Building and Environment，2008，43：269-277.

[43] 汪国雄，张国斌．肺癌配对病例对照研究中烹调油烟等致病因子的多因素分析[J]．中华预防医学杂志，1992，2：89-91.

[44] Chiu Y L，Yu I T S，Wong T W. Time trends of female lung cancer in Hong Kong：Age，period and birth cohort analysis[J]. International Journal of Cancer，2004，111（3）：424-430.

[45] Ko Y C，Lee C H，Chen M J，et al. Risk factors for primary lung cancer among non-smoking women in Taiwan[J]. International Journal of Epidemiology，1997，26（1）：24-31.

[46] Seow A，Poh W T，Teh M，et al. Fumes from meat cooking and lung cancer risk in Chinese women [J]. Cancer Epidemiology Biomarkers & Prevention，2000，9（11）：1215-1221.

[47] Zhong L J，Goldberg M S，Parent M E，et al. Risk of developing lung cancer in relation to exposure to fumes from Chinese-style cooking[J]. Scandinavian Journal of Work Environment & Health，1999，25（4）：309-316.

[48] Yu I T S，Chiu Y L，Au J S K，et al. Dose-response relationship between cooking fumes exposures and lung cancer among Chinese nonsmoking women[J]. Cancer Research，2006，66（9）：4961-4967.

[49] 林权惠．烹调油烟对女（雌）性的性腺毒性作用[D]．福建医科大学，2012.

[50] 张晖，汪国雄，沈传来，等．烹调烟雾职业暴露人群免疫功能的调查分析[J]．中国职业医学，2001，28（5）：9-11.

[51] Li M Z，Vierkotter A，Schikowski T，et al. Epidemiological evidence that indoor air pollution from cooking with solid fuels accelerates skin aging in Chinese women[J]. Journal of Dermatological Science，2015，79（2）：148-154.

[52] Connor K T，Finley B L. A framework for evaluating relative potency data in the development of toxicity equivalency factors（TEFs）[J]. Toxicological Sciences，2003，72（S-1）：137.

[53] Zhao Z，Quan W，Tian D. Relationship between polynuclear aromatic hydrocarbons in ambient air and 1-hydroxypyrene in human urine[J]. Journal of Environmental Science and Health Part A：Environmental Science and Engineering and Toxicology，1992，27（7）：1949-1966.

[54] Fj J，Fe V L，S O，et al. Ambient and biological monitoring of cokeoven workers：determinants of the internal dose of polycyclic aromatic hydrocarbons[J]. British Journal of Industrial Medicine，1990，47（7）：454-461.

[55] Pan C H，Chan C C，Huang Y L，et al. Urinary 1-hydroxypyrene and malondialdehyde in male workers in Chinese restaurants[J]. Occupational and Environmental Medicine，2008，65（11）：732-735.

［56］ Chen B, Hu Y P, Jin T Y, et al. Higher urinary 1-hydroxypyrene concentration is associated with cooking practice in a Chinese population［J］. Toxicology Letters, 2007, 171(3): 119-125.

［57］ Ruiz T, Pruneda L G, Perez F J, et al. Using urinary 1-hydroxypyrene concentrations to evaluate polycyclic aromatic hydrocarbon exposure in women using biomass combustion as main energy source［J］. Drug and Chemical Toxicology, 2015, 38(3): 349-354.

［58］ Wu L L, Chiou C C, Chang P Y, et al. Urinary 8-OHdG: a marker of oxidative stress to DNA and a risk factor for cancer, atherosclerosis and diabetics［J］. Clinica Chimica Acta, 2004, 339(1-2): 1-9.

［59］ Valavanidis A, Vlachogianni T, Fiotakis C. 8-hydroxy-2′-deoxyguanosine(8-OHdG): A Critical Biomarker of Oxidative Stress and Carcinogenesis［J］. Journal of Environmental Science and Health Part C-Environmental Carcinogenesis & Ecotoxicology Reviews, 2009, 27(2): 120-139.

［60］ Ke Y B, Cheng J Q, Zhang Z C, et al. Increased levels of oxidative DNA damage attributable to cooking-oil fumes exposure among cooks［J］. Inhalation Toxicology, 2009, 21(8-11): 682-687.

［61］ 柯跃斌, 徐新云, 袁建辉, 等. 烹调油烟多环芳烃暴露与职业接触人群 DNA 氧化性损伤［J］. 中华劳动卫生职业病杂志, 2010, 28(8): 574-578.

［62］ 段小丽, 魏复盛, Jim Z, 等. 用尿中 1-羟基芘评价人体暴露 PAHs 的肺癌风险［J］. 中国环境科学, 2005, 25(3): 275-278.

［63］ Tsai Y Y, Cheng Y W, Lee H, et al. Oxidative DNA damage in pterygium［J］. Molecular Vision, 2005, 11(8-9): 71-75.

［64］ Hanaoka T, Yamano Y, Hashimoto H, et al. A preliminary evaluation of intra- and interindividual variations of hOGG1 messenger RNA levels in peripheral blood cells as determined by a real-time polymerase chain reaction technique［J］. Cancer Epidemiology Biomarkers & Prevention, 2000, 9(11): 1255-1258.

［65］ Dohr O, Vogel C, Abel J. Different Response of 2, 3, 7, 8-Tetrachlorodibenzo-P-Dioxin (Tcdd)-Sensitive Genes in Human Breast-Cancer Mcf-7 and Mda-Mb-231 Cells［J］. Archives of Biochemistry and Biophysics, 1995, 321(2): 405-412.

［66］ 柴剑荣, 吴南翔. 烹调油烟接触者生物标志物监测的进展［J］. 职业与健康, 2007, 23(12): 1041-1043.

［67］ 刘志宏, 朱玲勤. 烹调油烟对接触人群免疫指标的影响［J］. 中国公共卫生, 1999, 15(6): 512-513.

［68］ Moran S E, Strachan D P, Johnston I D A, et al. Effects of exposure to gas cooking in childhood and adulthood on respiratory symptoms, allergic sensitization and lung function in young British adults［J］. Clinical and Experimental Allergy, 1999, 29(8): 1033-1041.

［69］ Ng T P, Hui K P, Tan W C. Respiratory Symptoms and Lung-Function Effects of Domestic Exposure to Tobacco-Smoke and Cooking by Gas in Nonsmoking Women in Singapore［J］.

Journal of Epidemiology and Community Health，1993，47(6)：454-458.

[70]　Huang Y-L，Chen H-W，Han B-C，*et al*. Personal exposure to household particulate matter，household activities and heart rate variability among housewives[J]. Plos One，2014，9(3)：e89969.

[71]　杜博文. 住宅厨房个体油烟暴露评价指标研究[D]. 同济大学，2018.

[72]　Lee S，Yu S，Kim S. Evaluation of Potential Average Daily Doses(ADDs) of PM2.5 for Homemakers Conducting Pan-Frying Inside Ordinary Homes under Four Ventilation Conditions[J]. International Journal of Environmental Research and Public Health，2017，14(1)：1-10.

[73]　Grabow K，Still D，Bentson S. Test Kitchen studies of indoor air pollution from biomass cookstoves[J]. Energy for Sustainable Development，2013，(17)：458-462.

[74]　ASHRAE Standard 62-2010. Ventilation for acceptable indoor air quality［S］. ASHRAE，2010.

[75]　胡建军，王汉青. 厨房排风系统现状分析[J]. 制冷空调与电力机械，2005，(06)：53-56.

[76]　Lee H，Lee YJ，Park SY，*et al*. The Improvement of Ventilation Behaviours in Kitchens of Residential Buildings[J]. Indoor and Built Environment，2012，21(1)：48-61.

[77]　杨红波，赵永华，王汉青，等. 吹吸式排油烟装置的实验研究[J]. 中南工学院学报，2000，(04)：32-36.

[78]　Rim D，Wallace L，Nabinger S，*et al*. Reduction of exposure to ultrafine particles by kitchen exhaust hoods：The effects of exhaust flow rates，particle size，and burner position[J]. Science of The Total Environment，2012，432：350-356.

[79]　Chen C，Zhao YJ，Zhao B. Emission Rates of Multiple Air Pollutants Generated from Chinese Residential Cooking[J]. Environmental Science & Technology，2018，52：1081-1087.

[80]　Willers SM，Brunekreef B，Oldenwening M，*et al*. Gas cooking，kitchen ventilation and exposure to combustion products[J]. Indoor Air，2006，16(1)：65-73.

[81]　陈洁. 住宅厨房空间油烟污染控制策略研究[D]. 同济大学，2018.

[82]　Delp WW，Singer BC. Performance Assessment of U.S. Residential Cooking Exhaust Hoods[J]. Environmental Science & Technology，2012，46：6167-6173.

[83]　Claeys B，Laverge J，Pollet I，*et al*. Performance Testing of Air Curtains in Residential Range Hoods[J]. Procedia Engineering，2015，121：199-202.

[84]　Liu X，Wang X，and Xi G. Orthogonal Design on Range Hood with Air Curtain and Its Effects on Kitchen Environment[J]. Journal of Occupational and Environmental Hygiene，2014，11：186-199.

[85]　Huang RF，Dai GZ，Chen JK. Effects of Mannequin and Walk-by Motion on Flow and Spillage Characteristics of Wall-Mounted and Jet-Isolated Range Hoods[J]. Annals of Occupational Hygiene，2010，54(6)：625-639.

[86]　Huang RF，Nian YC，Chen JK，*et al*. Improving Flow and Spillage Characteristics of Range Hoods by Using an Inclined Air-Curtain Technique[J]. Annals of Occupational Hy-

giene，2011，55(2)：164-179.

[87]　Huang RF，Chen JK，Lee JH. Development and Characterization of an Inclined Quad-Vortex Range Hood[J]. Annals of Occupational Hygiene，2013，57(9)：1189-1199.

[88]　GB/T17713-2011，吸油烟机[S].

[89]　EN 61591-2016，Household range hoods and other cooking fume extractors-Methods for measuring performance[S].

[90]　ANSI/ASHRAE Standard 62.2-2016，Ventilation for Acceptable Indoor Air Quality in Residential Buildings[S].

[91]　HVI 916-2013，Air Flow Test Procedure[S].

[92]　HVI 920-2015，Product Performance Certification Procedure Including Verification and Challenge[S].

[93]　卜维平，彭荣，林芳，等. 厨房排油烟机油烟捕集效率的测定[J]. 家用电器科技，1993，(1)：7-9.

[94]　霍星凯. 吸油烟机箱体优化及厨房排烟效率的研究[D]. 华中科技大学，2017.

[95]　Wolbrink D W，Sarnosky J R. Residential kitchen ventilation-a guide for the specifying engineer[J]. ASHRAE Transactions，1992，98(1)：1187-1198.

[96]　Li Y，Delsante A. Derivation of capture efficiency of kitchen range hoods in a confined space [J]. Building and Environment，1996，31(5)：461-468.

[97]　Kim Y S，Walker I S，Delp W W. Development of a standard capture efficiency test method for residential kitchen ventilation[J]. Science and Technology for the Built Environment，2018，24：176-187.

[98]　曹昌盛，吕立鹏，高军，等. 家用吸油烟机捕集率实验研究[J]. 暖通空调，已录用.

[99]　赵越. 提高抽油烟机抽吸效率的条件[J]. 轻工机械，2004，(02)：113-114.

[100]　李晓云. 住宅厨房排油烟系统补风方式及气流组织研究[D]. 沈阳建筑大学，2012.

[101]　庞连池. 居住建筑厨房补风方式及节能研究[D]. 沈阳建筑大学，2013.

[102]　Cao C，Gao J，Wu L，et al. Ventilation improvement for reducing individual exposure to cooking-generated particles in Chinese residential kitchen[J]. Indoor and Built Environment，2017，26(2)：226-237.

[103]　陈锋，周斌，刘金祥，等. 条缝型空气幕对抽油烟机污染控制的辅助作用[J]. 中国环境科学，2016，36(3)：709-718.

[104]　尹海国，李安桂. 竖直壁面贴附式送风模式气流组织特性研究[J]. 西安建筑科技大学学报(自然科学版)，2015，47(6)：879-884.

[105]　尹海国，陈厅，孙翼翔，等. 竖直壁面贴附式送风模式气流组织特性及其影响因素分析[J]. 建筑科学，2016，32(8)：33-39.

[106]　Livchak A，Schrock D，Sun Z. The Effect of Supply Air Systems on Kitchen Thermal Environment[J]. ASHRAE Transactions，2005，111：748-754.

[107]　Chern M J，Lee J X. Numerical Investigation of Baffle-Plate Effect on Hood-Capture Flow [J]. Journal of Fluids Engineering，2005，127(3)：619.

[108]　卜维平，单寄平．关于减轻住宅厨房污染问题的探讨[J]．建筑科学，1990，1：8．

[109]　徐文华，许邦今．住宅厨房排烟方式探讨和防止串烟的试验[J]．通风除尘，1990，9(4)：16-19．

[110]　由明通．住宅排气道系统空气动力学性能研究[D]．沈阳建筑大学，2014．

[111]　周金辉．住宅厨房排烟量的确定及烟道形式对烟气流动影响[D]．西安建筑科技大学，2014．

[112]　丁希晖．高层住宅厨房复合动力变排风量系统研究[D]．同济大学，2017．

[113]　吴利．基于烟道面积控制的高层住宅厨房排烟设计研究[D]．同济大学，2017．

[114]　张卫国，关宏，路永军．住宅排烟道烟气倒灌与串味的原因分析[J]．建筑工人，2008，(5)：40-43．

[115]　周强．厨房通风初探[J]．重庆建筑大学学报，1997，(05)：135-140．

[116]　徐柱天．日本住宅的通风设计[J]．暖通空调，1996，26(2)：40-47．

[117]　王德荣．日本公共住宅厨房通风[J]．暖通空调，1992，(5)：2-25．

[118]　辛月琪．高层住宅厨房烟道排风系统研究[D]．同济大学，2005．

[119]　熊健．高层住宅厨房集中排烟系统的特性及优化研究[D]．重庆大学，2016．

[120]　陈青青．高层住宅厨房集中排烟系统的模拟与优化研究[D]．西安建筑科技大学，2013．

[121]　吴利，高军，丁希晖．高层住宅厨房排气道数值模拟与对比分析[J]．建筑热能通风空调，2016，35(09)：56-60＋67．

[122]　刘宁．普通高层住宅集中式排烟(风)系统问题研究[D]．西安建筑科技大学，2009．

[123]　洪武开．高层住宅厨房集中排烟若干问题的分析与对策[J]．工程质量，2003，(08)：24-26．

[124]　邢松虹，张磊．关于厨房排烟排汽问题的探讨[J]．林业科技情报，2000，(01)：61-62．

[125]　由明通．住宅排气道系统空气动力学性能研究[D]．沈阳建筑大学，2014．

[126]　王海超．高层住宅厨房集中排烟气道系统导流构件实验与模拟研究[D]．西安建筑科技大学，2013．

[127]　Tong L，Gao J，Luo Z，et al．A novel flow-guide device for uniform exhaust in a central air exhaust ventilation system[J]．Building and Environment，2019，149：134-145．

[128]　王家隽，柳京毅．某建筑物变风量系统的控制[C]．全国暖通空调制冷2000年学术年会，2000．

[129]　叶大法，杨国荣，胡仰耆．上海地区变风量空调系统工程调研与展望[J]．暖通空调，2000，(06)：30-33．

[130]　戴斌文，狄洪发，马先民．变风量空调系统风机静压控制方法研究[J]．建筑热能通风空调，2000，(03)：6-10．

[131]　蔡敬琅．变风量空调设计[M]．北京：中国建筑工业出版社，1997．

[132]　叶大法，杨国荣．变风量空调系统设计[M]．北京：中国建筑工业出版社，2007．

[133]　陈方圆．变风量空调系统静压控制方法优化研究[D]．中国建筑科学研究院，2013．

[134]　田应丽．变风量(VAV)空调系统风压/风量控制方法的仿真研究[D]．西安建筑科技大学，2007．

［135］ 武根峰，曹勇．定静压变风量系统静压设定值的确定方法［J］．暖通空调，2014，44(07)：36-39.

［136］ D G. VAV fan static pressure control with DDC［J］. Heating/Piping/Air Conditioning Engineering, 1986, 11：3-7.

［137］ Warren M L, Norford L K. Integrating VAV zone requirements with supply fan operation［J］. ASHRAE Journal, 1993, 35：4-8.

［138］ Tung D S L, Deng S. Variable-air-conditioning system under reduced static pressure control［J］. Building Services Engineering Research and Technology, 1997, 18(2)：77-83.

［139］ 王盛卫．集成楼宇控制系统辅助之变风量空调系统的实时优化控制［C］．全国暖通空调制冷 1998 年学术文集，1998.

［140］ 李克欣，叶大法，杨国荣，等．变风量空调系统的 VPT 控制法及其应用［J］．暖通空调，1999，(03)：9-12＋24.

［141］ 胡钦华．变风量(VAV)空调系统机组部分基于神经网络 α 阶逆系统的解耦控制［D］．西安建筑科技大学，2003.

［142］ 戴斌文，狄洪发，江亿．变风量空调系统风机总风量控制方法［J］．暖通空调，1999，(03)：3-8.

［143］ 徐超远，郑文剑，余宁浙．变风量空调系统(VAV)总风量控制实例分析［J］．智能建筑与城市信息，2008，(9)：48-51.

［144］ 郭荣光，郑森中．总风量控制的 VAV 空调系统节能应用［C］．中国建筑业协会智能建筑分会 2011 年年会暨 2012 智能建筑行业发展论坛论文集，2012：170-178.

［145］ 李巧，徐晓宁，蒋仁娇，等．VAV 空调系统总风量控制方法探讨［J］．建筑科学，2014，(10)：47-50＋125.

［146］ 高俊钗，杨云龙．办公楼变风量新风控制系统设计［J］．电子产品世界，2017，(2)：60-61.

第 12 章　医院内呼吸道传染病的传播与防控

细菌、真菌和病毒等病原微生物在医院内传播，很容易造成传染病（尤其是呼吸道传染病）的医院感染，增加社会医疗费用支出，对公共卫生构成严重的潜在威胁。医院感染主要在重症监护室、手术室、急诊室和病房等场所发生或爆发，呼吸道感染占比最高，其次是泌尿道和手术部位。呼吸道传染病病原体在医院的传播过程比较复杂；按照呼吸飞沫的暴露方式，可将其传播方式分为飞沫传播、空气传播和表面接触传播等。针对这些传播途径采取合理的通风、过滤、杀菌、表面清理和洗手、佩戴口罩等措施，能对医院感染进行有效防控。

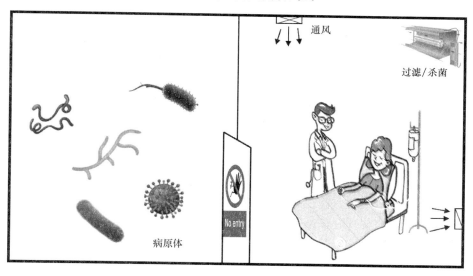

12.1 医院院内感染现状

12.1.1 医院感染的定义

医院感染即医疗保健相关感染（HCAI，Healthcare-associated infection），通常是指住院患者在医院内得到的感染，包括在住院期间发生的感染和在医院内得到、出院后发作的感染；但不包括入院前已开始或入院时已处于潜伏期的感染；医院工作人员在医院内得到的感染也属于医院感染[1]。医院感染患者一般在入院 48 小时后、出院 3 天内或手术 30 天内出现症状[2]。

12.1.2 医院院内感染的紧迫性

传染病，尤其是呼吸道传染病，很容易导致医院感染。在医院环境中，感染者咳嗽、打喷嚏和说话时可产生带有病原体的飞沫，进入易感人群的眼睛、口腔、鼻咽喉黏膜导致感染；携带病原体的飞沫核可长时间悬浮在空气中易导致疾病的空气传播；也可通过污染医务人员的手、医疗器械、纱布、冲洗液等导致接触传播。医院感染的发生，尤其是医院感染的暴发，加重患者原发疾病，占用大量医疗资源，增加社会医疗费用支出，对公共卫生构成严重的潜在威胁。据美国疾病控制与预防中心确认，2002 年有近 170 万住院患者发生院内感染，逾 9.8 万名患者死亡[3]。近年来，多起重大的传染性疾病的发生引起较大的社会恐慌，这些疾病的发生以医院内传播或医护人员之间的传播最为常见，例如：2003 年爆发的严重急性呼吸综合征（SARS），2014~2015 年在西非爆发埃博拉，以及在韩国流行的中东呼吸系统综合征（MERS）等[4-6]。

12.1.3 医院院内感染现状

医院感染监测是医院感染管理工作的基础，通过长期的综合性和目标性监测，能够及早发现医院感染的发生和可能的相关危险因素，为控制和预防医院感染提供科学的依据。先前由于受监测方法限制，我国大多数医院对院内感染发病率的变迁趋势多采用回顾性调查研究，存在诸多问题。如医院感染管理不足、各医院存在漏报、临床医师对医院感染诊断水平较低、部分医院微生物检测水平受限等原因，所监测的院内感染发病率可能较实际情况偏低，如 1998~1999 年间通过成立于 1986 年的全国医院感染监控网监测到的 126 所医院发现，院内感染率为 3.92%，感染部位以下呼吸道感染最为常见，其次为胃肠道、术后伤口、泌尿道感染[7]。所调查的医院院内感染率低于同期国外医院，如 2000 年意大利皮埃蒙特地区 59 家医疗机构的调查显示医疗保健相关感染患病率为 7.84%，但涉及医院的患病率差异显著

（0～47.8％），以泌尿道感染为主[8]。

　　医院院内感染现患率调查（也称横断面调查）是利用普查或抽查方式收集某一特定时期内实际处于院内感染状态的病例资料，来描述院内感染及其影响因素关系的一种研究方法[9]。通过现患率调查能发现潜在性的医院感染问题，帮助监测医院感染发病趋势和评价感染控制效果，了解住院患者感染情况[10]。为有效推动我国医院感染监测，自2001年开展全国医院感染横断面调查，以横断面调查替代医院感染发病率调查，成为医院感染监测主要的调查方式。全国医院感染监控网于2001年、2003年与2005年三次全国医院感染横断面调查，院内感染现患率分别为5.22％，4.81％和4.77％，感染部位以下呼吸道为主[11]。到2010年，全国医院感染监测网报告的院内感染现患率为3.6％，与10年前相差不大[12]。不同级别医院的院内感染现患率相差较大，一级医院的感染现患率为5.36％，三级医院的感染现患率为1.68％[13]，欧盟与欧洲经济区不同级别医院的院内感染现患率也有类似差异[14]；2014年全国1766所二甲以上医院调查显示医院感染现患率为2.67％，低于国外有关医院感染的报道，如意大利利古里亚地区公立医院HAI为10.3％[15]，欧盟与欧洲经济区医院院内感染的HAI为5.9％[14]；国内医院各科室中综合ICU的院内感染现患率最高，可达26.25％，院内感染以下呼吸道构成比最高，其次是泌尿道、手术部位，分别为47.53％，11.56％和10.41％，在下呼吸道医院内感染病原体的前三位分别是铜绿假单胞菌（21.04％）、肺炎克雷伯菌（18.36％）、鲍曼不动杆菌（18.15％）；此外真菌感染占下呼吸道感染病原体的6.67％，主要以白色假丝酵母菌为主[16]。新生儿院内感染病原体构成与成人相比存在一定的不同，通过对各数据库中有关中国大陆地区新生儿院内感染文献报道数据的Meta分析，我国新生儿院内感染最常见病原体为葡萄球菌属（32％）、沙门菌属（32％）、病毒（26％）、真菌（19％）、衣原体（16％）；三级医院新生儿院内感染最常见病原体均为葡萄球菌属（33％）、沙门菌属（32％）及病毒（26％）；二级及以下等级医院新生儿院内感染最常见病原体均为葡萄球菌属（31％）、真菌（30％）和衣原体（16％）；按不同调查时间段分析：1985～1999年最常见病原体为葡萄球菌属（43％）、沙门菌属（32％）、不动杆菌属（16％）；2000～2012年最常见病原体为病毒（43％）、葡萄球菌属（28％）、真菌（18％）[17]。欧洲疾病预防和控制中心流行病学调查的儿科数据分析显示，欧盟等29国儿童和青少年医院感染现患率为4.2％，血液感染是最常见的感染类型（45％），其次是下呼吸道感染（22％）、胃肠道感染（8％），肠杆菌科为最常见的致病菌（15％）[18]。

　　医院院内感染暴发严重威胁社会公共卫生安全，是医院感染危害性的最高体现，1980～2009年30年间国内公开报道的医院感染暴发事件中，涉及全国31个省（地区）共303家医院，感染病原体涉及5大类微生物，以细菌、病毒为主，占91.48％，鼠伤寒沙门菌、传染性非典型肺炎病毒位居病原体前2位，另外还包括真菌、立克次体、寄生虫；感染部位在 1980~1999 年间以肠道感染为主，2000~2009 年以下呼吸道感染为主。这些菌株感染大都与呼吸道装置污染、医院工作人员交叉感染、消毒隔离措施不当、抗菌药物的不合理应用等密切相关[19]。另一项研究对 2004~2016 年间发表的有关医院院内感染暴发的文献进行统计分析，共发生 113 起医院感染暴发事件，有 1180 例感染患者，死亡 24 例，致病病原体主要为病毒（39.75%）、细菌（37.63%），环境清洁消毒不彻底、医务人员卫生执行不严格是造成医院感染暴发的最主要原因[20]。

值得关注的是，随着临床上抗生素的广泛使用导致日趋严重的细菌及其他微生物耐药性的产生，近几年的细菌耐药监测分析提示临床分离菌对常见抗菌药物的耐药率仍呈增长趋势，尤其是碳青霉烯类耐药肺炎克雷伯菌呈现较快增长，肺炎克雷伯菌对亚胺培南和美罗培南的耐药率分别从 2005 年的 3.0% 和 2.9% 上升到了 2017 年的 20.9% 和 24.0%，给临床抗感染治疗带来巨大挑战[21,22]。

12.2　医院感染的分类和重要场所

12.2.1　医院感染的分类

致病病原体种类包括细菌、病毒、真菌、非典型病原体（支原体、衣原体、军团菌）及原虫等，其中细菌、病毒、真菌是医院感染最常见的致病病原体[2]。

（1）细菌

细菌是医院感染较常见的致病病原体，1999 年 1 月~2007 年 12 月全国医院感染监控网监测报告显示：医院感染病原体以革兰阴性菌为主，其次为革兰阳性菌和真菌，分别占 48.86%、26.21%、24.21%，不同感染部位居首位的致病病原体各不相同，除胃肠道以真菌为主、血管导管相关以革兰阳性菌为主外，其他均以革兰阴性菌为主，占 40.31%~59.00%；在各感染部位中居前位的病原体各不相同，下呼吸道感染以铜绿假单胞菌为首位，其次为白色假丝酵母菌、金黄色葡萄球菌，而泌尿道、血液和手术部位感染居首位的病原体为大肠埃希菌[23]。由于人口老龄化，疾病谱的变化，侵袭性操作增多，广谱抗生素、糖皮质激素以及免疫抑制剂的广泛应用，医院感染病原体分布较前有所差异，2010 年全国医院感染病例病原体分布调查显示，革兰阳性（G+）菌、革兰阴性（G-）菌、真菌各占 20.69%、66.03%、10.62%；居病原体首位的为铜绿假单胞菌（17.17%），其次为大肠埃希菌（13.51%）、鲍曼不动杆菌（11.01%）、肺炎克雷伯菌（10.73%）、金黄色葡萄球菌（8.83%），以上菌株占医院感染病原体的 61.25%[12]。利用医院感染监测网络信息平台对 71 所医院 2014 年的医院院内感染报告分析显示下呼吸道感染，上呼吸道感染、泌尿系统感染为主要的医院感染部位，分别占 42.40%、16.44%、

16.01%，居前三位的分别是铜绿假单胞菌（13.10%）、肺炎克雷伯菌（12.61%）、大肠埃希菌（12.54%），与我国其他医院感染监测网的监测数据基本吻合，能够反映参与医院的主要院内感染病例特征[24]。但就全球范围来看，不同国家和地区致病微生物种属和主要感染部位存在差异，如意大利 Friuli-Venezia Giulia 地区医院院内感染的最常见的病原体为大肠杆菌（21.3%），其次为金黄色葡萄球菌（10.5%）、粪肠球菌（9.9%），常见感染部位依次为：血流感染、尿路感染和肺部感染[25]；对东南亚国家（文莱、缅甸、柬埔寨、东帝汶、印度尼西亚、老挝、马来西亚、菲律宾、新加坡、泰国和越南）的 HCAIs 进行的一项系统回顾和 Meta 分析发现，总体流行率为 9.1%，最常见的微生物为铜绿假单胞菌、克雷伯氏菌和鲍曼不动杆菌[26]。

（2）病毒

病毒是导致室内环境获得性感染疾病最常见的原因[27]，尤其是医院环境，人群密集复杂且来往频繁，各种患者汇集。感染患者可通过呼吸道、消化道、口腔、泌尿道等分泌或排出病毒，可通过咳嗽、打喷嚏、说话、正常呼吸和频繁呕吐等方式[27,28]，或诊疗过程中某些医疗操作如气管插管和支气管镜检查等过程产生飞沫或气溶胶污染周围的环境。在感染患者病房的物体表面、空气中均可检测到相应的感染病毒核酸[29-32]，包括：经飞沫传播的病毒如 SARS 冠状病毒（SARS-CoV）、流感病毒、腺病毒、鼻病毒、副流感病毒等，经气溶胶传播的病毒如麻疹（风疹病毒）、水痘-带状疱疹病毒等[33]，以及部分以气溶胶的方式通过空气传播感染人体的肠道病毒诺如病毒等。在韩国某医院连续 4 年的调查显示：7772 例呼吸道病毒感染的住院病人中，22.8%是在住院期间被感染[34]。医院获得性呼吸道病毒感染的几率是每 1000 住院病人中有 3.9 例患者，每 10000 住院日有 4.9 例患者（入院后患病的平均时间是 16 天）。重症监护病房中的感染概率最高（15.8 例/1000 病人），其次是内科病房（4.2 例/1000 病人）和外科病房（1.9 例/1000 病人）。1770 名医院获得性呼吸道病毒感染患者中共检测出 1888 种病毒，鼻病毒最普遍（30.3%），其次是流感病毒（17.6%）和副流感病毒（15.6%）。对于流感，医院的流感病人中 28.1%是医院获得性感染[34]。加拿大针对 51 家医院的研究和德国的一项研究也有类似结果，比率分别是 23.2%～23.6%[35]和 20%～24%[36]。

（3）真菌

引起人类疾病的真菌种类有 400 余种，近年来由于免疫缺陷患者包括获得性免疫缺陷综合征（AIDS）、恶性肿瘤、器官移植、烧伤等逐渐增多，以及糖皮质激素、免疫抑制剂、抗肿瘤药物以及血液透析等应用。自 20 世纪 60 年代以来，中国地区真菌感染患者增加了 30～50 倍[37]。从全球来看，每年真菌所致的深部侵袭性感染可导致约 150 万人死亡[38]，在所有报告的与真菌有关的死亡中，90%以上是由隐球菌、念珠菌、曲霉和肺孢子虫 4 种病原真菌种属造成的[39]。根据 1999 年 1

月至 2002 年 6 月对全国医院感染监控网的 80 家医院 3220706 人次住院患者调查显示，我国医院真菌感染率为 0.16%～0.24%，平均为 0.23%，其中 4.91% 来自呼吸道[40]。较为特殊的是老年患者由于基础疾病多，住院时间长、实施各种侵入性操作、抗菌药物的应用等，易发生院内感染，其中真菌感染所占比例仅次于革兰阴性菌，可占到报告病原菌总数的第二位（29.12%）[41]。在 2008～2017 年 10 年间我国病原真菌谱大致稳定，包括念珠菌、曲霉、青霉、隐球菌、毛霉和孢子丝菌等 9 种病原真菌种属，其中念珠菌感染占总病例数的 91%，而白念珠菌比例最大，占念珠菌属的 65%，不过其感染比例 10 年间降低了 10%，深部真菌最常见的感染部位是呼吸道及肺部；在地区分布上气候温暖潮湿的长江中下游及岭南地区是深部真菌感染报道病例最多的地区[42]。

（4）其他病原体

其他常见的致病病原体包括支原体、衣原体、嗜肺军团菌及立克次体等，这些病原体常可导致非典型肺炎或患者出现非典型临床症状，因此将其定义为非典型病原体，上述非典型病原体是包括中国在内的许多国家社区获得性肺炎的主要病原体之一[43]。非典型病原体很少引起医院院内感染，发生院内感染往往可造成严重危害，医院院内感染军团菌的死亡率可高达 30%[44]。

12.2.2　医院院内感染的重要场所

医院院内感染可在重症监护室（Intensive Care Unit，ICU）、手术室、急诊室和病房等场所发生或爆发。其中，病房的院内感染报道较少，以 2003 年香港威尔斯亲王医院的 SARS 爆发[26]和 2015 年韩国圣玛丽医院的 MERS 爆发[25]最为著名。

（1）重症监护室

在某些特殊科室如综合重症监护室（ICU）因患者所患基础疾病重，接受侵入性操作多，以及大量使用广谱抗菌药物，是医院感染发病率最高的科室，医院感染率是普通科室的 5～10 倍。对 2012 年 3～12 月期间上报至全国医院感染监测网医院感染横断面调查资料中综合 ICU 监测数据进行汇总分析：其中 621 家医院综合 ICU 共监测患者 5887，发生医院感染 1634 例，医院感染现患率为 27.76%。医院感染部位以下呼吸道（70.39%）居首位，其次为泌尿道（12.79%）、血液（2.86%）。居前 3 位的分别是铜绿假单胞菌（20.78%）、鲍曼不动杆菌（17.99%）和肺炎克雷伯菌（11.64%）。其中，与泌尿道插管、动静脉置管及呼吸机使用相关的院内泌尿道感染、肺炎、血流感染现患率分别达到 4.67%、20.41%、0.6%[45]。我国医院感染现患率与欧盟国家 ECDC 同期监测报告中所述的 28.1% 感染率相近[46]，但在 2012～2014 年波兰国内重症监护室患者中 HAI 的医院感染现患率为 39.2%，感染部位与国内相似，以呼吸道感染为主，但感染致病为肠杆菌和非发酵菌为主，作者解释与欧盟 CDC 统计数据的差异可能与患者群体的差异或不同的统计方法有关[47]。美国重症监护室患者中的医院感染现患率为 34.5%,最常见的感染部位为肺,其次为手术部位、胃肠道,致病菌主要为艰难梭菌,占院内感染的 12.1%[48]。

(2)手术室

手术室是为病人提供手术进行抢救和治疗的重要场所,也是医院感染的高危场所之一。手术室感染因素包括手术室环境因素、医疗器械因素、患者自身因素、医护人员的因素等多种因素[49],患者在手术室进行手术时手术切口及其脏器会暴露在空气中,以及接触到各种手术器械和物品,一旦手术室的环境包括手术室表面洁净度、手术室空气的质量以及医疗操作器械消毒不达标,均可影响患者手术质量以及患者伤口愈合,导致院内感染的发生。

手术部位感染的比例由手术类型决定,2%~36%的手术患者会出现手术部位感染,骨科手术后的感染风险最高,其次是心脏和腹腔手术[50]。医院感染无论是切口感染还是深部感染,都会给患者带来重大的发病率和死亡率,并给医疗带来额外的经济成本[51]。由于外科手术的特殊性,手术伤口暴露于外界空气中,随时有受到污染的可能,在一项对关节置换术患者的研究中显示手术部位的污染广泛存在。在所统计的 100 例患者手术中,63%的手术存在手术部位污染,其中 76%的微生物是凝固酶阴性的葡萄球菌[52]。导致手术部位的感染因素中,手术室环境是重要影响因素,与常规通风相比较,层流手术室手术部位的感染率可从 1.5%降至 0.6%[53],Ritter 等研究发现在手术室安装紫外灯消毒,可将全关节置换术后手术部位的感染发生率自 1.77%降至 0.57%[54]。在我国部分医院手术室的院内感染率为 5.30%;感染部位以呼吸系统感染为主[55],国内学者对 2016 年上报至全国医院感染监测网医院感染横断面调查资料研究显示:手术后下呼吸道感染共分离出病原体 1163 株,G-菌、G+菌、真菌分别占 83.66%、10.4%、5.16%,居前五位致病菌依次为铜绿假单胞菌、肺炎克雷伯菌、鲍曼不动杆菌、大肠埃希菌和金黄色葡萄球菌,占所分离病原体的 72.06%[56]。

(3)急诊室

据统计,2017 年全国医疗卫生机构总诊疗人次达 81.8 亿人次,大量的门诊和急诊患者及其家属聚集在门诊和急诊室[57],医院急诊室 24h 开放,是医院救治与诊断急诊患者的重要场所,感染性疾病与非感染性疾病患者混合候诊救治等,曾有研究人员通过 PCR 方法检测医院急诊室内空气中气溶胶颗粒所含的流感病毒的数量和大小,结果显示急诊科空气中超过 50%的可吸入气溶胶颗粒中含有流感病毒[58],极易导致传染性疾病的爆发或流行。到急诊科就诊的患者多为门诊患者,人员流动性较大,以社区感染患者为主,部分医院急诊室下设的急诊重症医学科收治患者多为危重患者,病情较为复杂,涉及的疾病范围也较为广泛,患者多为中老年人,基础疾病多,免疫功能低下,住院期间由于侵入性操作,住院时间长,长期不合理应用抗菌药物等，成为医院感染的高发区[59]。急诊重症患者医院感染以革兰阴性菌为主，其次为革兰阳性菌和真菌，革兰阳性菌以金黄色葡萄球菌为主，革兰阴性菌以铜绿假单胞菌、鲍氏不动杆菌、肺炎克雷伯菌以及大肠埃希菌最为常见[60-62]。

12.3 医院内病原体扩散暴露机理

人的呼吸活动，如正常呼吸、说话、咳嗽或打喷嚏等，可以产生数以万计的飞沫，而患者呼出的飞沫中可能携带病原微生物，在医院环境扩散，造成易感人群的暴露和呼吸道疾病的感染。

12.3.1 呼吸飞沫的产生和释放

患者呼出的飞沫中所含的病原体的浓度很大程度上取决于飞沫在呼吸道内的产生位置，因为病原微生物倾向于在某些特定部位进行复制，特别是扁桃体和喉部；口腔内病原微生物浓度很低[27]。飞沫的形成机制主要有两种：黏膜-空气交界面的剪切力导致黏液破裂[63]，末端呼吸道重新开放形成的薄膜被气流冲击破裂[64]。前者主要在咳嗽、打喷嚏、讲话等剧烈呼吸活动发生，可产生较大粒径（甚至 $100\mu m$ 左右）的飞沫。但是，大飞沫很快在呼吸道内沉积，不一定能有效释放到室内环境中；有研究表明，大于等于 $20\mu m$ 的飞沫主要源于口腔[65,66]。在正常呼吸期间，产生的气流速度不至于引起黏液的破裂，此时飞沫的产生和末端呼吸道重新开放有关，产生的飞沫粒径较小（$\leqslant 1\mu m$）。

国内外已开展了一系列针对呼吸活动释放的飞沫数量和粒径分布的研究。例如，Chao 等通过激光散射法（测量下限 $2\mu m$）测得志愿者每次咳嗽产生的飞沫数量大概为 947 到 2085 个；飞沫粒径呈正态分布，峰值在 $10\mu m$ 左右[67]。Fabian 等的研究表明很少（<2%）的飞沫粒径大于 $1\mu m$，82% 的飞沫的粒径介于 $0.30\sim 0.50\mu m$[68]。由于测量手段的不同和志愿者个体差异等因素，不同研究的实验结果差异较大。总体而言，人的呼出气流中每升空气含有的飞沫数量分别为 $1\sim 320$ 个（正常呼吸）、$24\sim 23600$ 个（咳嗽）和 $4\sim 600$ 个（讲话）；图 12-1 给出了咳嗽释放到环境中的飞沫粒径分布，飞沫浓度在亚微米级、$1\sim 3\mu m$、$10\mu m$ 左右和 $100\mu m$ 左右都可能存在峰值[27,67,69-71]。一般来说，大多数人呼出的飞沫数量相对较少，但是存在少数人，其呼吸活动产生的飞沫数量远远高于其他人，他们也被称为"超级传播者"[72]。

通过对飞沫中病毒含量的直接测量，学者们已证明粒径小于 $5\mu m$ 的飞沫是流感病毒、肺结核病毒等病原体的重要载体，为这些疾病的空气传播途径提供了有力证据[73,74]。美国疾控中心国家职业安全与健康研究所（CDC-NIOSH）Lindsley 团

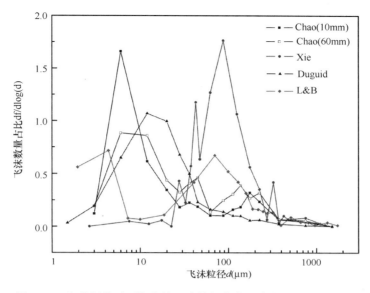

图 12-1　咳嗽释放到环境中的飞沫粒径分布（未包含亚微米飞沫）

队设计并制造了旋风式三阶采样器，通过志愿者实验表明大于 $4\mu m$ 的飞沫、$1\sim$ $4\mu m$ 的飞沫和小于 $1\mu m$ 的飞沫分别携带 35%、23% 和 42% 的流感病毒总量[73]。 Milton 教授的团队搭建了呼吸气流采集装置（G-Ⅱ），志愿者呼出的气流（包括正常呼吸气流和咳嗽气流）通过一个水平的圆锥管道汇集到第一阶撞击采样器（$5\mu m$），然后再经过加湿、凝结，用第二阶撞击采样器收集剩余的飞沫。研究结果表明，小于 $5\mu m$ 的飞沫携带流感病毒量是大于 $5\mu m$ 飞沫的 8.8 倍；通过佩戴口罩，释放到环境中的病毒减少 64%（$<5\mu m$ 的飞沫）和 96%（$>5\mu m$ 的飞沫）[74]。 值得注意的是，此类研究装置采样通道长、大粒径飞沫沉降速度快，撞击采样器或旋风分离器对大粒径飞沫的采集率较低，病毒含量难以被准确测量和评估。

　　有一些研究人员研究了某些呼吸道疾病，比如流感和 SARS 的基本再生数 R_0 的分布；R_0 被定义为单个患者进入易感人群后感染的个体总数[75]。Lloyd-Smith 等的研究了 SARS 基本再生数 R_0 的分布（图 12-2a），Chen[76] 等的研究了四种呼吸道疾病（流感，麻疹，天花和 SARS）的基本再生数 R_0 的分布（图 12-2b）。虽然不同人的研究的基本再生数 R_0 的概率密度函数不同，但这些研究结果有一个共同点：所有概率密度函数都是左倾的。这与一般"20/80 规则"相符（其中 20% 的病人情况导致 80% 传播[77]）。

12.3.2　飞沫在医院室内环境的扩散

飞沫随呼吸气流进入室内环境，并随之扩散。咳嗽持续时间往往短于 1s，其

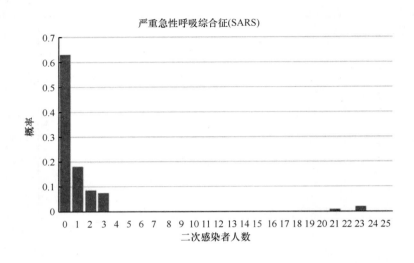

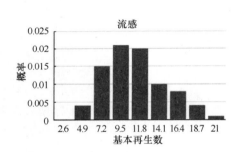

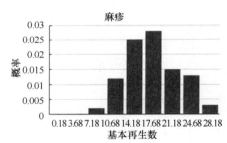

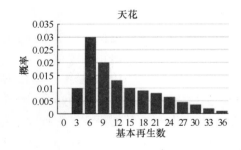

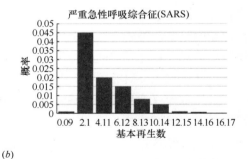

图 12-2　呼吸道传染病基本再生数 R_0 的分布

（a）SARS[75]；（b）流感、麻疹、天花和 SARS[76]

速度高达 6～22m/s，速度随时间的变化符合伽马概率分布的组合函数[78]；正常呼吸气流速度达 1～5m/s，可用正弦函数表征[79]。由于呼吸射流的起始速度较高，在飞沫扩散的初期阶段往往起主导作用；射流停止后，由于惯性仍会携带飞沫继续在室内环境扩散一段距离。研究表明，咳嗽射流和呼吸射流能分别携带飞沫到大于2m 和小于 1m 的距离[33]；射流内的湍流有效增大了飞沫的径向扩散范围[80]。随后，大粒径飞沫（>100μm）飞沫快速沉降（其沉降速度 >0.2m/s）；粒径较小的飞沫（例如，5μm 飞沫在静止空气中的沉降速度为 0.74mm/s），则可在室内环境悬浮很久，造成呼吸道传染病的空气传播[80]。

由于飞沫表面和室内空气的蒸汽压力差，含水的飞沫在室内扩散的同时逐渐蒸发，直至变成飞沫核。飞沫核直径是初始直径的 1/3～1/2 左右[81]。对于小粒径飞沫，其蒸发时间很短，甚至可以忽略（例如，10μm 飞沫在 1s 内完全蒸发变成飞沫核）；大粒径飞沫（>100μm）的蒸发时间则长达 1min，在完全蒸发之前早已沉降到地面。相比之下，中等粒径飞沫（50μm 左右）受环境湿度影响显著：干燥时，它们能快速蒸发，较小的飞沫核可随呼吸气流扩散到较远的室内空间，潮湿时则由于重力作用很快沉降[80]。

室内气流对呼吸飞沫的扩散也起到重要作用，包括通风、人体和电气设备的热羽流、人的走动和门的开关引起的气流等（图 12-3）。通风在稀释室内病原微生物浓度的同时，也改变着他们在空间的分布规律；通过合理的通风气流组织，可使新风由易感人群流向病人再由排风口排出[82]。由于人体皮肤和室内空气的温差，人体周围会产生热羽流；在人的呼吸区域其边界层厚度约为 0.15m，最高速度在头部上方约 0.5m 处可达 0.2～0.3m/s[83]。热羽流对人体微环境有重要作用，它能将近地面处的新鲜空气或污染物携带至呼吸区域，也能在和病人近距离接触时起到空气屏障的保护作用。人在走动时，背后产生尾流，能裹挟病原体实现跨空间传输[84]。门开关时产生的涡流[85]，还有门打开时由于房间内外的温差导致的双向流[86]，也能造成病原体的泄漏。

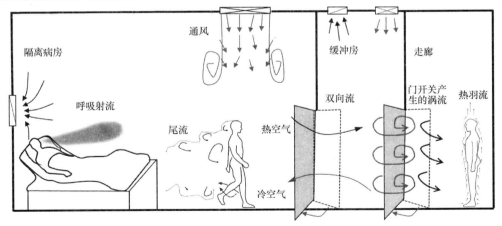

图 12-3　医院内（以隔离病房为例）气流组织对飞沫扩散的影响作用示意图
（已获得 Elsevier 授权）[66]

12.3.3 飞沫暴露和疾病传播途径

携带病原微生物的飞沫一般通过单个或者多个路径传播，主要包括近距离/远距离空气传播、飞沫传播和直接/间接接触传播等[66,87]（图12-4）。

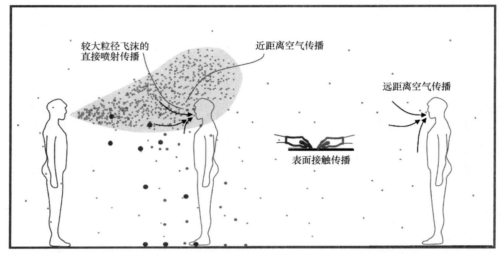

　　● 大粒径飞沫(>100μm)：由于重力作用很快沉降
　　· 中等粒径飞沫：5～100μm
　　· 小粒径飞沫/飞沫核(<5μm)：空气传播

图12-4 呼吸道传染病的传播路径示意图（已获得 Elsevier 授权）[66]

（1）空气传播

空气传播路径又称为气溶胶传播途径，主要是指通过粒径小于 $5\mu m$ 的含有病原微生物的飞沫核传播的。这些飞沫核主要来源于随着人体呼吸活动呼出的飞沫蒸发所形成的飞沫核。如前文所述，它们质量小，沉降速度低，可以在空气中悬浮很久并且随着气流运输到很远的距离，比如同一个房间[88]，同一楼层的不同房间[89]，以及同一建筑的不同楼层[90]，甚至不同建筑[91]。研究表明人呼吸活动产生的绝大部分的飞沫的粒径小于 $10\mu m$ [67-71]，因此人的呼吸活动会产生大量携带病原微生物的飞沫，同时考虑到飞沫核中的某些病原微生物可以存活很长一段时间[92,93]，空气传播途径尤为重要。图12-5 给出了四种不同病毒：天花、流感、委内瑞拉马脑脊髓炎、脊髓灰质炎，在不同温湿度的情况下在空气中的存活时间[94]。四种病毒在不同温湿度下，绝大部分情形都可以存活一天甚至更久的时间。

通风被认为是控制呼吸道传染病空气传播的有效的措施[82]，其中通风率和气流组织形式是最关键的两个因素，后文将会详述。常用的通风形式包括混合通风和置换通风等，它们在控制传染病的空气传播方面的作用存在争议：有的研究表明置换通风比混合通风在控制医院内的交叉感染更加有效[95]，但有些研究混合通风比置换通风效果更好，主要是因为置换通风的房间存在温度分层不利于污染物的稀释[96]。相比于简单地增加通风量和改变通风方式，现在一些个性化通风措施越来越多用于控制医院内传染病的空气传播。

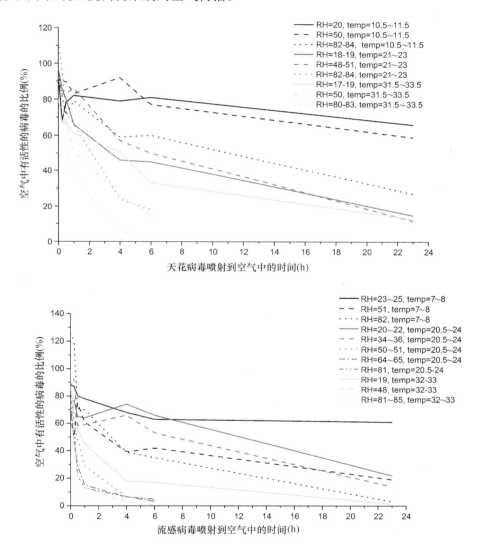

图 12-5　四种病毒（天花、流感、委内瑞拉马脑脊髓炎和脊髓灰质炎）在不同温湿度下的存活率（一）[94]（彩图见二维码）

注：RH：相对湿度；temp：温度。

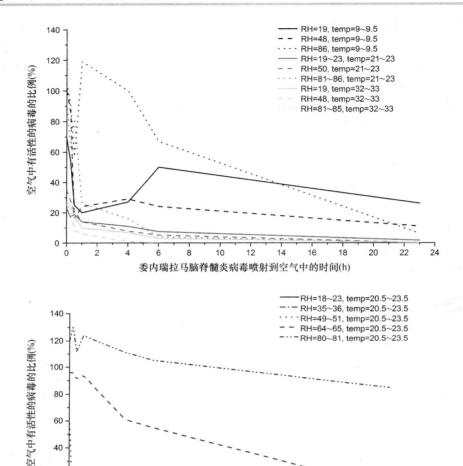

图 12-5　四种病毒（天花、流感、委内瑞拉马脑脊髓炎
和脊髓灰质炎）在不同温湿度下的存活率（二）[94]（彩图见 二维码）
注：RH：相对湿度；temp：温度。

（2）飞沫传播

飞沫传播主要通过粒径大于 $5\mu m$ 的含有病原微生物的飞沫进行传播。这些飞沫由于粒径较大，呼入后主要沉积在人的上呼吸道或者直接粘附在人的外黏膜上，例如：$10\mu m$ 及以上的飞沫到达气管之前都会在鼻咽或口咽沉积，更不会达到肺部[97]。这些大的飞沫由于相对较大的粒径和沉降速度，在空气中悬浮时间相对较短，例如：在静止的室内环境，粒径为 $10\mu m$ 的飞沫需要 17min 就可以从离地 3m

高的地方沉降到地面，而对于粒径为 $20\mu m$ 的飞沫，只需要 $4min$[80]。因此对于飞沫传播的研究，一个重要的问题是这些大的呼吸飞沫在沉降之前可以随呼吸气流运动多远的距离。Xie 等基于经典的 Wells 蒸发-沉降曲线的模型，探索了不同温湿度情况下的飞沫的蒸发-沉降曲线，并通过结合射流模型和飞沫蒸发模型得出结论：这些大的颗粒随呼吸射流向前运动的距离大概也只有 $1\sim1.5m$[33]。

（3）直接/间接接触传播

直接接触传播指患者和易感人群通过直接的身体接触导致的传染病的传播；间接接触传播指易感人群通过触摸被病原体污染的环境表面导致手上带有病原体，并且通过触摸眼鼻等易感部位引起的传染病的传播。感染多种病毒的患者，如流感、诺如病毒、严重急性呼吸系统综合征（SARS）冠状病毒、耐甲氧西林金黄色葡萄球菌（MRSA）和耐万古霉素肠球菌（VRE），已知可以通过体内分泌物将病原体排入环境，这些分泌物包括血液、粪便、唾液和鼻液等[98,99]。

过去人们普遍认为膜病毒，如流感和人类冠状病毒，包括 MERS-CoV 和 SARS-CoV，在干燥的表面上存活的能力非常有限[100]。然而，一些研究表明，许多种病原体可以在环境表面上存活几天甚至几周的时间。病原体在环境表面的死亡率取决于许多变量，例如环境温度、湿度、环境表面的材质以及病原体的种类。通常，病原体在无孔表面上的存活率更高，在正常的湿度和温度下，尽管流感和 SARS 冠状病毒等呼吸道病毒在环境表面具有很高的死亡率，但它们也可以在干燥的表面上存活 $1\sim2$ 天[101,102]，从而有通过接触环境表面传播的潜力。图 12-6 给出了几类呼吸道病毒在室内环境表面的失活率。

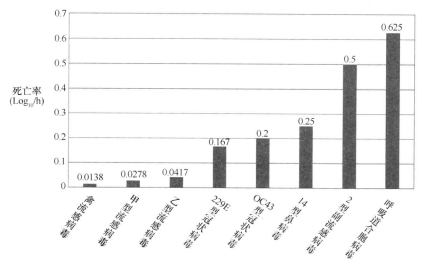

图 12-6 8 类呼吸道病毒在环境表面的失活率，
原始数据来源于 Boone and Gerba[103]

一些研究表明，医院环境中，经常对手和环境表面进行清洗和消毒时，手和环境表面的病原体数量以及医院的交叉感染情况都可以得到明显改善[104,105]。通常，消毒比清洗对清除病原体具有更高的效率。有效的消毒剂可使环境表面或手上的病原体减少 99%[106]。然而，即使在医院的重症监护室（ICU），环境表面的清洁和消毒的执行率是偏低的[107]，一项医院的观察研究表明，医院环境表面清洁的合格率仅为 48%[108]。

12.4　呼吸道传染病的工程防控措施

医院内病原体的传播扩散严重威胁着医护人员、病人及病人家属的健康，如何通过工程手段对医院感染进行有效防控一直是医院和学界关注的重要话题。

12.4.1　通风

通风除了改善室内人群的热舒适，还可以降低空气中微生物的浓度，减少呼吸道疾病的传播。高通风率已被证明可以有效地降低医院中交叉感染的风险[82]，采用自然通风也是一种可以提供高通风率的方法[109,110]。

12.4.1.1　医院建筑的通风要求和通风形式

（1）门诊部

门诊部的一些科室会产生异味，引起室内人员的不适，需要通风的科室包括口腔科、妇产科、中医理疗区、门诊手术室、药房、输液区及病人等候区等。以上科室的通风系统均应相互独立，将被污染的空气直接通过管道风机在本层直接排至室外或接入排风竖井。若设有中央空调新风系统，可利用空调系统的新风作为补风，否则要考虑自然补风或是机械补风[111]。

门诊大厅面积大、人员流动量大，不同病患的混杂使其成为交叉感染的重点多发区。由于大厅大门通常为敞开状态，若使用空调系统会造成巨大的能源损耗，所以门诊大厅应以自然通风为主，当自然通风不能满足要求时，可采用变风量负压排风系统从大门等部位引入新风。

诊室房间空间较为封闭，人员流动量大且多为病患。诊室的特点是对室内的温湿度和含尘量都十分敏感，对环境要求较高。故采用全面机械通风的形式，即机械送风和机械排风。

（2）手术室

手术室的洁净度要求较其他区域更为严格，病人在做手术时最易受到病菌感染。使用手术室通风是降低空气中细菌颗粒物的浓度，从而防止术后感染的关键[112]。高效安全的手术室空气净化系统，可以满足手术室的无菌要求，保障器官移植、心脏及血管等手术所需的高度无菌环境。

手术室通风的主要目的是排除各工作间内的废气及其中的灰尘和微生物等，确保各工作间必要的新风量，并保持室内必要的正压。能满足手术室通风要求的机械通风方式有以下两种。①机械送风与机械排风并用式：这种通风方式可控制换气次数、换气量及室内压力，通风效果较好。②机械送风与自然排风并用式：这种通风方式的换气受一定限制，通风效果不如前者。另外，手术室可采用顶棚送风将污染物控制在高度低于手术台的区域内[113]。

（3）行政楼

办公室室内长期处于密闭状态，人员较为固定，以自然通风为主，自然通风不能满足要求时采用变风量全面机械通风。另外，长期使用电脑的工作桌旁可设局部送风。

12.4.1.2　通风设计规范

送风口、排风口的位置不同及送风方式不同会形成不同的气流分布形式，主要分为：①上送下回形式，包括孔板上送下回、散流器上送下回以及侧上送风侧下回风；②上送上回形式，包括单侧上送上回、异侧上送上回和散流器上送上回；③下送上回形式，主要包括地板下送上回形式和置换式下送上回形式。

（1）洁净手术部通风空调系统设计规范[114]

空调排风系统设置要求：①净化空调系统设置宜使洁净手术部处于受控状态，既能保证洁净手术部整体控制，又能使各洁净手术室灵活使用。洁净手术室应与辅助用房分开设置净化空调系统；②Ⅰ、Ⅱ级洁净手术室应每间单独设置净化空调系统。Ⅲ、Ⅳ级洁净手术室可以2～3间手术室合用一个净化空调系统；③洁净手术部应有足够的新风量，并采取可靠措施保证手术室的新风供应；④每间手术室应单独设置排风系统，洁净和清洁辅助区应有排风出路，保证手术部合理的压力梯度。

空气处理方式：净化空调系统循环空气应经过三级过滤，过滤器第一级紧靠回风口处，第二级应设置在系统正压段，第三级应设置在系统末端；净化空调系统空气应根据手术室要求进行热、湿处理。

气流组织形式：①洁净手术室气流组织为上送下回。洁净辅助和清洁辅助用房宜采用上送下回，也可采用上送上回；②Ⅰ-Ⅲ级洁净手术室送风口应集中布置于手术台上方，使包括手术台的一定区域处于洁净气流的主流区内；③洁净手术室应采用双侧下部回风，在双侧距离不超过3m时，可在一侧下部回风；④下部回风口上边不应超过地面0.5m，洞口下边离地面不应低于0.1m；⑤室内回风口气流速度不应大于1.6m/s，走廊回风口气流速度不应大于3m/s；⑥洁净手术室应设顶部排风口，其位置宜在病人头侧的顶部。排风口风速不应大于2m/s。

（2）住院部空调系统设计规范[115]

根据医院空调系统设计规范，住院部的空调系统设置应满足以下要求：

1）普通病房区：①病房首先应考虑开窗通风；②当有条件设置普通空调时，

应有新风供应或排风，并尽量减小系统规模；③病区洗涤机室、干燥机室、公用厕所、处置室、污物室、换药室、配膳间等应设排风，排气口的布置不应使局部空气滞留，换气次数为 10～15 次/h。

2）产科：①分娩室以及准备室、淋浴室、恢复室等相关房间如设置空调系统必须能 24h 连续运行；②分娩室宜采用变新风的空调系统，可根据需要进入全新风运行状态；③有条件时，早产儿室 NICU 和免疫缺损新生儿室宜为Ⅲ级洁净用房。如室内有早产儿保育器时，室内温度夏季设定为 27℃，冬季为 26℃，相对湿度夏、冬季均为 50％。

3）传染病用隔离病房：①当设置空调系统时，应设置独立的排风，并且能够 24h 连续运行；②呼吸道传染病病房，对单人病房或单一病种病房一般可采用回风设置高效过滤器的空调末端机组，换气次数不低于 8 次/h，其中新风换气不低于 2 次/h，否则宜设全新风系统。不得设置风机盘管机组等室内循环机组；③呼吸道传染病病房应设缓冲室，其压力梯度应使病房内气流不致通过缓冲室外溢，排风出口允许设在无人的空旷场所，如无合适场所则在排风口处设高效过滤器，不得渗漏并易于消毒后更换。排风机可集中设置，也可一室一机；④室内气流应做到一侧送风，对侧（床头附近）排（回）风，形成定向流动，避免出现回流气流；⑤区域应维持有序梯度负压，负压程度由走廊→缓冲室→隔离病房依次增大。负压差最小为 5Pa。应在每个房间送排风管安装密闭阀，且与配置风机连锁，风机停止时密闭阀关闭；⑥温度 20～27℃，相对湿度 30％～60％。

4）重症护理单元（ICU）：①ICU 宜采用不低于Ⅳ级洁净用房的要求，应采用独立的净化空调系统，24h 连续运行。温度宜在 20～26℃，相对湿度宜为 40％～65％，对邻室维持 5Pa 正压；②ICU 病房宜采用上送下回的气流组织，要注意送风气流不要直接送入病床面。每张病床均不应处于其他病床的下风侧。排风（或回风）口应设在病床的附近。

5）骨髓移植病房：①骨髓移植病房应按医疗要求选用Ⅰ、Ⅱ级洁净用房。一般应采用上送下回的气流组织方式。Ⅰ级病房应采用全室垂直单向流，两侧下回风的气流组织。当采用水平单向流时，病人活动区应布置在气流上游，休息时头部应朝送风墙，要避免吹风感；②各病房应采用独立的双风机并联、互为备用的净化空调系统，24h 运行；③送风应采用调速装置，至少采用两档风速。病人活动或进行治疗时风速取大值（不低于 0.25m/s），病人休息时取小值（不低于 0.15m/s）。室内温度宜取 22～27℃，相对湿度取 45％～60％，对邻室保持 8Pa 的正压。

6）烧伤病房应根据治疗方法的要求，确定是否选用洁净用房。当选用洁净用房时应满足以下要求：①重度烧伤以上的病房（烧伤面积≥70％，Ⅲ度面积 50％）应按Ⅲ级洁净用房设计，采用集中布置送风风口，其辅助用房和重度烧伤以下的病房宜按Ⅳ级洁净用房设计；②对于多床一室的Ⅳ级烧伤病房，每张病床均不应处于其他病床的下风侧；③温度 30～32℃，相对湿度 40%～60%，对邻室保持 8Pa 的正压；④病区内的浴室、厕所等应设置排风装置，并要装有中效过滤器，设置与排风机相连锁的密闭阀。

7）哮喘病病房：①哮喘病病房宜按Ⅱ级洁净用房设计；②各病房应采用独立的净化空调系统，24 小时运行；③严格控制温湿度波动，全年 25±1℃，50%±5%，对邻室保持 8Pa 正压。

12.4.2　机械式过滤

机械式空气过滤是令空气经过纤维过滤材料，将空气中的颗粒污染物捕集下来的净化方式。机械式空气过滤可以去除细菌和病毒等微生物，这是因为微生物在空气中不能单独存在，常附着在比它们大数倍的灰尘表面[116]。

一些病原微生物在浓度很小的情况仍然可以致病，这就需要通过增加换气次数或新风比来尽可能地缩短自净时间，减小稳定情况下室内微生物污染的浓度。但这种方法将引起能耗的巨大增加，此时若能结合空气过滤进行室内生物污染的控制将起到事半功倍的效果[117]。可见，过滤不管是作为主要控制手段还是辅助控制手段，其对室内环境净化都有至关重要的意义。

12.4.2.1　过滤器的分类和选择

提高集中空调系统的各级过滤器过滤效率，有助于改善室内的微生物污染状况。由于我国大气污染相对较重，选用效率较高的新风过滤器有利于改善室内空气品质，延长空调系统部件的运行寿命。为保证室内微生物污染浓度达标，主过滤器至少应使用 F7 级过滤器，即中效过滤器[118]。

高效空气过滤器（HEPA）广泛地应用于清洁无菌的场景，如电子厂房、手术室、空气清洁器及防尘面罩制造等领域，其中特别洁净手术室（Ⅰ级手术室）要求手术台附近的空气洁净度达到 100 级。一般建议使用顶部 HEPA 过滤系统，能覆盖至少 3m×3m 的面积，从而将手术台和人覆盖在内[119]。

通常，对医院空气过滤的最低要求是将效率为 30% 的预滤器和效率为 90% 的终滤器结合使用。一般情况下不需要 HEPA 过滤器，但在如隔离室、特定的测试和护理区域等特殊情况下则需要使用 HEPA 过滤器[119]。

对于净化空调过滤器的选择有以下规定：①Ⅰ、Ⅱ级非手术室洁净用房送风末端应设高效过滤器，Ⅲ、Ⅳ级用房的可设亚高效过滤器；②净化空调系统至少设三级空气过滤器，并不得采用木制品；③净化空调系统新风应采用有初效、中效、亚高效三级过滤器紧邻组成的机组，或者采用节能型自清式高效净化机组；④净化空调系统回风口应安装低阻中效或者更高效率的过滤器[118]。

目前，我国医院普遍采用吊顶盒式风机盘管装置（CCFU），但 CCFU 的过滤装置一直没有得到足够的重视，这使得回风造成二次污染，CCFU 内的离子可能会增加人们感染疾病的风险[120]，医院迫切需要为 CCFU 选择合适的过滤器。

12.4.2.2　空调通风系统的定期清理

医院内存在复杂的污染源，是一个"洁、污"并存且相互影响的统一体[121]，其中通风系统是医院环境中颗粒污染物的重要来源。微生物繁殖速度极快，以颗粒物为载体通过通风系统传播进入室内环境，威胁人体健康。因此要重视对空气过滤层的管理，及时清洗过滤网[122]。此外，医院的 HVAC 系统使用 100％的室外空气，这也可以有效地防止病人因系统回风中的致病微生物而导致二次感染。但室外空气中的微生物仍可以在过滤介质中生长，对医务人员和患者仍有威胁。

此外，当空气流经风道时，悬浮的微生物会随颗粒物在风道内发生沉降，微生物在风道内的沉积对人体健康有很大影响[123]。因为一方面室外微生物经过风道后，其浓度将发生变化，从而影响到室内人员的微生物暴露量；另一方面，由于风道内会积聚大量的附着有微生物的颗粒物，当风道内沉降的数量足够多，并且空气的流速足够大时，微生物会随颗粒物二次悬浮，并跟随送风进入室内环境，对人体健康产生危害[124]。因此，要定期清扫通风管道内的积尘。

12.4.3　消毒

空气消毒是控制传染源、防止交叉感染的重要措施，也是切断呼吸道传染病传播途径最有效、最直接的方法[125]。医院室内空气消毒是医院消毒的主要内容，不同消毒方法的原理、效果有所不同。

12.4.3.1　紫外线消毒

紫外线消毒是利用适当波长的紫外线破坏微生物机体细胞中的 DNA（脱氧核糖核酸）或 RNA（核糖核酸）的分子结构的技术，其可以引起 DNA 链断裂、核酸和蛋白的交联破裂，造成生长性细胞死亡或再生性细胞死亡，以此达到杀菌消毒的效果。紫外线消毒在空气消毒中应用很广，具有杀菌广泛性、快速性及经济性等优点[126]。

波长在 100～400nm 的光线称为紫外线（UV）。按其生物学作用的差异，紫外线又可分为 UV-A（320～400nm）、UV-B（275～320nm）、UV-C（200～275nm）和真空紫外线（100～200nm）[127]。目前，消毒通常使用 UV-C 紫外线，其波长范围中杀菌作用最强的波段是 250～270nm，消毒用的紫外线光源产生的辐照值必须达到国家标准。

影响紫外线杀菌效果的因素如下：①温度：当空气温度为 20℃时，灭菌效果最好[128]；②湿度：杀菌最适合的相对湿度为 40％～60％，当相对湿度在 60％以上时，对微生物的杀灭率急剧下降，若相对湿度超过 80％，会对微生物有激活作用[129]；③微生物种类：紫外线对不同微生物种类的杀灭效果有很大不同，若杀灭大肠杆菌所需的辐照剂量（即辐照强度和照射时间的乘积）为 $1\mu W \cdot s/cm^2$，葡萄球菌、结核杆菌等微生物则约需 $1\sim3\mu W\cdot s/cm^2$ 的辐照剂量，霉菌类约需 $2\sim50\mu W\cdot s/cm^2$[128]。

紫外线消毒主要应用形式有三种，一是将紫外线消毒灯安装在空调系统的风道或空气处理机组内进行消毒；二是循环风紫外线消毒，即让空气有组织地循环紫外灯的有效照射区；三是被动式紫外线消毒。其目前研究较多的是上部空间紫外消毒，即将紫外灭菌灯装置于房间顶棚下，照射室内上层空气，随着空气的流动来逐渐减少全室空气中的微生物，自上而下消毒，避免了对人体的直接照射。实验表明上部空间紫外消毒系统的杀菌效果与房间内的空气流动有关，还与系统的位置有关系[130]。

12.4.3.2　臭氧消毒

臭氧（O_3）在常温下为具有强氧化性的淡蓝色气体，其分解产生的氧原子可以氧化细菌和霉菌等微生物细胞壁及细胞膜，改变细胞通透性，导致细胞溶解死亡。臭氧还可以破坏病毒的衣壳蛋白，使 RNA 受到损伤。

臭氧在室内空气中的应用是将臭氧直接释放到空气中，利用臭氧极强的氧化作用，达到灭菌消毒的目的。由于整个室内空间均充满臭氧气体，因而消毒灭菌范围广，同时其工作量也比消毒水喷洒和擦洗消毒小得多，应用较为方便。但是臭氧浓度过大对人体有害，我国对室内臭氧浓度有严格的规定，1h 平均允许浓度不得超过 $0.1mg/m^3$[131]，因此臭氧使用的基本原则是与人隔离使用。

12.4.3.3　其他灭菌形式

（1）等离子体灭菌

等离子体消毒也是目前较为常用的一种消毒手段，其具有快速彻底、成本低廉、操作简便以及对人体无害等优点，广泛应用于食品加工及医疗卫生领域。常见的等离子体有以下几种放电形式[132]：电晕放电、辉光放电和弧光放电。在以上三种放电形式下，通过对气体施加电场，使电子加速。通过使电子与较重粒子碰撞而引起电离，最终形成等离子体。在中低压状态下，较重粒子（中性基团和离子）的温度要比电子低至少一个数量级，因此这种等离子体称之为低温等离子体或冷等离子体。低温等离子体杀菌效果与对等离子体的敏感性有关，与细菌粒径无关[133]。等离子体技术是一种快速、广谱的灭菌技术，灭菌的同时可以消除室内 VOC，能够同时去除生物污染和化学污染，但无法除尘，多配合其他方法使用[132]。

（2）光催化灭菌

半导体光催化作用的本质是在光电转换中进行氧化还原反应。当其吸收一个能量不小于其带隙能（以 TiO_2 为例，一般为 3.2eV）的光子时，电子跃迁产生的价带空穴和导带电子可直接与有机物作用，还可以与吸附在催化剂上的其他电子给体和受体反应[134]。将催化物质以纳米尺度均匀分布在空调中过滤金属筛网、风道和室内墙面等表面，在太阳光或紫外光的照射下，生成氧化能力极强的氢氧自由基和活性氧，于催化活性物质表面氧化分解各种挥发物性有机物蒸气或空气中的微生物。纳米光催化技术具有可重复使用、绿色环保等优点，应用前景广阔。但由于被消毒空气必须与涂敷于载体表面的催化活性物质充分接触，很难在较短时间内对空气中的微生物起到杀灭作用[135]。

（3）负离子空气消毒

空气离子由电子和空气中的分子碰撞所产生。一般大气中的离子可以分轻离子、中离子及重粒子。利用重粒子易于收集和排除的特性，可以使负离子在调节空气中正、负离子浓度比的同时，吸附空气中的尘粒、烟雾、病毒、细菌等污染物，变成重粒子而沉降，达到净化的目的。此外研究表明，负离子拥有极强的杀菌能力，可以使流感病毒失去活力，并抑制大肠杆菌和黑色菌的繁殖[132]。

（4）驻极体空气净化技术

驻极体是指能够长期储存空间电荷和偶极电荷的电介质材料。细菌和病毒在正常生理条件下都带负电，经过驻极体空气过滤器处理后的空气，不仅作为其载体的灰尘浓度大大降低，而且细菌和病毒的浓度也明显减少[132]。驻极体杀菌的主要机理是由驻极体的强静电场和微电流刺激细菌使蛋白质和核酸变异，损伤细菌的细胞质及细胞膜，破坏细菌的表面结构，起到杀菌效果。

12.4.4　洗手、口罩

接触传播和空气传播是医院感染的主要途径，洗手和使用口罩是预防医护人员及患者感染的重要手段。

12.4.4.1　洗手

定期洗手，特别是在某些活动（如照顾病人、处理伤口等）之前和之后洗手，是去除细菌和病毒等病原体、防止传染的最好方法之一。这种方法快速简单，并且可以有效防止人体感染疾病[136]。研究表明，医护人员手部细菌污染与病人护理活动相关，当与患者近距离接触或接触患者体液分泌物时，其相关性更加显著。研究表明，未戴手套的医护人员指尖平均每分钟可以获得 16～21 个菌落，若采用琼脂指尖印片培养细菌，采集到的细菌数量在 0～300 CFU 之间[137]。另一项研究结果显示，护理感染呼吸道合胞病毒（RSV）婴儿的人员可以通过某些活动（如喂养婴儿、换尿布和与婴儿玩耍）感染 RSV；此外，仅仅接触过婴儿分泌物污染表面的人员也可通过双手被感染 RSV。因此，定时洗手并进行手部清洁消毒，是预防医院感染的重要手段之一，洗手频率增加的同时，手部污染会明显减少[138-140]。

2015 年美国 CDC（疾病控制预防中心）规定了十种必须要洗手的情况，其中之一就是照顾病人前后需要进行手部清洁[136]。洗手时，如果不能使用洁净水，也可以使用肥皂和普通生活用水；如果没有肥皂和水，可使用至少含 60% 酒精的洗手液来洗手。

近年来，卫生保健工作者群体的感染风险越来越受到关注，每年全球各地都存在卫生工作人员感染重大疾病的情况，甚至导致死亡[3,141,142]。这可能与卫生保健过程中采取预防措施不当有关，如医护人员护理病人前后没有及时进行洗手消毒，或没有按规定要求配戴口罩。此外，医护人员还可能通过空气传播途径传播结核病、水痘和流感等感染[143]，因此仅靠洗手等控制措施可能不足以预防医护人员中感染的传播或爆发，使用口罩等防护措施也是极有必要的。

12.4.4.2 口罩

口罩主要是用来针对性预防呼吸道疾病的细菌或病毒感染。不戴口罩的医护人员会增加被感染的可能性，甚至可能会在医护人员中造成肺结核病[144]、百日咳[145]等呼吸道传染病的爆发。除此之外，口罩也可以减少手对鼻子或脸的接触，以减少感染[146]。美国《医院隔离预防指南》[147]也强调了口罩在医院的作用：口罩可防止佩戴者吸入通过空气传播的大颗粒气溶胶（飞沫），同时可以防止一些通过直接接触而传播的疾病。洗手、口罩是医院防止传染的主要手段之一，患者和医护人员均需严格遵守医院疾病预防的相关标准。

我国《医院隔离技术规范》[148]对使用口罩的规定如下：①一般诊疗活动，可佩戴纱布口罩或外科口罩；②手术室工作或护理免疫功能低下的患者、进行体腔穿刺等操作时应戴外科口罩；③接触经空气传播或近距离接触经飞沫传播的呼吸道传染病患者时，应戴医用防护口罩。

美国《综合医院传染性疾病预防隔离技术手册》[149]对医护人员洗手、口罩防护作出了更为详尽的规定：

（1）一般规定：口罩应覆盖鼻子和嘴巴，且禁止重复使用，当隔离程序需要时，应在患者区域外随时保证口罩供应。高效一次性口罩比标准棉纱布或纸巾口罩更能有效防止空气传播和液滴传播。除了特殊的天花预防措施外，在任何类型的隔离中都不需要帽子和靴子。当使用时，帽子应该盖住所有的头皮头发，靴子应该盖住裤子的开口。防护装应该只使用一次，然后打包后进行集中处理。

与每位患者接触前后洗手是预防传染的最重要手段，即使使用了手套，也必须洗手。此外，工作人员在服务病人时，在接触病人的排泄物（粪便、尿液）或分泌物（伤口、皮肤感染等）后，必须洗手，才可再次接触病人。

洗手时应使用消毒肥皂或专门的抗菌洗手液。洗手用的洗涤槽为了方便应设在病人附近，最好是用膝盖或脚控制的水龙头和皂液器。必须保持足够的液体、纸巾、肥皂或洗涤剂的供应。皂液器应及时清洗、换新。

（2）针对普通隔离病房要求：每个进入房间的人都必须配戴口罩；所有人员在进入、离开和病人护理期间必须用消毒肥皂或洗涤剂洗手。

（3）针对呼吸隔离病房要求：所有进入房间的人必须戴上口罩；所有人员在进入、离开和病人护理期间必须用消毒肥皂或洗涤剂洗手。

（4）针对保护性隔离病房要求：所有进入房间的人都应该戴上口罩。口罩必须覆盖嘴巴和鼻子，一旦口罩被污染，必须马上丢弃、换新；所有人员在进入、离开和病人护理期间必须用消毒肥皂或洗涤剂洗手。

（5）针对一些肠道科、烧伤科、皮肤科等其他非传染性病房：进入房间的人员无需佩戴口罩；但所有人员在进入、离开时必须用消毒肥皂或洗涤剂洗手。

12.4.5　医院内不同控制手段的评价

此处主要以手术室和病房为例，对通风和消毒两种防控手段进行了具体分析和对比。

12.4.5.1　混合通风与置换通风的比较

混合通风以稀释原理为基础。新风和回风充分混合后送入室内，稀释室内的污染物使其浓度达到规定的标准，从而在室内形成较均匀的温度场和浓度场。混合通风的优点在于室内的温度场较均匀，没有明显的温度梯度从而不会使人感觉不舒适，但其缺点在于新风与室内的污浊空气混合，使污染物充斥整个房间，虽然污染物浓度得到稀释，但容易造成交叉感染。

置换通风主要以浮升力为动力，将新风从房间底部送入，由于送风温度低于室内空气温度而下沉到地板附近，形成一层较薄的"空气湖"[150,171]。室内热源（人员及设备）产生向上的对流气流，新鲜空气随其向上流动形成室内的主导气流，同时污染物被气流带走，使得上部排风口处的污染物浓度高于房间下部以及工作区的污染物。

室内污染物主要包括CO_2、细菌微粒及挥发性有机物等，目前室内通风常通过CO_2的浓度变化来反映其他污染物的浓度变化。置换通风系统的气流组织形式一般是下送上回，实际情况下病人上方的气流是向上的，污染物随气流垂直向上流动，到达气流混合区后随紊态气流排出病房，这样就减小了工作区交叉感染的风险。置换通风系统中CO_2浓度是由下向上逐渐增加的，而使用混合通风系统会使人员活动区的CO_2浓度较高，令整个工作区都处于污染区内。故采用置换通风系统的房间内CO_2浓度分布更好些，即从控制污染物浓度及控制交叉感染方面考虑，置换通风系统要优于混合通风系统[150]。另一方面，置换通风的室内存在温度梯度，在特殊情形下（例如：躺在病床的病人呼吸气流水平释放到室内）不利于污染物的扩散。

12.4.5.2　手术室内通风及消毒手段评价

手术室作为给病人提供手术及抢救的场所，如果洁净度和消毒水平达不到要求，会导致空气感染和接触感染，造成病人伤口感染，乃至病情恶化。因此，手术室应使用通风控制以及消毒清洗等手段，以达到手术室卫生要求，避免对患者造成损害。

（1）通风

手术室的通风效果很大程度上决定了手术区域的环境控制质量，会严重影响手术质量与感染风险的控制。手术是开放性最大的医疗过程，手术区域的病原体和灰尘等会直接影响进入机体内部空气的质量。主刀医生操作手上与手术器械上的病菌和灰尘，也会加大感染的风险。特别对于那些器官移植、关节置换、整形手术等高风险深部手术尤为重要[151]。

手术室内气流流态通常分为乱流和单向流（俗称层流），单向流态可以分为垂直层流和水平层流。高级别手术室需保持单向流态，其工作面的截面风速和均匀性也有严格要求，一般送风口都要求设置一定的均流层。经过长期技术经济比较和运行实践，国内外意见已趋向于一致，即洁净手术室应采用垂直单向流，用局部单向流取代全室单向流。对于较低级别手术室，风口大多集中布置在手术区域上方，认为这种上送下回方式对关键区域保护效果最好，直接把洁净、无菌气流充填到手术区域，以此降低关键区域的细菌浓度[152]。

然而，手术室垂直层流通风对手术部位感染防护的重要性一直受到质疑。Christian 等在对德国 63 家外科部门的研究中发现，手术室垂直层流通风对手术部位感染发生率（SSI）没有任何好的影响，甚至与人工髋关节置换手术后严重 SSI 风险的增加有关[153]。这可能是由于手术过程中人员多集中在手术区，手术区的垂直层流很难保证，手术创口上方绕流较多，对手术创口的保护作用无形中被削弱了。另外，由于医护人员在手术过程中低头、弯腰，手术室内的无影灯等设备，都会对垂直单向流的气流组织产生干扰，不利于维持患者创口部位的洁净度级别[153,154]。

Andersson 等的研究表明，使用层流通风的手术室可以在手术期间提供高品质的空气，使手术伤口附近维持较低的细菌水平。但是层流通风并不能完全保证空气是清洁的，因为如人员行为等其他因素，会影响空气洁净度[155]。Sadrizadeh 等也发现在手术室中选择使用垂直通风还是水平通风，在很大程度上取决于内部障碍物、工作行为和送风流量。增加空气流量会降低手术区域中的颗粒浓度，但是不适当的空气流量会导致流动模式从层流转变为效率较低的湍流混合[156]。

因此，在手术床上方集中布置送风口的局部送风方式可能是一种较佳的通风解决方案。其可以在保证手术关键区域洁净度的情况下，减少手术室的送风量。既达到了较好的周边区域洁净度，又很好保证了手术区的局部层流，初投资和运行费用较低的同时还可实现较高的洁净度。采用手术室独立空调和统一正压送风结合的集中控制系统，可以使整个手术部始终处于受控状态，运行管理有效、灵活和方便[157,158]。

（2）消毒手段

手术中的患者可能被空气中的粉尘、皮肤鳞片以及可吸入气溶胶等微粒所感染，接受植入设备手术的外科患者的感染风险更甚。此外，外科人员也有暴露于包含病原体颗粒的外科烟雾（Surgical smoke）的风险。除了通过通风以及空气过滤等控制手段外，使用紫外线消毒等辅助手段也对保持手术室中良好的空气环境有重要作用[159]。

Curtis 等[160]评估了结晶紫外线 C（C-UVC）过滤器单元在手术室中对空气的消毒能力，对正压手术室中的总粒子数和活粒子数（TPC/VPC）进行测量。发现 C-UVC 单元距墙 4m 时的颗粒水平显著降低，C-UVC 单元距墙 8m 时总粒子数最低，但两组结果并无显著差异。实验结果表明，洁净紫外线装置可以显著降低空间总粒子数和活粒子数，从而有可能降低术后感染率。

Haddad 等[161]研究了脉冲氙紫外线（PX-UV）在手术室外科病例之间的可行性，发现将标准手动清洁程序与使用便携式氙气脉冲紫外线杀菌装置消毒 2min 相结合，至少消除了被测表面 70% 的细菌负荷。Simmons 等[162]发现手动清洁后被测表面平均菌落范围为 5.8～34.37CFU，手动清洁后使用 PX-UV 消毒的平均菌落范围为 0.69～6.43CFU。仅通过手动清洁，有 67% 的被测表面仍然有菌落存在，在 PX-UV 消毒后，仅有采样表面的 38%～44% 有菌落存在。可以发现，脉冲氙紫外线（PX-UV）用作手动清洁的辅助手段，可以显著减少手术室中的表面污染。

除使用紫外线消毒方式外，手术室还可以使用其他辅助消毒方式。许莲芳[163]对手术室分别使用臭氧和紫外线进行空气消毒和照射消毒，结果表明使用臭氧消毒后的空气细菌数为 $166.43 \pm 127.34CFU/m^3$，使用紫外线消毒后的空气细菌数 $235.50 \pm 3.61CFU/m^3$，可以发现臭氧的消毒效果优于紫外线消毒。谢斌等[164]将 3000 例进行手术的患者分为 3 组，分别使用等离子体空气消毒（1000 例）、层流净化系统组（1000 例）及紫外线组（1000 例），对三组患者的流行病学进行比较分析。结果表明，等离子体空气消毒组术部感染率为 2.1%，层流净化系统组术部感染率为 9.6%，紫外线组术部感染率为 6.1%。可以发现采用等离子体空气消毒方法，优于紫外线消毒方法，可显著降低手术部位感染率。

12.4.5.3　医院病房通风及消毒手段评价

病房人员流动量大，人员极易携带病原体；同时病房人员密度较高，无法有效及时地隔离污染源；由于病房需要长时间使用，给消毒也造成了困难。病房作为病人感染的多发区域，如何行之有效地控制其内的病原体，保护病患和医护人员的身体健康，至今仍是行业内关注的焦点。

（1）气流组织形式

研究表明病床侧顶送风另一侧下回风的排污效率最高，顶送侧下回形式的排污效率次之，顶送顶回的排污效率最低[165-167]。室内颗粒物的沉降和浓度分布主要由通风形式决定。置换通风时，室内颗粒物的沉降率低于混合通风，而平均浓度大于混合通风[168,169]。但也有研究认为，置换通风可以为病房提供比混合通风更好的空气质量[150]。

（2）消毒手段

紫外线消毒效果除了与前文提到的因素有关外，还与空气洁净度有关，当空气中气溶胶粒子较多时，会对紫外线产生散射作用，影响紫外线消毒效果，此外，空气中的灰尘也容易附着于紫灯表面，降低辐射强度。因此在医院隔离病房等特殊建筑中使用紫外线空气消毒时，往往应与传统的通风过滤手段结合使用，作为辅助的消毒手段[170,171]。

Nagaraja[172]等研究了对医院病房采用紫外线消毒前后，难辨梭菌的感染情况，如图12-7所示。图12-7比较了采用紫外线消毒前一年难辨梭菌感染病例和消毒期间难辨梭菌感染病例的数目。可以看出采用紫外线消毒后，难辨梭菌感染病例数目明显减少，此外研究中还发现在医院难辨梭菌感染获得率下降，难辨梭菌患者住院时间减少。同时夏永祥等[173]将病房空气中细菌含量与紫外线消毒周期进行了相关性分析，消毒周期越短，病房细菌含量越少，空气质量越高，病房应尽量减小紫外线的消毒周期。

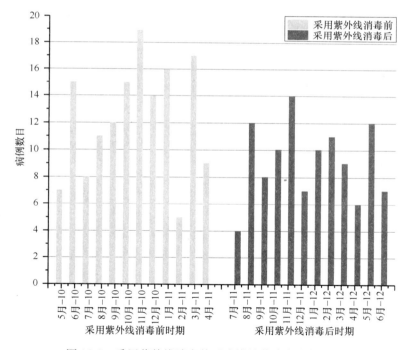

图 12-7　采用紫外线消毒前后难辨梭菌感染病例数目

在2003年以前，产房等许多医院病房主要依靠紫外线照射消毒的方式，消毒后空气中依然会遗留较高浓度的臭氧，需要通风一段时间才能继续使用，病房利用率受一定影响。近年来光催化消毒越来越受到关注，其能在短时间内迅速杀灭空气中的病毒和细菌，分解各种有害气体，补充室内缺乏的负离子，还可以在人机共存的状态下对空气进行消毒，提高病房利用率。

12.5　小　　结

本章节系统讲述了国内医院感染的现状，以呼吸道传染病为重点，针对其传播机理提出了可行的防控措施。医院感染主要在重症监护室、手术室、急诊室和病房等场所发生或爆发，呼吸道感染占比最高，其次是泌尿道和手术部位。呼吸道传染病能通过飞沫、空气传播或/和表面接触等途径在医院内传播。通风可以有效控制疾病的空气传播，过滤和消毒则是良好的辅助手段；消毒对杀灭表面沉积的病原体也有一定的效果。此外，勤洗手和佩戴口罩也是防控疾病的重要手段。

参 考 文 献

［1］ 医院感染暴发控制指南 WS/T 524-2016［S］. 中国感染控制杂志，2016. 15 (12)：984-988.

［2］ Revelas A. Healthcare-associated infections：A public health problem［J］. Niger Med J, 2012，53(2)：59-64.

［3］ Klevens RM, Edwards JR, Richards CL. Estimating health care-associated infections and deaths in U. S. hospitals，2002［J］. Public Health Rep, 2007，122(2)：160-166.

［4］ Ho PL, Tang XP, Seto WH. SARS：hospital infection control and admission strategies［J］. Respirology，2003，8 Suppl：S41-45.

［5］ Ansumana R, Keitell S, Roberts GM, et al. Impact of infectious disease epidemics on tuberculosis diagnostic，management，and prevention services：experiences and lessons from the 2014—2015 Ebola virus disease outbreak in West Africa［J］. Int J Infect Dis, 2017，56：101-104.

［6］ Ki M. 2015 MERS outbreak in Korea：hospital-to-hospital transmission［J］. Epidemiol Health，2015，37：e2015033.

［7］ 吴安华，任南，文细毛，等. 全国医院感染监控网 1998 -1999 年监测资料分析［J］. 中华医院感染学杂志，2000 ，10(6)：401-403.

［8］ Zotti CM, Messori Ioli G, Charrier L, Hospital-acquired infections in Italy：a region wide prevalence study［J］. J Hosp Infect. 2004；56(2)：142-149.

［9］ 任南. 实用医院感染监测方法与技术［M］. 长沙：湖南科学技术出版社，2007：81-86.

［10］ 李六亿，刘玉村. 医院感染管理学［M］. 北京：北京大学医学出版社，2010：28-33.

［11］ 任南，文细毛，吴安华. 全国医院感染横断面调查结果的变化趋势研究［J］. 中国感染控制杂志. 2007，6(1)：16-18.

［12］ 文细毛，任南，吴安华等. 2010 年全国医院感染横断面调查感染病例病原分布及其耐药性［J］. 中国感染控制杂志，2012，11(1)：1-6.

［13］ 谭军，周爱军，翁晓芳等. 不同级别医疗机构医院感染横断面研究［J］. 华西医学，2018，33

（3）：279-283.

[14] Suetens C，Latour K，Kärki T，*et al*. Prevalence of healthcare-associated infections，estimated incidence and composite antimicrobial resistance index in acute care hospitals and long-term care facilities：results from two European point prevalence surveys，2016 to 2017[J]. Euro Surveill，2018，23(46).

[15] Sticchi C，Alberti M，Artioli S. Regional point prevalence study of healthcare-associated infections and antimicrobial use in acute care hospitals in Liguria，Italy[J]. J Hosp Infect. 2018，99(1)：8-16.

[16] 任南，文细毛，吴安华. 2014 年全国医院感染横断面调查报告[J]. 中国感染控制杂志，2016，15(2)：83-87.

[17] 黄娅铃，曾子耘，徐萱等. 中国大陆地区新生儿院内感染病原体分布的系统评价[J]. 重庆医学，2016，45(33)：80-386.

[18] Zingg W，Hopkins S，Gayet-Ageron A，*et al*. Health-care-associated infections in neonates，children，and adolescents：an analysis of paediatric data from the European Centre for Disease Prevention and Control point-prevalence survey[J]. Lancet Infect Dis，2017，17(4)：381-389.

[19] 陈萍，刘丁. 中国近 30 年医院感染暴发事件的流行特征与对策[J]. 中国感染控制杂志，2010，9(6)：387-399.

[20] 王莎莎，刘运喜，秘玉清等. 中国近 13 年医院感染暴发事件流行特征分析[J]. 中华医院感染学杂志，2018，28(18)：2786-2792.

[21] 胡付品，郭燕，朱德妹等. 2016 年中国 CHINET 细菌耐药性监测[J]. 中国感染与化疗杂志，2017，17(5)：481-491.

[22] 胡付品，郭燕，朱德妹等. 2017 年中国 CHINET 细菌耐药性监测[J]. 中国感染与化疗杂志，2018，18(3)：241-251.

[23] 文细毛，任南，吴安华. 全国医院感染监控网医院感染病原菌分布及变化趋势[J]. 中华医院感染学杂志，2011，21(2)：350-355.

[24] 赵静雅，陈勇，韩雪琳等. 71 所医院基于网络实时上报的医院感染病例监测分析[J]. 中国消毒学杂志，2017，34(1)：42-44.

[25] Arnoldo L，Smaniotto C，Celotto D，*et al*. Monitoring healthcare-associated infections and antimicrobial use at regional level through repeated point prevalence surveys：what can be learnt？[J]. J Hosp Infect，2018，pii：S0195-6701(18)：30721-30727.

[26] Ling ML，Apisarnthanarak A，Madriaga G. The Burden of Healthcare-Associated Infections in Southeast Asia：A Systematic Literature Review and Meta-analysis[J]. Clin Infect Dis，2015，60(11)：1690-1699.

[27] Morawska L. Droplet fate in indoor environments，or can we prevent the spread of infection？[J]. Indoor Air，2006，16(5)：335-347.

[28] Huynh KN，Oliver BG，Stelzer S，*et al*. A new method for sampling and detection of exhaled respiratory virus aerosols[J]. Clin Infect Dis，2008，46(1)：93-95.

[29] Lindsley WG, Blachere FM, Davis KA, et al. Distribution of airborne influenza virus and respiratory syncytial virus in an urgent care medical clinic[J]. Clin Infect Dis, 2010, 50(5): 693-698.

[30] Barker J, Stevens D, Bloomfield SF. Spread and prevention of some common viral infections in community facilities and domestic homes[J]. J Appl Microbiol, 2001, 91(1): 7-21.

[31] Myatt TA, Johnston SL, Zuo Z, et al. Detection of airborne rhinovirus and its relation to outdoor air supply in office environments[J]. Am J Respir Crit Care Med, 2004, 169(11): 1187-1190.

[32] Bischoff WE, McNall RJ, Blevins MW, et al. Detection of Measles Virus RNA in Air and Surface Specimens in a Hospital Setting[J]. J Infect Dis, 2016, 213(4): 600-603.

[33] Xie X, Li Y, Chwang AT, et al. How far droplets can move in indoor environments--revisiting the Wells evaporation-falling curve[J]. Indoor Air, 2007, 17(3): 211-225.

[34] Choi HS, Kim MN, Sung H, et al. Laboratory-based surveillance of hospital-acquired respiratory virus infection in a tertiary care hospital[J]. Am J Infect Control, 2017, 45(5): e45-e47.

[35] Mitchell R, Taylor G, et al. Understanding the burden of influenza infection among adults in Canadian hospitals: a comparison of the 2009—2010 pandemic season with the prepandemic and postpandemic seasons[J]. Am J Infect Control, 2013, 41(11): 1032-1037.

[36] Huzly D, Kurz S, Ebner W, et al. Characterisation of nosocomial and community-acquired influenza in a large university hospital during two consecutive influenza seasons[J]. J Clin Virol, 2015, 73: 47-51.

[37] 廖万清, 张超, 潘炜华. 警惕"超级真菌"感染在中国的出现[J]. 中国真菌学杂志, 2017, 12(1): 1-7.

[38] Kim JY. Human fungal pathogens: Why should we learn? [J]. J Microbiol, 2016, 54(3): 145-8.

[39] Brown GD, Denning DW, Gow NA, et al. Hidden killers: human fungal infections[J]. Sci Transl Med, 2012, 4(165): 165rv13.

[40] 任南, 文细毛, 徐秀华等. 全国医院感染监控网院内真菌感染监测及临床意义[J]. 中华流行病学杂志, 2004, 25(6): 549.

[41] 文细毛, 任南, 吴安华等. 全国医院感染监控网老年患者医院感染病原菌及其耐药特征分析[J]. 中华医院感染学杂志. 2005, 15(12): 1346-1348.

[42] 何小羊, 任秋霞, 杨英. 2008～2017 年我国深部真菌病原谱及流行特征国内文献系统分析[J]. 中国真菌学杂志. 2018, 13(4): 229-234.

[43] Yu Y, Fei A. Atypical pathogen infection in community-acquired pneumonia[J]. Biosci Trends, 2016, 10(1): 7-13.

[44] Castellino LM, Gamage SD, Hoffman PV, et al. Healthcare-associated Legionnaires' disease: Limitations of surveillance definitions and importance of epidemiologic investigation [J]. J Infect Prev, 2017, 18(6): 307-310.

[45]　文细毛，任南，吴安华. 全国医院感染监测网 2012 年综合 ICU 医院感染现患率调查监测报告[J]. 中国感染控制杂志，2014，13(8)：458-462.

[46]　Zarb P，Coignard B，Griskeviciene J，et al. The European Centre for Disease Prevention and Control (ECDC) pilot point prevalence survey of healthcare-associated infections and antimicrobial use[J]. Euro Surveill. 2012 15；17(46). pii：20316.

[47]　Deptuła A，Trejnowska E，Dubiel G，et al. Prevalence of healthcare-associated infections in Polish adult intensive care units：summary data from the ECDC European Point Prevalence Survey of Hospital-associated Infections and Antimicrobial Use in Poland 2012—2014[J]. J Hosp Infect，2017，96(2)：145-150.

[48]　Magill SS，Edwards JR，Bamberg W，et al. Multistate point-prevalence survey of health care-associated infections. N Engl J Med[J]，2014，370(13)：1198-1208.

[49]　季雪莲，马慧丽，冀会萍. 手术室感染的因素调查[J]. 中华医院感染学杂志，2014，24(13)：3276-3280.

[50]　HaqueM，Sartelli M，McKimm J，et al. Health care-associated infections-an overview[J]. Infect Drug Resist，2018，11：2321-2333.

[51]　Tsai DM，Caterson EJ. Current preventive measures for health-care associated surgical site infections：a review[J]. Patient Saf Surg，2014，8(1)：42.

[52]　Davis N，Curry A，Gambhir AK，et al. Intraoperative bacterial contamination in operations for joint replacement[J]. J Bone Joint Surg Br，1999，81(5)：886-889.

[53]　Lidwell OM，Lowbury EJ，Whyte W，et al. Effect of ultraclean air in operating rooms on deep sepsis in the joint after total hip or knee replacement：a randomised study[J]. BrMed J (Clin Res Ed)，1982，285(6334)：10-14.

[54]　Ritter MA，Olberding EM，Malinzak RA. Ultraviolet lighting during orthopaedic surgery and the rate of infection[J]. J Bone Joint Surg Am，2007，89(9)：1935-1940.

[55]　吴海青，计幼苗，毛美蓉等. 手术室医院感染的发生风险因素回顾性分析及控制策略探讨[J]. 中国卫生检验杂志，2018，28(19)：2395-2398.

[56]　文细毛，任南，吴安华等. 2016 年全国医院感染监测网手术后下呼吸道感染现患率调查[J]. 中国感染控制杂志，2018，17(8)：653-659.

[57]　中华人民共和国国家卫生委员会. 2017 年中国健康与健康发展统计公报(EB/OL). http://www. nhfpc. gov. cn/guihuaxxs/s10743/201806/44e3cdfe11fa4c7f928c879d435b6a18. shtml.

[58]　Blachere FM，Lindsley WG，Pearce TA，et al. Measurement of airborne influenza virus in a hospital emergency department[J]. Clin Infect Dis，2009，48(4)：438-440.

[59]　邬弋，张毅，陆晓臻等. 急诊重症患者医院感染病原菌分布及影响因素分析[J]. 中华医院感染学杂志，2018，28(1)：18-20.

[60]　佟会利，武海英，刘彩霞. 急诊科重症患者医院感染的病原学分析[J]. 中华医院感染学杂志，2014，24(6)：1350-1352.

[61]　王文欣，周茄，张宇等. EICU 重症肺炎患者病原学与耐药性分析[J]. 中华医院感染学杂志，2017，27(17)：3845-3847，3859.

[62] 方宗信，高志庆，徐元宏等. 2012—2014 年急诊科重症患者院内感染病原菌分布及耐药研究[J]. 中国病原生物学杂志，2016，11(2)：169-172,176.

[63] Edwards D, Fiegel J, Dehaan W, et al. Novel inhalants for control and protection against airborne infections[J]. Respir Drug Deliv, 2006, 1：41-8.

[64] Johnson GR, Morawska L. The mechanism of breath aerosol formation[J]. J Aerosol Med, 2009, 22：229-37.

[65] Johnson GR, Morawska L, Ristovski ZD, et al. Modality of human expired aerosol size distributions[J]. J Aerosol Sci, 2011, 42：839-51.

[66] Wei J, Li Y. Airborne spread of infectious agents in the indoor environment[J]. American journal of infection control, 2016, 44(9)：S102-S108.

[67] Chao CYH, Wan MP, Morawska L, et al. Characterization of expiration air jets and droplet size distributions immediately at the mouth opening[J]. Journal of Aerosol Science, 2009, 40：122-133.

[68] Fabian P, Brain J, Houseman EA, et al. Origin of exhaled breath particles from healthy and human rhinovirus-infected subjects[J]. J Aerosol Med Pulm Drug Deliv, 2011, 24 (3)：137-147.

[69] Xie XJ, Li YG, Sun HQ, et al. Exhaled droplets due to talking and coughing[J]. Journal of the Royal Society Interface, 2009, 6：S703-S714.

[70] Duguid JP. The size and duration of air-carriage of respiratory droplets and droplet-nuclei [J]. Journal of Hygiene (London), 1946, 44：471-479.

[71] Loudon RG, Roberts RM. Cough frequency in patients with respiratory disease[J]. Am. Rev. Resp. Dis, 1967, 96：1137-1143.

[72] Edwards DA, Man JC, Brand P, et al. Inhaling to mitigate exhaled bioaerosols[J]. Proc Natl Acad Sci USA, 2004, 101：17383-8.

[73] Lindsley WG, Noti JD, Blachere FM, et al. Viable Influenza A Virus in Airborne Particles from Human Coughs[J]. Journal of Occupational and Environmental Hygiene, 2015, 12 (2)：107-13.

[74] Milton DK, Fabian MP, Cowling BJ, et al. Influenza virus aerosols in human exhaled breath：particle size, culturability[J], and effect of surgical masks. PLoS Pathog, 2013, 9 (3)：e1003205.

[75] Lloyd-Smith JO, Schreiber SJ, Kopp PE, et al. Superspreading and the effect of individual variation on disease emergence[J]. Nature, 2005, 438 (7066)：355-359.

[76] Chen SC, Chang CF, Liao CM. Predictive models of control strategies involved in containing indoor airborne infections[J]. Indoor Air, 2006, 16 (6)：469-481.

[77] Woolhouse MEJ, Dye JFEC, Smith T, et al. Heterogeneities in the transmission of infectious agents：Implications for the design of control programs[J]. Proceedings of the National Academy of Sciences of the United States of America, 1997, 94：338-342.

[78] Gupta JK, Lin CH, Chen Q. Flow dynamics and characterization of a cough[J]. Indoor

Air，2009，19：517-25.

[79] Gupta JK，Lin CH，Chen QY. Characterizing exhaled airflow from breathing and talking [J]. Indoor Air，2010，20：31-9.

[80] Wei J，Li Y. Enhanced spread of expiratory droplets by turbulence in a cough jet. Build Environ，2015，93：86-96.

[81] Liu L，Wei J，Li Y，et al. Evaporation and dispersion of respiratory droplets from coughing [J]. Indoor Air，2017，27(1)：179-90.

[82] Li Y，Leung GM，Tang JW，et al. Role of ventilation in airborne transmission of infectious agents in the built environment-a multidisciplinary systematic review. Indoor Air，2007，17：2-18.

[83] Murakami S. Analysis and design of micro-climate around the human body with respiration by CFD[J]. Indoor Air，2004，14：144-56.

[84] Edge BA，Paterson EG，Settles GS. Computational study of the wake and contaminant transport of a walking human[J]. J Fluid Eng，2005，127：967-77.

[85] Tang JW，Eames I，Li Y，et al. Door-opening motion can potentially lead to a transient breakdown in negative-pressure isolation conditions：the importance of vorticity and buoyancy airflows[J]. J Hosp Infect，2005，61：283-6.

[86] Chen C，Zhao B，Yang X，et al. Role of two-way airflow owing to temperature difference in severe acute respiratory syndrome transmission：revisiting the largest nosocomial severe acute respiratory syndrome outbreak in Hong Kong[J]. J R Soc Interface，2011，8：699-710.

[87] Brankston G，Gitterman L，Hirji Z，et al. Transmission of influenza A in human beings[J]. Lancet Infectious Disease，2007，7：257-265.

[88] Nielsen P V，Li Y，Buus M，et al. Risk of cross-infection in a hospital ward with downward ventilation[J]. Building and Environment，2010，45(9)：2008-2014.

[89] Xiao S，Li Y，Sung M，et al. A study of the probable transmission routes of MERS-CoV during the first hospital outbreak in the Republic of Korea[J]. Indoor Air，2018，28(1)：51-63.

[90] Yu ITS，Wong T W，Chiu Y L，et al. Temporal-spatial analysis of severe acute respiratory syndrome among hospital inpatients [J]. Clinical Infectious Diseases，2005，40 (9)：1237-1243.

[91] Yu ITS，Li Y，Wong T W，et al. Evidence of airborne transmission of the severe acute respiratory syndrome virus [J]. New England Journal of Medicine，2004，350 (17)：1731-1739.

[92] Loosli C，Lemon H，Robertson O，et al. Experimental airborne influenza infection：1. Influence of humidity on survival of virus in air[J]. Proc Soc Exp Biol Med. 1943，53：205-206.

[93] Lai MY，Cheng PK，Lim WW. Survival of severe acute respiratory syndrome coronavirus [J]. Clin Infect Dis. 2005，41：e67-e71.

[94] Harper G J. Airborne micro-organisms：survival tests with four viruses[J]. Epidemiology

&. Infection, 1961, 59(4): 479-486.

[95] Li X, Niu J, Gao N. Co-occupant's exposure to exhaled pollutants with two types of personalized ventilation strategies under mixing and displacement ventilation systems[J]. Indoor air, 2013, 23(2): 162-171.

[96] Qian, H. *et al*. Dispersion of exhaled droplet nuclei in a two-bed hospital ward with three different ventilation systems[J]. Indoor Air, 2006, 16: 111-128.

[97] International commission on radiological protection (ICRP). Human respiratory tract model for radiological protection. A report of a Task Group of the International Commission on Radiological Protection[J]. Ann ICRP, 1994, 24(1-3): 1-482.

[98] Bellamy K, Laban KL, Barrett KE, *et al*. Detection of viruses and body fluids which may contain viruses in the domestic environment[J]. Epidemiology and infection, 1998, 121(3): 673-680.

[99] Reynolds KA, Watts P, Boone SA, *et al*. Occurrence of bacteria and biochemical biomarkers on public surfaces[J]. Int. J. Environ. Health Res, 2005, 15: 225-234.

[100] Geller C, Varbanov M, Duval R. Human coronaviruses: insights into environmental resistance and its influence on the development of new antiseptic strategies[J]. Viruses, 2012, 4 (11): 3044-3068.

[101] Bean B, Moore BM, Sterner B, *et al*. Survival of influenza viruses on environmental surfaces[J]. Journal of Infectious Diseases, 1982, 146 (1): 47-51.

[102] Duan S M, Zhao X S, Wen RF, *et al*. Stability of SARS coronavirus in human specimens and environment and its sensitivity to heating and UV irradiation[J]. Biomed Environ Sci, 2003, 16: 246-255.

[103] Boone SA, Gerba CP. Significance of fomites in the spread of respiratory and enteric viral disease[J]. Appl. Environ. Microbiol. , 2007, 73, 1687-1696.

[104] Barker J, Vipond IB, Bloomfield SF. Effects of cleaning and disinfection in reducing the spread of Norovirus contamination via environmental surfaces[J]. Journal of Hospital Infection, 2004, 58 (1): 42-49.

[105] Dancer SJ, White LF, Lamb J, *et al*. Measuring the effect of enhanced cleaning in a UK hospital: a prospective cross-over study[J]. BMC Med, 2009, 7(1): 28.

[106] Cheng KL, Boost MV, Yee JY. Study on the effectiveness of disinfection with wipes against methicillin-resistant Staphylococcus aureus and implications for hospital hygiene [J]. Am J Infect Control, 2001, 39(7): 577-80.

[107] Pittet D. Compliance with hand disinfection and its impact on hospital-acquired infections [J]. J Hosp Infect, 2001, 48: 40-46.

[108] Carling PC, Parry MF, Rupp ME, *et al*. Improving cleaning of the environment surrounding the patients in 36 acute care hospitals[J]. Infect Control Hosp Epidemiol, 2008, 29: 1035-1041.

[109] Shi Z, Qian H, Zheng X, *et al*. Seasonal variation of window opening behaviors in two nat-

urally ventilated hospital wards[J]. Building and Environment, 2018, 130: 85-93.

[110] Gilkeson C A, Camargo-Valero M A, Pickin L E, et al. Measurement of ventilation and airborne infection risk in large naturally ventilated hospital wards[J]. Building and environment, 2013, 65: 35-48.

[111] 叶何明. 综合医院通风设计要点[J]. 暖通空调, 2012, 42(04): 47-49.

[112] Wang C, Holmberg S, Sadrizadeh S. Numerical study of temperature-controlled airflow in comparison with turbulent mixing and laminar airflow for operating room ventilation[J]. Building and Environment, 2018, 144: 45-56.

[113] Zhou B, Ding L, Li F, et al. Influence of opening and closing process of sliding door on interface airflow characteristic in operating room[J]. Building and Environment, 2018, 144: 459-473.

[114] GB 50333—2013, 医院洁净手术部建筑技术规范[S].

[115] GB 51039—2014, 综合医院建筑设计规范[S].

[116] 曹国庆, 张益昭. 通风与空气过滤对控制室内生物污染的影响研究[J]. 土木建筑与环境工程, 2009, 1(1): 130-135, 140.

[117] Berlanga F A, Olmedo I, de Adana M R, et al. Experimental assessment of different mixing air ventilation systems on ventilation performance and exposure to exhaled contaminants in hospital rooms[J]. Energy and Buildings, 2018, 177: 207-219.

[118] 许钟麟. 洁净室及其受控环境设计[M]. 北京: 化学工业出版社, 2008.

[119] 于明飞. 空气过滤器的发展和应用[J]. 黑龙江科技信息, 2011(36): 36＋215.

[120] Beggs C, Knibbs L D, Johnson G R, et al. Environmental contamination and hospital-acquired infection: factors that are easily overlooked[J]. Indoor Air, 2015, 25(5): 462-474.

[121] Jung CC, Wu PC, Tseng CH, et al. Indoor air quality varies with ventilation types and working areas in hospitals[J]. Building and Environment, 2015, 85: 190-195.

[122] 方藕环, 杨菊青. 医院重点科室空调过滤网不同时间清洗结果分析[J]. 中华医院感染学杂志, 2009, 19(02): 134.

[123] Nazaroff WW. Indoor bioaerosol dynamics[J]. Indoor Air, 2014, 26(1).

[124] Feng L, Zhou B, Xu Y, et al. Theoretical investigation and experimental validation on transient variation of particle concentration in a simulated consulting room in hospital[J]. Building and Environment, 2017, 117: 1-10.

[125] 杨嫒蓉. 医院内空气消毒方法的应用[J]. 天津护理, 2009, 17(05): 302-303.

[126] 于玺华. 紫外线照射消毒技术的特性及应用解析[J]. 暖通空调, 2010, 40(7): 58-62.

[127] Prescott LM, Harley JP, Klein DA. Microbiology[J]. McGraw-Hill, 2005.

[128] 许钟麟. 空气洁净技术原理[M]. 上海: 同济大学出版社, 1998.

[129] 薛广波. 实用消毒学[M]. 北京: 人民军医出版社, 1986.

[130] Sung M, Kato S. Estimating the germicidal effect of upper-room UVGI system on exhaled air of patients based on ventilation efficiency[J]. Building and Environment, 2011, 46(11): 2326-2332.

[131] GB/T 18202—2000，室内空气中臭氧卫生标准[S].

[132] 王清勤. 建筑室内生物污染控制与改善[M]. 北京：中国建筑工业出版社，2011.

[133] Lai A CK, Cheung ACT, Wong MML, et al. Evaluation of cold plasma inactivation efficacy against different airborne bacteria in ventilation duct flow[J]. Building and Environment, 2016, 98: 39-46.

[134] Zhao J, Yang X. Photocatalytic oxidation for indoor air purification: a literature review [J]. Building and Environment, 2003, 38(5): 645-654.

[135] 罗晓熹，张寅平，吴琼，等. 室内生物污染治理方法研究述评与展望[J]. 暖通空调，2005，35(9): 23-29.

[136] Centers for Disease Control and Prevention. When and How to Wash Your Hands. Atlanta: Center for Disease Control and Prevention, Retrieved 10.02, 2015.

[137] PittetD, Dharan S, Touveneau S, et al. Bacterial contamination of the hands of hospital staff during routine patient care[J]. Archives of Internal Medicine, 1999, 159 (8): 821-826.

[138] Davis J, Pickering A J, Rogers K, et al. The effects of informational interventions on household water management, hygiene behaviors, stored drinking water quality, and hand contamination in peri-urban Tanzania[J]. The American Journal of Tropical Medicine and Hygiene, 2011, 84(2): 184-191.

[139] Greene LE, Freeman MC, Akoko D, et al. Impact of a school-based hygiene promotion and sanitation intervention on pupil hand contamination in Western Kenya: a cluster randomized trial[J]. The American Journal of Tropical Medicine and Hygiene, 2012, 87(3): 385-393.

[140] Luby SP, Kadir MA, Yushuf Sharker MA, et al. A community-randomised controlled trial promoting waterless hand sanitizer and handwashing with soap, Dhaka, Bangladesh[J]. Tropical Medicine & International Health, 2010, 15(12): 1508-1516.

[141] Decker MD. Nosocomial Diseases of healthcare workers spread by the airborne or contact routes[J]. Hospital Epidemiology and Infection Control, 2004.

[142] Eriksen HM, Iversen BG, Aavitsland P. Prevalence of nosocomial infections in hospitals in Norway, 2002 and 2003[J]. Journal of Hospital Infection, 2005, 60(1): 40-45.

[143] Weber DJ, Rutala WA, Schaffner W. Lessons learned: protection of healthcare workers from infectious disease risks[J]. Critical Care Medicine, 2010, 38: S306-S314.

[144] Ong A, Rudoy I, Gonzalez LC, et al. Tuberculosis in healthcare workers: a molecular epidemiologic study in San Francisco[J]. Infection Control & Hospital Epidemiology, 2006, 27(5): 453-458.

[145] Pascual FB, McCall CL, McMurtray A, et al. Outbreak of pertussis among healthcare workers in a hospital surgical unit[J]. Infection Control & Hospital Epidemiology, 2006, 27(6): 546-552.

[146] MacIntyre CR, Wang Q, Rahman B, et al. Efficacy of face masks and respirators in preventing upper respiratory tract bacterial colonization and co-infection in hospital healthcare

workers[J]. Preventive Medicine，2014，62：1-7.

[147] Boyce J M，Pittet D. Guideline for hand hygiene in health-care settings：recommendations of the Healthcare Infection Control Practices Advisory Committee and the HICPAC/SHEA/APIC/IDSA Hand Hygiene Task Force[J]. Infection Control & Hospital Epidemiology，2002，23(S12)：S3-S40.

[148] WS/T311—2009，医院隔离技术规范[S].

[149] Isolation techniques for use in hospitals[J]. Department of Health，Education，and Welfare，Public Health Service，Center for Disease Control，1975.

[150] 卢艳秋. 医院病房内置换通风与混合通风的模拟分析与比较(硕士学位论文)[D]. 哈尔滨：哈尔滨工业大学，2006.

[151] 沈晋明，刘燕敏. 洁净手术室送风装置新要求、新措施——新版《医院洁净手术部建筑技术规范》简析[J]. 中国医院建筑与装备，2014(06)：59-61.

[152] 沈晋明. 洁净手术部的净化空调系统设计理念与方法[J]. 暖通空调，2001(05)：7-12.

[153] Brandt C，Hott U，Sohr D，et al. Operating room ventilation with laminar airflow shows no protective effect on the surgical site infection rate in orthopedic and abdominal surgery [J]. Annals of surgery，2008，248(5)：695-700.

[154] 涂光备，涂有. 对当前医院手术室建设中一些问题的思考[J]. 暖通空调，2007(01)：43-47.

[155] Andersson A E，Petzold M，Bergh I，et al. Comparison between mixed and laminar airflow systems in operating rooms and the influence of human factors：experiences from a Swedish orthopedic center[J]. American Journal of Infection Control，2014，42(6)：665-669.

[156] Sadrizadeh S，Holmberg S，Tammelin A. A numerical investigation of vertical and horizontal laminar airflow ventilation in an operating room[J]. Building and Environment，2014，82：517-525.

[157] 董书芸，于振峰，涂光备，曹荣光. 集中送风结合局部送风实现手术室局部化[J]. 天津大学学报，2006(10)：1227-1231.

[158] 沈晋明. 德国的医院标准和手术室设计[J]. 暖通空调，2000(02)：33-37.

[159] Barnes S，Twomey C，Carrico R，et al. OR Air Quality：Is It Time to Consider Adjunctive Air Cleaning Technology？[J]. AORN journal，2018，108(5)：503-515.

[160] Curtis G L，Faour M，Jawad M，et al. Reduction of Particles in the Operating Room Using Ultraviolet Air Disinfection and Recirculation Units[J]. The Journal of Arthroplasty，2018，33(7)：S196-S200.

[161] El Haddad L，Ghantoji SS，Stibich M，et al. Evaluation of a pulsed xenon ultraviolet disinfection system to decrease bacterial contamination in operating rooms[J]. BMC Infectious Diseases，2017，17(1)：672.

[162] Simmons S，Dale Jr C，Holt J，et al. Environmental effectiveness of pulsed-xenon light in the operating room[J]. American Journal of Infection Control，2018.

[163] 许莲芳. 臭氧与紫外线在手术室空气消毒中的应用研究[J]. 中华医院感染学杂志，2010(23)：3726-3728.

［164］ 谢斌，宁群，庞秀清，等. 等离子体空气消毒器与层流净化系统及紫外线对手术室空气消毒效果的比较分析［J］. 中国农村卫生，2018(06)：44.

［165］ Adams N J，Johnson D L，Lynch R A. The effect of pressure differential and care provider movement on airborne infectious isolation room containment effectiveness［J］. American Journal of Infection Control，2011，39(2)：91-97.

［166］ 李朝妹. 医院普通病房夏季气流组织模拟研究（硕士学位论文）［D］. 安徽：安徽理工大学，2012.

［167］ Gao N P，Niu J L. Modeling particle dispersion and deposition in indoor environments［J］. Atmospheric Environment，2007，41(18)：3862-3876.

［168］ Zhao B，Zhang Y，Li X，*et al*. Comparison of indoor aerosol particle concentration and deposition in different ventilated rooms by numerical method［J］. Building and Environment，2004，39(1)：1-8.

［169］ Yin Y，Xu W，Gupta J K，*et al*. Experimental study on displacement and mixing ventilation systems for a patient ward［J］. HVAC&R Research，2009，15(6)：1175-1191.

［170］ 宗杰，于燕玲. 紫外线消毒在医院病房中央空调中的应用探讨［J］. 中国医院建筑与装备，2006(01)：44-47.

［171］ Zhou，Q.，Qian，H.，Ren，H.，*et al*. The lock-up phenomenon of exhaled flow in a stable thermally-stratified indoor environment［J］. Build. Environ，2017，116：246-256.

［172］ Nagaraja A，Visintainer P，Haas J P，*et al*. Clostridium difficile infections before and during use of ultraviolet disinfection［J］. American journal of infection control，2015，43(9)：940-945.

［173］ 夏永祥，孙红霞，刘云，等. 病房空气中细菌含量与紫外线消毒周期的相关性分析［J］. 海南医学，2003(07)：76.

第 13 章 热 舒 适

13.1 经典热舒适理论

13.1.1 环境因素对热舒适的影响

13.1.1.1 风速对热舒适的影响

空气流动是影响人体热舒适的六个主要因素之一。近年来的研究的主要导向为充分利用空气流动在偏热环境下的舒适改善和节能效果。主要的进展有：标准更新；湿热环境下气流作用；吊扇风场研究。

（1）舒适标准更新

传统的热舒适观点认为热舒适的状态需要相对较低的环境风速，以减少人们对"吹风感"的抱怨。然而，基于大量办公建筑现场调研数据的统计结果表明，在实际空调环境中，人们即便在热感觉中性偏凉时也期望更大的风速[1][2]。同时，由于建筑制冷能耗的巨大压力，如图 13-1 所示，通过调节室内设定温度，有较大的节能潜力。研究者们越来越多地意识到在偏暖

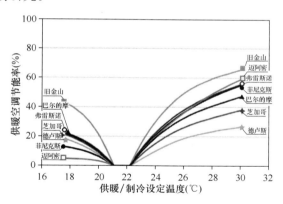

图 13-1 不同室内设定温度时的节能率[3]

环境中，气流对人体热舒适有改善效果，从而提高室内设定温度[3]。以上研究支持了 ASHRAE 55 在 2010[4]年对环境风速的更新，减少了"吹风感"的内容（只在环境温度低于 22.5 ℃ 时适用），同时鼓励设计师更多地在建筑中使用气流。ASHRAE 55 在 2013[5]和 2017[6]年持续地放宽对建筑中使用气流的限制，如图 13-2 所示，当人们对气流有控制时，环境风速可不设上限。

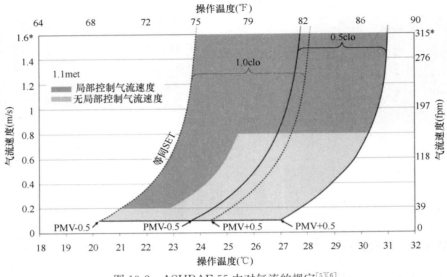

图 13-2　ASHRAE 55 中对气流的规定[5][6]

（2）湿热环境下空气流动对人体热舒适的影响

1）自然通风

Zhang 等[7]通过湿热地区人群跟踪调研，监测了自然通风建筑中人们开窗通风和使用风扇的行为，建立了空气流速平均值、热环境满意百分比与 ET^*（新有效温度）的关系，如图 13-3 所示。发现自然通风状态下，室内空气流速在 $0.3\sim$ 0.4m/s 范围内变化时与 ET^* 的关系不明显；随着 ET^* 的增高，空气流速仅有微弱的上升。这说明自然通风状态下通过开关门窗调节室内风速的作用有限。对热环境的满意率随 ET^* 呈明显的二次多项式关系，当 $ET^*<29.3\text{℃}$ 时，80％以上的受试者对热环境表示满意；当 $ET^*>29.3\text{℃}$ 时，满意率显著下降，当 $ET^*>32\text{℃}$ 时满意率为 0。当热环境满意率达到 80％时，自然通风状态下通过开关门窗可接受的

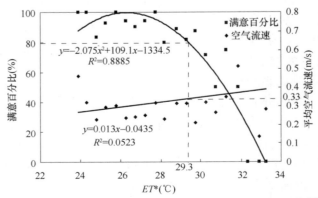

图 13-3　热环境满意百分比、平均空气流速随 ET^* 的变化[7]

热环境上限为 $ET^* = 29.3℃$，此时的自然通风空气流速为 0.33m/s，空气温度为 $28.7℃$，相对湿度约为 80%，平均辐射温度为 $29℃$。上述范围限值，可有效指导湿热地区建筑物的自然通风设计。

2）可控气流

Zhai 等[8]研究了湿热环境下可控气流（如落地扇）对人体热舒适的影响，发现了稳态下热环境、空气质量、空气流动和湿度可接受百分比随实验环境 ET^* 的变化规律，如图 13-4 所示。总体热环境和湿度可接受度在多数工况中处于 80% 以上，只有温湿度为 $30℃$ 和 80% 的工况（$ET^* = 32.7℃$）有显著降低，达 60% 左右，气流和感知空气品质可接受度均保持在 80% 以上。这说明，使用个人控制的落地扇，80% 可接受的温湿度上限为 $30℃$ 和 60%（$ET^* = 30.7℃$）。

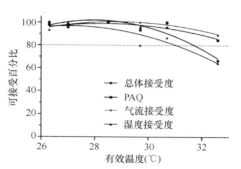

图 13-4　热环境、感知空气品质、空气流动和湿度的不满意百分比[8]

3）不可控气流

Zhai 等[9]研究了不同吊扇吹风风速对人体热舒适的影响。发现除温湿度为 $30℃$ 和 60% 时 0.85m/s 的风速会使感知空气品质不满意百分比高于 20%，其余所有的温湿度和风速工况下不满意百分比均低于 20%，如图 13-5 所示。空气流动不

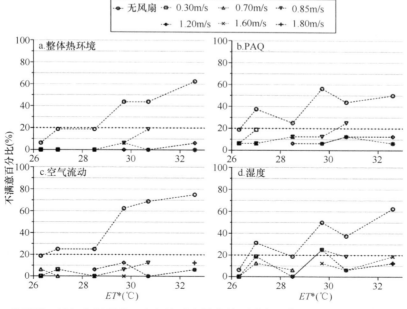

图 13-5　热环境、感知空气品质、空气流动和湿度的不满意百分比（不可控吊扇气流状态）[9]

满意百分比在所有的工况下均低于 20％。湿度不满意百分比在风扇开启后仍受湿度的显著影响，低湿工况下除温湿度为 30℃和 60％工况下 0.85m/s 的风速工况外（不满意百分比 20％），所有的不满意百分比均低于 10％；而高湿工况（温湿度为 28℃和 80％）时 0.85m/s 和 1.2m/s 的风速不能使湿度不满意百分比降至 20％以下，其余各工况不满意百分比多在 10％～20％之间。综上，在湿热环境下，使用吊扇的温湿度可接受上限为 30℃和 80％（$ET^* = 32.6℃$）。

以上结果表明，在湿热地区可采用以下方式在充分利用气流的条件下保证舒适和节能：

（1）通过开窗营造自然通风适宜环境的舒适上限为 $ET^* = 29.3℃$，对应空气流速为 0.33m/s，空气温度为 28.7℃，相对湿度近 80％，平均辐射温度为 29℃；

（2）通过电扇营造自然通风辅以风扇调风环境的舒适上限为 $ET^* = 30.2℃$，此时的自然通风空气流速为 0.56m/s，空气温度为 29.7℃，相对湿度近 80％，平均辐射温度为 29.9℃；

（3）通过个人控制落地扇营造空调辅以风扇调风环境的舒适上限为 $ET^* = 30.7℃$，此时的空气温度为 30℃，相对湿度为 60％，平均辐射温度与空气温度相同，个人选择的空气流速平均值为 1.10m/s，标准差为 0.4～0.5m/s；

（4）通过吊扇营造空调辅以风扇调风环境的舒适上限为 $ET^* = 32.6℃$，此时的空气流速为 1.60m/s，空气温度为 30℃，相对湿度为 80％，平均辐射温度与空气温度相同。

综上，湿热地区全年的气流调节策略如图 13-6 所示[7]。以室内热环境的 ET^* 为据：

（1）$ET^* < 27.9℃$时，健康通风；

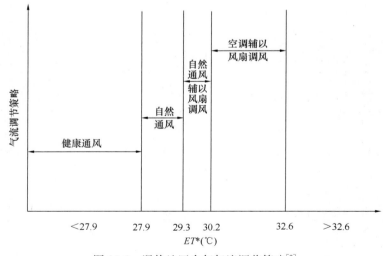

图 13-6   湿热地区全年气流调节策略[7]

（2）27.9℃≤ET^*<29.3℃时，自然通风；

（3）29.3℃≤ET^*<30.2℃时，自然通风辅以风扇调风；

（4）ET^*≥30.2℃时，空调辅以风扇调风，空调设定的温湿度值对应 ET^*≤32.6℃。

（3）吊扇风场研究

作为建筑物理环境设计的一个重要元素，在环境设计初期需要了解吊扇产生的风场以确定吊扇的位置和数量。Gao 等[10]针对工位隔断和家具对吊扇风场的影响进行了详细的测试研究，发现工位隔断可对风扇流场进行导流，增加了人员位置处的风速，如图 13-7 所示。基于此，研究者进一步采用 CFD 进行了不同的风速转速、叶片设计、风扇与天花板高差、层高条件下吊扇风场的研究[11]，对单风扇和多风扇的风场进行了对比[12]，如图 13-8 所示。同时，粒子图像测速法等新的风场测试方法，也被应用于吊扇风场研究[13]。

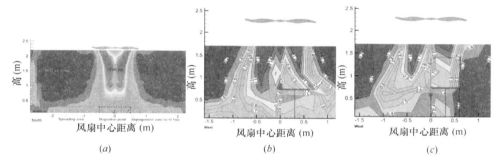

图 13-7　有无家具时风扇中心截面风场垂直分布[10]（彩图见二维码）

（*a*）无家具；（*b*）办公桌；（*c*）办公桌＋隔断

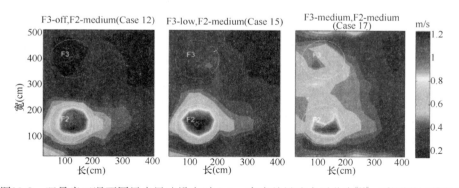

图13-8　双吊扇工况不同风扇风速设定时 1.1m 高度处风速水平分布[12]（彩图见二维码）

13.1.1.2　高温/热湿环境对热舒适的影响

（1）高温/热湿环境定义

根据环境与人体热平衡的关系，通常把 35℃以上的生活环境及 32℃以上的生产环境视为高温环境，若同时伴随着 60% 以上的相对湿度，则称之为高热湿环境[14]。根据高温/热湿环境形成的原因，可将其分为自然高温/热湿环境和工业高温/热湿环境。自然高温/热湿环境集中出现在夏季，而工业高温/热湿环境不受季节影响，但在夏季其热湿程度明显提高。

自然高温/热湿环境主要出现在我国夏热冬冷和夏热冬暖地区的民用建筑及室外环境中。在民用建筑中，一些人员密集的公共建筑由于现场条件或经济成本的限制，没有配备充足的空气制冷设备，室外高温气象条件的作用加上室内热负荷，致使高温/热湿环境时常出现，室内人员普遍表现出极度不舒适。另外，由于夏季较强的太阳辐射作用以及夏季降水偏多的气候特点，上述两个气候分区的夏季室外环境均具有高温/热湿环境特征。

工业高温/热湿环境主要出现在各种工业生产场所中。在部分工业建筑中，为满足生产需要而配备的各种大型生产设备和复杂的工艺生产线，形成了巨大的设备热湿负荷。工艺流程产生的热量和水分、燃料燃烧、机械转动摩擦以及电机发热等因素是造成工业高温/热湿环境的主要原因。同样，由于夏季室外气温高导致生产流程中冷却设备的作用下降，进一步加剧了室内环境的热湿程度。常见的工业高温/热湿环境存在于锅炉房和锅炉间作业；炼钢、锻造及铸造作业；搪瓷、玻璃、电石及熔炉高温熔料作业；窑炉及烧窑作业；高温高湿矿井及矿井作业以及部分国防设施内部环境。

（2）高温/热湿环境对人体影响

高温/热湿环境对人体施加巨大的热应力，一般不能用"热舒适"来描述。在此类环境中，人体不能长时间工作，或不能长时间有效地工作。一旦人体的热应力超过了人员机体可承受的范围，将对人体造成严重的生理和心理影响，引起一系列的热害病，甚至造成严重的不可逆损伤和死亡。另外，热应力还会显著降低工作人员的工作效率和避险能力，容易引发安全事故，增大安全风险。

人体的能量代谢使体内产生热量，并与环境通过传导、对流、辐射和蒸发进行热交换。高温/热湿环境产生的热应力会打破人体与环境的热平衡，体内存在多余热量无法排除，最终导致人体体温、心率、血压和出汗率等生理参数的变化。多个生理系统的共同作用实现了人体一定程度的耐热性。

心血管系统对高温/热湿环境的反应主要是心输出量增大和皮肤血管扩张。人体进入热环境后，心血管系统率先作用，心率加快，脉动血压随脉搏输出量增加，收缩压升高，血流速度随着心搏力量的加大而加快，心脏输出更多的血液带走更多的体内热量。同时，皮肤血管需要扩张来容纳更多的血流，通过皮肤上层毛细血管充血，血液更接近皮肤表面流通，使多余的热量被排到环境中[15]。

体温调节系统能够通过排汗进一步提升人体散热能力，图 13-9 为体温调节控制系统示意图。下丘脑对汗腺发出信号，使得皮肤散出大量的汗液，汗液的蒸发会

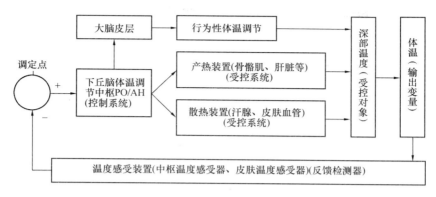

图 13-9　体温调节控制系统示意图

冷却皮肤，消除体内的热量。当环境温度达到其至超过皮肤温度时，被带到皮肤表面的血液不能向外界散出热量，同时湿度增大导致汗液不易蒸发，人体核心温度和皮肤温度会显著增加[16]。

呼吸系统通过呼吸向环境散热，呼吸散热是蒸发散热的一部分，人体在高温/热湿环境下时呼吸加深加快，呼吸频率显著增加，进而增大肺通气量[17]。

高温/热湿环境还会导致工作效率和避险能力的下降。由于散热需求，更多的血液被供应到皮肤表面，导致流到肌肉、大脑和其他器官的血液变少，导致人体肌肉疲劳、头脑反应变慢，工作能力逐渐下降。实验研究表明，在偏离热舒适区域的温度下，脑力工作和体力工作的工作能力均会下降，小事故的发生几率增加，工作产量下降[18,19]。

（3）高温/热湿环境评价指标

为保障高温/热湿环境下工作人员的健康与安全，需要对环境所产生的热应力进行量化评价。单一的环境参数并不足以评价热环境，涉及多个环境参数的综合指标更具有实际意义。Roghanchi 和 Kocsis[20,21] 对 1905～2012 年间的所有环境热应力评价指标做了统计，如图 13-10 所示。该趋势表明，高温/热湿环境评价引起越

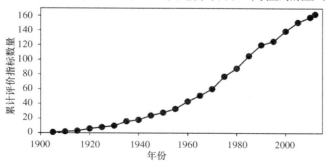

图 13-10　1905～2012 年高温/热湿环境评价指标累计数量[20,21]

来越多的关注，并随着方法学的发展，更加全面、实用且准确的指标被提出。由于各类工作的环境组成要素、工种服装、代谢率、工作人员体质等多种因素的差异，至今仍未有一个可统一适用于各类地区、各种高温/热湿环境的理想评价指标。在数量众多的高温/热湿环境评价指标中，有效温度 ET（Effective temperature）和湿黑球温度 $WBGT$（Wet bulb globe temperature）是使用最广泛的两个指标，其他的指标多是基于这二者的基础上进行了相关修正。

与建筑室内热工环境评价相同，在高热湿环境中也采用了新有效温度 ET^*、标准有效温度 SET^* 等。

湿黑球温度 $WBGT$ 作为环境指标参数之一，在此做专门的介绍，是因为该指标在高热湿环境评价中有其特殊的意义和作用。$WBGT$ 始创于 1957 年，最初的目的是对军事训练进行环境热应力监控。国际标准 ISO 7243—2017 和我国标准 GBZ 2.2—2007、GB/T 4200—2008、GB/T 17244—1998 都采用 $WBGT$ 对高温/热湿环境进行了评价分级。它综合考虑了温度、湿度和太阳辐射的作用，且对于室外和室内热环境均适用，实际测量中可使用 $WBGT$ 测量仪直接获取，它易于测量且设备简单、耐用。计算公式如式（13-1）和（13-2）所示：

用于室外：
$$WGBT = 0.7T_W + 0.1T_D + 0.2T_G \tag{13-1}$$

用于室内：
$$WGBT = 0.7T_W + 0.3T_G \tag{13-2}$$

式中，T_W 为自然通风湿球温度，℃；T_D 为干球温度，℃；T_G 为黑球温度，℃。

虽然 $WBGT$ 指标应用范围广泛，但仍然存在许多不足。当环境湿度较高或风速较低时，引起的蒸发限制将造成湿度影响的评价不明显，黑球温度的测量也容易产生误差。起初 $WBGT$ 并未考虑到不同人体不同的代谢水平或服装形式对生理限值可能造成的影响。随着 $WBGT$ 指标的广泛应用，针对不同的使用环境，也出现了许多修正的方法。Unger[22] 在 $WGBT$ 的基础上考虑了空气湿度的作用，将相对湿度加入到计算式中，提出了温湿度指数 THI（Temperature-humidity Index），计算公式如下式（13-3）所示：
$$THI = T_D - (0.55 - 0.0055RH) \times (T_D - 14.5) \tag{13-3}$$

式中，T_D 为干球温度，℃；RH 为相对湿度，%。

2001 年，Moran 等考虑了空气温度、相对湿度和太阳辐射的综合作用，提出了环境应力指数 ESI（Environmental Stress Index）。由于它具有更高的准确性，被认为是最能够替代 $WBGT$ 的指标，其计算如式（13-4）所示。
$$ESI = 0.63T_D - 0.03RH + 0.002SR + 0.0054(T_D \times RH) - 0.073(0.1 + SR)^{-1} \tag{13-4}$$

对于室内高热湿环境，计算如式（13-5）所示：

$$ESI = 0.63T_D - 0.03RH + 0.0054(T_D \times RH) - 0.73 \qquad (13-5)$$

式中，T_D 为干球温度，℃；RH 为相对湿度，%；SR 为太阳辐射强度，W/m²。

根据 ISO 7243 标准，$WBGT$ 指标适用于评价作息时间为 $1\sim8h$ 的平均高温热负荷，不适用于短期暴露于高温环境下的热应激评价。标准根据世界卫生组织的推荐"人体不宜长期在核心温度高于 38℃ 情况下从事体力劳动"给出了各代谢率水平下的 $WBGT$ 安全限值，不同代谢率对应的 $WBGT$ 阈值[23] 表 13-1 中的限值即以衣服热阻为 0.6clo、直肠温度不超过 38℃ 为限得出。人体可接受的 $WBGT$ 阈值随着代谢率的增大呈现递减的趋势。

不同代谢率对应的 **WBGT** 阈值[23]　　　　　　　　　　表 13-1

代谢率 M（W/m²）	WBGT 参考值（℃）			
	热习服人群		非热习服人群	
$M \leqslant 65$	33		32	
$65 < M \leqslant 130$	30		39	
$130 < M \leqslant 200$	28		26	
$200 < M \leqslant 260$	感觉无风 25	感觉有风 26	感觉无风 22	感觉有风 23
$M > 260$	23	23	18	20

（4）高温/热湿环境热舒适（热评价）研究成果

高温/热湿环境的温湿度已超出一般室内热环境的范围，评价的范畴已从是否舒适上升为是否安全。高温/热湿环境下的人体热评价可以理解为"拓展的热舒适"。传统的热舒适理论在高温/热湿环境下已不再适用，其原因为：热舒适要求保证 90% 的室内人员对环境感到满意即可，而热安全则必须确保 100% 的室内人员安全且健康。因此，相比于热舒适理论基于人员主观热感受做出评价，高温/热湿环境热安全理论则需要根据更为准确的客观生理参数做出评价。但这并不意味着完全不考虑被测者的主观感受，而是应以客观生理参数评价为主，主观感受评价为辅。

另一方面，在环境条件改变时，人体具有自动维持稳态的机制，能够主动适应不利环境，而并非一味地被动接受。这意味着环境参数的改变体现在人体生理参数的改变上具有一定的滞后性，而以环境参数为变量的高温/热湿环境评价指标并没有考虑到人体的主动调节作用，由于个体或性别差异，相同的热环境，不同的人生理反应存在差异。综上所述，高温/热湿环境热应力评价因素应由环境参数转变为人体生理参数，并辅以人体主观感受评价。以此为出发点形成了许多重要研究成果。

1）基于客观生理参数的评价

Moran[24] 提出了基于直肠温度和心率的高温/热湿环境下人体热应力评价指标 PSI（Physiological Strain Index），它反映了心血管系统和体温调节系统的综合作用，二者被分配了相同的权重，如式（13-6）所示。它将人体热应力分为了 $0 \sim 10$ 共 11 级，进而再划分出由低到高的 5 个水平区间，如图 13-11 所示。PSI 能够反映出不同服装热阻、劳动强度、年龄和性别的差异。

$$PSI = 5 \times \frac{HR_t - HR_0}{180 - HR_0} + 5 \times \frac{T_{rt} - T_{r0}}{39.5 - T_{r0}} \tag{13-6}$$

式中　HR_t——t 时刻的心率，次/min；

　　　T_{rt}——t 时刻的直肠温度，℃；

　　　HR_0——初始心率，次/min；

　　　T_{r0}——初始直肠温度，℃。

图 13-11　PSI 指标分级图

PSI 在高温/热湿环境下人体热应力评价领域具有重要的地位，之后的许多研究都建立在此基础上。考虑到实际场所测量直肠温度的难度，吕石磊[25]将 PSI 中的直肠温度替换为口腔温度，通过修正形成了 $PHSI$ 指标。李国建[26]研究了高温高湿低氧环境下人体热耐受性，通过人体耐热极限时长与 $WBGT$ 指标、氧气体积分数、人体代谢水平的数学模型，对 $PHSI$ 模型进行了验证和完善。考虑到心血管系统和体温调节系统对缓解热应力的能力具有差异，郑国忠[27]通过大量人体样本实验对 PSI 中的心率和直肠温度的权重进行了修正，分别赋予了 4.4 和 5.6 的权重系数，形成了修正后的 $PSIc$ 指标。

2）基于主观感受的评价

Tikuisis 等[28]在 PSI 的基础上，提出了基于疲劳程度 RPE（Ratings of Perceived Exertion）和热感受 RTS（Ratings of Thermal Sensation）的高温/热湿环境下人体主观热应力评价指标 $PeSI$（Perceptual Strain Index）。它避免了测量生理参数的难度，直接通过主观问卷就可评价热应力水平，在实际工业生产场所具有很好的便捷性。如式（13-7）所示。它的分级结果与 PSI 完全一样，分为从低到高 5 个热应力水平。

$$PeSI = 5 \times \frac{RPE_t}{10} + 5 \times \frac{RTS_t - 1}{4} \tag{13-7}$$

式中：RPE_t——t 时刻的疲劳程度，RPE 将疲劳程度划分为 $0 \sim 10$ 共 11 个等级，代表从很轻松到极度疲劳；

　　　RTS_t——t 时刻的热感受，RTS 不同于 Gagge 提出的 7 点 TSV 尺度，其中没有冷感受只有热感受，将热感觉划分为 $1 \sim 5$ 共 5 个等级，代表从舒适到非常热。

为了进一步增加 $PeSI$ 的实用性与便捷性，种道坤[29]开展了人工环境舱模拟实验，通过生理参数与主观感受的关系，将 $PeSI$ 转化为了一种可视化图像指标，并将工作效率的评价加入其中。如图 13-12 所示，被测者通过选择横坐标 RPE 和纵坐标 RTS 来选择热应力状态落点，底部绿色区域为无或轻微热应力状态；其上方墨绿色区域为低热应力状态，并出现工作效率的下降；中间黄色区域为中热应力状态，并且工作效率已下降超过 15%，建议立刻休息；最上方红色区域为高热应力状态，此时人体受到热危险，随时可能发生事故，应立刻转移至阴凉通风区域休息并补充水分。

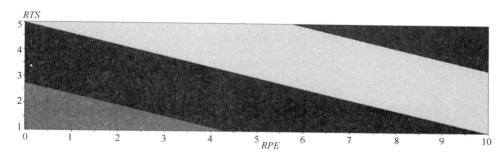

图 13-12　可视化 $PeSI$ 指标分级图[29]

PSI 的计算需要采集被试的直肠温度和心率，在实际工作场所难以实现，而 $PeSI$ 仅需要对被测人员进行问卷调查便可计算得到，所需成本较小。如果 $PeSI$ 具备和 PSI 一样的评价准确度，为了降低测试成本，可以用 $PeSI$ 来代替 PSI。为此，曾朴[30]对 $PeSI$ 和 PSI 的相关性进行了实验研究，实验设置了 4 组工况：A组：38℃，重度劳动强度；B组：38℃，中度劳动强度；C组：36℃，重度劳动强度；D组：36℃，中度劳动强度；相对湿度均为 50%。通过对实验数据分析得出，$PeSI$ 和 PSI 具有强相关性，如 A、B、C、D 四组工况下 PSI 与 $PeSI$ 的 Pearson相关系数 表 13-2 所示，即用 $PeSI$ 代替 PSI 做出评价是可行的。

A、B、C、D 四组工况下 PSI 与 $PeSI$ 的 Pearson 相关系数　　　表 13-2

	$PeSI_A$	$PeSI_B$	$PeSI_C$	$PeSI_D$
PSI_A	0.887**	—	—	—
PSI_B	—	0.712**	—	—
PSI_C	—	—	0.846**	—
PSI_D	—	—	—	0.679**

注：** 表示在置信水平 $\alpha = 0.01$ 下是显著的。

3）模糊综合评价

由于人体复杂的生理调节机制，总体热应力水平与各个生理参数之间的关系往往是复杂且模糊的，很难用某种具体函数模型来拟合，仅仅利用统计学模型来建立变量之间的关系是不够准确的，一个固定的数学公式不足以反映高温/热湿环境下人体的热反应。模糊综合评价法是一种基于模糊数学的综合评价方法。该方法根据模糊数学的隶属度理论把定性评价转化为定量评价，即用模糊数学对受到多种因素制约的事物或对象做出一个总体的评价，适合各种非确定变量关系的问题。郑国忠等[31]通过建立人体热状态模糊综合评价模型，提出了热状态评分 PSS（Physiological State Score）来对高温/热湿环境下人体热状态进行分级，结果如表 13-3 所示，与 PSI 具有相似的结果，选取的评价因素为：皮肤温度、直肠温度、心率、收缩压和出汗量。

PSS 和 PSI 分级对比　　　　　　　　　　　　　　　表 13-3

	PSS 安全等级/PSI 热应力等级				
	非常安全/ 无热应力	相对安全/ 低热应力	不安全也不 危险/中热应力	相对危险/ 高热应力	非常危险/ 极高热应力
PSS	[8, 10]	[6, 8]	[4, 6]	[2, 4]	[0, 2]
PSI	[0, 3]	[3, 5]	[5, 7]	[7, 9]	[9, 10]

13.1.2　人体因素对热舒适的影响

13.1.2.1　代谢率对热舒适的影响

人体新陈代谢率是影响人体热舒适的两个个体参数之一（另一参数为服装热阻），但相比对环境参数（温度、湿度、风速和平均辐射温度）的研究，与代谢率相关的研究较少。近年来，研究者逐渐认识到，基于稳态静坐状态下的 PMV-PPD 模型难以应用在代谢率较高及动态变化下人体舒适度的预测。而实际建筑中，人体代谢率常高于静坐状态，且常动态变化。因此，需要对不同活动状态下的人体代谢率及其热舒适需求进行系统研究。主要在以下几个方面取得研究进展：（1）代谢率测量方法及不同活动状态下人体代谢率；（2）不同代谢率水平下人体热舒适；和（3）代谢率动态变化下人体热舒适。

（1）代谢率测量方法及不同活动状态下人体代谢率

1）热舒适研究标准中代谢率获取方法

代谢率的精确测量是研究运动状态下人体热舒适的基础，是计算人体热平衡、生理和心理热反应的前提。代谢率的精确测试需借助较昂贵的仪器设备[32]，且对测试时受试者的身体状态也有较高的要求，因此在当前实验室和现场调研中，极少对代谢率进行测试，仅采用查取规范标准值的方法来获得某种活动状态下的代谢率。常用的标准有 ISO 7730[33][5]，ASHRAE 55[5]，ISO 8996[34] 等。其中 ISO 8996 提供了四个精度等级的代谢率获取方法（级别越高精度越高），包括：

第一级，筛分法：根据职业估算代谢率。误差较高，室内热环境评价中较少使用。

第二级，观测法：根据活动状态及强度估算代谢率，为最常用的方法。从数据来源来看，以上标准均采用 1967 年 Passmore 和 Durnin 的综述中[35]代谢率测试值，其样本多为欧美人群，且至今未更新。

第三级，解析法：根据心率估算代谢率。利用人体活动时心率和代谢率的线性关系来估算代谢率，精度为 20%。其优势在于简单有效，然而，由于在代谢率较低时人体心率受其他因素（如情绪）的影响而不再准确，因此标准中建议该方法仅适用于心率小于 120bpm 的情况。

第四级，测量法：利用间接测热法、双标水法和直接测热法测量代谢率。其中直接测热法和双标水法仅能测量长时间内代谢产热的总量，难以反映真实环境中人体代谢率的变化，当前较少使用[36]。使用最普遍的为间接测热法，为人体代谢率测量的"金标准"。即测量人体氧气消耗率和二氧化碳生成率，后根据食物的氧热价计算得到身体代谢产热量，除以身体表面积得到人体代谢率。

2）采用密闭小室测试代谢率的方法

Ji 等[37]提出了采用密闭小室测试代谢率的方法，如图 13-13(a) 所示。其计算原理与间接测热法相同。采用 2m×2m×2m 的密闭小室，测试受试者在小室内进行不同活动时二氧化碳生成率，并假设氧热价为 0.85 来计算人体代谢率。Ji 等进一步采用该方法研究了代谢率的动态变化规律，如图 13-13(b) 所示，发现代谢率由静坐状态到运动状态时需要 5~6min 达到稳定，而从运动状态降低至静坐状态时需 7~9min 达到稳定。由于代谢率转变需要一定时间才可达到稳定，因此其动态变化将会对人体热舒适产生重要影响。

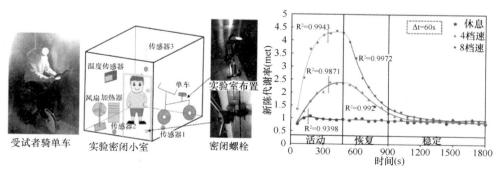

图 13-13　采用密闭小室[37]

(a) 代谢率测试小室示意图；(b) 代谢率动态变化特征

3）不同活动状态下人体代谢率测试

Zhai 等[38]采用第四级方法，对不同活动状态下中国青年人群代谢率水平进行了研究。发现受试者代谢率可在 5min 内达到稳定，如图 13-14 所示，因此取稳定后的 5min 平均值作为稳态代谢率取值，见表 13-4[38]。与 ISO 7730 和 ASHRAE 55 等基于欧美人群的代谢率标准值相比，我国青年人群在静坐和站立时的代谢率值低于标准值，走步时则高于标准给出的数值，如表 13-4 所示[38]。表明 ISO 和 ASHRAE 标准给定的代谢率数据不宜直接应用于我国人群热舒适预测和指导室内热环境设计，应对我国人群代谢率进行大规模测试，提出反映我国人群特征的代谢率数据。

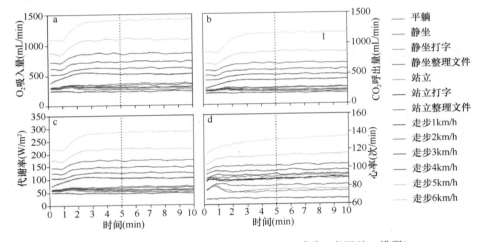

图 13-14   不同活动量随时间变化的实测值[38]（彩图见二维码）

（2）稳定状态下代谢率对人体热舒适的影响

与静坐状态相比，稳态运动时人体新陈代谢率较高，人体热反应和热舒适需求有以下不同：

舒适温度降低。同等服装热阻下，相比于静坐状态，代谢率升高时体内产热量增加，人体舒适温度降低。McNall 等[39]研究发现衣着 0.6clo 标准服装的受试者在 1.7met、2.2met 和 2.8met 下的中性温度分别为 22℃、19℃ 和 16℃，显著低于静坐时的 25.6℃。采用偏好温度的研究方法，Nielsen 等[40]指出衣着为 0.05clo（短裤或比基尼）的受试者在 2.6met 活动量下偏好 19℃ 的环境温度，在 5.0met 下偏好 18 ℃ 的环境温度。Gonzalez 等[41]发现不着衣装的受试者在静坐状态下的偏好温度为 26.1℃，运动强度为 25% 和 40% 最大摄氧量时的偏好温度则降低至 21.8℃ 和 20.7℃。Wang 和 Hu[42]研究了人体在 2.5met 时的热中性温度也有相同的结论。

实测值与热舒适标准值对比[38]   表 13-4

活动工况	代谢率（met）					实测值
	ISO 7730	ISO 8996	ASHRAE55	ASHRAE Handbook	GB 50785	
平躺	0.8	0.8	0.8	0.8	0.8	0.8
静坐	1.0	1.0	1.0	1.0	1.0	0.9 *‡
静坐打字	1.2	1.2	1.1	1.1	1.2	1.0 *‡
静坐整理文件	—	—	1.2	1.2	—	1.2
站立	1.2	1.2	1.2	1.2	1.2	1.0 *‡
站立打字	—	—	—	—	—	1.1
站立整理文件	—	—	1.4	1.4	—	1.3 *‡
平地步行 1.0 km/h	—	—	—	1.7	—	1.8‡
平地步行 2.0 km/h	1.9	1.9	—	—	1.9	2.1 *
平地步行 3.0 km/h	2.4	2.4	2.0 (3.2 km/h)	2.0 (3.2 km/h)	2.4	2.5 *‡
平地步行 4.0 km/h	2.8	2.8	2.6 (4.3 km/h)	2.6 (4.3 km/h)	2.8	3.0 *‡
平地步行 5.0 km/h	3.4	3.4	—	—	3.4	3.8 *
平地步行 6.0 km/h						5.0

注：* 与 ISO 标准对比存在显著性差异；‡ 与 ASHRAE 标准对比存在显著性差异。

生理参数和主观反应的关系不同。静坐状态下人体热感觉和热舒适与平均皮肤温度有较好的相关性，中性状态下的平均皮肤温度为 33.4℃ 左右；皮肤湿润度的升高则会造成热不舒适。同样是舒适状态下，Nielsen 等[10]指出人体偏好的舒适皮温随代谢率升高而降低，偏好的皮肤湿润度则线性增加。

心理期望不同。静坐办公时人体偏好中性的热感觉，运动状态下人体偏好偏暖的热感觉[43,44]。同时，人体对热环境的敏感度下降，可接受的温度范围变宽[45]。

采用温度偏好研究方法，Gao 等[46]研究了办公环境下，人们进行静坐打字、站立打字、走步 1.2km/h、走步 2.4km/h 时人体的偏好温度，发现静坐打字、站立打字、走步 1.2km/h 和走步 2.4km/h 的偏好温度分别为 25.85、25.0、24.1 和 23.2℃，如图 13-15(a) 所示。代谢率对偏好温度变化的影响显著。与 PMV 方程预测结果对比表明，代谢率 1.0met 时实测值与 PMV 预测值无显著差异，代谢率为 1.9～2.5met 时，PMV 预测舒适温度显著低于实测值，如图 13-15(b) 所示。

（3）动态状态下代谢率对人体热舒适的影响

关于代谢率动态变化下人体热反应的研究较少。Goto 等[47]分别研究了在 21℃和 26℃温度时，不同的代谢率突变（1met→2met、4met、6met）和持续时间（5min、9min、15min、30min）下人体的热反应，发现代谢率突变后热感觉在

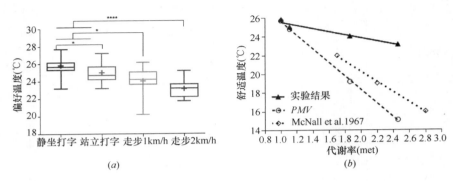

图 13-15　不同低活动量状态下偏好温度及与 *PMV* 对比

（*a*）不同低活动量状态下偏好温度；（*b*）偏好温度与代谢率

1min 内立即上升或下降，如图 13-16 所示，因此即便是短时的代谢率突变也会对人体热反应造成显著影响。大约 15～20min 运动后，热感觉达到稳定。Goto 等[47]提出用加权因子估算变化活动水平的一个具有代表性的平均代谢率，如用静态舒适模型预测热感觉。最近 5min 的活动权重为 65%，5～10min 为 25%，10～20min 为 10%。

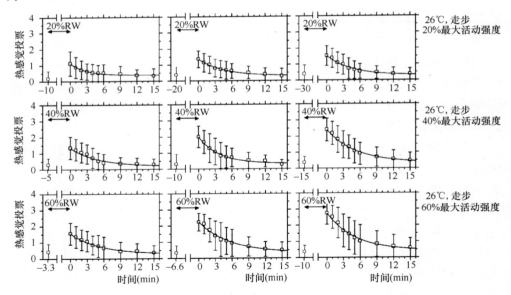

图 13-16　不同运动强度和时长下人体热感觉动态变化[47]

Goto 等的研究中仅有代谢率的变化，而现实生活中代谢率常与环境温度同时变化，如夏季由室外进入室内时的情形。Zhai 等[48]针对这种情况，发现了人体在 30℃ 环境中进行不同活动量（1.0～4.5met）后进入 26℃ 中性环境以后人体的动态热反应规律，如图13-17所示，指出活动强度越高，恢复至中性舒适的时间越长，这主要是因为在偏热环境中进行较高活动量的运动（3.0～4.5met）时人体蓄热造成的。

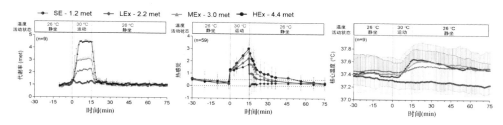

图 13-17　代谢率动态变化对代谢率、热感觉和核心温度的影响

（a）代谢率；（b）热感觉；（c）核心温度

13. 1. 2. 2　服装热阻对热舒适的影响

（1）热舒适现场调查中对服装热阻的研究

一般情况下，影响人体热平衡的因素有空气温度、空气流速、空气相对湿度、平均辐射温度、人体新陈代谢率和服装热阻等。Fanger的 *PMV* 稳态模型[49]就是使用这六个参数来预测人体热感觉。在当今热舒适领域具有广泛影响力的热适应[50]模型中，认为生理习服、心理适应及行为调节也是影响人体热舒适的重要方面。其中，对衣物的调整是行为调节的重要手段。

鉴于稳态人体热舒适模型往往导致在实际环境中对人体热感觉的预测出现偏差，近年来，很多学者在各种特定的环境条件下开展了大量现场调查研究，以期获得最准确的人体热感觉评价。在此过程中，学者们对受访者的着装情况也进行了大量调研，并对服装热阻与热感觉之间的关系进行了研究。但在多数文章中，作者并没有说明有关服装热阻的具体调研方法[50]，而成套服装的热阻一般由单件服装热阻加和得出[56]，仅有部分调研考虑了座椅等对热阻的修正[65]。在很多文章中，服装热阻以基本信息形式给出[71]，有些研究只给出最常见的着装搭配情况，而没有对服装热阻进行量化，也未做具体分析；有些文章中，会通过服装热阻变化来解释人体热感觉的变化，但也只是定性分析，未进行量化比较。

也有一些文章对受访者的着装情况进行了深入的分析，并与其他调研服装热阻结果进行了比较，证明着装量与人体热感觉相互影响，关系密切。罗茂辉[63]与陈慧梅[70]的文章中均指出，当室内环境的调控手段不同时，人们的着装情况会发生改变，从而对其热感觉产生影响；而曹彬[64]的研究中发现，处于相同环境中的人们，由于过往的热经历不同，着装也会出现明显的差异，热感觉也有所不同；黄莉[72]与葛翠玉[67]都发现，由于农村居民生活习惯的特殊性，在农宅中人们的着装也与城镇居民不同，冬季的大着装量导致农宅的中性温度偏低；而江燕涛[66]的研究中，发现在环境条件相似的春秋两季，受访者的着装情况出现了差别。

部分已有研究给出了服装热阻随环境变化的一些规律，对于环境变量，一般均选取与温度相关的参数，有的使用干球温度，有的使用操作温度，还有使用有效温度等；对于服装热阻值，绝大多数学者先将相同环境下不同受访者的服装热阻求均值后再对变量进行拟合，也有学者不计算平均值，而是使用所有受访者的服装热阻值直接进行拟合。

在热舒适现场调研中，学者们得到了很多关于服装热阻与室内环境温度间的拟合关系，汇总如热舒适现场调查中服装热阻与室内环境温度主要结果表 13-5 所示：

热舒适现场调查中服装热阻与室内环境温度主要结果　　　表 13-5

主要研究者	地点	季节	空调类型	服装热阻与室内环境温度间的拟合关系	中性温度（℃）	中性温度对应服装热阻（clo）
de Dear[50]	全球	全年	空调建筑	$clo=-0.04T_{op}+1.73$ （$R^2=0.18$）	23.47	0.79
			自然通风	$clo=-0.05T_{op}+2.08$ （$R^2=0.66$）	23.8	0.89
Chan[51]	中国香港	全年	空调建筑	$clo=-0.0432T_{op}+1.756$ （$R^2=0.2097$）	21.2	0.84
					23.7	0.73
Bauden[52]	突尼斯	全年	自然通风	$clo=-0.0379T_{out}+1.3318$ （$R^2=0.4919$）		
				$clo=-0.0352T_g+1.3875$ （$R^2=0.5188$）		
Heidari[53]	伊朗	全年	自然通风	$clo=1.868-0.047T_{in}$ （$R^2=0.379$）	22.7	0.80
Hwang[54]	中国台湾	夏季	分体空调	$clo=-0.05T_{op}+1.75$	25.6	0.47
Hwang[55]	中国台湾	夏季	自然通风	$clo=-0.275+1.3267$	26.3	0.60
			空调	$clo=-0.02+1.18$	26.3	0.65
雷丹妮[56]	重庆	全年	自然通风	$clo=-0.073T_{in}+2.374$ （$R^2=0.965$）		
杨薇[57]	湖南	春季	自然通风	$clo=-0.062T_{op}+2.29$ （$R^2=0.7526$）		

续表

主要研究者	地点	季节	空调类型	服装热阻与室内环境温度间的拟合关系	中性温度（℃）	中性温度对应服装热阻（clo）
金玲[58]	粤东	全年	自然通风	$clo=0.0019ET^{*2}-0.1522ET^{*}+3.2069$	28.5	0.41
郭方栅[59]	徽州	过渡季	自然通风	$clo=-0.030T_{in}+1.481$ $(R^2=0.286)$	22.8	0.80
叶晓江[60]	上海	4~11月	自然通风	$clo=1.419-0.036T_{in}$ $(R^2=0.771)$	22.9	0.59
王剑[61]	哈尔滨	过渡季	自然通风	$clo=-0.0916T_{in}+3.058$ $(R^2=0.8139)$	22.8	0.97
陈慧梅[62]	广州	夏季	自然通风	平均值：0.43clo	28.1	0.43
罗茂辉[63]	北京	冬季	集中供暖	$clo=-0.051T_{in}+1.956$ $(R^2=0.595)$	20.9	0.89
			分户供暖	$clo=-0.087T_{in}+2.246$ $(R^2=0.584)$		
曹彬[64]	北京	夏季	空调建筑	北 $clo=-0.004dealtT+0.514$ 南 $clo=0.593$	26.8	0.59
祝培生[65]	大连	冬季	不同采暖方式	均值0.85clo	20.44	0.85
江燕涛[66]	长沙	全年	非空调	0.32~2.13	24.59	0.55
葛翠玉[67]	潍坊	冬季	混合供暖	$clo=0.004T_{op}+1.433$ $(R^2=0.011)$	11.9	1.48
屈万英[68]	西安	过渡季	自然通风	$clo=-0.1754T_{op}+3.9803$ $(R^2=0.6973)$		
				$clo=-0.1386MTS+1.0155$ $(R^2=0.697)$	18.8	1.02
李俊鸽[69]	南阳	夏季	空调 & 非空调	$clo=-0.0701TSV+0.449$ $(R^2=0.2151)$	27.3	0.45
陈慧梅[70]	广州	夏季	分体空调	$clo=-0.42T_{op}+1.692$ $(R^2=0.304)$		

图 13-18 是雷丹妮[56]、金玲[58]、杨薇[57]与江燕涛[66]等在我国夏热冬冷地区，不同季节现场调查所获得的服装热阻随环境温度变化的情况，可以发现，不同调查者的调研结论差别很大，变化斜率、截距均不相同。虽然温度升高着装量降低是相

同的，但有的调研发现在温度很高或很低后，着装量变化会趋于平缓，但有的调研并没有发现这样的规律。

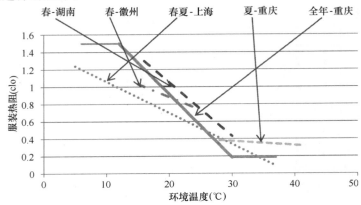

图 13-18　夏热冬冷地区不同调研中服装热阻随环境温度变化的情况[56-58,66]

图 13-19 是雷丹妮[56]、金玲[58]、Bauden[52] 与 Heidari[53] 在世界各不同气候区开展的现场调研的结果，在全年范围内进行对比，相同温度下，不同地区的着装量差异明显，但无法确定该差异是由不同研究者的计算统计方法不同造成，还是由于受访者热适应特征不同所造成。

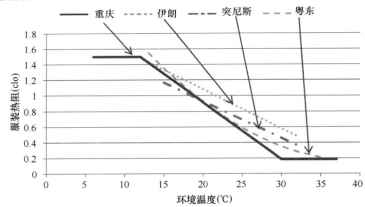

图 13-19　在世界各不同气候区调研中服装热阻随环境温度变化的情况[52,53,56,58]

图 13-20 中，给出了 Hwang[54][55] 和陈慧梅[70] 的调研结果，两者调研地区气候相近，针对 Hwang 在台湾所做的调研，可以得出环境的调控手段会影响着装的规律，但若与陈慧梅的调研结果进行对比，则发现广州的分体空调建筑的结果与中国台湾地区空调建筑结果变化斜率也不同。综上所述，由于服装热阻的调研与计算方法不同，不同调研的结果之间可比性较差，难以确定服装热阻随环境变化的真实情况。

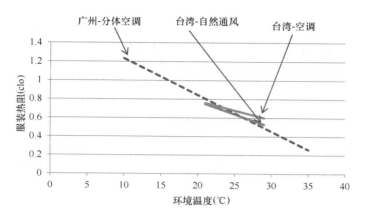

图 13-20　广州与中国台湾不同空调方式建筑中服装热阻随环境温度变化的情况[54,55,70]

表 13-5 所包含的调研中，大部分的调研同时了解了受访者的热感觉情况，图 13-21 给出在上述调研中实际热感觉 TSV 为 0 的环境温度（即中性温度）与服装热阻之间的关系，其中直线为 RH 为 50％时，PMV 为 0 的环境温度（预测中性温度）与服装热阻之间的关系。结果表明，PMV 模型与现场调查结果存在较大偏差。

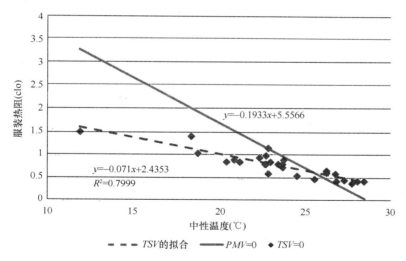

图 13-21　不同调研中 TSV 为 0 的环境温度与服装热阻之间的关系对比 PMV
为 0 的环境温度与服装热阻之间的关系

图 13-22 是将图 13-21 中的调研结果分成了两个大类——自然通风建筑中的结果和空调建筑中的结果。由图可见，两类建筑之间并未体现出显著性差异，中性温度与服装热阻之间的关系基本相同。这与 Hwang[54,55] 所得出的结论：环境的调控

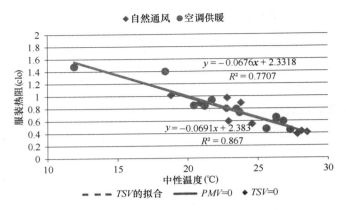

图 13-22　不同空调方式中，TSV 为 0 的环境温度与服装热阻之间的关系

手段会影响着装的规律并不相符。

综上可见，热舒适研究中对服装热阻的确定尚缺乏统一的调研及计算方式。

（2）影响服装热阻的因素

影响服装热阻的因素主要可归纳为两个方面：一是服装本身的一些特质对热阻的影响；二是环境因素对服装热阻的影响。

对服装的湿阻研究发现，服装的湿阻直接影响服装的排汗性能，也会对服装的热阻产生影响。李燕立[73]等的研究发现，织物本身的性质、纤维表面的平滑程度、纤维的宏观形态结构如中空、微孔等以及纱线的构成方式、织物的编织结构等多会对织物的湿阻产生影响。傅吉全[74]等在研究中提到，织物的热湿传递性能较为复杂，需要更深层次的研究才能完善热湿传递的理论基础。在 Havenith[75]等的研究中发现，吸湿性能存在差异的不同织物，在不同风速下的热阻值变化不同。李东平[76]在研究中发现，对于三件服装，不同的穿着层序造成了很大的热阻差别。服装叠穿时，不同服装之间的空气层的热阻比服装本身的热阻还要大，但如果服装过于宽松，内层形成对流又会降低热阻。所以，较好的服装合体程度会增加服装的保暖性能。马素想[77]研究了服装结构与宽松量对乒乓球服舒适性的影响。该研究包含了湿阻与热阻两个方面，分别从袖型结构、宽松量以及面料等方面进行对比，以真人穿着感受为评价指标，发现以上因素均会对服装热阻和湿阻产生影响。李青[78]对服装面积因子进行了详细研究。论文中对多种服装热阻面积因子测评方法进行了对比，确定了不同方法测定面积因子的差别，并利用暖体假人，研究了面积因子对服装热阻造成的影响。

可见，在服装本身的特质中，影响服装热阻的因素有很多。对湿阻的影响因素也会间接影响到服装的热阻。

不同的环境条件也会对服装的热阻产生较大的影响。在低温条件下着装量较大，着装层数较多，可能产生上文提到的内空气层的影响。及二丽[79]对低温环境中的服装热湿舒适性进行了系统研究，分析了多层服装的热湿传递性能。此外，更多的研究集中于特定环境参数变化对服装热阻产生的影响。Havenith[75]对他个人及 Nilsson、Kim 等的研究结果进行了总结，发现风速（或暖体假人行走速度）对服装热阻的影响是比较显著的，速度在 $0.15 \sim 0.7 \mathrm{m/s}$ 之间时，热阻差别约为20％。Gaspar[80]也对不同研究中的风速对热阻影响进行了对比分析，认为在不同的实验中，对服装热阻规律的拟合需要考虑到风速的影响，而不是盲目采用统一的拟合公式。Virgilio[81]对不同温差（暖体假人皮肤温度与环境温度的温差）对服装热阻的影响进行了研究，结论发现，当温差较小时，使用暖体假人测量的服装热阻可能减小。及二丽[79]在不同相对湿度条件下对特定服装的热阻进行测量，在暖体假人可以模拟出汗的情况下，相对湿度减小会导致服装内外水蒸气压力差变大，从而使测量得到的服装热阻降低。

综上所述，温湿度、风速等都是影响服装热阻的重要因素。要比较不同服装的热阻，对环境条件的限制是非常重要的，这也是在测试标准中对环境进行严格要求的原因。这些影响因素，也可能是造成前述不同调研及计算方法中服装热阻值差异较大的重要原因。

13.2 动态热舒适理论

13.2.1 动态气流研究

13.2.1.1 表征气流动态特征的代表性参数

大量研究表明，气流动态特性对人体舒适性具有显著的影响，这些发现促进了人们对气流动态特征的研究，而湍流统计理论以及近代混沌、分形理论的发展则为人们认识气流动态特征提供了方法。20 世纪 80 ～ 90 年代，Thorshauge[82]、Hanzawa[83]、Chow[84]和巨永平[85]等分别采用随机分析方法对采集得到的风速序列进行处理，描述气流的动态特征，提出平均风速、湍流度、标准差、频谱、湍流积分尺度、自相关系数等描述参数。20 世纪 90 年代中后期至今，清华大学的朱颖心[86]、谭刚[87]、李宏军[88]等在前人研究基础上，进一步采用了相空间重构图、信息熵、信息维、小波分析等描述方法来对各种环境下、不同驱动源的气流动态特征进行了分析，并取得了令人关注的成果。

从现有研究来看，分析气流动态特性有多种方法，比如随机分析理论、湍流统计理论、分形理论等等；而由此引出的表征气流动态特征的参数也有很多，比如湍流度、大小涡时间尺度和长度尺度、自相关系数、功率谱特征参数、二维相空间重构图的无量纲宽度、相关维数、信息熵、信息维等等。由于对气流动态特征的最终研究目的是为了突破传统的空调方式，实现满足人体健康需要的动态化空调或仿自然空调，研究首先应以以上多种参数中筛选出与人体的热舒适密切相关，并具有相对的独立性的参数作为表征建筑热环境中气流动态特征的代表性（必要）参数，进而通过机械装置实现对这些参数的控制，最终获得健康舒适的动态化气流。

经人体热反应实验证实，湍流度 Tu、气流脉动频率 f、功率谱密度函数能显著影响人体舒适性，以下对上述气流动态特征参数的分析方法进行简要介绍。

湍流度 Tu 反映了一段时间内风速的相对波动程度，湍流度越大则气流的脉动越剧烈。如果空气流速表征为平均流速 $\bar{v}$ 和脉动流速 v' 之和，$v = \bar{v} + v'$，则湍流度可用式（13-8）表示为：

$$Tu = \frac{\sqrt{\bar{v}}}{\bar{v}} = \frac{\sigma}{\bar{v}} \tag{13-8}$$

需要指出的是，在建筑环境领域中，所关注的气流的湍流度范围通常与一般流体力学研究领域不同。例如，在空调工作区中，平均流速很小，一般在 $0.1 \sim 0.3 \text{m/s}$ 之间，但它却具有剧烈的脉动特征，其湍流度一般处于 $30\% \sim 90\%$ 之间，房间室内气流具有这种低速、紊动的特性，在国外也将这种气流称为非成型流，以区别于一般管道中的层流和湍流[85]。在流体力学中，当湍流度大于 12% 时，即被称为大脉动流动。对于大脉动流动，流体力学领域中研究还较少。

气流脉动频率 f 是描述气流特征的因素之一，常见的摇头风扇和空调器百叶风口均具有固定的气流脉动频率。通常脉动频率可通过对送风装置摆动周期的测量直接获得，体现在功率谱上，在固定的频率处会出现一个频率的峰值。

功率谱密度函数也是描述气流特征的因素之一。按照湍流统计理论，湍流是由越来越小的周期运动叠加而成的，也可以说是由尺寸越来越小的涡叠加而成的。不同尺度的旋涡具有不同的周期和波长，即不同的频率和波数。谱分析的作用，就是将气流波动能量在一定的频率范围内的分布表示出来。谱分析的对象是脉动风速 v'，通过傅里叶变换可以得到其功率谱密度函数 $E(f)$（m^2/s）在不同频率段的分布关系。功率谱指数 β 是表征气流谱特征的代表性参数，其定义为对数功率谱曲线的负斜率，可以通过最小二乘法的方法对双对数功率谱曲线进行线性拟合得到。按 β 的不同，可以将自然界中的信号（噪声）划分为 3 种，如图 13-23 所示，其对数功率谱曲线为水平直线的是白噪声，即功率谱密度函数 $E(f) \sim 1/f^0$；其对数功率谱曲线负斜率等于 2 的是褐色噪声（布朗噪声），即 $E(f) \sim 1/f^2$；介于上述二者之间的称 $1/f$ 噪声。白噪声处于完全随机变化中，不存在自相关性，褐色噪声有很强的自相关性，$1/f$ 噪声处于以上二者之间，存在一定的自相关性。

除上面三种代表性参数之外，还有一些参数可以描述气流的动态特征，下面进行简要的介绍，感兴趣的读者可参见文献[89,90]，其中给出了各参数的物理意义及其计算方法。

风速概率分布偏斜度 S_k 描述了风速的分布信息，定量描述了气流速度概率分布与正态分布的差别。当偏斜度 S_k 大于零时概率分布偏向数值小的一侧，对风速而言，意味着小风速占的时间长。

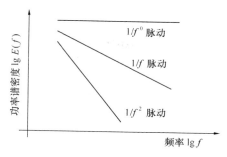

图 13-23　自然界中的三种信号

大涡长度尺度 L 为脉动流速相互关联的最长距离（或称湍流的积分长度尺度），表示在 L 距离内一点的运动对另一点的运动仍有显著的影响，是湍流中最大涡的平均大小的量度，主要由流体发生装置以及运动边界条件决定。与之相关的时间尺度称大涡时间尺度 t_e。

小涡长度指数 λ 是一个与湍能粘性耗散相联系的小尺度涡的长度尺度，故也称为湍流耗散尺度。与之相关的时间尺度称小涡时间尺度，它是脉动流速中出现的变化最快的时间尺度（周期）的代表。

二维相空间重构图无量纲宽度 δ 表征信号的相关程度，信号相关性越好，则相图的点对越接近 45°线，δ 也就越小，无序的噪声是完全随机的数据，它的分布相图充满整个相空间，因此 δ 接近 1。

信息熵和信息维均在一定程度上描述了系统结构形态的有序程度。

功率谱分形特征参数 e 表示线性拟合得到的斜线与原双对数功率谱曲线的偏差的大小，e 值越小，则表明在高于 0.01Hz 的频率区间中双对数功率谱曲线越接近一条直线，功率谱密度函数越符合 $E(f) \sim f^{-\beta}$ 关系。

欧阳沁[90]将动态参数按照其反映气流动态特征的不同角度作了分类，并列出了这些参数与人体热舒适的关系（基于现有研究成果），统计结果见气流动态特征参数的分类 表 13-6 所示，其中"√"符号表示已有研究证实了该参数能对人体热舒适产生影响，"一"则表示尚没有研究证实其能对人体热舒适产生影响。

气流动态特征参数的分类　　　　　　　　　　　　表 13-6

	动态特征参数	是否影响人体的热舒适	是否选取为代表性参数
气流整体波动信息	Tu：气流湍流度	√	√
	S_k：风速概率分布偏斜度	√	√
气流涡旋结构的时间/空间尺度	L：大涡长度尺度	一	
	t_e：大涡时间尺度	一	
	Λ：小涡长度尺度	一	
	τ_e：小涡时间尺度	一	

	动态特征参数	是否影响人体的热舒适	是否选取为代表性参数
气流波动能量在各频率段的分配关系	β：人体敏感频率区间（0.01～1Hz）功率谱指数	√	√
气流信号的相关性（有序程度）	β：人体敏感频率区间功率谱指数	√	√
	δ：二维相空间重构图无量纲宽度	—	
	I：信息熵	—	
	DI：信息维	—	
气流信号的分形特征（$1/f$ 紊动特征）	e：双对数坐标功率谱密度函数曲线的一个特征参数	√	√

研究表明，湍流度 Tu、速度概率分布偏斜度 S_k 和谱特征（包括 β 值、e 值）既与人体热舒适相关，又具有独立的物理意义，表征气流某一方面的动态特征，因此上述参数可作为表征建筑热环境中气流动态特征的代表性（必要）参数，而谱特征是其中最关键的参数。此外，大涡长度尺度 L 由于具有较直观的物理意义，表征了湍流中最大涡的特征尺寸，这对于分析各种因素对气流涡旋结构的影响是一个很好的工具，也可作为一个重要的辅助分析参数。

其他参数如大小涡的长度或者时间尺度（L、t_e、λ、τ_e）、相空间重构图无量纲宽度 δ 值、信息熵 I 值、信息维 DI 值与功率谱指数 β 值存在密切的关联，其中 δ、I、DI 与功率谱指数 β 值还存在良好的线性关系，因此如选用 β 值作为动态特征的代表性参数，则不必再考虑这些参数。

13.2.1.2　自然风与机械风动态特性的差异

（1）建筑环境中自然风气流动态特征

建筑环境中的自然风均是大气环流的产物，其主要包括近地面人员活动区域的室外气流和建筑室内由风压作用产生的自然通风气流。由于受到近地面和建筑的影响，建筑环境中的自然风气流动态特征也必然与远离地面的大气边界层的气流特性有一定的区别。欧阳沁（2005）[90]通过大量的实测，并汇总前人的研究成果，总结出自然风的动态特征存在如下规律：

1）在平均风速较低时（小于 3m/s），谱特征 β 值一般在 1.4～1.7 之间，e 值主要分布在 0.3～0.35 之间；随平均风速的提高 β 值略有降低的趋势，但均大于 1.1。

2）湍流度 Tu 一般大于 0.5，随平均风速的提高也有所降低。

3）速度分布呈明显偏态分布，偏斜度 S_k 主要分布在 0～3.0 之间，随平均风速的提高而不断减小。在平均风速低的时候，由于阵风及无风间歇期的存在，速度分布呈现明显偏态分布，并且低风速所占比例高；当平均风速提高时，这种阵风和无风的间歇期明显减少，速度分布逐渐趋向正态分布。

4）大涡长度尺度 L 较大，分布在 $10^1 \sim 10^2$ m 的范围。室外自然风的大涡长度尺度 L 一般在 10^1 m 量级，室内气流的 L 值则与室内实际房间尺度接近。

5）对于室外近地面的自然风而言，平均风速对于气流的功率谱特征（主要是 β 值）、湍流度等动态特征参数均有着一定的影响，但对于人们乐于接受的低风速（小于 3m/s）自然风，各动态特征参数随平均风速变化不明显，具有较好的一致性。

图 13-24～图 13-27 给出了在通常情况下各种典型建筑环境中自然风气流动态特征的统计分布规律，其中"空旷地带自然风"的数据主要于城区建筑群中的草坪或开敞屋面上测得。与室外空旷地带和建筑周边自然风相比，建筑室内自然风气流动态特征受到建筑室内空间的影响发生了一定的变化，如湍流度和偏斜度加大，大涡长度尺度变小，并接近于房间的实际尺寸。但总体上来说，室内自然通风气流基本上保持了室外自然风各项动态特征参数的特性。

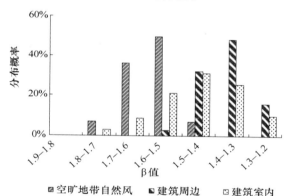

图 13-24　各种环境下自然风 β 值分布

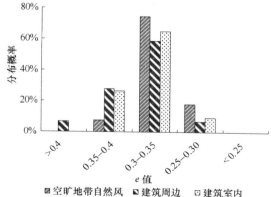

图 13-25　各种环境下自然风 e 值分布

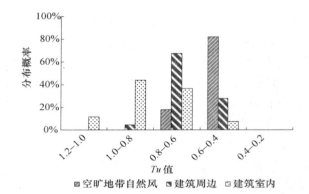

图 13-26　各种环境下自然风 Tu 分布

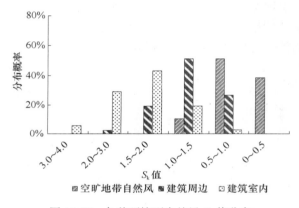

图 13-27　各种环境下自然风 S_k 值分布

（2）机械风气流动态特征及空间迁移规律

机械风是利用人工机械手段，通过叶片的高速旋转产生的气流，因此风源附近的气流不可避免地将带上这种人工作用的特征，而随着机械气流在空间的逐渐扩散，其不断与周围空气发生卷吸作用，随着平均速度的衰减和运动尺度的增加，其气流动态特征将发生明显改变。

在风源附近，气流动态特征存在如下规律：

① 机械风 β 值一般在 0～0.5 之间；

② Tu 值较低，在 0.1～0.4 之间；

③ 速度分布呈正态分布，S_k 值在 0 附近；

④ 大涡长度尺度 L 接近于风口特征尺度；

欧阳沁[91]指出，随着射流在空间的扩散，气流的动态特征特别是谱特征将发生明显变化。测量结果表明，随着射流距离的增加，功率谱特征 β 值逐渐增大，Tu 值增大，速度分布呈现偏态分布，大涡长度尺度 L 也有增大的趋势。

图 13-28 给出的自由射流的流动显示图片清楚显示了涡旋尺度的变化过程。根据湍流理论，湍流的大涡长度尺度主要受边界条件所限，机械风在射流初始阶段，气流大涡长度尺度接近于风口尺度；而随着气流的不断扩散，气流不断与周围空气发生卷吸作用，涡旋尺度也不断增加，射流边界条件逐步发展到整个空间，湍流的运动特征逐渐明显，功率谱能量逐渐向低频集中。研究表明在自由空间的扩散过程中，气流平均速度的衰减以及大涡长度尺度的增加是影响气流谱特征迁移的两个重要、独立的因素。

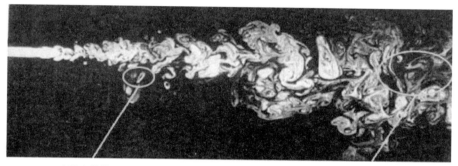

小尺度涡旋　　　　　　　　　　　　　　　　　　　　　大尺度涡旋

图 13-28　空气自由射流流动显示[92]

对于管内流动，实验结果显示气流动态特征在流动过程中不发生明显变化，戴威[93]指出这是由于机械风气流在管道内部时由于无法发生自由扩散，气流无法卷吸周围空气所导致的。这也从另一方面证实了气流在空间的扩散是影响机械风气流动态特征在空间迁移的主要原因。

（3）自然风与机械风动态特征的区别与联系

自然风和机械风作为建筑环境中两种基本的气流运动形式，两者在动态特征有着明显的区别。对于人们乐于接受的低风速自然风而言，湍流度 Tu 大都大于 60%，而机械风湍流度在 $10\%\sim40\%$ 之间；自然风速度概率分布呈明显偏态分布，S_k 一般都大于 0.5，而稳态机械风速度概率分布呈正态分布，S_k 值在 0 附近；自然风的功率谱指数 β 值一般在 $1.1\sim2.0$ 范围内，而人体可感知风速域内的稳态机械风 β 值均小于该值，典型机械风的 β 值在 $0\sim0.5$ 之间[94]。

欧阳沁[90]通过对自然风和机械风的典型工况的分析，对二者之间的区别和联系进行探索，提出：随着机械风在空间的扩散，其动态特征（尤其是功率谱特征）逐渐向自然风进行迁移。可以将自然风和机械风的各个动态特征参数随平均风速的变化关系总结成为如图 13-29 所示的结果。在平均风速不超过 3m/s 的情况下，自然风的动态特征随平均风速的变化不明显，并且在各种环境中均能保持较好的一致性；而机械风的动态特征则会随着在空间的扩散发生明显的迁移和变化。随着射流

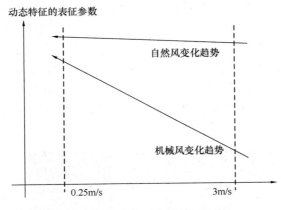

图 13-29　自然风和机械风动态
特征随平均风速的变化关系

的卷吸和耗散，平均风速降低，机械风的动态特征有向自然风的方向变化的趋势，但一般只有平均风速降到 0.25m/s 以下，才可能接近自然风具有的特征。而这种平均风速，已经处于人体无感的风速范围，对人体热舒适几乎没有影响。不过值得注意的是如果通过降低送风速度来在送风口附近获得低速气流，由于没有经过漩涡尺度增长的过程，其动态特征仍然是典型的机械风。

功率谱曲线图 13-30 中风源附近的机械风（曲线 1），由于受到机械风源高速剪切的作用，功率谱在人体敏感区域还处于"白噪声"范围；随着机械风在空间的扩散，气流的高频能量迅速耗散，功率谱曲线逐渐朝自然风的方向进行迁移（曲线 1→曲线 2→曲线 3），并在平均风速小于一定数值（约 0.25m/s）的时候，与自然风的功率谱（曲线 4）接近。因而，也就是说，对于机械风而言，只要是其平均风速在人体有感风速范围（大于 0.25m/s），其功率谱特征均与典型自然风的功率谱特征有明显的区别，均不具备良好的 $1/f$ 紊动特征。基于 $1/f$ 紊动特征与人体舒适性的密切关系，可以推断这很可能就是自然风通常比机械风有着更舒适的吹风感的原因所在。

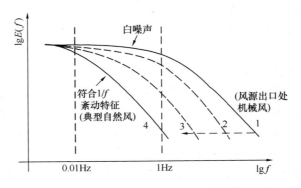

图 13-30　机械风功率谱向自然风功率谱的迁移

13.2.1.3　人工动态化气流产生及应用研究

气流的动态特征均取决于风速信号的瞬时变化，因此通过改变气流风速特征则能获得不同的流动特性。Kolmogorov 理论指出，与低频对应的大旋涡直接由平均流动的不稳定性或边界条件产生，如果创造条件使流动产生各种尺度的不稳定，则有可能引起不同频率波动的流动[95]，这是指导气流动态化实践的基本原则。许多研究者根据此理论开发了个体送风系统动态化装置和气流动态参数控制装置，能够生成具有特定流动特性的动态化气流。

（1）气流动态特征控制综述

为研究不同动态气流作用下人体热反应的差异，揭示气流的动态参数影响人体热反应的机理，国内外研究者通过各种手段分别产生了具备不同动态特征的气流，控制参数主要集中在湍流度 Tu，风速波动的主频 f 和谱特征 β 值上。

1988 年 Fanger[96]通过改变测点与风口距离的方法得到不同湍流度的气流。低、高湍流度的气流由带有喷口、两个轴流风扇和若干孔板的空气箱产生，中湍流度的气流由分布在天花板上的散流器产生，气流湍流度分别为 $Tu<12\%$（低湍流度），$20\%<Tu<35\%$（中湍流度），$Tu>55\%$（高湍流度）。低湍流度实验中受试者靠近喷口，高湍流度实验中受试者距喷口 5m，如下图 13-31 所示。2000 年夏一哉[97]同样使用变距风口距离的方法得到不同湍流度气流，通过测定发现，在距离风口 1.2m 和 2.5m 处，湍流度分别为 25% 和 40%。

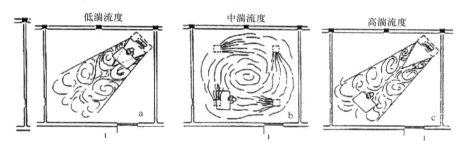

图 13-31　使用变距风口距离方法得到不同湍流度

1997 年 Kondjoyan[98]使用风道小室（Wind Tunnel Chamber）得到不同的湍流度的气流，其原理是在测量段入口处放置两块孔板，调节孔板的孔径和打孔率，产生不同湍流度（$1\%<Tu<45\%$）和不同平均风速（$0.1m/s<v<5m/s$）的气流，实验装置见图 13-32 所示。该装置的优点是可以产生比较均匀的湍流；缺点是目前的研究尚不能从理论上确定孔板的孔径和打孔率与气流湍流度的定量关系，也就是说，孔板的选择只能靠经验尝试摸索，实验效率较低。

以上研究者利用自由射流不同发展段流态、增加局部阻力部件和均流装置的稳态手段，获得了不同湍流度的气流，但只能得到范围较低的湍流度。若需要得到更高湍流度的气流或不同风速波动的主频 f 和谱特征 β 值的气流，则需要使用风速控制装置来产生。

1977 年 Fanger[99]使用截流阀的开合控制产生周期性波动气流，平均风速

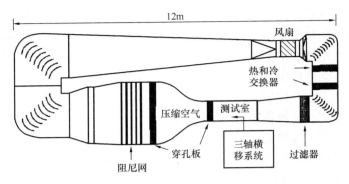

图 13-32　风道小室（Wind Tunnel Chamber）原理图

$0.1 \sim 0.3 \mathrm{m/s}$，波动主频 f 从 $0 \sim 0.83 \mathrm{Hz}$，湍流度达到 $60\% \sim 90\%$，实验原理如图 13-33 所示。

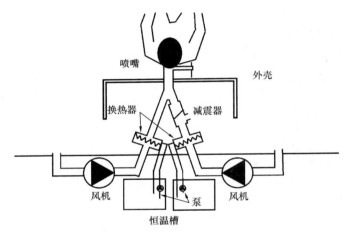

图 13-33　使用截流阀的开合控制产生周期性波动气流

2000 年 Barbara 等[100]采用四个风机的启停和转速控制(计算机产生随机信号)产生不同湍流度的气流，在受试者身后水平 $0.5 \mathrm{m}$ 离地垂直高度为 $1.1 \mathrm{m}$ 的地方布置测点，对三个方向的风速分别进行连续测量，如图 13-34 所示。该装置能产生湍流度分别为低（$Tu < 30\%$）、中（$Tu \approx 50\%$）、高（$Tu > 70\%$）三个范围的气流，平均风速分别为 $0.1 \mathrm{m/s}$、$0.2 \mathrm{m/s}$、$0.3 \mathrm{m/s}$ 和 $0.4 \mathrm{m/s}$，但该装置不能实现湍流度的精确控制。

具有周期性摇头或旋转功能的风扇和风口是产生具备特定主频的周期性波动气流的常见方法，如董静[101]采用该方法产生了 $0.057 \sim 0.182 \mathrm{Hz}$ 主频的脉冲气流。

2000 年，贾庆贤[102]提出动态末端送风装置的设计，其原理是通过控制旁通阀开度改变流量分配，从而实现风速的实时控制。通过这种方法能够实时控制装置的送风速度，改变空气流动的风速分布、湍流度和频谱特性，并且在一定程度上成功

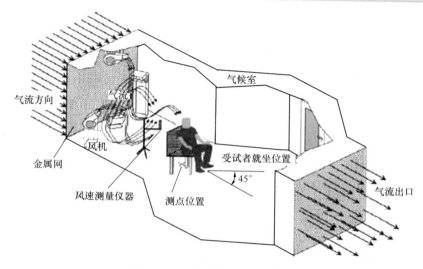

图 13-34 送风装置示意图[100]

地模拟自然风流动特性。使用该装置可以产生 25%～100% 的湍流度。

风机变频是风速控制的另一种有效方法，这种方法也可以用来获得高湍流度的气流。安久正紘等研究者均试图通过控制风扇的转速变化来产生自然风[103,104]。其原理即为改变风机运行频率，从而改变风机转速，得出所要求的风速曲线。

（2）动态化送风装置研究

目前能够实时控制气流出风速度的送风装置有两种基本方式：1、送风末端节流阀阀位调节控制；2、风机变转速控制。

送风末端节流阀开度调节控制由贾庆贤[102]提出，其主要思想是利用半圆形转动盘在装置中起到节流阀的作用，通过节流阀的开度调节出风口风速。图 13-35 是

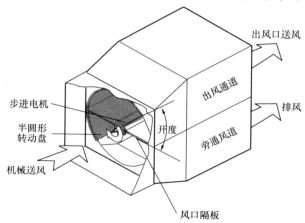

图 13-35 送风末端节流阀开度调节控制原理图

转动盘的流量分配示意图，气流经风机驱动进入流量分配通道，风口隔板把通道分隔成出风通道与排风通道，出风通道接至用户末端，排风通道接至排风管直接排出。尽管转动盘的开度变化会影响出风通道与排风通道各自流道截面积大小，但两者之和并不变化，因此总流量基本维持不变。由上述调节过程可以看出，出风口风速的变化与转动盘的开度是一一对应的。当出风口通道全部被转动盘遮挡时（开度0°），风速最小；当出风口通道全部打开时（开度180°），风速最大。由于转动盘的开度可由步进电机的输入信号精确控制，因此出风风速完全取决于控制信号，只要调节控制信号就可以得到一系列具有不同流动参数的气流。

风机变转速控制是改变送风风速的另一种有效方式。通过计算机将需要输出的风速信号序列转化为控制信号序列，每隔一定时间间隔逐个发出。通过变频器或调压装置控制加载在电机上的电压，从而带动风机的转速随之改变。如果系统的响应时间足够快，可以认为风机的转速可以通过计算机实时控制，通过调节计算机发出的时序信号就能控制出风口的实际风速，继而产生不同流动参数的气流。图 13-36为风机变频控制装置的示意图，通过计算机发送实时频率信号，进而变频器输出特定频率的电压控制风机转速，从而起到控制风速的效果。

图 13-36　风机变频控制装置示意图

末端节流阀阀位调节和风机变转速调节是目前实现人工气流动态化的两种有效手段。节流阀阀位调节即通过节流阀的分流作用调节送风量；风机变频调节则是通过改变电机转速，带动风机叶片以不同速度旋转，从而调节送风量。由于节流阀阀位调节需要旁通部分风量，当设计风量较大时设备会有较大的体积，并且随着转动盘面积的增加，转动盘质量和转动惯量都会变大，这将导致转动盘的转动速度受到限制。这是因为如果此时转动盘转动的速度过高，激磁变化太快，有可能使得步进电机不能移动到目标位置，实际的负载位置相对于控制器所期待的位置将出现永久误差，出现丢步的现象。不过，节流阀阀位调节具有"阀位—风速"对应关系好，控制精确的优点，因此适于在所需风量较小的个体送风装置中应用；但当所需要的风量较大时，则应考虑采用电机变转速控制的方案。

（3）气流动态特征控制研究

如何制造能够控制气流动态特征参数的风口装置，生成具有特定流动特性的动态化气流，对于进一步研究人体在动态气流中的热反应起着至关重要的作用。清华大学的研究者通过对机械送风装置原理和气流空间分布迁移规律的研究，对表征风速相对波动强度的湍流度 Tu、风速波动的主频 f、速度概率分布偏斜度 S_k 和谱特征 β、e 值进行控制，获得不同湍流度 Tu 的气流、不同主频 f 的周期性波动气流以及动态特征参数类似自然风的仿自然风气流。具体研究成果如下：

1）湍流度控制研究

周翔[105]利用湍流度在射流不同发展段具有显著性的差异，如图 13-37 所示，选择封闭的室内高大空间，在出风口轴线上距风口分别为 0.5～8m 处设置测点，使用变频器调速控制出口风速在 0.4～2m/s 范围内，在射流轴线上得到湍流度 10%～40%范围内变化的气流。并总结出如下规律：气体湍流度 Tu 随距风口的距离增大而上升；在靠近风口处湍流度变化较为明显，而远离风口处湍流度增大趋势有所减缓，到达一定临界距离后，湍流度基本不随距离的远近而变化，如图 13-38 所示。

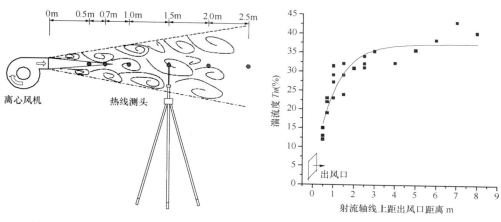

图 13-37　射流不同发展段风速的测量　　　图 13-38　射流轴线上湍流度迁移规律

使用射流不同发展段得到的气流湍流度范围较低，使用可控风速的动态化送风装置可以得到较高范围的湍流度。周翔[105]选择均值相同，不同波幅的正弦波作为变频风机的输入信号，可以得到从 31.1%～70.6%范围的湍流度，随着输入信号波幅的提高，气流湍流度进一步增大。图 13-39 和图 13-40 为低湍流度（波幅 0.7m/s，Tu＝43.2%）和高湍流度（波幅 1.5m/s，Tu＝70.6%）正弦波气流的

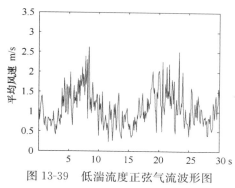

图 13-39　低湍流度正弦气流波形图

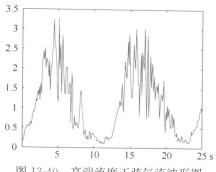

图 13-40　高湍流度正弦气流波形图

风速时序曲线。

2）周期性波动气流主频控制研究

周期性波动的气流可以通过改变多种方式获得，如改变摇头电扇或出风百叶的摆动频率，改变动态化送风装置输入的控制信号的波动周期等。夏一哉[97]通过改变出风口百页的摆动频率获得的四种典型的风速样本如图 13-41 所示，用功率谱分析的方法得到功率谱密度最大值对应的频率，由于风速呈较规律的周期性变化，在某一频率处的功率谱密度出现一个大的峰值，即特征频率 f_m，可以用此频率来表征这一气流。这四种典型频率分别为 0.16Hz、0.31Hz、0.50Hz 和 0.64Hz。

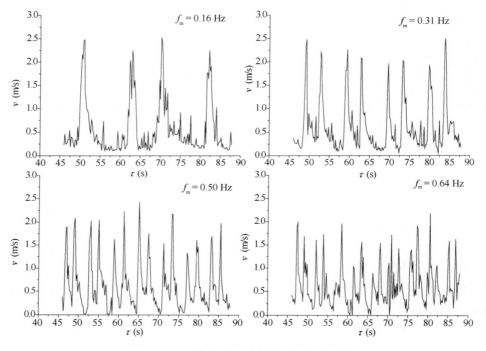

图 13-41　四种典型脉动频率下的风速样本

3）仿自然风功率谱气流的控制研究

功率谱是否具有 $1/f$ 紊动特性，即功率谱 β 指数在 1.4～1.7 之间，是评价人工仿自然风气流成功与否最重要的评价指标。欧阳沁[90]通过小波分析处理自然风速信号的方法和基于三角函数序列的方法获得具备 $1/f$ 特性的控制信号，使用末端分流阀阀位控制和风机变频控制实现对送风装置出口风速的控制，产生具备 $1/f$ 紊动特性的仿自然风气流。其功率谱指数 β、速度分布偏斜度 S_k 及其他动态特征参数均在自然风范围内，所产生的气流样本如图 13-42、图 13-43 所示，各参数如气流的动态特征参数表 13-7 所示。

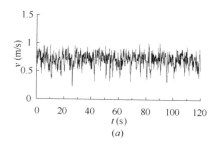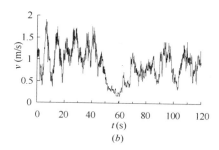

图 13-42　气流样本信号的时序图

（a）稳态机械风；（b）仿自然风

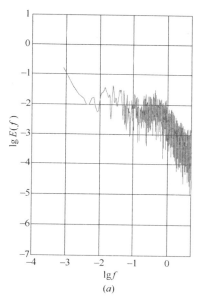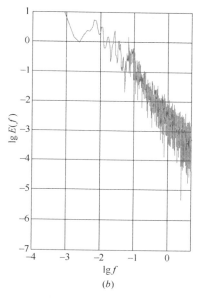

图 13-43　风速样本的双对数功率谱曲线

（a）稳态机械风；（b）仿自然风

气流的动态特征参数　　　　　　　　　　　　　　　表 13-7

	$\bar{v}$ (m/s)	Tu	B	e	S_k
稳态机械风	0.80	0.17	0.28	0.78	0.24
仿自然风	0.80	0.51	1.59	0.34	0.90

13.2.2　突变热环境研究

13.2.2.1　突变热环境的特征

不同于恒定温度的稳态环境，人们在日常生活中更多接触的是温度变化的动态热环境。动态热环境主要体现在时间和空间两个方面的变化，而突变（step-changes）热环境作为一种典型的空间动态热环境，指人从一个热环境过渡到另一个热环境的经历，主要是空间上热环境发生变化的动态过程，如图 13-44 所示。实际生活中常遇到温湿度突变情况，如出入住宅、商场和办公楼等室内外热环境，乘用小汽车、地铁、机舱等交通工具及候车厅，在一栋建筑内的不同区域（如房间与过道、敞厅、庭院等）间穿梭等。而生活中人们发现，从凉爽的空调环境走向室外高温环境时，其热感觉可能会比室外稳态热环境中实际的热感觉要更高，这是突变热环境的典型特征。

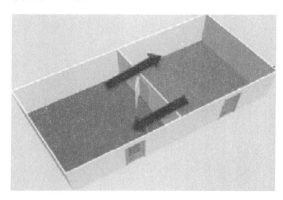

图 13-44　突变热环境示例

国际标准 ISO 7730[33] 关于突变热环境做出了以下描述：热环境突变是可以即刻被感觉到的；在环境温度向上阶跃之后，可以马上到达新的稳定状态；在环境温度向下阶跃之后，热感觉即刻下降，之后需要 30min 达到稳定水平。对于突变热环境的研究，最早且最具代表性的是 Gagge 等[106] 在 1967 年对"中性—热—中性"和"中性—冷—中性"两种情况进行的研究。结果发现突变环境的皮肤温度缓慢变化，而热感觉则出现"超越"现象。de Dear 等人[107] 在随后的研究中也发现人体对温度向下阶跃的热感觉反应更敏感，并解释可能是由于人体冷觉感受器的皮下深度比热觉感受器更浅。近年来，国内赵荣义[108]、Liu[109]、连之伟[110] 等研究团队都对突变热环境进行了研究，丰富了突变热环境下热舒适研究成果。

13.2.2.2　突变热环境下人体心理反应

热环境会直接影响热感觉和热舒适，它是以生理反应为基础和前提，以往的热经历和当前暴露环境的热期望是影响热环境心理的重要因素[111]。人体对热环境具有一定的适应性，而热适应会使人体热感觉更接近于中性。其中，偏热环境适应后，人体对偏热环境具有更强的耐受性，中性温度较高；偏冷环境适应后，对偏冷环境具有更强的耐受性，中性温度较低[111]。对于突变环境，人体突变前的热经历与突变后暴露在新的热环境之间的差异，也会对人体热感受产生与持续稳态热环境不同的影响。

突变过程的人体热感觉和热舒适通常会形成心理"超前效应"（anticipatory effect），并引起生理反应[108,110,113]。当人体在环境温度向下（或向上）突变时，即刻的热感觉会比在同样的热环境稳态条件中更低（或高），即发生了热感觉的"超越"（overshoot）现象，热感觉的"超越"现象通常在经历突变后的数分钟之内较为显著[109,114]，并且随着突变温度幅度的加大而更明显[109,114]。大部分研究[106-108]都发现了在温度向下突变时明显的热感觉"超越"现象，而部分研究[107][116,117]发现在温度向上突变时并没有出现"超越"现象。一些研究[108,113]对此解释为，冷的"超越"感只在温差5℃以上的向下突变才会出现，而向上突变只要温差3℃以上就会出现"超越"现象。实际上，突变热环境下热感觉"超越"现象同突变温度的方向[116-119]、幅度[110,120]和起始温度值[115]等都有关系。

刘红等[115,109,116,121]对夏季和冬季典型空调供暖房间突变热环境进行了人体实验研究。在夏季，如图13-45（a）所示，人体由偏热环境（32℃、30℃、28℃）进入到空调房间（25℃），再离开空调房间进入对应偏热环境（32℃、30℃、28℃），经历了热—中性—热的环境突变后，从偏热环境突变到中性环境时热感觉立即出现"超越"现象（即环境突变后，热感觉投票显著低于在25℃中性环境中稳定后的投票值）。图13-45（b）所示，在冬季，人体由偏冷环境（12℃、15℃、17℃）进入到供暖房间（22℃），再离开供暖房间进入对应偏冷环境（12℃、15℃、17℃）后，从中性环境突变到偏冷环境时热感觉也出现了一定的"超越"现象，且温差较大时较明显。

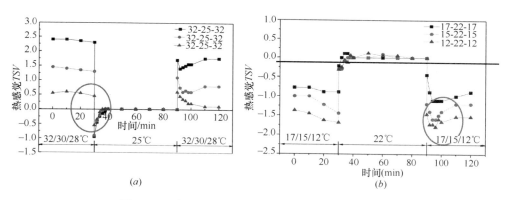

图13-45　突变热环境中人体热感觉随时间变化曲线
（a）夏季 热→中性→热；（b）冬季 冷→中性→冷

热感觉"超越"现象也可能是由于预期热应力的减轻，例如从很热的环境向暖和环境突变，或者从很冷的环境向较凉环境突变，则可能会引起中性的热感觉[122]。人体局部部位的热暴露，会产生比人体整体热暴露更明显的局部热舒适和热感觉"超越"现象[123]，最明显的例子是手指插入不同水温之间造成的热感觉差异，研究表明，头部、胸部、背和小腿是对突变热环境较为敏感的部位。

13.2.2.3　突变热环境的人体生理反应

在突变热环境中，相对于人体心理反应的迅速和超越，人体的生理反应则较为迟缓和滞后[110,113,114]。表 13-8 为热环境突变后人体心理和生理反应的稳定时间，可以看出热感觉和皮肤温度的稳定时间在不同研究中有所不同，多在 10～30min 之间。部分生理反应，例如皮肤温度和心率变异率（heart rate variability，HRV）在向下突变时更敏感[110]。一些研究[116,118]表明在向上温度突变时皮肤温度能更快地达到稳定，而其他一些研究[109,110]则表明在向下温度突变时皮肤温度能更快地达到稳定，这可能是由于这些研究的突变起始和最终温度不一样，但这些研究通常都显示向中性温度范围突变能更快达到稳定，向高温或低温突变时皮肤温度则需要较长的稳定时间。研究也发现[109,110]在温度向上突变时，会出现一些不适症状，如出汗增加、眼干和头晕等，但在温度向下突变时症状不明显，但这也可能是由于个别研究中向上突变的温度较高造成的（向 37℃ 突变）。

热环境突变后人体心理和生理反应的稳定时间　　　　　　　表 13-8

参考文献	参数	稳定时间（min）
Arens 等[123]	热感觉和热舒适	10
Nagano 等[115]	皮肤温度	约 20
Chen 等[114]	热感觉	30
Horikoshi 和 Fukaya[118]	皮肤温度	10
Du 等[116]	皮肤温度	向下突变 18～29；向上突变 11～18；
Liu 等[109]	皮肤温度和热感觉	约 20
Yu 等[120]	热感觉	约 10

刘红等[109,116,121]在冬夏季的人体实验研究中对皮肤温度进行了测量。在夏季如图 13-46（a）所示，从偏热环境突变到中性环境时，人体皮肤温度在 10min 内逐渐下降到 34℃ 左右的正常值，而从中性环境突变到偏热环境时，人体皮肤温度 10min 内上升较快，接着继续缓慢上升，在 20min 左右达到相对稳定状态。

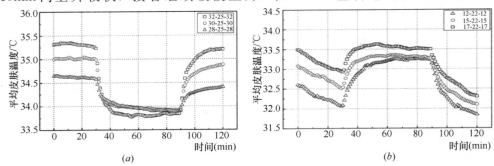

图 13-46　突变热环境中平均皮肤温度随时间的变化曲线

（a）夏季热→中性→热；（b）冬季冷→中性→冷

图 13-46（b）所示，在冬季，人体从冷环境突变到中性环境时，人体皮肤温度在 11～18min 内逐渐上升并达到稳定值，而人体从中性环境突变到冷环境时，人体皮肤温度在 30min 内逐渐下降，稳定时间较长。

13.2.2.4　突变热环境的预测模型

人体在热环境中的生理反应模型（Human Thermal Physiological Model）是在人体体温调节学说和传热学的基础上，通过描述人体的体温调节过程和人体与环境间的换热过程，有效地反映人体在热环境中的生理反应规律。1971 年，Gagge 等在 Stolwijk 模型的基础上进行简化，在模型中假定热体的受控系统只有核心层和皮肤层两个受控单元，控制系统由皮肤传感器和核心传感器组成，输出信号用以调节皮肤血流量、出汗和冷颤。至今 Gagge 的二节点模型由于其简单实用的特性，仍被广泛应用于热舒适领域。杨宇等[124]在二节点模型的基础上，根据生理实测数据对理论架构中的经验公式和参数进行优化，在 400 余人次受试者的实验验证基础上，建立了一个使用简便、准确性较高且适用于中国人群的人体生理模型（Human Thermal Physiological Model）。该模型可用于模拟人体在动态热过程中的瞬态生理反应，并对人体的瞬态体表温度进行预测。对比已有欧美模型，新模型在考虑体表面积、显汗蒸发热损和性别差异等方面进行了优化和改进。

得到了人体生理反应模型后，如何根据生理模型来预测人体热感觉也是研究的重点。研究发现，在热环境突变的过程中，热感觉和皮肤温度[106,109,114,115]、皮肤温度变化率[109,123]、局部热感觉的最大差异值[125]、突变温差[126]以及人体热损失速率[109,116]等都可能存在显著的关系，因此利用生理参数对人体热感觉进行预测还没有统一的方法。以采用皮肤温度和皮肤温度变化率来预测人体热感觉示例，则可以通过人体实验数据获得热感觉与皮肤温度、变化率之间的关系，如式（13-9）所示。其中，热感觉模型的稳态项为 TSV_s，动态项为 TSV_d，动态环境下人员的热感觉预测模型[127]则可以通过分别计算模型稳态项和动态项获得。

$$TSV = TSV_s + TSV_d = 1.54 \times T_{skin} + 585.14 \times r - 52.28 \quad (13\text{-}9)$$

式中　TSV——预测热感觉投票；

　　　T_{skin}——为稳态环境下平均皮肤温度，℃；

　　　r——对应单位时间内皮肤温度变化率，℃/s。

13.2.2.5　突变热环境的舒适标准

美国 ASHRAE 55[5]标准建议，任何可人为控制的温度变化不应对热舒适造成负面影响，但没有专门关于热环境突变的规定。因此，从一个空间到另一个空间（例如室内到走廊）而引起的热环境突变，只要每个空间环境都符合标准要求的稳态热环境的舒适性范围，这一突变环境就是允许的。如美国 ASHRAE 161[129]规定，为了保证舒适性，机舱不同空间的水平温差应该小于 4.4℃。由于人体在热环境突变过程的活动水平、行为特征和服装是多变的，因此使用 PMV 模型来预测突变过程中的热感觉将会十分不准确[128]。

现实中突变热环境通常包括不受空调系统精确控制的环境空间，例如开敞空间、走廊等。在这些空间中人体存在一定热适应能力[130,131]，且这些空间能起到在空调房间和室外环境之间的过渡作用，从而减轻过大温差对人体造成的热应激。研究表明，当人们在办公室内不同热环境区域活动时，热感觉差异性并不明显，且任何热不舒适都是短暂的[117]。但是，为了减轻人体在突变热环境中生理调节机制受到过大的冲击，建议环境突变温差应该控制在±3℃之内[110,114,116,120]，如图 13-47所示。

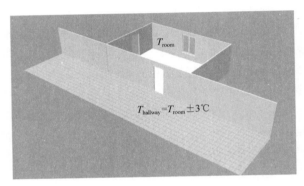

图 13-47   突变热环境之间的温差标准

13.2.3   热适应研究

面向中国国情和社会经济发展需要，近年来，出现了一系列针对中国人群开展的揭示建筑环境人体热适应机制的研究。本节从生理习服、心理适应、其他因素和量化模型四方面，简述其主要进展和结果。需要说明的是，单纯用现场调研方法得到适应性热舒适模型的工作很多，对扩充原始数据和研究范围有贡献，但对揭示机制的贡献小，不在本综述范围内。

13.2.3.1   生理习服

（1）短期习服

生理习服是人体应对外界环境变化形成的生理热调节系统变化。根据人体热适应性机理，生理适应分为遗传性适应和气候适应。遗传性适应由家族遗传基因导致，气候适应受后天生存环境影响。生理习服分为短期习服和长期习服。短期习服指一年内的时间尺度上形成的人体生理热调节变化。

生理习服可通过人体生理指标和主观评判来体现。生理学相关研究表明，当外界热环境发生变化时，人体的生理调节机制将被激活，使机体恢复到热平衡状态，如人体的皮肤温度、心率和血压以及热应激蛋白 HSP70 和棕色脂肪等生理指标将发生变化。

　　生理习服受室外气候的影响，不同季节室外气候差异影响人的生理参数变化。张宇峰等[132]研究发现，湿热地区人群主要为夏季热习服，夏季与冬季相比，出汗量增多，皮肤温度下降。陈慧梅[133]实验研究结果表明，冬季受试者的心率较快，人体的皮肤温度也较高；而夏季人体的皮肤温度较低，出汗量增加，有利于增强夏季人体的皮肤散热以维持热平衡。谭琳琳等[134]让分别经历春季（热未适应组）和夏季（热适应组）的受试者进行热环境暴露，结果发现在接受相同条件的温度突变的热冲击时，两组受试者在注意力、反应速度、视觉记忆和抽象思维方面的表现有一定的差异。

　　生理习服不仅受室外气候的影响，而且受室内环境的影响。王昭俊等[135]实验研究发现，严寒地区人群主要为冬季热习服。随着冬季室外气温的下降，人们会更容易从心理上接受偏冷的环境，对室内温度期望不高，在相同的室内环境中感觉越来越热；相同的室外气温下，随着室内温度的降低，人体的皮肤温度和心率下降；当室外气温下降而室内温度相同时，人体手臂皮肤温度显著升高，心率加快。说明随着冬季供暖期室外气温的逐渐降低，人们对偏冷环境的热适应性增强，这为严寒地区人体心理适应和生理习服提供了证据。

　　由于严寒地区室外气温低，人们冬季主要在室内活动。因此，冬季室内热环境对人体短期习服的影响更大。Wang 等[136]对严寒地区冬季不同供暖阶段的现场研究发现，供暖初期，受试者对室温的突然升高表现出不适应；供暖中期至供暖末期，人们逐渐适应集中供暖较高的室温，即使感觉热，也不希望降低室温。

　　研究表明，当偏离热中性状态时，热习服才会发生作用。在适应性模型中 de Dear[50]所提出的人的生理适应、心理适应带来的积极作用，需要当人体处于偏离热中性状态时才能发挥其效果，具体表现在人在夏季时对偏热环境或在冬季时对偏冷环境的耐受性增强。Xiong 等[137]通过突变温度下人体热反应的实验研究发现，受到冷刺激的受试者的血压值升高，血氧饱和度及平均皮肤温度降低。何亚男[138]对严寒地区冷辐射环境人体热反应实验研究发现，当人体距离外窗 1m 时，冷工况下受试者心率明显低于中性工况，以适应偏冷环境。侯娟[139]对冬季不均匀辐射环境人体热反应实验研究发现，当人体距离外窗为 1m 和 2m 时，随着环境温度的升高，受试者的心率加快，偏冷和中性工况的皮肤温度和心率等有显著性差异。郑文茜[140]通过实验研究发现，中性环境中受试者的热感觉和平均皮肤温度均无显著性差异。

　　（2）长期习服

　　本文的长期习服指在超过一年的时间尺度上形成的人体生理热调节系统的变化。

　　气候是形成长期习服的首因。林宇凡等[141]对比我国南北方长期生活人群，发现他们在中性环境下的皮温、指尖脉搏血容量等出现显著差异。Zhang 等[142] 和 Yang 等[143] 通过气候室实验发现，与美国温带地区的人群相比，我国湿热地区人群表现出明显的气候性热习服，也即在热环境下的皮温和皮肤湿润度显著降低；同时他们还指出，此习服（0.5℃皮温差）带来的热感觉变化微弱，并非热感觉差别的主因。

相同气候下，不同建筑环境也会促成生理习服。如 Yu 等[144] 在北京的实验发现，与空调环境生活人群相比，长期生活于非空调环境的人群在中性环境下的皮温更高，热冲击过程中的皮温调节速度更快、出汗率更高；张仲军[145] 在广州的实验发现，与中央空调环境人群相比，长期生活于分体空调环境的人群在非中性环境下的皮温更低，生理适应能力更强。建筑环境促成的长期生理习服是否对热感觉产生显著影响，目前尚无定论。

许多情况下，气候与建筑环境共同作用于人体。如余娟[146] 对北京采暖环境生活人群和上海非采暖环境生活人群作对比，发现后者在偏冷环境下的皮温下降速度更快，肌肉紧张感和冷战发生率更低，对偏冷环境的生理适应性更强；Luo 等[122] 对比北方集中供暖环境生活人群和南方非集中供暖环境生活人群，发现后者在冷暴露中的皮肤血流量和皮温较高。以上研究在发现生理差异的同时都汇报了显著的心理热反应差异，并推断前者是后者的成因之一。

13.2.3.2 心理适应

（1）热经历

人们过去的热经历会影响其对热环境的心理适应性。

气候是人体长期热经历形成的重要原因。我国气候多样，不同气候区的人群的热经历使其适应特定的环境。如夏热冬暖地区的人群对高温高湿环境耐受性强，而夏热冬冷地区的人群对冬季偏冷环境适应性强[146]。

季节同样促成人体热经历的形成。Wang 等对严寒地区不同季节、不同类型建筑环境的热舒适调查发现，不同季节的热中性温度不同，夏季的热中性温度高于冬季的[147]，春季的高于冬季的[148]。热中性温度接近人们所处室温的平均值[148][149]。李百战等[150] 对重庆教学楼的热舒适调查发现，冬季热中性温度为 19.1℃，夏季则为 25.5℃。Mui 等[151] 对香港办公建筑进行调查结果显示，冬夏季热中性温度相差 2℃。

曹彬[152] 比较了北京地区春季与夏季非空调建筑人体热适应性的差异，发现在相同的室内偏热状态下，夏季人体热感觉较低，对室内热环境的可接受度更高，夏季人们对偏热环境有更强的耐受性。Ning 等[153] 对哈尔滨地区大学生宿舍热适应调查结果发现，供暖前后过渡季和供暖期间，热中性温度有差异。

室内热环境对人体热经历的影响显著，进而影响人们的心理期望。如余娟[146] 对北京供暖环境和上海非供暖环境受试者对比分析发现，非供暖组受试者的热感觉和热舒适均显著高于供暖组，不满意率低于采暖组，认为心理期望是导致其耐冷性更高的原因之一。曹彬等[154]对夏季空调与非空调建筑人体热舒适展开现场调研，发现空调建筑使用者对温度变化更敏感，非空调建筑人群对偏热环境体现出更强的热适应性。Ning 等[155]对比了哈尔滨冬季不同供暖室温环境居民的热反应，发现室温偏热时居民的热中性温度比偏冷时高 1.9℃；当受试者适应了冬季较高的供暖室温环境后，对室温降低较敏感[153]。Wang 等[156]对整个供暖季不同供暖阶段住宅居民的热适应性研究发现，热中性温度随着室温增加而升高。

气候与室内环境共同影响人的适应性。王昭俊等[157]对宿舍的现场研究结果表明，以往的室内外热经历对人的适应性均有影响，在供暖开始前和供暖初期主要体现为人对室外气候的适应性；从供暖中期到供暖末期，相比于室内热经历的影响，室外热经历对人体热适应性的作用程度较弱。

上述研究说明不同的气候和室内热环境形成的热经历，影响人的心理适应和心理期望，进而影响人的主观热反应和热中性温度。

（2）期望

期望是心理适应的重要内容，Brager 和 de Dear[158]，Fanger 和 Tofutm[159]曾用期望解释自然通风建筑人群的热中性温度和热感觉的变化。

与国外不同，我国研究更多将期望与热舒适和热接受反应联系在一起。Luo 等[160][161]先后两次开展网络问卷调查，收集我国南北方人群对冬季室内热环境的舒适期望。他们发现，北方供暖环境人群最为舒适和接受的热感觉从中性向暖的一侧偏移，由此推知长期舒适的热经历会提升人的热期望。Wang 等[136]分析严寒地区供暖季的人体热反应，发现偏热环境下期望室温不变的比率高于偏冷环境，表明冬季生活在偏高室温环境中的人们对热环境的期望高。

除热经历外，非热因素也能促成期望的改变。如 Zhang 等[162]通过气候室实验对比具有相似热经历的农村和城市人群，发现他们最大的不同在热接受度（相同热工况，前者较后者平均高 0.17 个刻度单位），在排除热经历和生理习服的影响后，他们推断期望是最有可能的解释因素：受环境认知和当地文化影响，农村人群对热环境的期望更低，从而形成了相同情况下的较高接受度。

期望同时受热和非热经历影响，与文化和环境认知等息息相关。为全面刻画诸多因素对期望的影响，张仲军[145]基于气候室对比的方法提出"期望因子"概念，即将受试者在气候室中的热不满意百分比 PD 与 PMV 模型预测的 PPD 作线性回归，回归关系式的斜率即为期望因子。按此概念，期望因子越大，PD 越接近 PPD，相同条件下的热不满意百分比越高，从而体现出更高的环境基准和期望。通过实验，张仲军得到了夏热冬暖地区各类人群的期望因子及热期望排序：城市自然通风建筑人群（0.96）＞城市空调人群（0.71）＞农村自然通风人群（0.51）。此一新概念及研究，在揭示期望本质和量化期望作用上更进了一步。

（3）控制度

个人控制是心理适应机制的主要影响因素之一，感知控制度对舒适度和满意度都有显著影响[158]。

与热舒适的其他研究一致，控制度研究包括气候室实验和现场调研两种。气候室实验可严格保持环境参数的一致性，通过人工方式给予受试者不同程度的个人控制。如 Zhou 等[163]在"中性—热"工况的实验发现，与无控制相比，给予个人控制能降低热感觉 0.4～0.5 个单位刻度，改进热舒适 0.3～0.4 个单位刻度；Luo 等[164]将实验工况扩展到"冷—热"的更大范围，发现无论冷热环境，有感知控制时受试者的热感觉更接近中性，热满意度更高，热环境越不适，感知控制发挥的作用越显著。

由于感知控制度的影响因素复杂，很难保证受试者的行为发生和感知控制与实际建筑一致，使得气候室实验结果的推广应用受到限制[145]。相较而言，现场调研更具真实背景。Cao 等[165]调研集中供暖和独立供暖住户的热舒适，发现相同室温下后者比前者的感觉更暖、接受度更高，并指出，不同供暖控制方式带来的行为和心理适应是其原因。Luo 等[166]进一步调研和分析上述两类住户的热反应差别，发现可个人控制采暖住户的热中性操作温度比无控制的低 2.6℃。为进一步拆分行为和心理适应的作用，Liu 等[167]提出 ABF（适应行为反馈）模型，用以分析各类行为对热中性温度的物理和心理作用。对自然通风建筑开展分析，他们发现，物理作用在使用风扇和调整服装中占主导，而开窗（门）和使用空调则更多通过心理途径发挥作用。

以上研究的一个共同点是在有、无控制之间作两两对比。由于实际建筑的多样化，量化区分不同建筑提供的控制度水平及其作用显得更为现实和重要。张仲军[145]为此提供了一种可行方法，即以完全被动的气候室实验为基准，视其提供的感知控制度为 0，分别获取实际建筑人群在气候室和现场的热反应，定义二者间线性回归关系式的斜率为"感知控制因子"。按此方法，感知控制因子表征了感知控制对热接受度的影响，其值越小，感知控制度越大，相同条件下的热接受度越高。通过一系列实验，张仲军得到了夏热冬暖地区 4 类人群的感知控制因子及控制度排序：城市分体空调人群（0.32）＞城市自然通风建筑人群（0.43）＞城市中央空调人群和农村自然通风人群（0.62）。此方法结合了气候室和现场两种方法的优势，推动了控制度的量化研究。

13.2.3.3 其他因素

（1）物理参数

1）特殊环境下人体热适应研究

a. 不均匀热环境

在不均匀的热环境中，人体各部位的热感觉和热舒适之间会有差异，进而影响人体全身的热感觉和热舒适。

王昭俊等[168]基于哈尔滨的实验室研究发现，在有冷辐射的稍凉工况和中性工况中，头部和背部的热感觉无显著性差异，手部、小腿、手臂的热感觉和整体热感觉均有显著性差异；有冷辐射的中性工况整体热感觉低于无冷辐射的均匀工况，尽管前者室内平均温度高。当人体距外墙和外窗较近时，外墙和外窗冷辐射导致头脚温差增大，会加剧人体腿部的冷感觉，进而影响整体热感觉和热舒适。冬季位于外窗附近的人会有冷辐射感，局部皮肤温度下降，尤其是小腿和背部，但热中性平均皮肤温度仍为 $33.0℃$[169]。随着受试者与外窗距离的增大，其皮肤温度、热感觉和热舒适投票均会提高。小腿的热感觉和热舒适变化最显著（$P < 0.05$）。全身热感觉和平均皮肤温度、心率之间均存在线性相关性[170]。

b. 高原低压环境

气压也影响人体热舒适。刘国丹等[171]通过气候室研究发现受试者心率受环境气压影响大，在无症状高原反应域低气压环境下，人的心率随气压降低而降低。但王美楠等[172]通过测定低压环境下受试者呼吸耗氧量等，认为人体在低压环境下新陈代谢量增加。低压环境下人体蒸发散热量增加，因而生理习服开始作用以维持产热需求。胡松涛等[173]在低压气候舱实验研究中发现，受试者热中性温度随气压降低而升高。

2）气象参数与人体热舒适

大量研究表明[174]，室外微气候与人体热舒适息息相关，由于实验室研究仅针对室内环境控制，室外气候不可控，故气候与人体热舒适的研究常采用现场调研的方法。

茅艳[175]在我国各气候区进行现场热舒适研究，找出了室内热舒适度与室外主要气候状态之间的变化关系，得出基于室外气温的热适应模型。闫海燕[176]基于对我国典型气候区热舒适的现场调查，得出中性温度与室外温度、水汽压具有高度相关性，其次是太阳辐射，相关性最弱的是室外风速。

3）不同供暖方式对人体热舒适的影响

Wang 等[177]开展了散热器和地板辐射两种供暖环境下人体热反应实验研究，结果发现，受试者的皮肤温度、心率和血压受供暖环境影响显著。人体脚踝部温度对整体热舒适性的影响最大。受试者对稍凉的地板辐射环境热可接受度最高。地板辐射环境下受试者的整体热感觉、舒适性和热可接受度均高于散热器供暖环境。尽管地板辐射环境的相对湿度高于散热器环境，但主观投票结果显示受试者感觉地板辐射环境更干燥。

（2）生理参数

Yao 等[178]对脑电和心电信号进行了频谱分析，发现随着热中性环境的偏离程度增加，脑电频谱和心率变异性[179]与舒适状态下均有显著差异，认为二者可以用来评价人体的热舒适水平。余娟[146]通过人体热反应实验，筛选出心率变异性和皮肤温度可以用来表征人体热反应。

（3）适应时间

适应发生和发展的时间尺度随适应的类型而变。Brager 和 de Dear[158]曾分别收集行为、生理和心理三种热适应的时间证据，指出行为适应在若干时间尺度上进行，生理习服的时间尺度可能在周到月的数量级上，而心理适应时间尺度的研究文献还十分匮乏。

近期的我国研究为上述三种热适应的时间尺度提供了新证据。行为适应上，Cao 等[180]通过现场调研，对比同在北方生活的北方人和南方人，发现后者刚来北方时的冬季服装热阻远小于前者，而此差别在他们定居北方 1 年后消失。生理习服上，Du 等[181]开展气候室实验考察连续 7 天热暴露对人体的影响，除发现常见的热习服现象外，他们还同步观察了心理热反应，发现重复热暴露也明显改善了相同环境下的人体热湿感觉。心理适应上，Luo 等[182]通过现场调研对比南方不同人群的异同，发现随着生活时间的延长，在相同室内操作温度下，北方移居而来的人与南方当地人的热感觉和热接受度逐渐接近，从室内环境"中性—暖"的北方迁居到偏冷的南方，心理适应发展稳定需要 3 年。随后，Luo 等[161]开展网络调查收集我国南北方人群对冬季室内热环境的感受，通过与当地人对比发现，南方人来到北方的热舒适变化十分迅速，1～2 年达到稳定，而北方人来到南方则比较缓慢，稳定期超过 4 年。由此他们推知，相比于"惯坏"的人降低其期望以适应非中性的室内气候，"未惯坏"的人适应热中性的生活方式会更加容易和迅速。

13.2.3.4　量化模型

（1）概括量化

概括量化指用单一参数或变量表征所有热适应机制和过程的作用。如 Yao 等[183]运用"黑箱"方法，将外界物理刺激与人体热感觉之间的全部不可见因素纳入黑箱，引入"适应系数"概念建立人体热舒适预测模型。适应系数需利用现场调研数据与 PMV 拟合得到。据此，李百战等[184]确定了我国不同地区的适应系数，并作为非人工冷热源热湿环境的评价方法引入《民用建筑室内热湿环境评价标准》GB/T 50785—2012。

（2）具体量化

热适应的影响因素多、作用机制复杂。概括量化因缺少内在的因果关系链条，合理性不足，推广应用十分受限。与概括量化不同，具体量化就一个或若干适应因素作具体分析和量化表达，如早期 Fanger 与 Toftum[159]提出的"期望因子"和近期 Schweiker 与 Wagner[185]提出的 ATHB（适应性热平衡）模型。

近期，我国研究人员推进了具体量化的发展。Liu 等[186]采用 AHP（层次分析法）构建热适应层次结构，将其分为生理、行为、心理三种方式和生理参数、室内环境、室外环境、个人因素、环境控制、热期望六个因素。通过 74 名中英专家打分，确定了各层级指标的重要性及权重，并指出生理适应是主导性因素，而行为和心理适应的权重相当。Jing 等[187]借助信息熵概念，将感觉神经传导速率、服装热阻、热感觉分别作为生理、行为、心理三种适应的表征指标，将各指标信息熵占总信息熵的比例作为其影响权重。通过现场和气候室数据分析，得到了与上一研究相近的结果。张仲军[145]提出心理适应概念模型，按作用方式、途径、模型将心理适应分解为热经历、期望和感知控制三个方面，并基于气候室与现场对比的方法及 PMV/PPD 模型，定义"热经历因子"、期望因子和感知控制因子量化表达三方面适应对热舒适的影响作用。通过夏热冬暖地区城乡人群的研究，张仲军验证了以上模型和量化方法的有效性。

13.3 热舒适的生理机制

热舒适一般是指人体在热环境中感觉良好的状态。由于人的经历、种族、地域、生活习惯以及年龄、性别和身体状况等等诸多因素的差别，想找到一个让所有人都满意的环境是困难的。为保障大多数人舒适，通常以满意率 80% 为界限人为的划分出热适宜区[188]。那么热中性温度下生物体的反应如何？热适宜区是否真的存在？按环境温度等划分出热适宜区是否合理等问题都是需要回答的，特别是需要从人的生理机制上回答。

由于人类的生理机理，包括各种疾病的发生、发展十分复杂，完全在人体身上进行试验和研究是不现实也是不可能的。通常情况下，人类的生理机理和疾病往往通过使用现代医学实验技术，利用实验动物建立能够复制和模拟出相应的人类的动物模型，这样的研究既方便、有效，又可比性高，同时还易于管理和操作。为此，一些单位在实验动物上研究了不同环境温度条件下热中性温度、热适宜区存在的生理依据，进而对人体热舒适的生理机制进行了探讨[189][190]。

13.3.1 不同热环境下动物体温的动态响应

13.3.1.1 大鼠与人体生理指标对比

实验动物是实验室研究的主要研究对象。从研究的内容和目的看，主要研究环境温度变化对动物体神经、下丘脑神经递质的影响，因此，大鼠适宜作为本研究的实验动物。大鼠和人的许多生理指标相近，都属哺乳类杂食动物，体内通过酶起着代谢食物的作用，其酶系统和脏器系统较为完全。并且，由于大鼠的机能、代谢、结构及疾病特点与人体十分相似，目前已经被广泛应用于内分泌与高级神经活动实验。大鼠和人体主要生理学数据对比见大鼠和人体主要生理学数据表 13-9[191]。

大鼠和人体主要生理学数据   表 13-9

生理指标		大鼠参考值	人体参考值
血容量		占体重的 7.4%	占体重的 7%～8%
心率		328 次/min (216～600 次/min)	约 60～100 次/min
心输出量		0.047L/min	3～7L/min
血压	收缩压	129mmHg (88～184mmHg)	90～140mmHg
	舒张压	91mmHg (58～145mmHg)	60～90mmHg
红细胞		8900000 个/mm³ (7.2～9.6 个/mm³)	4200000～5000000 个/mm³
血红蛋白		14.8g/100mL 血液 (12～17.5g/100mL 血液)	14～20g/100mL 血液
红细胞压积		46mL/100mL 血液 (39～53mL/100mL 血液)	37～50mL/100mL
血小板		100000～300000 个/mm³	100000～300000 个/mm³
白细胞		14000 个/mm³ (5～25 个/mm³)	4000～10000 个/mm³
呼吸频率		85.5 次/min (66～114 次/min)	16 次/min
体温（直肠）		39℃ (38.5～39.5℃)	36.8～38.0℃

13.3.1.2　不同热环境下大鼠体温的动态响应

（1）动物实验方案简介[189]

实验采用空调控制装置提供所需的动态热环境，该温控箱构造见图 13-48。它主要包括制冷机组、空气处理段、风机、风阀、风管、空调箱（60cm×50cm×80cm）和温度控制器等主要部件。环境相对湿度保持在 60%～70%，风速保持在 0.2m/s 左右，温度在 17～34℃ 范围内变化。

实验动物选用 22 只 SD 雄性大鼠，体重 200～300g，由上海交通大学医学院实验动物中心提供。大鼠生理参数通过 PowerLab 系统进行测量，其精度和特性都通过了国际认证，主要部件包括 PowerLab/8SP 高速记录仪、ML132 和 ML118 生物电放大器。体温记录采用铜—康铜热电偶（0.2mm）作为点温度计，测定大鼠的肛温，测定点为进入肛门 1.5 cm。铜—康铜热电偶与 Keithley 2700 数据采集器连接，测量的数据由 R232 数据线随时送入电脑并储存。每次测量 DOPAC 峰值的同

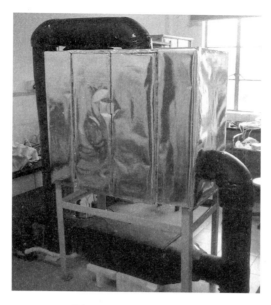

图 13-48 实验用温控箱

时自动记录肛温的数值。

根据实验计划先将温控箱进行温度调控和预处理，直到温控箱内温度稳定在设定水平，动物手术完毕后将动物移至温控箱内，然后开始测试。方法是通过微分脉冲伏安法（in vivo Differential Pulse Voltammentry，DPV）测定大鼠下丘脑多巴胺代谢产物——双羟苯乙酸（DOPAC）的含量，即用 DPV 法测定下丘脑部位 DOPAC 的氧化电流峰值。数据记录频率为每 10min 记录一次。

采集到的数据经过分类和比较以温控箱内环境温度为 28°C 时各记录点 DOPAC 峰高的均值作为基准（100%），环境温度变化后测得的 DOPAC 峰高均以环境温度为 28°C 对照值的百分数表示，最后将各环境温度下的 DOPAC 峰值与对照组的对应点通过 t 检验做统计学分析处理。大鼠肛温的变化也采用同样的方法进行检测。所有数据利用 SPSS 统计软件包进行有关的统计处理，文中数据以平均值±标准误表示，$P < 0.05$ 认为差异显著。

（2）大鼠 DOPAC 峰高动态响应特性

通过对实验数据的整理发现，环境温度的变化能够引起 DOPAC 峰高的变化。实验分析发现，当环境温度为 28°C 时（$n=6$），大鼠 DOPAC 的含量水平在记录的 1h 内均保持不变（$P > 0.05$）。因此将环境温度为 28°C 时下丘脑 DOPAC 的含量水平作为实验对照组。

实验过程中其他环境温度也对 DOPAC 峰高产生了影响，见图 13-49。通过观察不同环境温度条件下大鼠下丘脑内 DOPAC 峰高的变化可以发现，环境温度的变

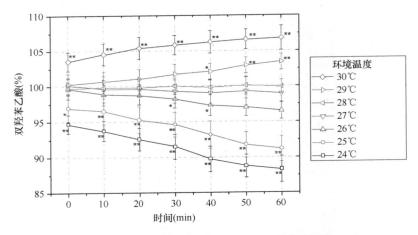

图 13-49　不同环境温度下 DOPAC 峰高的变化

化对大鼠体温调节系统的影响以及体温调节系统对温度变化做出的响应，具体的结果分析如下：

1）当环境温度为 28℃ 时，大鼠下丘脑内 DOPAC 峰高水平处于一种稳定状态，在 1h 的测试时间内基本保持不变。

2）当环境温度高于 28℃ 时，DOPAC 峰高水平随着时间的增加而增加。例如，当环境温度为 29℃ 时，DOPAC 峰高水平在 40min 后就显著增加，达到 102.9%，与 28℃ 时 DOPAC 峰高水平的变化相比，具有显著性差异，$P<0.05$；当环境温度为 30℃ 时，DOPAC 峰高水平达到 103.8%，从记录开始就显著增加，$P<0.01$。

3）当环境温度低于 28℃ 时，DOPAC 峰高水平随着时间的增加而减少。环境温度为 27℃ 时，DOPAC 峰高水平在记录时间内（1h）有所减少，但是变化不是很明显，基本上维持在 99.2% 左右的水平；当环境温度为 26℃ 时，DOPAC 峰高水平在 30min 后就显著降低，降低到 98.0%，$P<0.05$；当环境温度分别为 24℃ 和 25℃ 时，DOPAC 峰高水平记录开始就显著降低，分别为 97.0% 和 94.7%，$P<0.05$。

由此结果可推知，环境温度为 28℃ 左右时，外界环境对大鼠体温调节系统几乎没有影响，多巴胺能神经元基本上不活跃，DA 代谢产物 DOPAC 的含量水平也基本上保持稳定。当外界环境温度偏离 28℃ 左右时，从 DOPAC 峰高水平的变化可以知道此时外界环境对大鼠体温调节系统产生了影响，并且体温调节系统也做出了相应的反应来适应环境变化。

（3）大鼠体温动态响应特性

环境温度对大鼠体温的影响见图 13-50。实验结果表明，环境温度的变化能够引起大鼠体温的变化。当环境温度为 28℃ 时（$n=6$），大鼠的体温在记录的 1h 内均保持不变（$P>0.05$）。因此将环境温度为 28℃ 时大鼠的体温值作为实验对照组。

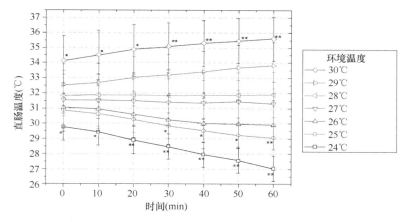

图 13-50 不同环境温度下体温的变化

$*P<0.05$， $**P<0.01$

从图 13-50 中可知：

1）当环境温度为 28℃时，大鼠的体温在 1h 的记录时间内基本上保持为稳定状态（31.8℃±1.46），变化不明显，$P>0.05$。当环境温度为 27℃时，大鼠体温的变化与 28℃时相同，体温变化不明显，稳定在 31.5℃左右，$P>0.05$。

2）当环境温度低于 28℃时，大鼠的体温在记录的 1h 内逐渐降低。例如，当环境温度为 26℃时，大鼠的体温在 30min 后内出现了逐渐降低的趋势，达到 30.2℃，但是其体温降低的变化并不显著，$P>0.05$；当环境温度为 25℃时，30min 后大鼠的体温就明显降低，达到 29.9℃，通过统计分析发现变化非常显著，$P<0.05$；当环境温度为 24℃时，从记录开始大鼠的体温就显著降低，达到 29.8℃，变化非常显著，$P<0.05$。

3）当环境温度高于 28℃时，大鼠的体温在记录的 1h 内逐渐升高。例如，当环境温度为 29℃时，大鼠的体温在 20min 后出现了逐渐升高的趋势，达到 33.1℃，但是其体温升高的变化并不显著，$P>0.05$；当环境温度为 30℃时，大鼠的体温在记录的 1h 内逐渐增加，达到 35.6℃，而且变化非常显著，$P<0.05$。

从大鼠体温变化的角度看，确实存在着一个适宜温度范围，当环境温度在此范围内变化时对大鼠体温调节系统几乎没有影响，大鼠的体温基本上保持不变或者变化不显著。

13.3.2 人体热舒适的生理研究

人体热舒适是建筑环境等多个领域内的一项基础研究，除了涉及工程领域的内容，还涉及有人体生理学、心理学、神经生物学等范畴，属于典型的多学科交叉领域。因此，对环境影响人体生理性体温调节过程进行深入探讨并细致研究人体热舒适的生理机制，并非易事。所幸的是，多巴胺在体温调节中的作用引起了人们的重视，下丘脑多巴胺神经元的活动与体温调节有关[192,193]。前面介绍了环境温度对大鼠体温调节中枢内神经递质代谢产物含量的影响，从中知道了大鼠神经兴奋状态变化情况。对同为哺乳动物的人类而言是一种怎样的情况？人体内部随环境变化又是如何进行调整以及如何进行热感觉的判断呢？本节通过对受试人员在不同环境下交感神经和副交感神经调控比例变化的研究，HRV 检测、分析人体热舒适状况的可能性。

13.3.2.1　人体实验方案简介[189]

除了采用常规的主观评价方法外，本实验重点通过人体生理参数的测试进行客观评价。实验是在上海交通大学校内的自然通风房间（NV）和空调测试房间（AC）以及相应的准备室内进行。测试时各房间的室内环境参数见表 13-10，准备室的环境参数与对应的空调和自然通风房间基本一致。

室内环境参数统计　　　　　　　　　　　　　表 13-10

Room	T_a（℃）	T_d（℃）	RH（%）	T_{mr}（℃）	v（m/s）
AC	21.3 ± 1.0	19.4 ± 2.5	36 ± 7	21.5 ± 1.2	0.07 ± 0.04
NV	12.8 ± 2.3	10.9 ± 1.3	68 ± 11	13.1 ± 2.1	0.04 ± 0.02

为了免除个体主观因素的影响，实验一共征集了 106 名受试者，均为在校本科生和研究生。所有受试者均为自愿参加，且满足实验的各项要求。

室内空气温度和人体皮肤温度采用自己精制的铜—康铜热电偶测量，由 Keithley 2700 数据采集。平均辐射温度用 D150mm 的标准黑球温度计测量。风速采用 EY3-2A 型热球电子微风仪测量。使用的 PowerLab 系统除了前面提及的部件之外，还增加了心电图机 ECG-6353，心电图电极 MLA700，气体分析仪 ML205，呼吸流量头 MLT1000L，清洁连接管 MLA1011，鼻夹 MLA1008 等设备，部分仪器见图 13-51。所有测试仪器的精度和测点位置都符合 ASHRAE Standard 和 ISO 7730 的要求。

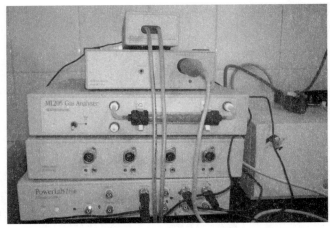

图 13-51　用于人体测量的 PowerLab 系统

整个测试除了要求受试者填写调查问卷，还记录测试房间内的环境参数，同时测量其皮肤温度，记录 Ⅱ 导联心电图，同时进行肺功能测定，并将被测试人员呼出的气通过气体分析仪进行分析。

13.3.2.2　不同热环境下人体皮温及新陈代谢分析

表 13-11 和表 13-12 给出了男、女受试人员在冷环境和舒适空调环境下皮肤温度与新陈代谢的测试结果。从表中可以看出，在冷环境和舒适环境下，男、女受试人员头部皮肤温度没有显著性差异；而其他测试部位如颈、膝、踝等，在冷环境和舒适环境下有显著性差异。

女性皮温和新陈代谢率统计结果　　　　　　　　表 13-11

部位	AC	NV	P
头	34.3±1.1	33.2±1.0	0.05
颈	33.8±2.9	33.5±3.3	<0.0001
肘	32.3±1.6	31.8±2.7	<0.0001
手	30.0±4.1	28.7±5.4	<0.0001
膝盖	27.7±1.8	27.9±2.1	<0.001
脚踝	27.4±2.6	28.5±3.6	<0.0001
新陈代谢率	176.6±111.5	576.3±184.5	0.04

男性皮温和新陈代谢率统计结果　　　　　　　　表 13-12

部位	AC	NV	P
头	33.3±1.3	34.5±0.8	0.90
颈	33.9±2.2	33.3±3.1	<0.0001
肘	33.2±1.2	32.2±1.5	0.001
手	33.0±3.0	30.5±4.8	0.001
膝盖	29.1±2.1	29.6±2.3	0.001
脚踝	30.6±1.8	31.6±2.3	<0.0001
新陈代谢率	196.6±114.1	599.5±215.9	0.02

此外，表 13-11 和表 13-12 中可以看出，男受试人员的新陈代谢率在冷环境和舒适环境下分别为 196.6kg/（m² · h）和 599.5kg/（m² · h），而女受试人员的新陈代谢率分别为 176.6 kg/（m² · h）和 576.3kg/（m² · h），而且男受试人员的皮肤温度比女受试人员高。由于男性的新陈代谢率高于女性，产热量较大，这与有关文献提及女性比较怕冷，对温度变化的敏感程度大于男性，其热中性温度和期望温度均高于男性的研究结果一致[194]。无论男女，他们在冷环境和舒适环境下的新陈代谢率有显著性差异（男性的 $P=0.02$，女性的 $P=0.04$）。对比所有受试人员在冷和舒适环境下新陈代谢率的变化情况，发现人员舒适环境下的新陈代谢率明显低于在冷环境下的情况，见图 13-52。结果表明，被测试人员在热舒适环境下生理代谢率较低，其平均值为 187.3 kJ/（m² · h），略高于我国同年龄组基础代谢值的平均水平[195]（我国 20～30 岁的基础代谢平均水平值，男性为 157.8 kJ/（m² · h），

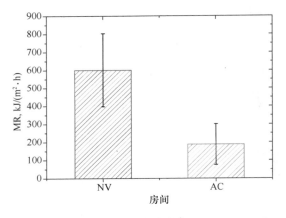

图 13-52 不同温度环境下的新陈代谢率（$n=106$，$*P<0.05$）

女性为 146.5 kJ/（$m^2 \cdot h$））。

13.3.2.3 不同热环境下人体神经兴奋状态的心率变异性分析

人和高等动物能在环境温度变化的情况下保持体温相对恒定，是由于机体内存在着体温的自动调节。而 HRV 分析就是分析交感神经和迷走神经的兴奋状况和张力变化，即研究不同温度环境中人体在自主性体温调节的作用下生理参数变化以及交感和迷走神经兴奋状态、交感/迷走神经调控比例的变化情况，揭示人体为了维持与外界的热交换平衡进行体温调节时所做出的相关响应。

根据实验采集的数据，经过归纳和整理，得到了自然通风和空调环境下每个受试人员的 HRV 及新陈代谢变化情况。图 13-53 给出了某受试人员在空调房间内的生理参数变化情况，包括功率谱分布、NN 和 RR 间期等。

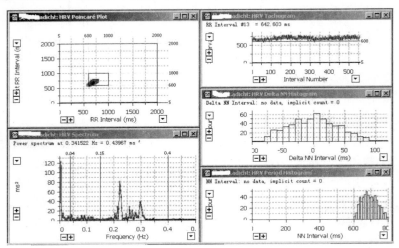

图 13-53 HRV 数据分析结果示意

　　通过对采集到的数据进行 HRV 分析，可以得到相应的频谱曲线。图 13-54 给出了自然通风房间内的 HRV 频谱情况的典型曲线，图 13-55 给出了停留在空调房间时的典型曲线，图中的窗值都为 Hann。通过对图 13-54 和图 13-55 中的频谱曲线进行比较，能够观察到不同温度环境下人体交感神经和迷走神经的活动和兴奋状况以及它们对心率调节变化的影响。从图中可知，在偏冷的自然通风环境下，范围为 $0.04 \sim 0.15\,\mathrm{Hz}$ 区域内的神经活动比较兴奋，说明此时交感神经的活动占有一定的优势；而在舒适的空调环境下，范围为 $0.15 \sim 0.4\,\mathrm{Hz}$ 区域内的神经活动比较兴奋，说明此时迷走神经的活动占有一定的优势。

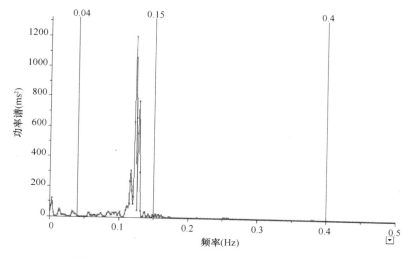

图 13-54　冷环境下的功率谱曲线（窗值＝Hann）

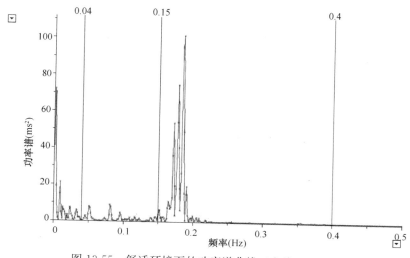

图 13-55　舒适环境下的功率谱曲线（窗值＝Hann）

实验中所有受试人员的 HRV 功率谱分析结果如表 13-13 所示。在自然通风环境下，受试人员的平均 LF/HF 的比值达到 1.4（SD＝2.2），在空调环境下，LF/HF 的比值为 0.8（SD＝0.9）。从表中可知，LF_{normal} 和 HF_{normal} 的标准差都较大。这是由于在 HRV 分析中，与频率段的划分相比功率的正常值难以统一，同一种族的人群也常会出现标准差较大的情况。观察表 13-13 中的统计结果并与国外 HRV 研究结果[196]进行对比，发现两者的结果基本一致，标准差通常为平均值的 1/2 以上。在分析 HRV 结果时，我们遵循的原则是：同一研究中可以进行定量对比，对照组应当还是同一测试对象，不以其他测试对象的结果作为对照；对不同对象的研究结果进行比较时只能采用定性的对比。其原因在于 HRV 是能够反映自主神经系统活动的指标，其中交感神经主要影响低频分量（LF），迷走神经的活动主要影响 HRV 的高频分量（HF），而 LF 成分与 HF 成分能量的比值 LF/HF 反映了交感神经和迷走神经之间张力的均衡性。

对比空调与自然环境下 LF 与 HF 的变化发现，在空调环境下 LF 的数值降低了，而 HF 的数值上升了。表 13-13 的结果说明，从温度较低的自然通风环境到舒适的空调环境时，交感神经活动性降低，而迷走神经活动性增强，交感神经/迷走神经的调控作用比逐渐降低。这是因为在自然通风环境下，由于环境温度较低，人体神经系统处于紧张状态，具体地说是交感神经张力增加，兴奋增强，迷走神经的张力降低，与 HF 相比，LF 应占有更大的比例。当人体处于空调环境时，由于环境温度比较适宜，人体感觉比较舒适、神经系统比较放松，迷走神经的张力增加，兴奋增强，HF 占有更大的比例。

自然通风和空调环境下 HRV 功率谱分析			表 13-13
模式	LF_{normal}	HF_{normal}	LF/HF
自然通风	40.2±20.7	51.2±20.3	1.4±2.2
空调	34.6±16.8 *	57.2±17.7 *	0.8±0.9*

形式为 $\overline{X}\pm SD$，$n = 106$，两者相比 * $P < 0.05$

为了进一步的说明不同环境下人体神经生理活动的变化情况，下面以冬季环境温度为 15℃（自然通风环境）和 20℃（空调环境）时人体的 LF 和 HF 变化为例进行解释，结果见图 13-56。

图 13-56 反映了不同温度条件下 LH 与 HF 两者的大小或比例，圆环的大小代表总功率减去 VLF 后的大小。从图中可以清楚地看到，当环境温度为 15℃时（感觉偏凉），LF（58.33％）所占比例超过 50％，明显高于 HF（41.67％）的比例；而环境温度为 20℃时（感觉舒适），LF（44.44％）所占比例未达到 50％，低于 HF（55.56％）的比例。从实验结果分析可知，随着环境温度的升高，自主神经系统的活动受到环境温度的影响并且也做出了相应的变化。迷走神经的调控作用在

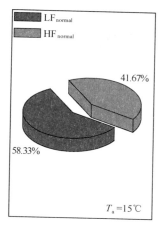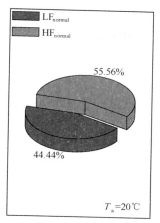

图 13-56　自然通风和空调环境下 *LF* 和 *HF* 的变化

从低温环境到舒适环境时比较明显，交感神经系统的活动性主要在温度较低的环境下显著增强。通过上述分析可知，利用 *HRV* 分析能够简单、准确的判断人体是否处于舒适状态。

13.4　特殊因素对热舒适的影响

13.4.1　低气压环境研究

PMV 指标是基于稳态环境中人体本身接近于舒适状态下、以欧美国家的受试者为研究对象得出的。国内外很多学者对影响热舒适的其他因素进行了广泛研究，Oseland[197]、Schiller[198]、Dear[199] 等指出 *PMV* 指标中应考虑到国家和气候差异的影响。田元媛[200]、夏一哉和赵荣义[71]、许景峰[201]、徐小林[202]、李百战[203]、王怡和刘加平[204]、李念平[205]、王昭俊[206] 等分别研究了我国不同气候特征下的人体实际热感觉，探讨 *PMV* 的适用性。影响人体热舒适的气候条件包括空气温度、相对湿度、空气流速、空气压力等因素，特别是空气压力，在诸如低压低氧的高原环境中，人体的生理反应以及与周围环境之间的热交换都会发生变化，*PMV* 指标在不同大气压力条件下的适用程度有待于进一步探讨。

Kandjov[207] 对不同海拔高度人体对流换热和蒸发换热过程进行了研究，胡松涛[208]，刘国丹[209]，王海英[210] 等相继展开海拔 3000m 以下的无症状高原反应范围内人体热舒适和热生理参数变化研究，在此范围内，低压低氧会引起人体生理机能的一些适应性变化，但不致发生病理上的改变。Cui[211] 等对飞机座舱低压环境（< 0.8atm）的热感觉进行了现场实测研究。

低气压对人体热舒适的影响，主要表现在：在低气压环境中因空气密度的改变，人体与周围环境的对流换热系数和传质系数发生变化，导致人体的散热特性改变；低气压可使空气中氧分压力降低，引起呼吸功能的改变，从而导致呼吸散热量发生变化；低气压下人体的能量代谢发生适应性改变，使人体的自身产热量发生变化。

13.4.1.1　低气压环境下人体与周围环境热平衡的理论研究

（1）人体与周围环境的对流换热

对流换热量直接与对流换热系数有关。关于低压下的换热系数，航空航天领域的研究中给出了当大气压力不同时，对流换热系数需经过的修正（P 为大气压力，kPa）[212]，ASHARE Handbook 的修正方法与此相同[213]，但没有指出人体处于自然对流和强制对流条件下的差别，刘国丹[209]对低气压环境中自然对流和强迫对流进行了研究，主要结论如下：

1）自然对流换热系数

对于自然对流换热，可应用的准则方程式如式（13-10）和（13-11）所示[214]：

$$Nu = C (Gr \cdot Pr)^m \tag{13-10}$$

$$\frac{h_{c,0}}{h_{c,p}} = \frac{Nu_0}{Nu_p} = \left(\frac{Gr_0}{Gr_p}\right)^m = \left(\frac{\frac{g\beta\Delta t L^3}{\nu_0^2}}{\frac{g\beta\Delta t L^3}{\nu_p^2}}\right)^m = \left(\frac{\nu_p}{\nu_0}\right)^{2m} = \left(\frac{\rho_0}{\rho_p}\right)^{2m} = \left(\frac{P_0}{P_p}\right)^{2m} \tag{13-11}$$

式中　$h_{c,0}$——常压条件下的对流换热系数，W/（m² · K）；

$h_{c,p}$——低压条件下的对流换热系数，W/（m² · K）。

m 的取值如式（13-12）所示：[215,216]

$$m = \begin{cases} Gr \cdot Pr : 10^4 \sim 10^9, m = 0.25 \\ Gr \cdot Pr : 10^9 \sim 10^{13}\, m = 0.33 \end{cases} \tag{13-12}$$

则式（13-11）可以转化为式（13-13）：

$$\begin{cases} Gr \cdot Pr : 10^4 \sim 10^9, \dfrac{h_{c,0}}{h_{c,p}} = \left(\dfrac{p_0}{p_p}\right)^{0.5} \\ Gr \cdot Pr : 10^9 \sim 10^{13}, \dfrac{h_{c,0}}{h_{c,p}} = \left(\dfrac{p_0}{p_p}\right)^{0.66} \end{cases} \tag{13-13}$$

由上式可知，低气压条件下的自然对流换热系数与常压相比是降低的。

2）强迫对流换热系数

强迫对流换热对应的准则方程式如式（13-14）所示：

$$Nu = CRe^m Pr^n \tag{13-14}$$

式中 Re ——雷诺数，$Re = \dfrac{uL}{v}$，u 为气体流速，m/s。

与自然对流相类似地，有式（13-15）：

$$\frac{h_{c,0}}{h_{c,p}} = \frac{C\lambda u^m L^{m-1} v_0^{-m}}{C\lambda u^m L^{m-1} v_p^{-m}} = \left(\frac{v_p}{v_0}\right)^m = \left(\frac{\rho_0}{\rho_p}\right)^m = \left(\frac{P_0}{P_p}\right)^m \tag{13-15}$$

由此可见，与常压条件下相比，低压条件下强迫对流的对流换热系数有所下降。

对于常数 C 和 m 的取值，参考 Nishi 和 Gagge 的研究成果[217,218]，如式（13-16）所示：

$$\begin{cases} 400 < Re < 4000, C = 0.615, m = 0.466, u < 2\text{m/s} \\ 4000 < Re < 40000, C = 0.174, m = 0.618, u > 2\text{m/s} \end{cases} \tag{13-16}$$

由上述分析推导可知，低压下的对流换热系数与常压条件下相比是降低，即如式（13-17）所示：

$$h_{c,p} = h_{c,0}\left(\frac{P_p}{P_0}\right)^n \tag{13-17}$$

自然对流时，$n = 2m$，强迫对流时，$n = m$。m 的具体数值见式（13-12）和式（13-16）。

Kandjov[207]研究了不同海拔高度上人体的对流散热量的变化，得出的数学表达式与式（13-17）相同，但式中系数 n 的取值，对于自然和强迫对流情况下，均为 0.5，而没有考虑 Gr 数对自然对流强度的影响，故式（13-17）可转化为式（13-18）：

$$\begin{cases} u < 2\text{m/s}, \dfrac{h_{c,0}}{h_{c,p}} = \left(\dfrac{P_0}{P_p}\right)^{0.466} \\ u > 2\text{m/s}, \dfrac{h_{c,0}}{h_{c,p}} = \left(\dfrac{P_0}{P_p}\right)^{0.618} \end{cases} \tag{13-18}$$

根据对流换热系数，可以进行对流换热量的计算。

（2）人体与周围环境的辐射换热

由于辐射换热与大气压力无关，因此可使用常压下的辐射换热计算公式。

（3）人体与周围环境的蒸发换热

1999 年 Kandjov 等采用热质比拟方法研究了不同海拔高度上人体蒸发散热量的变化[207]，但是在研究过程中没有考虑皮肤湿润度和服装水份渗透对传质量的影响。刘国丹[209]对低气压下的蒸发换热量重新进行了理论研究。

由刘伊斯关系式进行热质类比，可得出式（13-19）：

$$LR = \frac{h_e}{h_c} = 16.5\left(\frac{P_0}{P_p}\right) \tag{13-19}$$

式中 LR ——路易斯比，K/kPa。

则有：在常压下如式（13-20）所示，在低压下如式（13-21）所示。

$$h_{e,0} = 16.5 h_{c,0} \qquad (13-20)$$

$$\frac{h_{e,p}}{h_{c,p}} = 16.5 \left(\frac{P_0}{P_p} \right) \qquad (13-21)$$

式中　$h_{e,0}$——常压条件下的蒸发换热系数，W/（m² · K）；

　　　$h_{e,p}$——低压条件下的蒸发换热系数，W/（m² · K）。

将低气压下的对流换热系数的计算式（13-18）带入式（13-21），则低气压条件下的蒸发换热系数如式（13-22）所示：

$$h_{e,p} = 16.5 \times h_{c,0} \left(\frac{P_p}{P_0} \right)^n \times \left(\frac{P_0}{P_p} \right) = 16.5 \times h_{c,0} \left(\frac{P_0}{P_p} \right)^{1-n} \qquad (13-22)$$

由式（13-22）可知，在低气压环境中，人体的蒸发换热是加强的。

在蒸发换热量的计算中引入衣服蒸发热阻的概念，同样采用刘伊斯比，将其与衣服的显热热阻相类比，如式（13-23）所示：

$$i_{cl} LR = \frac{R_{cl}}{R_{ecl}} \qquad (13-23)$$

式中　i_{cl}——水分渗透系数，McCullough 等认为一般室内衣服平均 i_{cl} 值为 0.34，
　　　　　在计算时可采用该数值[219]；

　　　R_{ecl}——蒸发换热热阻，（m² · K）/W。

则有如式（13-24）所示：

$$R_{ecl} = \frac{R_{cl}}{i_{cl} LR} \qquad (13-24)$$

由此，低压下的蒸发换热热阻为式（13-25）所示：

$$R_{ecl,p} = \frac{R_{cl}}{16.5 \times i_{cl}} \times \frac{P_p}{P_0} \qquad (13-25)$$

故，低压下蒸发换热量如式（13-26）和（13-27）所示：

$$E_{sk,p} = \frac{w(P_{sk} - P_a)}{R_{ecl,p} + 1/(f_{cl} h_{e,p})} \qquad (13-26)$$

$$E_{sk,p} = \frac{w f_{cl} \times 16.5 h_{c,0} \left(\frac{P_0}{P_p} \right)^{1-n} \times (P_{sk} - P_a)}{f_{cl} \times 16.5 h_{c,0} \left(\frac{P_0}{P_p} \right)^{1-n} \times \frac{R_{cl}}{16.5 i_{cl}} \times \frac{P_p}{P_0} + 1} \qquad (13-27)$$

在人体与周围环境的热交换中，人体的皮肤温度、呼吸、新陈代谢等热生理参数在低气压环境中会发生变化，从而会影响低气压环境中人体散热和产热量。

13.4.1.2　低气压环境中人体热生理参数变化的研究

大气压力下降时空气中氧分压相应下降，此变化对人体的呼吸功能及代谢有可能产生一定影响，对此利用高原环境模拟舱开展了一系列实验研究。王海英[210]、Cui 等[211]的实验研究发现随着压力下降，代谢量有所升高，在 0.7atm 压力下代谢

量升高约 18％；肖卫[220]开展了大样本量（100 人）测试，针对降压、升压过程中皮肤温度、代谢量及相关参数的变化进行了测试，发现降压到 0.8atm 代谢量略有升高（2％），升压时略有下降（3％）。人体耗氧量、生成 CO_2 量及呼吸商 RQ 等均呈现类似规律变化。随空气压力降低，标态下人员肺通气量略有下降，呼吸频次略有升高，结果图表可参见文献[210,211,220]。

王海英等[221]对低压下平均皮肤温度的变化进行了测试，冬季工况下随压力下降平均皮肤温度略有下降，但变化不显著。肖卫[220]对比升降压过程平均皮肤温度变化，发现降压后平均皮肤温度下降，升压后基本不变。

空气压力下降后，呼吸功能及代谢量有一定变化，代谢量较常压下略有升高，在热舒适方程中应给予一定考虑；压力下降后平均皮肤温度略有下降，这与人体与外界的对流、蒸发换热的变化有关。

13.4.1.3 低气压环境中人体热舒适研究

（1）低气压环境中人体热舒适实验研究

刘国丹[209]、辛岳芝[222]等进行了低气压环境中人体热舒适的实验研究，在人工气候室内，进行了冬季工况：空气温度（16℃、20℃、24℃），大气压力（0.75atm、0.8atm、1.0atm），空气流速（0～0.1m/s、0.1～0.2m/s、0.2～0.3m/s)的正交实验，以及春季工况：空气温度（18℃、22℃、26℃），大气压力（0.75atm、0.85atm、1.0atm），空气流速（0～0.1m/s、0.1～0.2m/s、0.2～0.3m/s)的正交实验，22℃、26℃在上压力和风速工况下的平行对照实验，主要结论如下：

1）冬季和春季的两次正交试验表明，按照对人体平均热感觉（MTS）的影响程度，从大到小的排列顺序为：温度＞压力＞风速。另外大气压力对人体生理指标的影响也占有重要地位。说明空气压力对人体热舒适有着直接而重要的影响。

2）在本次实验条件下，男女样本平均的热中性温度：在常压环境中为21.03℃，0.85atm 工况为 22.76℃，0.75atm 工况为 23.24℃，热中性温度随大气压力降低而升高，在 0.75atm 的低压环境中，热中性温度较常压可增加 2.11℃。这是由于与常压相比，低压环境中人体失热量（相对变化率为 1.34～5.28％）增大的原因。

3）不同空气压力环境下女性热中性温度均高于男性热中性温度，如 0.85atm工况女性热中性温度为 23.30℃，男性为 22.53℃；0.75atm 工况女性热中性温度为 23.71℃，男性为 22.92℃。

4）当空气温度和平均辐射温度升高时，MTS 均会增加；在低压环境中着厚重衣服、当人体处于接近舒适状态（室温 22℃）时，室内微风速（0.2～0.3m/s）对人体的热感觉影响很小；在接近舒适的环境中，相对湿度对 MTS 的影响较小。

5）对比不同压力工况下 PMV 与受试者平均热感觉投票值 MTS，结果表明，在低气压环境中 PMV 预测值及其随大气压力的变化趋势与人体实际热感觉存在着偏差，最大偏差出现在 0.75atm，风速 0.2～0.3m/s 时的较低环境温度工况（中性偏冷，16℃），差值约为 1.3。

（2）低气压环境中人体热调节模型及舒适区研究

针对低气压环境人体代谢及换热的变化建立相关关系，可以在原有的两节点模型基础上建立针对低气压环境的热调节模型。结合 ASHRAE 标准有效温度舒适区，可以得到低气压环境下的舒适区。图 13-57 为王海英等[223]建立的 0.8atm 下的舒适区。相对于正常压力环境，舒适区对应的标准有效温度上下限有所升高。

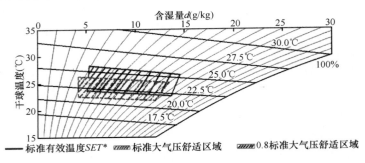

图 13-57　0.8atm 标准有效温度舒适区

崔惟霖[224][225]等开展了飞机座舱压力（0.8atm）下的实测调研，结合飞机巡航阶段相对湿度较低（<30％RH）的实际状况，针对冬、夏不同衣着条件建立了座舱环境下的热舒适区，见图 13-58 和图 13-59。其研究建议飞机巡航低气压状态下，夏季座舱温度设定值 27℃，冬季座舱温度设定值为 24℃；地面等候起飞时间较长时，可在上述建议值基础上降低 1～2℃。

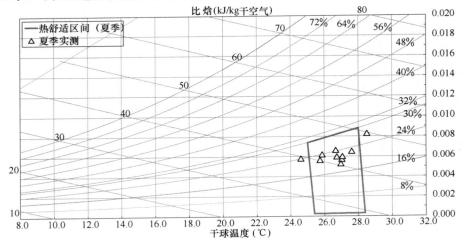

图 13-58　夏季座舱热舒适区及实测热环境图

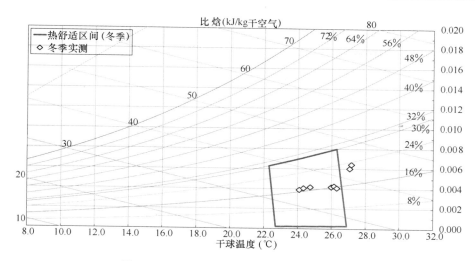

图 13-59　冬季座舱热舒适区及实测热环境图

13.4.1.4　低气压环境人体综合舒适度研究

慕缘鹏[226,227]以加拿大麦吉尔大学的 3D ear 模型和国内外一些学者所建立的模型为主要参考依据，以解剖学的中耳相关尺寸和空间位置数据作为具体控制参数建立中耳模型，模拟鼓膜位移云图和应力云图，对影响声舒适的因素进行机理分析，如图 13-60 和图 13-61 所示。

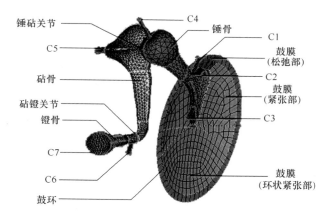

图 13-60　三维中耳实体模型　　　　　　图 13-61　有限元中耳仿真模型

研究发现：1058Hz、4022Hz、8000Hz 时在 1000Hz 左右时，鼓膜位移云图波峰有 2～3 个，呈现较规则的简谐运动；当频率达 4000Hz 左右时，鼓膜的运动变得复杂而混乱，有多个波峰；当频率达 8000Hz，表面运动显得更加混乱而无规律；鼓膜在 980Hz、4022Hz、8000Hz 简谐运动 3/4 周期时的应力云图显示，低频时中耳各部位的应力较大，且大应力主要集中在鼓膜，鼓膜是影响耳部感觉的主要部分。

李亮等[228]对低气压环境中的人体听觉系统开展了实验研究，发现相同声音环境下，大气压力下降时人员的声感觉投票、舒适度投票、烦躁感投票及疲劳感投票均呈升高趋势。声感觉投票升高表示主观感觉环境更为吵闹一些；舒适度投票升高则表示更为不舒适；烦躁感和疲劳度投票升高时也表示均主观感觉更为烦躁或疲劳。生理参数中心率随大气压力的下降呈上升趋势，血压变化不明显。依据人员综合主观投票，大气压力下降时人员的声舒适性略有下降；从生理角度，心率的增加与主观问卷变化是一致的。

张金程[229]对低气压环境中的光舒适感进行了研究，发现相同压力下，受试者在色温为 6400K 下的明亮程度感觉和紧张感最高；色温为 3300K 时，受试者的放松感最高，随着压力降低，放松感下降。无论何种色温工况，压力降低，受试者紧张程度增加，尤其在高色温高照度下，受试者的紧张程度比低色温高照度下高。空气压力降低，受试者的视力会增加，尤其是男生的视力变化很明显，女生受影响不大。

郭铁明[230]对低气压环境的人体综合舒适度进行了研究，提出了基于效用函数法的综合舒适度评价方法。首先对综合舒适度的多个评价指标进行无量纲化。评价指标的无量纲化分为两步：一是评价指标的定量化与统一化，采用了与热舒适投票[5]一致的尺度，即由 $-4\sim0$ 的 5 级分度指标，如表 13-14 所示；二是通过热环境、光环境和声环境舒适性的实验研究，得出了单一因素的无量纲函数。其次，采用网络征集评价值的方式，在层次分析法中引入"二元权重比较"建立判断矩阵的赋权方法，进行单一因素重要性比值的计算，得出了热环境、光环境、声环境的权值为 $[0.417, 0.267, 0.316]$[231]。最后，基于在室内环境中，任意单一环境的参数导致人体主观感受无法接受时，即使其他环境参数的主观反馈较好，但仍会使人体综合满意度达到下限值，选择了惩罚型代换合成构建综合舒适度的评价模型，如式（13-28）所示。

$$POCV = -4 + [\max(-4, y_1) + 4]^{0.417}[\max(-4, y_2) + 4]^{0.267}$$
$$[\max(-4, y_3) + 4]^{0.316}$$

(13-28)

式中 $POCV$——预测综合舒适度投票值，Predicted Overall Comfort Vote；

     y_1，y_2，y_3——分别为热环境、光环境、声环境单项指标的无量纲函数。

依次计算了不同环境不同参数下的综合舒适度，设定综合舒适度 POCV（Predicted Overall Comfort Vote）在 $[-0.5, 0]$ 之间为较高舒适 Ⅰ 级，在 $[-1.0, -0.5]$ 之间为较低舒适 Ⅱ 级，并绘制了 0.8MPa 下常用工况的线算图，具体结论参见文献 [231]。

热环境、光环境、声环境及综合评价指标值对应物理刺激舒适感　　表 13-14

$y_x,\ x=1,\ 2,\ 3$	0	-1	-2	-3	-4
热舒适感	舒适	稍不舒适	不舒适	很不舒适	不可忍受
光舒适感	适中	稍亮（暗）	亮（暗）	很亮（暗）	无法忍受亮（暗）
声舒适感	舒适	稍不舒适	不舒适	很不舒适	无法忍受（由噪声引起的烦躁感）
综合舒适感	舒适	稍不舒适	不舒适	很不舒适	不可忍受

13.4.2　老年人热舒适研究

对老年人热舒适的研究最早开始于率先进入老龄化的国家，如欧美和日本。研究方法有人工气候室研究和现场调研，得到了许多有意义的成果。近年来，随着全球老龄化进程的加剧，越来越多的研究者开始关注老年人的热舒适。研究范围主要包括：老年人热舒适与年轻人舒适温度的差异性、老年人对温度及气候变化的敏感性、热舒适指标 *PMV* 对老年人的适用性、老年人的热适应调节方式、老年人热适应模型以及老年人热满意影响因素研究。

13.4.2.1　老年人与年轻人舒适温度的差异性

在老年人的舒适温度与年轻人的舒适温度差异问题上，Rohles 和 Johnson[232]，Fanger[233,234,236] 和 Langkilde[235] 等的人工气候室研究结果表明老年人的舒适温度和偏好温度与年轻人无显著差异。Fanger[233] 指出，老年人与年轻人舒适温度无差异的原因是由于随着年龄的增长蒸发散热降低；Langkilde[235] 提出与年轻人相比，老年人的活动水平较低，因此需要更高的环境温度。Cena 等[237] 的现场研究发现，在考虑服装、代谢率和人体测量特征后，老年人的热舒适与年轻人无差异。Cena 等[237] 同样认为，由于老年人的平均活动水平较低，新陈代谢率较低，因此需要较高的环境温度来获得舒适。

另外一种观点则认为舒适温度存在年龄上的差异。1969 年，美国学者 Frederick 和 Rohles[238] 用问卷调查的方法对 64 名平均年龄 75 岁的老年受试者进行研究，并与对年轻人和中年人的测试进行对比分析，发现超过 40 岁的群体的舒适温度比 40 岁以下群体高 1ET，提出研究结果与 ASHRAE Standard 55—66 的规定不一致。此后，大量的学者，也发现了老年人舒适温度与年轻人舒适温度的差异，Tsuzuki 等[239,240]、Wong 等[241]、Schellen 等[242] 也发现老年人的舒适温度较年轻人高。Schellen 等[242] 在自然通风条件下对老年人和年轻人热感觉差异进行研究，认为老年人的热感觉只和空气温度有关，而年轻人的热感觉还与皮肤温度有关。发现这样的差异后，越来越多的学者开始对产生这种差异的原因进行研究，结果表明，影响老年人热感觉和热偏好的原因有[243]：（1）对冷热的感知和防御能力降低；（2）新陈代谢降低；（3）血管反应能力降低；（4）热调节能力降低；（5）肌肉体积减小和脂肪百分比增加；（6）肌肉能力降低导致活动能力降低；（7）较低的心血管功能导致较低的心输出量。

13.4.2.2　老年人对温度变化的敏感性

随着年龄的增长，人的温度敏感性降低，对环境温度变化的感知延缓；温差感知能力减弱，温度识别能力降低，适应低温和高温环境的能力降低，热感觉阈值增大。

Collins 等[244]对 17 名老年人和 13 名年轻人进行实验研究，发现老年人和年轻人的期望温度都为 22~23℃，但年轻人对温度的控制精度比老年人高，认为这是因为老年人对温度识别能力减弱，老年人对气候变化的适应能力减弱；Natsume 等[245]在微气候室条件下对 6 名男性老年人和 6 名成年男子的期望温度进行研究，得出老年人对温度的敏感性降低的结论；Yochihara 等[246]在人工气候室对 10 名男性老年人和 10 名男性大学生对比分析实验，结果表明在冷环境中，老年人不能像年轻人一样通过血管收缩来减少热损失；由中性温度环境进入冷温度环境中时，老年人的血压比年轻人升高的快，在热环境中，老年人不能像年轻人一样通过血管舒张散热，老年人对冷的感觉有延迟，他建议老年居住建筑中（包括停留时间较短的卫生间和走廊）需要有供冷和供热系统，以克服温度变化对老年人带来的不适感。Tsuzuki 等[240]对 109 名老年人和 100 名年轻人的人工气候室实验研究结果表明，相比年轻人，老年人在冷环境下的热敏感性降低，在热环境下的冷敏感性降低。Hwang 等[247]的研究结果发现老年人对温暖环境的敏感度高于寒冷环境。Stevens 和 Choo[248]测量了年轻人和老年人对升温和降温的阈值，他发现热敏感随着年龄的增长而下降，最严重的热敏感性降低发生在四肢，如脚趾和脚底。Guergova 和 Dufour[249]将老年人热敏感性降低的可能潜在机制归纳为三个方面：（1）表皮感觉神经纤维密度随着年龄的变化；（2）老年人血管网络的减少在某种程度上抑制了神经纤维的功能，从而影响了他们的热感觉；（3）周围神经系统的改变。

Jiao 等[250]对上海地区 672 名老年人的现场研究结果发现，老年人的敏感度在冬季和夏季都较低，冬季操作温度变化 6.3℃、夏季操作温度变化 3.9℃，老年人的热感觉会改变 0.5 个标度。Wang 等[251]以 18 名健康老年人为研究对象，采用人工气候室实验研究分析冷侧（26℃→23℃→26℃，26℃→21℃→26℃）和热侧（26℃→29℃→26℃，26℃→32℃→26℃）温度突变对老年人的热舒适状态和健康水平造成的影响。结果表明，老年人的热感觉对所有程度的温度突变都十分敏感，而他们的热舒适状态却只在突变温度大于 5℃时才发生显著改变。同时，冷侧的刺激可以显著地促进老年人的血压、呼吸率和血氧饱和度增加。老年人在经历冷侧温度突变后，需要多于 50min 的时间让其皮肤温度达到新的稳态。基于平均皮肤温度及其变化率，于航教授课题组提出了两个回归模型用于预测老年人在经历热侧和冷侧温度突变后的瞬态热感觉。

13.4.2.3 热舒适指标 *PMV* 对老年人的适用性

Fanger 用 128 名老年人对热舒适模型进行验证，没有发现年龄对热舒适有显著影响。Cena 等[252]在冬季美国和加拿大现场测试发现，老年人的实际热感觉比 *PMV* 预测值要高 0.5 个标度。Karyono 等[253]、Tsuzuki 等[254]在研究轻微活动老年人的舒适需求时发现老年人的实际热感觉比 *PMV* 计算值高。Schellen 等[255]在 17~25℃ 的微气候室实验中发现 *PMV* 模型能够预测老年人热感觉趋势，但实际热感觉比 *PMV* 低 0.5 个标度。

Jiao 等[250]对 672 位老年人的现场研究结果表明，在冬季，个体服装热阻和平均服装热阻情况下计算的预测热感觉投票 PMV_1 和 PMV_2 值均低估了老年人的实际热感觉投票 *TSV*，且随着操作温度的升高，*PMV* 和 *TSV* 之间的差值逐渐减小。在夏季，当操作温度小于 26.5℃ 时，预测热感觉值（PMV_1、PMV_2、PMV_{e1} 和 PMV_{e2}）都低估了实际热感觉值 *TSV*；当操作温度大于 26.5℃ 时，预测热感觉值（PMV_1、PMV_2、PMV_{e1} 和 PMV_{e2}）都高估了实际热感觉投票 TSV，且随着操作温度的升高，这些差值逐渐增大。魏琦等[256]对上海地区 13 家养老机构 368 位老人过渡季的现场调查研究结果表明，过渡季老年人热感觉中性温度为 26.1℃，略高于 *PMV* 预测值。

13.4.2.4 老年人热适应模型

热适应理论认为热感觉受人体热平衡物理过程以外的背景影响，如气候条件、社会状况、经济条件和其他背景因素。适应模型揭示了环境与使用者的关系，认为人不再是给定热环境的被动接受者，而是通过多重反馈循环与人—环境系统交互作用并逐渐适应的主动参与者。适应性热舒适理论和模型的代表性观点主要有修正的 *PMV* 模型和热适应理论和模型。

EN 15251 和 ASHRAE 的适应性模型被证明并不能准确预测老年人的中性温度。于航等从 2014 年 1 月到 2017 年 4 月，在上海养老机构进行了现场调研，获得春季、夏季、秋季和冬季 1040 组有效样本数据。Wang 等[257]对这些数据进行统计和分析，研究非人工冷热源环境下老年人的热感觉和热中性。基于 Griffiths 方法提出了一种适应性模型，随着室外温度在 3.8℃ 到 29.3℃ 范围内变化，老年人的中性温度从 12.4℃ 升高到 29.7℃。通过对比分析发现老年人对室内和室外热环境的热反馈与其他年龄段人群不同。

13.5 小 结

作为最大的发展中国家，中国正面临发展速度放缓、资源环境约束趋紧等现实问题，人民日益增长的美好生活需要和不平衡不充分发展之间的矛盾已成为社会主要矛盾。本章从热舒适的研究热点出发，在经典热舒适理论的基础上，对动态热舒适理论、热舒适的生理机制、特殊因素对热舒适的影响进行了介绍，总结了近年来国内外的研究回顾和最新进展。

（1）当前国内外研究者普遍认可利用气流改善室内热舒适和实现节能的积极作用，并在国内外的设计标准中放宽了对风速的限制；同时，对于极端环境（高温高湿）、运动状态（高代谢率）、服装热阻等因素对于热舒适的影响进行了研究，提出了相应的评价模型，完善了热舒适理论体系，扩宽热舒适理论的应用范围；

（2）由非人工受控环境下人员热舒适感受差异引出的动态热舒适理论体系逐步完善，研究者从自然风的动态特性及仿自然风生成、人体对于环境参数变化的热响应、居民对于中长期热暴露的热适应机理开展研究，为被动式建筑设计提供了理论依据；

（3）研究者通过开展医学、生物学的交叉研究，探索热舒适的生理机理，包括从动物实验和人体实验的生理参数指标的测试，探索与热舒适相关的代表性生理参数，如多巴胺代谢、皮温、代谢率、心率变异性等指标；

（4）针对高原、航空环境和适老建筑的需求，研究者开展了对低气压环境和老年人为对象的热舒适研究，包括低气压舱内人体热反应实验、现场调查以及老年人的热舒适实验，得到相应的评价指标。

以上热舒适的研究进展的成果总结，一方面积极回应了中国国情和现实需要，探求建筑环境领域若干重要问题背后的机制和原理；另一方面，有助于研究人员、设计人员基于我国独有的气候、建筑和人群优势，以及地域文化和发展形态多样化等特色，提出具有满足我国人群建筑环境需求的参数设计指标，从而实现提高室内环境舒适度和减少建筑能源消耗的有机平衡。受篇幅限制，本章仅就当前热舒适领域一些热点方向的研究进展作简要梳理，希望以此为这一阶段热舒适研究留存一份记录和档案，并为未来研究的发展提供可参照的基点和视角。

参 考 文 献

[1] Zhang H，Arens E，Fard A. ，Huizenga C，Paliaga G. ，Brager G，Zagreus L. Air movement preferences observed in office buildings[J]. International Journal of Biometeorology，2007，51(5)：349-360.

[2] Toftum，J. Air movement - good or bad? [J]. Indoor Air，2004，14(s7)：40-45.

[3] Hoyt T，Arens E，Zhang H. Extending air temperature setpoints：simulated energy savings and design considerations for new and retrofit buildings[J]. Building and Environment，2015，88：89-96.

[4] ANSI/ASHRAE/IES Standard 55-2010. Thermal environmental conditions for human occupancy[S].

[5] ANSI/ASHRAE/IES Standard 55-2013. Thermal environmental conditions for human occu-

pancy[S].

[6] ANSI/ASHRAE/IES Standard 55-2017, Thermal environmental conditions for human occupancy[S].

[7] Zhang Y, Liu Q, Meng Q. Airflow utilization in buildings in hot and humid areas of China [J]. Building and Environment, 2015, 87: 207-214.

[8] Zhai Y, Zhang H, Zhang Y, et al. Comfort under personally controlled air movement in warm and humid environments[J]. Building and Environment, 2013, 65: 109-117.

[9] Zhai Y, Zhang Y, Zhang H, et al. Human comfort and perceived air quality in warm and humid environments with ceiling fans[J]. Building and Environment, 2015, 90: 178-185.

[10] Gao Y, Zhang H, Arens E, et al. Ceiling fan air speeds around desks and office partitions [J]. Building and Environment, 2017, 124: 412-440.

[11] Chen W, Liu S, Gao Y, et al. Experimental and numerical investigations of indoor air movement distribution with an office ceiling fan[J]. Building and Environment, 2018, 130: 14-26.

[12] Liu S, Lipczynska A, Schiavon S, et al. Detailed experimental investigation of air speed field induced by ceiling fans[J]. Building and Environment, 2018, 142: 342-60.

[13] Wang H, Zhang H, Hu X, et al. Measurement of airflow pattern induced by ceiling fan with quad-view colour sequence particle streak velocimetry[J]. Building and Environment, 2019, 152: 122-134.

[14] 朱能, 赵靖. 高热害煤矿极端环境条件下人体耐受力研究[J]. 建筑热能通风空调, 2006, 25(5): 34-37.

[15] 王步标, 华明. 运动生理学[M]. 北京: 高等教育出版社, 2006.

[16] 邱一华, 彭聿平. 生理学(第 3 版)[M]. 北京: 科学出版社, 2013.

[17] 王玢, 左明雪. 人体及动物生理学(第 3 版)[M]. 北京: 高等教育出版社, 2009.

[18] 魏慧娇. 高温环境下热习服训练和工作效率的实验研究(硕士学位论文)[D]. 天津: 天津大学, 2010.

[19] 罗维. 基于危险规避的多种热湿环境下人体热习服效果评价研究(硕士学位论文)[D]. 天津: 天津大学, 2018.

[20] 朱颖心. 建筑环境学(第 4 版)[M]. 北京: 中国建筑工业出版社, 2016.

[21] Liang C, Zheng G, Zhu N, et al. A new environmental heat stress index for indoor hot and humid environments based on Cox regression[J]. Building and Environment, 2011, 46: 2472-2479.

[22] Unger J. Comparisons of urban and rural bioclimatological conditions in the case of a Central-European city[J]. International Journal of Biometeorology, 1999, 43(3): 139-144.

[23] GB/T 17244. 热环境根据 WBGT 指数(湿球黑球温度)对作业人员热负荷的评价[S].

[24] Moran DS, Shitzer A, Pandolf KB. A physiological strain index to evaluate heat stress[J]. American Journal of Physiology, 1998, 275(1): 129-134.

[25] 吕石磊. 极端热环境下人体热耐受力研究(博士学位论文)[D]. 天津: 天津大学, 2006.

[26] 李国建. 高温高湿低氧环境下人体热耐受性研究(博士学位论文)[D]. 天津：天津大学，2008.

[27] 郑国忠. 高温高湿环境下相关人群的生理应激响应研究(博士学位论文)[D]. 天津：天津大学，2013.

[28] Tikuisis P，Mclellan TM，Selkirk G. Perceptual versus physiological heat strain during exercise-heat stress[J]. Medicine & Science in Sports & Exercise，2002，34(9)：1454-1461.

[29] Chong D，Zhu N，Zheng G. Developing a continuous graphical index to assess heat strain in extremely hot environments[J]. Building and Environment，2018，138：283-292.

[30] 曾朴，朱能. 高温环境热习服训练中 PSI 与 PeSI 的研究[J]. 中国安全科学学报，2017，27(11)：1-5.

[31] Zheng G，Li K，Bu W，et al. Fuzzy comprehensive evaluation of human physiological state in indoor high temperature environments[J]. Building and Environment，2019，150：108-118.

[32] Luo M，Wang Z，Ke K，et al. Human metabolic rate and thermal comfort in buildings：the problem and challenge[J]. Building and Environment，2018，131：44-52.

[33] ISO 7730-2005. Ergonomics of the thermal environment-Analytical determination and interpretation of thermal comfort using calculation of the PMV and PPD indices and local thermal comfort criteria[S]. International Organization for Standardisation，Geneva.

[34] ISO 8996：2004. Ergonomics of the thermal environment - Determination of metabolic rate [S]. International Organization for Standardisation，Geneva. 2004.

[35] Passmore R，Durnin JVG. Energy，work and leisure[M]. London：Heinemann Educational Books，1967.

[36] Kenny G，Notley S，Gagnon D. Direct calorimetry：a brief historical review of its use in the study of human metabolism and thermoregulation[J]. European Journal of Applied Physiology，2017，117(9)：1765-1785.

[37] Ji W，Luo M，Cao B，et al. A new method to study human metabolic rate changes and thermal comfort in physical exercise by CO2 measurement in an airtight chamber[J]. Energy & Buildings，2018，177：402-412.

[38] Zhai Y，Li M，Gao S，et al. Indirect calorimetry on the metabolic rate of sitting，standing and walking office activities[J]. Building and Environment，2018，145：77-84.

[39] McNall P，Rohles F，Nevins R，et al. Thermal comfort (thermally neutral) conditions for three levels of activity[J]. ASHRAE transactions，1967，73(1)：1-3.

[40] Nielsen B，Oddershede I，Torp A，et al. Thermal comfort during continuous and intermittent work. In：Fanger PO，Valbjörn O (eds) Indoor climate. Copenhagen：Danish Building Research Institute. 1979：477-490.

[41] Gonzalez R. Exercise physiology and sensory responses[J]. Studies in environmental science，1981，10：123-144.

[42] Wang H，Hu S. Analysis on body heat losses and its effect on thermal sensation of people

under moderate activities[J]. Building and Environment，2018，142：180-187.

[43] Zhai Y，Elsworth C，Arens E，*et al*. Using air movement for comfort during moderate exercise[J]. Building and Environment，2015，94：344-352.

[44] Revel G，Arnesano M. Perception of the thermal environment in sports facilities through subjective approach[J]. Building and Environment，2014，77：12-19.

[45] Wang H，Sun L，Guan H，*et al*. Thermal environment investigation and analysis on thermal adaptation of workers in a rubber factory[J]. Energy & Buildings，2018，158：1625-1631.

[46] Gao S，Zhai Y，Yang L，*et al*. Preferred temperature with standing and treadmill workstations[J]. Building and Environment，2018，138：63-73.

[47] Goto T，Toftum J，de Dear R，*et al*. Thermal sensation and thermophysiological responses to metabolic step-change[J]. International Journal of Biometeorology，2006，50（5）：323-332.

[48] Zhai Y，Zhao S，Yang L，*et al*. Transient human thermophysiological and comfort responses indoors after simulated summer commutes［J］. Building and Environment，Accepted. 2019

[49] Fanger PO. Thermal comfort - Analysis and application in environment engineering[M]. Copenhagen：Danish Technology Press，1970.

[50] de Dear RJ，Brager GS. Developing an adaptive model of thermal comfort and preference [J]. ASHRAE Transactions，1998，104(1)：145-167.

[51] Chan K W H M A W T D. Adaptive comfort temperature model of air-conditioned building in Hong Kong[J]. Building and Environment，2003，38(6)：837-852.

[52] Bouden C，Ghrab N. An adaptive thermal comfort model for the Tunisian context：a field study results[J]. Energy & Buildings，2005，37(9)：952-963.

[53] Heidari S，Sharples S. A comparative analysis of short-term and long-term thermal comfort surveys in Iran[J]. Energy & Buildings，2002，34(6)：607-614.

[54] Hwang R，Chen C. Field study on behaviors and adaptation of elderly people and their thermal comfort requirements in residential environments［J］. Indoor Air，2010，20（3）：235-245.

[55] Hwang R，Lin T，Kuo N. Field experiments on thermal comfort in campus classrooms in Taiwan[J]. Energy & Buildings，2006，38(1)：53-62.

[56] 雷丹妮. 服装对人体热舒适影响的实验研究(硕士学位论文)[D]. 重庆：重庆大学，2012.

[57] 杨薇，张国强. 湖南某大学校园建筑环境热舒适调查研究[J]. 暖通空调，2006，36(9)：95-101.

[58] 金玲，孟庆林，赵立华，等. 粤东农村住宅室内热环境及热舒适现场研究[J]. 土木建筑与环境工程，2013，35(2)：105-112.

[59] 郭方棚，王俊，王海涛. 徽州民居过渡季节热舒适性研究[J]. 安徽建筑工业学院学报：自然科学版，2013，21(5)：105-108.

［60］　叶晓江，连之伟，文远高，等. 上海地区适应性热舒适研究［J］. 建筑热能通风空调，2007，26(5)：86-88.

［61］　王剑，王树刚. 哈尔滨某高校学生寝室热舒适性研究［J］. 暖通空调，2013，43(10)：96-99.

［62］　陈慧梅，张宇峰，王进勇，等. 我国湿热地区自然通风建筑夏季热舒适研究——以广州为例［J］. 暖通空调，2010，40(2)：96-101.

［63］　罗茂辉，李敏，曹彬，等. 北京冬季住宅供暖热舒适与经济性研究［J］. 暖通空调，2014，(2)：21-25.

［64］　曹彬，朱颖心，欧阳沁，等. 北京校园建筑夏冬两季室内热舒适性现场调查研究［J］. 暖通空调，2012，42(5)：84-89.

［65］　祝培生，郭飞，朱彤，等. 大连住宅冬季热环境及热适应现场调研［J］. 低温建筑技术，2013，35(9)：127-129.

［66］　江燕涛，杨昌智，李文菁，等. 非空调环境下性别与热舒适的关系［J］. 暖通空调，2006，36(5)：17-21.

［67］　葛翠玉，熊东旭，王珺. 潍坊地区农村住宅冬季室内热舒适调查［J］. 暖通空调，2013，43(10)：100-105.

［68］　屈万英，王兴龙，闫海燕等. 西安地区学生公寓过渡季热舒适性实地调查与分析［J］. 建筑科学，2013，29(4)：25-30.

［69］　李俊鸽，杨柳，刘加平. 夏热冬冷地区夏季住宅室内适应性热舒适调查研究［J］. 四川建筑科学研究，2008，34(4)：200-205.

［70］　陈慧梅，张宇峰，孟庆林. 我国湿热地区使用分体空调建筑的热舒适与热适应现场研究(2)：适应行为［J］. 暖通空调，2014，(1)：15-23.

［71］　夏一哉，赵荣义，江亿. 北京市住宅环境热舒适研究［J］. 暖通空调，1999，29(2)：1-5.

［72］　黄莉，朱颖心，欧阳沁，等. 北京地区农宅供暖季室内热舒适研究［J］. 暖通空调，2011，41(6)：83-85.

［73］　李燕立，林朔. 织物的吸湿排汗性及其评价方法［J］. 北京服装学院学报，1996，(1)：79-84.

［74］　傅吉全，陈天文，李秀艳. 织物热湿传递性能及服装热湿舒适性评价的研究进展［J］. 北京服装学院学报：自然科学版，2005，25(2)：66-72.

［75］　Havenith G，O. Nilsson H. Correction of clothing insulation for movement and wind effects，a meta-analysis［J］. European Journal of Applied Physiology，2004，92(6)：636-640.

［76］　李东平. 服装穿着层序与服装热阻之关系［J］. 纺织学报，1997，(6)：23-25.

［77］　马素想. 服装结构与宽松量对乒乓球服舒适性影响的研究(硕士学位论文)［D］. 北京：北京服装学院，2012.

［78］　李青. 服装面积因子及其热阻测评研究(硕士学位论文)［D］. 上海：东华大学，2011.

［79］　及二丽. 低温环境下多层服装热湿舒适性的研究(硕士学位论文)［D］. 上海：东华大学，2007.

［80］　Gaspar AO，Oliveira AVM，Quintela D. Thermal insulation measurements with a movable thermal manikin[A]. 13th International Conference on Environmental Ergonomics（ICEE 2009）[CD-ROM][C]. Wollongong，Australia：University of Wollongong，2009.

[81]　Oliveira A，Virgílio M，et al. Convective heat transfer from a nude body under calm conditions：assessment of the effects of walking with a thermal manikin[J]. International journal of biometeorology，2012，56(2)：319-332.

[82]　Thorshauge J. Air-velocity fluctuations in the occupied zone of ventilated spaces[J]. ASHRAE Transactions，1982，88(n pt 2)：753-764.

[83]　Hanzawa H，Melikow A K，Fanger P O. Airflow characteristics in the occupied zone of ventilated spaces[J]. ASHRAE Transactions，1987，93(1)：524-539.

[84]　Chow WK，Wong LT，Chan KT. Experimental studies on the air flow characteristics of air conditioned spaces[J]. ASHRAE Transactions，1994，100(1)：256-263.

[85]　巨永平. 房间气流紊动特性的研究(博士学位论文)[D]. 天津：天津大学，1996.

[86]　朱颖秋. 自然风与机械风的紊动特性研究(硕士学位论文)[D]. 北京：清华大学，2000.

[87]　谭刚. 自然通风建筑气流紊动特性研究(硕士学位论文)[D]. 北京：清华大学，2001.

[88]　Li H，Chen X，Ouyang Q，et al. Wavelet Analysis on Fluctuating Characterics of Airflow in Building Environments[A]. Proceedings of 10th International Conference on Indoor Air Quality and Climate[C]. Beijing：2005.

[89]　朱颖心，欧阳沁，戴威. 建筑环境气流紊动特性研究综述[J]. 清华大学学报，2004，44 (12)：1622-1625.

[90]　欧阳沁. 建筑环境中气流动态特征与影响因素研究(博士学位论文)[D]. 北京：清华大学，2005.

[91]　欧阳沁，戴威，朱颖心. 建筑环境中自然风与机械风的谱特征分析[J]. 清华大学学报(自然科学版)，2005，45(12)：1585-1588.

[92]　余常昭. 紊动射流[M]. 北京：高等教育出版社，1993.

[93]　戴威. 机械风气流动态特征研究(硕士学位论文)[D]. 北京：清华大学，2005.

[94]　Ouyang Q，Dai W，Li H，et al. Study on dynamic characteristics of natural and mechanical wind in built environment using spectral analysis[J]. Building and Environment，2006，41：418-426.

[95]　胡非. 湍流、间歇性与大气边界层[M]. 北京：科学出版社，1995.

[96]　Fanger PO，Melikov A，Hanzawa H，et al. Air turbulence and sensation of draught[J]. Energy and Buildings，1988，12(1)：21-39.

[97]　夏一哉. 气流脉动强度与频率对人体热感觉的影响研究(博士学位论文)[D]. 北京：清华大学，2000.

[98]　Kondjoyan A，Daudin JD. Heat and Mass Transfer Coefficients at the Surface of a Pork Hindquarter[J]. Journal of Food Engineering，1997，32(2)：225-240.

[99]　Fanger PO，Pedersen CJK. Discomfort due to air velocities in spaces[J]. Proceedings of Meeting of Commission B1，B2，E1 of Int. Instit. Refig，1977，4：289-296.

[100]　Barbara G，Christa K，Ulrike G. The signifcance of air velocity and turbulence intensity for

responses to horizontal drafts in a constant air temperature of 23℃[J]. International Journal of Industrial Ergonomics，2000，26(6)：639-649.

[101] 董静. 脉动温度与动态风综合作用下人体热反应及预测(硕士学位论文)[D]. 北京：清华大学，1994.

[102] 贾庆贤. 送风末端装置的动态化研究(博士学位论文)[D]. 北京：清华大学，2000.

[103] Oguchi K，Adachi H，Kusakabe T，et al. Digital system for 1/f fluctuation-speed control of a small-fan motor[J]. Proceedings of IEEE，1988，76(3)：299-300.

[104] 毛峡，朱刚. 1/f 波动数据的产生及其舒适感分析[J]. 北京航空航天大学学报，2002，28(3)：253-256.

[105] 周翔：动态热环境下人体热反应机理研究——气流湍流度的影响(硕士学位论文)[D]. 北京：清华大学，2005.

[106] Gagge AP，Stolwijk JAJ，Saltin B. Comfort and thermal sensations and associated physiological responses during exercise at various ambient temperatures[J]. Environmental Research，1967，2(3)：209-229.

[107] de Dear RJ，Ring JW，Fanger PO. Thermal Sensations Resulting From Sudden Ambient Temperature Changes[J]. Indoor Air，1993，3(3)：181-192.

[108] Zhao R. Investigation of transient thermal environments[J]. Building and Environment，2007，42(12)：3926-3932.

[109] Liu H，Yang D，Du X，et al. The response of human thermal perception and skin temperature to step-change transient thermal environments[J]. Building and Environment，2014，73：232-238.

[110] Xiong J，Lian Z，Zhou X，et al. Effects of temperature steps on human health and thermal comfort[J]. Building and Environment，2015，94(Suppl 1)：144-154.

[111] Brager GS，de Dear RJ，Thermal adaptation in the built environment：A literature review [J]. Energy & Buildings，1998，27(1)：83-96.

[112] 金振星. 不同气候区居民热适应行为及热舒适区研究(博士学位论文). [D]. 重庆：重庆大学，2011.

[113] Zhang Y，Zhang J，Chen H，et al. Effects of step changes of temperature and humidity on human responses of people in hot-humid area of China[J]. Building and Environment，2014，80(7)：174-183.

[114] Chen CP，Hwang RL，Chang SY，et al. Effects of temperature steps on human skin physiology and thermal sensation response[J]. Building and Environment，2011，46(11)：2387-2397.

[115] Nagano K，Takaki A，Hirakawa M，et al. Effects of ambient temperature steps on thermal comfort requirements[J]. International Journal of Biometeorology，2005，50(1)：33-39.

[116] Du，X，Li B，Yang D，et al. The response of human thermal sensation and its prediction to temperature step-change (cool-neutral-cool)[J]. Plos One，2014，9(8)：e104320.

[117] Dahlan ND, Gital YY. Thermal sensations and comfort investigations in transient conditions in tropical office[J]. Applied Ergonomics, 2016, 54(5): 169-176.

[118] Horikoshi T, Fukaya Y. Responses of human skin temperature and thermal sensation to step change of air temperature[J]. Journal of Thermal Biology, 1993, 18(5-6): 377-380.

[119] Liu Y, Wang L, Liu J, et al. A study of human skin and surface temperatures in stable and unstable thermal environments[J]. Journal of Thermal Biology, 2013, 38(7): 440-448.

[120] Yu Z, Yang B, Zhu N. Effect of thermal transient on human thermal comfort in temporarily occupied space in winter-A case study in Tianjin[J]. Building and Environment, 2015, 93(2): 27-33.

[121] 廖建科. 温度突变的动态环境下人体热舒适研究(硕士学位论文)[D]. 重庆：重庆大学，2013.

[122] Luo M, Ji W, Cao B, et al. Indoor climate and thermal physiological adaptation: Evidences from migrants with different cold indoor exposures[J]. Building and Environment, 2016, 98: 30-38.

[123] Arens E, Zhang H, Huizenga C. Partial- and whole-body thermal sensation and comfort—Part I: Uniform environmental conditions[J]. Journal of Thermal Biology, 2006, 31(1): 53-59.

[124] Yu Y, Yao R, Li B, et al. A method of evaluating the accuracy of human body thermoregulation models[J]. Building and Environment, 2015, 87: 1-9.

[125] Zhang Y, Zhao R. Relationship between thermal sensation and comfort in non-uniform and dynamic environments[J]. Building and Environment, 2009, 44(7): 1386-1391.

[126] Wu YC, Mahdavi A. Assessment of thermal comfort under transitional conditions[J]. Building and Environment, 2014, 76(6): 30-36.

[127] 杜晨秋，等. 温度突变下人体热响应随时间变化特性的实验研究[J]. 暖通空调，2019.

[128] Chun C, Kwok A, Tamura A. Thermal comfort in transitional spaces—basic concepts: literature review and trial measurement[J]. Building and Environment, 2004, 39(10): 1187-1192.

[129] ANSI/ASHRAE/IES Standard 161-2013. Air Quality within Commercial Aircraft[S].

[130] Pitts A, Saleh JB. Potential for energy saving in building transition spaces[J]. Energy & Buildings, 2007, 39(7): 815-822.

[131] Chun CY, Tamura A. Thermal comfort in urban transitional spaces[J]. Building and Environment, 2005, 40(5): 633-639.

[132] 张宇峰，陈慧梅，王进勇，等. 我国湿热地区人群基础热舒适反应研究(4)：分体空调建筑人群的实验结果[J]. 暖通空调，2014，44(4)：123-131.

[133] 陈慧梅. 湿热地区混合通风建筑环境人体热适应研究(硕士学位论文)[D]. 广州：华南理工大学，2010.

[134] 谭琳琳，戴自祝，刘颖. 空调环境对人体热感觉和神经行为功能的影响[J]. 中国卫生工

程学，2003，2(4)：193-195.

[135] 王昭俊，康诚祖，宁浩然，等. 严寒地区人体热适应性研究(3)：散热器供暖环境下热反应实验研究[J]. 暖通空调，2016，46(3)：79-83.

[136] Wang Z, Ji Y, Su X. Influence of outdoor and indoor microclimate on human thermal adaptation in winter in the severe cold area, China[J]. Building and Environment, 2018, 133: 91-102.

[137] Xiong J, Lian Z, Zhang H. Physiological response to typical temperature step-changes in winter of China[J]. Energy & Buildings, 2017, 138: 687-694.

[138] 何亚男. 冷辐射环境中人体生理与心理响应的实验研究(硕士学位论文)[D]. 哈尔滨：哈尔滨工业大学，2012.

[139] 侯娟. 不对称辐射热环境中人体热舒适的实验研究(硕士学位论文)[D]. 哈尔滨：哈尔滨工业大学，2013.

[140] 郑文茜. 夏热冬冷地区非供暖空调建筑人体热适应性研究(硕士学位论文)[D]. 重庆：重庆大学，2011.

[141] 林宇凡，杨柳，任艺梅，等. 中国南北人群在中性环境下的生理适应性和主观评价[J]. 土木建筑与环境工程，2016，38(5)：13-137.

[142] Zhang Y, Chen H, Wang J, et al. Thermal comfort of people in the hot and humid area of China-impacts of season, climate, and thermal history[J]. Indoor Air, 2016, 26(5): 820-830.

[143] Yang Y, Li B, Liu H, et al. A study of adaptive thermal comfort in a well-controlled climate chamber[J]. Applied Thermal Engineering, 2015, 76: 283-291.

[144] Yu J, Ouyang Q, Zhu Y, et al. A comparison of the thermal adaptability of people accustomed to air-conditioned environments and naturally ventilated environments[J]. Indoor Air, 2012, 22(2): 110-118.

[145] 张仲军. 夏热冬暖地区城乡建筑人群热适应研究(博士学位论文)[D]. 广州：华南理工大学，2018.

[146] 余娟. 不同室内热经历下人体生理热适应对热反应的影响研究(博士学位论文)[D]. 上海：东华大学，2012.

[147] Wang Z, Zhang L, Zhao J, et al. Thermal comfort for naturally ventilated residential buildings in Harbin[J]. Energy & Buildings, 2010, 42(12): 2406-2415.

[148] Wang Z, Li A, Ren J, et al. Thermal adaptation and expectation of thermal environment in heated university classrooms and offices[J]. Energy & Buildings, 2014, 77(7): 192-196.

[149] Wang Z. A field study of the thermal comfort in residential buildings in Harbin[J]. Building and Environment, 2006, 41(8): 1034-1039.

[150] 李百战，刘晶，姚润明. 重庆地区冬季教室热环境调查分析[J]. 暖通空调，2007，37(5)：115-117.

[151] Mui KWH, Chan WTD. Adaptive comfort temperature model of air-conditioned building in

Hong Kong[J]. Building and Environment，2003，38(6)：837-852.

[152] 曹彬. 气候与建筑环境对人体热适应性的影响研究(博士学位论文)[D]. 北京：清华大学，2012.

[153] Ning H，Wang Z，Zhang X，*et al*. Adaptive thermal comfort in university dormitories in the severe cold area of China[J]. Building and Environment，2016，99(4)：161-169.

[154] 曹彬，黄莉，欧阳沁，等. 基于实际建筑环境的人体热适应研究(1)--夏季空调与非空调公共建筑对比[J]. 暖通空调，2014(8)：74-79.

[155] Ning H，Wang Z，Ji Y. Thermal history and adaptation：Does a long-term indoor thermal exposure impact human thermal adaptability？[J]. Applied Energy，2016，183(23)：22-30.

[156] Wang Z，Ji Y，Ren J，Thermal adaptation in overheated residential buildings in severe cold area in China[J]. Energy & Buildings，2017，146(7)：322-332.

[157] 王昭俊，宁浩然，张雪香，等. 严寒地区人体热适应性研究(2)：宿舍热环境与热适应现场研究[J]. 暖通空调，2015，45(12)：57-62.

[158] Brager GS，de Dear RJ 著，陈慧梅，张宇峰，翟永超(译). 建筑环境热适应文献综述[J]. 暖通空调，2011，41(7)：35-50.

[159] Fanger PO，Toftum J. Extension of the PMV model to non-air-conditioned buildings in warm climates[J]. Energy & Buildings，2002，34(6)：533-536.

[160] Luo M，de Dear RJ，Ji W，*et al*. The dynamics of thermal comfort expectations：the problem，challenge and implication[J]. Building and Environment，2016，95：322-329.

[161] Luo M，Wang Z，Brager G，*et al*. Indoor climate experience，migration，and thermal comfort expectation in buildings[J]. Building and Environment，2018，141：262-272.

[162] Zhang Z，Zhang Y，Ling J. Thermal comfort of rural residents in a hot - humid area[J]. Building Research & Information，2017，45(1-2)：209-221.

[163] Zhou X，Ouyang Q，Zhu Y，*et al*. Experimental study of the influence of anticipated control on human thermal sensation and thermal comfort[J]. Indoor Air，2014，24(2)：171-177.

[164] Luo M，Cao B，Ji W，*et al*. The underlying linkage between personal control and thermal comfort：Psychological or physical effects？[J]. Energy & Buildings，2016，111：56-63.

[165] Cao B，Zhu Y，Li M，*et al*. Individual and district heating：A comparison of residential heating modes with an analysis of adaptive thermal comfort[J]. Energy & Buildings，2014，78(78)：17-24.

[166] Luo M，Cao B，Zhou X，*et al*. Can personal control influence human thermal comfort？A field study in residential buildings in China in winter[J]. Energy & Buildings，2014，72(2)：411-418.

[167] Liu W，Deng Q，Ma W，*et al*. Feedback from human adaptive behavior to neutral temperature in naturally ventilated buildings：Physical and psychological paths[J]. Building and Environment，2013，67(9)：240-249.

[168] 王昭俊，何亚男，侯娟，等. 冷辐射不均匀环境中人体热响应的心理学实验[J]. 哈尔滨工业大学学报，2013，45(6)：59-64.

[169] Wang Z，He Y，Hou J，et al. Human skin temperature and thermal responses in asymmetrical cold radiation environments[J]. Building and Environment，2013，67（9）：217-223.

[170] 王昭俊，侯娟，康诚祖，等. 不对称辐射热环境中人体热反应实验研究[J]. 暖通空调，2015，45(6)：59-63，58.

[171] 刘国丹，生晓燕，胡松涛，等. 无症状高原反应域低气压环境下人体心率变化的实验研究[J]. 人类工效学，2009，15(4)：30-34.

[172] 王美楠，王海英，胡松涛，等. 低气压环境下人体新陈代谢变化规律的实验研究[J]. 青岛理工大学学报，2014，35(5)：87-91.

[173] 胡松涛，辛岳芝，刘国丹，等. 高原低气压环境对人体热舒适性影响的研究初探[J]. 暖通空调，2009，39(7)：18-21.

[174] 杨柳. 建筑气候分析与设计策略研究（博士学位论文）[D]. 西安：西安建筑科技大学，2003.

[175] 茅艳. 人体热舒适气候适应性研究（博士学位论文）[D]. 西安：西安建筑科技大学，2007.

[176] 闫海燕. 基于地域气候的适应性热舒适研究（博士学位论文）[D]. 西安：西安建筑科技大学，2013.

[177] Wang Z，Ning H，Ji Y，et al. Human thermal physiological and psychological responses under different heating environments[J]. Journal of Thermal Biology，2015，52（8）：177-186.

[178] Yao Y，Lian Z，Liu W，et al. Experimental study on physiological responses and thermal comfort under various ambient temperatures[J]. Physiology & Behavior，2008，93(1)：310-321.

[179] Liu W，Lian Z，Liu Y. Heart rate variability at different thermal comfort levels[J]. European Journal of Applied Physiology，2008，103(3)：361-366.

[180] Cao B，Zhu Y，Ouyang Q，et al. Field study of human thermal comfort and thermal adaptability during the summer and winter in Beijing[J]. Energy & Buildings，2011，43(5)：1051-1056.

[181] Du C，Li B，Yong C，et al. Influence of human thermal adaptation and its development on human thermal responses to warm environments[J]. Building and Environment，2018，139：134-145.

[182] Luo M，Zhou X，Zhu Y，et al. Exploring the dynamic process of human thermal adaptation：A study in teaching building[J]. Energy & Buildings，2016，127：425-432.

[183] Yao R，Li B，Liu J. A theoretical adaptive model of thermal comfort-Adaptive Predicted Mean Vote (aPMV)[J]. Building and Environment，2009，44(10)：2089-2096.

[184] GB/T 50785，民用建筑室内热湿环境评价标准[S].

[185] Schweiker M，Wagner A. A framework for an adaptive thermal heat balance model

(ATHB)[J]. Building and Environment，2015，94：252-262.

[186] Liu J，Yao R，McCloy R. A method to weight three categories of adaptive thermal comfort [J]. Energy & Buildings，2012，47(4)：312-320.

[187] Jing S，Li B，Yao R. Exploring the "black box" of thermal adaptation using information entropy[J]. Building and Environment，2018，146：166-176.

[188] ASHRAE. ASHRAE Handbook：Fundamentals，Atlanta：American Society of Heating，Refrigerating and Air-Conditioning Engineers[S]，Inc，1993.

[189] 叶晓江. 人体热舒适机理及应用研究(博士学位论文)[D]. 上海：上海交通大学，2005.

[190] 孙碧英，董丽，叶晓江，等. 热舒适的生理机制[J]. 上海第二医科大学学报，2005，25(10)：1041-1044.

[191] 施新猷. 医用实验动物学[M]. 西安：陕西科学技术出版社，1989.

[192] Faun JE，Crocker AD. The effect of selective dopamine receptor agonists and antagonist on body temperature in rats[J]. European Journal of Pharmacology，1987，133(3)：243-247.

[193] Salmi P，Jimenez P，Ahlenius S. Evidence for specific involvement of dopamine D1 and D2 receptor in the regulation of body temperature in the rat[J]. European Journal of Pharmacology，1993，236(3)：395-400.

[194] McIntyre DA. Indoor Climate[M]. London：Applied Science Publishers LTD，1980.

[195] 范少光，汤浩，潘伟丰. 人体生理学[M]. 北京：北京医科大学出版社，2000.

[196] 杨军良，高仁果. 对心率变异性的再认识[J]. 国外医学-麻醉学与复苏分册，1996，17(2)：74-77.

[197] Oseland NA. Thermal comfort in naturally ventilated versus air-conditioned offices[J]. In S. Yoshizawa，K. Kimura，K. Ikeda，S. Tanabe，& T. Iwata (Eds.)，Indoor Air'96：The 7th International Conference on Indoor Air Quality and Climate. Indoor Air'96/Institute for Public Health，Tokyo. 1996，1：215-220.

[198] Schiller GE. A comparison of measured and predicted comfort in office buildings[J]. ASHRAE Transactions，1990，96(1)：609-622.

[199] de Dear RJ，Auliciems A. Validation of the predicted mean vote model of thermal comfort in six Australian field studies[J]. ASHRAE Transactions，1985，91(2)：452-468.

[200] 田元媛，许为全. 湿环境下人体热反应的实验研究[J]. 暖通空调，2003，33(4)：27-30.

[201] 许景峰. 浅谈 PMV 方程的适用范围[J]. 重庆建筑大学学报，2005，27(3)：13-18.

[202] 徐小林. 重庆夏季室内热环境对人体生理指标及热舒适的影响研究(硕士学位论文)[D]. 重庆：重庆大学，2005

[203] 李百战，彭绪亚，姚润明. 改善重庆住宅热环境质量的研究[J]. 建筑热能通风空调，1999，(3)：6-8.

[204] 王怡，刘加平. 西安住宅环境现状调查及空调设备使用情况分析[J]. 暖通空调，2005，12(35)：44-46。

[205] 李念平，潘尤贵，吉野博. 长沙市住宅室内热湿环境的测试与分析研究[J]. 建筑热能通风空调，2004，1(23)：94-98.

[206] 王昭俊. 严寒地区居室热环境与热舒适性研究(博士学位论文)[D]. 哈尔滨：哈尔滨工业大学，2002.

[207] Kandjov IM. Heat and mass exchange process between the surface of the human body and ambient air at various altitude[J]. International Journal of Biometeorology，1999，43(1)：38-44.

[208] 胡松涛，朱春，王东，等. 低压条件下电加热器换热性能测试分析[J]. 暖通空调，2006，36(3)：22-23，21.

[209] 刘国丹. 无症状高原反应域低气压环境下人体热舒适研究(博士学位论文)[D]. 西安：西安建筑科技大学，2008.

[210] 王海英. 中等活动水平及低气压下人体热舒适性研究(硕士学位论文)[D]. 西安：西安建筑科技大学，2012.

[211] Cui W，Wang H，Wu T，et al. The influence of a low air pressure environment on human metabolic rate during short-term (<2h) exposures[J]. Indoor air，2016，27(2)：282-290.

[212] 陈信，袁修干. 人-机-环境系统工程生理学基础[M]. 北京：北京航空航天大学出版社，2000.

[213] ASHRAE. ASHRAE Handbook：Fundamentals，Atlanta：American Society of Heating，Refrigerating and Air-Conditioning Engineers[s]，Inc，2005.

[214] 章熙民等. 传热学[M]. 北京：中国建筑工业出版社，1993.

[215] Nishi Y，Gagge AP. Direct evaluation of convective heat transfer coefficient by napthalene sublimation[J]. Journal of applied physiology，1970，29(6)：830-838.

[216] de Dear RJ，Arens E，Zhang H，et al. Convective and radiative heat transfer coefficients for individual human body segments[J]. International Journal of Biometeorology，1997，40(3)：141-156.

[217] Rohles FH，Nevins RG. The nature of thermal comfort for sedentary man[J]. ASHRAE Transaction，1971，77(1)：239-246.

[218] Gagge AP，Fobelets AP. A standard predictive index of human response to the thermal environment[J]. ASHRAE Transaction，1986，92(2)：709-731.

[219] McCullough EA，Jones BW. A comprehensive data base for estimating clothing insulation，IER Technical Report 84-01，Insititute for Environment Research，Kansas State University，Manhattan，KS.

[220] 肖卫. 低气压环境中人体代谢效应及其与热感觉的关系研究(硕士学位论文)[D]. 青岛：青岛理工大学，2014.

[221] Wang H，Hu S，Liu G，et al. Experimental study of human thermal sensation under hypobaric conditions in winter clothes[J]. Energy & Buildings，2010，42：2044-2048.

[222] 辛岳芝. 高原中海拔地区低气压环境下人体热舒适初步研究(硕士学位论文)[D]. 青岛：青岛理工大学，2008.

[223] 王海英，王美楠，胡松涛，等. 低气压环境下标准有效温度与舒适区的计算[J]. 暖通空调，2014，44(10)：22-25.

［224］ Cui W，Wu T，Ouyang Q，*et al*. Passenger thermal comfort and behavior：A field investigation in commercial aircraft cabins［J］. Indoor Air，2016，27(1)：94-103.

［225］ 尹英娟. 民航客舱环境舒适性的实测与分析研究(硕士学位论文)［D］. 青岛：青岛理工大学，2016.

［226］ 慕缘鹏. 低气压下噪声环境对人体舒适感影响机理的研究(硕士学位论文)［D］. 青岛：青岛理工大学，2015.

［227］ Hu S，Mu Y，Liu G，*et al*. Research on effecting mechanism of environmental parameters on human ear［J］. Building and Environment，2017，118：289-299.

［228］ 李亮. 低气压下声环境对人体舒适度影响的探究(硕士学位论文)［D］. 青岛：青岛理工大学，2014.

［229］ 张金程. 低气压下光环境对人体舒适感影响的研究(硕士学位论文)［D］. 青岛：青岛理工大学，2014.

［230］ Guo T，Hu S，Liu G. Evaluation Model of Specific Indoor Environment Overall Comfort Based on Effective-Function Method［J］. Energies，2017，10(10)：1634.

［231］ 郭铁明. 室内人体综合舒适度及评价模型研究(硕士学位论文)［D］. 青岛：青岛理工大学，2018.

［232］ Rohles FH，Johnson MA. Thermal comfort in the elderly［J］. ASHRAE Transactions，1972，78：131-137.

［233］ Fanger PO. Thermal comfort［M］. New York：McGraw-Hill，1970.

［234］ Fanger PO. Interindividural differences in ambient temperatures preferred by seated persons［J］. ASHRAE Transactions，1975，81(2)：140-147.

［235］ Langkilde G. Thermal comfort for people of high age［J］. In：Durand J，Raynaud J (eds) Thermal comfort. INSERM，Paris，1979：187-193.

［236］ Fanger PO. The influence of certain special factors on the application of the comfort equation［J］. Thermal comfort，1970：68-106. K. Cena，J. R. Spotila，E. B. Ryan Effect of behavioral strategies and activity on thermal comfort of the elderly［J］. ASHRAE Transactions，1998，94(pt 1)：311-460.

［237］ Cena KM，Spotila JR，Ryan EB. Effect of behavioral strategies and activity on thermal comfort of the elderly［A］. Drexel Univ. ，Philadelphia，PA (USA). Dept. of Bioscience and Biotechnology，1988.

［238］ Frederick H. Rohles JR. Preference for the Thermal Environment by the Elderly［J］. Human Factors：The Journal of the Human Factors and Ergonomics Society，1969，11(11)：37-41.

［239］ Tsuzuki K，Ohfuku T，Mizuno K，*et al*. Thermal comfort and thermoregulation for elderly Japanese people in summer［J］. Proceedings of the 7th REHVA World Congress － Clima 2000'0 1，C，2000，16：2000-2001.

［240］ Tsuzuki K，Ohfuku T. Thermal sensation and thermoregulation in elderly compared to young people in Japanese winter season［J］. Proceedings of indoor air，2002，2：659-664.

[241] Wong LT, Fong KNK, Mui KW, *et al*. A field survey of the expected desirable thermal environment for older people[J]. Indoor and built environment, 2009, 18(4): 336-345.

[242] Schellen L, van Marken Lichtenbelt WD, Loomans M, *et al*. Differences between young adults and elderly in thermal comfort, productivity, and thermal physiology in response to a moderate temperature drift and a steady - state condition[J]. Indoor air, 2010, 20(4): 273-283.

[243] Van Hoof J, Schellen L, Soebarto V, *et al*. Ten questions concerning thermal comfort and ageing[J]. Building and Environment, 2017, 120: 123-133.

[244] Collins KJ, Exton-Smith AN, Dore C. Urban hypothermia: preferred temperature and thermal perception in old age[J]. Br Med J (Clin Res Ed), 1981, 282(6259): 175-177.

[245] Natsume K, Ogawa T, Sugenoya J, *et al*. Preferred ambient temperature for old and young men in summer and winter[J]. International journal of biometeorology, 1992, 36 (1): 1-4.

[246] Yochihara Y, Ohnaka T, Nagai Y, *et al*. Physiological responses and thermal sensations of the elderly in cold and hot environments[J]. Journal of Thermal Biology, 1993, 18(5-6): 355-361.

[247] Hwang RL, Chen CP. Field study on behaviors and adaptation of elderly people and their thermal comfort requirements in residential environments[J]. Indoor air, 2010, 20(3): 235-245.

[248] Stevens JC. CHOO KK. Temperature sensitivity of the body surface over the life span[J]. Somatosensory & motor research, 1998, 15(1): 13-28.

[249] Guergova S, Dufour A. Thermal sensitivity in the elderly: a review[J]. Ageing research reviews, 2011, 10(1): 80-92.

[250] Jiao Y, Yu H, Wang T, *et al*. Thermal comfort and adaptation of the elderly in free-running environments in Shanghai [J], China. Building and Environment, 2017, 118: 259-272.

[251] Wang Z, Yu H, Jiao Y, *et al*. Chinese older people's subjective and physiological responses to moderate cold and warm temperature steps[J]. Building and Environment, 2019, 149: 526-536.

[252] Cena K, Spotila J R, Avery H W. Thermal comfort of the elderly is affected by clothing, activity and psychological adjustment[J]. Transactions of the American Society of Heating, Refrigerating, and Air-conditioning Engineers (ASHRAE), 1986, 96(2a): 329-342.

[253] Karyono TH. Report on thermal comfort and building energy studies in Jakarta—Indonesia [J]. Building and environment, 2000, 35(1): 77-90.

[254] Tsuzuki K, Iwata T. Thermal comfort and thermoregulation for elderly people taking light exercise[J]. Proceedings of indoor air, 2002, 2: 647-652.

[255] Schellen L, van Marken Lichtenbelt W, Loomans M, *et al*. Thermal comfort, physiological responses and performance of elderly during exposure to a moderate temperature drift

〔J〕，Proceedings of the 9th international conference and exhibition healthy buildings，2009：13-17.

[256]　魏琦，于航，焦瑜，等. 上海地区过渡季老年人热感觉及热适应行为研究〔J〕. 建筑热能通风空调，2018，37(3)：37-43.

[257]　Wang Z，Yu H，Jiao Y，*et al*. A field study of thermal sensation and neutrality in free-running aged-care homes in Shanghai〔J〕. Energy & Buildings，2018，158：1523-1532.

第 14 章 健康建筑的发展、标准及评价

健康建筑是"以人为本"理念在建筑领域的集中体现，是改善民生、促进行业发展、助力"健康中国"战略引领下的多项政策落地的重要载体，是建筑业高质量发展的必然趋势。为了帮助读者系统地了解健康建筑的知识，本章将从健康建筑的发展历程、标准解读、标识评价以及行业推进四个方面详细展开。

14.1 健康建筑发展回顾

2017 年 1 月，中国建筑学会标准《健康建筑评价标准》T/ASC 02—2016（以下简称《标准》）发布实施，这是我国首部以"健康建筑"理念为基础研发的评价标准。2019 年 3 月，为进一步规范并指导健康建筑的建设，经住建部批注，《标准》升级为行业标准并批准发布，标准号为 JGJ/T 460。《标准》的落地实施以及地位升级，标志着我国建筑行业向崭新领域的又一步跨越。

14.1.1 发展背景

健康建筑始于人们对居住健康的重视和关注。习近平总书记在中国共产党第十九次全国代表大会上的报告指出"我国社会主要矛盾已经转化为人民日益增长的美好生活需要和不平衡不充分的发展之间的矛盾"，可见随着经济水平发展，人们越来越注重生活质量和向往美好的生活，而由建筑室内空气污染、建筑环境舒适度差、适老性差、交流与运动场地不足等等带来的不健康因素日益凸显，雾霾天气、饮用水安全、食品安全等等一系列问题，严重影响了人们的生活，甚至威胁健康安全。

健康建筑是绿色建筑的深层次发展。我国近十年在绿色建筑领域的发展成效显著，绿色建筑政策有力、绿色建筑数量和面积逐年上升，标准体系日益完善，特别是江苏省、浙江省和贵州省等地通过立法的方式强制绿色建筑的发展，绿色建筑由推荐性、引领性、示范性在向强制性方向转变。绿色建筑实现的是在建筑全寿命期内最大限度地节约资源（节能、节地、节水、节材）、保护环境、减少污染，为人们提供健康、适用和高效的使用空间，与自然和谐共生。然而，绿色建筑侧重建筑与环境之间的关系，对健康方面的要求并不全面。因此，为实现绿色建筑为人们提供健康使用空间这一目的，有必要在健康方面有更深层次的发展。

健康建筑是积极响应"健康中国"战略的方式之一。中共中央、国务院于 2016 年 10 月 25 日印发了《"健康中国 2030"规划纲要》，明确提出推进健康中国建设，十九大报告中再次果断而响亮地提出了"实施健康中国战略"的号召。在城镇化建设相关领域，全国爱国卫生运动委员会《关于开展健康城市健康村镇建设的指导意见》（爱卫发〔2016〕5 号）提出建设健康城市和健康村镇是推进以人为核心的新型城镇化的重要目标，是推进健康中国建设、全面建成小康社会的重要内容，并确定了全国 38 个健康城市建设首批试点城市；住房和城乡建设部《建筑节能与绿色建筑发展"十三五"规划》提出了坚持以人为本，满足人民群众对建筑健康性不断提高的要求；科技部等六部委《"十三五"卫生与健康科技创新专项规划》提出引领健康产业发展迫切需要加强科技创新，并提出加强健康危险因素、科学健身、环境与健康等研究方向。由此可见，健康建筑是城镇化建设领域响应健康中国建设的重要构成单元。

14.1.2　标准编制概况

为贯彻健康中国战略部署，推进健康中国建设，提高人民健康水平，营造健康的建筑环境和推行健康的生活方式，实现建筑健康性能提升，规范健康建筑的评价，同时为实现"健康中国 2030"发展目标贡献积极力量，由中国建筑科学研究院有限公司、中国城市科学研究会（以下简称"城科会"）、中国建筑设计研究院有限公司会同有关单位开展了中国建筑学会标准《健康建筑评价标准》（以下简称《标准》）的研究编制工作。

前期，《标准》编制组开展了广泛的调查研究工作。主要包括：国内外建筑标准中的健康性能对比分析，包括美国 WELL 建筑标准，国内外绿色建筑评价类标准，国内外声、光、热、食品、水质等建筑设计和卫生相关标准，国内协会标准《健康住宅建设技术规程》CECS 179—2009 等；选取了典型的 15 项公共建筑和 7 项居住建筑项目进行研究分析，开展了包括建设方案、实地考察、性能对比等工作。上述工作为《标准》编制提供了重要技术依据。

《标准》编制过程中，按照评价指标体系对编制专家进行了分组，成立了专题工作小组，开展专题研究和条文编写工作。《标准》编制工作共召开了编制组工作会议 9 次，另有专题小组会若干次，对标准具体内容进行了反复地讨论、协调和修改。同时广泛征求了全国不同单位、不同领域专家的意见。在《标准》编制期间，编制组还选取了 11 栋典型建筑进行了试评价，所选试评项目兼顾不同气候区、不同建筑类型，以及时发现条文在适用范围、评价方法、技术要求难度等方面存在的问题；合理确定了各星级健康建筑得分要求和评价指标权重，对增强《标准》的科学性、适用性和可操作性起到了重要作用。《标准》经审查定稿后，由中国建筑学会于 2017 年 1 月 6 日发布并实施。

为进一步规范并指导健康建筑的建设，经住建部批准，国家工程建设行业标准《健康建筑评价标准》的编制工作于 2017 年 1 月 19 日正式启动。行业《标准》融合最新研究、实践成果，引入"声景"等创新性理念，补充了生物污染控制、妇幼呵护设施设计，调整 PM2.5 浓度限值等，进一步提升了评价体系的系统性、创新性和科学性。

14.2　《健康建筑评价标准》解读

14.2.1　总述

健康，不仅是我国现阶段社会发展所面临的重大问题，也是世界性的话题。早在联合国世界卫生组织（WHO）成立时，就在其章程中开宗明义地指出"健康是身体、精神和社会适应上的完美状态，而不仅是没有疾病或是身体不虚弱。"1978年 9 月《阿拉木图宣言》中也指出"大会兹坚定重申健康不仅是疾病与体虚的匿迹，而是身心健康社会幸福的总体状态。"1989 年，WHO 深化了健康的概念，认为健康应包括躯体健康、心理健康、社会适应良好和道德健康。影响健康的因素是多方面的，健康是相互作用的动态多维度结构。目前，健康已发展到包括躯体、情绪、理智、社会、心灵、职业、环境等多个维度，并且随着人们认识的深化，可能还会扩展。根据上述对健康的定义和要求可知，健康建筑需要考虑的健康性能应涵盖生理、心理、社会三方面所需的要素。同时，在指标设定方面不仅限于建筑工程领域内学科的要求，还包含了病理毒理学、流行病学、心理学、营养学、人文与社会科学、体育学等多种学科领域的要求，这也是《标准》编制遵循的最基本原则[1]。

《标准》适用于民用建筑健康性能的评价，从空气、水、舒适、健身、人文、服务等六个方面、23 个小节、102 项条文全面规定了健康建筑的健康性能。《标准》对较为重要且民众关注度较高的 PM2.5、甲醛等空气质量指标、饮用水等水质指标、环境噪声限值等舒适指标、健身场地面积等健身设施指标、无障碍电梯设置等人文指标、食品标识要求等服务指标等均进行了要求或引导。同时，考虑了设计和运行两个阶段的建筑健康性能评价，根据不同建筑类型（公共建筑和居住建筑）的特点分别设置了评价指标权重，并根据总得分划分了健康建筑的健康性能等级。《标准》章节及指标体系如图 14-1 所示。

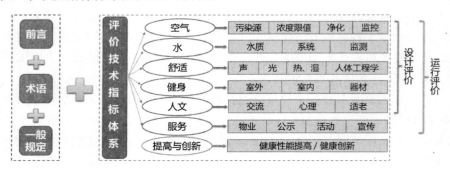

图 14-1　《健康建筑评价标准》章节及指标体系

《标准》为保证建筑的健康性能，对参评建筑提出了基本要求，即全装修和满足绿色建筑要求。健康建筑是绿色建筑更高层次的深化和发展，即保证"绿色"的同时更加注重使用者的身心健康；健康建筑的实现不应以高消耗、高污染为代价。因此，《标准》规定申请评价的项目应满足绿色建筑的要求，即：获得绿色建筑星级认证标识，或通过绿色建筑施工图审查。

《标准》将健康建筑评价分为设计评价和运行评价，其中设计评价应在施工图审查完成之后进行，运行评价应在建筑通过竣工验收并投入使用一年后进行。设计评价指标体系由空气、水、舒适、健身、人文五类指标组成；运行评价指标体系由空气、水、舒适、健身、人文、服务六类指标组成。每类指标均包括控制项和评分项，每类指标的权重情况见表14-1，评分及等级划分方法见图14-2。

健康建筑各类评价指标的权重 表 14-1

评价对象	评价内容	空气 w_1	水 w_2	舒适 w_3	健身 w_4	人文 w_5	服务 w_6
设计评价	居住建筑	0.23	0.21	0.26	0.13	0.17	—
	公共建筑	0.27	0.19	0.24	0.12	0.18	—
运行评价	居住建筑	0.20	0.18	0.24	0.11	0.15	0.12
	公共建筑	0.24	0.16	0.22	0.10	0.16	0.12

注：1. 表中"—"表示服务指标不参与设计评价。
　　2. 对于同时具有居住和公共功能的单体建筑，各类评价指标权重取为居住建筑和公共建筑所对应权重的平均值。

14.2.2 空气

建筑室内空气环境是建筑环境的重要组成部分，包括室内热湿环境和室内空气质量两大部分。现代人约有87%的时间在建筑室内环境中度过。据统计，我国死亡率最高的10种疾病中7种和空气污染相关，可见室内空气质量对人的健康具有非常重要的影响[2]。

《标准》第4章"空气"章节分为两部分：第4.1节为"控制项"，包括4条控制项条文；第4.2节为"评分项"，包括11条评分项条文。此外，对应

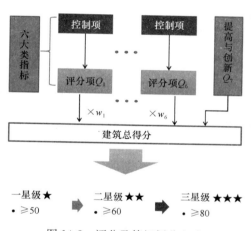

图 14-2 评分及等级划分方式

《标准》第4.1.1、4.2.6条，《标准》第10章"提高与创新"还设有对应的加分项条文（第10.2.1，10.2.2条），对室内空气质量提出了更高层次的要求。从指标的单项权重来看，对于居住建筑，"空气"章节的评分权重在所有指标中位列第二；对于公共建筑来说，"空气"章节的评分权重在所有指标中位列第一。根据其所涉及的评价内容，《标准》"空气"章节的内容主要可划分为污染源、浓度限值、净化、监控等四部分，其技术指标及评分值如表14-2所示。

"空气"技术指标内容及其分值设定　　　　表14-2

条文类型		条文号	技术指标关键词	分值设定
4.1　控制项		4.1.1	室内空气质量及预评估	必须达标
		4.1.2	颗粒物	必须达标
		4.1.3	装饰装修材料	必须达标
		4.1.4	家具类产品	必须达标
4.2　评分项	I 污染源（50%）	4.2.1	特殊散发源空间	10分
		4.2.2	厨房	8分
		4.2.3	外窗及幕墙	7分
		4.2.4	装饰装修材料	15分
		4.2.5	家具和室内陈设品	10分
	II 浓度限值（15%）	4.2.6	颗粒物	10分
		4.2.7	其他气态污染	5分
	III 净化（15%）	4.2.8	净化	15分
	IV 监控（20%）	4.2.9	室内空气质量	10分
		4.2.10	地下车库	5分
		4.2.11	空气质量主观满意率	5分

14.2.3　水

水是生命之源，是人类赖以生存的最基本的物质之一。水是人体维持正常生理活动的必要因素。机体从外界环境中摄取的各种营养成分通过血液等液体输送到机体的各个部分，同时溶解于水中的各种代谢废物通过排泄器官排出体外。水能贮存和吸收大量的热能，在调节体温过程中发挥重要作用。饮水是人体的生理需要，机体每天摄入和排出的水量处于动态平衡状态。一般情况下，成人每天摄入和排出的水各2～3L。正常成人体内水分含量约占体重的65%，儿童体内的水分则可达体重的80%。正常人如果2～3d不喝水或失水量达机体总水量20%～30%时将危及生命[3]。

除满足人体生理需要外，提供充足的饮用水也是保持生活环境及良好的个人卫生的必要条件。供水时应充分考虑生活中的各项用水量，保证每人每天20～50L无有害化学和微生物污染的饮用水和卫生用水。高品质用水、健康用水、安全用水、高效排水、无害排水与健康建筑追求的健康环境、健康性能息息相关。

《标准》"水"章节的指标权重仅次于"空气"章节。"水"指标包含控制项和得分项两部分。《标准》"水"指标的设置框架及评分值如表14-3所示。

"水"指标内容及其分值设定　　表 14-3

条文类型		条文号	技术指标关键词	分值设定
5.1 控制项		5.1.1	生活饮用水及直饮水水质	必须满足
		5.1.2	其他用水水质	必须满足
		5.1.3	储水设施清洁维护	必须满足
		5.1.4	防止结露及漏损	必须满足
5.2 评分项	Ⅰ 水质（35%）	5.2.1	直饮水系统选择及维护	7 分
		5.2.2	生活饮用水水质优化	10 分
		5.2.3	集中生活热水系统水温及水质维持	8 分
		5.2.4	给水管材选择	10 分
	Ⅱ 系统（45%）	5.2.5	管道及设备标识	10 分
		5.2.6	分水器配水	7 分
		5.2.7	淋浴恒温控制	5 分
		5.2.8	卫生间同层排水	8 分
		5.2.9	厨卫分流排水	5 分
		5.2.10	水封设置	10 分
	Ⅲ 监测（20%）	5.2.11	水质送检	9 分
		5.2.12	水质在线监测	11 分

14.2.4 舒适

声音由物体振动产生，在弹性介质中传播至人的听觉器官，人对不同类型的声音产生不同的反映。对于悦耳的音乐，人听着感觉愉悦、身心可以得到放松，有利于健康；而对于噪声，不仅会让人感到烦躁，甚至会损坏听力系统，引发心脏疾病，严重危害人的身心健康。现代社会噪音已成为最严重的污染之一，建筑作为人们工作生活最重要的场所，其声环境的营造具有至关重要的作用[4]。

人所感知到的光，是人的视觉系统特有的知觉或感觉的基本属性，会对人视觉系统、非视觉系统、心理的健康起到重要的影响。光健康包括光对人体的短期作用效应和长期慢性作用效应。短期作用效应指 8h 内的光辐射所产生的影响，即光化学损伤和热损伤。长期慢性作用，包括闪烁、眩光及非视觉的生理节律影响等。

随着社会生产力的飞速发展和人民生活水平的提高，人们对室内热环境的要求也越来越高，具备舒适性、满足心理健康和生理健康的室内热环境才是人们的理想追求。

人体工程学（Ergonomics）是 20 世纪 40 年代后期发展起来的一门新学科。国际人类工效学学会（IEA）将其定义为："研究人在某种工作环境中的解剖学、生理学和心理学等方面的各种因素；研究人和机器及环境的相互作用；研究人在工作中、家庭生活中和休假时怎样统一考虑工作效率、人的健康、安全和舒适等问题的学科"。自从工业革命以来，健康、安全、舒适的居住、工作条件，已成为人们共同关注的话题。人体工程学顺应时代需求，以人为主体，结合先进的人体计测、心理学计测、生理学测量等手段，使"人—物—环境"紧密地联系在一个系统中，让人们能更主动地、高效能地支配生活环境。

因此，声环境、光环境、热湿环境以及室内的人体工程学设计，对人的健康舒适具有重要的作用。《标准》第6章"舒适"分为两部分：第6.1节为"控制项"，包括5条控制项条文；第6.2节为"评分项"，包括16条评分项条文，内容上包含了声环境、光环境、热湿环境和人体工程学等四部分。

评价指标分为"控制项"和"评分项"，设置框架及评分值如表14-4所示。

"舒适"技术指标内容及其分值设定　　　　　　　　　　表14-4

条文类型		条文号	技术指标关键词	分值设定
6.1 控制项		6.1.1	室内噪声	必须达标
		6.1.2	隔声性能	必须达标
		6.1.3	天然光	必须达标
		6.1.4	人工照明	必须达标
		6.1.5	围护结构节能	必须达标
6.2 评分项	Ⅰ声环境（30%）	6.2.1	场地环境噪声	4分
		6.2.2	室内噪声	9分
		6.2.3	隔声性能	9分
		6.2.4	混响和清晰度	4分
		6.2.5	设备隔振降噪	4分
	Ⅱ光环境（30%）	6.2.6	天然光利用	10分
		6.2.7	照明控制	10分
		6.2.8	生理照明	5分
		6.2.9	室外照明	5分
	Ⅲ热湿环境（30%）	6.2.10	室内人工冷热源热湿环境	13分
		6.2.11	室内非人工冷热源热湿环境	7分
		6.2.12	空气相对湿度	5分
		6.2.13	热环境动态调节	5分
	Ⅳ人体工程学（10%）	6.2.14	卫生间平面布局	3分
		6.2.15	设备屏幕调节	4分
		6.2.16	可调节桌椅	4分

14.2.5 健身

健康建筑除了提供有利于人体健康的空气和水，具有良好的声环境、光环境和热湿环境外，还可以通过设置健身、锻炼的场地和设施，促进人积极运动，提高身体健康水平。健身活动有利于人体骨骼、肌肉的生长，增强心肺功能，改善血液循环系统、呼吸系统、消化系统的机能状况，有利于人体的生长发育，提高抗病能力，增强身体的适应能力[5]。

《标准》"健身"章节的内容相对较少，每条得分相对较高，因此通过降低"健身"章节的整体权重与其他章节进行平衡。评价指标分为"控制项"和"评分项"，设置框架及评分值如表 14-5 所示。

"健身"指标内容及其分值设定　　　　　　　　　　表 14-5

条文类型		条文号	技术指标关键词	分值设定
7.1 控制项		7.1.1	健身场地	必须满足
		7.1.2	健身器材	必须满足
7.2 评分项	Ⅰ室外（40%）	7.2.1	室外健身场地	16
		7.2.2	健身步道	12
		7.2.3	健康出行方式	12
	Ⅱ室内（40%）	7.2.4	室内健身空间	16
		7.2.5	便于日常使用的楼梯	12
		7.2.6	健身服务设施	12
	Ⅲ器材（20%）	7.2.7	室外健身器材	10
		7.2.8	室内健身器材	10

14.2.6 人文

除了身体健康外，人的心理健康也十分重要，健康建筑应满足人交流、沟通和活动的需求，提供丰富的精神文化生活场所，用色彩、艺术品、绿化给人们带来身心的愉悦。我国人口面临着老龄化的趋势，适老设施的设置需求日益迫切。老年人的视力、体力等各方面身体机能都有不同程度的衰退，在建筑中要充分考虑到老年人的身体机能及行动特点以做出相应的设计[6]。

《标准》"人文"章节主要围绕与健康直接相关的交流活动场地、心理健康、适老设施和医疗设施几个方面进行规定，以在健康建筑中营造和谐、友好、愉悦、舒缓、便捷、安全的人文环境。评价指标分为"控制项"和"评分项"，设置框架及评分值如表 14-6 所示。

"人文"指标内容及其分值设定　　　　　表 14-6

条文类型		条文号	技术指标关键词	分值设定
8.1　控制项		8.1.1	植物安全	必须满足
		8.1.2	色彩与私密性	必须满足
		8.1.3	无障碍设计	必须满足
8.2　评分项	Ⅰ交流（35%）	8.2.1	室外交流场地	12
		8.2.2	儿童游乐场地	9
		8.2.3	老人活动场地	8
		8.2.4	公共服务食堂	6
	Ⅱ心理（35%）	8.2.5	文化活动场地	12
		8.2.6	绿化环境	11
		8.2.7	入口大堂	6
		8.2.8	心理调整房间	6
	Ⅲ适老（30%）	8.2.9	适老设计	12
		8.2.10	无障碍电梯	6
		8.2.11	医疗救援	12

14.2.7　服务

《标准》第 9 章"服务"分为两部分：第 9.1 节为"控制项"，包括 5 条控制项条文；第 9.2 节为"评分项"，包括 15 条评分项条文。此外，第 10 章"提高与创新"还设有加分项条文（《标准》第 10.2.5 条），提出了更高层次的要求[7]。从指标的条文数量来看，"服务"为六大类指标中条文数量仅次于"舒适"章节，和"空气"章节相同，涉及范围较广；从指标的单项权重来看，对于居住建筑和公共建筑，"服务"的评分权重均为 0.12。"服务"章节由于其特点，只适用于运行评价。根据其所涉及的评价内容，本章分为物业、公示、活动、宣传等四部分，其技术指标及评分值如表 14-7 所示。

"服务"技术指标内容及其分值设定　　　　　表 14-7

条文类型	条文号	技术指标关键词	分值设定
4.1　控制项	9.1.1	管理制度	必须达标
	9.1.2	气象服务和灾害预警	必须达标
	9.1.3	餐饮厨房	必须达标
	9.1.4	厨房虫害	必须达标
	9.1.5	垃圾收集	必须达标

续表

条文类型		条文号	技术指标关键词	分值设定
4.2　评分项	Ⅰ服务（45%）	9.2.1	管理认证	6分
		9.2.2	虫害控制	6分
		9.2.3	禁烟	6分
		9.2.4	厨房清洁	9分
		9.2.5	空调清洗	10分
		9.2.6	满意度调查	8分
	Ⅱ公示（20%）	9.2.7	信息平台	10分
		9.2.8	预包装食品	5分
		9.2.9	散装食品	5分
	Ⅲ活动（20%）	9.2.10	健身活动	5分
		9.2.11	公益活动	5分
		9.2.12	体检	5分
		9.2.13	兴趣小组	5分
	Ⅳ宣传（15%）	9.2.14	使用手册	5分
		9.2.15	健康宣传	10分

14.3　健康建筑标识的评价

健康建筑评价，是鼓励建造健康建筑、规范健康建筑建设的重要手段，也是带有激励性质、以市场为导向的促进健康建筑行业可持续发展的有效途径，最终目的是通过评价和认证确保建筑的健康性能[8]。

14.3.1　评价的内容与流程

14.3.1.1　评价的内容

健康建筑评价以《标准》为技术准绳，由专业机构组织各专业的权威专家对参评建筑的合规性及合理性做出分析及判断，并给出详细技术建议，指导建筑的各项性能达到健康建筑的要求，相较于常规的建筑结构及水暖电气设计，健康建筑评价实际是"健康设计"活动。设计阶段主要评价建筑采用的健康技术，采取的健康措施，健康性能的预期指标，以及健康运行管理计划；运行阶段主要关注健康建筑的运行效果，技术措施落实情况，使用者的满意度等。

14.3.1.2　评价的流程

为了保障评价工作的规范有序开展，城科会制定了健康建筑标识评价系列管理办法（见表 14-8），以规范城科会健康建筑评价工作，保证评价工作的科学、公开、公平和公正，引导健康建筑的健康发展。

健康建筑评价系列管理办法　　　　　　　　　　　　　表 14-8

序号	文件名称	文件内容
1	《健康建筑标识管理办法（试行）》	标识使用原则和作用
2	《健康建筑评价管理办法》	评价工作的组织管理、评价流程
3	健康建筑评价系列配套文件	申报书模板、自评估报告模板、各类报告模板等

健康建筑的评价共分为设计和运行两个阶段。其中设计阶段是健康理念贯彻落实的重要阶段，科学合理的健康建筑设计是达到良好健康效果的前提条件。运行阶段则是检验健康效果、指导实际健康管理和使用的环节。为保障各个评价阶段的评价质量，城科会制定了相关保障措施。设计阶段采用①加强施工图设计深度；②规定预测指标采信数据的客观来源；③制定科学可靠的综合类指标计算方法；④要求前期健康指标的第三方检测等四种措施。运行阶段采用①现场检查技术措施落实情况；②抽样检测指标实际参数；③查阅相关健康指标的第三方检测；④走访使用者满意度；⑤分年度定期复检等五种措施。

健康建筑评价的流程如图 14-3 所示，主要包括三个阶段。第一阶段为初始阶段，主要为项目注册以及按照管理文件的要求提交申报材料。第二阶段为评价阶段，共设立三级审查，首先是形式、技术初查，针对所提交的材料是否齐全、是否符合条文要求进行初查。通过后进入专家委员会评价，主要针对材料中的数据、措施是否符合条文规定进行核查。通过后可进行公示，公示无异议则可进入第三阶段。第三阶段主要是公告评价结果以及颁发标识证书等。

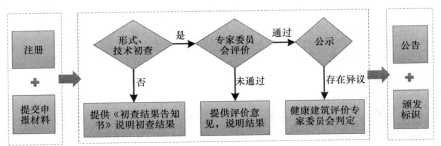

图 14-3　评价的流程

根据已制定的管理办法，由城科会组织开展了健康建筑标识评价工作，截至 2018 年 12 月底，已有 40 个项目申请了健康建筑标识。评价工作在实践中不断改进完善，推广了健康建筑理念，并为贯彻健康中国战略部署，推进健康中国建设，实现建筑健康性能提升的伟大目标贡献力量。

14.3.2 评价的内涵

健康建筑标识评价工作，指依据健康建筑评价标准的技术要求，按照相应评价程序，对申请健康建筑标识认证的项目进行评价，确认其等级并进行信息性标识的活动。健康建筑评价，旨在保障实现建筑健康性能提升的各类环境、服务、设施的落地，其评价工作具有以下多个层次的内涵：

首先，健康建筑评价并非保障人的绝对健康，而是评价建筑项目在影响使用者健康的建筑类因素指标方面的控制能力。这里的控制能力包括控制不利于人体健康的负面影响的能力，以及积极提升有利于身心健康的正面影响的能力。因此，值得注意的是，人的健康状况是受多种复杂因素综合影响的结果，建筑类因素只是其中一个方面，健康建筑评价并非保障居住、生活在其中的使用者绝对健康，而是通过有效的技术措施，尽可能降低风险。

其次，健康建筑评价在绿色建筑要求的基础上，更加关注建筑项目对使用者生理、心理和社会三个维度健康的影响。健康建筑评价的"健康"指标，包括从生理、心理和社会三个维度上影响使用者健康的涉及建筑的综合性因素指标。根据医学上的相关定义，"生理健康"不仅指的是身体形态发育良好、体形均匀、体内各系统具有良好的生理功能、有较强的身体活动能力和劳动能力，也包括能够快速的适应环境变化、各种生理刺激以及致病因素对身体的作用。"心理健康"指的是人的心理处于完好状态，包括正确认识自我、正确认识环境和及时适应环境。"社会适应"能力则包括三个方面，即每个人的能力应在社会系统内得到充分的发挥；作为健康的个体应有效的扮演与其身份相适应的角色；每个人的行为与社会规范相一致。反映在建筑中，可以是通过降低有害物质等技术措施对生理健康的负面影响，设置具有人文关怀、陶冶情操作用的设施、小品等技术措施促进对心理健康的积极影响，设置音体室、图书室、健身场所功能性房间等技术措施提升人们的社会适应能力。健康建筑评价就是对这一系列指标进行综合评判，反映项目在提升使用者生理、心理和社会三个层面健康指数的能力。

14.3.2.1 评价的意义

第一，应对目前新出现的一系列大气污染、水质污染、噪声污染等环境问题，以及老龄化、食品安全、慢性病、心理疾病等社会问题，健康建筑标识评价工作可以有效地规范、改善建筑的健康性能，引导群众选择有益于改善健康的生活方式，满足人们的健康生活的需求。

第二，《"健康中国 2030"规划纲要》、《建筑节能与绿色建筑发展"十三五"规划》、《中国防治慢性病中长期规划（2017～2025 年)》等。"健康中国"建设相关政策文件相继发布，健康建筑标识评价为这些政策在建筑行业的落地实施提供了有力抓手。

第三，健康建筑的评价工作有利于整合健康建筑相关产业，包括：设计、施工、咨询、运营、建材、设备等，打通全行业产业链，引导健康建筑技术、健康建筑相关产品性能地提升，促进行业进步、规范行业发展。

14. 3. 2. 2 评价的特点

我国的健康建筑评价工作基于多年来绿色建筑评价工作的实践基础，在程序设定、评价方法等方面具有先进性，具体体现在以下几点：

（1）国情适应

健康建筑评价紧贴我国社会、环境、经济发展的具体情况，指标严格，执行有力，特色鲜明。如：①针对老龄化问题，健康建筑要求进行兼顾老年人方便与安全的人性化适老设计；②针对装修污染问题，健康建筑对建筑装修的主料、辅料、家具、陈设品等全部污染物含量进行严格控制，同时加载空气净化装置，全方位保障室内空气品质；③针对建筑密度过高导致健身和交流场地不足的问题，健康建筑见缝插针的设置相关场地和设施，并根据建筑面积、人口数量的比例，设置健身场地、设施数量、设施类型等关键技术指标，满足不同人群的日常健身需求；④针对中式餐饮特有的颗粒、油烟、味道、湿气重的特点，健康建筑对厨房的通风量及气流组织进行严格要求，一方面降低人员暴露于油烟中的危害，另一方面从源头避免烹饪带来的污染等。

（2）体系全面

健康建筑评价体系兼顾生理、心理、社会的全面健康因素，以人的全面健康为出发点，将健康目标分解为空气、水、舒适（声、光、热湿）、健身、人文、服务六大健康要素，涵盖了建筑、设备、声学、光学、公共卫生、心理、医学、建材、给排水、食品十大专业，构建了全面的健康建筑评价体系。

（3）指标先进

健康建筑评价通过指标创新、学科交叉、提高要求等手段，保障评价指标的先进性。如，健康建筑评价中引入了化零为整的室内空气质量表观指数 $IAQI$、基于光对人体非视觉系统作用的生理等效照度等新概念；将医学、心理、卫生等学科内容与建筑交叉融合，进行基于心理调节需求的建筑空间、色彩及专门功能房间设计等。

（4）控制有力

健康建筑评价体系从全过程、全寿命、全部品的三个层次设计了完整的健康建筑解决方案，具有强有力的控制手段。全过程是指从源头控制、传播途径和易感人群控制两个方面实现"全过程"把控，如：对常见的 PM2.5、甲醛等空气污染物分别制定浓度限值要求，污染源隔离等。全部品是指从装修的主料、辅材到家具、陈设品；从水管、水池到水阀、水封等，对建筑的"全部品"进行整体要求。全寿命是指从设计阶段到验收阶段直至运行维护阶段，"全寿命"的保障建筑整体的健康性能。

（5）方法科学

健康建筑评价综合使用现场检测、实验室检测、抽样检查、效果预测、数值模拟、专项计算、专家论证等方法，软硬兼施，保障了评价方法的科学性。

（6）模式成熟

健康建筑以绿色建筑为起点，突出健康，实现了优中选优。健康建筑评价参照绿色建筑评价的成熟模式，划分不同阶段、专业、层级，基础扎实，程序严谨，保障了评价的科学性、权威性和公正性。

14.4 健康建筑产业发展平台

《标准》的编制及健康建筑的评价，对于助力"健康中国 2030"及促进健康建筑行业发展具有重要意义。但由于健康建筑刚刚起步，以《标准》带动健康建筑产业发展之路，仍需要多领域相关机构（科研机构、高校、地产商、相关产品商、物业管理单位、医疗服务行业等等）共同努力推动，所以构建健康建筑产业发展平台是促进行业发展、引导市场方向的重要手段。

14.4.1 健康建筑产业技术创新战略联盟

由中国建筑科学研究院发起成立的"健康建筑产业技术创新战略联盟（CH-BA）"于 2017 年 4 月 18 日召开了成立大会。健康建筑联盟是由积极投身于建筑业技术进步、从事健康建筑相关工作的科研单位、高校、设计院、地产开发商、医院、设备厂商、物业服务单位、施工单位或其他组织机构自愿组成，在专业化合理分工的基础上，以健康建筑的技术创新需求为导向，以形成产业核心竞争力为目标，将多样化、多层次的自主研发与开放合作创新相结合，建立产学研用相结合的技术创新组织，来推动健康建筑产业向前发展。初始联盟理事会成员由 22 个单位组成。

联盟的宗旨是推动健康人居产业汇集，促进健康建筑产业相关技术交流合作，助力健康建筑科技创新，营造良好发展环境，引领中国健康建筑产业发展。联盟的任务是建立以企业为主体、产学研用紧密结合、市场化和促进成果转化的有效机制，大力促进健康建筑技术进步，推进健康建筑有效推广，使其成为国家技术创新体系的重要组成部分、健康建筑关键技术的研发基地、产学研用紧密结合的纽带和载体、技术创新资源的集成与共享通道。

14.4.2 Construction21（中国）

2017 年 3 月 23 日，Construction21（中国）工作启动会在中国建筑科学研究院成功召开，标志着 Construction21（中国）其官网正式上线及相关工作正式启动。

　　Construction21（中国）是 Construction21 国际的重要国家级分支平台。Construction21 国际是以应对气候变化为宗旨、以推进建筑行业信息共享及促进行业经济发展为出发点的国际平台，通过建立国际化与专业化的创新性综合信息交流平台、举办年度国际"绿色解决方案奖"评选，倡导绿色健康、智慧低碳建筑和生态城区理念，推广优秀项目实施经验，推动建筑可持续发展。Construction21 国际开展的"绿色行动"受到了法国能源、环境和海洋部，卢森堡环保部、摩洛哥环保部、法国环境和能源管理署 ADEME、国际区域气候行动组织 R20、全球建筑联盟 GABC、法国建筑科学技术中心 CSTB、德国可持续建筑委员会 DGNB、德国被动房研究所 PHI、欧洲建筑性能研究院 BPIE，以及致力于可持续发展领域的全球知名企业埃法日集团 Eiffage、派丽集团 Parex Group、法国巴黎银行房地产公司 BNP PARBAS REAL ESTATE 等政府机构、国际组织和知名企业的支持。目前，Construction21 国际已有法国、中国、德国、西班牙、意大利、比利时、卢森堡、摩洛哥、阿尔及利亚、罗马尼亚、立陶宛共计 11 个国家平台。Construction21（中国）以国家建筑工程技术研究中心为依托（隶属于中国建筑科学研究院），为建筑领域相关的政府部门、科研机构、地产商、设备生产商及专业技术人员搭建国际桥梁，促进绿色健康、智慧低碳建筑和生态城区在国际上的展示与交流，实现优秀解决方案"走出去、引进来"，是中国了解世界发展新动向的重要途径。

　　Construction21（中国）主要工作内容之一是建立国际化信息平台，结合中国实际情况，聚焦于绿色健康、智慧低碳建筑和生态城区相关的政策、标准、科研项目，全方位为相关机构和企业建立国际化的信息通道，促进建筑可持续发展。工作之二是开展"绿色解决方案奖"评奖，Construction21（中国）设置建筑和城市两个层面的奖项，具体为：健康建筑解决方案奖、既有建筑绿色改造解决方案奖、又有新建建筑绿色解决方案奖、可持续发展城市奖。推选我国优秀的建筑、和城区项目参与 Construction21 国际开展的全球范围评奖。2017 年和 2018 年的国际奖分别在德国波恩和波兰卡托维兹揭晓，来自我国的项目连续两年获得健康建筑解决方案奖一等奖。

14.5　小　　结

　　健康是促进人的全面发展的必然要求，是经济社会发展的基础条件，是民族昌盛和国家富强的重要标志，也是广大人民群众的共同追求。但随着工业化、城镇化、人口老龄化、疾病谱变化、生态环境及生活方式变化等，也给维护和促进健康带来一系列新的挑战，健康服务供给总体不足与需求不断增长之间的矛盾依然突出，健康领域发展与经济社会发展的协调性有待增强。

　　建筑是人们日常生产、生活、学习等离不开的重要场所，建筑环境的优劣直接影响人们的身心健康。健康建筑的发展，是促进人们身心健康的途径之一，也是行业发展的重要方向。目前我国在健康建筑发展方面，制定了标准、开展了评价、搭建了平台，初步形成了健康建筑发展的基本基础。健康建筑行业的下一步，在评价标准体系上需要合理地逐步完善，2017 年 7 月、2017 年 10 月、2018 年 7 月《健康酒店评价标准》、《健康社区评价标准》、《健康小镇评价标准》相继启动；在健康建筑关键问题和关键技术方面需要深入研究，健康建筑更加综合且复杂，除建筑领域本身外还涉及公共卫生学、心理学、营养学、人文与社会科学、体育健身等等很多交叉学科，各领域与建筑、健康的交叉关系，需要持续深入的研究。相信健康建筑产业在相关领域单位的共同推动下，会有更好的发展。

参　考　文　献

[1]　王清勤.《健康建筑评价标准》编制[J]. 建设科技，2017，(2)：22-23.

[2]　张寅平，魏静雅，李景广，等.《健康建筑评价标准》解读——空气[J]. 建设科技，2017，
　　(4)：16-18.

[3]　曾捷，吕石磊.《健康建筑评价标准》解读——水[J]. 建设科技，2017，(4)：19-21.

[4]　赵建平，闫国军，高雅春，等.《健康建筑评价标准》解读——舒适[J]. 建设科技，2017，
　　(4)：22-24.

[5]　曾宇，吴小波.《健康建筑评价标准》解读——健身[J]. 建设科技，2017，(4)：25-27.

[6]　曾宇，孔庚.《健康建筑评价标准》解读——人文[J]. 建设科技，2017，(4)：28-30.

[7]　肖伟，林波荣，孙宗科，等.《健康建筑评价标准》解读——服务[J]. 建设科技，2017，(4)：
　　31-34.

[8]　王清勤，李国柱，孟冲，等. 健康建筑的发展背景、标准、评价及发展平台[J]. 建筑技术，
　　2018，49(1)：5-8.

附录 1　中国环境科学学会室内环境与健康分会简介

中国环境科学学会室内环境与健康分会（英文译名为 Indoor Environment and Health Branch, Chinese Society for Environment Sciences，英文缩写为 IEHB）是中国环境科学学会的分支机构，2008 年正式得到国家民政部批准成立。主要支持单位是中国科学技术协会、国家环境保护总局及中国环境科学学会。

分会会员来自高校、科研机构、管理机构、企业等单位（包括中国台湾、中国香港的相关单位），目前设有化学污染、颗粒物污染、微生物污染、热舒适、公共卫生及毒理、检测与监测、治理方法与净化、标准与规范、大数据、民用建筑环境与健康、工业建筑环境与健康、医院环境与健康、交通及特殊环境与健康、农村环境与健康、睡眠环境与健康 15 个研究学组。会员中现有顾问院士 8 名，特聘专家 6 名，委员 83 名，青委会委员 141 名及会员近千名，涵盖了暖通空调、环境化学、生物安全、建筑学、规划管理、基础医学、公共卫生、环境毒理学等专业，是我国室内环境与健康领域各方面人才最权威和最广泛的跨专业研究交流平台。从"十五"开始，分会委员们承担了大量的室内环境与健康相关的科技支撑计划、重点研发计划、国家自然科学基金等，为室内环境与健康研究的国家队。分会国际影响日益扩大，目前委员中已有国际室内空气品质学会会士（fellow）9 名，国际 SCI 一区期刊主编 3 名。

分会宗旨是为了推动室内环境科学及工程的开展、科研、产品研发，促进室内环境与健康多学科的创新性发展，协助制定和宣传有关室内环境的政策和法规，重视对政府机构和会员的咨询和信息交流；推广室内环境控制科技成果的应用，开展室内环境治理及控制技术的学术交流和培训，普及并宣传室内环境污染控制知识；加强与国际组织的合作，促进国际与地区性室内环境学术组织的联系和交往。分会成立以来，积极开展国内外学术交流与研讨，每年举办学术沙龙一次，每两年举办召开一次综合性学术年会，以推进学科交叉，活跃新思想，推进多方合作，针对室内环境与健康学术具体问题不定期召开各种专题研讨会；与中央电视台、北京电视台等多家媒体合作开展室内环境与健康科普活动；出版系列科普书籍和学术专著，积极开展室内环境与健康科技咨询与科普宣传活动，举办家装大讲堂，接受媒体专访，解答公众关心的热点问题，为相关企业进行业务培训与指导，引发重要关注。

分会积极鼓励青年工作者参与室内环境与健康研究工作，提高人民生活福祉。为充分发挥青年工作者在我国室内环境与健康领域的重要作用，2012 年分会成立了青年委员会；2017 年设立了"何兴舟青年学术奖"，以奖励为室内环境与健康研究以及分会发展做出突出贡献的青年学者。

为了推动我国室内环境与健康事业的发展，分会组织多名专家共同编著的《中国室内环境与健康进展报告》。根据不同的研究主题，已出版了 2012、2014-2015、2015-2017、2018-2019 版。为保持本研究报告的连续性，分会将不定期的相继出版此系列报告以供读者参考。本报告从不同的学科视角聚焦当代环境与健康领域的实际需求，本着国际视野和本土研究的愿景，促使"室内环境与健康"领域的理论与实践能在更高层面紧密结合，为进一步开展室内环境与健康研究提供有用资料，具有一定的参考价值。

中国环境科学学会室内环境与健康分会敞开大门，面向社会，真诚欢迎企业和各方人士加入到我们的队伍中来，共同为推动中国室内环境与健康事业的发展做出贡献！

分会信息：

挂靠单位：北京大学环境科学与工程学院　　　　电　　话：010-62773417

秘 书 处：清华大学建筑技术科学系　　　　　　联 系 人：刘馨悦

联系方式：清华大学建筑技术科学系　　　　　　电子邮箱：liuxinyue1230@mail. tsinghua. edu. cn

地　　址：清华大学建筑技术科学系旧　　　　　分会网站：http://www. chinaiehb. com

　　　　　土木工程馆 233 房间

邮　　编：100084

附录2 资助分会活动的企业介绍

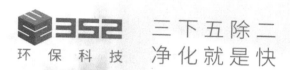

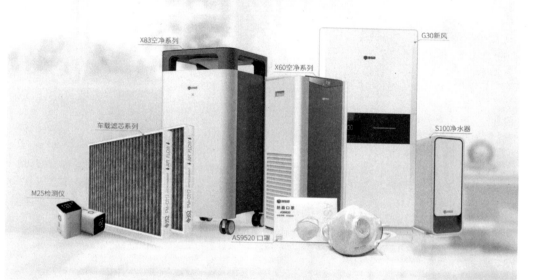

352环保科技是一家专注于空气和水净化领域，为用户提供洁净的空气和水整体解决方案的创新型科技公司，2014年4月创立于北京。

352源自成语"三下五除二"，意喻迅速快捷、干净利落地解决空气和水污染问题。352环保科技坚守"为用户解决问题"的原则，优选全球供应商，坚持自主研发和技术创新，不断提升产品和服务质量，产品系列包括空气净化器、新风机、防霾口罩、汽车空调滤芯、车载净化器、空气质量检测仪、直饮反渗透净水机、水龙头净水器等。并将持续优化产品、供应链、渠道以及内部管理体系，让"物美价优"在空气和水净化行业成为现实。

服务电话：4000-352-352
官方网址：www.352air.com
制造厂商：北京三五二环保科技有限公司

Who Are We？
我们是谁？

- 南京博森科技有限公司，位于风景秀丽的六朝古都南京，公司专精于智慧实验室、恒温恒湿、生物安全、空气洁净、医用手术室、净化厂房、智能化系统、实验室仪器设备、网络数据中心、气候模拟环境、焓差室、非标准环境及系统节能等领域的规划与建设，以高精度、高质量、高可靠性为标准，引领行业进步为目标，注重节能环保，是集整体规划、设计、安装及运行维护等全方位为一体的高科技企业。

- 公司行业范围覆盖：高精密环境实验室、国家检测中心、出入境检测检疫系统、质检系统、纤检系统、计量系统、疾病预防控制中心、血站、农产品检验检测中心、食品药品监督检验院、科研机构及院校实验室、医药公司、烟草公司、军工企业及其他需具备整体实验室微生物、PCR、净化、恒温恒湿等特殊需求的行业。

- 公司具有建筑智能化系统设计专项、建筑装饰工程设计专项、电子与智能化工程专业承包、建筑装修装饰工程专业承包、建筑机电安装工程专业承包、建筑工程施工总承包、环保工程专业承包、中国制冷空调设备维修安装A/I级等资质；具备了承建恒温恒湿及特殊环境工程所需的资质，并通过ISO9001质量管理体系认证、ISO14001环境管理体系认证、GB/T28001职业健康安全管理体系认证。

What We Do？ 我们做什么？

智慧实验室系统

- 智慧实验室.综合实验室.智能化设备＋物联网技术

- 智慧实验室系统包括：实验室装修、空调暖通系统、强弱电系统、VAV（CAV）通风系统、给排水系统（含纯水系统）、气体管路系统、三废处理系统、消防系统、实验台柜、仪器设备、中央监控系统及软件管理系统、实验室信息管理系统

模拟环境实验室
包括恒温恒湿实验室.焓差实验室、高低温实验室、环境试验仓、人工气候室

仪器设备
包括分析仪器、纤检仪器、计量仪器、环境监测、生命科学、药物监测仪器。

洁净医疗系统
包括手术室、电子洁净厂房、医药净化车间、微生物实验室、超净间、解剖、病理实验室

南京博森科技有限公司nanjing Bosen Tec.Co.,Ltd
地址：江苏省南京市建邺区奥体大街69号新城科技园5栋四楼（邮编210019）
电话：025-58073067/58073076/58073173/58073275

Address:05-4F,Xincheng Technopark,No.69 Aoti Street,Nanjing Jiangsu Province(Zip code 210019)
Tel:025-58073067/58073076/58073173/58073275

LANDLEAF 朗绿
—— 人居科技领跑者 ——

朗绿科技是一家基于大数据的绿色建筑技术服务商,秉承"健康、舒适、节能、环保、智慧"的人居理念,为客户提供一体化、全流程的绿建科技解决方案。

健康

舒适

节能

环保

智慧

以绿建技术为核心展开全流程咨询服务

横跨**9**大专业,支撑**120+**技术点,提供住宅、办公、学校、酒店、养老、公寓6大领域解决方案,提供全流程绿建咨询服务。

服务模块

可行性研究	绿建技术咨询	室内装修污染咨询	智慧系统咨询	科技系统工程咨询	绿建认证咨询
洞察绿建技术发展机会及技术可行性	策划具有差异化的解决方案	室内工程管理的污染管控	提升溢价空间	确保项目落地	整合认证资源
探索产品对商业价值的增长点	打造具有市场竞争力及差异化的产品以实现溢价率提升	明确结果目标	减少管理成本		协助客户审视项目可行性
			降低运营成本		拟定最优得分策略

服务内容

前期分析	项目策划	规划设计管理	建设与交付咨询	工程咨询	检测咨询	认证咨询	营销咨询
调研分析	项目定位策划	概念深化	招采咨询	工程设计	气密性检测	绿建相关国家政策项目资料申报	项目价值梳理
可行性研究分析	概念立案	设备选配方案	成本建设	工程监理	CMA实验室检测	认证资料申报	产品系统培训
		成本调控	工程建设咨询	工程管理		协助申报认证	营销说辞培训
		标准化文件	调试咨询				营销物料支持

北京鼎蓝科技有限公司
Beijing Dingblue Technology Co., Ltd.

北京鼎蓝科技有限公司是专注于环保和卫生健康领域的高科技公司，主要提供空气质量监测、生物气溶胶监测、呼出气冷凝液的采集、微生物防护、微生物处理等方面的产品和服务。鼎蓝科技与国内外高校和研究机构开展全面深入的技术交流与合作，引进一系列的专利技术，拥有国际、国内领先的技术与研究成果。

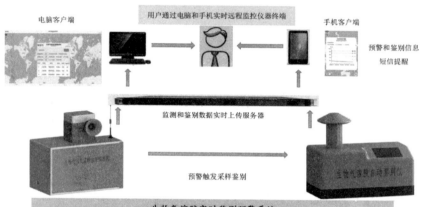

生物气溶胶实时监测预警系统
Biological Aerosol Real-time Monitoring and Early Alerter System（BioAeroAlerter）

便携式生物气溶胶采样器 WA-400
Aerosol Particle Liquid Concentrator

大流量生物气溶胶采样器 P-1000
High Vol Portable Bioaerosol Sampler

全自动生物气溶胶采样器 WB-400
Automatic High Vol Bioaerosol Concentrator

ATP 生物荧光检测仪
ATP Biofluorescence Detector

PM2.5 毒性实时监测系统
Real-time Yeast Based PM2.5 Toxicity Analysis Automatic

呼出气冷凝液采集器 AT-150
Exhaled Breath Condensate Collection

地址：北京市海淀区上地三街金隅嘉华大厦 D 座 405
联系方式：010-82157566、17744552486、18600472288

邮箱：dbluetech@163.com
网址：www.dingbluetech.com

格雷沃夫室内环境质量检测系统

- 一套系统，最多可同时检测 30 多种物理、化学参数；
- 20 年应用经验，全球数千家用户，国内用户近千家；
- 三大核心技术：低本底信号采集、先进成熟的传感器、专业 IEQ 算法；
- 气体传感器自带校准芯片，即插即用；
- 可手持式巡测，也可在线监测；气体探头与主机支持蓝牙传输；
- 基于 Windows 系统平台，强大的现场注释（文本、声音、图片、视频等）功能，内置内容丰富的资料库。

可测参数：

TVOC、甲醛、

颗粒物（质量浓度）　粒子计数、

氧气、臭氧、氨气、二氧化硫、

二氧化碳、一氧化碳、

二氧化氮、一氧化氮、

风速风量、新风量、

气压压差、管道通风、

常规温湿度、特殊温湿度......

特别推荐：

科研级、专业版

便携式颗粒物检测仪
（粒子计数器）

PC-3500

- 内置 PHA（脉冲幅度分析器），符合 ISO 21501-4，自校准，更高精确度；
- 可调节颗粒物密度、折射率，精准测量、科研级测量利器；
- 0.3—25μm 六通道，通道粒径可自定义；
- 激光脉冲高达 25 万次/秒，可检测浓度高达 5 亿粒子/立方米，可检测浓度范围 0-10mg/m³，远超市场上同类产品；
- 多线程并行处理器，检测的同时可进行其他操作；
- 并发会话接口、远程诊断及配置、实时监测、高级电源管理、睡眠模式、屏幕数据注释等六大专利技术；

北京森馥科技股份有限公司　格雷沃夫中国技术服务中心　电话：010-69759288　24 小时服务热线：13701085925